海峡两岸合编高职系列教材
机械加工工艺方案设计

主　编　张明建
副主编　叶　凯　张丽萍　王好臣
参　编　黄加福　叶海平

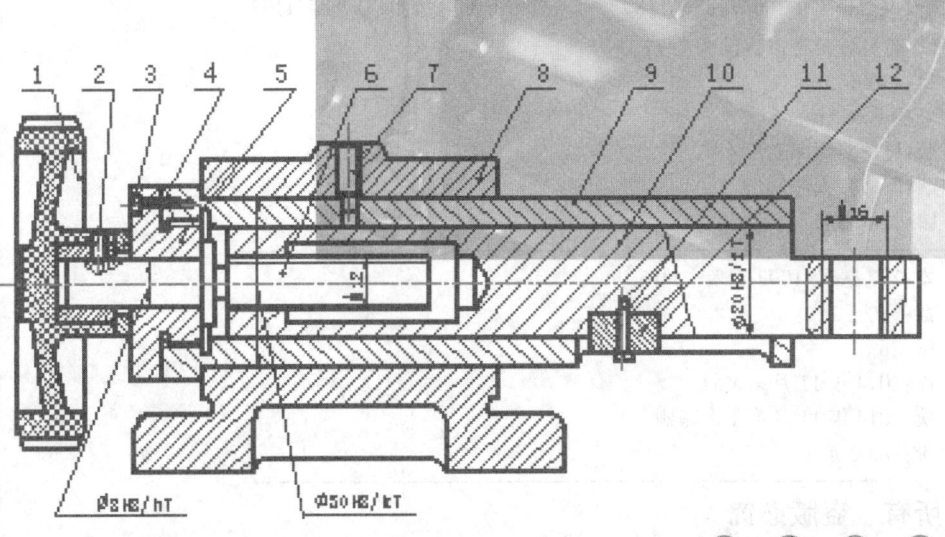

长春出版社
全国百佳图书出版单位

图书在版编目(CIP)数据

机械加工工艺方案设计 / 张明建主编. —— 长春：长春出版社，2014.11
ISBN 978-7-5445-3343-0

Ⅰ.①机… Ⅱ.①张… Ⅲ.①金属切削-工艺设计
Ⅳ.①TG506

中国版本图书馆 CIP 数据核字(2014)第 121532 号

机械加工工艺方案设计

主　　编：张明建
责任编辑：孙振波
封面设计：北京运平文化发展有限公司

出版发行：长春出版社　　　　　　总编室电话：0431-88563443
　　　　　发行部电话：0431-88561180　读者服务部电话：0431-88561177
地　　址：吉林省长春市建设街 1377 号
邮　　编：130061
网　　址：www.cccbs.net
制　　版：厦门集大印刷厂
印　　刷：厦门集大印刷厂
经　　销：新华书店
开　　本：787 毫米×1092 毫米　1/16
字　　数：380 千字
印　　张：26
版　　次：2014 年 11 月第 1 版
印　　次：2014 年 11 月第 1 次印刷
定　　价：38.00 元

版权所有　盗版必究
如有印装质量问题，请与印厂联系调换　联系电话：0592-6027335

内容简介

本书按基于工作过程、工学结合、理论与实践一体化的职业教育理念,根据完成零件机械加工工艺设计所需的知识、技能及职业素养,依照中等、高等职业院校学生的认知规律与职业成长规律,以学生设计机械零件加工工艺的职业能力形成为中心,以生产实际拟定典型回转体类零件和箱体类零件加工方法的工作任务,导入设计机械加工工艺所需基础知识。然后由简单到复杂、由单要素零件机械加工工艺设计到多要素中等以上复杂程度零件机械综合加工工艺设计,基于工作过程"项目驱动、任务引领",编排了八个工学结合,能让学生体验完成设计回转体类(含轴类、盘类、套类、偏心回转体类)、轮廓型腔类、箱体类、异形类、立体曲面类及车铣复合零件机械加工工艺工作过程的学习与工作任务,学习与工作过程系统化、任务化,融"教、学、做"为一体。

本书项目编排及项目任务中的各子任务均遵循由简单到复杂的认知规律,以适合不同程度、不同学习能力或与机械类相近专业的教学与学习需要进行取舍。

本书工作任务案例来源于生产实际,具有示范性,有利于培养学生的综合职业能力。本书内容全面、系统、实用性强。

本书可作为中职、高职高专、成人高校及本科院校举办的二级职业技术学院机械制造、数控技术、模具、机管与机电一体化等专业的教材,也可作为工厂中从事机械与数控加工的工程技术人员和员工的培训教材,还可供其他相关技术人员参考。

前言

根据教育部有关高等职业教育的文件精神，高等职业教育课程内容要体现职业特色，需按照工作的相关性而不是知识的相关性来组织课程教学内容，完成从知识体系向行动体系的转换，实现以"教、学、做"为一体的工学结合课程组织模式。现有的高职(高等职业院校)和高专(高等专科学校)机械加工工艺教材，基本上延续了学科体系的课程编排，学科体系的课程编排是平行结构，它考虑了学习过程中学习者认知的心理顺序，即由浅入深、由易到难、由表及里的"时序"并行。但是对于具有职业岗位针对性的高等职业教育而言，它缺乏对实际的多个职业活动过程进行归纳、抽象、整合的顺序组合，使得学生的心理顺序与自然行动顺序不完全一致，导致"学"与"用"之间的脱节、知识与能力之间的背反，不能适应职业岗位需求。

"机械加工工艺方案设计"是机械类专业职业行动领域非常典型的工作任务，具体工作任务内容包括：零件图纸工艺分析，加工工艺路线设计，选择加工机床，选择装夹方案与夹具，选择加工刀具，选择切削用量，最后编制出零件的机械加工工序卡与刀具卡。本书按照中等、高等职业院校学生的认知规律与职业成长规律，以学生设计机械零件加工工艺的职业能力形成为中心，以生产实际拟定典型回转体类零件和箱体类零件加工方法的工作任务，导入设计机械加工工艺所需基础知识。然后由简单到复杂、由单要素零件机械加工工艺设计到多要素中等以上复杂程度零件机械综合加工工艺设计，基于工作过程"项目驱动、任务引领"，编排了八个工学结合，能让学生体验完成设计回转体类(含轴类、盘类、套类、偏心回转体类)、轮廓型腔类、箱体类、异形类、立体曲面类及车铣复合零件机械加工工艺工作过程的学习与工作任务，学习与工作过程系统化、任务化，融"教、学、做"为一体。

本书以学生设计机械零件加工工艺这一典型工作任务的职业能力培养为重点，根据完成机械零件加工工艺设计所需的知识、技能及职业素养要求组织学习内容与工作任务。全书贯穿了以学生为主、教师为辅的"学中做、做中学"工学结合的职业教育理念，突显高等职业教育特色。

本书项目编排及项目任务中的各子任务均遵循由简单到复杂的认知规律，以适合不同程度、不同学习能力或与机械类相近专业的教学与学习需要进行取舍。

本书适合采用行动导向的教学组织方式，学生划分小组，每组6~8名学生或更少，分组时注意兼顾学生的学习能力、性格和态度等个体差异，以自愿为原则；小组长起组织引导作用，对工作任务小组讨论进行合理有效分工；在教学中可适时应用讲授法、分组讨论法、项目教学法、角色扮演法、现场教学法、案例教学法等多种形式。

本书结构严谨，特色鲜明，图文并茂，内容丰富、全面、系统，实用性强；理论问题论述条理清晰，详简得当，易于掌握；项目任务案例是根据职业岗位工作领域、工作过程、工作任务和职业标准所涉及的典型零件机械加工工艺来选取的，来源于生产实际，具有示范性，有利于培养学生的职业能力。

本书项目一由漳州职业技术学院张明建(副教授/高级工程师)及黄加福、叶海平合作编写，项目二至项目七由张明建编写，项目七由潍坊工程职业学院张丽萍(讲师)编写，项目八由漳州职业技术学院叶凯(副教授/高级工程师)编写。全书由张明建任主编，负责统稿，叶凯协助完成;叶凯、张丽萍任副主编。

　　本书的编写,得到了福建龙溪轴承(集团)股份有限公司董事长曾凡沛、总工程师卢金忠和副总工艺师张逸青的大力支持,在此致以衷心的感谢。另外,本书的编写还得到了漳州职业技术学院教务处处长戴延寿(副教授)、副处长刘继芳(副教授)和厦门华威图书策划有限公司叶韦志、蔡振威、郑凯名的大力支持与帮助,在此一并表示感谢!

　　本书可作为中职、高职高专、成人高校及本科院校举办的二级职业技术学院机械制造、数控技术、模具、机管与机电一体化等专业的教材,也可作为工厂中从事机械与数控加工工程的技术人员和员工的培训教材,还可供其他相关技术人员参考。

　　由于编者水平有限,书中难免有不妥之处,欢迎读者批评指正。谢谢!

编　者

编者的话

为便于使用本书的读者更好地理解本书的编写立意，学好、用好本书，特赘述以下三点，敬请留意。

1. 本书设计的机械零件加工工艺侧重普通机械加工和数控加工的衔接

当代机械加工逐渐往高速、高精、高效、多品种、少批量、个性化及柔性加工方向发展，数控机床高速、高精、高效与柔性加工代表了当今机械加工技术的发展方向。随着数控加工技术的发展与普及，机械零件中尺寸精度、形位精度和表面质量要求较高的关键部位和关键工序的加工逐渐被数控加工所取代，而普通机械设备往往只进行粗加工或只进行粗加工与半精加工；另外，普通机械设备无法加工或需多次装夹加工，采用数控机床加工可大大减轻工人劳动强度，可较大提高生产率的加工部位和工序或工步，也逐渐采用数控机床加工。因此，当代机械零件的加工工艺过程，往往并非只是由普通机械设备完成全部加工，中间经常穿插数控机床加工工序，甚至由数控机床完成其全部加工。基于上述当代机械加工工艺过程特点，本书在设计机械零件加工工艺时，侧重于普通机械加工工艺与数控加工工艺的衔接。

2. 建议本书的教学组织形式与教学方法

本书的理论知识点的学习，建议采用课堂教学和学生自学相结合。学生划分小组，每组6～8个人，分组时兼顾学生的学习能力、性格和态度等个体差异，以自愿为原则。小组长要引导小组讨论，并对小组成员合理有效地分工。小组讨论中，组长和组员可以多次变换角色，体验组织者的职责。教师的职责是讲授、策划、分析、指导、引导、评估和激励，按生产实际完成工作任务的步骤与要求设置工作与学习环境。

本书适合采用行动导向的教学方法，在教学中可适时应用讲授法、分组讨论法、项目教学法、六步骤教学法、角色扮演法、现场教学法、案例教学法等多种教学形式。

3. 本书切削用量参考数值表的特别说明

本书中切削用量参考数值表内推荐的切削用量，与其他机械加工工艺教材或有关机械设计与制造手册、参考书内推荐的切削用量相比，要小一些。这是因为，使用本书的大多为初学者，机械加工工艺系统四要素（机床、刀具、夹具和工件）的某一要素或若干要素造成工艺系统刚性不足，加工可能会引发刀具失效或加工事故，造成不必要的损失。生产实际经验表明，试加工时，因对工艺系统刚性认识不足，若采用较大的切削用量，切削时工艺系统震颤会造成刀具失效，或刀具运动速度（含进给速度）偏快，如果来不及停机，会造成撞刀事故。采用书中推荐的切削用量，试加工时不易引发刀具失效或加工事故，可为下一步优化直至试出最佳切削用量做好准备。

编 者

2013 年 12 月

目 录

项目一 设计机械加工工艺基础知识 ... 1

- 1-1 学习目标 ... 1
- 1-2 工作任务描述 ... 1
- 1-3 学习内容 ... 2
  - 一、金属切削基础知识与刀具材料 ... 2
  - 二、工件定位、夹紧与定位基准选择基础知识 ... 30
  - 三、金属切削机床型号编制方法 ... 51
  - 四、常见机械加工方法 ... 54
  - 五、机械加工工艺系统 ... 57
  - 六、机械加工工艺规程基础知识 ... 58
  - 七、当代机械加工工艺特点 ... 64
- 1-4 工作任务讨论与评价 ... 66
- 1-5 巩固与提高 ... 66

项目二 设计回转体轴类零件机械加工工艺 ... 68

任务 2-1 设计回转体阶梯轴类零件机械加工工艺 ... 68

- 2-1-1 学习目标 ... 68
- 2-1-2 工作任务描述 ... 68
- 2-1-3 学习内容 ... 69
  - 一、设计回转体类零件机械加工工艺七个步骤的相关知识 ... 69
  - 二、切槽与切断加工工艺知识 ... 118
- 2-1-4 完成工作任务过程 ... 120
- 2-1-5 工作任务完成情况评价与工艺优化讨论 ... 124
- 2-1-6 巩固与提高 ... 124

任务 2-2 设计带轮廓曲面回转体轴类零件机械加工工艺 ... 125

- 2-2-1 学习目标 ... 125
- 2-2-2 工作任务描述 ... 125
- 2-2-3 学习内容 ... 126

一、零件图形的数学处理及编程尺寸设定值的确定 …………………… 126
　　二、带轮廓曲面回转体轴类零件加工刀具选择 …………………………… 129
2-2-4　完成工作任务过程 ……………………………………………………… 129
2-2-5　工作任务完成情况评价与工艺优化讨论 …………………………… 133
2-2-6　巩固与提高 …………………………………………………………… 133

任务2-3　设计带螺纹回转体轴类零件机械加工工艺 ………………… 134
2-3-1　学习目标 ……………………………………………………………… 134
2-3-2　工作任务描述 ………………………………………………………… 134
2-3-3　学习内容 ……………………………………………………………… 135
　　一、螺纹加工工艺知识 …………………………………………………… 135
　　二、常见的螺纹加工方法 ………………………………………………… 138
2-3-4　完成工作任务过程 ……………………………………………………… 140
2-3-5　工作任务完成情况评价与工艺优化讨论 …………………………… 143
2-3-6　巩固与提高 …………………………………………………………… 143

任务2-4　设计回转体细长轴类零件机械加工工艺 ……………………… 145
2-4-1　学习目标 ……………………………………………………………… 145
2-4-2　工作任务描述 ………………………………………………………… 145
2-4-3　学习内容 ……………………………………………………………… 146
　　一、回转体细长轴类零件加工工艺知识 ………………………………… 146
　　二、磨削加工工艺知识 …………………………………………………… 149
2-4-4　完成工作任务过程 ……………………………………………………… 151
2-4-5　工作任务完成情况评价与工艺优化讨论 …………………………… 154
2-4-6　巩固与提高 …………………………………………………………… 154

任务2-5　设计回转体轴类零件机械综合加工工艺 ……………………… 155
2-5-1　学习目标 ……………………………………………………………… 155
2-5-2　工作任务描述 ………………………………………………………… 155
2-5-3　完成工作任务过程 ……………………………………………………… 156
2-5-4　工作任务完成情况评价与工艺优化讨论 …………………………… 160
2-5-5　巩固与提高 …………………………………………………………… 160

项目三　设计回转体盘套类零件机械加工工艺 ……………………… 162

任务3-1　设计回转体盘类零件机械加工工艺 …………………………… 162
3-1-1　学习目标 ……………………………………………………………… 162
3-1-2　工作任务描述 ………………………………………………………… 162

3-1-3 学习内容	163
3-1-4 完成工作任务过程	166
3-1-5 工作任务完成情况评价与工艺优化讨论	170
3-1-6 巩固与提高	170

任务3-2 设计回转体套类零件机械加工工艺 … 171
- 3-2-1 学习目标 … 171
- 3-2-2 工作任务描述 … 171
- 3-2-3 学习内容 … 172
- 3-2-4 完成工作任务过程 … 175
- 3-2-5 工作任务完成情况评价与工艺优化讨论 … 179
- 3-2-6 巩固与提高 … 179

任务3-3 设计带轮廓曲面回转体套类零件机械加工工艺 … 180
- 3-3-1 学习目标 … 180
- 3-3-2 工作任务描述 … 180
- 3-3-3 完成工作任务过程 … 181
- 3-3-4 工作任务完成情况评价与工艺优化讨论 … 184
- 3-3-5 巩固与提高 … 185

任务3-4 设计回转体盘类零件机械综合加工工艺 … 186
- 3-4-1 学习目标 … 186
- 3-4-2 工作任务描述 … 186
- 3-4-3 完成工作任务过程 … 187
- 3-4-4 工作任务完成情况评价与工艺优化讨论 … 190
- 3-4-5 巩固与提高 … 190

任务3-5 设计回转体套类零件机械综合加工工艺 … 191
- 3-5-1 学习目标 … 191
- 3-5-2 工作任务描述 … 191
- 3-5-3 完成工作任务过程 … 192
- 3-5-4 工作任务完成情况评价与工艺优化讨论 … 197
- 3-5-5 巩固与提高 … 198

项目四 设计偏心回转体类零件机械加工工艺 … 199
- 4-1 学习目标 … 199
- 4-2 工作任务描述 … 199
- 4-3 学习内容 … 200

4-4　完成工作任务过程 …………………………………… 203
　　4-5　工作任务完成情况评价与工艺优化讨论 …………… 206
　　4-6　巩固与提高 …………………………………………… 207

项目五　设计轮廓型腔类零件机械加工工艺 ……………… 208

任务5-1　设计平面外轮廓类零件机械加工工艺 …………… 208
　　5-1-1　学习目标 …………………………………………… 208
　　5-1-2　工作任务描述 ……………………………………… 208
　　5-1-3　学习内容 …………………………………………… 209
　　　　一、加工机床选择 …………………………………… 209
　　　　二、零件图纸工艺分析 ……………………………… 217
　　　　三、设计轮廓型腔类零件机械加工工艺路线 ……… 223
　　　　四、找正装夹方案及夹具选择 ……………………… 232
　　　　五、刀具选择 ………………………………………… 237
　　　　六、切削用量选择 …………………………………… 244
　　　　七、填写机械加工工序卡和刀具卡 ………………… 247
　　5-1-4　完成工作任务过程 ………………………………… 247
　　5-1-5　工作任务完成情况评价与工艺优化讨论 ………… 251
　　5-1-6　巩固与提高 ………………………………………… 252

任务5-2　设计平面内轮廓型腔类零件机械加工工艺 ……… 253
　　5-2-1　学习目标 …………………………………………… 253
　　5-2-2　工作任务描述 ……………………………………… 253
　　5-2-3　学习内容 …………………………………………… 254
　　5-2-4　完成工作任务过程 ………………………………… 255
　　5-2-5　工作任务完成情况评价与工艺优化讨论 ………… 259
　　5-2-6　巩固与提高 ………………………………………… 260

任务5-3　设计轮廓型腔类零件机械综合加工工艺 ………… 261
　　5-3-1　学习目标 …………………………………………… 261
　　5-3-2　工作任务描述 ……………………………………… 261
　　5-3-3　完成工作任务过程 ………………………………… 262
　　5-3-4　工作任务完成情况评价与工艺优化讨论 ………… 266
　　5-3-5　巩固与提高 ………………………………………… 267

项目六　设计箱体类零件机械加工工艺 ······ 268

任务6-1　设计板类零件机械加工工艺 ······ 268
6-1-1　学习目标 ······ 268
6-1-2　工作任务描述 ······ 268
6-1-3　学习内容 ······ 269
　　一、加工机床选择 ······ 269
　　二、零件图纸工艺分析 ······ 277
　　三、设计箱体类零件孔系机械加工工艺路线 ······ 279
　　四、找正装夹方案及夹具选择 ······ 289
　　五、刀具选择 ······ 293
　　六、切削用量选择 ······ 306
　　七、填写机械加工工序卡和刀具卡 ······ 307
6-1-4　完成工作任务过程 ······ 307
6-1-5　工作任务完成情况评价与工艺优化讨论 ······ 314
6-1-6　巩固与提高 ······ 314

任务6-2　设计泵盖类零件机械综合加工工艺 ······ 315
6-2-1　学习目标 ······ 315
6-2-2　工作任务描述 ······ 315
6-2-3　完成工作任务过程 ······ 316
6-2-4　工作任务完成情况评价与工艺优化讨论 ······ 325
6-2-5　巩固与提高 ······ 326

任务6-3　设计箱体类零件机械综合加工工艺 ······ 327
6-3-1　学习目标 ······ 327
6-3-2　工作任务描述 ······ 327
6-3-3　完成工作任务过程 ······ 329
6-3-4　工作任务完成情况评价与工艺优化讨论 ······ 334
6-3-5　巩固与提高 ······ 335

项目七　设计异形类零件机械加工工艺 ······ 336
7-1　学习目标 ······ 336
7-2　工作任务描述 ······ 336
7-3　学习内容 ······ 337

7-4	完成工作任务过程	339
7-5	工作任务完成情况评价与工艺优化讨论	346
7-6	巩固与提高	346

项目八　设计曲面类零件数控铣削加工工艺 ································ 348

8-1	学习目标	348
8-2	工作任务描述	348
8-3	学习内容	349
	一、设计复杂曲线、曲面数控铣削加工的刀具轨迹	350
	二、模具的加工工艺特点	371
8-4	完成工作任务过程	373
8-5	工作任务完成情况评价与工艺优化讨论	381
8-6	巩固与提高	382

项目九　设计组合件车、铣复合机械加工工艺和装配工艺 ············ 383

9-1	学习目标	383
9-2	工作任务描述	383
9-3	学习内容	385
	一、组合件加工工艺知识	385
	二、机械装配工艺基础知识	387
9-4	完成工作任务过程	389
9-5	工作任务完成情况评价与工艺优化讨论	399
9-6	巩固与提高	399

参考文献 ·· 401

项目一

设计机械加工工艺基础知识

1-1 学习目标

通过本项目任务的学习与讨论,学生应该能够:

1. 独立对机械零件各加工部位的加工方法进行分析,根据生产批量确定零件各加工部位的加工方法。

2. 在教师的指导与引导下,通过小组分析、讨论与各学习小组机械零件各加工部位的加工方法对比,根据生产批量最终确定零件各加工部位的加工方法。

1-2 工作任务描述

识别如图1-1所示传动轴零件和如图1-2所示箱体零件图纸,具体拟定该传动轴零件和箱体零件各加工部位的加工方法,并对拟定的传动轴零件和箱体零件各加工部位加工方法做出评价。具体工作任务如下:

1. 对传动轴零件和箱体零件图纸各加工部位进行分析。

2. 拟定传动轴零件和箱体零件各加工部位的加工方法。

3. 经小组分析、讨论与各学习小组传动轴零件和箱体零件各加工部位的加工方法对比,根据生产批量对独立拟定的传动轴零件和箱体零件各加工部位加工方法做出评价,修改并最终拟定传动轴零件和箱体零件各加工部位的加工方法。

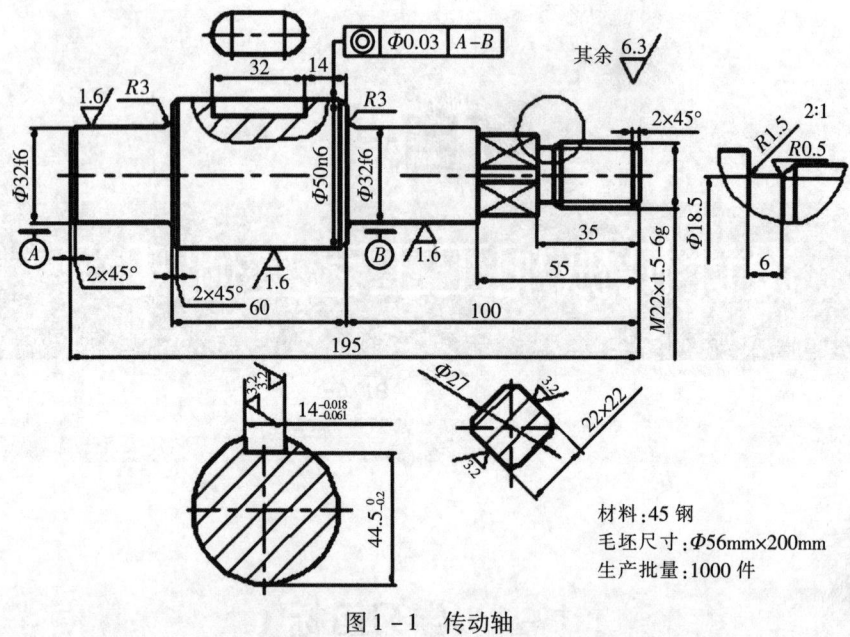

图 1-1　传动轴

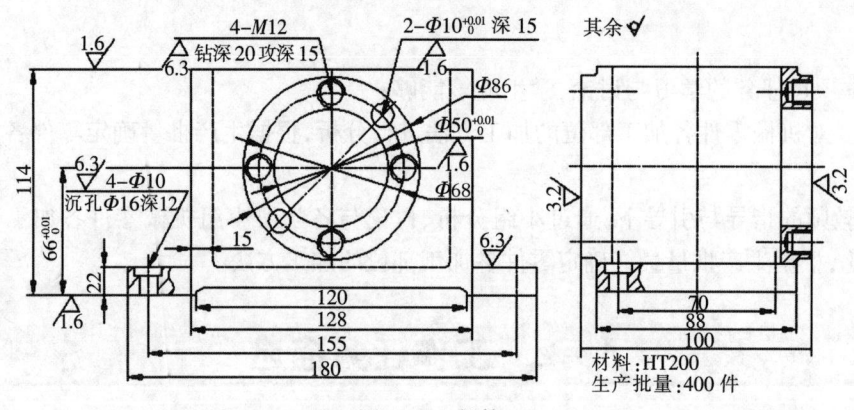

图 1-2　箱体

1-3　学习内容

要确定如图 1-1 所示传动轴零件和图 1-2 所示箱体零件各加工部位的加工方法,需要预先学习如下机械加工工艺的基础知识。

一、金属切削基础知识与刀具材料

(一)金属切削基本概念

1.切削运动

金属切削加工是用金属切削刀具切除工件上多余的金属材料,使其形状、尺寸精度及表面精度达到零件图纸技术要求的一种机械加工方法。刀具切除多余金属是通过在刀具和工件之间产生相对运动来完成的,此运动称为切削运动。切削运动可分为主运动和进给运动两种。

1)主运动

切削运动中直接切除工件上的切削层,使之转变为切屑,以形成工件新表面的运动为主运动。一般来说,主运动是产生主切削力的运动,由机床主轴提供,其运动速度最高,消耗的功率最大。通常主运动只有 1 个,它可由工件运动完成,也可由刀具运动完成;可以是旋转运动,也可以是直线运动。如外圆车削时工件的旋转运动(如图 1-3 所示)和平面刨削时刀具的直线往复运动(如图 1-4 所示)等都是主运动。

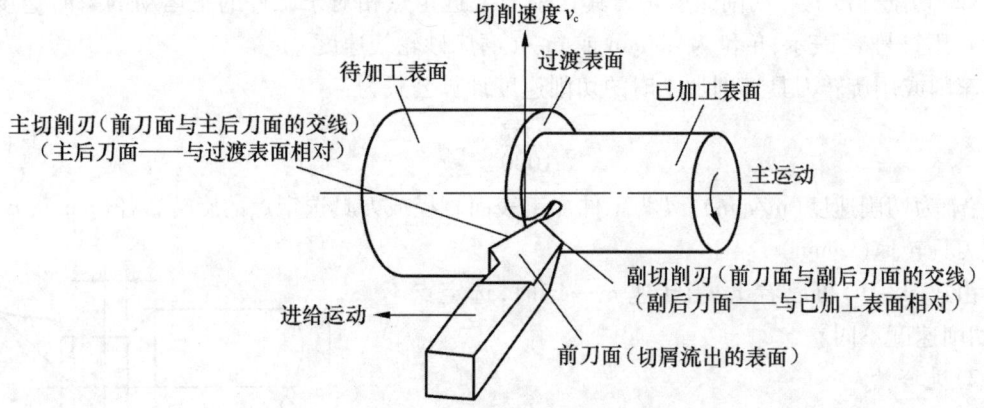

图 1-3　外圆车削时的切削运动与加工表面

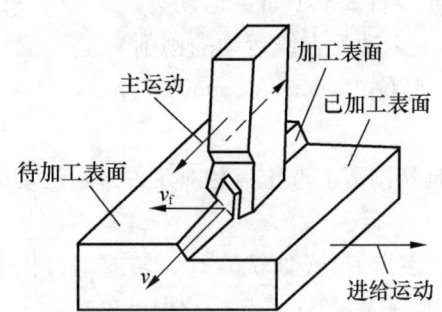

图 1-4　平面刨削时的切削运动与加工表面

2) 进给运动

在切削运动中,为使金属层不断地投入切削,保持切削连续进行,以完成对一个表面的切削,刀具与工件之间的相对运动称为进给运动。如车削时刀具的走刀运动(如图 1-3 所示);刨削时工件的间歇进给运动(如图 1-4 所示);钻削时钻头的轴向移动;铣削时工件的纵向、横向移动等都是进给运动。进给运动一般运动速度较低,消耗的功率较小,可由一个或多个运动组成,可以是连续的,也可以是间断的。

2. 切削时形成的工件表面

在切削过程中,工件上的多余金属层不断地被刀具切除而转变为切屑,同时工件上形成 3 个不断变化的表面,这三个表面如下:

(1) 待加工表面:工件上待切除的表面称为待加工表面。

(2) 已加工表面:工件上经刀具切削后产生的表面称为已加工表面。

(3) 过渡表面:主切削刃正在切削的表面,它在切削过程中不断变化,是待加工表面与已加工表面的连接表面。

3. 切削用量

金属切削加工时,切削速度 v_c、进给量 f 和背吃刀量 a_p 是切削用量三要素,总称为切削用量,如图 1-5 所示。

1)切削速度

(1)主轴转速 n。主轴转速是指主轴在单位时间内的转数,是表示机床主运动的性能参数,用符号 n 表示,其单位是 r/min 或 r/s。

(2)切削速度 v_c。切削速度是刀具切削刃上选定点相对于工件的主运动的瞬时速度(线速度),用符号 v_c 表示,单位为 m/min 或 m/s(磨床砂轮线速度)。

车削或用旋转刀具切削加工时的切削速度计算公式为:

$$v_c = \frac{dn\pi}{1000} \quad (式1-1)$$

式中:v_c 为切削速度(m/min);d 为工件加工表面直径或刀具选定点的旋转直径(mm);n 为工件或刀具转速(r/min)。

由式(1-1)可以看出,当转速 n 一定时,选定点不同,切削速度不同。

2)进给量

(1)进给量 f。进给量是刀具在进给运动方向上相对于工件的位移量,用刀具或工件每转(如主运动为旋转运动的车削)或双行程(如主运动为直线运动的刨削)的位移量来表达,符号是 f,单位为 mm/r 或 mm/双行程,如图 1-5 所示。

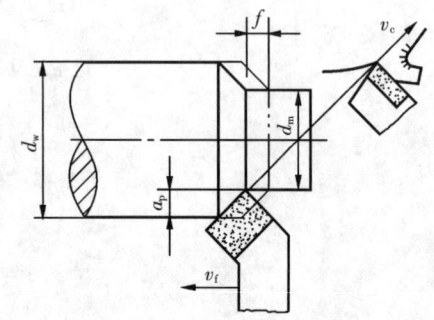

图 1-5 切削用量三要素

(2)进给速度 F。是刀具切削刃上选定点相对工件进给运动的瞬时速度。进给速度用符号 F 表示,单位是 mm/min。

(3)每齿进给量 f_Z。对于多齿刀具(如铣刀),每转或每行程中每齿相对于工件在进给运动方向上的位移量称为每齿进给量 f_Z,单位为 mm/齿。显然:

$$f_Z = \frac{f}{Z} \quad (式1-2)$$

式中:f_Z 为每齿进给量(mm/齿);f 为进给量(mm/r);Z 为刀齿数。

进给速度 F 与进给量 f 之间的关系为:

$$F = nf = nf_Z Z \quad (式1-3)$$

即表示铣削进给运动的进给量可用每齿进给量 f_Z(mm/齿)、每转进给量 f(mm/r)或进给速度 F(mm/min)来表示。

3)背吃刀量

车削加工中,刀具的横向进给和铣削加工中刀具的横向进给是间歇的进给运动,俗称为吃刀运动。通常把切削加工中的吃刀深度称为背吃刀量,用符号 a_p 表示,单位为 mm。车削中背吃刀量是指已加工表面与待加工表面之间的垂直距离。外圆车削时,其背吃刀量 a_p 等于工件上已加工表面 d_W 与待加工表面 d_m 之间的垂直距离,如图 1-5 所示,即:

$$a_p = \frac{d_W - d_m}{2} \quad (式1-4)$$

式中:d_W 为工件待加工表面直径(mm);d_m 为工件已加工表面直径(mm)。

4. 切削层参数

切削层是指切削过程中,由刀具在切削部分的一个单一动作(或指切削部分切过工件的一个单程,或指只产生一圈过渡表面的动作)所切除的工件材料层。外圆车削时的切削层就是工件旋转一圈,主切削刃移动一个进给量 f 所切除的一层金属层。如图1-6中的 $ABCD$ 所示。

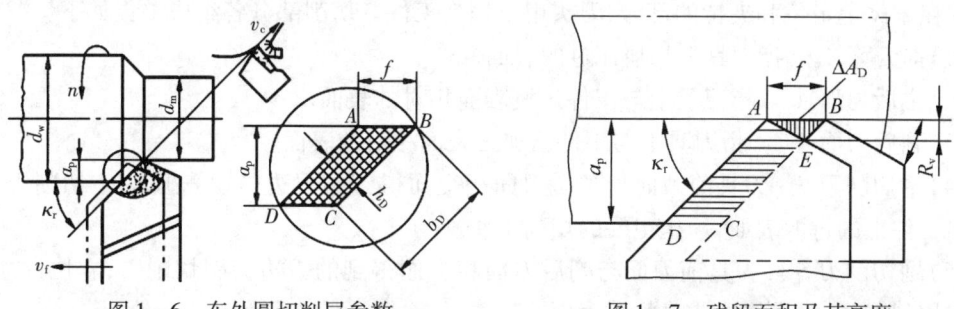

图1-6 车外圆切削层参数　　　　图1-7 残留面积及其高度

切削层的形状和尺寸称为切削层参数。切削层参数在通过切削刃上选定点并垂直于该点切削速度 v_c 的平面内测量,有以下3个。

1)切削层公称厚度 h_D

切削层公称厚度 h_D 是垂直于过渡表面测量的切削层尺寸,即相邻两过渡表面之间的距离,它反映了切削刃单位长度上的切削负荷。车外圆时,若车刀主切削刃为直线,则:

$$h_D = f\sin\kappa_r \quad \text{(式1-5)}$$

式中:κ_r 为车刀主偏角。

2)切削层公称宽度 b_D

切削层公称宽度 b_D 是沿过渡表面测量的切削层尺寸,它反映了切削刃参加切削的工作长度。当车刀主切削刃为直线时,外圆车削的切削层公称宽度为:

$$b_D = a_p/\sin\kappa_r \quad \text{(式1-6)}$$

3)切削层公称横截面积 A_D

在切削层尺寸平面内切削层的实际横截面积称作切削层公称横截面积 A_D。由定义可得:

$$A_D = b_D h_D = a_p f \quad \text{(式1-7)}$$

由上述公式可知,当主偏角 κ_r 增大,切削层公称厚度 h_D 将增大,而切削层公称宽度 b_D 将减小;当 $\kappa_r = 90°$ 时,$h_D = f$ 达到最大值,$b_D = a_p$ 达到最小值。主偏角值的不同引起切削层公称厚度与切削层公称宽度的变化,从而对切削过程的切削机理产生了较大的影响。切削层公称横截面积只由切削用量中的 f 和 a_p 决定,不受主偏角变化的影响,但切削层公称横截面积的形状则与主偏角、刀尖圆弧半径的大小有关。

切削层公称横截面积 A_D 的大小反映了切削刃所受载荷的大小,并影响加工质量、生产率及刀具耐用度,在车削加工时即指车刀正在切削着的 $ABCD$ 这一层金属(如图1-6所示)。实际上,由于刀具副偏角的存在,经切削加工后的已加工表面上常留下有规则的刀纹,这些刀纹在切削层尺寸平面里的横截面积 ABE 称为残留面积,如图1-7所示。残留面积的高度直接影响已加工表面的表面粗糙度值。

(二)刀具切削的几何角度

1. 刀具切削部分的组成

金属切削加工所用刀具种类繁多,形状各异,但是参加切削的部分在几何结构上都有共同的特征。外圆车刀是最基本、最典型的切削刀具,其切削部分可作为各类刀具切削部分的基本形态,其他各类刀具的切削部分都可以看成是外圆车刀切削部分的演变。下面以外圆车刀为例来说明刀具切削部分的术语和组成。

普通外圆车刀的构造如图 1-8 所示,其组成包括刀体和刀头(切削部分)两部分。刀柄是车刀在车床上定位和夹持的部分,刀头用于切削工件。切削部分各组成要素如下:

(1)前刀面 A_γ。指刀具上切屑流过的表面。

(2)主后刀面 A_α。指刀具上与工件过渡表面相对的表面。

(3)副后刀面 A'_α。指刀具上与工件已加工表面相对的表面。

(4)主切削刃 S。刀具前刀面与主后刀面相交而得到的刃边(或棱边)为主切削刃,它用于切出工件上的过渡表面,承担主要的切削工作。

(5)副切削刃 S′。刀具前刀面与副后刀面相交而得到的刃边为副切削刃,它协同主切削刃完成切削工作,并最终形成已加工表面。

(6)刀尖。刀尖是指主切削刃与副切削刃连接处相当少的一部分切削刃,如图 1-9 所示,刀尖有 3 种形式,可以是近似的点,即刀尖圆弧半径 $r_\varepsilon=0$,如图 1-9(a)所示;修圆刀尖 $\gamma_\varepsilon>0$,如图 1-9(b)所示;倒角刀尖,直线过渡刃,如图 1-9(c)所示。

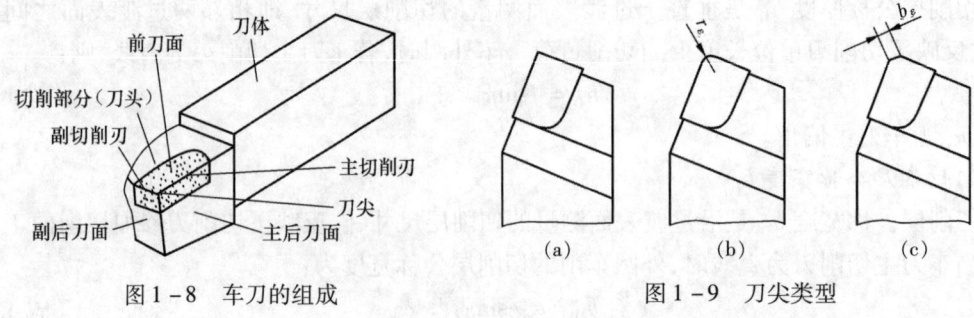

图 1-8 车刀的组成　　　　　图 1-9 刀尖类型

上述切削部分各组成要素在不同类型的刀具中,其刀面、切削刃的数量不尽相同。例如,宽刃刨刀刨削工件时,刨刀只有一条主切削刃工作,也就只有前刀面与后刀面。任何复杂刀具都可分解为两个刀面夹一条切削刃的基本单元来研究。

其他各类刀具,如刨刀、钻头、铣刀等,都可以看做是车刀的演变和组合。刨刀切削部分的形状与车刀相同,如图 1-10(a)所示;钻头可看做是两把一正一反并在一起同时镗削孔壁的车刀,因此有两个主切削刃和两个副切削刃,另外还多了一个横刃,如图 1-10(b)所示;铣刀可看做由多把车刀组合而成的复合刀具,每一个刀齿相当于一把车刀,如图 1-10(c)所示。

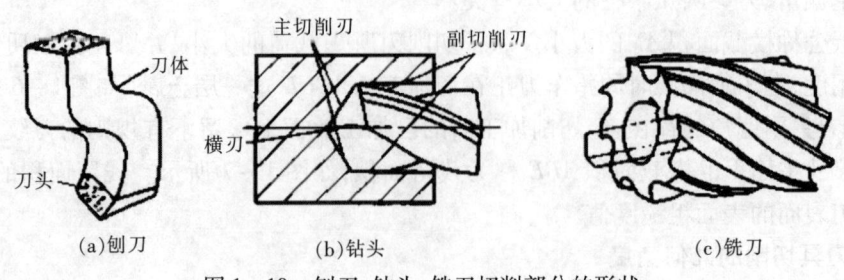

(a)刨刀　　　　(b)钻头　　　　(c)铣刀

图 1-10　刨刀、钻头、铣刀切削部分的形状

2. 刀具标注角度

为确定刀具切削部分的几何角度,必须引入一个空间坐标参考系。定义刀具角度的参考系有两种:静止参考系和工作参考系。刀具静止参考系是刀具设计、制造、刃磨和测量时使用的参考系。在该参考系中确定的刀具几何角度称为刀具的标注角度。

静止参考系的确定有两个假定条件:①不考虑进给运动的大小,只考虑其方向,这时合成切削运动方向就是主运动方向;②刀具的安装定位基准与主运动方向平行或垂直,刀柄的轴线与进给运动方向平行或垂直。下面介绍正交平面静止参考系。

1) 正交平面静止参考系

正交平面参考系由3个互相垂直的基面 P_r、切削平面 P_s、正交平面 P_o 组成,如图1-11所示。

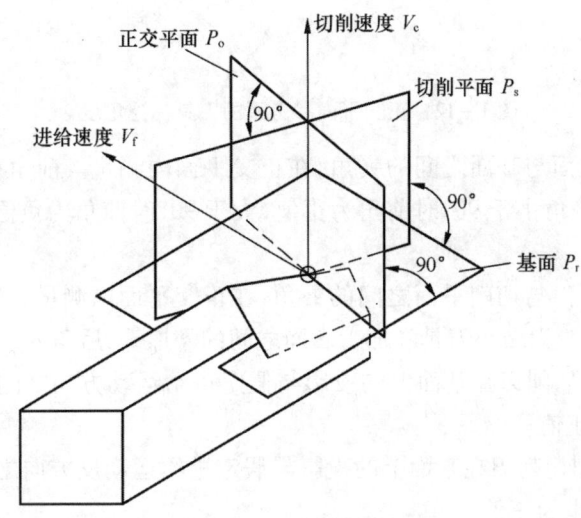

图1-11 正交平面参考系

(1) 基面 P_r。通过切削刃选定点垂直于该点切削速度方向的平面。由于刀具静止参考系是在假定条件下建立的,因此对车刀、刨刀来说,其基面平行于刀具的底面,对钻头、铣刀等旋转刀具来说则为通过切削刃某选定点且包含刀具轴线的平面。基面是刀具制造、刃磨及测量时的定位基准。

(2) 切削平面 P_s。通过切削刃选定点与主切削刃相切并垂直于基面的平面。当切削刃为直线刃时,过切削刃选定点的切削平面即是包含切削刃并垂直于基面的平面。

(3) 正交平面 P_o。通过切削刃选定点并同时垂直于基面和切削平面的平面。

2) 刀具标注角度

刀具标注角度是指在刀具设计图样上标注的角度,是制造、刃磨刀具的依据。车刀在正交平面参考系中独立的标注角度有6个,如图1-12所示。

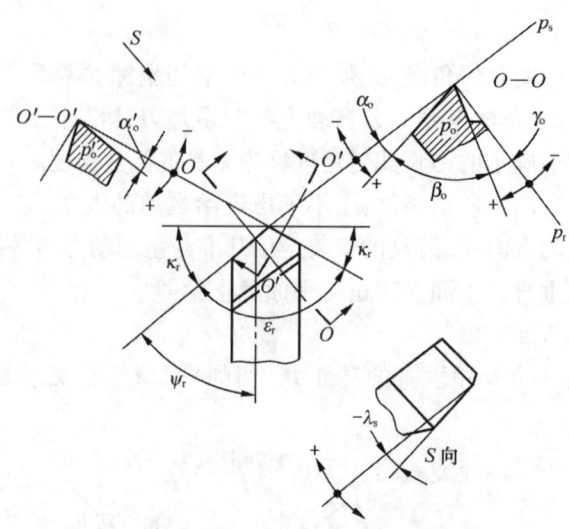

图 1-12 正交平面参考系的刀具标注角度

（1）前角 γ_o。前刀面与基面之间的夹角，在正交平面内测量。前角有正、负和零度之分，当前刀面与切削平面夹角小于 90°时前角为正值，大于 90°时前角为负值，前刀面与基面重合时为零度前角。

（2）后角 α_o。后刀面与切削平面之间的夹角，在正交平面内测量。当后刀面与基面夹角小于 90°时后角为正值。为减小刀具和加工表面之间的摩擦等，后角 α_o 一般为正值。

（3）主偏角 κ_r。主切削刃在基面上的投影与假定进给运动方向之间的夹角，在基面内测量。主偏角 κ_r 一般为正值。

（4）副偏角 κ_r'。副切削刃在基面上的投影与假定进给运动反方向之间的夹角，在基面内测量。副偏角 κ_r' 一般也为正值。

（5）刃倾角 λ_s。主切削刃与基面之间的夹角，在切削平面内测量。当刀尖是主切削刃的最高点时刃倾角为正值，当刀尖是主切削刃的最低点时刃倾角为负值，当主切削刃与基面重合时刃倾角为零度。刃倾角的正负规定如图 1-13 所示。

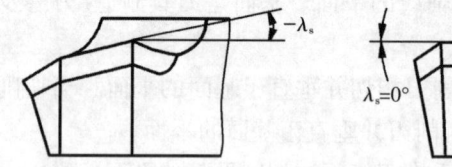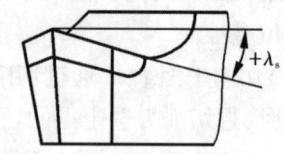

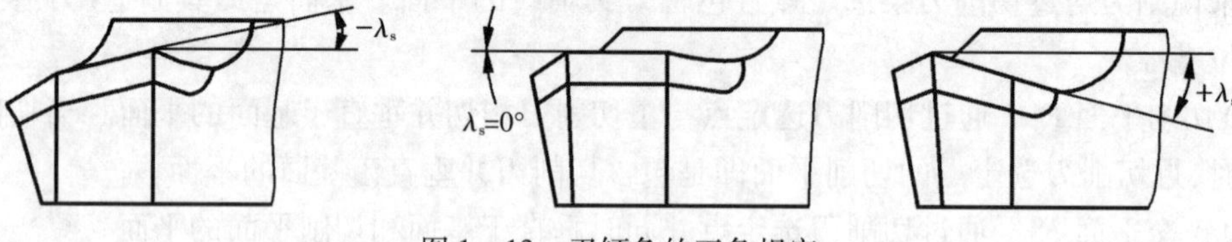

图 1-13 刃倾角的正负规定

（6）副后角 α_o'。参照主切削刃的研究方法，可过副切削刃选定点垂直于副切削刃在基面上的投影作出副切削刃的正交平面（用 P_o' 表示），在副切削刃的正交平面内可测量副后角 α_o'，副后角是副后刀面与副切削刃的切削平面之间的夹角，在副切削刃的正交平面内测量。副后角决定了副后刀面的位置。

3. 前角 γ_o 的功用及选择

1）前角的功用

前角主要影响切削变形和切削力的大小、刀具耐用度和加工表面的质量。增大前角能使刀刃变得锋利，使切削更为轻快，可以减小切削变形和摩擦，从而减小切削力和切削功率，切削热也减少,加工表面质量高。但增大前角会使刀刃和刀尖强度下降,刀具散热体积减小,影响刀具的耐用度。前角的大小对表面粗糙度、排屑及断屑等也有一定影响,因此前角值不能太小,也不能太大,应有一个合理的参数值。

2) 前角的选择

(1) 根据工件材料选择前角。加工塑性材料时,特别是硬化严重的材料(如不锈钢等),为了减小切削变形和刀具磨损,应选用较大的前角;加工脆性材料时,由于产生的切屑为崩碎切屑,切削变形小,因此增大前角的意义不大,而这时刀屑间的作用力集中在切削刃附近,为保证切削刃具有足够的强度,应采用较小的前角。

工件强度和硬度低时,由于切削力不大,为使切削刃锋利,可选用较大的甚至很大的前角。工件材料强度高时,应选用较小的前角;加工特别硬的工件材料(如淬火钢)时,应选用很小的前角,甚至选用负前角。因为工件的强度、硬度越高,产生的切削力越大,切削热越多,为了使切削刃具有足够的强度和散热容量,防止崩刃和迅速磨损,应选用较小的前角。

(2) 根据刀具材料选择前角。刀具材料的抗弯强度和冲击韧性较低时应选较小的前角。通常硬质合金车刀的前角在 $-5° \sim +20°$ 范围内选取,高速钢刀具比硬质合金刀具的合理前角约大 $5° \sim 10°$,而陶瓷刀具的前角一般取 $-5° \sim -15°$。当工件材料和加工性质不同时,常用硬质合金车刀的合理前角如表1-1所示。

表1-1 硬质合金车刀合理前角的参考值

工件材料	合理前角		工件材料	合理前角	
	粗车	精车		粗车	精车
低碳钢	20°~25°	25°~30°	灰铸铁	10°~15°	5°~10°
中碳钢	10°~15°	15°~20°	铜及铜合金	10°~15°	5°~10°
合金钢	10°~15°	15°~20°	铝及铝合金	30°~35°	35°~40°
淬火钢	-15°~-5°		钛合金 $\sigma_b \leq 1.177\text{GPa}$	5°~10°	
不锈钢(奥氏体)	15°~20°	20°~25°			

(3) 根据加工性质选择前角。粗加工时,特别是断续切削或加工有硬皮的铸、锻件时,不仅切削力大,切削热多,而且承受冲击载荷,为保证切削刃有足够的强度和散热面积,应适当减小前角。精加工时,对切削刃强度要求较低,为使切削刃锋利、减小切削变形并获得较高的表面质量,前角应取得较大。

数控机床、自动机床和自动线用刀具,为保证刀具工作的稳定性,使其不易发生崩刃和破损,一般选用较小的前角。

4. 后角 α_o 的功用及选择

1) 后角的功用

后角的主要功用是减小后刀面与工件的摩擦和后刀面的磨损,其大小对刀具耐用度和加工表面质量都有很大影响。后角增大,摩擦减小,刀具磨损减少,也减小了刀具刃口的钝圆弧半径,提高了刃口锋利程度,易于切下薄切屑,从而可减小表面粗糙度,但后角过大会减小刀刃强度和散热能力。

2) 后角的选择

(1) 根据切削厚度选择后角。合理后角的大小主要取决于切削厚度（或进给量），切削厚度 h_D 越大，则后角应越小；反之亦然。如进给量较大的外圆车刀后角 $\alpha_o = 6° \sim 8°$，则每齿进刀量不超过 0.01mm 的圆盘铣刀后角 $\alpha_o = 30°$。这是因为切削厚度较大时，切削力较大，切削温度也较高，为了保证刃口强度和改善散热条件，应取较小的后角。切削厚度越小，切削层上被切削刃的钝圆半径挤压而留在已加工表面上并与主后刀面挤压摩擦的这一薄层金属占切削厚度的比例就越大。若增大后角，就可减小刃口钝圆半径，使刃口锋利，便于切下薄切屑，可提高刀具耐用度和加工表面质量。

(2) 适当考虑被加工材料的力学性能。工件材料的硬度、强度较高时，为保证切削刃强度，宜选取较小的后角；工件材料的硬度较低、塑性较大及易产生加工硬化时，主后刀面的摩擦对已加工表面质量和刀具磨损影响较大，此时应取较大的后角；加工脆性材料时，切削力集中在刀刃附近，为强化切削刃，宜选取较小的后角。当工件材料和加工性质不同时，常用硬质合金车刀的合理后角如表 1-2 所示。

表 1-2 硬质合金车刀合理后角的参考值

工件材料	合理后角	
	粗车	精车
低碳钢	8°~10°	10°~12°
中碳钢	5°~7°	6°~8°
合金钢	5°~7°	6°~8°
淬火钢	8°~10°	
不锈钢（奥氏体）	6°~8°	8°~10°
灰铸铁	4°~6°	6°~8°
铜及铜合金	4°~6°	6°~8°
铝及铝合金	8°~10°	10°~12°
钛合金 $\sigma_b \leq 1.177$GPa	10°~15°	

(3) 考虑工艺系统的刚性。工艺系统刚性差，易产生震动，为增强刀具对震动的阻尼，应选取较小的后角。

(4) 考虑加工精度。对于尺寸精度要求高的精加工刀具（如铰刀等），为减小重磨后刀具尺寸的变化，保证有较高的耐用度，后角应取得较小。

车削一般钢和铸铁时，车刀后角常选用 4°~8°。

5. 主偏角 κ_r、副偏角 κ_r' 及过渡刃的功用及选择

1) 主偏角和副偏角功用

主偏角和副偏角对刀具耐用度影响很大。减小主偏角和副偏角可使刀尖角 ε_r 增大，刀尖强度提高，散热条件改善，因而刀具耐用度高。减小主偏角和副偏角还可降低加工表面残留面积的高度，故可减小加工表面的粗糙度。主偏角和副偏角还会影响各切削分力的大小和比例。如车削外圆时，增大主偏角，可使背向力 F_p 减小，进给力 F_f 增大，因而有利于减小工艺系统的弹性变形和震动。

2）主偏角和副偏角的选择

工艺系统刚性较好时，主偏角宜取较小值，如 $\kappa_r = 30° \sim 45°$，宜选用 45°偏刀；当工艺系统刚性较差或强力切削时，一般取 $\kappa_r = 60° \sim 75°$，如选用 75°偏刀。车削细长轴时，取 $\kappa_r = 90° \sim 93°$，以减小背向力 F_p。

副偏角的大小主要根据表面粗糙度的要求选取，一般为 5°～15°，粗加工时取大值，精加工时取小值。切断刀、锯片刀为保证刀头强度，只能取很小的副偏角，一般为 1°～2°。

硬质合金车刀合理主偏角 κ_r 和副偏角 κ_r' 的参考值如表 1-3 所示。

表 1-3　硬质合金车刀合理主偏角和副偏角的参考数值

加工情况		参考值	
		主偏角 κ_r	副偏角 κ_r'
粗车	工艺系统刚性好	45°,60°,75°	5°～10°
	工艺系统刚性差	65°,70°,90°	10°～15°
车细长轴、薄壁零件		90°,93°	6°～10°
精车	工艺系统刚性好	45°	0°～5°
	工艺系统刚性差	60°,75°	0°～5°
车削冷硬铸铁、淬火钢		10°～30°	4°～10°
从工件中间切入		45°～60°	30°～45°
切断刀、切槽刀		60°～90°	1°～2°

6. 刃倾角 λ_s 的功用及选择

1）刃倾角功用

刃倾角主要影响切屑流向和刀尖强度。

刃倾角对切屑流向的影响如图 1-14 所示。刃倾角为正值，切削开始时刀尖与工件先接触，切屑流向待加工表面，可避免缠绕和划伤已加工表面，对精加工和半精加工有利，如图 1-14(b)所示。刃倾角为负值时，切削中切屑流向已加工表面，如图 1-14(a)所示，容易缠绕和划伤已加工表面。

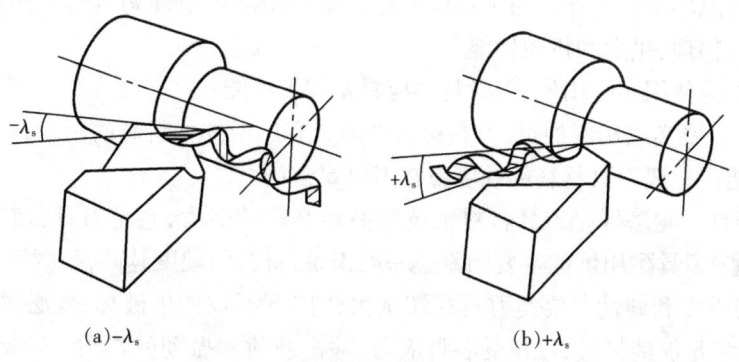

图 1-14　刃倾角对切屑流向的影响

负刃倾角有利于提高刀尖强度，如图 1-15 所示。刃倾角为负值时，切削运动中刀具与工件接触的瞬间，刀具切削刃中部先接触工件，刀尖后接触工件，尤其是断续切削时，切削刃承受刀具与工件接触瞬间的冲击力,可避免刀尖受冲击,起保护刀尖的作用,如图 1-15(b)所示,且负刃倾角利于刀尖散热。刃倾角为正值时,刀具与工件接触的瞬间是刀尖先接触工件,刀尖承受刀具与工件接触瞬间的冲击力,容易受冲击损坏,如图 1-15(a)所示。

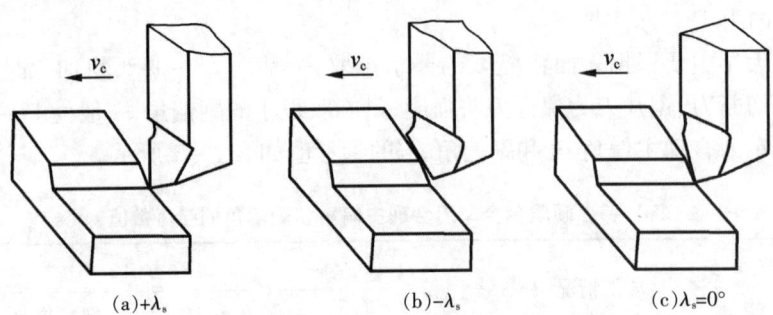

图 1-15 负刃倾角对刀尖的保护作用

2) 刃倾角的选用

加工一般钢料和铸铁时,无冲击的粗车取 $\lambda_s = 0° \sim -5°$,精车取 $\lambda_s = 0° \sim +5°$;有冲击负荷时,取 $\lambda_s = -5° \sim -15°$;当冲击特别大时,取 $\lambda_s = -30° \sim -45°$。切削高强度钢、冷硬钢时,为提高刀头强度,可取 $\lambda_s = -30° \sim -10°$。

综上所述,刀具各角度之间是相互联系、相互影响的,孤立地选择某一角度并不能得到所希望的合理值。例如,在加工硬度比较高的工件材料时,为了增加切削刃的强度,一般取较小的后角;但在加工特别硬的材料如淬硬钢时,通常采用负前角,这时如适当增大后角,不仅可使切削刃易于切入工件,而且还可提高刀具耐用度。

(三) 金属切削刀具材料

刀具切削性能的好坏,取决于构成刀具切削部分的材料、几何形状和结构尺寸。刀具材料性能的优劣对加工表面质量、加工效率、刀具使用寿命和加工成本都有很大的影响。

1. 切削用刀具材料应具备的性能

刀具在切削加工中,要承受很大的切削力作用,在加工余量不均匀或断续切削时,刀具还要承受冲击载荷和振动,切削层金属与刀具表面相互接触、相对运动,刀具受到剧烈的摩擦作用,并产生大量的热量,使刀具受到热冲击、热应力,尤其是切削刃及相邻的前刀面和后刀面,长期处在切削高温环境中工作。为了适应如此繁重的切削负荷和恶劣的工作条件,刀具材料必须具备相应的物理、化学和机械性能。

从切削加工的使用实际出发,刀具材料应具备如下性能:

(1) 高硬度。要实现切削加工,刀具材料必须具有比工件材料高的硬度,高硬度是刀具材料的最基本性能。一般刀具材料的硬度应在 HRC60 以上。

(2) 高耐磨性。耐磨性是刀具材料抵抗摩擦和磨损的能力,它是刀具材料应具备的主要条件之一,是决定刀具耐用度的主要因素。一般来说,材料的硬度越高,耐磨性越好。

(3) 足够的强度和韧性。要使刀具在切削力作用下不致产生破坏,就必须具有足够的刚度,同时还要具备足够的韧性,以承受各种应力、冲击载荷和振动的作用。通常用材料的抗弯强度和冲击韧性表示刀具的强度和韧性。

(4) 高的耐热性(热稳定性)。耐热性是指在高温下材料保持硬度、耐磨性、强度和硬度的能力。切削过程中一般都会产生很高的温度,刀具材料必须具有一定的耐热性,以保证在高温下仍然具有所要求的性能,耐热性可用红硬性或高温硬度表示。

(5)良好的热物理性能和耐热冲击性能。刀具材料的导热性越好,切削时产生的热量越容易传导出去,从而降低切削部分的温度,减轻刀具的磨损,避免因热冲击产生刀具材料裂纹。

(6)良好的工艺性。为了便于制造,刀具切削部分材料应具有良好的锻造、焊接、热处理和磨削加工等性能。

具体切削用刀具材料应具备的性能如表1-4所示。

表1-4 切削用刀具材料应具备的性能

希望具备的性能	作为刀具使用时的性能	希望具备的性能	作为刀具使用时的性能
高硬度(常温与高温状态)	耐磨损性	化学稳定性良好	耐氧化性,耐扩散性
高韧性(抗弯强度)	耐崩刃性,耐破损性	低亲和性	耐溶着、凝着(黏刀)性
高耐热性	耐塑性变形性	磨削成形性能良好	刀具制造的高生产率、重磨性
热传导能力良好	耐热冲击性,耐热裂纹性	锋刃性良好	刃口锋利,表面质量好

2. 刀具材料种类

当今所采用的刀具材料,大体上可分为高速钢、硬质合金、陶瓷、立方氮化硼(CBN)、聚晶金刚石(PCD)五大类。

1)高速钢

高速钢是在合金工具钢中加入较多的钨、钼、铬、钒等合金元素的高合金工具钢,大体上可分为W系和Mo系两大类。它的淬火温度极高(1200℃)而淬透性极好,可使刀具整体的硬度一致,在600℃仍能保持较高的硬度,较之其他工具钢耐磨性好且比硬质合金韧性高,但压延性较差,热加工困难,耐热冲击较弱,具有较高的强度和韧性。因刃磨时易获得锋利的刃口,故高速钢又称"锋钢"。高速钢又分为普通高速钢和高性能高速钢。

(1)普通高速钢。普通高速钢具有一定的硬度和耐磨性及较高的强度和韧性,切削速度(加工钢料)一般不高于40~50m/min,适用于制造车刀、钻头、铰刀、铣刀等刀具,不适合高速切削和切削硬的材料。典型的普通高速钢有:W18Cr4v、W6Mo5Cr4V2。

(2)高性能高速钢。高性能高速钢耐高温性好,其耐用度是普通高速钢的1.5~3倍,适用于加工奥氏体不锈钢、高温合金、钛合金、超高强度钢等难加工材料。不同牌号的高性能高速钢只有在各自规定的切削条件下,才能达到良好的加工效果,因此其使用范围受到限制。典型的高性能高速钢有:9W18Cr4v、9W6Mo5Cr4V2、W6Mo5Cr4V3。

目前高速钢材料用于数控加工的刀具主要是高速钢钻头。高速钢刀具以 HSS 标识,钒高速钢刀具以 HSSV 标识,钴高速钢刀具以 HSCo 标识。

2)硬质合金

硬质合金是由硬度和熔点都很高的碳化物,如钨钴类(WC)、钨钛钴类(WC-TiC)、钨钛钽(铌)钴类(WC-TiC-TaC)等,用钴Co、钼Mo、镍Ni作黏结剂烧结而成的粉末冶金制品。其常温硬度可达78~82HRC,能耐850~1000℃的高温,切削速度比高速钢高3~8倍,但其冲击韧性与抗弯强度远比高速钢差,因此很少做成整体式刀具。实际使用中,常用硬质合金刀片焊接或用机械夹固的方式固定在刀体上。硬质合金刀具以 HM 标识。

按 ISO 标准,硬质合金主要以硬质合金的硬度、抗弯强度等指标为依据,硬质合金刀片材料分为 K 类、P 类、M 类。

(1) K 类。对应于国家标准 YG 类。K 类即钨钴类硬质合金,由碳化钨和钴组成。这类硬质合金韧性较好,但硬度和耐磨性较差,适用于加工铸铁、青铜等脆性材料。常用 K 类硬质合金牌号有 K01、K10、K20、K30、K40。我国常用的 K 类硬质合金牌号有 YG8、YG6、YG3,它们制造的刀具依次适用于粗加工、半精加工和精加工,其中的数字表示 Co 含量的百分数,如 YG6 即含 Co6%。含 Co 越多,则韧性越好。

(2) P 类。对应于国家标准 YT 类。P 类即钨钴钛类硬质合金,由碳化钨、碳化钛和钴组成。这类硬质合金的耐热性和耐磨性较好,但抗冲击韧性较差,适用于加工钢件等韧性材料。常用 P 类硬质合金牌号有 P01、P05、P10、P15、P20、P25、P30、P40、P50。我国常用的 P 类硬质合金牌号有 YT5、YT15、YT30,其中的数字表示碳化钛含量的百分数。碳化钛的含量越高,耐磨性越好,韧性越低。这三种牌号的硬质合金制造的刀具分别适用于粗加工、半精加工和精加工。

(3) M 类。对应于国家标准 YW 类。M 类即钨钴钛钽铌类硬质合金,是在钨钴钛类硬质合金中加入少量的稀有金属碳化物(TaC 或 NbC)组成的。它具有前两类硬质合金的优点,其制造的刀具既能加工脆性材料,又能加工韧性材料,同时还能加工高温合金、耐热合金及合金铸铁等难加工的材料。常用的 M 类硬质合金牌号有 M10、M20、M30、M40。我国常用的 M 类硬质合金牌号有 YW1 和 YW2。

K 类、P 类、M 类硬质合金切削用量的选择规律如表 1-5 所示。

表 1-5 K 类、P 类、M 类硬质合金切削用量的选择规律

K 类	K01	K10	K20	K30	K40				
P 类	P01	P05	P10	P15	P20	P25	P30	P40	P50
M 类	M10	M20	M30	M40					
进给量	→								
背吃刀量	→								
切削速度	←								

硬质合金材料上涂覆涂层做成的刀片就是涂层硬质合金刀片。这种材料是在韧性、强度较好的硬质合金基体上或高速钢基体上,采用化学气相沉积(Chemical Vapor Deposition,CVD)法或物理气相沉积(Physical Vapor Deposition,PVD)法涂覆一层极薄的、硬度和耐磨性极高的难熔金属化合物而得到的刀具材料。通过这种方法,使刀具既具有基体材料的强度和韧性,又具有很高的耐磨性。常用的涂层材料有 TiC、TiN、TiCN、Al_2O_3 等。TiC 的韧性和耐磨性较好,TiN 的抗氧化、抗黏结性较好,Al_2O_3 的耐热性较好。使用时,可根据不同的需要选择涂层材料。

涂层刀具的使用范围相当广泛,非金属、铝合金、铸铁、钢、高强度钢、高硬度钢和耐热合金、钛合金等难加工材料的切削均可使用。

目前,最先进的涂层技术也称 ZX 技术,是利用纳米技术和薄膜涂层技术,使每层膜厚为 1nm 的 TiN 和 AlN 超薄膜交互重叠约 2000 层累积而成,这是继 TiC、TiN、TiCN 后的第四代涂层。它的特点是远比以往的涂层硬,接近 CBN 的硬度,寿命是一般涂层的 3 倍,大幅度提高了

耐磨性,是较有发展前途的刀具材料。

目前涂层刀具的常用涂层有如下几种。

①TiC 涂层。TiC 涂层呈银白色,硬度高(3200HV)、耐磨性好且有牢固的黏着性,一般涂层厚度为 5~7μm。

②TiN 涂层。TiN 涂层呈金黄色,硬度为 2300HV,有很强的抗氧化能力和很小的摩擦因数,抗磨损性能比 TiC 涂层强,涂层厚度为 8~12μm。

③TiCN 涂层。TiCN 涂层呈蓝灰色,硬度为 3000HV,为高韧性通用涂层。

④TiAlN 涂层。TiAlN 涂层呈紫黑色,硬度为 3200HV,可用于加工难加工材料、干切削和硬材料。

⑤AlTiN 涂层。AlTiN 涂层呈黑色,硬度为 3400HV,比 TiAlN 有更好的切削性能。

⑥TiN 和 TiC 复合涂层。里层为 TiC 涂层,外层为 TiN 涂层,从而使其兼有 TiC 的高硬度、高耐磨性和 TiN 的不黏刀等特点,复合涂层的性能优于单层。

⑦Al_2O_3 涂层。Al_2O_3 涂层硬度为 3000HV,耐磨性好、耐热性高、化学稳定性好和摩擦因数小,适用于高速切削。

一般来说,在相同的切削速度下,涂层高速钢刀具的耐磨损性能比未涂层的提高 2~10 倍;涂层硬质合金刀具的耐磨损性能比未涂层的提高 1~3 倍。所以,一片涂层刀片可代替几片未涂层刀片使用。

硬质合金刀片及硬质合金涂层刀片如图 1-16 和图 1-17 所示。

 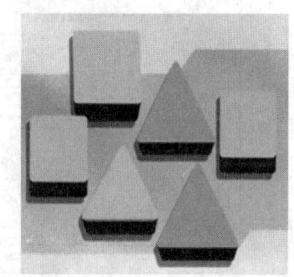

图 1-16 硬质合金刀片

图 1-17 硬质合金涂层刀片

3)陶瓷

陶瓷的主要成分是 Al_2O_3。陶瓷刀具基本上由两大类组成:一类为纯氧化铝类(白色陶瓷),另一类为 TiC 添加类(黑色陶瓷)。陶瓷刀片硬度可达 78HRC 以上,能耐 1200~1450℃ 的高温,化学稳定性很好,所以能承受较高的切削速度。它的主要特点是:高硬度、高温强度好、化学性能稳定,与被加工材料的亲和性低,故不易产生黏刀和积屑瘤现象,加工表面非常光洁平整。但陶瓷刀具的抗弯强度低,抗冲击韧性差,脆性大,易崩刃。陶瓷刀具适用于加工耐热合金等难加工材料,刀具耐用度比传统刀具高几倍甚至几十倍,减少了加工中的换刀次数,可进行高速切削或实现"以车、铣代磨",切削效率比传统刀具高3～10倍。

4)立方氮化硼(CBN)

立方氮化硼是靠超高压、高温技术人工合成的超硬刀具材料,其硬度可达4500 HV以上,仅次于金刚石。它的主要特点是热稳定性好,硬度高,与铁族元素亲和力小,但脆性大、韧性差,特别适用于加工超高硬度的材料。目前主要用于加工淬火钢、冷硬铸铁、高温合金和一些难加工的材料。

5)聚晶金刚石(PCD)

聚晶金刚石硬度极高,可达10 000HV(硬质合金仅为1300～1800HV)。聚晶金刚石刀具的耐磨性是硬质合金的80～120倍,但韧性差,对铁族材料亲和力大,因此一般不宜加工黑色金属,主要用于硬质合金、玻璃纤维塑料、硬橡胶、石墨、陶瓷、有色金属等材料的高速精加工。

上述五大类刀具材料从总体上分析,材料的硬度、耐磨性,金刚石最高,依次降低,高速钢最低;材料的韧性则是高速钢最高,金刚石最低。图1-18所示为目前实用的各种刀具材料根据硬度和韧性排列的次序。涂层刀具材料具有较好的实用性能,也是将来能使硬度和韧性并存的手段之一。在机械加工中,应用最广泛的是硬质合金类。因为硬质合金材料从经济性、适应性、多样性、工艺性等各方面,综合效果都优于陶瓷、立方氮化硼和聚晶金刚石。

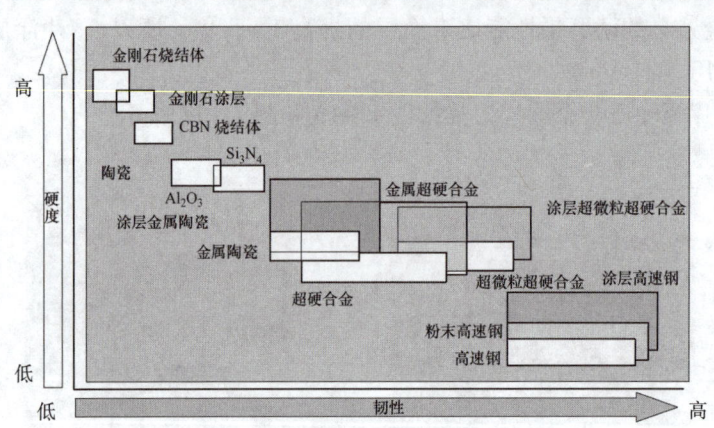

图1-18 切削用刀具材料的硬度与韧性关系图

(四)金属切削过程及规律

1. 切屑形成

金属切削过程是通过金属切削刀具与工件间的切削运动,使刀具从工件的待加工表面上切去多余的金属层,形成已加工表面,也就是工件被切削层在刀具前刀面的挤压下产生塑性变形、形成切屑的过程。磨削是用砂轮等磨具在工件的待加工表面上,通过磨具的微小磨粒对工件表面进行切削形成已加工表面。金属切削过程中会产生一系列物理现象,如形成切屑、切削力、切削热、刀具磨损等。研究金属切削过程和切削规律对保证机械零件加工质量、提高生产效率、降低生产成本等具有十分重要的意义。现以塑性金属材料为例,说明切屑的形成及切削过程的变形情况。

1)切屑的形成过程

切削塑性材料时,切削过程一般分为挤压、滑移、挤裂和切离4个阶段。当刀具与工件开始接触时,接触处的金属会发生弹性变形,随着挤压力的增大,材料沿45°剪切面滑移,即产生塑性变形。刀具继续挤压工件,使金属内应力超过强度极限,这部分金属则沿滑移方向产生裂痕,最终被分离,形成切屑。

切削过程中,切削层受刀具挤压后也产生塑性变形,由于受下部金属母体的阻碍,切削层只能沿 OM 方向滑移,产生以剪切滑移为主的塑性变形而形成切屑,如图1-19所示。

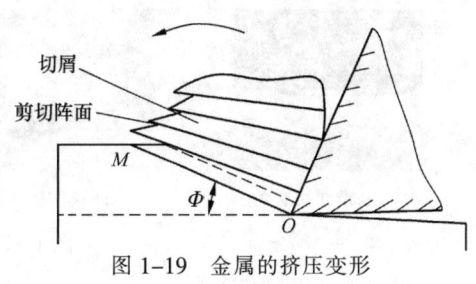

图1-19 金属的挤压变形

2) 切屑的种类

由于工件材料性质不同和切削条件不同,工件被切削层在切削过程中的变形程度也不同,因而产生的切屑形态也多种多样。根据切削过程中变形程度的不同,归纳起来主要有以下四种不同形态的切屑。

(1) 带状切屑。切屑连续不断呈带状,内表面光滑,外表面无明显裂纹,呈微小锯齿形,如图1-20(a)和图1-21(a)所示。一般在加工塑性金属材料(如低碳钢、合金钢、铜、铝)采用较大的刀具前角 γ_o、较小的切削层公称厚度 h_D、较高的切削速度 v_c 时,最易形成这种切屑。形成带状切屑时,切削力波动小,切削过程比较平稳,加工表面质量高,但需采取断屑措施,否则会产生缠绕以致损坏刀具,甚至破坏工件已加工表面质量,尤其是在数控加工和自动机床加工中应特别注意。

(2) 挤裂(节状)切屑。这种切屑底面较光滑,背面局部裂开,呈较大的锯齿形,如图1-20(b)和图1-21(b)所示。这是由于剪切面上的局部切应力达到材料强度极限的结果。一般加工塑性较低的金属材料(如黄铜),在刀具前角 γ_o 较小、切削层公称厚度 h_D 较大、切削速度 v_c 较低时,或加工碳素钢材料在工艺系统刚性不足时,易形成这种切屑。形成挤裂切屑时,切削力波动较大,切削过程不太稳定,加工表面粗糙度较大。

(3) 粒状切屑。切削塑性材料时,若在挤裂切屑整个剪切面上的剪切应力超过了材料断裂强度,所产生的裂纹贯穿切屑断面时,会在挤裂下呈均匀的颗粒状,如图1-20(c)和图1-21(c)所示。采用小前角或副前角,以极低的切削速度和大的切削层公称厚度切削时,会形成这种切屑。形成粒状切屑时,切削力波动大,切削过程不平稳,加工表面粗糙度大。

(4) 崩碎切屑。切削铸铁、青铜等脆性材料时,切削层在弹性变形后未经塑性变形就被挤裂,形成不规则的碎块状,如图1-20(d)和图1-21(d)所示。形成崩碎切屑时切削力波动大,且切削层金属集中在切削刃口碎断,易损坏刀具,加工表面也凹凸不平,使已加工表面粗糙度增大。如果减小切削层公称厚度,适当提高切削速度,可使切屑转化为针状或片状。

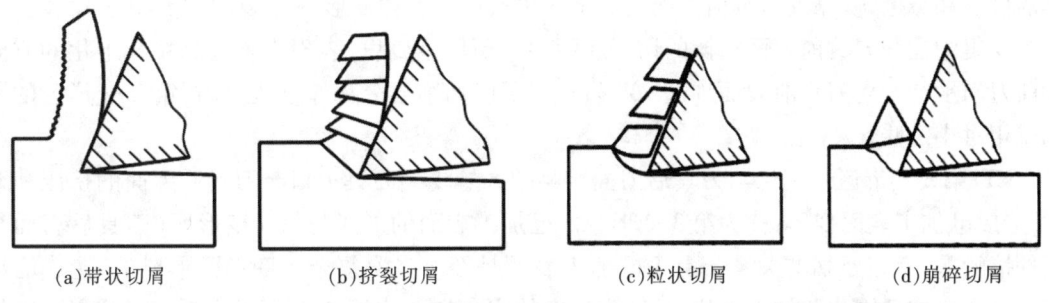

(a) 带状切屑　　(b) 挤裂切屑　　(c) 粒状切屑　　(d) 崩碎切屑

图1-20 切屑的种类

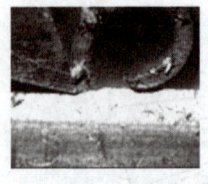 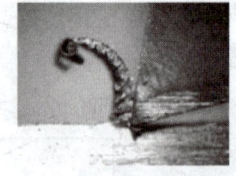  

(a)带状切屑　　　　　(b)挤裂切屑　　　　　(c)粒状切屑　　　　　(d)崩碎切屑

图 1-21　四种切屑形状实例

切屑的形状可以随切削条件的不同而发生改变。例如,改变刀具的几何角度和切削用量,可使切屑形态发生变化,实际生产中常根据具体情况采取不同的措施使切屑变形得到控制,以保证切削加工的顺利进行。

2. 切屑过程

1) 切削时的 3 个变形区

金属的切削过程实质上是被切削金属层在刀具挤压作用下产生剪切滑移、塑性变形,直至断裂的过程。通常将切削过程中切削层内发生的塑性变形区域划分为 3 个变形区,如图 1-22 所示。

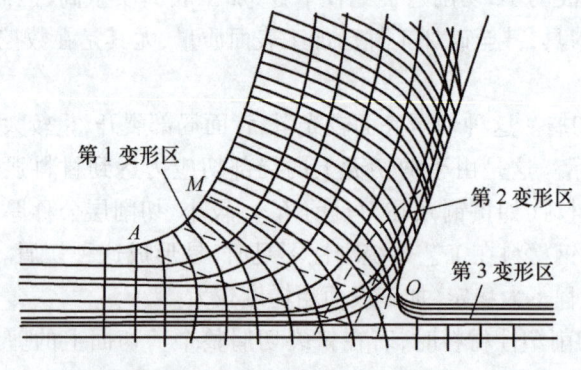

图 1-22　切削时的 3 个变形区

(1) 第 1 变形区。被切削金属层在刀具前刀面挤压力的作用下,首先产生弹性变形,当达到材料的屈服极限时,沿 OA 面(称为始滑移面)开始产生剪切滑移,到 OM 面(称为终滑移面)晶粒的剪切滑移基本完成,切削层形成切屑沿刀具前刀面流出,这一区域称为第 1 变形区。第 1 变形区的主要特征是沿滑移面的剪切滑移变形及随之产生的加工硬化。

(2) 第 2 变形区。当剪切滑移形成的切屑在刀具前刀面流出时,切屑底层进一步受到刀具的挤压和摩擦,使靠近刀具前刀面处的金属再次产生剪切变形,称为第 2 变形区。第 2 变形区主要集中在和刀具前刀面摩擦的切屑底面的一薄层金属里,表现为该处晶粒纤维化的方向和前刀面平行。离刀具前刀面越远,变形越小,所以切削层公称厚度较大时,第 2 变形区的影响就相对小一些。

(3) 第 3 变形区。工件与刀具后刀面接触的区域受到刀具刃口与刀具后刀面的挤压和摩擦,造成已加工表面变形,称为第 3 变形区。已加工表面的形成与第 3 变形区(刀具后刀面与工件接触区)有很密切的关系。由于已加工表面是经过多次复杂的变形而形成的,造成已加工表面金属的纤维化和加工硬化,并产生一定的残余应力,第 3 变形区的金属变形将影响工件的表面质量和使用性能。

2）积屑瘤

(1) 积屑瘤的形成。

在切削速度不高而又能形成连续性切屑的情况下，加工钢料或其他塑性材料时，常在切削刃口附近黏结一块很硬（约为工件材料硬度的 2～3.5 倍）的金属堆积物，冷焊在切削刃上且覆盖刀具部分前刀面，这就是积屑瘤。

积屑瘤的形成原因主要是由于切削加工时，在一定的温度和压力作用下，切屑与刀具前刀面发生强烈摩擦，致使切屑底层金属流动速度降低而形成滞流层，如果温度和压力合适，滞流层就与前刀面黏结而留在刀具前刀面上，由于黏结层经过塑性变形硬度提高，连续流动的切屑在黏结层上流动时，又会形成新的滞留层，使黏结层在前一层的基础上积聚，这样一层又一层地堆积，黏结层越来越大，最后形成积屑瘤。当积屑瘤生成时或生成后，在外力、震动等的作用下，会局部断裂或脱落；另外，当切削温度超过工件材料的再结晶温度时，由于加工硬化消失，金属软化，积屑瘤也会脱落和消失。由此可见，产生积屑瘤的决定因素是切削温度，形成积屑瘤的必要条件是加工硬化和黏结。

(2) 积屑瘤对切削过程的影响。

① 增大实际前角。积屑瘤黏结在刀具前刀面刀尖处，可代替刀具切削，增大了刀具的实际前角，如图 1-23 所示，可减小切屑变形和切削力。

② 增大切入深度。积屑瘤前端伸出切削刃之外，加工中出现过切，使刀具切入深度比没有积屑瘤时增大了 Δ，因而影响了加工尺寸，如图 1-23 所示。

③ 增大已加工表面粗糙度。由于积屑瘤很不稳定，使切削深度不断变化，导致实际前角发生变化，引起切削过程震动；积屑瘤脱落时的碎片可能黏附在已加工表面上；积屑瘤凸出刀刃部分，在已加工表面上形成沟纹，这些都可以造成已加工表面的粗糙度值增大。

④ 影响刀具耐用度。积屑瘤覆盖着刀具部分刃口和前刀面，对切削刃和前刀面有一定保护作用，从而减小了刀具磨损，但积屑瘤脱落时，又可能使黏结牢固的硬质合金表面剥落，加剧刀具磨损。

(3) 影响积屑瘤的主要因素与控制。

精加工时必须避免或抑制积屑瘤的生成。其措施有如下几种：

① 控制切削速度。尽量采用较低或较高的切削速度。切削速度是通过切削温度和摩擦系数来影响积屑瘤的。如图 1-24 所示，低速切削时（$v_c < 10\text{m/min}$），切屑流动较慢，切削温度较低，切屑与刀具前刀面摩擦系数小，切屑与前刀面不易发生黏结，不会形成积屑瘤，因此用高速钢刀具低速车削或铰削，可获得较小的表面粗糙度值；高速切削时（$v_c > 100\text{m/min}$），切削温度高，切屑底层金属软化，加工硬化和变形强化消失，也不会生成积屑瘤，因此选择耐热性好的刀具材料进行高速切削，如涂层硬质合金刀片，也可获得较小的表面粗糙度值；中速切削时（$v_c = 20 \sim 30\text{m/min}$），切削温度在 300～400℃，是形成积屑瘤的适宜温度，此时摩擦系数最大，积屑瘤生长得最高，因而表面粗糙度值最大。

② 降低工件材料塑性。通过热处理降低材料塑性，提高其硬度，可抑制积屑瘤的生成。

③ 其他措施。减小进给量、增大刀具前角、减小刀具前刀面的粗糙度值，合理使用切削液等，均可使切削变形减小，切削力减小，切削温度下降，从而抑制积屑瘤的生成。

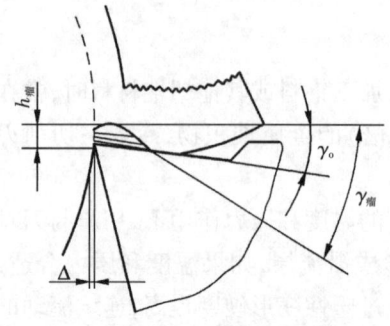
图1-23 形成积屑瘤时的前角及伸出量 Δ

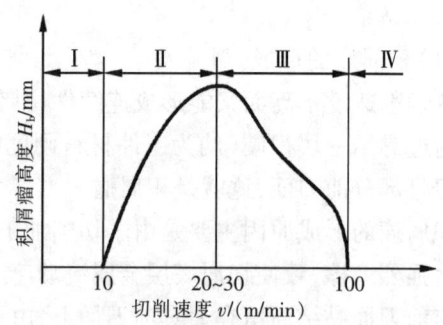
图1-24 积屑瘤高度与切削速度的关系

3. 切屑的形状及控制

在金属切削加工中,需要控制切屑的形状、流向、卷曲和折断,切屑处理不当会影响正常生产秩序,甚至危及操作者的人身安全;经常停车清理切屑也会增加辅助时间,使切屑划伤工件表面,甚至打坏切削刃。尤其在数控加工和自动生产线加工,断屑和卷屑更应该引起重视。

1) 切屑与断屑

根据工件材料、刀具几何参数和切削用量的不同,切屑的形状有很大的不同,它们影响切屑的处理和运输。按切屑形状进行分类,常见切屑的形状如图1-25所示。

切削塑性材料时,若不采用适当的断屑措施,易形成带状屑。连续带状切屑在加工过程中将会形成缠绕在一起的金属丝。这不仅不利于切屑处理,而且也会增加切屑处理过程中的危险性。为了人员安全和获得良好的表面粗糙度,理想的切屑类型应该是C字形的,C形屑不会缠绕在工件或刀具上,也不易伤人,是一种比较好的屑形,C形屑通常是由带有断屑槽的刀具加工时形成。

车削一般的碳钢和合金钢时,采用带断屑槽的车刀易形成C形屑。

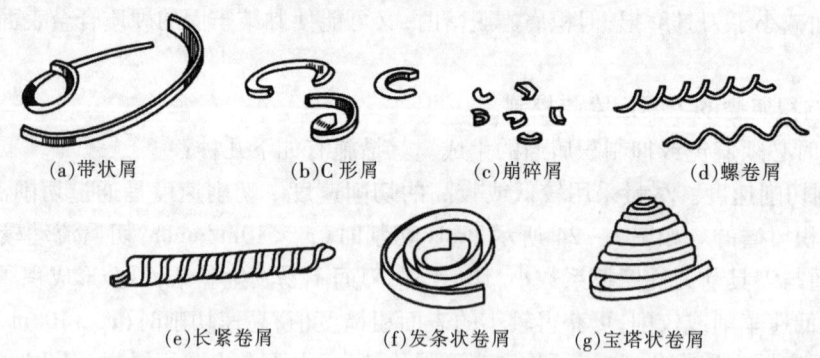

(a)带状屑　(b)C形屑　(c)崩碎屑　(d)螺卷屑

(e)长紧卷屑　(f)发条状卷屑　(g)宝塔状卷屑

图1-25 常见切屑的各种形状

断屑槽具有很多种形式,大多数的硬质合金刀具都有一个嵌入式断屑槽或自身就带有断屑槽,如图1-26所示。断屑槽专门设计用于使切屑沿刀具前刀面流出时发生卷曲、断屑,从工件上分离以获得正确的切屑类型。

当使用高速钢刀具时,必须在刀具上磨出断屑槽,并选取适当的切削速度和进给量,使加工过程中获得较好类型的切屑。切削的深度对切屑卷曲和分离也有影响,当切

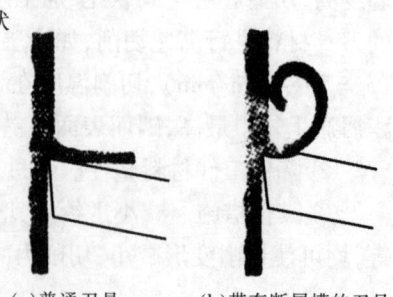

(a)普通刀具　(b)带有断屑槽的刀具

图1-26 断屑槽使切屑卷曲并断屑

削深度较大时,切屑也较大,这类大切屑比小切屑弹性更低,因此更容易分离成细小的切屑。

长螺卷屑形成过程比较平稳,清理也方便,在普通车床上是一种可以选择的屑形。

在重型车床上用大切深、大进给量车削钢件时,切屑宽且厚,所以通常将断屑槽的槽底圆弧半径加大,使切屑卷曲成发条状,在工件表面上折断,并靠其自重坠落。

在自动机床、数控机床或自动线上加工,宝塔状卷屑不会缠绕工件或刀具,清理也方便,是比较好的屑形。

车削铸铁等脆性材料时,切屑崩碎成针状或碎片,无论对清理和人身安全都不利,这时应设法使切屑连成卷屑。

2) 影响断屑的主要因素

(1) 刀具几何角度。在刀具几何角度中,主偏角和刃倾角对断屑和切屑流向影响较大。主偏角越大越易断屑,反之则不易断屑。因为主偏角越大,切削层公称厚度越大,卷曲变形产生的弯曲应力越大,所以越易断屑。因此,生产中若要取得较好的断屑效果,可选择较大的主偏角,如 $\kappa_r = 75° \sim 90°$。

刃倾角是控制切屑排出方向的重要参数。当刃倾角为负值时,有促使切屑流向已加工表面或过渡表面的趋势,容易使切屑碰撞工件后折断成 C 形屑。当刃倾角为正值时,可能使切屑流向待加工表面或离开工件后与刀具后刀面相碰,或形成螺旋形的切屑后折断。

另外,刀具前角越小,切屑变形越大,越容易断屑。

(2) 切削用量。切削速度提高,断屑效果降低。进给量增大,使切削层公称厚度增大,切屑卷曲时产生的弯曲应力增大,切屑易折断。

(3) 工件材料。工件材料的塑性、韧性越大,强度越高,越不容易断屑。

(五) 切削力、切削热、切削温度的影响

1. 切削力

金属切削过程中,切削力直接影响切削热、刀具磨损与刀具耐用度、加工精度和已加工表面质量。在实际生产中,切削力又是计算切削功率,验算机床功率,对刀具和夹具进行强度、刚度计算的主要依据。

1) 切削力的来源与分解

金属切削时,工件材料抵抗刀具切削时所产生的阻力称为切削力。这种力与刀具作用在工件上的力大小相等,方向相反。切削力来源于两方面,一是 3 个变形区内金属产生的弹性变形抗力和塑性变形抗力;二是切屑与前刀面、工件与刀具后刀面之间的摩擦抗力。

切削力是一个空间力,其方向和大小受多种因素影响而不易确定,为了便于分析切削力的作用和测量计算其大小,便于实际生产应用,一般把总切削力 F 分解为 3 个互相垂直的切削分力 F_c、F_p 和 F_f。车削外圆时力的分解如图 1 - 27 所示。

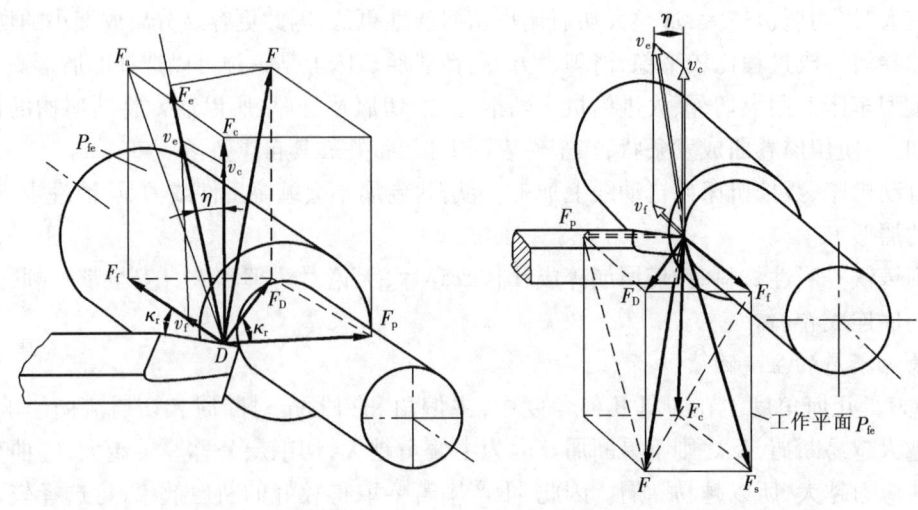

(a) 刀具对工件的力的分解　　　　　(b) 工件对刀具的力的分解

图 1-27　车削外圆时力的分解

(1) 切削力 F_c。又称为主切削力，是总切削力在主运动方向上的正投影（分力），单位为 N。它与主运动方向一致，垂直于基面，是 3 个切削分力中最大的。切削力作用在工件上，并通过卡盘传递到机床主轴箱，是计算机床切削功率，校核刀具、夹具的强度与刚度的依据。

(2) 背向力 F_p。又称径向力，是总切削力在垂直于工作平面上的分力，单位为 N。由于在背向力方向上没有相对运动，所以背向力不消耗切削功率，但它作用在工件和机床刚性最差的方向上，易使工件在水平面内变形，影响工件精度，并易引起振动。背向力是校验机床刚度的主要依据。

(3) 进给力 F_f。又称轴向力，是总切削力在进给运动方向上的正投影（分力），单位为 N。进给力作用在机床的进给机构上，是校验机床进给机构强度和刚度的主要依据。

总切削力在基面的投影用 F_D 表示，是 F_p 和 F_f 的合力。总切削力和各分力的关系为：

$$F = \sqrt{F_D^2 + F_c^2} = \sqrt{F_c^2 + F_p^2 + F_f^2} \tag{式1-8}$$

其中，$F_p = F_D \cos\kappa_r$；$F_f = F_D \sin\kappa_r$。

在机床及机构设计中需要计算各切削分力时，可查阅相关切削手册或工艺手册计算。

2) 单位切削力和切削功率

单位切削力是指单位切削面积上的主切削力，用 p 表示，单位为 N/mm^2。可按下式计算：

$$p = \frac{F_c}{A_D} = \frac{F_c}{a_p f} \tag{式1-9}$$

单位切削力 p 可在《切削用量手册》中查到。

切削功率是在切削过程中消耗的功率，等于总切削力的 3 个分力消耗的功率总和，用 P_c 表示，单位为 kW。由于 F_f 消耗的功率所占比例很小，约为 1% ~ 1.5%，故通常略去不计。F_p 方向的运动速度为零，不消耗功率，所以切削功率为：

$$P_c = \frac{F_c v_c \times 10^{-3}}{60} \tag{式1-10}$$

根据切削功率选择机床电机功率时，还应考虑到机床的传动效率。机床电机功率为：

$$P_E \geq \frac{P_c}{\eta} \qquad\qquad (式1-11)$$

式中：P_E 为机床电机功率(kW)；η 为机床的传动效率，一般为 0.75~0.85。

3）影响切削力的主要因素

(1) 工件材料。工件材料的强度、硬度越高，材料的剪切屈服强度越高，切削力越大。在强度、硬度相近的材料中，工件材料的塑性、韧性好，或加工硬化程度高，由于加工变形较大，故切削力也增大。此外，工件的热处理状态、金相组织不同，也会影响切削力的大小。通常情况下韧性材料主要以强度，脆性材料主要以硬度来判别其对切削力的影响。

(2) 切削用量。

①背吃刀量 a_p 与进给量 f 的影响。切削用量中，背吃刀量 a_p 与进给量 f 对切削力影响较大。当 a_p 或 f 加大时，切削层的公称横截面积增大，变形抗力和摩擦阻力增加，因而切削力随之加大。试验证明，当其他条件一定时，背吃刀量 a_p 增大 1 倍时，切削力也增大 1 倍；进给量 f 增加 1 倍时，切削力约增加 70%~80%。从上述分析可知，a_p 或 f 对切削层公称横截面积的影响相同，但对单位切削力的影响不同，a_p 增加时，单位切削力不变；f 增加时，单位切削力减小。生产实际中，切削层的公称横截面积相同时，选择大的 f 比选择大的 a_p 切削力要小，如强力切削法就是基于这个原理。

②切削速度 v_c 的影响。加工塑性金属材料时，切削速度 v_c 对切削力的影响如图 1-28 所示。在低速切削范围内，随着切削速度的增加，积屑瘤逐渐长大，刀具实际前角逐渐增大，切削变形减小，使切削力逐渐减小。在中速切削范围内，随着切削速度的增加，积屑瘤逐渐减小并消失，使切削力逐渐增至最大。在高速切削阶段，由于切削温度升高，摩擦力逐渐减小，使切削力得到稳定的降低。如 v_c 从 50m/min 增至 100m/min 时，切削力减小约 10%。利用这个原理，在生产实践中创造了高速切削技术，切削脆性材料时，由于切削变形和切屑与刀具前刀面摩擦较小，所以切削速度变化对切削力的影响较小。

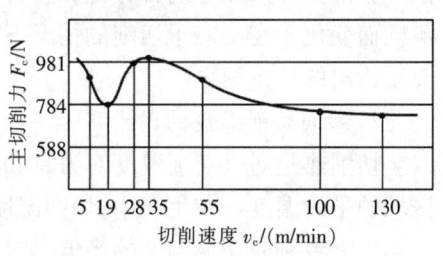

图 1-28 切削速度对切削力的影响

③刀具几何角度的影响。前角 γ_o 加大，切削层易从刀具前面流出，使切削变形减小，因此切削力下降。此外，工件材料不同，前角的影响也不同，对塑性大的材料(如紫铜、铝合金等)，切削时塑性变形大，前角的影响较显著；而对脆性材料(如灰铸铁、脆黄铜等)，因切削时塑性变形很小，故前角的变化对切削力影响较小。

主偏角 κ_r 对 3 个分力都有影响，但对主切削力 F_c 影响较小，对进给力 F_f 和背向力 F_p 影响较大。当 κ_r 增大时，F_f 增大，F_p 减小。当 $\kappa_r = 90°$ 时，理论上背向力 $F_p = 0$，因此车削轴类零件时应取较大的主偏角以减小 F_p 引起的工件变形，精车细长轴甚至取 $\kappa_r \geq 90°$。

刃倾角 λ_s 对主切削力的影响较小，对进给力 F_f 和背向力 F_p 影响较大。当 λ_s 逐渐由正值变为负值时，F_f 增大，F_p 减小。

④其他影响因素。刀具材料不同时，影响切屑与刀具间的摩擦状态，从而影响切削力。在相同切削条件下，使切削力依次减小的刀具是立方氮化硼刀具、陶瓷刀具、硬质合金刀具和高速钢刀具。

切削液有润滑作用，使用合适的切削液可降低切削力。

由以上分析可知,影响切削变形和摩擦的因素都会影响切削力的大小,凡是使切削变形增大、摩擦增大的因素均可使切削力增大。

2. 切削热与切削温度

切削热和由切削热产生的切削温度,是影响刀具磨损和加工精度的重要因素。高的切削温度使刀具磨损加剧,刀具耐用度下降,同时使工件和刀具受热膨胀,会导致零件精度达不到图纸技术要求。切削热和切削温度的高低及其变化规律如下:

1) 切削热的产生与传出

金属切削加工中,切削热来源于切削时切削层金属发生弹性、塑性变形所产生的热,刀具前刀面与切屑、刀具后刀面与工件表面摩擦产生的热。其中切削塑性金属时,切削热主要来源于剪切区变形和刀具前刀面与切屑的摩擦所消耗的功。切削脆性材料,切削热主要来源于刀具后刀面与工件的摩擦所消耗的功。总的来说,切削塑性材料产生的热量要比脆性材料多,如图1-29所示。

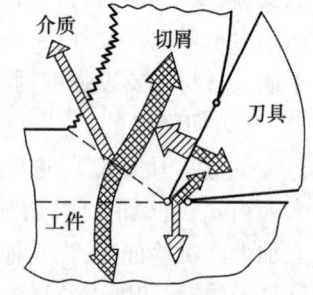

图1-29 切削热的来源与传出

切削时所产生的切削热主要以热传导的方式分别由切屑、工件、刀具及周围介质向外传散。各部分传出热量的百分比,随工件材料、刀具材料、切削用量、刀具几何参数及加工方式的不同而变化。在一般干切削的情况下,大部分切削热由切屑带走,其次传至工件和刀具,周围介质传出的热量很少。

2) 影响切削温度的因素

切削热是通过切削温度对刀具和工件产生影响的。切削温度一般指切屑与刀具前面接触区域的平均温度。在生产中,切削温度的精确计算十分困难,切削温度可根据切屑表面氧化膜的颜色大致判断切屑温度的高低,如切削钢件时,银灰色为200℃以下,淡黄色为220℃左右,深蓝色为300℃左右,淡灰色为400℃左右,紫黑色为500℃以上。

(1) 工件材料的影响。工件材料的强度越大、硬度越高,切削时消耗的功越多,产生的切削热越多,切削温度升高。工件材料的热导率大,热量容易传出,若产生的切削热相同,则热容量大的材料切削温度低。工件材料的塑性越好,切削变形越大,切削时消耗的功越多,产生的切削热越多,切削温度升高。

(2) 切削用量的影响。切削用量中,切削速度对切削温度影响最大。切削速度 v_c 增加,切削的路径增长,切屑底层与刀具前面发生强烈摩擦从而产生大量的切削热,切削温度显著升高。

进给量 f 对切削温度有一定的影响。随着进给量的增大,单位时间内金属的切除量增加,消耗的功率增大,切削热增大,切削温度上升。

背吃刀量 a_p 对切削温度影响很小。随着背吃刀量的增加,切削层金属的变形与摩擦成正比例增加,产生的热量按比例增加。但由于切削刃参加切削的长度也成比例增加,改善了刀头的散热条件,最终切削温度略有增高。

(3) 刀具几何角度的影响。刀具几何参数对切削温度影响较大的是前角和主偏角。

前角 γ_o 增大,切削变形及切屑与刀具前刀面的摩擦减小,产生的热量小,切削温度下降。反之,切削温度升高。但是如果前角太大,刀具的楔角减小,散热体积减小,切削温度反而升高。

主偏角 κ_r 增大,刀具主切削刃工作长度缩短,刀尖角 ε_r 减小,散热面积减少,切削热相对集中,从而提高了切削温度。反之,主偏角减小,切削温度降低。

(4)其他因素。刀具后刀面磨损较大时,会加剧刀具与工件的摩擦,使切削温度升高,切削速度越高,刀具磨损对切削温度的升高越明显。

切削液对降低切削温度有明显的效果,切削液的润滑作用可减小摩擦,减少切削热。

(六)刀具磨损、刀具耐用度与刀具失效形式

金属切削过程中,在切削力的作用下,刀具与切屑、工件之间产生剧烈的挤压、摩擦,使刀具失效。刀具失效缩短了刀具的使用时间,降低了加工表面质量,增加了刀具材料的损耗,是影响生产效率、加工质量和成本的一个重要因素。刀具失效形式分为磨损和破损两类。刀具磨损主要取决于刀具材料、工件材料的物理机械性能和切削条件。各种条件下刀具磨损有不同的特点,掌握这些特点,才能合理选择刀具及切削条件,提高切削效率,保证加工质量。

1. 刀具的磨损形式

1)刀具的磨损

刀具磨损是指刀具在使用和刃磨质量符合要求的情况下,在切削过程中逐渐产生的磨损,如图1-30所示。

切削时,刀具的前刀面与切屑、后刀面与工件接触,产生剧烈摩擦,同时在接触区内有很高的温度和压力。因此,前刀面和后刀面都会发生磨损。一般情况下,无论是加工塑性材料还是脆性材料,刀具的后刀面都会产生磨损,刀具磨损程度常用后刀面磨损量 VB 值的大小表示。

刀具正常磨损主要包括以下3种形式。

(1)前刀面磨损。在切削塑性材料、切削速度较高、切削厚度较大的情况下,当刀具的耐热性和耐磨性稍有不足时,切屑在前刀面上经常会磨出一个月牙洼。月牙洼产生的地方是切削温度最高的地方。前刀面磨损量的大小用月牙洼的宽度 KB 和深度 KT 表示,如图1-31(a)所示。

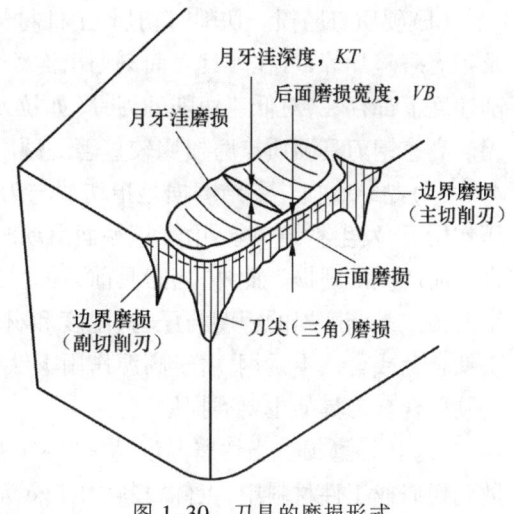

图1-30 刀具的磨损形式

(2)后面磨损。由于工件表面和刀具后刀面间存在着强烈的挤压、摩擦,在后刀面上毗邻切削刃的地方很快被磨出后角为零的小棱面,这就是后刀面磨损,小棱面称为后刀面磨损带。在切削速度较低、切削厚度较小的情况下切削塑性金属和脆性金属时,主要发生这种磨损。

在后刀面磨损带上磨损程度不均匀,靠刀尖部分(后刀面磨损带 C 区)刀具强度较低,散热条件差,磨损比较严重,其最大值以 VC 表示。主切削刃靠工件外表面

(a)刀具前刀面磨损   (b)刀具后刀面磨损

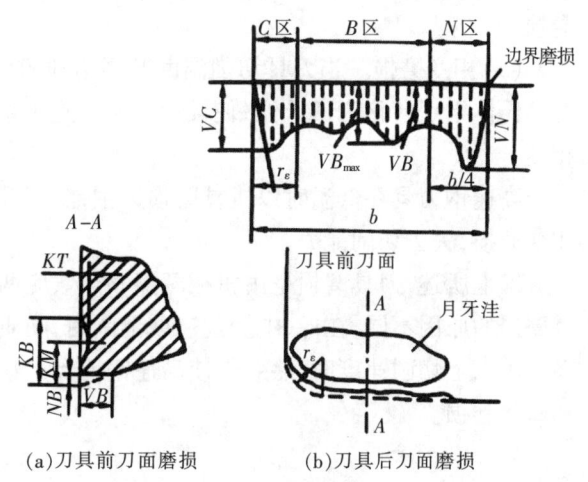

图1-31 刀具磨损测量位置

处(后刀面磨损带 N 区)部分,磨成较严重的深沟,深度以 VN 表示,这是由于上道工序加工硬化层或毛坯表层硬度高等原因所致,称为边界磨损。后刀面磨损带中间部位(后刀面磨损带 B 区),磨损比较均匀,平均磨损带宽度以 VB 表示,而最大磨损宽度以 VB_{max} 表示,如图 1-31(b) 所示。

(3)边界磨损。切削钢料时,常在主切削刃靠近工件外皮处以及副切削刃靠近刀尖处的后刀面上,磨出较深的沟纹,这就是边界磨损(如图 1-30 所示)。加工铸件、锻件等外表粗糙的工件,也容易发生边界磨损。

2)刀具磨损的原因

在切削过程中刀具的磨损与一般机械零件的磨损有显著的不同:刀具与切削工件间的接触表面经常是新鲜表面;前、后刀面上的接触压力很大,有时超过被切材料的屈服强度;接触面的温度也很高,如硬质合金加工钢件时可达 800~1000℃,刀具磨损是机械、热和化学三种作用的综合效果。

(1)硬质点磨损。切削时切屑、工件材料中含有的一些碳化物、氮化物和氧化物等硬质点及积屑瘤碎片等,可在刀具表面刻划出沟纹,这就是刀具的硬质点磨损。硬质点磨损在各种切削速度下都存在,对低速切削的刀具(如拉刀、板牙等),硬质点磨损是造成刀具磨损的主要原因。高速钢刀具硬质点磨损比较显著。硬质合金刀具硬度高,发生硬质点磨损较少。

(2)黏结磨损。黏结磨损是指切屑与刀具前刀面、工件加工表面与刀具后刀面在高温高压作用下,发生黏结现象,由于接触面滑动时在黏结处产生剪切破坏,造成刀具表面的微粒被带走而产生的磨损。此外,当刀具前刀面黏结的积屑瘤脱落后,带走刀具表面材料,也形成黏结磨损。黏结磨损的程度与压力、温度和材料间的亲和程度有关。用 YT 类硬质合金刀具加工钛合金或含钛不锈钢,由于高温作用下钛元素之间的亲和作用,会产生黏结磨损。黏结磨损是硬质合金刀具的主要磨损原因。

(3)扩散磨损。当切屑温度达 900~1000℃ 时,刀具材料中的 Ti、W、Co 等元素会逐渐扩散到切屑或工件材料中,工件材料中的 Fe 元素也会扩散到刀具表层里,从而使硬质合金刀具表层硬度变脆弱,加剧了刀具磨损。

(4)化学磨损(氧化磨损)。当切削温度达 700~800℃ 时,空气中的氧气易与硬质合金中的 Co、WC、TiC 等发生氧化反应,在刀具表面生成较软的氧化物,被工件或切屑摩擦掉而形成磨损。

(5)相变磨损。当刀具切削温度升高达到相变温度时,金相组织发生变化,刀具材料表面的马氏体组织转化为奥氏体,使硬度下降而造成磨损加剧。高速钢刀具在 550~600℃ 时发生相变。

高速钢刀具在低温时以机械磨损为主,温度升高时发生黏结磨损,达到相变温度时即形成相变磨损,失去切削能力。

综上所述,刀具磨损是由机械摩擦和热效应两方面作用造成的。在不同的切削条件下,刀具磨损的原因不同,在低、中切削速度范围内,硬质点磨损和黏结磨损是刀具磨损的主要原因。在中等以上切削速度时,热效应使高速钢刀具产生相变磨损,使硬质合金刀具产生黏结、扩散和氧化磨损。

3)刀具的破损

刀具破损一般属于非正常失效,大多与使用不当有关。主要是由于切削过程中的冲击、振动、热应力等造成刀具切削刃突然崩刃破裂、折断、疲劳裂纹、热裂纹、塌角等。这种刀具的先期破坏后果比正常磨损失效严重,尤其是精密复杂刀具,局部破坏失效会造成重大的经济损失。为尽量减少刀具破损,必须根据加工条件正确选择刀具材料、刀具几何角度和切削工况,并注意提高刀具的刃磨质量。

2. 刀具磨损过程及磨钝标准

1) 刀具磨损过程

生产中较常见到的是刀具后刀面磨损。在正常磨损情况下,刀具磨损量随切削时间的增加而逐渐加大。其磨损过程分为 3 个阶段,如图 1-32所示。

初期磨损阶段(OA 段):在开始切削的短时间内,磨损较快。这是由于新刃磨的刀具表面粗糙不平或表面组织不耐磨(如烧伤、裂纹)等原因造成的。另外,新刃磨的刀具比较锋利,与工件接触面积小,压力大,因此刀具后刀面上很快

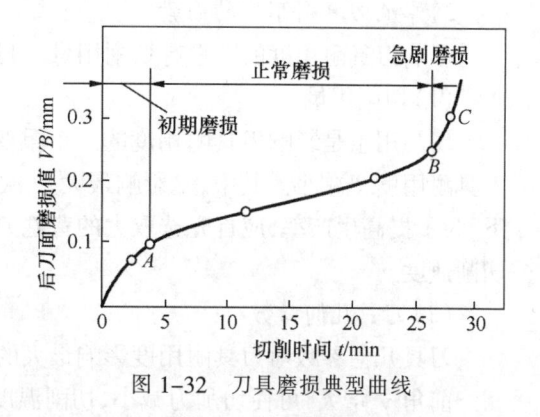

图 1-32 刀具磨损典型曲线

被磨出一条狭窄的棱面。初期磨损量与刀具刃磨质量有关,经研磨的刀具磨损量小。

正常磨损阶段(AB 段):经初期磨损,后刀面上被磨出一条狭窄的棱面,接触面积增大,压力减小,故磨损量随时间的增加而均匀增长,磨损比较缓慢、稳定。这是刀具工作的有效阶段。

急剧磨损阶段(BC 段):磨损量达到一定值后,切削刃变钝,切削力增大,切削温度升高,刀具强度、硬度降低,磨损急剧加速。此时刀具如果继续工作,不但不能保证加工质量,而且刀具材料消耗多,成本增加,实际生产中应避免刀具发生急剧磨损,即在这个阶段之前应及时更换刀具,及时刃磨。

刀具磨损是由机械摩擦和热效应两方面作用造成的,因此,影响刀具磨损的因素基本上与影响切削温度的因素相同。

2) 刀具的磨钝标准

在使用刀具时,在刀具产生急剧磨损前必须重磨或更换新切削刃。这时刀具的磨损量称为磨钝标准或磨损限度。由于后刀面磨损显著,且易于控制和测量,因此规定将后刀面上的磨损宽度,即后刀面均匀磨损区平均磨损量 VB 值所允许达到的最大值作为刀具的磨钝标准。实际生产中磨钝标准应根据加工要求制定。精加工主要保证加工精度和表面质量,因此磨钝标准 VB 值定得较小。粗加工时,为了减少磨刀次数,提高生产率,磨钝标准 VB 值定得较大。

实际生产中可根据观察到的现象,如工件上是否出现亮点和暗点、加工表面粗糙度的变化情况、切屑形状和颜色的变化、是否出现振动或不正常的声音等,判断刀具是否达到磨钝标准。

3. 刀具耐用度及影响刀具耐用度的因素

按磨钝标准鉴定刀具是否能继续正常工作需要停机测量,这在生产现场是难以实现的。为了更加方便、快捷、准确地判断刀具的磨损情况,一般用刀具耐用度来间接地反映刀具的磨钝标准。在以数控机床为代表的柔性加工设备,也常使用切削力的数值作为刀具的磨钝标准,从而实现对刀具磨损状态的在线监控。

1) 刀具耐用度

所谓刀具耐用度,是指从刀具刃磨后开始切削,一直到磨损量达到磨钝标准为止所经过的

总切削时间,用符号"T"表示,单位为 min。耐用度为切削时间,不包括对刀、夹紧、测量、快进、回程等非切削时间。

刀具耐用度的大小表示刀具磨损的快慢,刀具耐用度大,表示刀具磨损慢;耐用度小,表示刀具磨损快。另外,刀具耐用度与刀具寿命是两个不同的概念。刀具寿命是指一把新刀从投入使用到报废为止总的切削时间,刀具的寿命等于刀具耐用度乘以刃磨次数。

2)影响刀具耐用度的因素

影响刀具耐用度的因素有切削用量、刀具几何参数、刀具材料和工具材料。

(1)切削用量

切削用量是影响刀具耐用度的一个重要因素。切削速度 v_c、进给量 f、背吃刀量 a_p 增大,刀具耐用度 T 减小。其中,v_c 影响最大,f 次之,a_p 最小。所以在保证一定刀具耐用度的条件下,为了提高生产率,应首先选取大的背吃刀量 a_p,然后选择较大的进给量 f,最后选择合理的切削速度 v_c。

(2)刀具几何参数

刀具几何参数对刀具耐用度影响最大的是前角 γ_o 和主偏角 κ_r。

前角 γ_o 增大,可使切削力减小,切削温度降低,耐用度提高;但前角 γ_o 太大,会使刀具强度削弱,散热差,且易于破损,刀具耐用度反而下降了。由此可见,对于每一种具体加工条件,都有一个使刀具耐用度"T"最高的合理数值。

主偏角 κ_r 减小,可使刀尖强度提高,改善散热条件,提高刀具耐用度;但主偏角 κ_r 过小,则背向力(径向力)增大,对刚性差的工艺系统,切削时易引起振动。

(3)刀具材料

刀具材料的高温强度越高,耐磨性越好,刀具耐用度越高。但在有冲击切削、强力切削和难加工材料切削时,影响刀具耐用度的主要因素是冲击韧性和抗弯强度。韧性越好,抗弯强度越高,刀具耐用度越高,越不容易产生破损。

(4)工件材料

工件材料的强度、硬度越高,切削产生的温度越高,刀具耐用度越低。此外,工件材料的塑性、韧性越高,导热性越低,切削温度越高,刀具耐用度越低。

合理选择刀具耐用度,可以提高生产效率和降低加工成本。刀具耐用度定得过高,就要选取较小的切削用量,从而降低了金属切除率,降低了生产率,提高了加工成本;反之,耐用度定得过低,虽然可以采取较大的切削用量,但因刀具磨损快,换刀、磨刀时间增加,刀具费用增大,同样会使生产效率降低和成本提高。

4. 刀具的失效形式与对策

在切削过程中,刀具磨损到一定的限度、切削刃崩刃或破损、切削刃卷刃(塑性变形)时,刀具丧失其切削能力或无法保证加工质量,称为刀具失效。刀具的失效形式分为磨损和破损两类,其失效的主要形式、产生的原因和对策如下。

(1)后刀面磨损。由机械应力引起的、出现在后刀面上的摩擦磨损称为后刀面磨损,如图 1-30 所示。

产生的原因:由于刀具材料过软,刀具的后角偏小,加工过程中切削速度太高、进给量太小,造成后刀面磨损过量,使得加工表面尺寸精度降低,增大了摩擦力。

对策:应选择耐磨性高的刀具材料,同时降低切削速度,提高进给量,增大刀具后角。

(2)主切削刃的边界磨损。主切削刃上的边界磨损常见于与工件的接触面处。

产生的原因:工件表面硬化、锯齿状切屑造成的摩擦,影响切屑的流向并导致崩刃,如图1-30所示。

对策:降低切削速度和进给速度,同时选择耐磨刀具材料并增大前角使切削刃锋利。

(3)前刀面磨损(月牙洼磨损)。在前刀面上由摩擦和扩散导致的磨损,如图1-30所示。前刀面磨损会使刀具产生变形、干扰排屑、降低切削刃强度。

产生的原因:切屑与工件材料的接触及对发热区域的扩散引起;另外,刀具材料过软,加工过程中切削速度太高、进给量太大,也是前刀面磨损产生的原因。

对策:降低切削速度和进给速度,同时选择涂层硬质合金材料刀具。

(4)塑性变形。切削刃在高温或高应力作用下产生的变形。它将影响切屑的形成质量,有时也会导致崩刃。

产生的原因:切削速度、进给速度太高及工件材料中的硬质点的作用,刀具材料太软和切削刃温度很高等现象引起。

对策:降低切削速度和进给速度,选择耐磨性高和导热系数大的刀具材料。

(5)积屑瘤。工件材料在刀具上的黏附,如图1-23所示。它会降低加工表面质量并改变切削刃形状,最终导致崩刃。

产生的原因:在中速或较低切削速度范围内,切削一般钢件或其他塑性金属材料,当形成带状切屑时,紧靠切削刃的前刀面上黏结一个硬度很高的楔状金属块,它包围着切削刃且覆盖部分前刀面,这种楔状金属块被称为积屑瘤。

对策:提高切削速度,选择涂层硬质合金或金属陶瓷等与工件材料亲和力小的刀具材料,并使用切削液。

(6)刃口剥落。刃口剥落是指切削刃上出现一些很小的缺口,而非均匀的磨损。

产生的原因:由于断续切削,切屑排除不流畅造成。

对策:在开始加工时,降低进给速度,选择韧性好的刀具材料和切削刃强度高的刀片。

(7)崩刀。刀尖、切削刃整块崩掉,崩刀将损坏刀具和工件。

产生的原因:刃口的过度磨损和较高的应力或刀具材料过硬,切削刃强度不够及进给量太大造成。

对策:选择韧性好的刀具材料,加工时减小进给量和切削深度,另外选用高强度或刀尖圆角较大的刀片。

(8)热裂纹。

产生的原因:由于断续切削时温度变化产生的垂直于切削刃的裂纹。热裂纹可降低工件表面质量并导致刃口剥落。

对策:选择韧性好的刀具材料,同时减小进给量和切削深度,并使用切削液。

(七)切削液的作用与种类

在金属切削过程中,使用切削液可以带走大量的切削热,降低切削区域的温度,同时切削液还可起到润滑作用,降低刀具与工件、刀具与切屑的摩擦,提高加工质量。

1. 切削液的作用

(1)润滑作用。切削液能渗入刀具的前刀面、后刀面与工件表面间,形成一层薄薄的润滑油膜或化学吸附膜,可减少它们之间的摩擦,减少黏结及刀具磨损量,提高加工表面质量。

(2)冷却作用。切削液能从切削区域带走大量的切削热,使切削温度降低。切削液冷却性能的好坏取决于它的传热系数、比热容、汽化热、汽化速度、流量、流速及本身温度等。一般来说,水溶液的冷却性能最好,乳化液次之,油类最差。

(3)排屑与清洗作用。在磨削、钻削、深孔加工和自动线等生产中,利用浇注或高压喷射切削液来排除切屑或引导切屑流向,切削液的流动可以冲走切削区域和机床上的细碎切屑,并可冲洗黏附在机床、刀具和夹具上的细碎切屑和磨粒细粉,防止划伤已加工表面和机床导轨面,并减少刀具磨损。

(4)防锈作用。切削液应具有防锈作用。在切削液中加入防锈剂,可在金属表面形成一层保护膜,对工件、机床、刀具都能起到防锈的作用。

2. 切削液的种类

常用的切削液分为三大类:水溶液、乳化液和切削油。

(1)水溶液。水溶液是以水为主要成分并加入防锈添加剂、油性添加剂的切削液。水溶液主要起冷却作用,同时由于其润滑性能较差,所以主要用于粗加工和普通磨削加工中。

(2)乳化液。乳化液是由乳化油加 95% ~98% 水稀释成的一种切削液。乳化油是由矿物油、乳化剂配置而成。添加乳化剂可使矿物油与水乳化,形成稳定的切削液。

(3)切削油。切削油是由矿物油为主要成分并加入一定添加剂而构成的切削液,主要起润滑作用。

二、工件定位、夹紧与定位基准选择基础知识

机械零件加工时,工件的精准定位是保证加工精度的前提条件,因此选择正确的定位方法与定位基准尤为重要。

(一)基准及其分类

工件是个几何形体,它由一些几何要素(如点、线、面)所构成。将用来确定加工对象上几何要素间的几何关系(如尺寸距离、平行度、垂直度、同轴度等)所依据的那些点、线、面称为基准。基准可用作确定零件表面间的相对位置,按照其作用的不同,基准可分为设计基准和工艺基准两大类。

1. 设计基准

零件设计图样上所采用的基准称为设计基准。它是设计图样上标注尺寸公差、位置公差的始点。图 1-33(a)所示为支承块零件,根据图样上的尺寸标注,该零件上几何要素平面 2 和平面 3 的设计基准是平面 1;平面 5 和平面 6 的设计基准是平面 4;孔 7 的设计基准是平面 1 和平面 4。

图 1-33(b)所示为钻套零件,各外圆和内孔的设计基准是钻套的轴心线;端面 B 是端面 A、C 的设计基准;内孔表面 D 的轴心线是 $\Phi40h6$ 外圆径向跳动公差的设计基准。

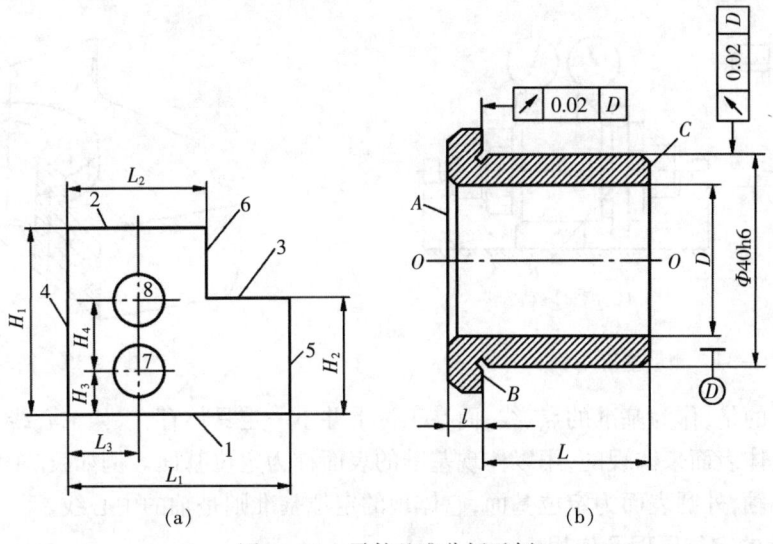

图1-33 零件基准分析示例

2. 工艺基准

零件在工艺过程中所采用的基准称为工艺基准。工艺基准按用途不同，又分为定位基准、工序基准、测量基准和装配基准。

(1) 定位基准。在加工中用作定位的基准称定位基准。它是工件上与夹具定位元件直接接触的点、线或面。图1-33(a)所示的零件，加工平面3和6时是通过平面1和4放在夹具上定位的，所以，平面1和4是加工平面3和6的定位基准。

定位基准又分为粗基准和精基准。作为定位基准的表面，若是未经加工过的表面，则称为粗基准；若是经加工过的表面，称为精基准。

在零件上没有合适的表面可作为定位基准时，为便于装夹，可在工件上特意加工出专供定位用的表面，这种表面称为辅助基准。例如，轴类零件的中心孔就是一种辅助基准；还有在毛坯上多增加一部分用作工艺凸耳，也是一种辅助基准。

(2) 工序基准。在工序图上用来确定本工序所加工表面加工后的尺寸、形状及位置的基准，称为工序基准。图1-33(a)所示的零件，加工平面3时按尺寸H_2进行加工，则平面1即为工序基准，此时尺寸H_2为工序尺寸；工序尺寸是指某工序加工应达到的尺寸。

(3) 测量基准。测量零件时所采用的基准称为测量基准。对于钻套零件，如图1-33(b)所示，检测B面端面跳动和ϕ40h6外圆径向跳动，测量方法如图1-34(b)所示。该检测过程中，钻套内孔是检验表面B端面跳动的测量基准，也是ϕ40h6外圆径向跳动的测量基准。

采用图1-34(a)所示的测量方法时，表面B是检验长度尺寸L和l的测量基准。

(4) 装配基准。装配时用以确定零件或部件在产品中的位置所采用的基准，称为装配基准。图1-33(b)所示的钻套，其装配位置如图1-35所示，显然，钻套上的ϕ40h6外圆柱面及台阶面B确定了钻套在产品中的位置，即ϕ40h6外圆柱面及台阶面B是钻套的装配基准。

(a) 测量轴向尺寸　　　　(b) 测量跳动公差

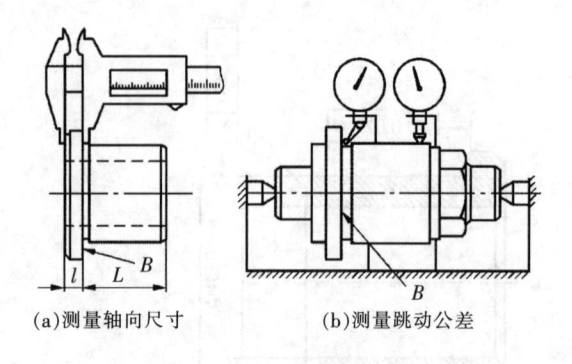

图 1-34　测量基准示例

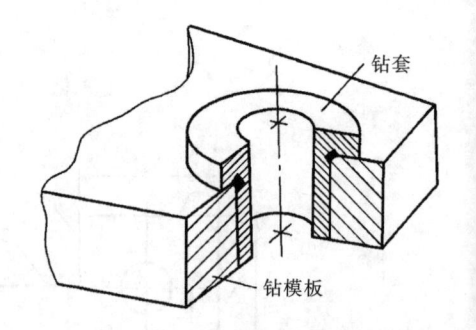

图 1-35　钻套的装配基准

需要说明的是，作为基准的点、线、面在工件上并不一定具体存在，如轴心线、对称面等，它们是由某些具体表面来体现的，用以体现基准的表面称为定位基面。例如，在车床上用三爪卡盘夹持一个小轴，外圆表面为定位基面，它体现的定位基准则是轴的中心线。

（二）工件的定位原理及作用

使工件在夹具上迅速得到正确位置的方法叫定位，工件上用来定位的各表面叫定位基准面；在夹具上用来支持工件定位基准面的表面叫支承面。基准面的选定应尽可能与工件的原始基准重合，以减少定位误差。工件的定位要符合六点定位原理。

1. 工件的自由度

任何一个位置尚未确定的工件，均具有 6 个自由度，如图 1-36(a) 所示。在空间直角坐标系中，工件可沿 X、Y、Z 轴有不同的位置，如图 1-36(b) 所示；也可以绕 X、Y、Z 轴回转方向有不同的位置，如图 1-36(c) 所示。这种工件位置的不确定性，通常称为自由度。沿空间 3 个直角坐标轴 X、Y、Z 方向的移动和绕它们转动的自由度分别以 $\vec{x}$、$\vec{y}$、$\vec{z}$ 和 $\hat{x}$、$\hat{y}$、$\hat{z}$ 表示。要使工件在机床夹具中正确定位，必须限制或约束工件的这些自由度。

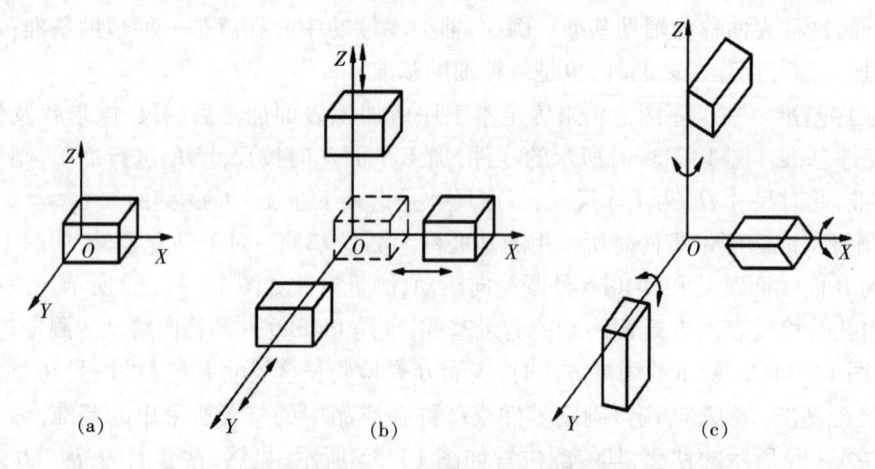

图 1-36　工件的 6 个自由度

2. 六点定位原理

定位，就是限制自由度。用合理设置的 6 个支承点，限制工件的 6 个自由度，使工件在夹具中的位置完全确定，这就是工件定位的"六点定位原理"。

在夹具上布置了 6 个支承点，当工件基准面靠紧在这 6 个支承点上时，就限制了它的全部自由度。在图 1-37 所示的长方体上定位时，工件底面紧贴在 3 个不共线的支承点 1、2、3 上，限制了工件的 $\hat{x}$、$\hat{y}$、$\vec{z}$ 三个自由度；工件侧面紧靠在支承点 4、5 上，限制了 $\hat{x}$、$\vec{z}$ 两个自由度；工件的端面紧靠在支承点 6 上，限制了 $\vec{y}$ 自由度，实现了工件的完全定位。

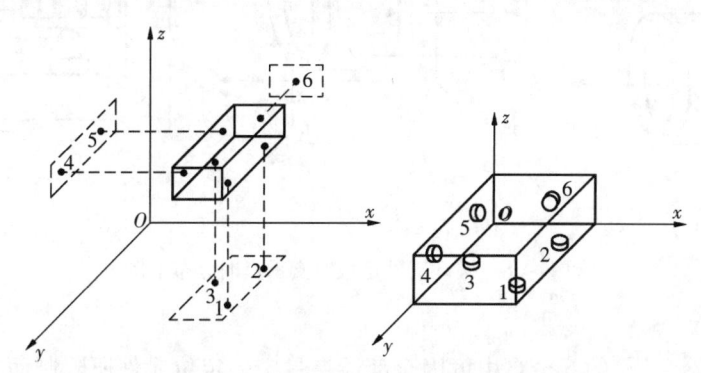

图 1-37　长方体定位时支承点的分布

图 1-37 中，工件上布置 1、2、3 三个支承点的面称为主要定位基准。选择定位基准时，一般应选择较大的表面作为主要定位基准，这样有利于保证工件各表面间的位置精度，同时，对承受外力也有利。

工件上布置 4、5 两个支承点的面称为导向定位基准，4、5 两个支承点之间距离越大，长度不超过导向工件的轮廓，且两个支承点置于垂直 Z 轴的直线上时，则几何体沿 Y 轴的导向越精确（即沿 X 轴的线性位移及沿 Z 轴的转角误差越小）。显然，此时应尽量选窄长表面作为导向定位基准。

工件上布置 6 一个支承点的面称为止推定位基准。由于只有一个支承点接触，工件在加工时，常常还要承受加工过程中的切削力、冲击等，因此可选工件上窄小且与切削力方向相对的表面作为止推定位基准。

支承点位置的分布必须合理，上例中支承点 1、2、3 不能在一条直线上，支承点 4、5 的连线不能与支承点 1、2、3 所决定的平面垂直，否则它不仅没有限制 $\vec{z}$ 自由度，而且重复限制了 $\hat{y}$ 自由度，一般情况下这是不允许的。

3. 定位元件

在图 1-37 所示的定位方案中，按六点定位原则布置支承点，设置了 6 个支承钉作为定位元件，在实际夹具结构中支承点是以定位元件来体现的。例如，在盘类工件上钻孔，其工序图如图 1-38(a) 所示。按六点定位原则在夹具上布置了 6 个支承点，如图 1-38(b) 所示，工件端面紧贴在支承点 1、2、3 上，限制了 $\vec{x}$、$\hat{y}$、$\hat{z}$ 三个自由度；工件内孔紧靠支承点 4、5，限制了 $\vec{y}$、$\vec{z}$ 两个自由度；键槽侧面靠在支承点 6 上，限制了 $\hat{x}$ 一个自由度，实现了工件的完全定位。实际的夹具结构如图 1-38(c) 所示，夹具上以台阶面 A 代替 1、2、3 三个支承点，限制了 $\vec{x}$、$\hat{y}$、$\hat{z}$ 三个自由度；短销 B 代替 4、5 两个支承点，限制了 $\vec{y}$、$\vec{z}$ 两个自由度；插入键槽中的防转销 C 代替支承点 6，限制了 $\hat{x}$ 一个自由度。

(a)　　　　　　　　　(b)　　　　　　　　　(c)

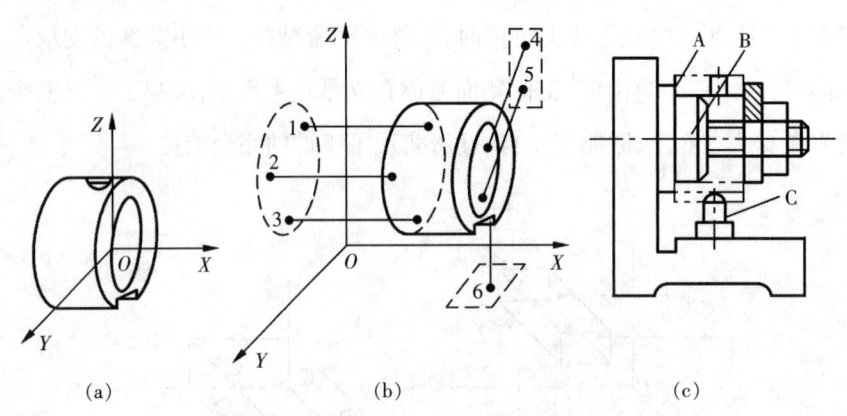

图1-38　圆环工件定位时支承点的分布示例

4. 工件的定位

(1)完全定位。工件的6个自由度因全部被夹具中的定位元件所限制而在夹具中占有完全确定的唯一位置,称为完全定位。

(2)不完全定位。根据工件加工表面的不同加工要求,定位支承点的数目可以少于6个。有些自由度对加工要求有影响,有些自由度对加工要求无影响,这种定位情况称为不完全定位。不完全定位是允许的。例如,在车床上加工轴的通孔,根据加工要求,不需要限制 $\vec{x}$ 和 $\hat{y}$ 的自由度,故使用三爪卡盘夹外圆,限制工件的4个自由度,采用四点定位可以满足加工要求,如图1-39(a)所示。

工件在平面磨床上采用电磁工作台装夹磨平面,且只有厚度及平行度要求,故只用三点定位,如图1-39(b)所示。

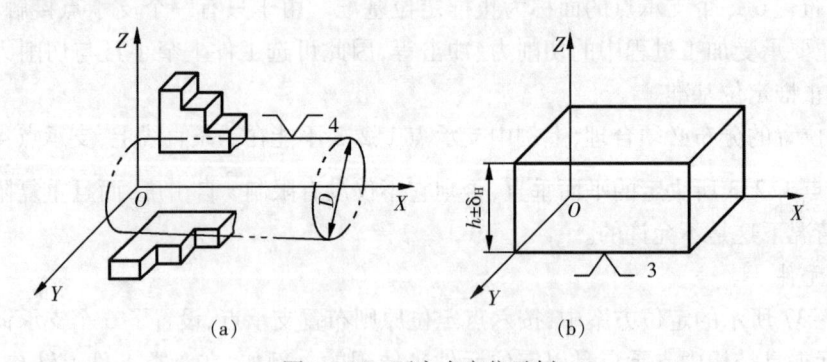

(a)　　　　　　　　　(b)

图1-39　不完全定位示例

(3)欠定位。按照加工要求,应该限制的自由度没有被限制的定位称为欠定位。欠定位是不允许的,因为欠定位保证不了加工要求。如图1-38(a)所示,钻孔工序按工序尺寸要求,需要采用完全定位,如果夹具定位中无防转销4,仅限制工件的5个自由度,工件绕Y轴回转方向上的位置将不确定,则属于欠定位,钻出孔的位置与键槽不能达到对称要求,这是不允许的。

(4)过定位。夹具上的两个或两个以上的定位元件,重复限制工件的同一个或几个自由度的现象,称为过定位。过定位会导致重复限制同一个自由度的定位支承点之间产生干涉现象,从而导致定位不稳定,破坏定位精度。如图1-39所示为加工连杆小头孔工序中以连杆大头孔和端面定位的两种情况,图1-39(b)中,长圆柱销限制了 $\vec{x}$、$\vec{y}$、$\hat{x}$、$\hat{y}$ 四个自由度,支承板

限制了 $\vec{z}$、$\hat{x}$、$\hat{y}$ 三个自由度。显然 $\hat{x}$、$\hat{y}$ 被两个定位元件重复限制,出现了过定位。如果工件孔与端面垂直度保证很好,则此过定位是允许的。但若工件孔与端面垂直度误差较大,且孔与销的配合间隙又很小时,定位后会造成工件歪斜及端面接触不好的情况,压紧后就会使工件产生变形或圆柱销歪斜,结果将导致加工后的小头孔与大头孔的轴线平行度达不到要求。这种情况下应避免过定位的产生,最简单的解决办法是将长圆柱定位销改成短圆柱销,如图 1-39(a)所示,由于短圆柱销仅限制 $\vec{x}$、$\vec{y}$ 两个移动自由度,$\hat{x}$、$\hat{y}$ 的重复定位被避免了。

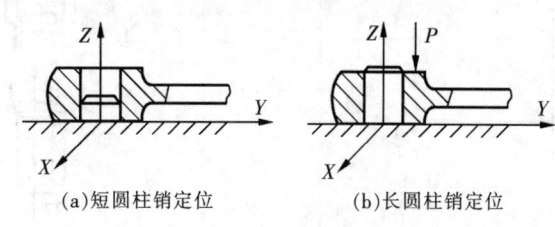

(a)短圆柱销定位　　　　(b)长圆柱销定位

图 1-39　连杆定位

实际生产应用中,过定位并不必完全避免。有时因为要加强工件刚性或者其他特殊原因,必须使用相当于比 6 个支承点多的定位元件。常见的定位元件限制的自由度如表 1-6 所示。

表 1-6　常见定位元件限制的自由度

工件定位基面	定位元件	定位元件定位简图	定位特点	限制的自由度
平面	支承钉		平面组合	1、2、3—$\vec{z}$、$\hat{x}$、$\hat{y}$ 4、5—$\vec{x}$、$\hat{z}$ 6—$\vec{y}$
	支承板		平面组合	1、2—$\vec{z}$、$\hat{x}$、$\hat{y}$ 3—$\vec{x}$、$\hat{z}$
圆孔	定位销 (心轴)		短销 (短心轴)	$\vec{x}$、$\vec{y}$
			长销 (长心轴)	$\vec{x}$、$\vec{y}$、$\hat{x}$、$\hat{y}$
	菱形销		短菱形销	$\vec{y}$
			长菱形销	$\vec{y}$、$\hat{x}$

续表

工件定位基面	定位元件	定位元件定位简图	定位特点	限制的自由度
外圆柱面	锥销		单锥销	$\vec{x}$、$\vec{y}$、$\vec{z}$
			1—固定锥销 2—活动锥销	$\vec{x}$、$\vec{y}$、$\vec{z}$ $\hat{x}$、$\hat{y}$
	支承钉或支承板		支承钉或短支承板	$\vec{z}$
			长支承钉或长支承板	$\vec{z}$、$\hat{x}$
	V型架		窄V形架	$\vec{x}$、$\vec{z}$
			宽V形架	$\vec{x}$、$\vec{z}$、$\hat{x}$、$\hat{z}$
	定位套		短定位套	$\vec{x}$、$\vec{z}$
			长定位套	$\vec{x}$、$\vec{z}$、$\hat{x}$、$\hat{z}$
	半圆套		短半圆套	$\vec{x}$、$\vec{z}$
			长半圆套	$\vec{x}$、$\vec{z}$、$\hat{x}$、$\hat{z}$
	锥套		单锥套	$\vec{x}$、$\vec{y}$、$\vec{z}$
			1—固定锥套 2—活动锥套	$\vec{x}$、$\vec{y}$、$\vec{z}$ $\hat{x}$、$\hat{z}$

(三)常用定位方法及定位元件的应用

定位方式和定位元件的选择包括选择定位元件的结构、形状、尺寸、布置形式等,它们主要取决于工件的加工要求、工件定位基准、外力的作用等因素。下面按不同的定位基准面分别介绍其所用定位元件的结构形式。

1. 工件以平面定位

工件用平面定位作为定位基面时,所用定位元件根据其是否起限制自由度作用、能否调整等情况分为以下几种。

(1)固定支承。属于固定支承的定位元件有支承钉和支承板,分别如图 1-40 和图 1-41 所示。

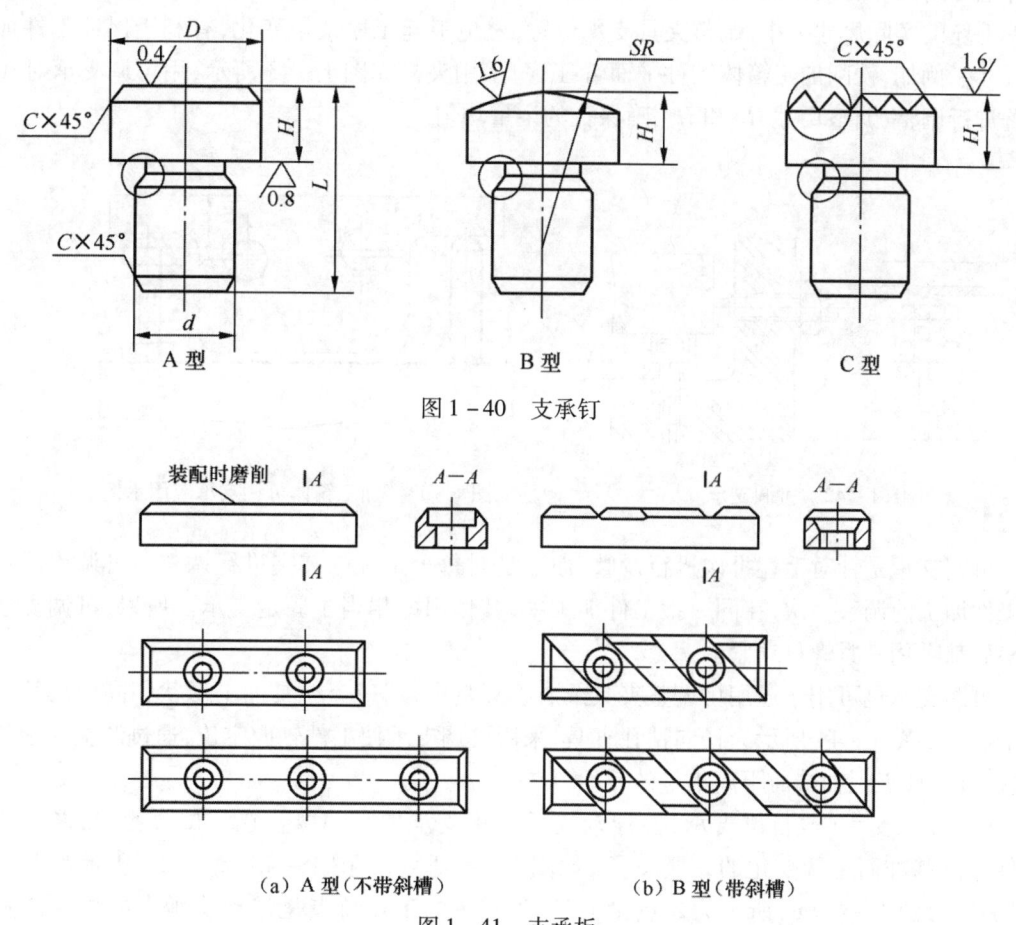

图 1-40 支承钉

图 1-41 支承板
(a) A 型(不带斜槽)　(b) B 型(带斜槽)

如果工件平面较小,则定位元件应采用支承钉。支承钉分为 A 型、B 型和 C 型 3 种。工件定位基准面是毛坯表面时(粗基准),因工件表面不平整,应采用布置较远的 3 个球头支承钉(B 型支承钉),使其与毛坯面接触良好;而 C 型支承钉为齿纹头,用于粗基准的侧面定位,能增大摩擦系数,防止工件受力滑动。

工件以加工过的平面(精基准)作定位基准时,应该采用平头支承钉(A 型支承钉)。如果工件平面较大,则定位元件可采用支承板,如图 1-41 所示。支承板分 A 型和 B 型两种,一般用 2~3 个螺钉紧固在夹具体上。A 型支承板的结构简单,制造方便,但板上螺钉孔的边缘容易黏铁屑,且不易清除干净,适用于工件的侧面和顶面定位;B 型支承板结构易于保证工件表面清洁,适用于工件底面定位。

上述支承钉、支承板均为标准件,夹具设计时也可根据具体情况,采用非标准结构形式。

采用支承钉或支承板做定位基准时,必须保证其装配后定位基准表面等高。一般采用将支承钉、支承板装配于夹具体后,再磨削各支承钉、支承板定位工作面,以保证它们在同一平面上。

(2)可调支承。可调支承是指高度可以调整的支承,如图 1-42 所示。当夹具支承的高度要求能够调整时,可采用可调支承。可调支承常用于铸件毛坯、以粗基准定位的场合。由于铸件毛坯间尺寸有变化,如果采用固定支承会影响加工质量。将某个固定支承改为可调支承,根据毛坯的实际尺寸大小,调整夹具支承位置,避免引起工序余量变化,有利于保证工件加工的尺寸。例如,铣削加工箱体工件平面 B 工序,采用夹具如图 1-43 所示,用可调支承对 A 面位置进行调整,调整尺寸 H_1 和 H_2,确保孔的余量均匀。

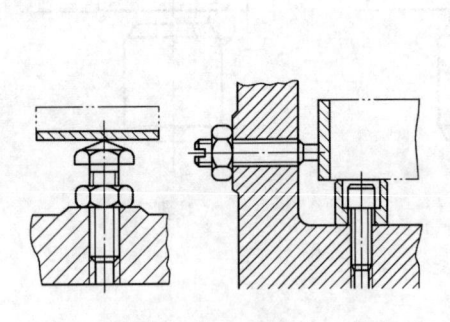

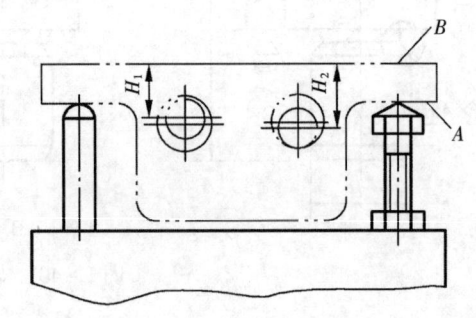

图 1-42 可调支承　　图 1-43 加工箱体可调支承应用示例

可调支承是针对毛坯批次进行调整,而不是对每个工件的装夹进行调整。可调支承在一批工件加工前调整一次,在同一批工件加工中,其作用即相当于固定支承。所以,可调支承在调整后都需用锁紧螺母锁紧。

可调支承也可用于通用可调整夹具及成组夹具中,用一个夹具加工形状相同而尺寸不同的工件。如图 1-44 所示为径向钻孔夹具,采用可调支承使工件轴向定位,通过调整支承长度位置,可以加工距轴端面距离不等的孔。

(3)浮动支承(或自位支承)。浮动支承是指支承本身的位置在定位过程中,能自适应工件定位基准面位置变化的一类支承,如图 1-45 所示。图 1-45(a)、(b)所示为两点式自位支承,图 1-45(c)所示为 3 点接触,这类支承的工作特点是浮动支承点的位置能随着工件定位基准位置的不同而自动浮动。当基准面不平时,压下其中一点,其余点即上升,直至全部接触为止,所以其作用仍相当于 1 个固定支承,只限制一个自由度,未发生过定位。由于增加了接触点数,所以可提高工件的安装刚性和稳定性,多用于工件刚性不足的毛坯表面或不连续的平面定位。

图 1-44 在可调整夹具中应用可调支承　　　图 1-45 浮动支承

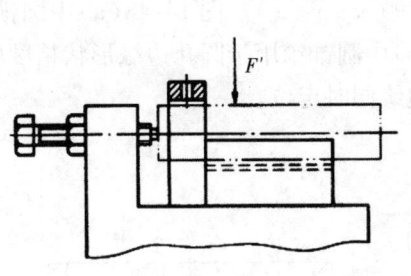

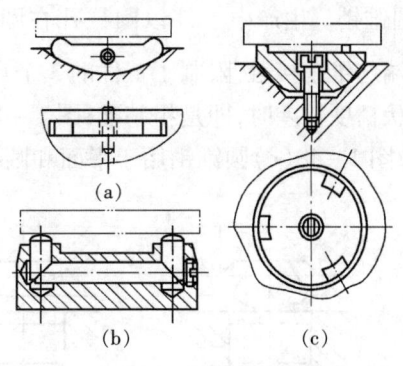

(4) 辅助支承。在生产中,有时为了提高工件的安装刚度和定位稳定性,常采用辅助支承。如图 1-46 所示为阶梯零件,当用平面 1 定位铣平面 2 时,于工件右部底面增设辅助支承 3,可避免加工过程中工件的变形。

辅助支承的结构形式很多,但无论采用哪种,辅助支承都不起定位作用。辅助支承都是工件定位后才调整支承与工件表面接触并锁紧支承的,所以不限制自由度,同时也不能破坏基本支承对工件的定位。

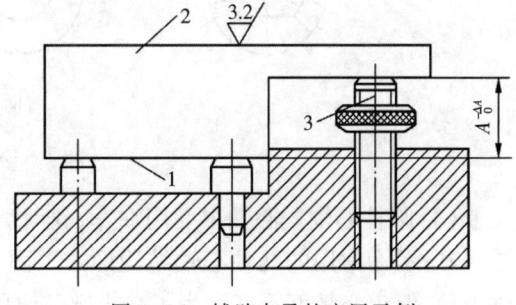

图 1-46 辅助支承的应用示例

2. 工件以圆孔定位

有些工件如套筒、法兰盘、拨叉等以孔作定位基准面,常用定位元件有圆柱定位销、圆锥销、圆柱心轴等。

(1) 圆柱定位销。圆柱定位销的结构类型如图 1-47 所示。当工作部分直径 $D < 10$ mm 时,为增加刚度,避免定位销因撞击而折断或热处理时淬裂,通常把根部倒成圆角 R。夹具体上应有沉孔,使定位销圆角部分沉入孔内而不影响定位,如图 1-47(a) 所示。

为了便于工件顺利装入,定位销的头部应有 15°倒角,如图 1-47(b) 所示。

图 1-47(a)、(b)、(c) 是将定位销直接压入夹具体中,图 1-47(d) 是用螺栓经中间套与夹具配合,以便于大批量生产时更换定位销。

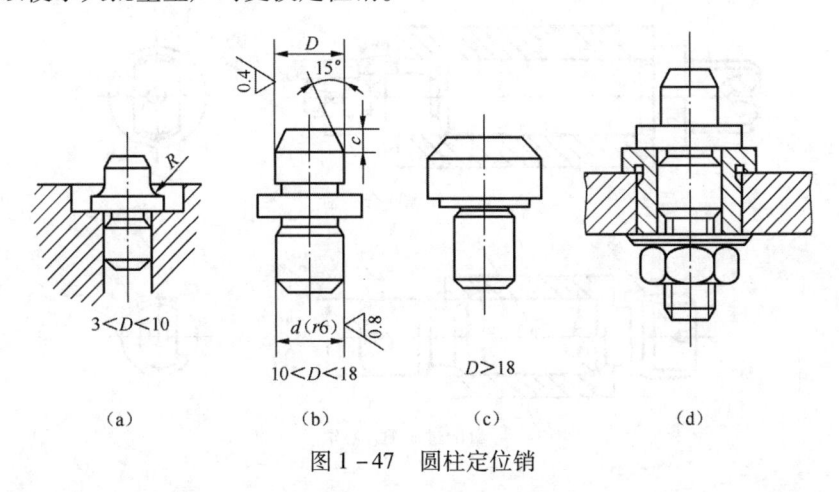

(a) $3 < D < 10$　　(b) $10 < D < 18$　　(c) $D > 18$　　(d)

图 1-47 圆柱定位销

(2) 圆锥销。生产中工件以圆柱孔在圆锥销上定位的情况也很常见,如图 1-48 所示。这时以孔端与锥销接触,限制了工件的 3 个自由度($\vec{x}$、$\vec{y}$、$\vec{z}$)。图 1-48(a)中圆锥销用于圆孔边缘形状精度较差时,即是粗基准;图 1-48(b)中圆锥销用于圆孔边缘形状精度较好时,即是精基准;图 1-48(c)圆锥销用于平面和圆孔边缘同时定位。

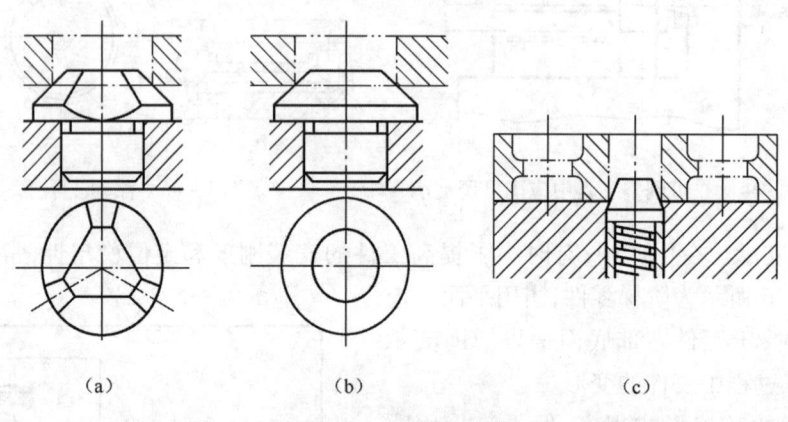

图 1-48 圆锥销定位

(3) 圆柱心轴。心轴主要用在车、铣、磨、齿轮加工等机床上加工套筒类和盘类零件。图 1-49 所示为常用的几种心轴结构形式。图 1-49(a)所示为间隙配合心轴,这种心轴装卸工件方便,但定心精度不高。为了减小定位时因配合间隙造成的倾斜,常以孔和端面联合定位,故要求孔与端面垂直,一般在一次安装中加工。为快速装卸工件,可使用开口垫圈,开口垫圈的两端面应互相平行。当工件的定位孔与端面的垂直度误差较大时,应采用球面垫圈。

图 1-49(b)所示为过盈配合心轴。由引导部分 1、工作部分 2、传动部分 3 组成。引导部分的作用是使工件迅速而正确地套入心轴,其直径 d_3 的基本尺寸为工件孔的最大极限尺寸,其长度为工件长度的一半。d_1 的基本尺寸为工件孔的最大极限尺寸,公差带为 r6,d_2 的基本尺寸为工件孔的最大极限尺寸,公差带为 h6。这种心轴制造简便、定心准确,但装卸工件不便,且易损伤工件定位孔,因此多用于定心精度要求较高的场合。

图 1-49(c)所示为花键心轴,用于加工以花键孔定位的工件。

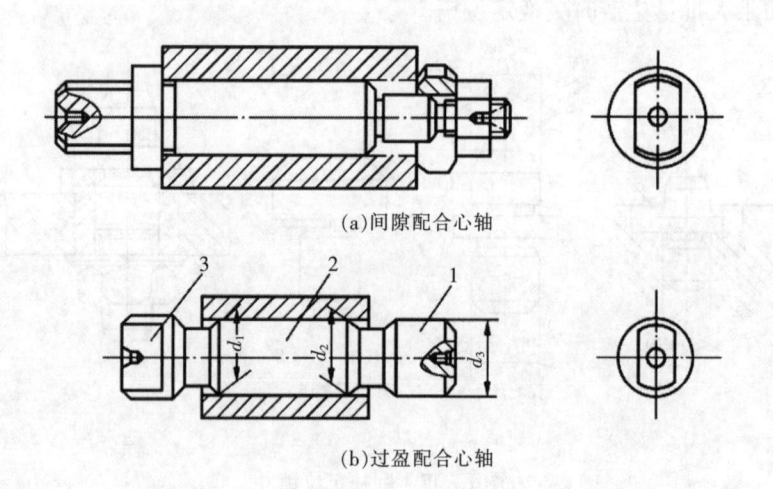

(a) 间隙配合心轴

(b) 过盈配合心轴

(c)花键心轴

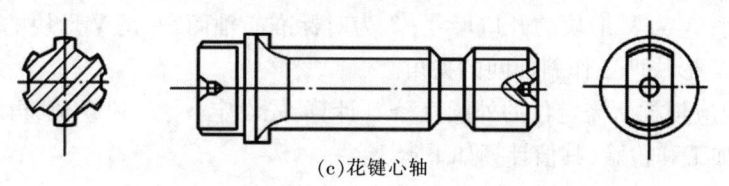

1-引导部分　2-工作部分　3-传动部分

图1-49　圆柱心轴

心轴在机床上的安装方式如图1-50所示。

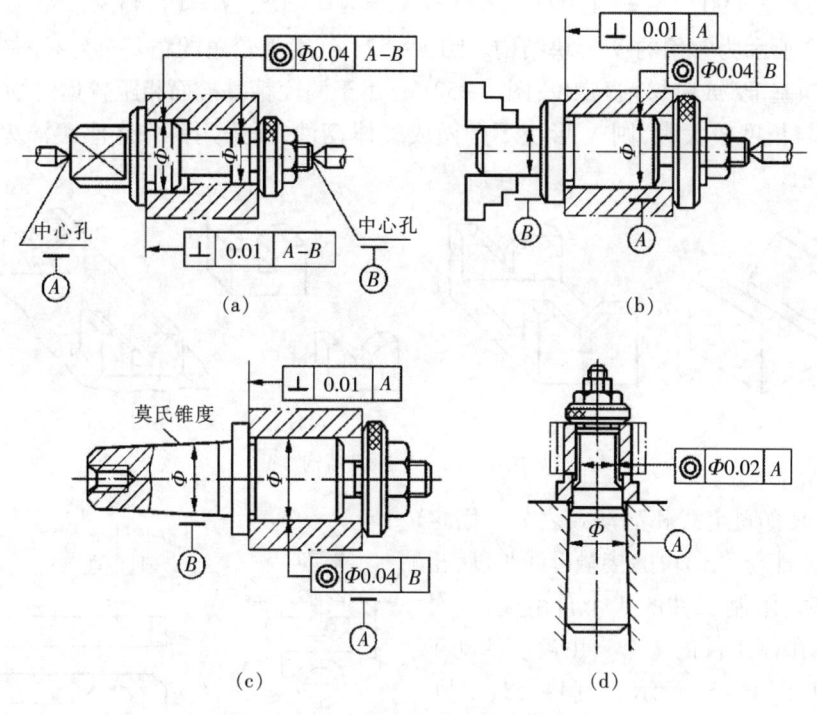

图1-50　心轴在机床上的安装方式

3. 工件以外圆柱面定位

工件以外圆柱面作定位基面时,常用定位元件有V形块、圆孔、半圆孔、圆锥孔及定心夹紧装置。其中,最常用的是V形块定位和在圆孔中定位,具体简介如下。

(1)V形块定位。V形块定位如图1-51所示。其优点是对中性好,即能使工件的定位基准轴线对中在V形块两斜面的对称平面上,而不受定位基准直径误差的影响,且安装方便。V形块的典型结构和尺寸均已标准化,V形块上两斜面间的夹角 α 一般选用60°、90°和120°,以90°应用最广。当应用非标准V形块时,可按图1-51进行计算。

V形块基本尺寸有:

D 为标准心轴直径,即工件定位用的外圆直径;

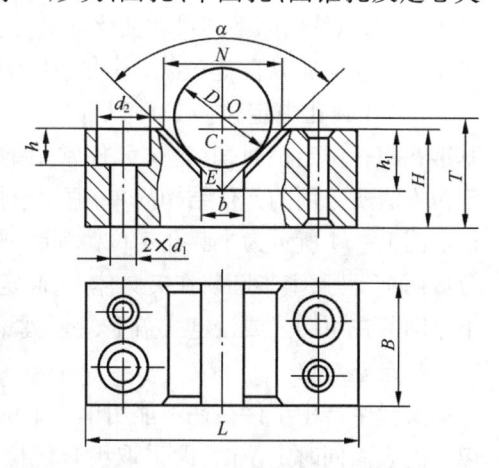

图1-51　V形块的应用示例

H 为 V 形块高度;N 为 V 形块的开口尺寸;T 为对标准心轴而言,是 V 形块的标准高度,通常用作检验;α 为 V 形块两工作斜面间的夹角。

设计 V 形块应根据所需定位的外圆直径 D 计算,先设定 α、N 和 H 值,再求 T 值。T 值必须标注,以便于加工和检验,其值计算如下:

$$T = H + \frac{D}{2\sin\frac{\alpha}{2}} - \frac{H}{2\tan\frac{\alpha}{2}} \qquad (式1-12)$$

式中,尺寸 H 对于大直径工件,$H \leqslant 0.5D$;对于小直径工件,$H \leqslant 1.2D$。

尺寸 N,当 $\alpha = 90°$,$N = (1.09 \sim 1.13)D$。当 $\alpha = 120°$,$N = (1.45 \sim 1.52)D$。

图 1-52 所示为常用的 V 形块结构。图 1-52(a)用于较短的精基准定位;图 1-52(b)用于较长的粗基准(或阶梯轴)定位;图 1-52(c)用于两段精基准面相距较远的场合。如果定位基准直径与长度较大时,则 V 形块不必做成整体钢件,而采用铸件底座镶淬火钢垫,如图 1-52(d)所示。

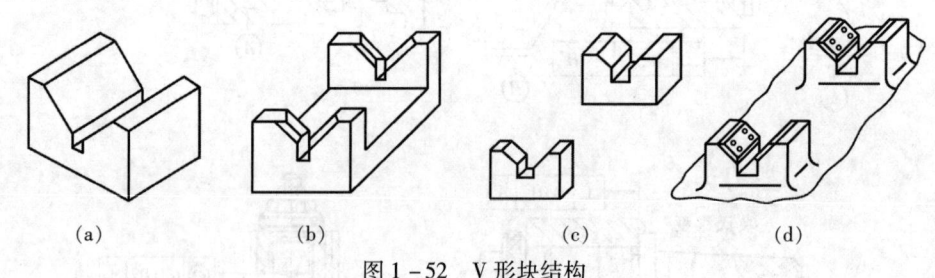

图 1-52 V 形块结构

V 形块又有固定式和活动式之分。固定 V 形块根据工件与 V 形块的接触母线长度,相对接触较长时,限制工件的 4 个自由度;相对接触较短时,限制工件的 2 个自由度。活动 V 形块的应用如图 1-53 所示。图 1-53(a)所示为活动 V 形块限制工件在 Y 方向上的移动自由度的示意图。图 1-53(b)所示为加工连杆孔的定位方式,活动 V 形块限制一个转动自由度,用以补偿因毛坯尺寸变化而对定位的影响。活动 V 形块除定位外,还兼有夹紧作用。

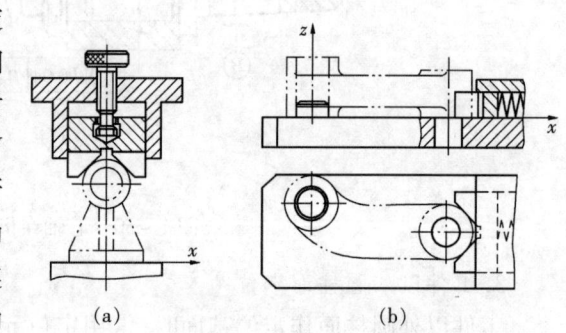

图 1-53 活动 V 形块的应用

(2)在圆孔中定位。工件以外圆柱面作定位基准在圆孔中定位时,其定位元件常用钢套,这种定位方法所采用的元件结构简单,适用于精基准定位。图 1-54 所示为半圆孔定位,将同一圆周的孔分成两个半圆,上半圆装在夹具体上,起定位作用;下半圆装在可卸式或铰链式盖上,起夹紧作用。

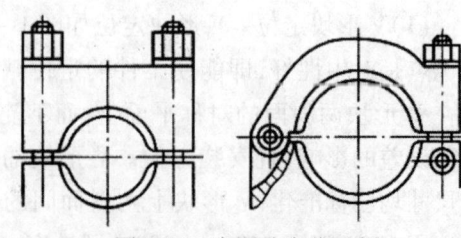

图 1-54 半圆孔定位示例

4. 组合定位

实际生产中工件往往不能用单一定位元件或单个表面解决定位问题,而是以两个或两个以上的表面同时定位的,即采取组合定位方式。组合定位的方式很多,生产中最常用的就是

"一面两孔"定位,如加工箱体、杠杆、盖板等。这种定位方式简单、可靠、夹紧方便,易于做到工艺过程中的基准统一,保证工件的相互位置精度。

工件采用一面两孔定位时,定位平面一般是加工过的精基面,两孔可以是工件结构上原有的,也可以是为定位需要专门设置的工艺孔。相应的定位元件是支承板和两定位销。如图 1-55 所示为某箱体钻孔工序夹具中以一面两孔定位的示意图。支承板限制工件的 3 个自由度,短圆柱销 1 限制工件的 2 个自由度,短圆柱销 2 限制工件的 2 个自由度,可见两个圆柱销重复限制了工件自由度,产生过定位现象,严重时将不能安装工件。

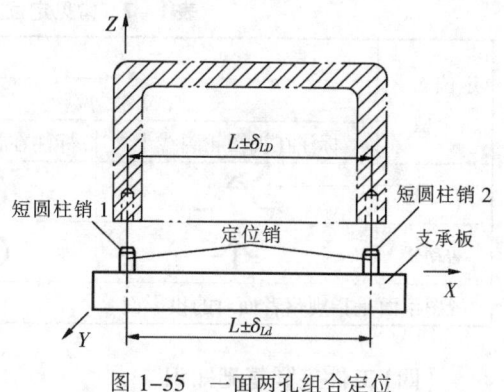

图 1-55 一面两孔组合定位

一批工件定位可能出现干涉的最坏情况为:孔的中心距最大,定位销的中心距最小,或者反之。为使工件在两种极端情况下都能装到定位销上,可把定位销 2 上与工件孔壁相碰的那部分削去,即做成削边销。如图 1-56 所示为削边销的形成原理。

为保证削边销的强度,一般多采用菱形结构,故又称为菱形销,如图 1-57 所示为常用的削边销结构。安装削边销时,削边方向应垂直于两销的连心线。

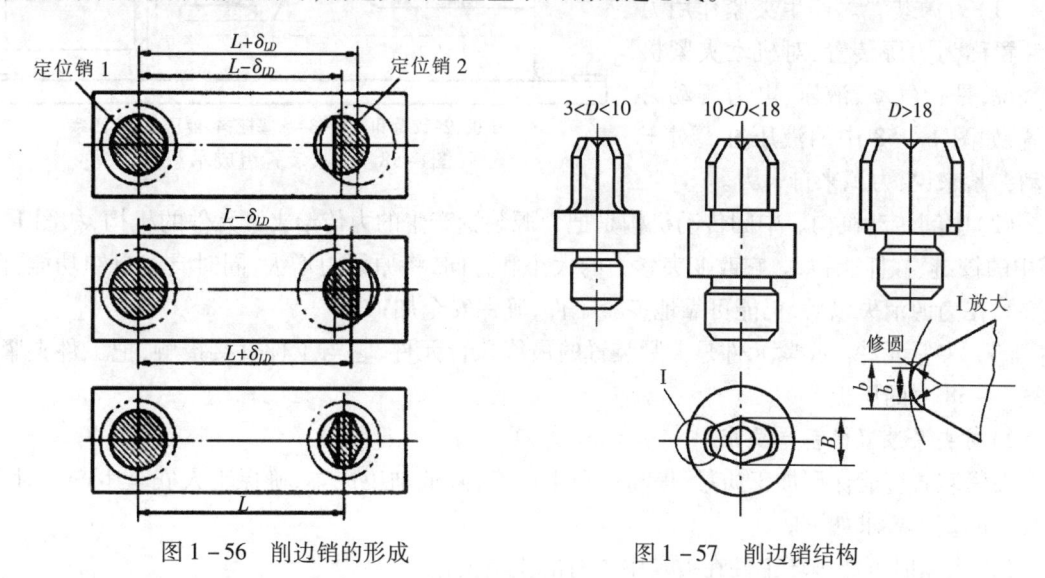

图 1-56 削边销的形成

图 1-57 削边销结构

5. 常见定位支承符号表示

根据国家标准(GB/T24740—2009)《技术产品文件机械加工定位、夹紧符号表示法》规定,机械加工常见定位支承符号如表 1-7 所示。

表1-7 常见定位支承符号(GB/T24740—2009)

定位支承类型	符号			
	独立定位		联合定位	
	标注在视图轮廓线上	标注在视图正面[a]	标注在视图轮廓线上	标注在视图正面[a]
固定式	⋀	⊙	⋀⋀	⊙—⊙
活动式	⋀	⊘	⋀⋀	⊘—⊘

[a] 视图正面是指观察者面对的投影面

(四)工件夹紧基础知识

1. 夹紧装置的组成及基本要求

在机械加工过程中,工件受到切削力、工件重力、离心力和惯性力等力的作用,会产生振动或位移,为使工件保持由定位元件所确定的位置,必须把工件夹紧。夹紧装置的组成如图1-58所示。

1) 夹紧装置的组成

(1) 力源装置。产生夹紧作用力的装置称为力源装置,对机动夹紧机构来说,是指气动、液压、电力等动力装置,如图1-58中的液压缸。对于手动夹紧来说,力源来自人力。

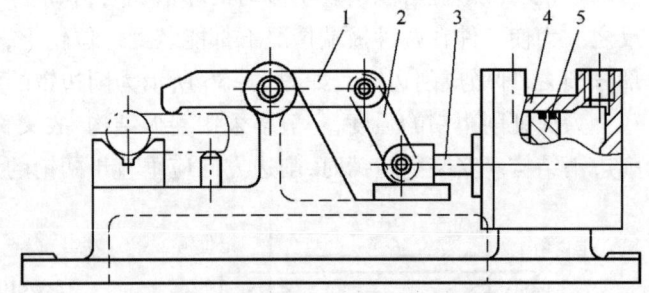

1—压板;2—铰链和杠杆;3—活塞杆;4—液压缸;5—活塞
图1-58 夹紧装置组成示意图

(2) 中间传动机构。中间传动机构是把力源装置产生的力传给夹紧元件的机构,如图1-58中的铰链、杠杆、活塞。它改变夹紧力的大小和方向,将原始力增大;同时具有自锁功能,保证夹具在力源消失以后,仍能可靠地夹紧工件,确保安全加工。

(3) 夹紧元件。夹紧元件是夹紧装置的最终执行元件,它与工件直接接触,把工件夹紧,如图1-58中的压板。

2) 对夹紧装置的基本要求

夹紧装置应能保证加工质量,提高劳动生产率,降低加工成本,确保工人安全生产。对夹紧装置的基本要求如下。

(1) 夹紧时不能破坏工件在夹具中占有的正确位置。

(2) 夹紧力的大小要适当,既要保证工件在加工过程中位置不变,不产生松动、振动,同时还要尽量避免和减小工件的夹紧变形及对夹紧表面的损伤。

(3) 夹紧装置要操作方便,夹紧迅速、省力。大批量生产中应尽可能采用气动、液动夹紧装置,以减轻工人的劳动强度并提高生产率。在小批量生产中,采用结构简单的螺钉压板时,也要尽量缩短辅助时间。

(4) 结构要紧凑简单,有良好的结构工艺性,尽量使用标准件,应有良好的自锁性。

2. 夹紧力的确定

确定夹紧力即确定夹紧力的大小、方向和作用点。在确定夹紧力的三要素时要分析工件的结构特点、加工要求、切削力及其他作用外力。

1)夹紧力方向的确定

(1)夹紧力方向应垂直于主要定位基准面。如图1-59所示,工件在直角支座上镗孔,本工序要求所镗孔与A面垂直,故应以A面为主要定位基准,在确定夹紧力方向时,应使夹紧力垂直于A面,保证孔与A面的垂直度。反之,若朝向B面,当工件A、B两面有垂直度误差时,就无法实现主要定位基准面定位,因而也无法保证所镗孔与A面垂直的工序要求。

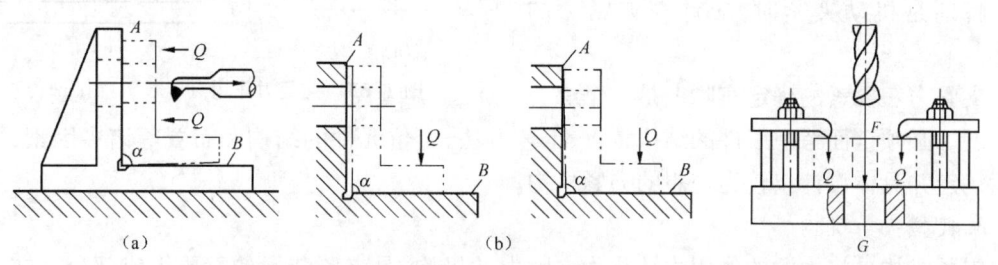

图1-59 夹紧力方向垂直于主要定位基准面

图1-60 夹紧力方向对夹紧力大小的影响

(2)夹紧力应朝向工件刚性较好的方向,使工件变形尽可能小。

(3)夹紧力的方向应使所需夹紧力最小。夹紧力最好与切削力、工件重力方向一致,这样既可减小夹紧力,又可缩小夹紧装置的结构。图1-60所示为钻削轴向切削力、夹紧力、工件重力G都垂直于定位基准面的情况,三者方向一致,钻削扭矩由这些同向力作用在支承面上产生的摩擦力矩所平衡,此时所需的夹紧力最小。

2)夹紧力作用点的选择

选择作用点的问题是指在夹紧方向已定的情况下确定夹紧力作用点的位置和数目。合理选择夹紧力作用点必须注意以下几点。

(1)夹紧力作用点应落在定位元件上或定位元件所形成的支承区域内。图1-61(a)中作用点不正确,夹紧时力矩将会使工件产生转动;图1-61(b)中作用点是正确的,夹紧时工件稳定可靠。

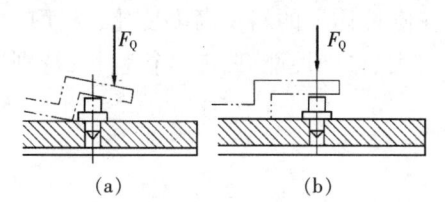

图1-61 夹紧力作用点应在定位元件所确定的支承面内

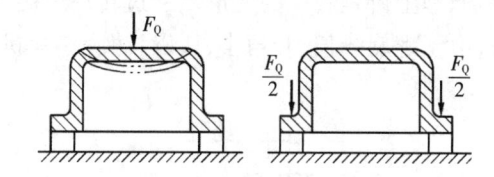

图1-62 夹紧力应作用在工件刚度较好的部位

(2)夹紧力作用点应作用在工件刚度较好的部位。应尽量避免或减少工件的夹紧变形,这一点对薄壁工件更显得重要。图1-62中左侧图的夹紧力作用点不正确,夹紧时将会使工件产生较大的变形;右侧图的夹紧力作用点是正确的,夹紧变形就很小。

(3)夹紧力作用点应尽可能靠近加工面。这可以减小切削力对夹紧点的力矩,从而减轻工件的振动。如图1-63(a)所示,若压板直径过小,则对滚齿时的防震不利;如图1-63(b)所示,在拨叉上铣槽,由于主要夹紧力F_{Q1}的作用点距加工面较远,所以在靠近加工表面的地方设置了辅助支承,增加了夹紧力F_{Q2},这样既可提高工件的夹紧刚度,又可减小振动和变形。

3)夹紧力大小的确定

在夹紧力的方向、作用点确定之后,必须确定夹紧力的大小。夹紧力过小,难以保证工件定位的稳定性和加工质量;夹紧力过大,将不必要地增大夹紧装置等的规格、尺寸,还会使夹紧系统的变形增大,从而影响加工质量。特别是机动夹紧时,应计算夹紧力的大小。

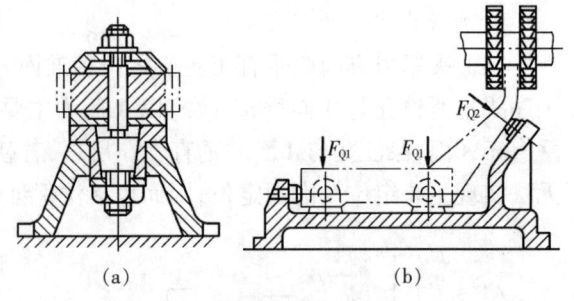

图 1-63 夹紧力作用点应靠近加工部位

夹紧力三要素的确定实际上是一个综合性问题。必须全面考虑工件的结构特点、工艺方法、定位元件的结构和布置等诸多因素,才能最后确定并具体设计出较为理想的夹紧机构。

3. 典型夹紧机构

夹紧机构是将力源的作用力转化为夹紧力的机构,是夹紧装置的重要组成部分。在夹具的各种夹紧机构中,斜楔、螺旋、偏心、铰链以及由它们组合而成的各种机构应用最为普遍。

1) 斜楔夹紧机构

如图 1-64(a)所示夹具中工件装入后,用锤击斜楔 2 的大端楔紧工件 3,松开工件则需锤击斜楔 2 的小端。由此可见,斜楔是利用其斜面移动时所产生的压力压紧工件。这种直接用楔块楔紧工件的夹紧装置,虽然结构简单,但夹紧力有限,且操作不方便,在生产中应用较少。在实际应用中,多采用斜楔与其他机构组合成的夹紧机构。图 1-64(b)所示为斜楔与杠杆机构组合成的手动夹紧机构。

斜楔升角 α 是斜楔夹紧机构的重要参数,α 越小,其增力比系数越大,自锁性能越好,但夹紧行程比系数越小。因此,在选择升角 α 时,必须同时考虑增力、行程和自锁三方面的问题。为保证自锁和具有适当的夹紧行程,一般 α 角不得大于 $12°$。

2) 螺旋夹紧机构

由于螺母、垫圈和压板等元件组成的夹紧机构称为螺旋夹紧机构。螺旋夹紧机构中的螺旋,从原理上讲是斜楔的变形。通过转动螺旋,使绕在圆柱体上的斜楔高度变化,从而产生夹紧力,由于螺旋线长、升角小,所以,螺旋夹紧机构增力大、自锁性能好,夹紧行程长,特别适用于手动夹紧。

1-夹具体;2-斜楔;3-工件
图 1-64 斜楔夹紧机构

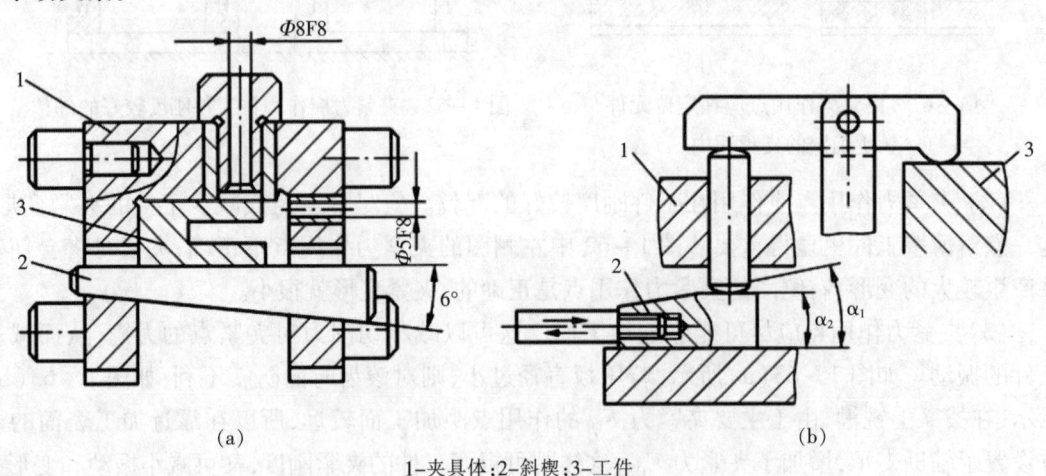

1—螺杆;2—螺母套;3—止动销;4—压块

图 1-65 单螺旋夹紧机构

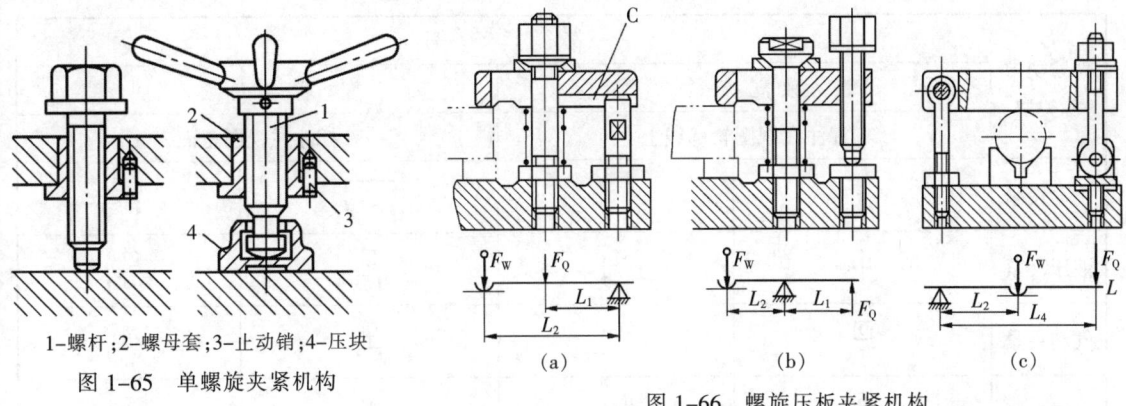

图 1-66 螺旋压板夹紧机构

（1）单个螺旋夹紧机构如图 1-65 所示，左图用螺栓头直接压在工件上，会压坏工件表面，还会在拧动螺栓时带动工件旋转而破坏定位。这种机构夹紧时需用扳手，操作费时、效率低。为避免这些缺点，右图为带浮动压块的结构，使用方便，螺杆 1 夹紧端配浮动压块 4，故夹紧时不仅能与工件的被压表面保持良好的接触，而且也不会损伤工件表面。

（2）螺旋压板夹紧机构。螺旋与压板组合的夹紧机构应用极为普遍，如图 1-66 所示，它是利用杠杆原理实现夹紧作用。根据杠杆的支点、施力点的位置不同可分为 3 种基本形式。图 1-66（a）、(b) 所示为两种移动压板螺旋夹紧机构，图 1-66(c) 所示为铰链压板式夹紧机构。

3）偏心夹紧机构

用偏心件直接或间接夹紧工件的机构，称为偏心夹紧机构。常用的偏心件一般有圆偏心轮和偏心轴两种类型。如图 1-67 所示为偏心轮夹紧机构，这种机构结构简单、制造容易、夹紧迅速、操作方便，在夹具中得到广泛应用。缺点是行程和增力比较小，自锁性能较差，故适用于切削力小、无振动、工件表面尺寸公差不大的场合。

4）定心夹紧机构

定心夹紧机构是夹具中一种具有定心作用的夹紧机构，它在工作过程中能同时实现工件定心（对中）和夹紧，如三爪自定心卡盘。三爪自定心卡盘为定心夹紧元件，能等速趋近或离开卡盘中心（夹爪保持等距离行程），使其工作面对中心总保持相等的距离。当工件定位直径不同时，由夹爪的等距移动来调整，使工件工序基准（轴线）与卡盘中心保持一致。

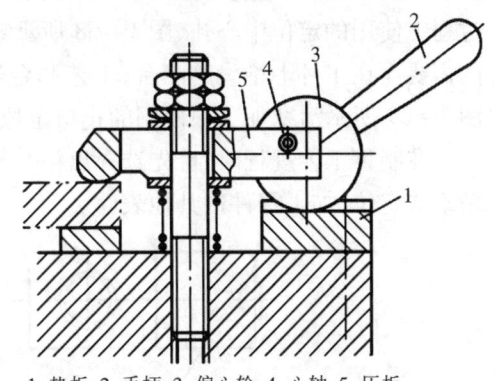

1—垫板；2—手柄；3—偏心轮；4—心轴；5—压板

图 1-67 圆偏心夹紧机构

4. 常见夹紧符号表示

根据国家标准（GB/T24740—2009）《技术产品文件机械加工定位、夹紧符号表示法》规定，机械加工常见定位支承符号如表 1-8 所示。

表1-8 常见夹紧符号(GB/T24740—2009)

夹紧动力源类型	符 号			
	独 立 夹 紧		联 合 夹 紧	
	标注在视图轮廓线上		标注在视图正面	
手动夹紧	↓	↓	↓↓	↓↓
液压夹紧	Y	Y	Y	Y
气动夹紧	Q	Q	Q	Q
电磁夹紧	D	D	D	D

(五)定位基准的选择

1. 定位基准分类

机械加工中,工件在机床或夹具上定位时所依据的点、线、面统称为定位基准。按工件上定位表面的不同,定位基准分为粗基准、精基准及辅助基准。

1)粗基准和精基准

用毛坯上未经加工的表面作为定位基准面,称为粗基准。而利用工件上已加工过的表面作为定位基准面,称为精基准。

2)辅助基准

零件设计图中某个不要求加工的表面,有时为了工件装夹的需要而专门将其加工作为定位用;或者为了定位需要,加工时有意提高了零件设计精度的表面,这种表面不是零件上的工作表面,只是由于工艺需要而加工的基准面,称为辅助基准或工艺基准。例如,轴类零件加工过程中使用的定位中心孔、图1-68所示零件的工艺凸台B(所谓工艺凸台是指为了满足工艺的需要而在工件上增设的凸台,工艺凸台若影响零件的使用功能,零件加工后应将其切除)、图1-69所示活塞加工中使用的止口定位等均属于辅助基准。

在制订工艺规程时,首先选择出精基准面,采用粗基准定位,加工出精基准表面;然后采用精基准定位,加工零件的其他表面。

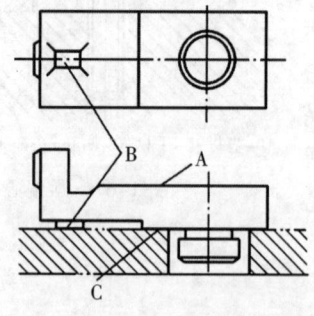

图1-68 工艺凸台应用示例

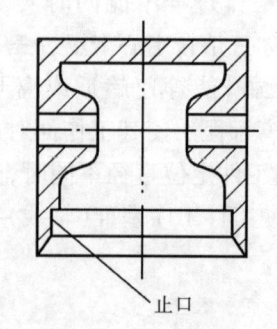

图1-69 活塞的止口

2. 精基准的选择

选择精基准主要应从保证工件的位置精度和装夹方便这两方面来考虑。精基准的选择原则如下。

1)基准重合原则

应尽量选择加工表面的设计基准作为定位基准,这一原则称为基准重合原则。用设计基准作为定位基准可以避免因基准不重合而产生的定位误差。如图 1-70(a)、(b)、(c)所示,采用调整法铣削 C 面,则工序尺寸 c 的加工误差 T_C 不仅包含本工序的加工误差 Δj,而且还包含基准不重合带来的误差 T_a。如果采用图 1-70(d)所示的方式安装,则可消除基准不重合误差。

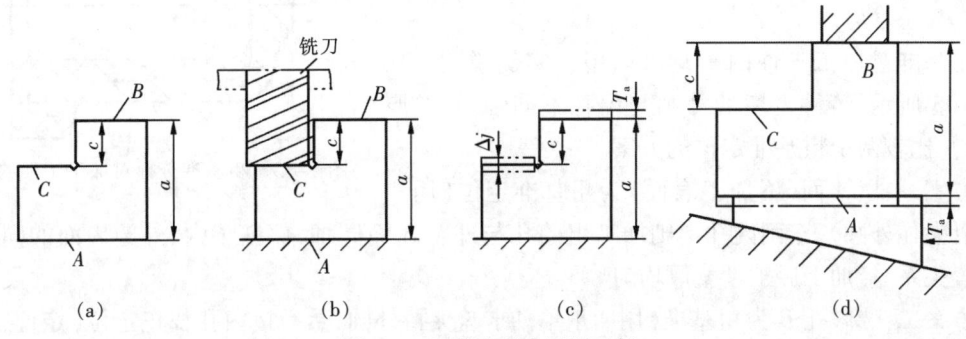

图 1-70 基准重合原则示例

2)基准统一原则

尽可能采用同一个定位基准来加工工件上的各个加工表面,这称为基准统一原则。例如,一般轴类零件加工的多数工序以中心孔定位;在图 1-69 活塞加工的工艺过程中,多数工序以活塞的止口和端面定位;箱体零件采用一面两孔定位,齿轮的齿坯和齿形加工多采用齿轮的内孔及一端面为定位基准,均属于基准统一原则。基准统一有利于保证工件各加工表面的位置精度,避免或减少因基准转换而带来的加工误差,同时可以简化夹具的设计和制造。

3)自为基准原则

某些加工表面余量较小而均匀的精加工工序选择加工表面本身作为定位基准,称为自为基准原则。如图 1-71 所示,磨削车床导轨面用可调支承定位床身,在导轨磨床上用百分表找正导轨本身表面作为定位基准,然后磨削导轨,可以满足精磨导轨面的余量小且均匀。还有浮动镗刀镗孔、珩磨孔、拉孔、无心磨床磨外圆等,均属于采用自为基准定位原则。

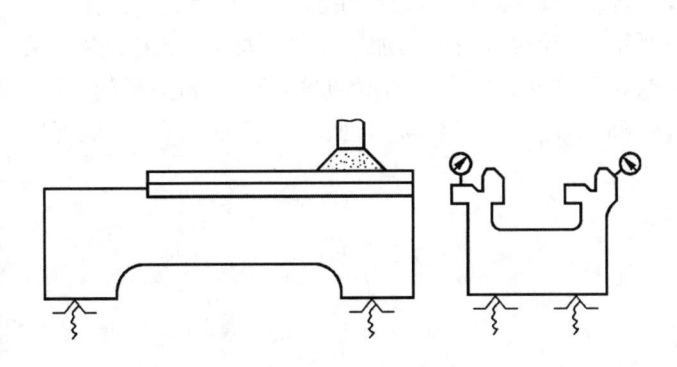

图 1-71 采用自为基准原则示例

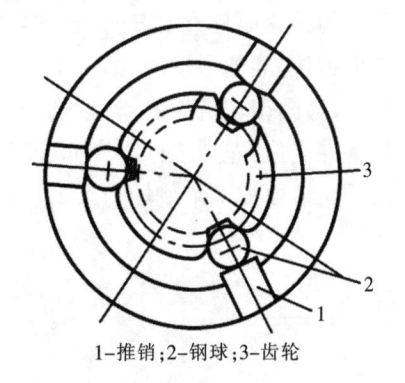

图 1-72 互为基准定位磨齿轮内孔示例

1—推销;2—钢球;3—齿轮

4)互为基准原则

某个工件上有两个相互位置精度要求很高的表面,采用工件上的这两个表面互相作为定位基准,反复进行加工,称为互为基准。互为基准可使两个加工表面间获得较高的相互位置精度,且加工余量小而均匀。如加工精密齿轮中的磨齿工序,先以齿面为基准定位磨孔,如图1-72所示;然后以内孔定位,磨齿面,使齿面加工余量均匀,能保证齿面与内孔之间较高的相互位置精度。

5) 准确可靠,便于装夹的原则

所选精基准应保证工件定位准确,安装可靠,装夹方便,夹具结构简单适用、操作方便。

3. 粗基准的选择

粗基准对加工工件的影响可以用一实例说明。如图1-73所示,铸件毛坯的外圆与内孔不同轴,其壁厚不均匀,比较两个粗基准定位的方案。

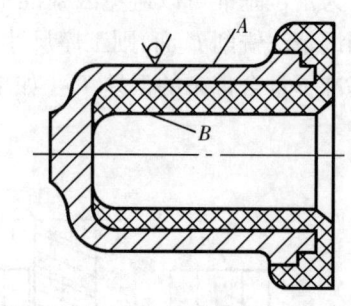

图 1-73 粗基准选择对加工工件的影响

方案一:以 A 面(不加工表面)为粗基准定位(用三爪卡盘夹住外圆),车削内孔。则加工出的孔与外圆 A 面同轴,保证了内、外圆表面的同轴度的位置关系,经加工后工件壁厚均匀。

方案二:选内孔 B 为粗基准(用四爪单动卡盘夹持外圆,然后按内孔找正定位)定位,则车削的加工余量是均匀的,但是加工后的孔与外圆(不加工表面)不同轴,工件的壁厚不均匀。

综上所述,粗基准的选择对工件主要有两个方面的影响,一是影响工件上加工表面与不加工表面的相互位置,二是影响加工余量的分配。粗基准的选择原则如下。

1) 保证工件加工表面与不加工表面的相互位置精度,选择不加工表面作为粗基准

对于同时具有加工表面和不加工表面的零件,必须保证不加工表面与加工表面的相互位置时,选择不加工表面作为粗基准。如果零件上有多个不加工表面,应选择其中与加工表面相互位置要求高的表面作为粗基准。如图1-73所示零件一般要求壁厚均匀,所以加工中的粗基准选择方案一是正确的。

图1-74所示拨杆上有多个不加工表面,但若要保证加工 $\Phi 20mm$ 孔与不加工表面 $\Phi 40mm$ 外圆的壁厚均匀,加工 $\Phi 20mm$ 孔时应选 $\Phi 40mm$ 外圆作为粗基准。

2) 保证重要加工表面余量均匀

工件必须首先保证某重要表面的余量均匀,选择该表面为粗基准。如机床床身的加工,床身上的导轨面是重要表面,要求导轨面的加工余量均匀。若精磨导轨时,先以床脚平面作为粗基准定位,磨削导轨面,如图 1-75(b) 所示,则导轨表面上的加工余量不均匀,切去的余量又太多,会露出较疏松的、不耐磨的金属层,达不到导轨要求的精度和耐磨性。若选择导轨面为粗基准定位,先加工床脚底面,然后以床脚底面定位加工导轨面,如图 1-75(a) 所示,就可以保证导轨面加工余量均匀。

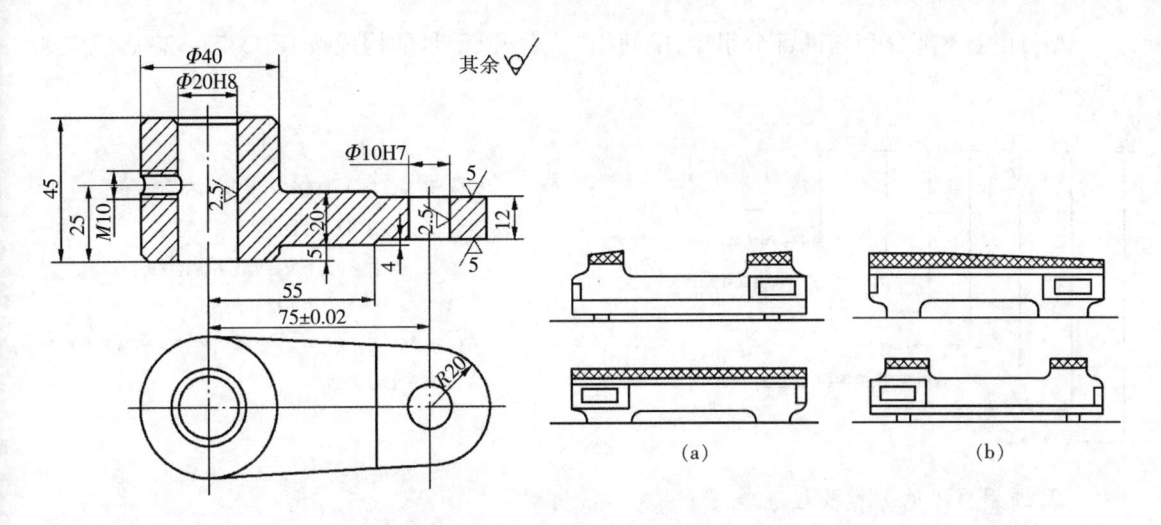

图 1-74　拨杆粗基准的选择示例　　　　图 1-75　机床床身加工粗基准选择示例

3) 选择余量最小的表面为粗基准

选择毛坯加工余量最小的表面作为粗基准,以保证各加工表面都有足够的加工余量,不至于造成废品。如图 1-76 所示加工铸造或锻造的轴套,通常加工余量较小,并且孔的加工余量较大,而外圆表面的加工余量较小,这时就应该以外圆表面作为粗基准来加工孔。

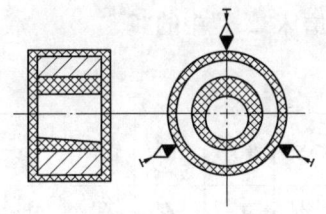

图1-76　轴套内孔加工基准的选择

4) 选择平整光洁的表面作为粗基准

应该选择毛坯上尺寸和位置可靠、平整光洁的表面作为粗基准,表面不应有飞边、浇口、冒口及其他缺陷,这样可减少定位误差,并使工件夹紧可靠。

5) 不重复使用粗基准

在同一尺寸方向上粗基准只准使用一次。因为粗基准是毛坯表面,定位误差大,两次以上使用同一粗基准装夹,加工出的各表面之间会有较大的位置误差。图 1-77 所示零件加工中,如第一次用不加工表面 ϕ30mm 定位,分别车削 ϕ18H7mm 孔和端面;第二次仍用不加工表面 ϕ30mm 定位,钻 4×ϕ8mm 孔,则会使 ϕ18H7mm 孔的轴线与 4×8mm 孔位置即 ϕ46mm 的中心线之间产生较大的同轴度误差,有时可达 2～3mm。因此,这样的定位方案是错误的。正确的定位方法应以精基准 ϕ18mm 孔和端面定位,钻 4×ϕ8mm 孔。

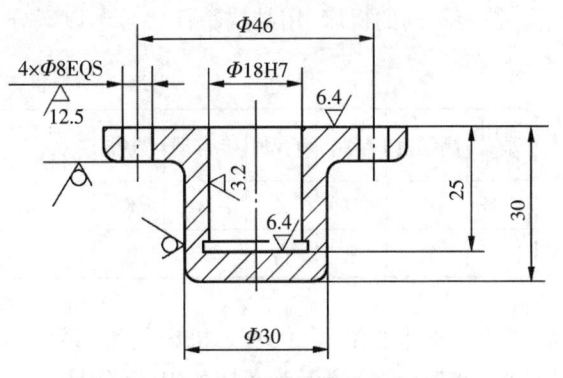

图 1-77　重复使用粗基准示例

三、金属切削机床型号编制方法

金属切削机床型号主要反映机床的类别、主要技术规格、使用及结构特征。根据 GB15375—2008《金属切削机床型号编制方法》的规定,金属切削机床按其工作原理、结构特点及使用范围,共分 11 类。每类又分为十组,每个组分为十个系(系列),具体如下:

1. 通用机床型号的表示方法

型号由基本部分和辅助部分组成,中间用"/"分开,型号的构成按 GB15375—2008 规定如下。

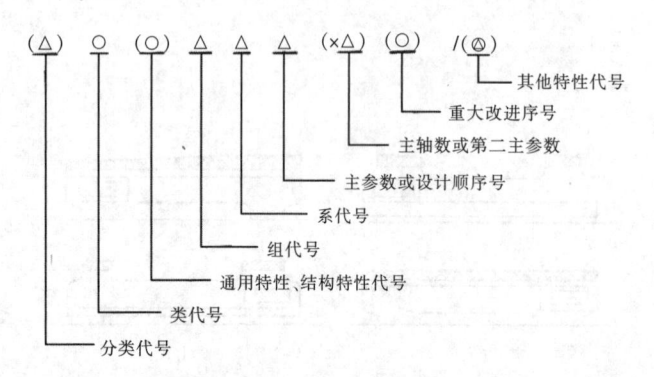

```
(△)○(○)△△△(×△)(○)/(◎)
 │  │  │  │ │ │  │    │   │
 │  │  │  │ │ │  │    │   └─ 其他特性代号
 │  │  │  │ │ │  │    └──── 重大改进序号
 │  │  │  │ │ │  └───────── 主轴数或第二主参数
 │  │  │  │ │ └──────────── 主参数或设计顺序号
 │  │  │  │ └─────────────── 系代号
 │  │  │  └──────────────── 组代号
 │  │  └─────────────────── 通用特性、结构特性代号
 │  └────────────────────── 类代号
 └───────────────────────── 分类代号
```

注:(1)有"( )"的代号或数字,当无内容时不标示,若有内容则不带括号;
(2)有"○"符号的,为大写的汉语拼音字母;
(3)有"△"符号的,为阿拉伯数字;
(4)有"◎"符号的,为大写的汉语拼音字母,或阿拉伯数字,或两者兼有之。

2. 通用机床的分类及代号含义

(1)机床的分类代号和类代号。类代号用汉语拼音的大写字母表示,如表 1-8 所示。需要时,每类还可分为若干分类。分类代号在类代号之前,是型号的首位,并用阿拉伯数字表示,如磨床"2M"中的"2"。

表 1-8　机床分类及代号

类别	车床	钻床	镗床	磨床			齿轮加工机床	螺纹加工机床	铣床	刨插床	拉床	锯床	其他机床
代号	C	Z	T	M	2M	3M	Y	S	X	B	L	G	Q
读音	车	钻	镗	磨	二磨	三磨	牙	丝	铣	刨	拉	割	其他

(2)机床通用特性、结构特性代号。通用特性代号如表 1-9 所示。对主参数相同,但结构、性能不同的机床,用结构特性代号予以区分,如 A、D、E、L、N、P 等。

表 1-9　机床通用特性代号

通用特性	高精度	精密	自动	半自动	数控	加工中心（自动换刀）	仿形	轻型	加重型	柔性加工单元	数显	高速
代号	G	M	Z	B	K	H	F	Q	C	R	X	S
读音	高	密	自	半	控	换	仿	轻	重	柔	显	速

(3)机床的组、系代号。机床的组、系代号用两位阿拉伯数字表示,详见 GB/T 15375—2008,如表 1-10 所示为车床的组、系代号。

表 1-10　车床的组、系代号(部分)

组		系			主参数
代号	名称	代号	名称	折算系数	名称
0	仪表小型车床	2	排刀车床	1	最大棒料直径
		6	卧式车床	1/10	床身上最大回转直径

续表

组		系		主参数
代号	名称	代号	名称	折算系数	名称

代号	名称	代号	名称	折算系数	名称
1	单轴自动车床	1	纵切车床	1	最大棒料直径
		3	转塔车床	1	最大棒料直径
2	多轴自动车床	1	棒料车床	1	最大棒料直径
		2	卡盘车床	1/10	卡盘直径
3	回转、转塔车床	0	回转车床	1	最大棒料直径
		7	立式转塔车床	1/10	最大车削径
4	曲轴及凸轮车床	1	曲轴车床	1/10	最大工件回转直径
		6	凸轮轴车床	1/10	最大工件回转直径
5	立式车床	1	单柱立车	1/100	最大车削直径
		2	双柱立车	1/100	最大车削直径
6	落地及卧式车床	1	卧式车床	1/10	床身上最大回转直径
		5	球面车床	1/10	床身上最大回转直径
7	仿形及多刀车床	3	立式仿形车	1/10	最大车削直径
		7	立式多刀车	1/10	最大车削直径
8	轮、轴、辊、锭及铲齿车床	0	车轮车床	1/100	最大工件直径
		4	轧辊车床	1/10	最大工件直径
		9	铲齿车床	1/10	最大工件直径
9	其他车床	0	落地镗车床	1/10	最大工件回转直径
		6	轴承车床	1/10	最大车削直径

(4)主参数的表示方法。机床型号中的主参数用折算值表示,当折算数值大于1时,则取整数;当折算数值小于1时,则以主参数值表示。折算值就是机床的主参数乘以折算系数,如表1-10所示。

(5)机床的设计顺序号。当机床无法只用一个主参数表示时,可用设计顺序号表示。设计顺序号由1起始,当设计顺序号小于10时,由01开始编起。

(6)主轴数和第二主参数的表示方法。对于多轴车床、钻床等,其主轴数应以实际数值列入型号,置于主参数之后,用"×"分开,读作"乘"。单轴可省略。第二主参数一般不予表示,特殊情况可以折算成两位或三位数表示。

(7)机床重大改进顺序号。当机床的结构、性能有更高的要求,并需按新产品重新设计、试制和鉴定时,才按改进的先后顺序选用A、B、C等汉语拼音首字母(I、O不选),加在型号基本部分尾部,以区别原机床型号。没有重大改变,原型号不变。

(8)其他特性代号及表示方法。其他特性代号主要用以反映各类机床的特性。如对于数控机床,可用来反映不同的控制系统等;其他特性代号可用汉语拼音首字母(I、O除外)表示,其中 L 表示联动轴数，F 表示复合等，也可用阿拉伯数字表示。

示例 1：工作台最大宽度为 500mm 的精密卧式加工中心，其型号为：THM6350。

示例 2：工作台最大宽度为 400mm 的 5 轴联动卧式加工中心，其型号为：TH6340/5L。

示例 3：有重大改进，其最大钻孔直径为 25mm 的 4 轴立式排钻床，其型号为：Z5625×4A。

示例 4：结构不同、工件最大回转直径为 400mm 的卧式车床，其型号为：CA6140。

示例 5：最大棒料直径为 16mm 的数控精密单轴纵切自动车床，其型号为：CKM1116。

四、常见机械加工方法

机械加工是指通过机械加工设备精确加工去除材料的加工方法。常见的机械加工方法有：车、铣、刨、磨、钻、镗、攻螺纹和齿面加工等。

1. 车削

车削中工件旋转，形成主切削运动。刀具沿平行旋转轴线进给，车削出内、外圆柱面；刀具沿与轴线相交的斜线进给，车削出锥面。仿形车床或数控车床控制刀具沿着一条曲线进给，车削出一特定的旋转曲面。采用成形车刀，横向进给时，也可加工出旋转曲面来。车削还可以加工出螺纹面、端面、槽及偏心轴等。常见车削的典型表面如图 1-78 所示。车削加工精度一般为 IT8~IT7，表面粗糙度 Ra 为 6.3~1.6μm。精车时，可达 IT6~IT5，表面粗糙度 Ra 可达 0.4~0.1μm。车削的生产效率较高，切削过程比较平稳，刀具较简单。

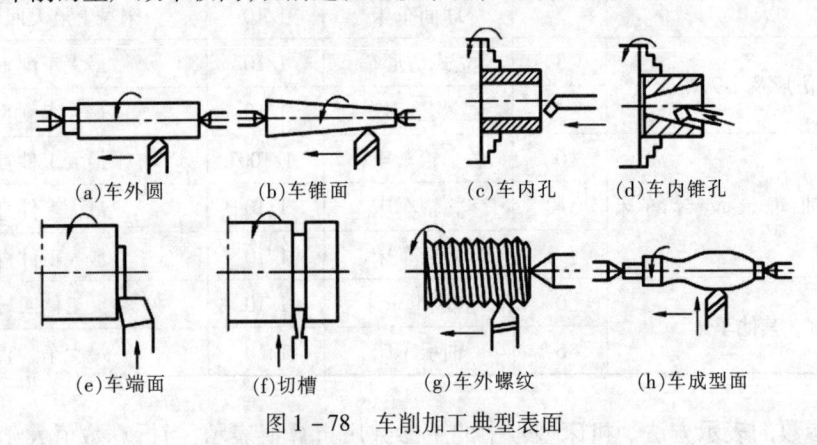

图 1-78 车削加工典型表面
(a) 车外圆 (b) 车锥面 (c) 车内孔 (d) 车内锥孔
(e) 车端面 (f) 切槽 (g) 车外螺纹 (h) 车成型面

2. 铣削

铣削的主切削运动是刀具的旋转运动。卧铣时，平面是由铣刀圆周刃的侧刃切削而成。立铣时，平面是由铣刀的端面刃切削而成。提高铣刀的转速可以获得较高的切削速度，因此生产效率较高。但由于铣刀刀齿的切入、切出形成冲击，切削过程容易产生振动，因而限制了表面质量的提高。铣削的加工精度一般可达 IT8~IT7，表面粗糙度为 Ra 6.3~1.6μm。普通铣削一般只能加工平面，用成形铣刀可以加工出固定的曲面。数控铣床可以用软件通过数控系统控制几个轴联动，铣削出立体复杂曲面来，这时精加工一般采用球头铣刀。数控铣床对加工叶轮、叶片、模具的模芯和型腔等形状复杂的工件，具有特别重要的意义。常见的铣削加工典型表面和方式如图 1-79 所示。

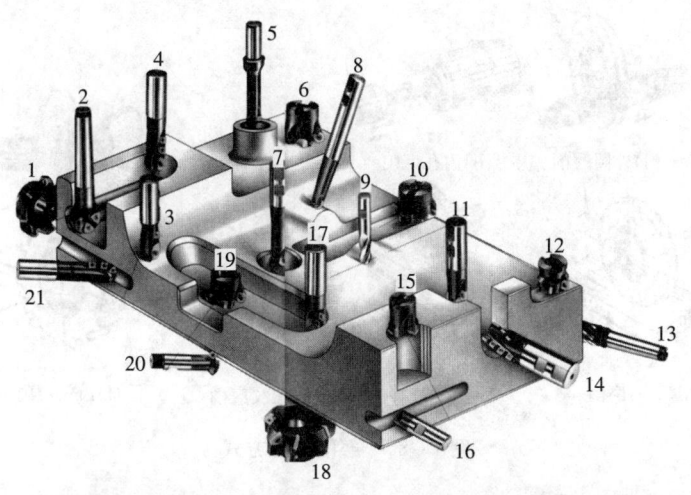

1—铣侧面;2—铣退刀槽;3—铣凹曲面;4—铣型腔;5—镗孔;6—铣平面;
7—仿形铣球面;8—铣凸曲面;9—清根铣;10—方肩铣;11—立铣侧面;
12—铣台阶面;13—卧铣侧面;14—玉米铣刀铣槽;15—插铣;16—卧铣深槽;
17—立铣键槽;18—背铣平面;19—立铣底面;20—铣倒角;21—卧铣圆弧面

图 1-79　铣削加工典型表面和方式

3. 刨削

刨削时,刀具的往复直线运动为切削主运动,因此,刨削速度不可能太高,生产率稍低。刨削比铣削平稳,其加工精度一般可达 IT8~IT7,表面粗糙度为 $Ra6.3$~$1.6\mu m$,精刨平面度可达 $0.02/1000$,表面粗糙度为 $Ra0.8$~$0.4\mu m$。常见的刨削方式如图 1-80 所示。

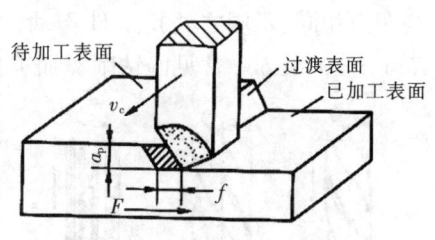

图 1-80　刨削加工方式

4. 磨削

磨削以砂轮或其他磨具对工件进行加工,其主运动是砂轮的旋转。砂轮的磨削过程实际上是磨粒对工件表面的切削、刻削和滑擦三种作用的综合效应。磨削中,磨粒本身也由尖锐逐渐磨钝,使切削作用变差,切削力变大。当切削力超过黏合剂强度时,圆钝的磨粒脱落,露出一层新的磨粒,形成砂轮的"自锐性"。但切屑和碎磨粒仍会将砂轮微小孔隙阻塞。因而,磨削一定时间后,需用金刚笔对砂轮进行修整。磨削时,由于刀刃很多,所以加工时平稳、精度高。磨床是精加工机床,磨削精度可达 IT6~IT4,表面粗糙度 Ra 可达 1.25~$0.01\mu m$,甚至可达 0.1~$0.008\mu m$。磨削的另一特点是可以对淬硬的金属材料进行加工。因此,往往作为最终精加工工序。磨削时,产生的热量大,需有充分的切削液进行冷却。按功能不同,磨削还可分为外圆磨、内圆磨、平面磨、工具磨等。砂轮又分普通砂轮和金刚石砂轮等。常见的磨削方式如图 1-81 所示。

(a) 外圆磨削 (b) 内孔磨削

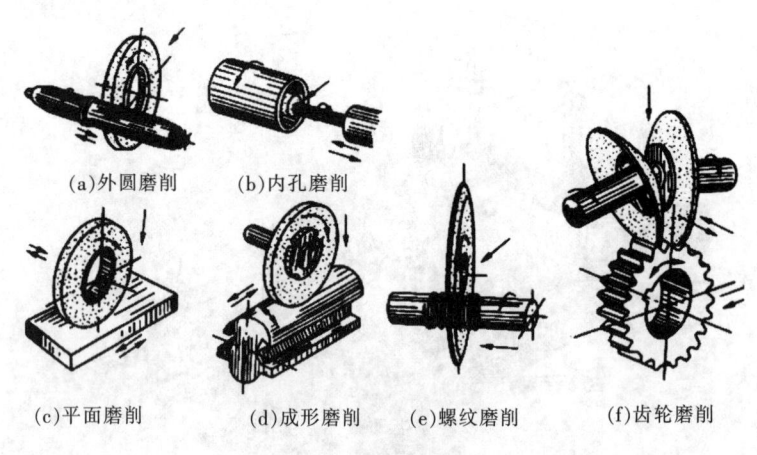

(c) 平面磨削 (d) 成形磨削 (e) 螺纹磨削 (f) 齿轮磨削

图 1-81　磨削加工方式

5. 钻、扩、铰、镗削及攻螺纹

在钻床上，用钻头旋转钻削孔，是孔加工的最常用方法。钻削的加工精度较低，一般只能达到 IT10，表面粗糙度 Ra 一般为 $12.5\sim6.3\mu m$。在钻削后常常采用扩孔和铰孔来进行半精加工和精加工。扩孔采用扩孔钻，铰孔采用铰刀进行加工。铰削加工精度一般为 IT9～IT6，表面粗糙度 $Ra1.6\sim0.4\mu m$。扩孔、铰孔时，钻头、铰刀一般顺着原底孔的轴线，无法提高孔的位置精度。镗孔可以校正孔的位置，镗孔可在镗床上或车床上进行。在镗床上镗孔时，镗刀基本与车刀相同，不同之处是工件不动，镗刀旋转。镗孔加工精度一般为 IT9～IT7，表面粗糙度 $Ra6.3\sim0.8\mu m$。常见的钻削类加工方式如图 1-82 所示。

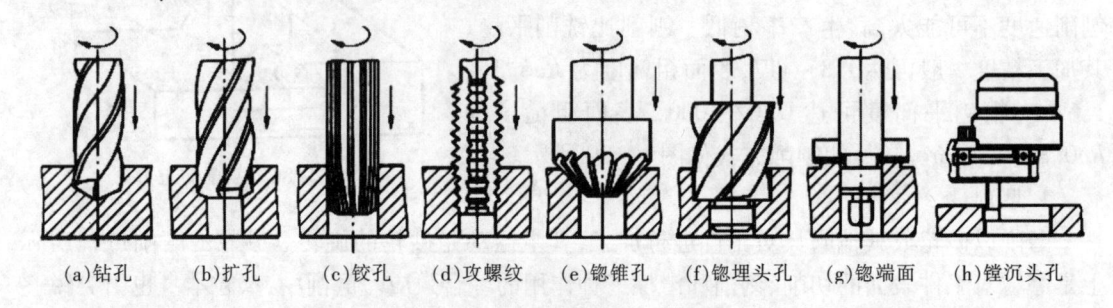

(a) 钻孔 (b) 扩孔 (c) 铰孔 (d) 攻螺纹 (e) 锪锥孔 (f) 锪埋头孔 (g) 锪端面 (h) 镗沉头孔

图 1-82　常见的钻削类加工方式

6. 齿面加工

齿轮齿面加工方法可分为两大类：成形法和展成法。成形法加工齿面所使用的机床一般为普通铣床，刀具为成形铣刀，需要两个简单成形运动，即刀具的旋转运动和直线移动。展成法加工齿面的常用机床有滚齿机和插齿机等，如图 1-83 所示。

(a)滚齿加工形式　　　　(b)插齿加工形式

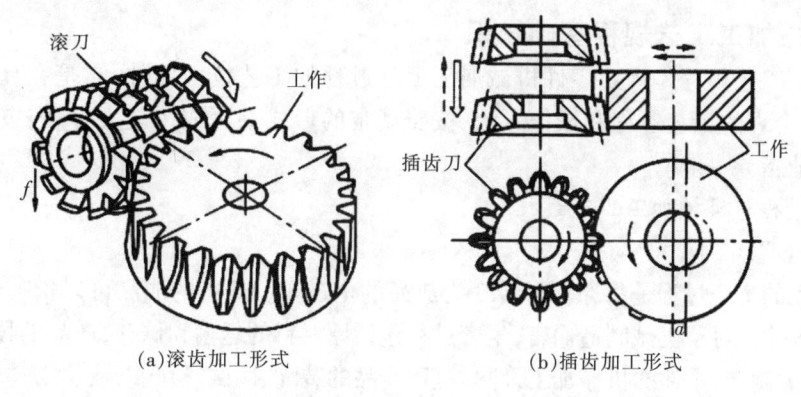

图 1-83　齿面加工方式

五、机械加工工艺系统

机械加工过程是在一个由机床、刀具、夹具和工件所构成的机械加工工艺系统中完成的，因此，由机床、夹具、刀具和工件四要素组成的统一体，称为机械加工工艺系统，如图 1-84 所示为机械加工工艺系统的构成及其相互关系。机械加工工艺系统刚度及性能的好坏直接影响零件的加工精度和表面质量。

图 1-84　机械加工工艺系统示例

1. 机床

机床是实现机械加工的主体，是零件加工的工作机械。

2. 夹具

在机械制造中，用以装夹工件（和引导刀具）的装置统称为夹具。在机械制造过程中，夹具的使用十分广泛，从毛坯制造到产品装配以及检测的各个生产环节，都有许多不同种类的夹具。夹具用来固定工件并使之保持正确的位置，是实现机械加工的纽带。

3. 刀具

金属切削刀具是现代机械加工中的重要工具。无论是普通机床还是数控机床都必须依靠刀具才能完成机械加工。因此，刀具是实现机械加工的桥梁。

4. 工件

工件是机械加工的对象。

六、机械加工工艺规程基础知识

机械加工工艺规程是规定零件机械加工工艺过程的工艺技术文件，它是在具体的生产条件下，把较为合理的工艺过程和操作方法，按照规定的形式书写成工艺文件，经审批后用来指导生产的作业指导书。

1. 生产过程与机械加工工艺过程

1）生产过程

机械产品的生产过程是将原材料转变为成品的全过程。这里的成品可以指一台机器、一个部件或某个零件。对于机械制造而言，生产过程包括原材料的运输和储存，产品的技术准备和生产准备，毛坯的制造，零件的机械加工及热处理，产品的装配、调试、检验以及油漆、包装等。

2）工艺过程与机械加工工艺过程

工艺过程是指在生产过程中直接改变生产对象的形状、尺寸、相对位置和性质，使其成为成品或半成品的过程，如铸造、锻造、冲压、焊接、机械加工、热处理、装配等工艺过程。而机械加工工艺过程是指利用机械加工方法直接改变毛坯形状、尺寸、相对位置和表面质量，使其成为零件的过程。

2. 机械加工工艺过程的组成

一个零件的工艺过程可以有多种不同的加工方法和设备。为保证被加工零件的精度和生产效率，便于工艺过程的执行和生产组织管理，通常把机械加工工艺过程划分为不同层次的单元。其中组成工艺过程的基本单元是工序，但若采用数控机床加工还要细分工步，因为数控机床加工的一道工序经常含有多个工步。因此，零件的机械加工工艺过程由若干道工序（或数控机床加工细分为若干工步）组成；而每个工序又是由安装、工位、工步和走刀组成的。

1）工序

工序是指一个（或一组）工人，在一个工作地（或一台机床上）对同一个（或同时对几个）工件所连续完成的那一部分工艺过程。

工序的4要素是工作地、人、工件和连续作业，其中只要有一个要素发生变化即构成了一个新的工序。例如，从连续作业这个要素上考虑，在车床上加工一批阶梯轴，可以对每一根轴连续进行粗车和精车外圆，也可以采用先对整批轴进行粗车外圆，然后再依次对它们进行精车外圆。在第1种情形下，加工是在连续作业中完成的，所以是在一个工序中完成的；而在第2种情形下，由于加工连续性中断，即使对工件的加工是在同一工作地完成的，也分为两道工序。

另外，机械零件的生产批量不同，即使同一零件，工序的划分也不尽相同，一般零件的生产批量越大，工序划分越细。例如，对于如图1-85所示的阶梯轴零件，单件小批生产和大批大量生产时，阶梯轴零件生产工艺过程的工序划分有表1-11和表1-12两种划分方法，单件小批生产划分为4道工序，大批大量生产划分为6道工序。

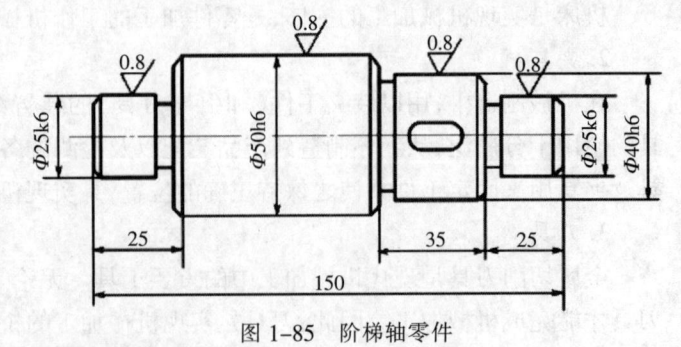

图1-85 阶梯轴零件

表1-11 单件小批生产工艺过程

工序号	工序内容	设备	工序号	工序内容	设备
1	车两端面、打中心孔	车床	3	铣键槽、去毛刺	铣床、钳工台
2	车外圆、车槽和倒角	车床	4	磨外圆	磨床

表1-12 大批大量生产工艺过程

工序号	工序内容	设备	工序号	工序内容	设备
1	两端同时铣端面、钻中心孔	专用车床	4	铣键槽	铣床
2	车一端外圆、车槽和倒角	车床	5	去毛刺	钳工台或专用去毛刺机
3	车另一端外圆、车槽和倒角	车床	6	磨外圆	磨床

制订机械加工工艺过程,必须确定该工件要经过几道工序以及工序进行的先后顺序。列出主要工序名称和加工顺序的简略工艺过程,称为工艺路线。

2) 工步

在一个工序中,工步是指在加工表面(或装配时连接表面)和加工(或装配)工具不变的情况下,所连续完成的那一部分工序内容。工步是划分工序的单元,加工表面、加工工具和连续加工三个要素中有一个发生变化就是另一个工步。如表1-11的工序1有四个工步,表1-12的工序4只有一个工步。

为简化工艺文件,对于在一次安装中连续加工的若干相同的工步,可写成一个工步。如图1-86所示的零件,钻削6个 $\Phi 20mm$ 孔,可看成一个工步——钻 $6 \times \Phi 20mm$ 孔。有时,为了提高生产效率,常用几把不同刀具或复合刀具同时加工一个零件上的几个表面(如图1-87所示),称此工步为复合工步。在数控加工中,通常将一次安装下用一把刀连续切削零件上的多个表面划分为一个工步。

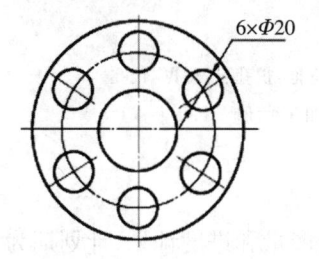

图1-86 加工六个相同工步示例   图1-87 复合工步示例

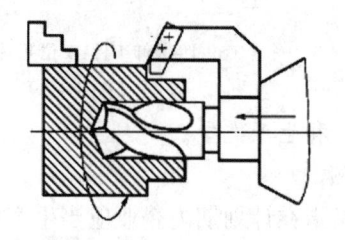

3) 走刀

在一个工步内,如果要切除的金属层很厚,需要对同一表面进行几次切削,这时刀具每切削一次称作一次走刀。例如,车削图1-88所示的阶梯轴,第一工步为一次走刀,第二工步分二次走刀。

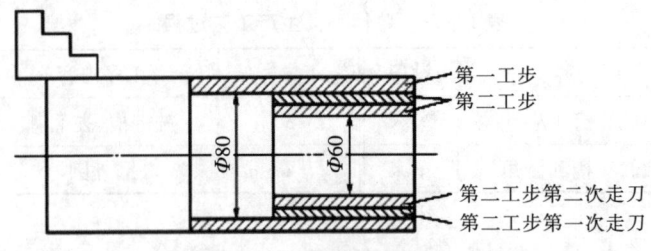

图 1-88 阶梯轴的车削走刀

4) 安装

工件(或装配单元)经一次装夹后所完成的那一部分工序内容称为安装。在一道工序中,工件可能只需安装一次,也可能需要安装几次。例如,表 1-11 中的工序 2,至少需要安装两次;而表 1-12 中的工序 4,只需一次安装即可铣出键槽。

5) 工位

采用转位或移位夹具、回转工作台的机床进行加工时,在一次装夹工件后,要经过若干个位置依次进行加工。工件在所占据的每一个位置上所完成的那一部分工序,称为工位。如图 1-89 所示,为完成一个工序中的装卸工件、钻孔、扩孔和铰孔 4 部分工作内容,利用回转工作台在一次装夹中占据 4 个工位。显然,在一个工序中采用多工位加工可以减少装夹次数,提高生产率。

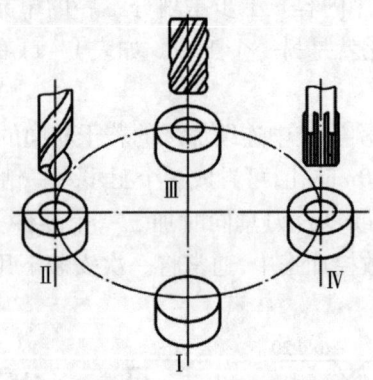

工位Ⅰ-装卸工件;工位Ⅱ-钻孔;工位Ⅲ-扩孔;工位Ⅳ-铰孔

图 1-89 多工位加工示例

3. 生产纲领和生产类型

1) 生产纲领

生产纲领是指在计划期内企业应当生产的产品产量和进度计划,计划期为一年,所以生产纲领也称年总生产量。对于零件而言,产品的产量除了制造机器所需的数量外,还要包括一定的备品和废品,通常为 5% 的备品率和 2% 的废品率。生产纲领 N 可按下式计算:

$$N = Qn(1 + a\%)(1 + b\%) \text{(件/年)} \quad \text{(式 1-13)}$$

式中:Q 为产品的年产量(台/年);n 为每台产品中该零件的数量;$a\%$ 为备品的百分率;$b\%$ 为废品的百分率。

2) 生产类型

生产类型是企业生产专业化程度的分类。一般分为单件生产、成批生产和大量生产。生产类型取决于生产纲领,但也与产品的大小和复杂程度有关。表 1-13 所示为机械制造业划分生产类型的参考数据。

表 1-13 划分生产类型的参考数据

生产类型		零件的年生产量/件		
		重型零件 零件重量 >50kg	中型零件 零件重量 15~50kg	轻型零件 零件重量 <15kg
单件生产		<5	<10	<100
成批生产	小批量	5~100	10~200	100~500
	中批量	100~300	200~500	500~5000
	大批量	300~1000	500~5000	5000~50000
大量生产		>1000	>5000	>50000

单件生产指企业生产的同一种零件的数量很少,且很少重复,企业中各工作地点的加工对象经常改变,如重型机器制造、专用设备制造和新产品试制都属于单件生产。

成批生产指企业按年度分批生产相同的产品,生产呈周期性重复,如普通机床制造、纺织机械的制造等。通常,企业并不是把全年产量一次性投入车间生产,而是根据产品的生产周期、销售及车间生产的均衡情况,按一定期限分次、分批投产。一次投入或产出的同一产品或零件数量称为生产批量,简称批量。

成批生产中,按照批量不同,分为小批生产、中批生产和大批生产 3 种。

大量生产指企业生产的同一种产品的数量很大,连续大量地制造同一种产品。企业中大多数工作地点固定地加工某种零件的某一道工序,如汽车、轴承、摩托车等产品的制造。

为取得较好的经济效益,不同生产类型的工艺特点也是不一样的,小批生产的工艺特点与单件生产相似,大批生产的工艺特点与大量生产相似。表 1-14 列出了各种生产类型的工艺特点。

表 1-14 各种生产类型的工艺特点

工艺特点	生产类型		
	单件小批生产	中批生产	大批量生产
零件的互换性	用修配法,缺乏互换性	多数互换,部分修配	全部互换,高精度配合采用分组装配
毛坯情况	锻件自由锻造,铸件木工手工造型,毛坯精度低	锻件部分采用模锻,铸件部分用金属模,毛坯精度中等	广泛采用锻模,机器造型等高效方法生产毛坯,毛坯精度高
机床设备及其布置形式	通用机床,机群式布置,也可用数控机床	部分通用机床,部分专用机床,机床按零件类别分工段布置	广泛采用自动机床,专用机床,按流水线、自动线排列设备
工艺装置	通用刀具、量具和夹具,或组合夹具,找正后装夹工件	广泛采用夹具,部分靠找正装夹工件,较多采用专用量具和刀具	高效专用夹具,多用专用刀具,专用量具及自动检测装置
对工人的技术要求	需要技术熟练	中等	对调整工人的技术水平要求高,对操作工人技术水平要求低

续表

工艺特点	生产类型		
	单件小批生产	中批生产	大批量生产
工艺文件	一般仅要工艺过程卡或工序卡	工艺过程卡与工序卡	详细的工艺文件,工艺过程卡、工序卡、调整卡等
生产率	较低	中等	高
加工成本	较高	中等	低

单件小批生产中,加工产品的品种多,各工作地点(一般为机械加工设备)的加工对象经常改变,所以广泛使用通用设备、通用工艺装备和数控机床。而大批量生产时,产品是固定的,各工作地点的加工对象不变,追求的是高效率,低加工成本,所以广泛使用高效、自动化的专用设备和专用工艺装备。中批生产时既要考虑产品品种的周期性改变,又要顾及生产率,所以形成"兼顾"小批生产和大批生产两种情况的工艺特点。

4. 机械加工工艺规程

1) 机械加工工艺规程

规定产品或零件制造工艺过程和操作方法等的工艺文件,称为机械加工工艺规程,是企业生产的指导性技术文件。实际生产中有多种工艺规程文件,常用的两种工艺规程文件是机械加工工艺过程卡片和机械加工工序卡片。数控加工中常用的工艺规程文件有:数控加工工序卡、数控加工刀具卡和走刀路线图等。

(1)机械加工工艺过程卡片。机械加工工艺过程卡片是以工序为单位说明零件机械加工过程的一种工艺文件,机械加工工艺过程卡制订了零件所有的机械加工过程。工艺过程卡片中各工序的内容规定得很具体,所以在成批生产和大量生产中不能直接指导工人操作,多作为生产管理使用。但是在单件小批生产中,通常不再编制更详细的工艺文件,而以这种工艺过程卡片或工序卡直接指导生产。常见机械加工工艺过程卡片的格式如表1-15所示。

表1-15 常见机械加工工艺过程卡片

		机械加工工艺过程卡片			产品型号		零(部)件图号				
					产品名称		零(部)件名称		共 页	第 页	
	材料牌号		毛坯种类		毛坯外形尺寸		每毛坯可制件数		每台件数	备注	
工序号	工序名称	工序内容				车间	工段	设备	工艺装备	工时	
										准终	单件
描图											
描校											
底图号											
装订号											
						设计(日期)	校对(日期)	审核(日期)	标准化(日期)	会签(日期)	
标记	处数	更改文件号	签字	日期	标记	处数	更改文件号	签字	日期		

(2)机械加工工序卡片。机械加工工序卡片是在机械加工工艺过程卡的基础上,按每道工序的工序内容所编制的一种工艺文件。该工序卡片中一般附有工序简图,并详细说明该工序中每个工步的加工内容、工艺参数、操作要求以及所用的设备和工艺装备等。它是用于具体指导工人操作的技术文件,多用作大批量生产零件和成批生产中重要零件的工艺文件。常见机械加工工序卡片的格式如表1-16所示。

表1-16 常见机械加工工序卡片

				产品型号			零(部)件图号				
		机械加工工艺过程卡片		产品名称			零(部)件名称		共 页		第 页
				车间		工序号		工序名称		材料牌号	
				毛坯种类		毛坯外形尺寸		每毛坯可制件数		每台件数	
				设备名称		设备型号		设备编号		同时加工件数	
		(工序简图)		夹具编号			夹具名称		切削液		
				工位器具编号			工位器具名称		工序工时(分)		
									准终		单件
工步号		工步内容	工艺装备	主轴转速 /(r/min)	切削速度 /(m/min)	进给量 /(mm/r)	背吃刀量 /mm	进给次数	工步工时		
									机动		辅助
描图											
描校											
底图号											
装订号											
				设计(日期)	校对(日期)		审核(日期)	标准化(日期)		会签(日期)	
标记	处数	更改文件号	签字	日期	标记	处数	更改文件号	签字	日期		

2)工序简图

在机械加工工序卡片中附有工序简图,可以清楚直观地表达一道工序的工序内容,其绘制要点如下。

(1)工序简图可按比例缩小,尽量用较少的投影绘出,可以略去视图中的次要结构和线条。

(2)工序简图主视图应是本工序工件在机床上装夹的位置。例如,在卧式车床上加工的轴类零件的工序简图,中心线要水平,加工端在右边,卡盘夹紧端在左边。

(3)工序简图中工件上本工序加工表面用粗实线表示,本工序不加工表面用细实线表示。

(4)工序简图中用规定的符号表示出工件的定位、夹紧情况。

(5)工序简图中标注本工序的工序尺寸及其公差,加工表面的表面粗糙度,以及其他本工序加工中应该达到的技术要求。

5. 制订机械加工工艺规程的原则和步骤

1)工艺规程设计须遵循的原则

(1)应能够保证加工后零件质量达到设计图样上规定的各项技术要求。

(2)设法降低生产制造成本,这也是制订工艺规程的基本原则。

(3)应使工艺过程具有较高的生产效率,使产品尽快投入市场。

(4)减轻工人的劳动强度,提供安全的劳动条件。

2)制订零件机械加工工艺规程的步骤

(1)熟练掌握制订机械加工工艺规程的技术要求,根据生产纲领,确定生产类型。

(2)审查零件图和装配图,分析零件的结构工艺性。

(3)选择毛坯,确定其形状、尺寸及其制造方法。

(4)拟定工艺过程或工艺路线,选择定位基准,确定加工表面的加工方法。

(5)选择机床和工艺装备。

(6)确定工艺路线中每一道工序或工步的加工内容,并提供主要工序或工步的检验方法。

(7)确定加工余量、工序尺寸及其公差。

(8)确定各工序或工步所用的刀具、夹具、量具和辅助工具。

(9)选择切削用量、计算工时定额,并进行技术经济分析,选择最优化工艺与切削用量。

(10)填写工艺文件。

零件机械加工工艺规程经上述步骤确定后,应将有关内容填入各种不同的卡片,以便贯彻执行,这些卡片总称为工艺文件,填写工艺文件是零件工艺规程编制的最后一项工作。工艺文件的种类很多,各企业可根据生产实际的需要选择相应的工艺文件作为生产中使用的工艺规程。所以各单位选择的工艺文件格式和内容也不尽相同。

七、当代机械加工工艺特点

当代机械加工逐渐往高速、高精、高效、多品种、少批量、个性化及柔性加工方向发展,数控机床高速、高精、高效与柔性加工代表了当今机械加工技术的发展方向。随着数控加工技术的发展与普及,机械零件中尺寸精度、形位精度和表面质量要求较高的关键部位和关键工序的加工逐渐被数控加工所取代,而普通机械设备往往只进行粗加工或只进行粗加工与半精加工;另外普通机械设备无法加工或需多次装夹加工,采用数控机床加工可大大减轻工人劳动强度,可较大提高生产率的加工部位和工序或工步,也逐渐采用数控机床加工。因此,当代机械零件的加工工艺过程,往往并非只是由普通机械设备完成全部加工,中间经常穿插数控机床加工工序,甚至由数控机床完成其全部加工。

基于上述当代机械加工工艺过程特点,在设计机械零件加工工艺时,往往要做好普通机械加工工艺与数控加工工艺的衔接。由于当代机械加工正往多品种、少批量方向发展,数控加工工序常穿插于零件的整个加工工艺过程中。因此,为简单明了表达加工工艺过程中各工序或工步的加工顺序、加工内容、加工设备、装夹方式、切削用量和各个加工部位所选用的刀具,往往不采用如表1-15和表1-16所示的机械加工工艺过程卡片和机械加工工序卡片,而直接采用如表1-17和表1-18所示的机械加工工序卡和机械加工刀具卡,作为生产现场的作业指导书。因机械加工工序卡涵盖了机械零件的整个加工工艺过程,故简化取消了工序简图(确定有必要再增加),但数控机床的精加工工序或工步一般要有如表1-19所示的数控加工走刀路线图,便于操作者数控编程加工,保证加工质量。常见简化的普通机械加工工艺与数控加工工艺衔接的机械加工工序卡、机械加工刀具卡和数控加工走刀路线图如下。需要指出的是,当前机械加工工序卡、机械加工刀具卡及数控加工走刀路线图还没有统一的标准格式,都是由各机械制造企业结合厂情自行确定的。

1. 机械加工工序卡

常见机械加工工序卡与表1-16所示机械加工工序卡片基本相似,但更简练,如表1-17所示。

表 1-17 机械加工工序卡

单位名称	×××	产品名称或代号		零件名称		零件图号	
		×××		×××		×××	
加工工序卡号	数控加工程序编号	夹具名称		加工设备		车间	
×××	×××	×××		×××		×××	
工步号	工步内容	刀具号	刀具规格	主轴转速	进给速度	背吃刀量	备注
编制	×××	审核	×××	批准	×××	年 月 日	共 页 第 页

2. 机械加工刀具卡

机械加工刀具卡反映刀具编号、刀具型号规格与名称、刀具的加工表面、刀具数量和刀长等。有些更详细的机械加工刀具卡还要求反映刀具结构、刀片型号和材质等。机械加工刀具卡是组装和调整刀具的依据。常见机械加工刀具卡如表 1-18 所示。

表 1-18 机械加工刀具卡

产品名称或代号		×××	零件名称	×××	零件图号		×××
序号	刀具号	刀 具				加工表面	备注
		型号、规格、名称	数量	刀长/mm			
编制	×××	审核	×××	批准	×××	年 月 日	共 页 第 页

3. 数控加工走刀路线图

数控加工走刀路线图告诉操作者关于编程中的刀具运动路线(如从哪里下刀、在哪里抬刀、哪里是斜下刀等)。为简化走刀路线图,一般可采用统一约定的符号来表示。不同的机床可以采用不同的图例与格式。表 1-19 所示为一种常见的数控加工走刀路线图示,图示走刀路线为数控铣削轮廓周边。

表1-19　×××数控加工走刀路线图示

零件图号	×××	工序卡号	×××	工步号	×××	程序号	×××
机床型号	×××	程序段号	×××	加工内容	铣轮廓周边	共　页	第　页
（走刀路线图）							
						编程	
						校对	
						审批	
符号	⊙	⊗	◉	↢	⟶	↓	---	⌒	⇒
含义	抬刀	下刀	编程原点	起刀点	走刀方向	走刀线相交	爬斜坡	铰孔	行切

1-4　工作任务讨论与评价

1. 工作任务分析与讨论

各学习小组对图1-1所示的传动轴零件和图1-2所示的箱体零件图纸各加工部位的加工方法进行分析与讨论，讨论完后各自独立设计传动轴零件和箱体零件各加工部位的加工方法。

2. 工作任务完成情况评价

（1）各学习小组分析、讨论完，设计好传动轴零件和箱体零件各加工部位的加工方法后，各派一名代表上讲台汇报自己小组的讨论意见。各学习小组汇报完毕后，老师综合各学习小组的汇报情况，对各小组传动轴零件和箱体零件各加工部位的加工方法进行点评。

（2）根据老师的点评，各自修改自己设计的传动轴零件和箱体零件各加工部位的加工方法。

1-5　巩固与提高

识别如图1-90所示活塞零件和如图1-91所示法兰盖零件图纸，具体拟定该活塞零件和法兰盖零件各加工部位的加工方法。

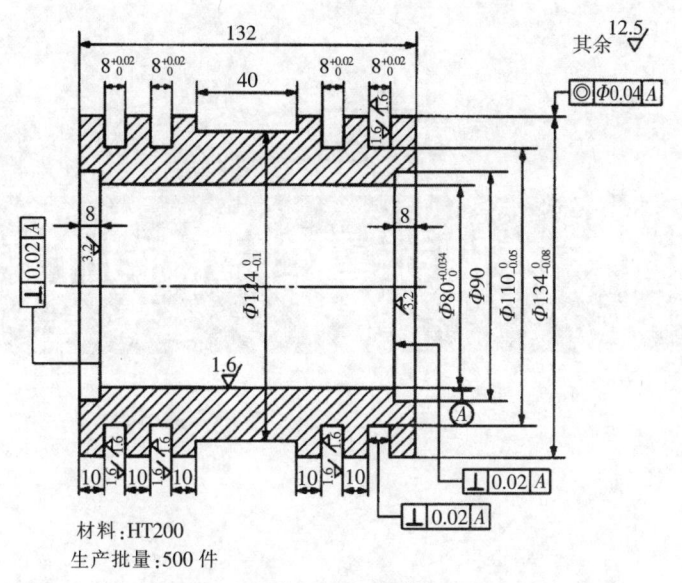

图 1-90 活塞

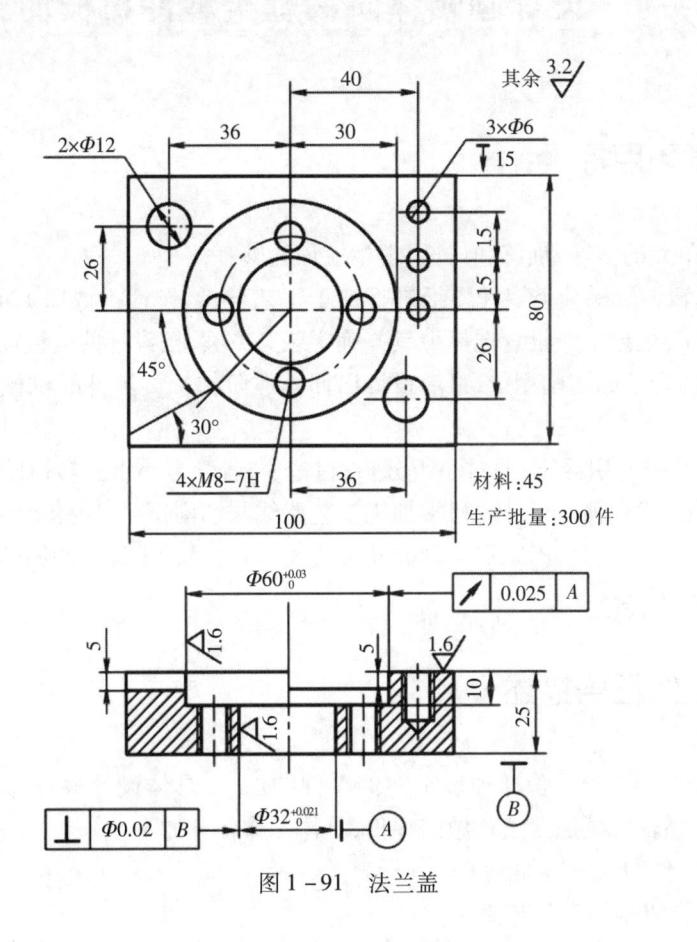

图 1-91 法兰盖

项目二

设计回转体轴类零件机械加工工艺

任务2-1 设计回转体阶梯轴类零件机械加工工艺

2-1-1 学习目标

通过本任务单元的学习、训练和讨论,学生应该能够:

1. 独立对回转体阶梯轴类零件图纸进行加工工艺分析,设计机械加工工艺路线,选择经济适用的加工机床,根据生产批量选择夹具并确定装夹方案,按设计的机械加工工艺路线选择合适的加工刀具与合适的切削用量,最后设计出回转体阶梯轴类零件的机械加工工序卡与刀具卡。

2. 在教师的指导与引导下,通过小组分析、讨论,与各学习小组回转体阶梯轴类零件机械加工工艺方案对比,优化独立设计的机械加工工艺路线与切削用量,选择更经济适用的加工机床,选择更合适的刀具、夹具,确定更合理的装夹方案,最终设计出优化的回转体阶梯轴类零件机械加工工序卡与刀具卡。

2-1-2 工作任务描述

现要完成如图2-1所示阶梯轴加工案例零件的加工,具体设计该阶梯轴的机械加工工艺,并对设计的阶梯轴机械加工工艺做出评价,具体工作任务如下。

1. 对阶梯轴零件图纸进行加工工艺分析。
2. 设计阶梯轴机械加工工艺路线。
3. 选择加工阶梯轴的经济适用加工机床。
4. 根据生产批量选择夹具并确定阶梯轴的装夹方案。
5. 按设计的阶梯轴机械加工工艺路线选择合适的加工刀具与合适的切削用量。

6. 编制阶梯轴机械加工工序卡与刀具卡。

7. 经小组分析、讨论,与各学习小组阶梯轴机械加工工艺方案对比,对独立设计的阶梯轴机械加工工艺做出评价,修改并优化阶梯轴机械加工工序卡与刀具卡。

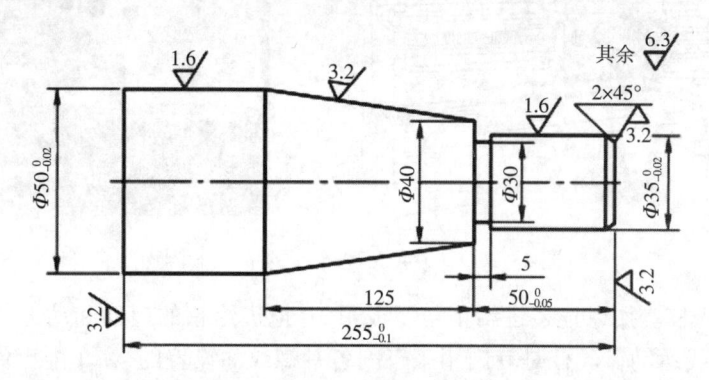

图 2-1 阶梯轴加工案例

注:该阶梯轴零件材料为 45 钢,毛坯尺寸为 $\Phi58mm \times 260mm$,生产批量 600 件。

2-1-3 学习内容

回转体类零件机械加工工艺的设计步骤包括:零件图纸工艺分析、加工工艺路线设计、选择加工机床、找正装夹方案及夹具选择、刀具选择、切削用量选择,最后完成机械加工工序卡及刀具卡的编制。要完成阶梯轴零件机械加工工艺的设计任务,除了要学习这七个设计步骤的相关知识外,还要学习切槽与切断加工工艺知识。

一、设计回转体类零件机械加工工艺七个步骤的相关知识

(一)加工机床选择

回转体类零件的机械加工方法主要是车削和磨削,常见通用加工机床有普通车削机床,内、外圆磨床和数控车削机床。常见的加工回转体类零件的普通车削机床,内、外圆磨床和数控车削机床的分类、组成与布局及其特点如下。

1. 普通车削机床

常用加工回转体类零件的普通车削机床有普通车床和立式车床,其中以普通车床的应用最为广泛。

1)普通车床

普通车床是由直线进给运动的车刀对旋转运动的工件进行切削加工的机床。如图 2-2 所示为 CA6140 普通车床的结构外形图,其主要部件如下。

(1)主轴箱。用来支撑主轴并通过变换主轴箱外部手柄的位置(变速机构),使主轴获得多种转速。装在主轴箱里的主轴是空心主轴,用来通过棒料。主轴通过装在其端部的卡盘或其他夹具带动工件旋转。

(2)挂轮变速机构。把主轴的转动传给进给箱,以获得各种不同的进给量或加工各种不同螺距的螺纹。

(3)进给箱(走刀箱)。进给箱中装有进给运动的变速机构,变换进给箱外部手柄的位置(变速机构),可得到所需的不同进给量或螺距,通过光杠或丝杠将运动传至刀架切削工件。

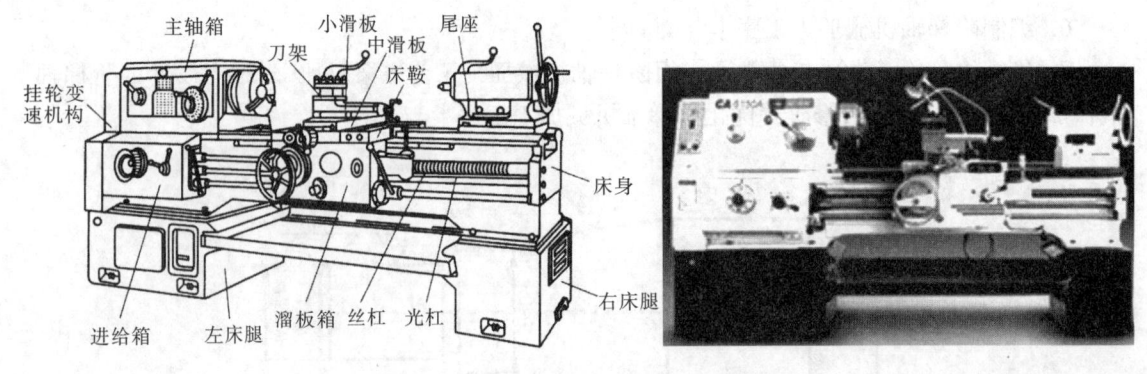

图 2-2 CA6140普通车床的结构外形图

（4）丝杠与光杠。用以连接进给箱与溜板箱，并把进给箱的运动和动力传给溜板箱，使溜板箱获得纵向直线运动。丝杠是专门用来车削各种螺纹而设置的，在车削工件的其他表面时，只用光杠，不用丝杠。

（5）床鞍（溜板箱）。通过其中的转换机构将光杠或丝杠的转动变为滑板（拖板）的移动，经拖板实现纵向或横向进给运动。大滑板使车刀作纵向运动；中滑板使车刀作横向运动；小滑板纵向车削短工件或绕中滑板转过一定角度来加工锥体，并实现刀具的微调。

（6）刀架。装夹刀具，使刀具作纵向、横向或斜向进给运动。

（7）尾座。安装作定位支撑用的后顶尖，也可以安装钻头、铰刀等孔加工刀具来进行孔加工。其位置可根据需要左右调节。

（8）床身。车床的基础件，用来支撑和安装车床的各个部件，以保证各部件间准确的相对位置，并承受全部切削力。床身上有四条精确的导轨，以引导滑板和尾座移动。

2）立式车床

立式车床主轴垂直布置，有一个较大的圆形回转工作台，供装夹工件用，有单柱立式车床和双柱立式车床两种。工件台台面在水平面内，工件的安装调整比较方便，而且安全，工作台由底座支撑，刚性好。立式车床适用于加工径向尺寸大而轴向尺寸相对较小的大型和重型零件，如各种盘、套、轮类零件。单柱和双柱立式车床的结构外形如图 2-3 所示，单柱和双柱立式车床的具体示例如图 2-4 所示。

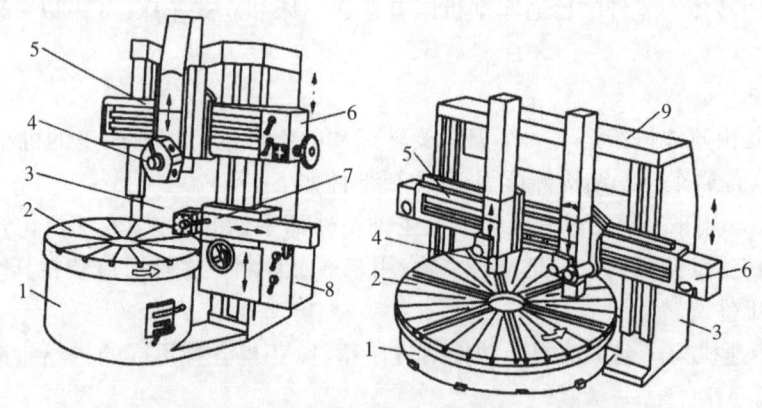

1-底座；2-工作台；3-立柱；4-垂直刀架；5-横梁；6-垂直刀架进给箱；7-侧刀架；8-侧刀架进给箱；9-顶梁

图 2-3 单柱和双柱立式车床的结构外形图

图 2-4 单柱和双柱立式车床示例

普通车削机床常用于加工零件的内外回转表面、端面和各种等螺距的内、外螺纹,如轴、盘、套、环等回转体类零件,采用相应的刀具和附件,还可进行钻孔、扩孔、攻丝和滚花等,自动化程度较低。精车削加工精度为IT8~IT7,表面粗糙度 Ra 为 $6.3 \sim 1.6 \mu m$,工件的加工精度在一定程度上取决于工人的操作水平,一般适用于单件、小批生产或批量生产的粗加工与半精加工。

2. 内、外圆磨床

内、外圆磨床是利用磨具(如砂轮、油石等)为工具对工件进行切削加工的机床。主要用于精加工和硬度较高表面的磨削加工,也可用于磨削加工余量较少零件的粗加工或一次装夹完成粗、精加工。图 2-5 所示为常用 M1432A 万能外圆磨床的结构外形,可用于磨削圆柱形或圆锥形的外圆和内孔,通用性较大,但自动化程度不高,一般适用于单件小批量生产。图 2-6 和图 2-7 所示为常见的内圆磨床和外圆磨床。

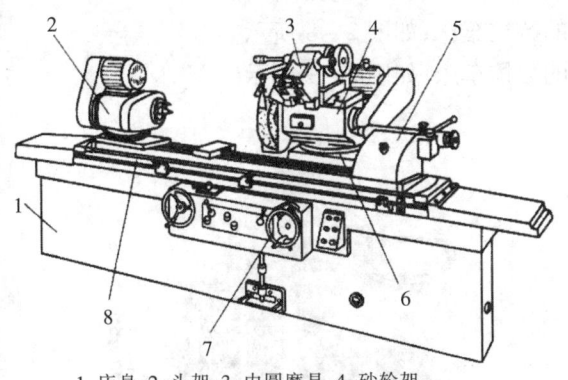

1—床身;2—头架;3—内圆磨具;4—砂轮架;
5—尾座;6—滑鞍;7—手轮;8—工作台

图 2-5 M1432A 万能外圆磨床结构外形图

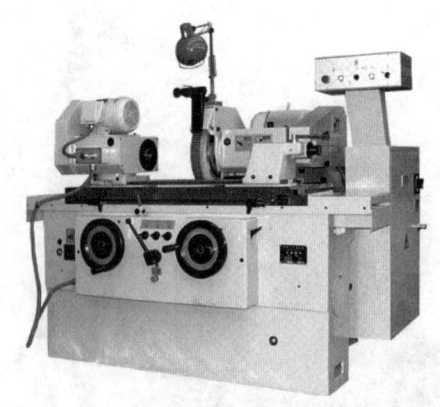

图2-6　内圆磨床　　　　　　　　　图2-7　外圆磨床

内、外圆磨床主要用于加工各种内、外圆柱体及内、外圆锥体等回转表面,外圆磨床还可磨削带肩台阶轴。粗磨的尺寸精度可达 IT9~IT8,表面粗糙度可达 $Ra10~1.25\mu m$。精磨的尺寸精度可达 IT8~IT6,表面粗糙度可达 $Ra1.25~0.63\mu m$。精密磨削加工精度可达 IT6~IT5,表面粗糙度可达 $Ra0.16~0.01\mu m$。

3. 数控车削机床

数控车削机床即装备了数控系统的车床,简称数控车床。数控车床加工零件时,一般是将事先编好的数控加工程序输入到数控系统中,由数控系统通过伺服系统控制刀具相对于工件的运动轨迹,加工出符合图纸技术要求的各种形状回转体类零件。由于普通车削机床与磨床读者相对熟悉,故下面着重介绍数控车床。

1) 数控车床的分类

随着数控车床制造技术的不断发展,为了满足不同的加工需求,数控车床的品种和规格越来越多,形成了品种繁多、规格大小不一的局面。对数控车床的分类可以采用不同的方法,具体如下。

(1) 按数控车床主轴的配置形式,可分为卧式数控车床和立式数控车床。

① 卧式数控车床。主轴轴线处于水平位置的数控车床,如图2-8所示。

② 立式数控车床。主轴轴线处于垂直位置的数控车床,如图2-9所示。

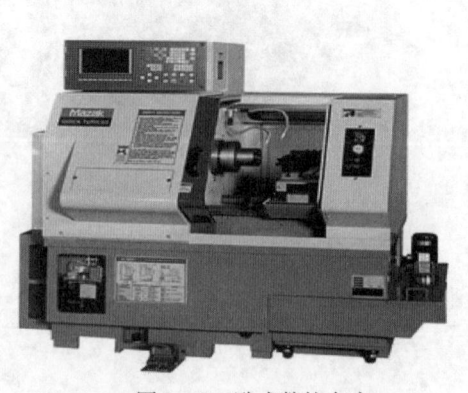

图2-8　卧式数控车床　　　　　　　　　图2-9　立式数控车床

(2) 按数控系统的功能,可分为简易型数控车床、经济型数控车床、全功能型数控车床和车削中心。

① 简易型数控车床,一般是在普通车床基础上,撤掉以挂轮架、走刀箱、溜板箱为主的进给传动系统和手动刀架,改造为进给传动链,以滚珠丝杠螺母副为主的进给传动系统和数控电动刀架,一般主传动系统保留,采用步进电机驱动的开环控制系统的数控车床。此类数控车床结构简单,价格低廉,无刀尖圆弧半径自动补偿和恒线速切削等功能,一般最小分辨率为 0.01mm 或 0.005mm。简易型数控车床如图 2-10 所示。

② 经济型数控车床,一般采用变频调速,结构相对简单,价格相对较低,具有刀尖圆弧半径补偿和恒线速切削等功能。如配置 FANUC-0iMate-TC 或 SIEMENS-802C 数控系统的数控车床现逐渐归类为经济型数控车床,如图 2-11 所示。

③ 全功能型数控车床,一般采用全闭环或半闭环控制系统,可以进行多个坐标轴的控制,具有高刚度、高精度和高效率等特点。如配置 FANUC-0iTC 或 SIEMENS-810D 数控系统的数控车床即是全功能型数控车床,一般最小分辨率为 0.001mm 或更小,如图 2-12 所示。

图 2-10 简易型数控车床图　　图 2-11 经济型数控车床　　图 2-12 全功能型数控车床

④ 车削中心,是在全功能型数控车床基础上发展而来的。它的主体是全功能型数控车床,并配置有刀库、换刀装置、分度装置和铣削动力头(C 轴)等,可实现多工序的车、铣复合加工。工件一次装夹后,可完成对回转体类零件的车、铣、钻、铰和攻螺纹等多种加工工序,其功能更全面,加工质量和效率都较高,但价格也较高。图 2-13 所示为车削中心及其 C 轴铣削加工示例,图 2-14 所示为车铣加工中心,图 2-15 所示为车削中心 C 轴加工回转体零件表面。

图 2-13 车削中心及其 C 轴铣削加工示例

图 2-14　车铣加工中心　　　　　图 2-15　车削中心 C 轴加工回转体零件表面

(3) 按数控系统控制的轴数,可分为两轴控制的数控车床、四轴控制的数控车床和多轴控制的数控车床。

① 两轴控制的数控车床,该数控车床只有一个回转刀架,可实现两坐标轴控制,如图 2-16 所示。机床一般带有尾座,用来加工较长的轴类零件。

② 四轴控制的数控车床,该数控车床上有两个独立的回转刀架,可实现四轴控制,图 2-17 所示的双主轴双刀架数控车床,即为四轴控制的数控车床。机床一般没有尾座,其中一个刀架安装的刀具用来加工外轮廓,另一个刀架安装的刀具用来加工工件内孔。

图 2-16　两轴控制的数控车床　　　　　图 2-17　四轴控制的数控车床

③ 多轴控制的数控车床,该数控车床是指数控车床除控制 X、Z 两轴外,还可控制如 Y、B、C 轴进行数控复合加工,也就是功能复合化的数控车床。图 2-18 所示为车削中心控制 X、Y、Z、B、C 五轴及其加工示例。

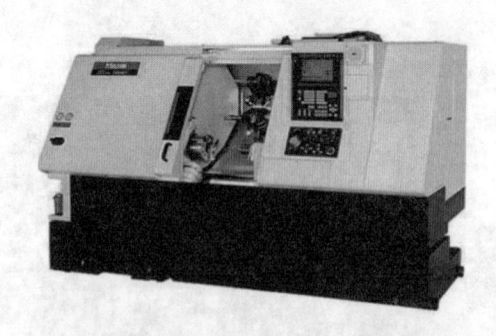

图 2-18　车削中心控制 X、Y、Z、B、C 五轴及其加工示例

目前,在机械加工领域中使用最多、最常见的是中小规格两坐标联动控制的数控车床。

2) 数控车床的组成及布局

(1) 数控车床的组成。

数控车床与普通车床相比,其结构上仍然是由床身、主轴箱、刀架、进给传动系统、液压、冷却、润滑系统等部分组成。数控车床由于实现了计算机数字控制,伺服电机驱动刀具作连续纵向和横向的进给运动,所以数控车床的进给传动系统与普通车床的进给传动系统在结构上存在着本质上的差别。普通车床主轴的运动经过挂轮架、进给箱、溜板箱传到刀架,实现纵向和横向的进给运动;而数控车床则是采用伺服电机经滚珠丝杠,传到滑板和刀架,实现纵向(Z向)和横向(X向)的进给运动。因此,数控车床进给传动系统的结构大为简化。

（2）数控车床的布局。

数控车床的主轴、尾座等部件相对于床身的布局形式与普通车床基本一致,而刀架和导轨的布局形式则发生了根本变化,这是因为其布局形式与数控车床的使用性能及机床的结构和外观有关。

①床身和导轨的布局。数控车床的床身和导轨与水平面的相对位置有四种布局形式,如图 2-19 所示:图(a)为水平床身,图(b)为斜床身,图(c)为平床身斜滑板,图(d)为立床身。

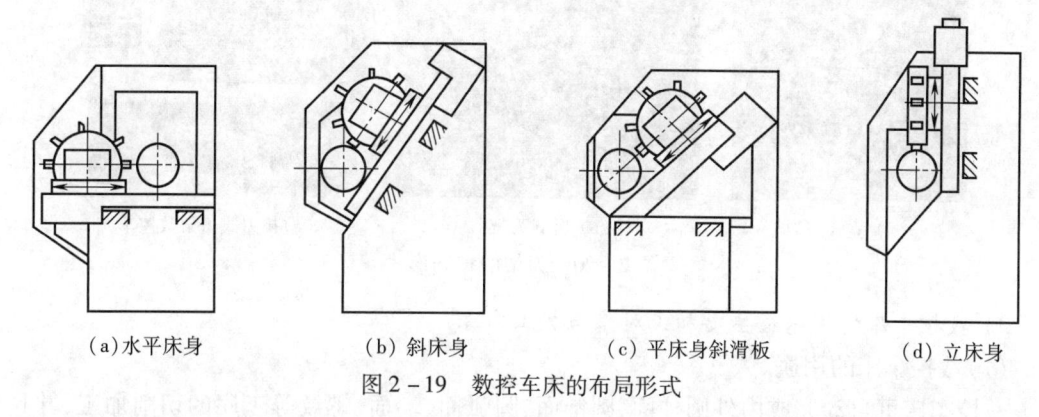

(a) 水平床身　　　　(b) 斜床身　　　　(c) 平床身斜滑板　　　　(d) 立床身

图 2-19　数控车床的布局形式

（a）水平床身。水平床身配置水平滑板和刀架,其工艺性好,便于导轨面的加工,一般用于大型数控车床或小型精密数控车床的布局。但是,由于水平床身下部空间小,所以排屑困难。从结构尺寸来看,刀架水平放置使得滑板横向尺寸较大,从而加大了机床宽度方向的结构尺寸。

（b）斜床身。斜床身配置斜滑板,这种结构的导轨倾斜角度多采用 30°、45°、60°和 75°。倾斜角度小,则排屑不便;倾斜角度大,则导轨的导向性及受力情况差。此外,导轨倾斜角度的大小还直接影响数控车床外形尺寸高度和宽度的比例。因此,中小规格数控车床的床身倾斜角度多以 45°和 60°为主。

（c）平床身斜滑板。水平床身配置倾斜放置的滑板,这种结构通常配置有倾斜式的导轨防护罩,一方面具有水平床身工艺性好的特点,另一方面机床宽度方向的尺寸较水平配置滑板的要小且排屑方便,一般被中小型数控车床普遍采用。

（d）立床身。立床身配置 90°的滑板,即导轨倾斜角度为 90°。立床身一般用于大型数控车床布局,结构复杂,外形尺寸大、床身的高度较高;排屑方便,特别适合大型、特大型回转体类零件的加工。

水平床身配置倾斜放置的滑板和斜床身配置斜滑板布局,具有排屑容易的特点,从工件上切下的炽热切屑不会堆积在导轨上,便于安装自动排屑器;操作方便,易于安装机械手,以实现单机自动化;机床外观简洁、美观,占地面积小,容易实现封闭式防护等特点,所以中小型数控车床普遍采用这两种形式。

②刀架的布局。刀架作为数控车床的重要部件之一,它对机床整体布局及工作性能影响很大。数控车床的刀架分为转塔式和排刀式刀架两大类。

(a) 转塔式刀架是普遍采用的刀架形式,它通过转塔头的旋转、分度、定位来实现机床的自动换刀工作。转塔式回转刀架有两种形式:一种主要用于加工盘类零件,其回转轴线垂直于主轴,俗称立式刀架,如图2-20(a)所示;另一种主要用于加工盘类零件和轴类零件,其回转轴线与主轴平行,俗称卧式刀架,如图2-20(b)所示。两坐标联动数控车床,一般采用4~12工位转塔式刀架。

(b) 排刀式刀架刀具装夹在 X 轴拖板上的刀夹中,刀具排成特殊段落,为防止刀具与加工工件干涉,一般根据 X 轴行程和工件大小,只布置3~4把刀,主要用于小型数控车床,适用于短轴或套类零件加工,如图2-20(c)所示。

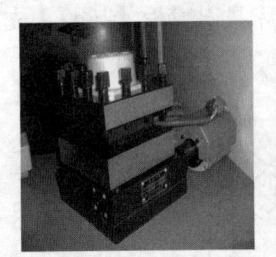

(a) 立式刀架　　(b) 卧式刀架　　(c) 排刀式刀架数控车床

图2-20　刀架的布局形式

3) 数控车床的用途及主要加工对象与加工内容

(1) 数控车床的用途。

数控车床可自动完成内外圆柱面、圆锥面、圆弧面、端面、螺纹等工序的切削加工,并且能进行切槽、钻孔、镗孔、扩孔、铰孔等加工。此外,数控车床还特别适合加工形状复杂、精度要求较高的轴类或盘类零件。数控车床加工的典型表面如图2-21所示。

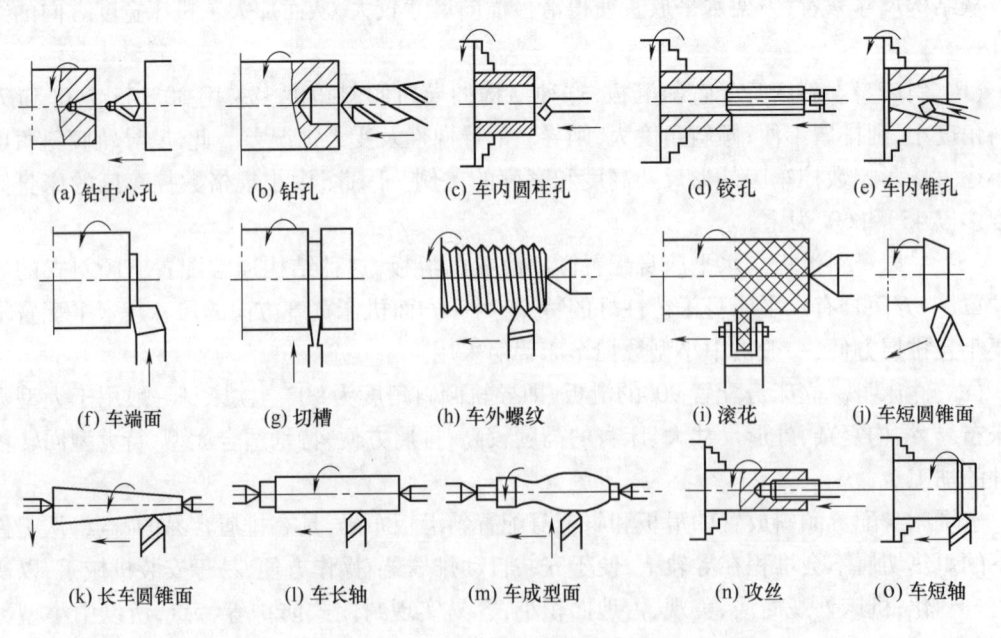

(a) 钻中心孔　(b) 钻孔　(c) 车内圆柱孔　(d) 铰孔　(e) 车内锥孔

(f) 车端面　(g) 切槽　(h) 车外螺纹　(i) 滚花　(j) 车短圆锥面

(k) 长车圆锥面　(l) 车长轴　(m) 车成型面　(n) 攻丝　(o) 车短轴

图2-21　数控车床加工的典型表面

(2) 数控车床的主要加工对象与加工内容。

数控车床的主要加工对象是回转体类零件。由于数控车床具有加工精度高、能够进行直线和圆弧插补(高档数控车床数控系统还有非圆曲线插补功能),以及在加工过程中能自动变速等特点,因此其工艺范围较普通车床大很多。与普通车床相比,最能发挥数控车床性能和作用的加工对象和加工内容主要有以下几个方面。

①轮廓形状特别复杂或难以控制尺寸的回转体零件。因数控车床数控装置都具有直线和圆弧插补功能,有些数控车床数控装置具有某些非圆曲线插补功能,所以能够车削由任意直线和平面曲线轮廓组成的、形状复杂的回转体零件,如图2-22 图2-23所示的轮廓形状较复杂的零件。

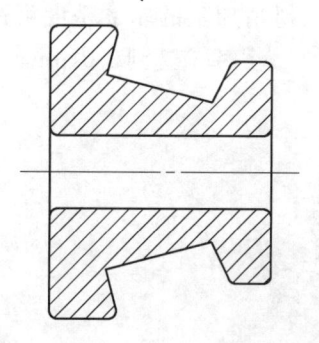

图2-22 车削轴承内圈滚道示例

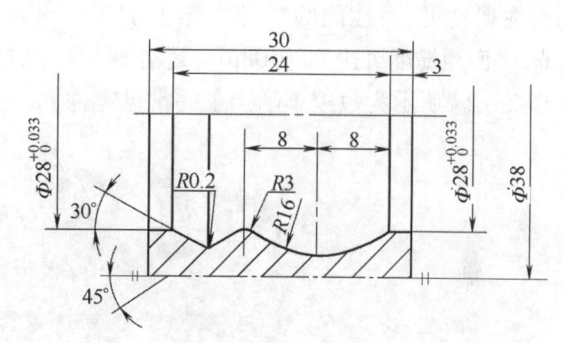

图2-23 车削成形内腔零件示例

②精度要求较高的回转体零件。零件的精度要求主要是指尺寸、形状、位置和表面等精度要求,其中的表面精度主要指表面粗糙度。例如,尺寸精度高达0.001mm的零件,圆柱度要求高的圆柱体零件,素线直线度、圆度和倾斜度均要求高的圆锥体零件,通过恒线速切削功能(G96)加工表面精度要求较高的各种变径表面类零件等,如加工图2-24 和图2-25 所示的精度要求较高的零件。

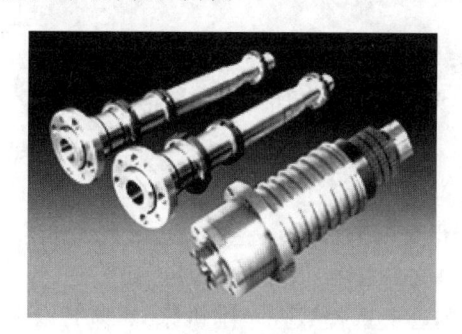

图2-24 高精度的机床主轴

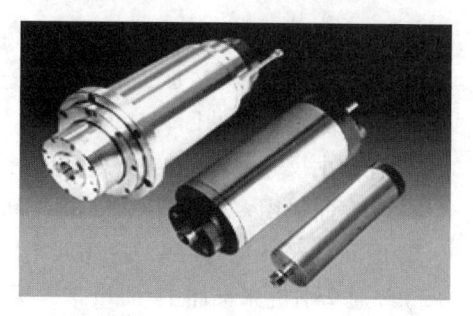

图2-25 高速电机主轴

③带特殊螺纹的回转体零件。比如,特大螺距、等螺距、变螺距、圆柱与圆锥螺纹面之间作平滑过渡的螺纹零件等。如图2-26所示的非标丝杆。传统普通车床所能车削的螺纹相当有限,它只能车削等导程的直面、锥面、公制、英制的螺纹,而且一台车床只限定加工若干种导程。

④淬硬回转体零件。在大型模具加工中,有不少尺寸大而形状复杂的回转体零件。这些零件热处

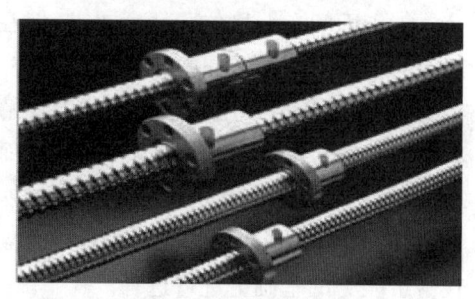

图2-26 非标丝杆

理后的变形量较大,磨削加工有困难,因此可以用陶瓷刀片在数控车床上对淬硬后的零件进行车削加工,以车代磨,提高加工效率。

⑤表面粗糙度要求高的回转体零件。数控车床具有恒线速切削功能(G96),能加工出表面粗糙度值小而均匀的零件。切削速度变化会使车削后的表面粗糙度有很大差异,使用数控车床的恒线速切削功能,能选用最佳线速度来车削锥面、球面和端面等,使加工后的表面粗糙度值既小又一致。

⑥超精密、超低表面粗糙度的零件。磁盘、录像机磁头、激光打印机的多面反射体和复印机的回转鼓以及照相机等光学设备的透镜等零件,要求超高的轮廓精度和超低的表面粗糙度值,它们适合在高精度、高性能的数控车床上加工。现有的数控车床超精加工的轮廓精度可达到 $0.1\mu m$,表面粗糙度可达 $Ra\ 0.02\mu m$,超精加工所用数控系统的最小分辨率应达到 $0.01\mu m$。

图 2-27 所示为数控车削加工的常见零件。

图 2-27 数控车削加工的常见零件

4. 普通车削机床、内外圆磨床及数控车削机床的加工内容选择

(1)普通车削机床无法加工的内容应选择数控车削机床,具体有以下几种情况。

①由轮廓曲线构成的回转表面。
②具有微小尺寸要求的结构表面。
③同一表面采用多种设计要求,相互间尺寸相差很小的结构。
④表面间有严格几何约束关系(如相切、相交和角度关系等)要求的表面。

(2)普通车削机床难加工、质量难以保证的加工内容应选择数控车削机床,具体有以下几种情况。

①表面间有严格位置精度要求,但在通用车床上无法一次安装加工的表面。如图 2-22 所示的轴承套圈滚道和内孔的壁厚差有严格要求,在通用加工机床(液压仿形车床)上无法一次安装加工,最后采用数控车床加工才解决了这一技术难题。

②表面粗糙度要求很严的锥面、曲面、端面等。这类零件只能采用恒线速切削才能达到要求,普通车削机床不具备恒线速切削功能,而数控车床大多具有此功能。

(3)通用车削机床加工效率低、工人手工操作劳动强度大的加工内容,可在数控车床尚存在富余能力的基础上进行选择。

(4)上述加工内容的内外圆柱面、圆锥面、端面采用数控车床加工仍无法满足零件图纸技术要求,或采用内、外圆磨床比采用数控车床加工效率更高,应选择内外圆磨床加工。

(二)零件图纸工艺分析

零件图纸工艺分析包括分析零件图纸技术要求、检查零件图的完整性与正确性,以及零件的结构工艺性分析。

1. 分析零件图纸技术要求

分析零件图纸技术要求时,主要分析以下五个方面:
(1)各加工表面的尺寸精度要求。
(2)各加工表面的几何形状精度要求。
(3)各加工表面之间的相互位置精度要求。
(4)各加工表面粗糙度要求及表面质量方面的其他要求。
(5)热处理要求及其他要求。

根据上述零件图纸技术要求,首先,要根据零件在产品中的功能研究分析零件与部件或产品的关系,从而认识零件的加工质量对整个产品加工质量的影响,并确定零件的关键加工部位和精度要求较高的加工表面等,认真分析上述各精度和技术要求是否合理。其次,要考虑在哪种机床上精加工才能保证零件的各项精度和技术要求。根据生产批量与技术要求,再具体考虑是由一种机床完成全部加工或由几种机床完成全部加工最为合理。

2. 检查零件图的完整性和正确性

机械加工特别是数控加工程序是以准确的坐标点来编制的,因此各图形几何要素间的相互关系(如相切、相交、垂直和平行等)应明确;各种几何要素的条件要充分,应无引起矛盾的多余尺寸或影响工序安排的封闭尺寸;尺寸、公差和技术要求应标注齐全。例如,在实际加工中常常会遇到图纸中缺少尺寸,给出的几何要素的相互关系不够明确,使数控加工节点或基点坐标的计算无法完成;或者虽然给出了几何要素的相互关系,但同时又给出了引起矛盾的相关尺寸,同样给数控编程计算带来困难。最常见的,如圆弧与直线、圆弧与圆弧是相切还是相交,有些图纸上分明画得相切,但根据图样给出的尺寸计算,相切条件不充分,或条件多余而变为相交或相离状态,使数控编程无法入手;有时所给出的条件又过于"苛刻"或自相矛盾,增加了数学处理与基点坐标计算的难度。

例如,图2-28所示的圆弧与斜线的关系要求相切,但计算结果显示为相交关系,并非相切。又如图2-29所示,图样上给定的几何条件自相矛盾,其给出的各段长度之和不等于其总长。

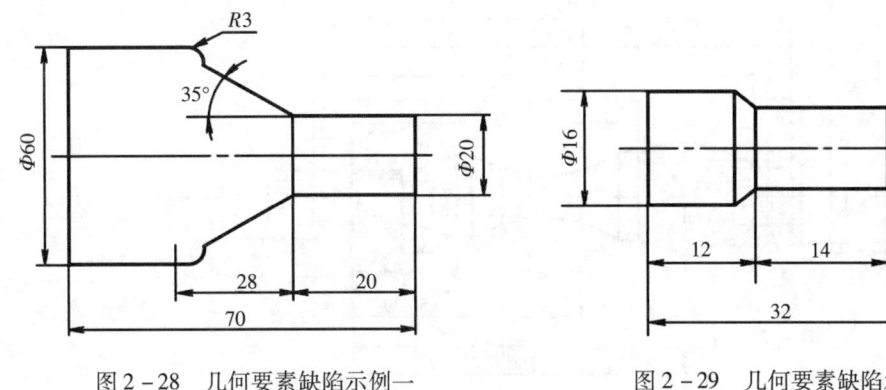

图2-28 几何要素缺陷示例一　　图2-29 几何要素缺陷示例二

另外,数控加工需特别注意零件图纸上各方向的尺寸是否有统一的设计基准,以便简化编程，保证零件的加工精度要求。

由于轴类零件结构相对简单，对于有疑问的地方，可以直接利用 CAD 绘图软件校验几何条件是否完整。数控加工可以利用 CAD 绘图软件去查找编程所需要的基点坐标，为加工走刀路线的设计提供条件。

3. 零件的结构工艺性分析

零件的结构工艺性是指所设计的零件在满足使用要求的前提下制造的可行性和经济性。良好的零件结构工艺性，可以使零件加工容易，节省工时和材料；而较差的零件结构工艺性会使加工困难，浪费工时和材料，有时甚至无法加工。

零件的结构工艺性分析包括以下几个方面。

1) 零件结构工艺性分析

零件结构工艺性是指在满足使用要求的前提下加工的可行性与经济性，即所设计的零件结构应便于加工成形，并且成本低、效率高。对零件结构的工艺性分析与审查，重点应放在零件图纸和毛坯图纸的初步设计与设计定型之间的工艺性审查与分析上。另外，由于数控车床的普及，过去用普通车床加工时零件的结构工艺性很差，现用数控车床加工，其结构工艺性可能就不成问题。

2) 采用数控加工的零件图纸尺寸标注应方便编程

采用数控加工的零件，最好采用以同一基准标注尺寸或直接给出坐标尺寸，即坐标标注法。这种标注法既便于编程，也便于尺寸之间的相互协调，在保证设计、定位、检测基准与编程原点设置的一致性方面带来了很大的方便。由于零件设计人员往往在尺寸标注中较多地考虑装配等使用特性要求，而不得不采取局部分散的标注方法，如图 2-30 所示，这样会给工序安排与数控加工带来诸多不便。事实上，由于数控加工精度及重复定位精度都很高，不会因产生较大的积累误差而破坏其使用特性，因此可将局部的尺寸分散标注法改为集中标注或坐标式的尺寸标注，但要保证基准统一原则，如图 2-31 所示。

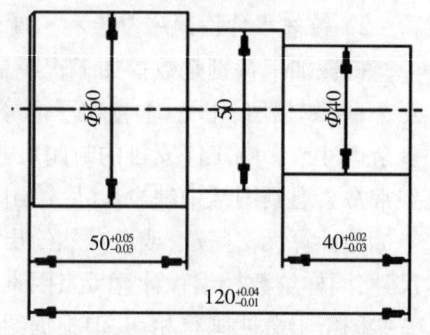

图 2-30 零件分散注法示例

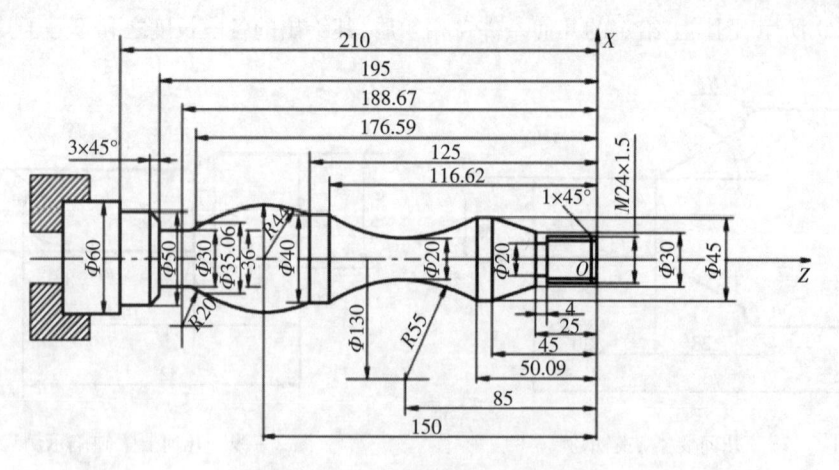

图 2-31 零件坐标标注法示例

3) 加工时零件结构的合理性分析

零件结构的合理性对提高加工效率、降低生产成本尤其重要。如图 2-32(a)所示的零件,采用 3mm 宽切槽刀加工另两个槽都需切两次,如无特殊需要,这样的结构设计显然不合理。若改成图 22-32(b)所示的结构,每个槽只需切一次,可提高加工效率、降低生产成本。

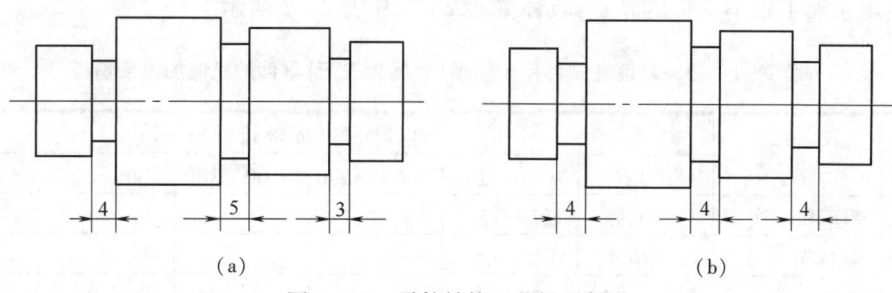

图 2-32 零件结构工艺性示例

4) 零件加工精度及技术要求分析

对被加工零件的加工精度及技术要求进行分析是零件工艺性分析的重要内容,只有在分析零件加工精度和表面粗糙度的基础上,才能对加工方法、装夹方式、进给加工路线、刀具及切削用量等进行正确而合理的选择。零件加工精度及技术要求分析的主要内容有以下几点。

(1) 分析精度及各项技术要求是否齐全、是否合理。对采用数控车削的表面,其精度要求应尽量一致,以便最后能一刀连续加工。

(2) 分析本工序的机械加工精度能否达到图纸技术要求,若达不到,需采用其他措施(如磨削)弥补时,注意给后续工序留有余量。

(3) 找出图样上有较高位置精度要求的表面,这些表面应在一次安装下完成加工。

(4) 表面粗糙度要求较高的表面,若采用数控车削应采用恒线速切削。

5) 分析加工余量

加工余量是指加工过程中所切去的金属层厚度。加工余量有工序余量和加工总余量(毛坯余量)之分。工序余量是相邻两工序的工序尺寸之差;加工总余量(毛坯余量)是毛坯尺寸与零件图样的设计尺寸之差。

对于回转体类零件,加工余量是直径上的余量,在直径上是对称分布的,又称为对称余量;而在加工中,实际切除的金属层厚度是加工余量的一半,因此又有双边余量(加工前后直径之差)和单边余量(加工前后半径之差)之分。

加工余量的大小对于工件的加工质量和生产率均有较大的影响。加工余量过大,会增加机械加工的劳动量和各种消耗,提高加工成本;加工余量过小,则不能消除前工序的各种缺陷、误差和本工序的装夹误差,造成废品。因此,应当合理地确定加工余量。

在保证加工质量的前提下,加工余量越小越好。分析确定加工余量有以下三种方法。

(1) 查表法。根据各工厂的生产实践和试验研究积累的数据,先制成各种表格,再汇集成手册。确定加工余量时,查阅这些手册,再结合工厂的实际情况进行适当修改。目前大都采用查表法。查表法应先拟定出工艺路线,将每道工序的余量查出后由最后一道工序向前推算出各道工序尺寸。粗加工工序余量不能用查表法得到,而是由总余量减去其他各工序余量得到。

(2) 经验估算法。经验估算法是根据实际经验确定加工余量。一般情况下,为防止因余量过小而产生废品,经验估计的数值总是偏大。经验估算法常用于单件小批生产。

(3)分析计算法。分析计算法是根据加工余量计算公式和一定的试验资料,对影响加工余量的各项因素进行分析,并计算确定加工余量。这种方法比较合理,但必须有比较全面和可靠的试验资料才能采用。

为方便回转体类零件加工余量的确定,这里直接给出按查表法确定的轧制圆棒料毛坯和模锻毛坯用于加工轴类零件的余量,具体如表 2-1 和表 2-2 所示。

表 2-1 普通精度轧制件用于轴类(外回转表面)零件的机械加工余量

名义直径/mm	表面加工方法	直径余量(按轴长取)/mm					
		到120	>120~260	>260~500	>500~800	>800~1250	>1250~2000
5~30	粗车和一次车	1.1 1.3	1.7 1.7	—	—	—	—
	半精车	0.45 0.45	0.5 0.5	—	—	—	—
	精车	0.2 0.25	0.25 0.25	—	—	—	—
	细车	0.12 0.13	0.15 0.15	—	—	—	—
>30~50	粗车和一次车	1.1 1.3	1.8 1.8	2.2 2.2	—	—	—
	半精车	0.45 0.45	0.45 0.45	0.5 0.5	—	—	—
	精车	0.2 0.25	0.25 0.25	0.3 0.3	—	—	—
	细车	0.12 0.13	0.13 0.14	0.16 0.16	—	—	—
>50~80	粗车和一次车	1.1 1.5	1.8 1.9	2.2 2.3	2.3 2.6	—	—
	半精车	0.45 0.45	0.45 0.5	0.5 0.5	0.5 0.5	—	—
	精车	0.2 0.25	0.25 0.25	0.25 0.3	0.3 0.3	—	—
	细车	0.12 0.13	0.13 0.15	0.14 0.16	0.17 0.18	—	—
>80~120	粗车和一次车	1.2 1.7	1.9 2.0	2.2 2.3	2.7 2.7	3.4 3.4	—
	半精车	0.45 0.5	0.45 0.5	0.5 0.5	0.55 0.55	0.55 0.55	—
	精车	0.25 0.25	0.25 0.3	0.3 0.3	0.35 0.35	0.35 0.35	—
	细车	0.12 0.15	0.13 0.16	0.16 0.18	0.2 0.2	0.2 0.2	—
>120~180	粗车和一次车	1.3 2.0	2.0 2.1	2.2 2.3	2.7 2.7	3.5 3.5	4.8 4.8
	半精车	0.45 0.5	0.45 0.5	0.5 0.5	0.55 0.6	0.55 0.6	0.65 0.65
	精车	0.25 0.3	0.25 0.3	0.25 0.3	0.3 0.3	0.3 0.35	0.4 0.4
	细车	0.13 0.16	0.13 0.16	0.15 0.17	0.17 0.18	0.2 0.21	0.27 0.27
>180~260	粗车和一次车	1.4 2.3	2.2 2.4	2.4 2.6	2.8 2.9	3.5 3.6	4.8 5.0
	半精车	0.45 0.5	0.45 0.5	0.5 0.5	0.5 0.55	0.55 0.6	0.65 0.65
	精车	0.25 0.3	0.25 0.3	0.25 0.3	0.3 0.3	0.35 0.35	0.4 0.4
	细车	0.13 0.17	0.14 0.17	0.15 0.18	0.17 0.19	0.2 0.22	0.27 0.27

注:①直径小于30mm的毛坯规定校直,不校直时必须增加直径,以达到能够补偿弯曲所需的数值。
②阶梯轴按最大阶梯直径选取毛坯直径。
③直径余量的每格中,前列数值是用中心孔安装时的车削余量,后列数值是用卡盘安装时的车削余量。

表2-2 模锻毛坯用于轴类(外回转表面)零件的机械加工余量

名义直径/mm	表面加工方法	直径余量(按轴长取)/mm					
		到120	>120~260	>260~500	>500~800	>800~1250	>1250~2000
5~18	粗车和一次车	1.4 1.5	1.9 1.9	—	—	—	—
	精车	0.25 0.25	0.25 0.25	—	—	—	—
	细车	0.14 0.14	0.15 0.15	—	—	—	—
>18~30	粗车和一次车	1.5 1.6	1.9 2.0	2.3 2.3	—	—	—
	精车	0.25 0.25	0.25 0.3	0.3 0.3	—	—	—
	细车	0.14 0.14	0.14 0.15	0.16 0.16	—	—	—
>30~50	粗车和一次车	1.7 1.8	2.0 2.3	2.7 3.0	3.5 3.5	—	—
	精车	0.25 0.25	0.3 0.3	0.3 0.3	0.35 0.35	—	—
	细车	0.15 0.15	0.15 0.16	0.17 0.19	0.21 0.21	—	—
>50~80	粗车和一次车	2.0 2.2	2.6 2.9	2.9 3.4	3.6 4.2	5.0 5.0	—
	精车	0.3 0.3	0.3 0.35	0.35 0.4	0.45 0.45	—	
	细车	0.16 0.16	0.17 0.18	0.18 0.2	0.2 0.22	0.25 0.25	—
>80~120	粗车和一次车	2.3 2.6	3.0 3.3	3.8 4.3	4.5 5.4	5.2 6.3	8.2 8.2
	精车	0.3 0.3	0.3 0.3	0.35 0.4	0.4 0.45	0.45 0.5	0.6 0.6
	细车	0.17 0.17	0.18 0.19	0.21 0.23	0.24 0.26	0.26 0.3	0.38 0.38
>120~180	粗车和一次车	2.8 3.2	4.2 4.6	4.5 5.0	5.6 6.2	6.7 7.5	
	精车	0.3 0.35	0.3 0.4	0.4 0.45	0.45 0.5	0.55 0.6	
	细车	0.2 0.2	0.22 0.24	0.23 0.25	0.27 0.3	0.32 0.35	

注:①直径小于30mm的毛坯规定校直,不校直时必须增加直径,以达到能够补偿弯曲所需的数值。
②阶梯轴按最大阶梯直径选取毛坯直径。
③直径余量的每格中,前列数值是用中心孔安装时的车削余量,后列数值是用卡盘安装时的车削余量。

(三)设计回转体类零件机械加工工艺路线

由于生产批量的差异,即使同一回转体类零件的机械加工工艺方案也会有所不同,因此设计回转体类零件机械加工工艺路线时,应根据具体生产批量、现场生产条件、生产周期等情况,拟定经济、合理的机械加工工艺路线。

设计回转体类零件机械加工工艺路线主要内容包括:选择各加工表面的加工方法,划分加工阶段,划分加工工序,确定加工顺序(工序顺序安排),确定工步顺序和进给加工路线。

1. 加工方法选择

选择加工方法时应重点考虑以下几个方面:能保证零件的加工精度和表面粗糙度要求;使走刀路线最短,减少刀具空行程时间,提高加工效率;数控加工应使编程节点数值计算简单、程序段数量少,减少编程工作量。一般根据零件的加工精度、表面粗糙度、材料、结构形状、尺寸及生产类型,确定零件表面的加工方法。回转体类零件内、外回转表面的加工方法主要是车削和磨削,当零件表面粗糙度要求较高时,还要经光整加工。

1)外回转表面加工方法选择

一般外回转表面的参考加工方法如表2-3所示。

表2-3 外回转表面的参考加工方法

序号	加工方法	精度等级	表面粗糙度Ra值/μm	适用范围
1	粗车	IT11以下	12.5~50	适用于除淬火钢以外的常用金属材料
2	粗车—半精车	IT8~IT10	3.2~12.5	
3	粗车—半精车—精车	IT7~IT8	0.8~1.6	
4	粗车—半精车—精车—滚压（或抛光）	IT6~IT7	0.2~0.8	
5	粗车—半精车—磨削	IT6~IT7	0.2~0.8	主要用于淬火钢，也可用于未淬火钢，但不宜加工有色金属
6	粗车—半精车—粗磨—精磨	IT5~IT7	0.1~0.4	
7	粗车—半精车—粗磨—精磨—超精加工	IT5	0.04~0.1	
8	粗车—半精车—精车—细车	IT5~IT6	0.08~0.4	主要用于加工有色金属
9	粗车—半精车—粗磨—精磨—超精磨	IT5以上	0.025~0.1	主要用于高精度的钢件加工
10	粗车—半精车—粗磨—精磨—研磨	IT5以上	0.025~0.08	

2）内回转表面加工方法选择

一般内回转表面的参考加工方法如表2-4所示。

表2-4 内回转表面的参考加工方法

序号	加工方法	精度等级	表面粗糙度Ra值/μm	适用范围
1	粗车	IT11以下	12.5~50	适用于除淬火钢以外的常用金属材料
2	粗车—半精车	IT8~IT10	3.2~12.5	
3	粗车—半精车—精车	IT7~IT8	0.8~1.6	
4	粗车—半精车—磨削	IT6~IT7	0.4~0.8	主要用于淬火钢，也可用于未淬火钢，但不宜加工有色金属
5	粗车—半精车—粗磨—精磨	IT5~IT6	0.1~0.4	
6	粗车—半精车—精车—细车	IT6~IT7	0.2~0.8	适用于除淬火钢以外的常用金属材料
7	粗车—半精车—精车—精密车	IT5	0.1~0.4	适用于除淬火钢以外的常用金属
8	粗车—半精车—粗磨—精磨—研磨	IT5以上	0.025~0.1	主要用于淬火钢等难车削材料

3）回转体端面加工方法选择

回转体端面的主要加工方法也是车削和磨削，车削回转体端面的粗糙度要求较高时，可采用数控车床恒线速切削。一次装夹加工回转体零件端面与内、外回转表面，可保证端面与回转体回转轴线的垂直度要求。一般回转体端面的参考加工方法如表2-5所示。

表2-5 回转体端面的参考加工方法

序号	加工方法	精度等级	表面粗糙度Ra值/μm	适用范围
1	粗车	IT11以下	12.5~50	适用于除淬火钢以外的常用金属材料
2	粗车—半精车	IT8~IT9	3.2~6.3	
3	粗车—半精车—精车	IT7~IT8	0.8~1.6	
4	粗车—半精车—精车—细车，或粗车—半精车—磨削	IT6~IT7	0.4~0.8	主要用于淬火钢，也可用于未淬火钢

2. 划分加工阶段

当机械零件的加工精度要求较高时，往往不可能用一道工序来满足其加工要求，而是需要用几道工序逐步达到其所要求的加工精度。为保证加工质量和合理地使用设备及人力，机械零件的加工过程通常按工序性质不同分为如下四个阶段：

（1）粗加工阶段。主要任务是切除各加工表面上的大部分余量，并做出精基准，其目的是提高生产率。

（2）半精加工阶段。主要任务是减小粗加工留下的误差，使主要加工表面达到一定的精度，并留有一定的精加工余量，为主要表面的精加工（精车或磨削）做好准备。

（3）精加工阶段。保证各主要表面达到图纸规定的尺寸精度和表面粗糙度要求，其主要目标是保证加工质量。

（4）精密、超精密加工、光整加工阶段。对那些加工精度（含表面粗糙度）要求很高的零件，在加工工艺过程的最后阶段安排细车、精密车、超精磨、抛光或其他特种加工方法加工，以达到零件最终的精度要求。

划分加工阶段的目的如下。

（1）保证加工质量，使粗加工产生的误差和变形通过半精加工和精加工予以纠正，并逐步提高零件的加工精度和表面质量。

（2）合理使用设备，避免以精干粗，充分发挥机床的性能，延长使用寿命。

（3）便于安排热处理工序，使冷热加工工序配合得更好，热处理变形可以通过精加工予以消除。

（4）有利于及早发现毛坯的缺陷，粗加工时发现毛坯缺陷，及时予以报废，以免继续加工造成资源的浪费。

加工阶段的划分不是绝对的，必须根据零件的加工精度要求和零件的刚性来决定。一般来说，零件精度要求越高、刚性越差，划分阶段应越细；当零件批量小、精度要求不太高、零件刚性较好时，可以不分或少分阶段。

3. 划分加工工序

1）加工工序的划分

加工工序的划分可以采用两种不同原则，即工序集中原则和工序分散原则。工序集中原则是指每道工序包括尽可能多的加工内容，从而使工序的总数减少；工序分散原则是指将加工分散在较多的工序内进行，每道工序的加工内容很少。在通用加工机床上加工的零件，一般按工序分散原则划分工序;而在数控机床上加工的零件,一般按工序集中原则划分工序,在一次安装下尽可能完成大部分甚至全部加工。通用加工机床加工工序的划分详见项目一机械加工工艺过程的组成。由于数控机床一般都有自动换刀装置,一次装夹可完成多工序集中加工,因此数控加工的工序划分有别于通用加工机床加工。

对于需要多台不同的数控车床、多道工序才能完成加工的零件,工序划分自然以机床为单位进行。而对于需要很少的数控车床就能完成零件的全部加工内容,一般应根据零件的结构形状不同,选择外圆、端面或内孔、端面装夹,并力求设计基准、工艺基准和编程原点的统一。工序的划分可按下列方法进行。

(1) 以一次安装所进行的加工作为一道工序。

将位置精度要求较高的表面安排在一次安装下完成,避免多次安装所产生的安装误差影响位置精度。这种工序划分方法适用于加工内容不多的零件。例如,图2-33所示的圆锥滚子轴承内圈精车两道工序加工方案,圆锥滚子轴承内圈有一项形位公差要求——壁厚差,是指滚道与内径在任意一个圆周截面上的最大壁厚误差。该圆锥滚子轴承内圈的精车原采用三台液压半自动车床和一台液压仿形车床加工,需要四次装夹,滚道与内径分在两道工序内车削(无法在一台液压仿形车床上将两面一次装夹同时加工出来),因而造成较大的壁厚差,达不到图纸技术要求。后改用数控车床加工,两次装夹完成全部精车加工。第一道工序采用图2-33(a)所示的以大端面和大外径定位装夹方案,滚道与内孔的车削和除大外径、大端面及相邻两个倒角外的所有表面均在这次装夹内完成。由于滚道与内孔同在此工序车削,壁厚差大为减小,且加工质量稳定。此外,该圆锥滚子轴承内圈小端面与内径的垂直度、滚道的角度也有较高要求,因此也在此工序内同时完成。若在数控车床上加工后经实测发现小端面与内径的垂直度误差较大,可以采用修改程序内节点数据的方法来进行校正。第二道工序采用图2-33(b)所示以已加工过的内孔和小端面定位装夹方案,车削大外圆和大端面及倒角。

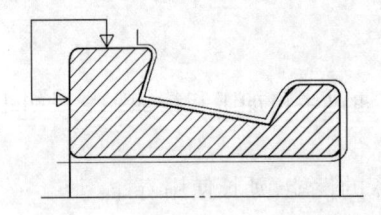

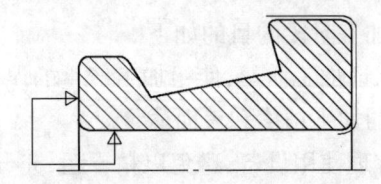

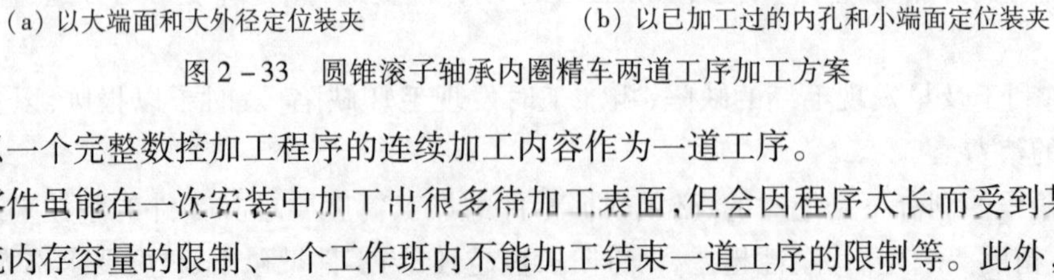

(a) 以大端面和大外径定位装夹 (b) 以已加工过的内孔和小端面定位装夹

图2-33 圆锥滚子轴承内圈精车两道工序加工方案

(2) 以一个完整数控加工程序的连续加工内容作为一道工序。

有些零件虽能在一次安装中加工出很多待加工表面,但会因程序太长而受到某些限制,如控制系统内存容量的限制、一个工作班内不能加工结束一道工序的限制等。此外,程序太长会增加出错率,查错与检索困难,因此程序不能太长。这时可以以一个独立、完整的数控程序连续加工的内容作为一道工序。在本工序内,用多少把刀具,加工多少内容,主要根据控制系统的限制、机床连续工作时间的限制等因素进行综合考虑。

(3) 以工件上的结构内容组合用一把刀具加工作为一道工序。

有些零件结构较复杂、加工内容较多,既有回转表面,也有非回转表面,既有外圆、平面,也有内腔、曲面。对于加工内容较多的零件,按零件结构特点将加工内容组合分成若干部分,每一部分用一把典型刀具加工。这时可以将组合在一起的所有部位加工内容作为一道工序,然后再将另外组合在一起的部位换另外一把刀具加工,作为新的一道工序。这样可以减少换刀次数,减少空行程时间。

(4)以粗、精加工中完成的那部分工艺过程作为一道工序。

对于容易发生加工变形的零件,粗加工后通常需要进行矫形,这时可以将粗加工和精加工作为两道或更多的工序,采用不同的刀具或不同的数控车床加工,以合理利用数控车床。对毛坯余量较大和加工精度要求较高的零件,应将粗车和精车分开,划分成两道或更多的工序。将粗车安排在精度较低、功率较大的数控车床上加工,将精车安排在精度较高的数控车床上加工。这种工序划分方法适用于零件加工后易变形或精度要求较高的零件。

下面以图2-34所示的手柄零件为例,说明数控加工的工序划分。

该手柄零件加工所用坯料为 ϕ32mm 棒料,批量生产,加工时使用一台数控车床,试对其进行工序划分及确定装夹方案。

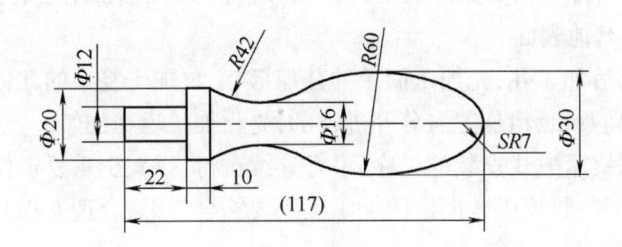

图2-34 手柄零件

第一道工序,如图2-35(a)所示,将一批工件全部车出,包括切断,夹棒料外圆柱面。工序内容有:车出 ϕ12mm 和 ϕ20mm 两圆柱面及圆锥面(粗车掉 R42mm 圆弧的部分余量),转刀后按总长要求留下加工余量切断。

第二道工序,如图2-35(b)所示,用 ϕ12mm 外圆和 ϕ20mm 端面装夹。工序内容有:先车削包络 SR7mm 球面的30°圆锥面,然后对全部圆弧表面半精车(留少量的精车余量),最后换精车刀将全部圆弧表面一刀精车成形。

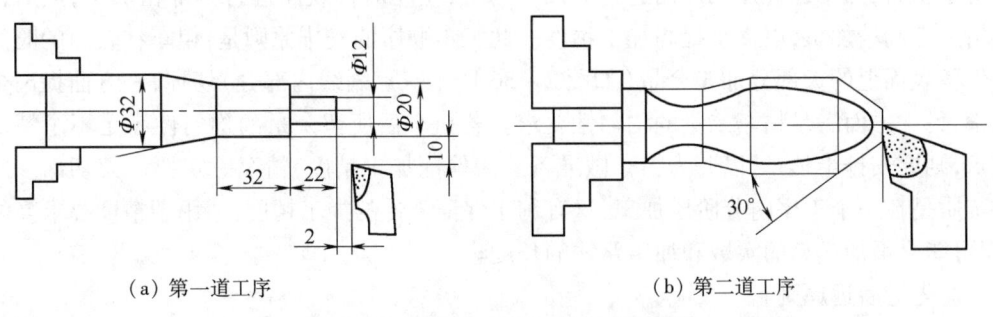

(a)第一道工序　　　　　　(b)第二道工序

图2-35 手柄加工及工序划分示意图

综上所述,在数控加工划分工序时,一定要视零件的结构与工艺性、零件的批量、机床的功能、零件数控加工内容的多少、程序的大小、安装次数及本单位生产组织状况灵活掌握。零件是采用工序集中的原则还是采用工序分散的原则,也要根据实际情况来确定,但一定要力求合理。

2) 通用加工机床加工工序与数控加工工序的衔接

随着数控加工技术的发展与普及,机械零件中尺寸精度、形位精度和表面质量要求较高的关键部位和关键工序的加工逐渐被数控加工所取代,而通用加工机床往往只进行粗加工或只进行粗加工与半精加工。因此通用加工机床加工工序前后一般穿插有数控加工工序,如果衔接得不好就容易产生矛盾,最好的办法是相互建立状态要求。例如,要不要留加工余量,留多少;定位面的尺寸精度要求及形位公差要求;对校形工序的技术要求;对毛坯的热处理状态要求等。这样做的目的是达到相互能够满足加工需求,且质量目标及技术要求明确,交接验收有依据。

4. 加工顺序(工序顺序安排)

制定回转体类零件机械加工工序的顺序一般遵循下列原则。

(1)先加工定位面,即上道工序的加工能为后面的工序提供精基准和合适的夹紧表面。制定零件的整个加工工艺路线就是从最后一道工序开始往前推,按照前道工序为后道工序提供基准的原则先大致安排。轴类零件加工时,一般先加工端面后加工中心孔,再以中心孔为精基准加工外圆表面和其他表面。

(2)先加工平面,后加工孔;先加工简单的几何形状,再加工复杂的几何形状。

(3)对精度要求高及粗、精加工需分开进行的,先粗加工后精加工。

(4)以相同定位、夹紧方式安装的工序,最好连续进行,以减少重复定位次数和夹紧次数。

(5)通用加工机床与数控机床衔接的加工工序要综合考虑,合理安排其加工顺序。

5. 工步顺序和确定进给加工路线

由于数控车削机床都有自动换刀装置,一次装夹可完成多工序集中加工,一道工序内经常含有多道工步。且由于数控车削机床的高速、高精和高效切削加工是普通车削机床无法比拟的,随着数控机床的普及,当今机械零件的粗、精加工经常由数控机床独自完成。因此数控加工除安排好工序顺序外,还要细分工步,合理安排好数控加工工步顺序和进给加工路线。具体数控加工的工步顺序安排及粗、精加工进给加工路线(走刀路线)的确定原则如下。

1) 工步顺序的安排原则

(1)先粗后精原则。

对于粗、精加工在一道工序内进行的加工内容,应先对各表面进行全部粗加工,然后再进行半精加工和精加工,以逐步提高加工精度。此工步顺序的安排原则是:粗车在较短的时间内将工件各表面上的大部分加工余量(如图2-36所示双点划线内部分)切掉,一方面提高金属切除率,另一方面满足精车余量的均匀性要求。若粗车后所留余量的均匀性满足不了精加工的要求,则要安排半精车,以此为精车做准备。为保证加工精度,精车一定要一刀切出。此原则的实质是在一个工序内分阶段加工,这有利于保证零件的加工精度,适用于精度要求高的情况,但可能会增加换刀的次数和加工路线的长度。

(2)先近后远原则。

这里所说的远与近是按加工部位相对于对刀点(起刀点)的距离远近而言的。在一般情况下,离对刀点近的部位先加工,离对刀点远的部位后加工,以缩短刀具移动距离,减少空行程时间。对车削而言,先近后远还可以保持工件的刚性,有利于切削加工。

例如,加工如图2-37所示的零件时,如果按 $\phi38mm \rightarrow \phi36mm \rightarrow \phi34mm$ 的次序安排车削,不仅会增加刀具返回对刀点的空行程时间,而且一开始就削弱了工件的刚性,还可能使台阶的外直角处产生毛刺(飞边)。对这类直径相差不大的台阶轴,当第一刀的背吃刀量(图 2-37 中最大背吃刀量可为 3mm 左右)未超限时,宜按 $\varPhi 34\mathrm{mm} \rightarrow \varPhi 36\mathrm{mm} \rightarrow \varPhi 38\mathrm{mm}$ 的次序先近后远地安排车削。

(3) 先内后外、内外交叉原则。

对既有内表面(内型、腔)又有外表面加工的回转体类零件安排加工顺序时,粗加工时一般先进行内腔、内形粗加工,后进行外形粗加工;精加工时也一般先进行内腔、内形精加工,后进行外形精加工。这是因为控制内表面的精度较困难,刀具刚性较差,加工过程中清除切屑较困难,若因加工内回转表面造成工件报废,可及时停止加工,以免继续加工造成资源的浪费。内、外表面的加工一般应交叉进行,不要将零件上的一部分表面加工完后再加工其他表面。这个原则是一般原则。若工件内孔较大,正常内孔刀具可以进入加工,加工产生的切屑排屑顺畅,且内孔长度较短或较浅,也可先外后内进行加工,灵活应用。

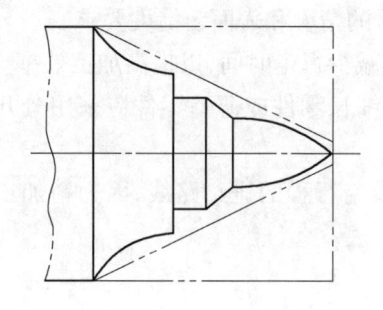

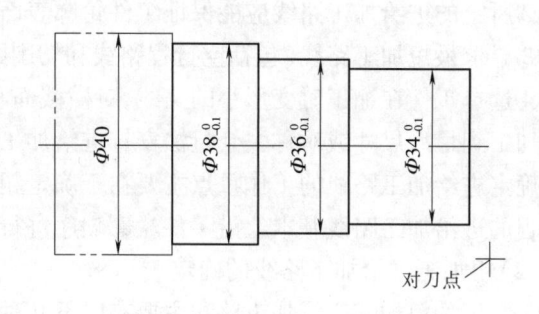

图 2-36 先粗后精示例

图 2-37 先近后远示例

(4) 保证工件加工刚度原则。

在一道工序中进行的多工步加工,应先安排对工件刚性破坏较小的工步,后安排对工件刚性破坏较大的工步,以保证工件加工时的刚度要求。即一般先加工离装夹部位较远的、在后续工步中不受力或受力小的部位,本身刚性差又在后续工步中受力的部位一定要后加工。

(5) 同一把刀能加工内容连续加工原则。

此原则的含义是,用同一把刀把能加工的内容连续加工出来,以减少换刀次数,缩短刀具移动距离。特别是精加工同一表面时,一定要连续切削。该原则与先粗后精原则有时相矛盾,因此是否选用该原则以能否满足加工精度要求为准。

上述工步顺序安排的一般原则同样适用于通用加工机床加工工步顺序的安排。

2) 数控车削加工常见工步内容的安排

(1) 车削台阶轴时,为了保证车削时的刚性,一般应先车直径较大的部分,后车直径较小的部分。

(2) 在轴类零件上切槽,应先切槽后精车,防止零件切槽时切削力太大引起变形。

(3) 精车带螺纹的轴时,一般应在螺纹加工之后再精车无螺纹部分。

(4) 钻孔前,应将工件端面车平,必要时应先钻中心孔。

(5) 钻深孔时,一般先钻导向孔。

(6) 车削 $\varPhi 10 \sim \varPhi 20\mathrm{mm}$ 的孔时,刀杆的直径应为被加工孔径的 0.6~0.7 倍;加工直径大于 $\varPhi 20\mathrm{mm}$ 的孔时,一般应采用机夹刀。

89

(7) 当工件的有关表面有位置公差要求时,尽量在一次装夹中完成车削。

(8) 车削圆柱齿轮齿坯时,孔与基准端面一般必须在一次装夹中加工完成。

上述数控车削加工常见工步内容的安排,也适用于普通车削机床工序(工步)内容的安排。

3) 确定进给加工路线

进给加工路线是指数控机床加工过程中刀具相对工件的运动轨迹和方向,也称走刀路线,它泛指刀具从对刀点(或机床参考点)开始运动,直至返回该点并结束加工程序所经过的路径,包括切削加工的路径及刀具切入、切出等非切削空行程。它不但包括了工步的内容,也反映出了工步顺序。

(1) 确定进给加工路线的主要原则有以下几点。

① 首先按已定工步顺序确定各表面加工进给路线的顺序。

② 所定的进给加工路线应能保证工件轮廓表面加工后的精度和表面粗糙度要求。

③ 寻求最短加工路线(包括空行程路线和切削路线),减少行走时间,以提高加工效率。

④ 选择工件在加工时变形小的路线,对横截面积小的细长零件或薄壁零件应采用分几次走刀加工到最后尺寸或对称去余量法安排进给加工路线。

确定进给加工路线的工作重点主要在于确定粗加工及空行程的进给路线,因为精加工切削过程的进给加工路线基本上沿零件轮廓顺序进行。

(2) 粗加工进给加工路线的确定。

① 常用的粗加工进给加工路线主要有以下几种。

● "矩形"循环进给路线。利用数控系统具有的矩形循环功能而安排的"矩形"循环进给路线,如图2-38(a)所示。

● "三角形"循环进给路线。利用数控系统具有的三角形循环功能而安排的"三角形"循环进给路线,如图2-38(b)所示。

● 沿轮廓形状等距线循环进给路线。利用数控系统具有的封闭式复合循环功能控制车刀沿着工件轮廓等距线循环的进给路线,如图2-38(c)所示。

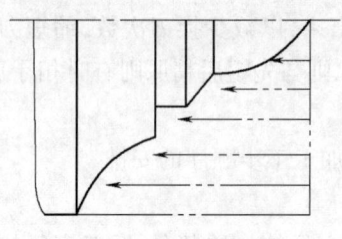

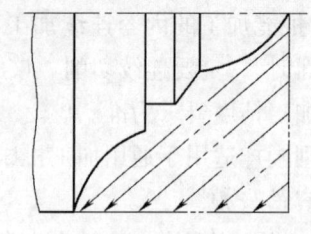

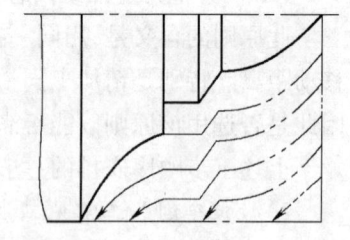

(a) "矩形"循环进给路线　　(b) "三角形"循环进给路线　　(c) 沿轮廓形状等距线循环进给路线

图2-38　常用的粗车循环进给加工路线示例

● 阶梯切削进给路线。图2-39所示为数控车削大余量工件的两种加工路线:图2-39(a)是错误的阶梯切削进给路线;图2-39(b)所示为按1~5的顺序切削,每次切削所留余量相等,是正确的阶梯切削进给路线。因为在同样背吃刀量的条件下,按图2-39(a)的方式加工所留的余量过多。

(a) 错误的阶梯切削进给路线　　(b) 正确的阶梯切削进给路线

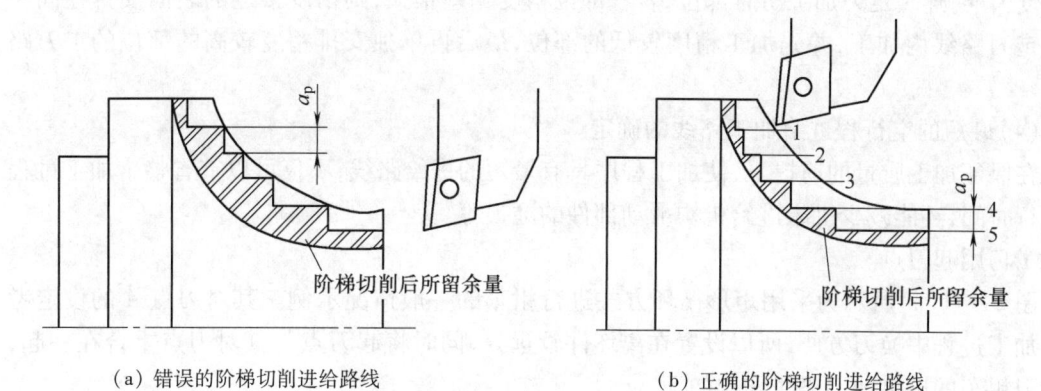

图 2-39　大余量毛坯阶梯切削进给路线

● 双向联动切削进给路线。利用数控车床加工的特点,还可以放弃常用的阶梯车削法,改用轴向和径向联动双向进刀,顺工件毛坯轮廓进给的加工路线,如图 2-40 所示。

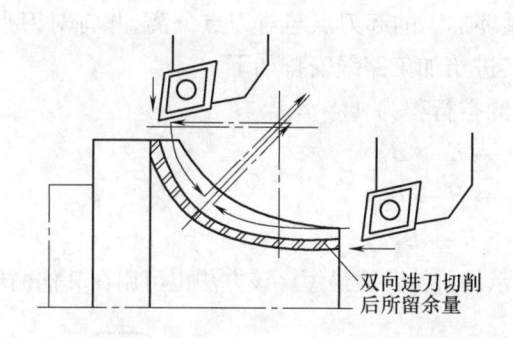

图 2-40　顺工件毛坯轮廓双向联动切削进给路线示例

②最短的粗加工切削进给路线。切削进给路线为最短,可有效地提高生产效率,降低刀具的损耗等。图 2-38 所示的三种不同粗车循环进给加工路线,经分析和判断后可知"矩形"循环进给路线的进给长度总和最短。因此,在同等条件下,其切削所需时间(不含空行程)最短,刀具的损耗最少,为较常用粗加工切削进给路线;但其缺点是,粗加工后的精车余量不够均匀,需计算的节点坐标多,且一般需安排半精加工。沿轮廓形状等距线循环进给路线虽最长,但粗加工后的精车余量均匀,一般不需再安排半精加工,且需计算的节点坐标少,编程相对简单,故实际生产中也是较常用的粗加工切削进给路线。

(3) 精加工进给加工路线的确定。

①完工轮廓的连续切削进给路线。在安排一刀或多刀进行的精加工进给路线时,其零件的完工轮廓应由最后一刀连续加工而成,并且加工刀具的进、退刀位置要考虑妥当,尽量不要在连续的轮廓中安排切入和切出或换刀及停顿,以免因切削力突然变化而造成工件弹性变形,致使光滑连接轮廓上产生表面划伤、形状突变或滞留刀痕等缺陷。

②换刀加工时的进给路线。主要根据工步顺序要求决定各刀加工的先后顺序及各刀进给路线的衔接。

③切入、切出及接刀点位置。应选在有空刀槽或表面间有拐点、转角的位置,而曲线要求相切或光滑连接的部位不能作为切入、切出及接刀点的位置。

④各部位精度要求不一致的精加工进给路线。若各部位精度相差不是很大时,应以最严

的精度为准,连续走刀加工所有部位;若各部位精度相差很大,则精度接近的表面安排在同一把刀走刀路线内加工,并先加工精度较低的部位,最后再单独安排精度较高的部位的走刀路线。

(4)最短的空行程进给加工路线的确定。

在保证加工质量的前提下,使加工程序具有最短的进给路线,不仅可以节省整个加工过程的执行时间,还能减少机床进给机构滑动部件的磨损等。

①巧用起刀点。

图2-41(a)所示为采用矩形循环方式进行粗车的一般情况示例。其对刀点 A 的设定考虑了加工过程中换刀方便,所以设置在离坯件较远处,同时将起刀点与其对刀点重合在一起,按三刀粗车的进给加工路线安排如下。

第一刀为 $A \rightarrow B \rightarrow C \rightarrow D \rightarrow A$。
第二刀为 $A \rightarrow E \rightarrow F \rightarrow G \rightarrow A$。
第三刀为 $A \rightarrow H \rightarrow I \rightarrow J \rightarrow A$。

图2-41(b)则是将循环加工的起刀点与对刀点分离,并将对刀点设于点 B 处,仍按相同的切削量进行三刀粗车,其进给加工路线安排如下。

起刀点与对刀点分离的空行程为 $A \rightarrow B$。
第一刀为 $B \rightarrow C \rightarrow D \rightarrow E \rightarrow B$。
第二刀为 $B \rightarrow F \rightarrow G \rightarrow H \rightarrow B$。
第三刀为 $B \rightarrow I \rightarrow J \rightarrow K \rightarrow B$。

显然,图2-41(b)所示的进给路线最短。该方法也可用在其他循环(如螺纹)切削加工中。

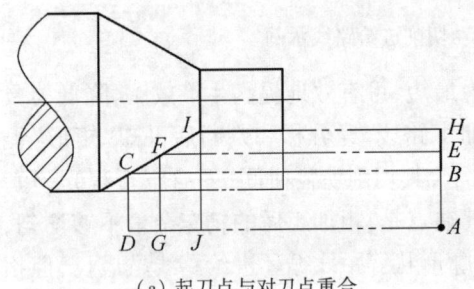

(a) 起刀点与对刀点重合 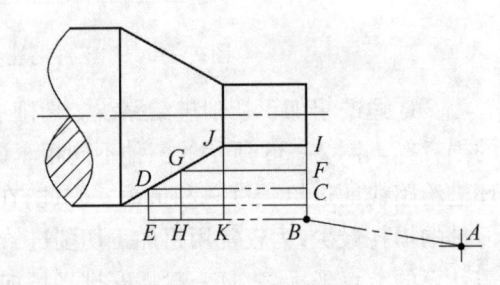　　　　(b) 起刀点与对刀点分离

图2-41　巧用起刀点

②巧设换(转)刀点。

为了换(转)刀的方便和安全,有时将换(转)刀点设在离工件较远的位置(如图2-41中的点 A),那么当换第二把刀后,进行精车时的空行程路线必然较长;如果将第二把刀的换刀点设置在图2-41(b)中的点 B 位置(因工件已去掉一定的余量),则可缩短空行程距离,但换刀过程中一定不能发生干涉。

③合理安排"回零"路线。

在手工编制轮廓较为复杂的零件加工程序时,为使其计算过程尽量简化,既不出错,又便于校核,编程者有时将每一刀加工完后的刀具终点通过执行"回零"(即返回对刀点)指令,使其全都返回对刀点位置,然后再执行后续程序。这样会增加进给加工路线的距离,降低生产效率。因此,在合理安排"回零"路线时,应使其前一刀终点与后一刀起点间的距离尽量短,或者为零,即可满足进给路线为最短的要求。另外,在选择返回对刀点指令时,在不发生加工干涉现象的前提下,应尽量采用坐标轴 X、Z 双向同时"回零"指令,这种"回零"路线最短。

(四)找正装夹方案及夹具选择

1. 找正装夹方案

1)零件的装夹定位及定位基准选择原则

(1)工件装夹定位要求。

① 保证工件的回转中心线(轴线)与机床主轴轴线同轴。

② 准确轴向定位。数控加工还要保证加工表面轴向的工序基准与工件坐标系 X 轴的位置要求。

(2)定位基准(指精基准)的选择原则。

①基准重合原则。为避免基准不重合误差,应选用工序基准(设计基准)作为定位基准。因为当加工面的工序基准与定位基准不重合,且加工面与工序基准不在一次安装中同时加工出来时,会产生基准不重合误差。数控加工时,应力求工序基准、定位基准、编程原点三者统一,以方便编程。

②基准统一原则。在多工序或多次安装中,选用相同的定位基准对保证零件的位置精度非常重要。

③便于装夹原则。所选用的定位基准应能保证定位准确、可靠,定位、夹紧机构简单,敞开性好,操作方便,能加工尽可能多的内容。

④便于对刀原则。数控加工时更要便于对刀。因为批量数控加工时,在工件坐标系已确定的情况下,采用不同的定位基准为对刀基准建立工件坐标系,会使对刀的方便性不同,有时甚至无法对刀,这时就需要分析此种定位方案是否能满足对刀操作的要求,否则原设工件坐标系需要重新设定。

2)零件的装夹找正

把工件从定位到夹紧的整个过程称为工件的装夹。装夹工件时,一般必须将工件表面的回转中心轴线找正到与机床的主轴中心线重合。

(1)工件常用装夹方式。

①在三爪自定心卡盘上装夹

三爪自定心卡盘的三个卡爪是同步运动的,能自动定心,一般不需找正,但装夹时一般需有轴向支承面,否则所需夹紧力可能会过大而夹伤工件。三爪自定心卡盘装夹工件方便、省时,自动定心好,但夹紧力相对较小,因此适用于装夹外形规则的中、小型工件。三爪自定心卡盘可装成正爪、反爪两种形式,反爪用来装夹直径较大的工件。当较大的空心零件需车削外圆时,可使三个卡爪作离心运动,撑住工件内孔车削外圆。用三爪自定心卡盘装夹精加工过的表面时,被夹住的工件表面应包一层铜皮,以免夹伤工件表面。

用三爪自定心卡盘装夹工件进行粗车或精车时,一般若工件直径小于或等于 30mm,其悬伸长度应不大于直径的 3 倍;若工件直径大于 30mm,其悬伸长度应不大于直径的 5 倍。

用三爪自定心卡盘直接装夹工件加工如图 2-42 所示。

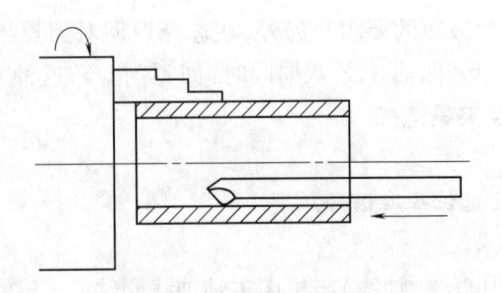

图 2-42　三爪自定心卡盘装夹加工工件示例

②在两顶尖之间顶两头装夹。

对于长度尺寸较大或加工工序较多的轴类零件,为保证每次装夹时的装夹精度,可用两顶尖装夹。两顶尖装夹工件方便,不需找正,装夹精度高,但必须先在工件两端面钻出中心孔,工件利用中心孔顶在前后顶尖之间,并通过拨盘和卡箍随主轴一起转动,如图 2-43 所示。

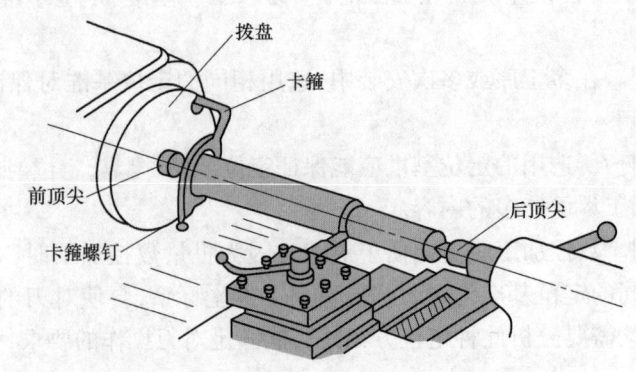

图 2-43　在两顶尖之间顶两头装夹加工工件示例

用两顶尖装夹工件时需注意如下事项。

- 车削前要调整尾座顶尖轴线,使前后顶尖的连线与车床主轴轴线同轴,否则车削出的工件会产生锥度误差或双曲线误差。
- 尾座套筒在不影响车刀切削的前提下,应尽量伸得短些,以增加刚性,减少振动。
- 应选择正确类型的中心孔,形状正确,表面粗糙度值小。对于精度一般的轴类零件,中心孔不需要重复使用时,可选用 A 型中心孔;对于精度要求较高、工序较多、需多次使用中心孔的轴类零件,应选用 B 型中心孔,B 型中心孔比 A 型中心孔多一个 120°的保护锥,用于保护 60°锥面不致碰伤;对于需要在轴向固定其他零件的工件,可选用带内螺纹的 C 型中心孔;轴向精确定位时,可选用 R 型中心孔,即中心孔的 60°锥加工成准确的圆弧形,并以该圆弧与顶尖锥面的切线为轴向定位基准定位。具体中心孔的加工刀具(中心钻)如图 2-82 所示。
- 两顶尖与中心孔的配合应松紧合适,在加工过程中要注意调整顶尖的顶紧力。
- 由于靠卡箍传递扭矩,所以车削工件的切削用量要小。

注意:中心孔一般不采用数控车床加工,采用普通车床加工比较方便。

③用卡盘和顶尖一夹一顶装夹。

用两顶尖装夹工件虽然精度高,但刚性较差。因此,车削质量较大的工件时要一端用卡盘夹住,另一端用后顶尖支撑。为了防止工件由于切削力的作用而产生轴向位移,必须在卡盘内装一限位支承(限位支承比夹持工件直径稍小,通常采用圆盘料或隔套)或利用工件的台阶面限位,如图 2-44 所示。这种装夹方法比较安全,能承受较大的轴向切削力且安装刚性好,轴向定位准确,因此应用最广泛。

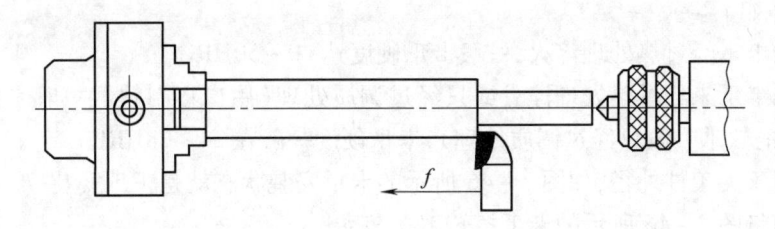

图 2-44 用工件的台阶面限位装夹加工工件示例

(2)工件采用找正方式装夹。

单件生产的工件偏心安装时常采用找正装夹。用三爪自定心卡盘装夹较长的工件时,工件离卡盘夹持部分较远处的旋转中心不一定与车床主轴旋转中心重合,这时必须找正;当三爪自定心卡盘使用时间较长,失去了应有精度,而工件的加工精度要求又较高时,也需要找正。用四爪单动卡盘装夹加工工件时,因四个卡爪各自独立运动不能自动定心,故装夹加工工件时必须找正。找正装夹法一般用于加工大型或形状不规则的工件,但因找正比较费时,故只能用于单件小批生产。

①找正及校正要求。对于工件装夹表面轴线与加工表面轴线同轴的,找正装夹时必须将工件的装夹表面轴线找正及校正到与车床主轴回转中心线重合,以保证装夹表面轴线与加工表面轴线重合;对于工件装夹表面轴线与加工表面轴线不同轴的,要使工件的装夹表面轴线(即加工表面径向的工序基准或设计基准)与车床主轴回转中心线的位置满足工序(或设计)要求。

②找正及校正方法。一般用划针或打表找正,精度高的工件用百分表校正。通过调整卡爪,使工件加工表面轴线与机床主轴的回转中心重合,如图 2-45 所示。

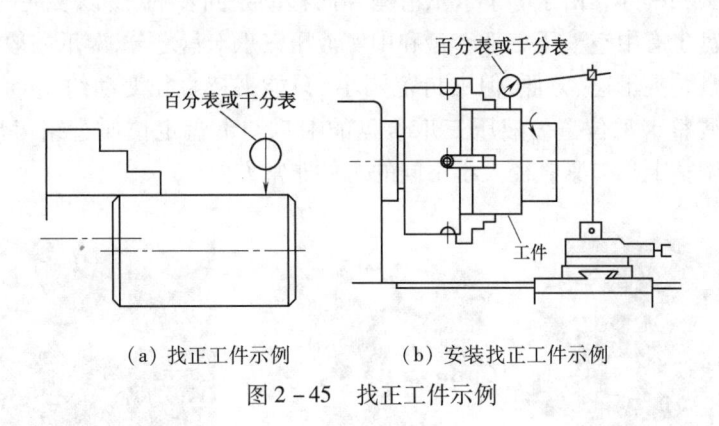

(a)找正工件示例　　(b)安装找正工件示例

图 2-45 找正工件示例

2. 夹具选择

加工回转体轴类零件的常用夹具分为圆周定位夹具和中心孔定位夹具。

1)圆周定位夹具

常用圆周定位夹具有以下三种。

(1)手动三爪自定心卡盘。

手动三爪自定心卡盘是较常用的通用夹具(如图 2-46 所示),能自动定心,夹持范围大,一般不需找正,装夹速度较快,但夹紧力较小,卡盘磨损后会降低定心精度。用三爪自定心卡盘装夹精加工过的工件表面时,被夹住的工件表面应包一层铜皮,以免夹伤工件表面。手动三爪自定心卡盘有中空三爪自定心卡盘和中实三爪自定心卡盘之分,卡爪有硬爪、软爪、正爪和反爪之分,具体如下。

① 硬爪的卡爪经过热处理淬火,一般卡爪硬度达 40~50HRC。

② 软爪的卡爪未经过热处理淬火或只经过调质处理(用户自制软爪一般未经过热处理。专业厂家生产的软爪一般只经过调质处理),卡爪硬度一般在 24~28HRC。

③ 正爪用于夹工件外径,如图 2-46 所示的卡爪安装状态就是正爪安装。

④ 反爪即将图 2-46 所示的卡爪掉转 180°安装。

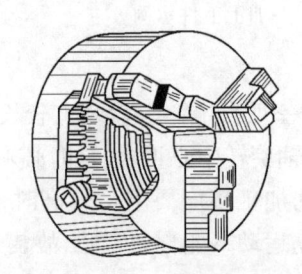

图 2-46 手动三爪自定心卡盘

(2) 液压三爪卡盘。

为提高生产效率和减轻劳动强度,普通车床和数控车床广泛采用液压三爪卡盘,如图 2-47 所示,其工作原理如图 2-48 所示。夹紧和松开时,直接由电磁阀控制压力油进入回转油缸缸体的左腔或右腔,使活塞向左或向右移动,并由拉杆通过主轴通孔拉动液压三爪卡盘上的滑动体 6,滑动体又与三个可在盘体上 T 形槽内作径向移动的卡爪滑座 10 以斜楔连接。这样,主轴尾部回转油缸缸体内活塞的左右移动就转变为卡爪滑座的径向移动,再由装在滑座上的卡爪将工件夹紧和松开。由于三个卡爪滑座径向移动是同步的,所以装夹时能实现自动定心。液压三爪卡盘也有中空液压三爪卡盘和中实液压三爪卡盘之分,卡爪一般配自制软卡爪。

液压三爪卡盘装夹迅速、方便,但夹持范围小(只能夹持直径变动约 5mm 的工件),尺寸变化大的需重新调整卡爪位置。液压三爪卡盘的卡爪与卡盘定位通过锯齿形的齿条,如图 2-49 所示,因此调整卡盘夹紧直径大小不同的工件非常方便。

图 2-47 液压三爪卡盘示例

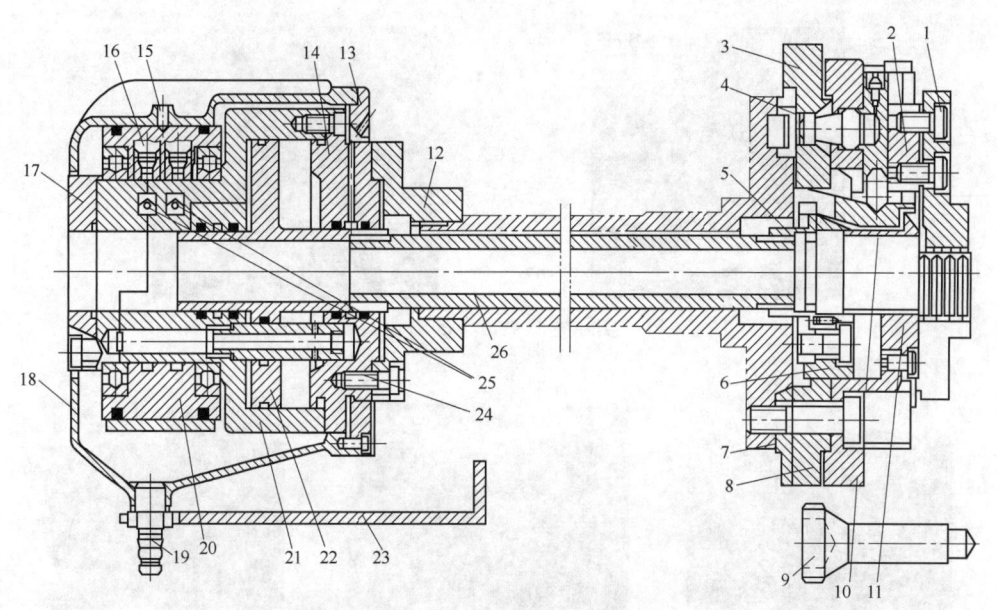

1—卡爪；2—T形块；3—平衡块；4—杆杠；5—连接螺栓；6—滑动体；7—法兰盘；8—盘体；9—扳手；
10—卡爪滑座；11—防护罩；12—法兰盘；13—前盖；14—油缸盖；15—紧定螺钉；16—压力管接头；
17—后盖；18—器壳；19—漏油管接头；20—导油管；21—油缸；22—活塞；23—旋转固定支架；
24—导向杆；25—安全阀；26—中空拉杆

图 2-48 液压三爪卡盘工作原理图

液压三爪卡盘的自定心精度虽比普通三爪卡盘好一些，但仍不适用于零件同轴度要求较高的二次装夹加工，也不适用于批量生产零件时按上道工序的已加工面装夹加工同轴度要求较高的零件。所以单件生产时，可用找正法装夹加工，批量生产时常采用软爪。软爪是只经调质或未经热处理易切削加工成形的夹爪，它是在使用前配合被加工工件而特别制造的，如加工成圆弧面、圆锥面或螺纹等形式，可获得理想的夹持精度。在数控车床上装刀根据加工工件外圆大小自车内圆弧软爪，如图 2-50 所示。图 2-51 是实际生产中自车的内圆弧软爪实例，图 2-52 是实际生产中自车的内圆弧软爪夹紧工件实例，图 2-53 是实际生产中的内圆弧软爪实例。

图 2-49 卡盘上锯齿形的齿条 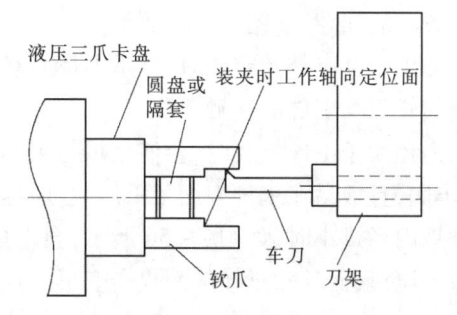　　图 2-50 数控车床自车加工内圆弧软爪示例

图 2-51　实际生产中自车的内圆弧软爪实例

图 2-52　实际生产中自车的内圆弧软爪夹紧工件实例

图 2-53　实际生产中的内圆弧软爪实例

在普通车床或数控车床上自车加工软爪时要注意以下几个方面的问题。

①软爪要在与使用时相同的夹紧状态下进行车削,以免在加工过程中松动和由于卡爪反向间隙而引起定心误差。车削软爪内定心表面时,要在靠卡盘处夹适当的圆盘件或隔套,以消除卡盘端面螺纹的间隙,如图 2-50 所示。

②当被加工工件以外圆定位时,软爪夹持直径应比工件外圆直径略小,如图 2-54 所示,其目的是增加软爪与工件的接触面积。

③软爪内径大于工件外径时,会使软爪与工件形成三点接触,如图 2-55 所示。此种情况下,夹紧不牢固,且极易在工件表面留下压痕,应尽量避免。

④当软爪内径过小时,如图 2-56 所示,会形成软爪与工件的六点接触,这样不仅会在被加工表面留下压痕,而且软爪接触面也会变形。这种情况在实际使用中应尽量避免。

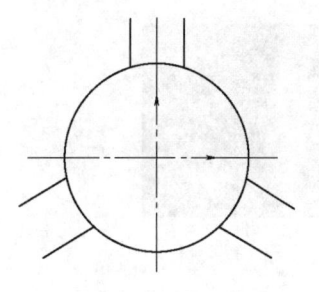

图 2-54 理想软爪内径 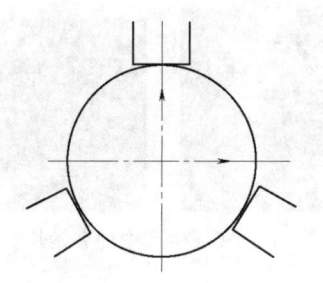　　　图 2-55 软爪内径过大 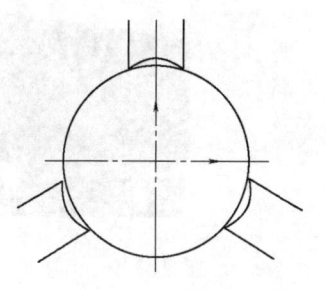　　　图 2-56 软爪内径过小

(3) 弹簧夹套。

弹簧夹套定心精度高,装夹工件快捷方便,常用于精加工过的内、外圆表面定位装夹。它特别适用于尺寸精度较高、表面质量较好的冷拔圆棒料及已加工过内孔的工件夹持。弹簧夹套所夹持工件的内孔一般为规定的标准系列,并非任意直径的工件都可以进行夹持。图 2-57(a)所示是夹紧工件外圆的拉式弹簧夹套,图 2-57(b)所示是夹紧工件外圆的推式弹簧夹套,图 2-58 所示是加工中心/数控铣床 ER 弹簧夹头刀柄用的弹簧夹头,图 2-59 所示是常见的弹簧夹套加工示例,图 2-60 所示是定位夹紧工件内孔的弹簧夹套实例。为使一种弹簧夹套能适应一定范围工件的夹持,常在定位夹紧工件内孔的弹簧夹套外换锁不同夹紧片,以适应一定范围不同工件内孔大小的夹紧,图 2-61 是实际生产中的夹紧片实例。

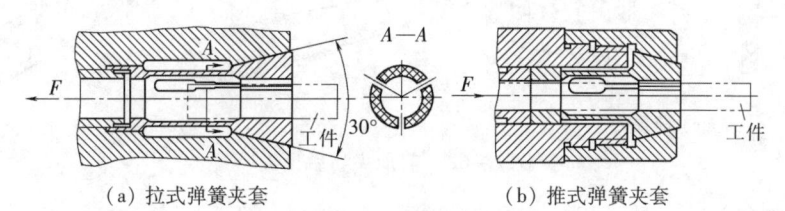

(a) 拉式弹簧夹套　　　　　　(b) 推式弹簧夹套

图 2-57 弹簧夹套

图 2-58 弹簧夹头

图 2-59 常见的弹簧夹套加工示例 　　　图 2-60 定位夹紧工件内孔的弹簧夹套实例

图 2-61　实际生产中的夹紧片实例

2）中心孔定位夹具

常用中心孔定位夹具有以下三种。

（1）两顶尖拨盘。

加工轴类零件时，坯料装卡在主轴顶尖和尾座顶尖之间，工件由主轴上的拨盘带动旋转。两顶尖装夹工件方便，不需找正，装夹精度高。该装夹方式适用于长度尺寸较大或加工工序较多的轴类零件的精加工。顶尖分为前顶尖与后顶尖，前顶尖如图 2-62（a）所示，后顶尖如图 2-62（b）所示。

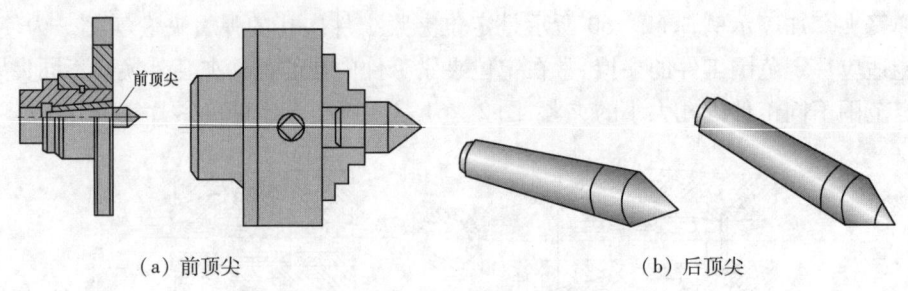

（a）前顶尖　　　　　　　　　　　　（b）后顶尖

图 2-62　前顶尖与后顶尖

① 前顶尖有两种：一种是插入主轴锥孔内的，另一种是夹在卡盘上的，如图 2-62（a）所示。前顶尖与主轴一起旋转，一般用死顶尖，如图 2-63（a）所示。

② 后顶尖也有两种：一种是固定的（死顶尖），如图 2-62（b）所示；另一种是回转的（活顶尖），如图 2-63（b）所示。死顶尖刚性大，定心精度高，但工件中心

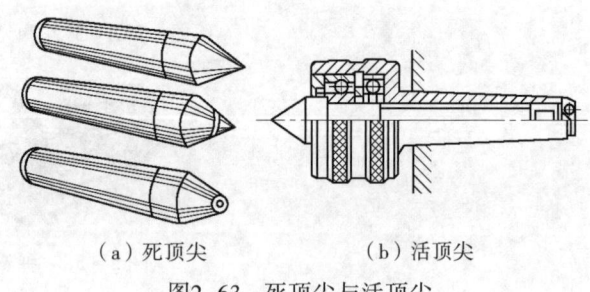

（a）死顶尖　　　（b）活顶尖

图 2-63　死顶尖与活顶尖

孔易磨损。活顶尖内部装有滚动轴承，适于高速切削时使用，但定心精度不如死顶尖高。后顶尖一般插入机床尾座套筒内。

（2）拨动顶尖。

常用的拨动顶尖有内、外拨动顶尖和端面拨动顶尖两种。这种顶尖的锥面或端面带齿，能嵌入工件，拨动工件旋转，如图 2-64 所示。

（3）伞形顶尖。

伞形顶尖用于套类零件或较大内孔零件的装夹，如图 2-65 所示。若顶尖锥面带齿，又叫梅花顶尖，如图 2-66 所示。

| 图 2-64 拨动顶尖 | 图 2-65 伞形顶尖 | 图 2-66 梅花顶尖 |

3) 夹持长度与夹紧余量

夹持长度一般是指三爪卡盘夹紧工件的长度。夹紧余量是指车刀车削至靠近三爪端面处与卡爪外端面的距离。车削回转体类零件夹持工件长度及夹紧余量参考值如表 2-6 所示。

表 2-6 夹持工件长度及夹紧余量参考值

使用设备	夹持长度/mm	夹紧余量/mm	应 用 范 围
普通车床或数控车床	15~20	7	用于加工直径较大、实心、易切断的零件
	25		用于加工套、垫片等零件一次车好不掉头
	25		用于加工有色薄壁管、套管零件
	30	7	用于加工各种螺纹、滚花及用样板刀车圆球和反车退刀件等

4) 夹具选择原则

回转体类零件车削夹具选择原则如下：

(1) 单件小批量生产时，一般选用手动三爪自定心卡盘或液压三爪卡盘。

(2) 成批生产时，优先选用液压三爪卡盘，其次才考虑选用普通三爪自定心卡盘。

(3) 车削长径比 (L/D) 小于 5 的回转体类零件，应根据工件直径大小和加工精度要求，考虑是否用尾架顶尖加以顶紧；$5 < L/D < 20$ 的回转体类零件，必须用尾架顶尖加以顶紧；$L/D > 20$ 的细长轴回转体类零件，应根据工件直径大小和加工精度要求，考虑再配以中心架或跟刀架辅助夹持进行加工，以免影响加工精度。

(4) 车削薄壁套类零件时，考虑采用包容式软爪、弹簧夹套或心轴和弹簧心轴，以增大装夹接触面积，防止工件夹紧变形，以免影响加工精度；或改变夹紧力的作用点，采用轴向夹紧方式。

(5) 车削偏心回转体类零件时，一般选用四爪卡盘、花盘、角铁或专用夹具，也可选用三爪自定心卡盘，但须加装其他辅具。

(6) 车削工件直径大于 $\Phi 500mm$ 的回转体类零件时，一般选用花盘进行装夹。

(7) 零件的装卸要快速、方便、可靠，以缩短机床的停机时间，减少辅助时间。

(8) 为满足车削加工精度，要求夹具定位准确、定位精度高。

(9) 夹具上各零部件应不妨碍机床对零件各表面的加工，即夹具要敞开，其定位、夹紧元件不能影响加工中的走刀 (比如产生干涉碰撞等)。

(五) 刀具选择

选择切削刀具是机械加工工艺设计的重要内容。刀具选择合理与否不仅影响加工效率，而且还直接影响加工质量。回转体类零件的切削刀具主要是车削刀具。

1. 车削刀具的要求与种类

1) 车削刀具的基本要求

(1)为满足粗车大吃刀和大走刀的要求,要求粗车刀具强度要高、耐用度要好。

(2)精车首先是保证加工精度,所以要求刀具的精度高、耐用度好。

(3)为减少换刀时间和方便对刀,尽量采用机夹刀和机夹硬质合金刀片。

(4)数控车削对刀片的断屑槽有较高的要求,数控车削刀片应采用三维断屑槽。

2)车削刀具种类

常用车削刀具根据刀具的结构、材料和切削工艺可分成如下几类。

(1)按刀具结构分类,可以分为以下四类。

①整体式刀具。由整块材料磨制而成,使用时可根据不同用途将切削部分修磨成所需要的形状,如高速钢磨制的白钢刀,如图2-67(a)所示。

②镶嵌式刀具。分为焊接式(如图2-67(b)所示)和机夹式(如图2-67(c)所示)。机夹式又根据刀体结构不同,分为不转位和可转位(如图2-67(d)所示)两种。

③减振式刀具。减振式刀具是当刀具的工作长度与直径比(L/D)大于4时,为了减少刀具的振动和提高加工精度所采用的一种特殊结构的刀具,如减振数控内孔车刀。

④内冷式刀具。内冷式刀具是刀具的切削冷却液通过刀盘传递到刀体内部,再由喷孔喷射到切削刃部位的刀具。

目前车削刀具主要采用机夹可转位刀具。

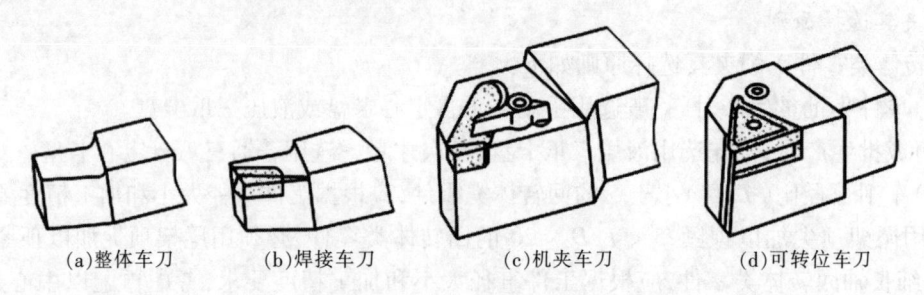

(a)整体车刀　　(b)焊接车刀　　(c)机夹车刀　　(d)可转位车刀

图2-67　车刀的结构类型

(2)按刀具制造所用材料分类,可以分为高速钢刀具、硬质合金刀具、陶瓷刀具、立方氮化硼刀具、聚晶金刚石刀具。目前用得最普遍的是硬质合金刀具。

(3)按刀具切削工艺分类,可以分为外圆车刀、端面车刀、内孔车刀、切断和切槽车刀、螺纹车刀,如图2-68所示。数控车削常用刀具如图2-69所示。

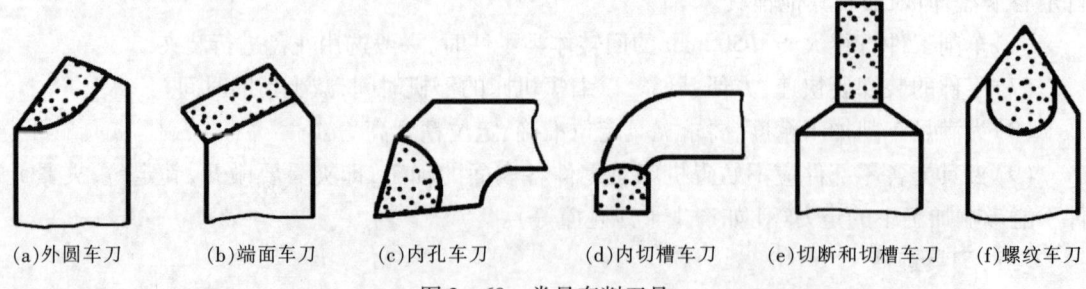

(a)外圆车刀　(b)端面车刀　(c)内孔车刀　(d)内切槽车刀　(e)切断和切槽车刀　(f)螺纹车刀

图2-68　常见车削刀具

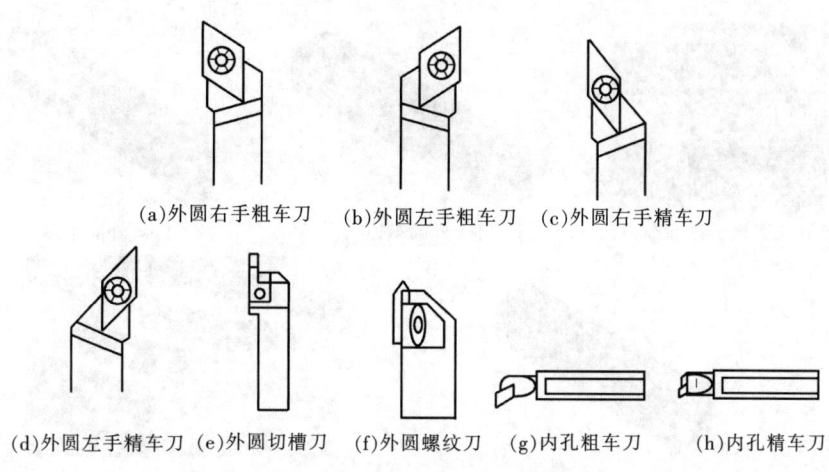

(a)外圆右手粗车刀　(b)外圆左手粗车刀　(c)外圆右手精车刀

(d)外圆左手精车刀　(e)外圆切槽刀　(f)外圆螺纹刀　(g)内孔粗车刀　(h)内孔精车刀

图 2-69　数控车削常用刀具

2. 可转位车削刀具

1) 可转位车削刀具的特点、种类与结构形式

(1) 可转位车削刀具的特点。

可转位车刀的几何参数是通过刀片结构形状和刀体上刀片槽座的方位安装组合形成的。可转位刀具的具体要求和特点如表 2-7 所示。

表 2-7　可转位车削刀具的要求与特点

要　求	特　点	目　的
精度高	采用 M 级或更高精度等级的刀片；多采用精密级的刀杆；用带微调装置的刀杆在机外预调好	保证刀片重复定位精度，方便坐标设定，保证刀尖位置精度
可靠性高	采用断屑可靠性高的断屑槽型或有断屑台和断屑器的车刀；采用结构可靠的车刀，采用复合式夹紧结构和夹紧可靠的其他结构	断屑稳定，不能有乱扎和带状切屑；适应刀架快速移动和换位以及整个自动切削过程中夹紧不得有松动的要求
换刀迅速	采用车削工具系统；采用快换小刀夹	迅速更换不同形式的切削部件，完成多种切削加工，提高生产效率
刀片材料	刀片较多采用涂层刀片	满足生产节拍要求，提高加工效率
刀杆截形	刀杆较多采用正方形刀杆，但因刀架系统结构差异大，有的需采用专用刀杆	刀杆与刀架系统匹配

(2) 可转位车刀的种类。

可转位车刀按其用途可分为外圆车刀、仿形车刀、端面车刀、内孔车刀、切槽车刀、切断车刀和螺纹车刀等。

常见机夹可转位车刀如图 2-70、图 2-71 和图 2-72 所示。

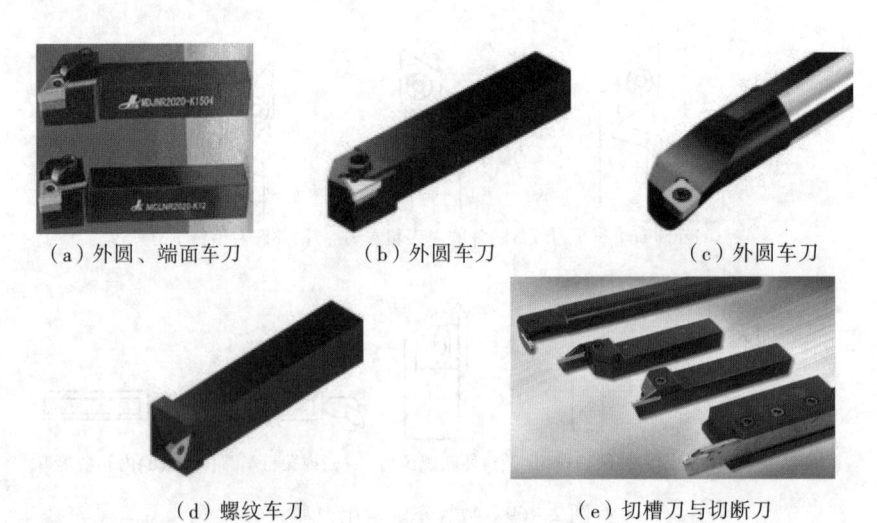

(a)外圆、端面车刀　　(b)外圆车刀　　(c)外圆车刀

(d)螺纹车刀　　(e)切槽刀与切断刀

图2-70　常见机夹可转位车刀

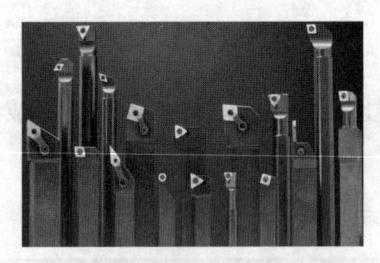

图2-71　常见机夹可转位外圆车刀、内孔车刀、切槽刀、螺纹车刀

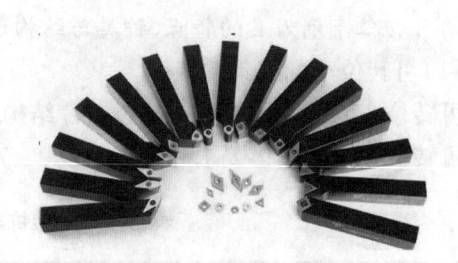

图2-72　常见各种机夹可转位外圆车刀及刀片

机夹可转位车刀加工工件如图2-73所示。

图2-73　机夹可转位车刀加工工件示例

(3)机夹可转位车刀的结构形式。

可转位车刀由刀片、定位元件、夹紧元件和刀体组成。常见可转位车刀刀片的夹紧方式有杠杆式、楔块式、楔块上压式和螺钉上压式四种,如图2-74所示。

①杠杆式依靠螺钉旋紧压靠杠杆,由杠杆的力压紧刀片达到夹紧的目的。

②楔块式依靠销与楔块的压下力将刀片夹紧。

③楔块上压式依靠销与楔块的压下力将刀片夹紧。

④螺钉上压式依靠螺钉与销的压下力将刀片夹紧。

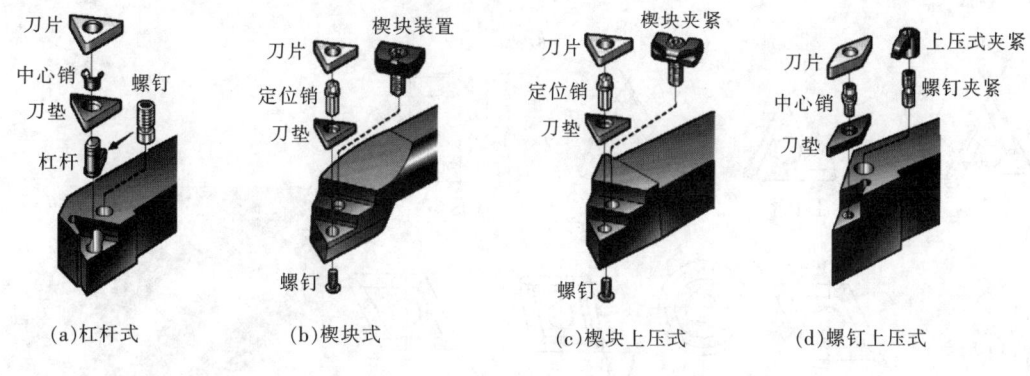

(a)杠杆式　　(b)楔块式　　(c)楔块上压式　　(d)螺钉上压式

图2-74　可转位车刀刀片的夹紧方式

2）机夹可转位刀片与刀杆

（1）机夹可转位刀片代码。

选用机夹可转位刀片,首先要了解可转位刀片型号的表示规则、各代码的含义。按国家标准规定,有圆孔可转位刀片（GB/T 2078—1987）、无孔可转位刀片（GB/T 2079—1987）、沉孔可转位刀片（GB/T 2080—1987）等。可转位刀片型号表示规则如表2-8所示。按国际标准ISO 1832—2004,可转位刀片的代码表示方法由10位字符串组成,具体如下：

| 1 | 2 | 3 | 4 | 5 | 6 | 7 | 8 | — | 9 | 10 |

1—刀片的几何形状及其夹角；

2—刀片主切削刃后角（法后角）；

3—公差,表示刀片内切圆直径 d 与厚度 s 的精度级别；

4—刀片型式、紧固方式或有无断屑槽；

5—刀片边长、切削刃长；

6—刀片厚度；

7—修光刀,刀尖圆角半径 r 或主偏角 κ_r 或修光刃后角 α_n；

8—切削刃状态,尖角切削刃或倒棱切削刃等；

9—进刀方向或倒刃宽度；

10—各刀具公司的补充符号或倒刃角度。

一般情况下,第8位和第9位的代码在有要求时才填写,第10位代码因厂商而异,无论哪一种型号的刀片必须标注前7位代号。此外,各刀具厂商可以另外添加一些符号,用连接号将其与ISO代码相连接（如PF代表断屑槽型）。可转位刀片用于车、铣、钻、镗等不同的加工方式,其代码的具体内容也略有不同,表2-8是车刀可转位刀片型号表示规则,每一位字符串参数的具体含义可参考各刀具厂商的刀具样本。

【例2-1】车刀可转位刀片 CNMG 120408E-NUB 公制型号表示的含义。

C—80°菱形刀片形状；N—法后角为0°；M—刀尖转位尺寸允差（±0.08～±0.18mm）,内切圆允差（±0.05～±0.13mm）；厚度允差±0.13mm；G—圆柱孔双面断屑槽；12—内切圆基本直径12mm,实际直径12.70mm；04—刀片厚度4.76mm；08—刀尖圆角半径0.8 mm；E—倒圆切削刃；N—无切削方向；UB—用于半精加工的一种断屑槽形。

常见可转位刀片如图2-75所示,常见切断与切槽刀片如图2-76所示。

图 2-75 常见可转位刀片

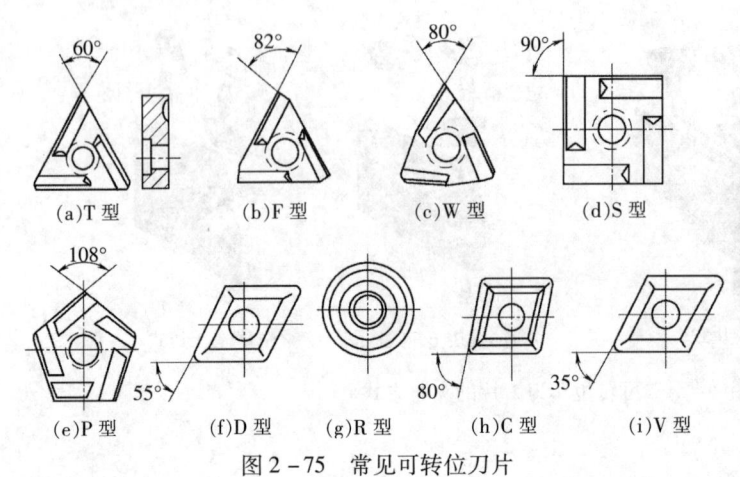

图 2-76 常见切槽与切断刀片

表 2-8 可转位刀片型号表示规则

①形状代号			②法后角代号		③精度代号			
代号	刀片形状		代号	法后角(度)	代号	刀尖转位尺寸 m 允差/mm	内接圆允差 Φd/mm	厚度允差 s/mm
H	正六角形		A	3	A	±0.005	±0.025	±0.025
O	正八角形		B	5	F	±0.005	±0.013	±0.025
P	正五角形		C	7	C	±0.013	±0.025	±0.025
S	正方形		D	15	H	±0.013	±0.013	±0.025
T	正三角形		E	20	E	±0.025	±0.025	±0.025
C	菱形顶角 80°		F	25	G	±0.025	±0.025	±0.13
D	菱形顶角 55°		G	30	J	±0.005	±0.05~±0.13	±0.025
E	菱形顶角 75°		N	0	K*	±0.013	±0.05~±0.13	±0.025
F	菱形顶角 50°		P	11	L*	±0.025	±0.05~±0.13	±0.025
M	菱形顶角 85°		O	其他法后角	M*	±0.08~±0.18	±0.05~±0.13	±0.13
V	菱形顶角 35°				N*	±0.08~±0.18	±0.05~±0.13	±0.025
W	等边不等角六角形				U*	±0.13~±0.38	±0.08~±0.25	±0.13
L	长方形		法后角是主切削刃的法后角		带*号的刀片原则上侧面上不磨削的烧结体表面			
A	平行四边形顶角 85°							
B	平行四边形顶角 82°							
K	平行四边形顶角 55°							
R	圆形							

④槽孔代号（公制）										
代号	有无孔	孔的形状	有无断屑槽	刀片断面		代号	有无孔	孔的形状	有无断屑槽	刀片断面
W	有	圆柱孔	无			A	有	圆柱孔	无	
T	有	圆柱孔+单面倒角(40°~60°)	单面			M	有	圆柱孔	单面	
Q	有	圆柱孔	无			G	有	圆柱孔	两面	
U	有	圆柱孔+双面倒角(40°~60°)	两面			N	无	—	无	
B	有	圆柱孔	无			R	无	—	单面	
H	有	圆柱孔+单面倒角(70°~90°)	单面			F	无	—	两面	
C	有	圆柱孔	无			X	—	—	—	特殊
J	有	圆柱孔+双面倒角(70°~90°)	两面							

⑤切刃长代号和内接圆代号（公制）							
R	W	V	D	C	S	T	内接圆/mm
	02		04	03	03	06	3.97
	S3		05	04	04	08	4.76
	03		06	05	05	09	5.56
06							6.00
	04	11	07	06	06	11	6.35
	05			09	08	07	13	7.94
08							8.00
09	06	16	11	09	09	16	9.525
10							10.00
12							12.00
12	08	19	15	12	12	22	12.07
	10		19	16	15	27	15.875
16							16.00
19	13		23	19	19	33	19.05
20							20.00
25			27	22	22	38	22.225
25							25.00
25			31	25	25	44	25.04
31			38	32	31	55	31.75
32							32.00

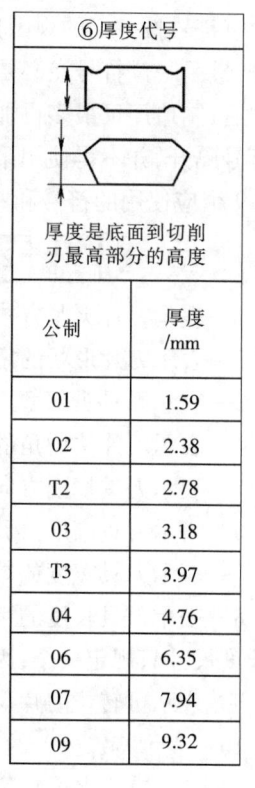

⑥厚度代号	
厚度是底面到切削刃最高部分的高度	
公制	厚度/mm
01	1.59
02	2.38
T2	2.78
03	3.18
T3	3.97
04	4.76
06	6.35
07	7.94
09	9.32

⑦刀尖圆角半径记号		⑧切削刃处理代号			⑨切削方向代号			⑩刀片断槽代号	
公制	刀尖圆角半径/mm	形状	倒棱	代号	形状	切削方向	代号	精密切削 微量切削	FT,F1
00	无圆角		尖锐刀刃	F		右	R	精加工 仿形加工	UA,UR
02	0.2							半精加工 中量切削	UB,UT,GG
04	0.4		倒圆刀刃	E		左	L	粗加工	UD,GG
08	0.8							重切削	UC,RM
12	1.2							软质材切削	GN,GC
16	1.6		倒棱刀刃	T		无	N	不锈钢加工	SF,SG
20	2.0							耐热合金等难加工材料加工	GN,SF
24	2.4				N 一般省略不写			断屑槽代号后的符号一般表示材质	
28	2.8		双重处理刀刃	S					
32	3.2		一般省略不写						

(2)机夹可转位刀杆代码。

选用机夹可转位刀杆,首先要了解可转位刀杆型号的表示规则、各代码的含义。根据国家标准(GB/T 5343.1—2007、GB/T 5343.2—2007),车刀或刀夹的代号由代表给定意义的字母或数字符号按一定的规则排列所组成,共有 10 位符号,任何一种车刀或刀夹都应使用前 9 位符号,最后一位符号在必要时才使用。可转位刀杆型号表示规则如表 2 - 9 所示。在 10 位符号之后,制造厂可最多再加 3 个字母(或 3 位数字)表达刀杆的参数特征,但应用连接号与标准符号隔开,并不得使用第 10 位规定的字母。

9 个应使用的符号和一位任意符号的排列及规定如下:

| 1 | 2 | 3 | 4 | 5 | 6 | 7 | 8 | 9 | 10 |

1—表示刀片夹紧方式的字母符号;

2—表示刀片形状的字母符号;

3—表示刀具头部型式的字母符号;

4—表示刀片法后角的字母符号;

5—表示刀具切削方向的字母符号;

6—表示刀具高度(刀杆和切削刃高度)的数字符号(两位数);

7—表示刀具宽度的数字符号(两位数)或识别刀夹类型的字母符号;

8—表示刀具长度的字母符号。对于符合 GB/T 5343.2—2007 的标准车刀,一种刀具对应的长度尺寸只规定一个,因此,该位用符号"-"表示;

9—表示可转位刀片尺寸的数字符号(两位数)。

10—表示特殊公差的字母符号。

【例 2 - 2】机夹可转位刀杆 PCGCL2525 - 09Q 型号表示的含义。

P—刀片顶面夹紧;C—装菱形 80°的刀片;G—主偏角为 90°偏头侧切刀;C—刀片法后角 7°;L—左手刀;25—刀杆厚度 25mm;25—刀杆宽度 25mm;09—切削刃长 9mm;Q—测量基准面为基准外侧面和基准后端面。

表2-9 可转位刀杆型号表示规则

① 刀片夹紧方式符号

字母符号	夹紧方式
C	顶面夹紧（无孔刀片）
M	顶面和孔夹紧（有孔刀片）
P	孔夹紧（有孔刀片）
S	螺钉通孔夹紧（有孔刀片）

④ 刀片法后角符号

字母符号	刀片法后角
A	3°
B	5°
C	7°
D	15°
E	20°
F	25°
G	30°
N	0°
P	11°

注：对于不等边刀片，符号用于表示较长边的法后角

② 刀片形状符号

字母符号	刀片形状	刀片型式
H	六边形	等边和等角
O	八边形	等边和等角
P	五边形	等边和等角
S	四边形	等边和等角
T	三角形	等边和等角
C	菱形80°	等边但不等角
D	菱形55°	等边但不等角
E	菱形75°	等边但不等角
M	菱形86°	等边但不等角
V	菱形35°	等边但不等角
W	六边形80°	不等边但等角
L	矩形	不等边但等角
A	85°刀尖角平行四边形	不等边和不等角
B	82°刀尖角平行四边形	不等边和不等角
K	55°刀尖角平行四边形	不等边和不等角
R	圆形刀片	圆形

注：刀尖角均指较小的角度

⑤ 刀具切削方向的符号

符号	夹紧方式
R	右切削
L	左切削
N	左右均可

③ 刀具头部型式符号

符号	型式	符号	型式
A	90° 直头侧切	H	107.5° 偏头侧切
B	75° 直头侧切	J	93° 偏头侧切
C	90° 直头端切	K	75° 偏头端切
D	45° 直头侧切	L	95° 偏头侧切和端切
E	60° 直头侧切	M	50° 直头侧切
F	90° 偏头端切	N	63° 直头侧切
G	90° 偏头侧切	P	117.5° 偏头侧切

注：刀尖角均指较小的角度

⑧ 刀具长度的符号

字母符号	长度/mm	字母符号	长度/mm	字母符号	长度/mm	字母符号	长度/mm	字母符号	长度/mm
A	32	E	70	J	110	N	160	S	250	W	450
B	40	F	80	K	125	P	170	T	300	X	特殊长度，待定
C	50	G	90	L	140	Q	180	U	350	X	特殊长度，待定
D	60	H	100	M	150	R	200	V	400	Y	500

⑥ 刀具高度的符号，如果高度的数值不足两位时，在该数前加"0"

⑦ 刀具宽度的符号，如果宽度的数值不足两位时，在该数前加"0"

⑨ 可转位刀片尺寸的数字符号

刀片型式	数字符号
等边并等角（H、O、P、S、T）和等边但不等角（C、D、E、M、V、W）	符号用刀片的边长表示，忽略小数。例：长度16.5mm，符号为:16
不等边但等角（L）和不等边不等角（A、B、K）	符号用主切削刃长度或较长的切削刃表示，忽略小数。例：主切削刃长度19.5mm，符号为:19
圆形（R）	符号用直径表示，忽略小数。例：直径为15.874mm，符号为:15

注：如果米制尺寸的保留只有一位数字时，则符号前面应加0，例：边长为9.525mm，则符号为:09

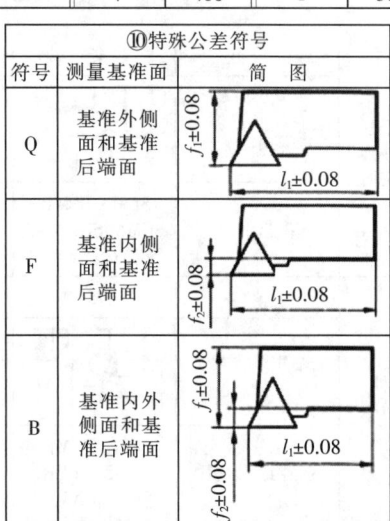

⑩ 特殊公差符号

符号	测量基准面	简图
Q	基准外侧面和基准后端面	$f \pm 0.08$，$l_1 \pm 0.08$
F	基准内侧面和基准后端面	$f \pm 0.08$，$l_1 \pm 0.08$
B	基准内外侧面和基准后端面	$f_1 \pm 0.08$，$l_1 \pm 0.08$，$f_2 \pm 0.08$

(3)可转位刀片的选择。

可转位刀片的选择依据是被加工零件的材料、表面粗糙度和加工余量等。

①刀片材料的选择。

车刀刀片材料主要有高速钢、硬质合金、涂层硬质合金、陶瓷、CBN、PCD等,应用最多的是硬质合金刀片和涂层硬质合金刀片。选择刀片材料主要依据被加工工件的材料、被加工表面的精度要求、切削载荷的大小及加工中有无冲击和振动等。

②刀片尺寸的选择。

刀片尺寸的大小取决于必要的有效切削刃长度 L,有效切削刃长度 L 与背吃刀量 a_p 和主偏角 κ_r 有关,如图2-77所示。使用时可查阅有关手册或刀具公司的刀具样本选取。

③刀片形状的选择。

刀片形状的选择主要依据被加工工件的表面形状、切削方法、刀具寿命和刀片的转位次数等。按国家标准GB/T 2076—1987规定可转位刀片的形状为17种,与ISO标准相同。边数多的刀片,刀尖角大,耐冲击,可利用的切削刃多,刀具寿命长,但切削刃短,工艺适应性差。同时,刀尖角大的刀片,车削时的背向力大,容易引起振动。通常,刀尖角度对加工性

图2-77 L、a_p与κ_r的关系

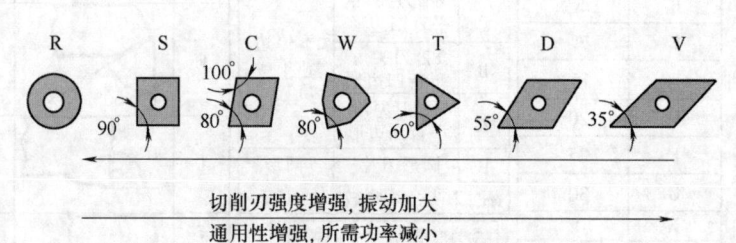

图2-78 刀尖角度与加工性能的关系

能的影响如图2-78所示。如果单从刀片形状考虑,在机床刚度、功率允许的条件下,大余量、粗加工及工件刚度较高时,应尽量采用刀尖角较大的刀片;反之,则采用刀尖角较小的刀片。同时,刀片形状的选择主要取决于被加工零件的轮廓形状。表2-10所示为被加工表面及适用于主偏角45°~95°的刀片形状。使用时,具体被加工表面与刀片形状和主偏角的关系可查阅有关手册或刀具公司的刀具样本。

表2-10 被加工表面与适用的刀片形状

	主偏角	45°	45°	60°	75°	95°
车削外圆表面	刀片形状及加工示意图	45°	45°	60°	75°	95°
	推荐选用刀片	SCMA SPMR SCMM SNMM-8 SPUN SNMM-9	SCMA SPMR SCMM SNMG SPUN SPGR	TCMA TNMM-8 TCMM TPUN	SCMM SPUM SCMA SPMR SNMA	CCMA CCMM CNMM-7
	主偏角	75°	90°	90°	95°	
车削端面	刀片形状及加工示意图	75°	90°	90°	95°	
	推荐选用刀片	SCMA SPMR SCMM SPUR SPUU CNMG	TNUN TNMA TCMA TPUN TCMM TPMR	CCMA	TPUN TPMR	

续表

车削成型面	主偏角	15°	45°	60°	90°
	刀片形状及加工示意图				
	推荐选用刀片	RCMM	RNNG	TNMM-8	TNMG

常用刀片形状与对应一般适用的加工方法如表 2-11 所示。

表 2-11 常用刀片形状与对应一般适用的加工方法

代号 说明	C	D	V	S	T	R	W
刀片形状	80°	55°	35°	□	△	○	80°
一般适用的加工方法	粗加工+半精加工	半精加工+精加工	精加工	粗加工	粗加工+半精加工	曲面加工	粗加工+半精加工

常见车削外回转表面、内回转表面与刀片形状、主偏角的关系如图 2-79 所示。

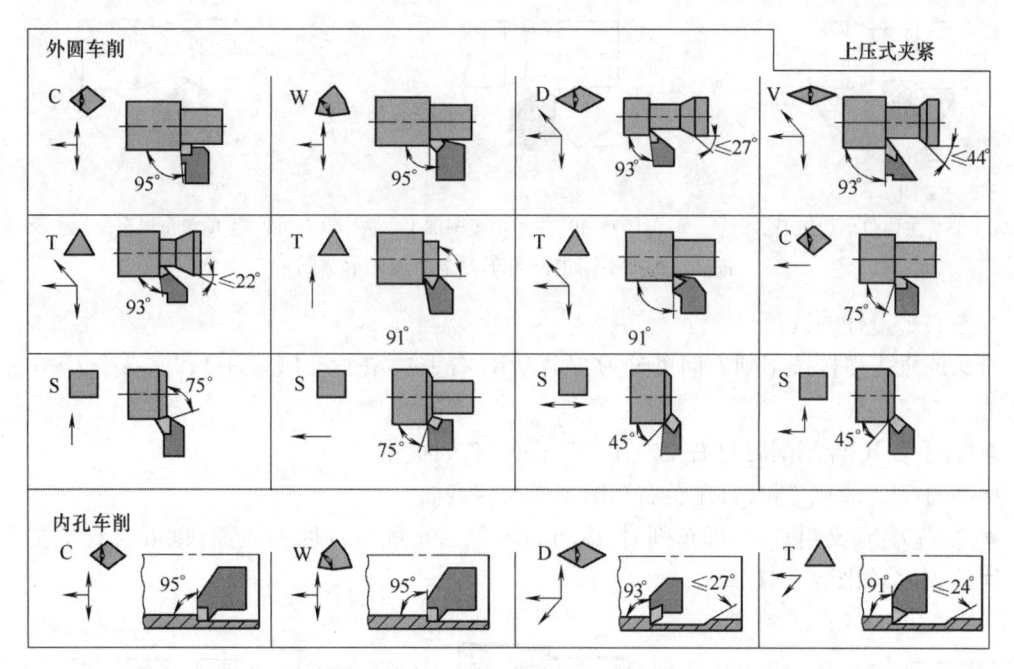

图 2-79 常见车削外回转表面、内回转表面与刀片形状、主偏角的关系示例

④ 刀片的刀尖半径选择。

刀尖圆弧半径的大小直接影响刀尖的强度及被加工零件的表面粗糙度。如图 2-78 所示，刀尖圆弧半径增大，刀尖锋刃降低，加工表面粗糙度值增大，切削力增大且易产生振动，切削性能变坏，但刀刃强度增加，刀具前后刀面磨损减少。通常在切深较小的精加工、细长轴加工、机床刚性差的情况下，选用刀尖圆弧半径较小些，而在需要刀刃强度高、工件直径大的粗加工中，选用刀尖圆弧半径大些。正常刀尖圆弧半径的尺寸系列有 0.2mm、0.4mm、0.8mm、

1.2mm、1.6mm、2.0mm 等。最常用刀尖圆弧半径有 0.4mm 与 0.8mm 两种,一般数控车削 0.8mm刀尖圆弧半径可加工出 IT7～IT8 级精度及表面粗糙度 Ra 为 0.8～1.6μm 的零件,0.4mm刀尖圆弧半径可加工出 IT6～IT7 级精度及表面粗糙度 Ra 为 0.2～0.8μm 的零件。刀尖圆弧半径一般适宜选取进给量的 2～3 倍。

⑤刀杆头部形式的选择。

刀杆头部形式按主偏角和直头、弯头分为 15～18 种,各形式规定了相应的代码,国家标准和刀具样本中都一一列出,可根据实际情况进行选择。车削直角台阶的工件可选主偏角大于或等于90°的刀杆;一般粗车可选主偏角 45°～90°的刀杆;精车可选 45°～75°的刀杆;中间切入、仿形车则可选 45°～107.5°的刀杆;工艺系统刚性好时可选较小值,工艺系统刚性差时可选较大值。图 2-80 所示为几种不同主偏角车刀车削加工的示意图,图中箭头指向表示车削时车刀的进给方向。车削端面时,可以采用偏刀或45°端面车刀。

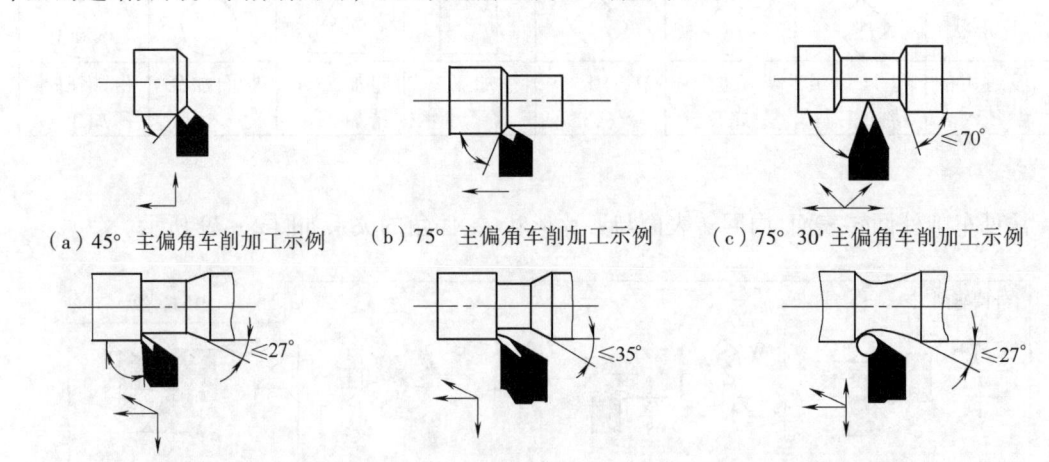

(a) 45°主偏角车削加工示例 (b) 75°主偏角车削加工示例 (c) 75°30′主偏角车削加工示例

(d) 93°主偏角车削加工示例 (e) 107°30′主偏角车削加工示例 (f) 45°主偏角仿形车削加工示例

图 2-80 不同主偏角车刀车削加工示意图

⑥左右手刀杆的选择。

弯头或直头刀杆按车削方向可分为右手刀 R(右手)、左手刀 L(左手)和左右手刀 N(左手)。

● 右手刀 R,即车削时自右至左车削工件回转表面。
● 左手刀 L,即车削时自左至右车削工件回转表面。
● 左右刀 N,又叫直刀,即车削时,既可自左至右车削工件回转表面,也可自右至左车削工件回转表面,如图 2-81 所示。

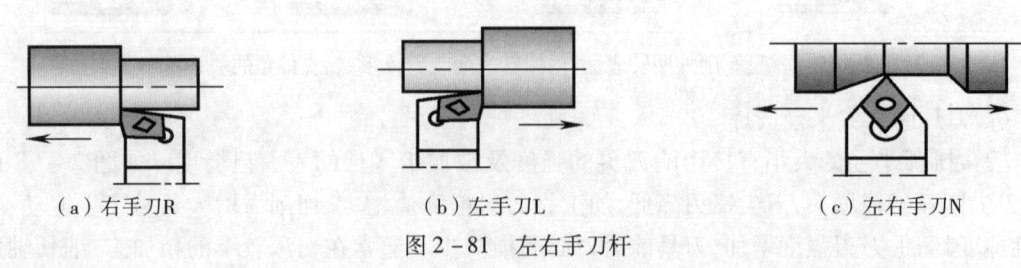

(a) 右手刀R (b) 左手刀L (c) 左右手刀N

图 2-81 左右手刀杆

注:区分左、右手刀的方向,选择时要考虑机床刀架是前置式还是后置式、前刀面是向上还是向下、主轴的旋转方向及需要的进给方向等。

⑦刀片厚度的选择。

刀片的厚度越大,则能承受的切削负荷越大。因此在车削的切削力大时,应选用较厚的刀片,如果太薄,刀片容易破碎。刀片的厚度可根据背吃刀量 a_p 和进给量 f 的大小来选择。使用时可查阅有关手册或刀具公司的刀具样本。

⑧刀片夹紧方式的选择。

为了使刀具能达到良好的切削性能,对刀片的夹紧方式有如下几个基本要求。
- 夹紧可靠,不允许刀片松动或移动。
- 定位准确,确保定位精度和重复定位精度。
- 排屑流畅,有足够的排屑空间。
- 结构简单,操作方便,制造成本低,转位动作快,缩短换刀时间。

表2-12列举了可转位刀片杠杆式、楔块上压式、楔块式和螺钉上压式四种夹紧方式最适合的加工范围,以便于为给定的加工工序选择最合适的夹紧方式。其中,将它们按照适应性分为1~3个等级,其中等级3表示最合适的选择。

表2-12 各种夹紧方式最适合的加工范围

加工范围	夹紧方式			
	杠杆式	楔块上压式	楔块式	螺钉上压式
可靠夹紧/紧固	3	3	3	3
仿形加工/易接近性	2	3	3	3
重复性	3	2	2	3
仿形加工/轻负荷加工	2	3	3	3
断续加工工序	3	2	3	3
外圆加工	3	1	3	3
内孔加工	3	3	3	3

⑨断屑槽形的选择。

断屑槽形的参数直接影响切屑的卷曲和折断。由于刀片的断屑槽形式较多,各种断屑槽刀片使用情况也不尽相同。槽形根据加工类型和加工对象的材料特性来确定,各刀具厂商表示方法不一样,但基本思路一样:基本槽形按加工类型分有精加工(代码F)、普通加工(代码M)和粗加工(代码R);加工材料按国际标准分有加工钢的P类,加工不锈钢、合金钢的M类和加工铸铁的K类。这两种情况一组合就有了相应的槽形,比如FP就是指用于钢的精加工槽形,MK是用于铸铁普通加工的槽形。使用时可查阅有关手册或刀具公司的刀具样本。

数控加工时,如果切屑断得不好,它就会缠绕在刀头上,既可能挤坏刀片,也会把切削表面刮伤。普通车床用的硬质合金刀片一般是两维断屑槽,而数控车削刀片常采用三维断屑槽。三维断屑槽的形式很多,在刀片制造厂内一般是定型成若干种标准。它的共同特点是断屑性能好、断屑范围宽。对于具体材质的零件,在切削参数定下之后,要注意选好刀片的槽型。选择过程中可以作一些理论探讨,但更主要的是进行实切试验。在一些场合,也可以根据已有刀片的槽型来修改切削参数。

3. 中心钻

中心钻是加工中心孔的刀具,常用的主要有四种型式:A型,不带护锥的中心钻;B型,带120°护锥的中心钻;C型,带螺纹的中心钻;R型,弧形中心钻。加工直径 d 为 $1\sim10$ mm 的中心孔时,通常采用不带护锥的 A 型中心钻;工序较长、精度要求较高的工件,为了避免60°定心锥被损坏,一般采用带120°护锥的 B 型中心钻;对于既要钻中心孔,又要在中心孔前端加工出螺纹,为轴向定位和紧固用的特殊要求中心孔,则选择带螺纹的 C 型中心钻;对于定位精度要求较高的轴类零件(如圆拉刀),则采用 R 型中心钻。具体中心钻如图 2-82 所示。中心钻规格用中心钻前面的圆柱部分作为中心钻公称尺寸,常用中心钻规格有为 $\Phi2.5$ mm、$\Phi3$ mm、$\Phi4$ mm 和 $\Phi5$ mm。

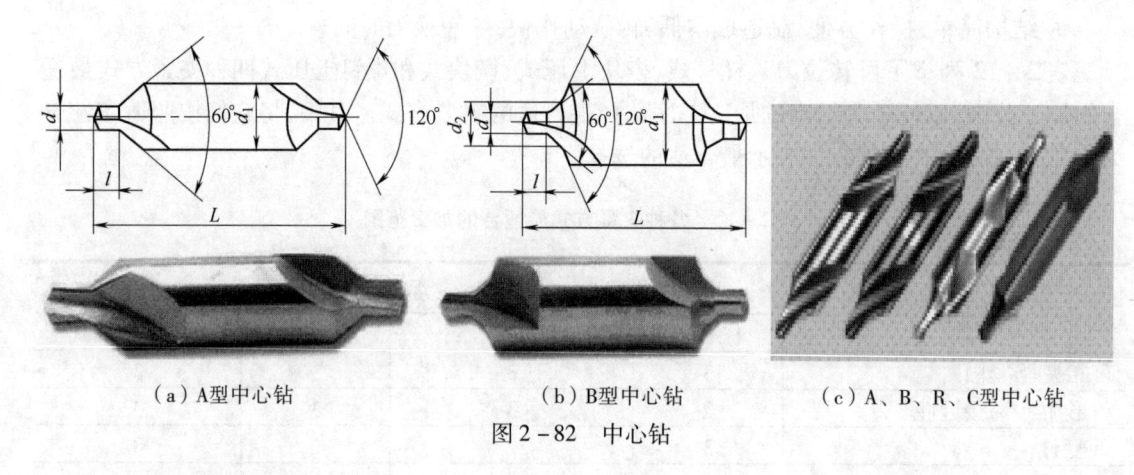

(a) A型中心钻　　(b) B型中心钻　　(c) A、B、R、C型中心钻

图 2-82 中心钻

4. 刀杆规格选择

选择刀杆时尽可能选择大的刀杆横截面尺寸,较短的长度尺寸,可以提高刀具的强度和刚度,减小刀具振动。车刀刀杆规格与数控车床型号规格和所配刀架类型有关,没有严格的对应关系。经查阅多个机床厂家生产的车削机床产品样本,得到的标配刀杆规格与常见车削机床型号规格基本对应关系如表 2-13 所示。

表 2-13　常见车削机床型号与标配刀杆规格的基本对应关系

车床型号 \ 标配的刀杆规格	标配的外圆车刀(B×H)	标配的内孔车刀
C（K）6116以下	12mm×12mm	$\Phi16$mm
C（K）6116以上至C（K）6130	16mm×16mm	$\Phi20$mm
C（K）6132以上至C（K）6146	20mm×20mm	$\Phi25$mm
C（K）6146以上至C（K）6163	25mm×25mm	$\Phi32$mm
C（K）6163以上至C（K）61100	32mm×32mm	$\Phi40$mm 和 $\Phi32$mm
C（K）61100以上	40mm×40mm	$\Phi40$mm

注:带括号内字母 K 代表数控车床型号,不带括号内字母 K 为普通车床型号。

(六) 切削用量选择

车削加工的切削用量包括背吃刀量 a_p、主轴转速 n 或者切削速度 v_c(恒线速时)、进给量 f 或者进给速度 F,如图 2-83 所示。合理的切削用量是在充分发挥车削机床效能、刀具性能和保证加工质量的前提下,获得较高的生产效率和较低的加工成本。在一定刀具耐用度条件下为取得较高的生产效率,选取切削用量的合理顺序和原则如下。

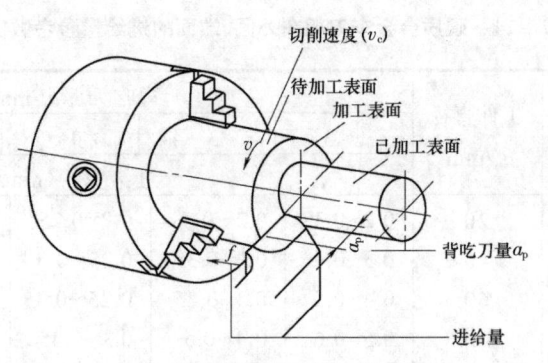

图 2-83 背吃刀量 a_p 的确定

(1)粗车时,考虑选择一个尽可能大的背吃刀量 a_p,其次选择一个较大的进给量 f,最后在保证刀具耐用度的前提下,确定一个合适的切削速度 v_c。

(2)精车时,应选用较小(但不太小)的背吃刀量 a_p 和进给量 f,并选用切削性能高的刀具材料和合理的几何参数,以尽可能提高切削速度 v_c。

1. 切削用量的确定

在工艺系统刚度和机床功率允许的情况下,尽可能选取较大的背吃刀量,以减少进给次数。一般当毛坯直径余量小于 6mm 时,根据加工精度考虑是精车余量,剩下的余量可一次切除。当零件的精度要求较高时,为了保证加工精度和表面粗糙度,应留出半精车、精车余量,一般半精车单边余量为 0.4~1.5mm,精车单边余量为 0.1~0.3mm,精车单边余量一般不低于 0.05mm。建议试加工时,一般背吃刀量 a_p 值不要超过 4mm,等可以安全加工后,背吃刀量 a_p 值再进行优化。

2. 进给速度 F 或进给量 f 的确定

进给速度 F 单位为 mm/min,进给量 f 的单位为 mm/r,数控车削一般采用进给量 f。

1)确定进给速度的原则

(1)进给量 f 的选取应该与背吃刀量和主轴转速相适应。

(2)在切断、车削深孔或精车时,应选择较低的进给速度。

2)进给速度 F 的计算

进给速度的大小直接影响表面粗糙度值和车削效率,因此进给速度的确定应在保证表面质量的前提下,选择较高的进给速度。

进给速度包括纵向进给速度和横向进给速度。一般根据零件的表面粗糙度、刀具及工件材料等因素,查阅切削用量手册选取进给量 f,再按公式(1-3)计算进给速度。

粗车时加工表面粗糙度要求不高,进给量 f 主要受刀杆、刀片、工件和机床进给机构的强度与刚度能承受的切削力所限制,一般取为 0.3~0.6mm/r;半精加工与精加工的进给量,主要受加工表面粗糙度要求的限制,半精车时常取 0.2~0.4mm/r,精车时常取 0.08~0.25mm/r,切断时常取 0.08~0.2mm/r。工件材料较软时,可选用较大的进给量;反之,应选较小的进给量。

表 2-14 和表 2-15 分别为硬质合金车刀粗车外圆、端面的进给量参考数值和按表面粗糙度选择半精车、精车进给量的参考数值,供选用参考。表中数值为实际生产时的经验切削参数。

表 2-14 硬质合金车刀粗车外圆、端面的进给量参考数值

工件材料	车刀刀杆尺寸 $B/\text{mm}\times H/\text{mm}$	工件直径 d_w/mm	背吃刀量 a_p/mm				
			≤3	>3~4	>4~5	>5~6	>6
			进给量 $f/(\text{mm/r})$				
碳素结构钢、合金结构钢及耐热钢	16×25	20	0.2~0.35	0.2~0.3	0.2~0.25	—	—
		40	0.3~0.4	0.3~0.35	0.25~0.3	0.2~0.25	—
		60	0.4~0.5	0.3~0.45	0.25~0.35	0.2~0.3	0.2~0.25
		100	0.5~0.6	0.4~0.5	0.3~0.45	0.3~0.35	0.2~0.3
		400	0.6~0.8	0.5~0.6	0.4~0.5	0.3~0.4	0.25~0.35
	20×30 25×25	20	0.25~0.4	0.25~0.35	0.2~0.3	0.15~0.2	—
		40	0.3~0.45	0.3~0.4	0.25~0.35	0.2~0.3	0.15~0.2
		60	0.4~0.55	0.35~0.5	0.3~0.4	0.25~0.3	0.2~0.25
		100	0.55~0.7	0.5~0.6	0.35~0.45	0.3~0.4	0.25~0.3
		400	0.7~0.9	0.6~0.8	0.5~0.6	0.35~0.5	0.3~0.4
铸铁铜合金	16×25	40	0.35~0.5	0.3~0.4	0.25~0.35	0.25~0.3	0.2~0.25
		60	0.45~0.6	0.4~0.5	0.35~0.45	0.3~0.4	0.25~0.3
		100	0.55~0.8	0.45~0.65	0.4~0.55	0.35~0.45	0.3~0.35
		400	0.7~1.1	0.6~0.85	0.5~0.7	0.4~0.55	0.35~0.45
	20×30 25×25	40	0.4~0.6	0.35~0.5	0.3~0.45	0.25~0.4	0.2~0.3
		60	0.5~0.7	0.45~0.55	0.4~0.5	0.35~0.45	0.3~0.35
		100	0.6~0.9	0.5~0.7	0.45~0.55	0.4~0.5	0.35~0.4
		400	0.8~1.2	0.6~0.85	0.55~0.65	0.45~0.55	0.4~0.45

注：① 加工断续表面及有冲击的工件时，表内进给量应乘以系数 $k=0.8$。
② 在无外皮加工时，表内进给量应乘以系数 $k=1.1$。
③ 加工耐热钢及其合金时，进给量不大于 0.4mm/r。
④ 加工淬硬钢时，进给量应减小。当钢的硬度为 44~56HRC 时，乘以系数 $k=0.8$；当钢的硬度为 57~62HRC 时，乘以系数 $k=0.5$。

表 2-15 按表面粗糙度选择进给量的参考数值

工件材料	表面粗糙度 $Ra/\mu\text{m}$	切削速度范围 $v_c/(\text{m/min})$	刀尖圆弧半径 r_ε/mm		
			0.4	0.8	1.2
			进给量 $f/(\text{mm/r})$		
铸铁、青铜、铝合金	>6.3~12.5	100~200	0.25~0.35	0.3~0.4	0.35~0.45
	>3.2~6.3		0.15~0.25	0.2~0.3	0.25~0.35
	>1.6~3.2		0.10~0.15	0.15~0.20	0.20~0.25

续表

工件材料	表面粗糙度 $Ra/\mu m$	切削速度范围 v_c/(m/mim)	刀尖圆弧半径 r_ε/mm		
			0.4	0.8	1.2
			进给量 f/(mm/r)		
碳钢及合金钢	>6.3~12.5	<60	0.20~0.30	0.3~0.40	0.40~0.50
		>60	0.25~0.35	0.35~0.45	0.45~0.55
	>3.2~6.3	<80	0.15~0.20	0.20~0.25	0.25~0.30
		>80	0.17~0.23	0.23~0.27	0.27~0.35
	>1.6~3.2	<100	0.1~0.13	0.10~0.15	0.12~0.18
		80~120	0.1~0.15	0.13~0.18	0.15~0.22
		>120	0.12~0.17	0.15~0.20	0.18~0.25

3. 主轴转速 n 的确定

车削时,主轴转速应根据零件上被加工部位的直径,并按零件和刀具的材料及加工性质等条件所允许的切削速度 v_c(m/min)来确定。切削速度除了计算和查表选取外,还可根据实践经验确定。切削速度确定之后,可用公式(1-1)计算主轴转速。

表2-16是硬质合金外圆车刀切削速度的参考数值,供选用时参考。表中数值为实际生产中的经验切削参数。

表2-16 硬质合金外圆车刀切削速度的参考数值

工件材料	热处理状态	a_p=0.3~2 mm f=0.08~0.25mm/r	a_p=2~4 mm f=0.25~0.4mm/r	a_p=4~6 mm f=0.4~0.5mm/r
		v_c/(m/mim)		
低碳钢	热轧	120~150	100~130	80~110
中碳钢	热轧	100~140	90~120	70~100
	调质	90~130	80~120	70~90
合金结构钢	热轧	100~130	80~120	70~90
	调质	90~120	80~110	60~80
工具钢	退火	90~130	80~110	70~90
灰铸铁	HBS<190	90~130	80~120	70~90
	HBS=190~225	80~120	70~100	60~80
铜及铜合金		200~250	150~180	100~150
铝及铝合金		250~350	180~250	140~180
铸铝合金		150~200	100~150	90~120

注:切槽时,表内切削速度降低20%~30%。

表2-17是采用国产硬质合金刀具(无涂层)及钻孔切削用量的参考数值。表中数值为实际生产经验切削参数。

表 2–17 国产硬质合金刀具(无涂层)及钻孔切削用量的参考数值

工件材料	加工方式	背吃刀量/mm	切削速度/(m/min)	进给量/(mm/r)	刀具材料
碳素钢 $\sigma_b>600$ MPa	粗加工	3～4	45～55	0.25～0.4	YT类
	粗加工	2～3	50～60	0.2～0.35	
	精加工	0.1～0.2	60～80	0.1～0.2	
	车螺纹		10～20	导程	W18Cr4V
	钻中心孔		8～15	0.08～0.12	
	钻孔		10～18	0.1～0.15	
	切断(宽度<4 mm)		40～50	0.08～0.15	
合金钢 $\sigma_b=1470$ MPa	粗加工	2～3	40～50	0.2～0.35	YT类
	精加工	0.08～0.15	55～70	0.08～0.15	
	切断(宽度<5 mm)		40～50	0.05～0.15	
铸铁 200HBS 以下	粗加工	2～3	45～55	0.2～0.4	YG类
	精加工	0.08～0.15	55～70	0.08～0.2	
	切断(宽度<5 mm)		40～50	0.05～0.15	
铝	粗加工	2～3	140～180	0.3～0.5	YG类
	精加工	0.1～0.25	180～220	0.12～0.2	
	切断(宽度<5 mm)		80～120	0.1～0.2	
黄铜	粗加工	2～4	120～150	0.3～0.5	
	精加工	0.1～0.25	160～200	0.12～0.2	
	切断(宽度<5 mm)		80～120	0.1～0.2	

(七)填写机械加工工序卡和刀具卡

机械加工工艺文件既是机械加工的依据,也是操作者遵守、执行的作业指导书。机械加工工艺文件是对机械加工工艺过程的具体说明,目的是让操作者更明确加工顺序、加工内容、加工设备、装夹方式、切削用量和各个加工部位所选用的刀具等。机械加工工艺文件主要有项目一中的机械加工工序卡(表1–17)和机械加工刀具卡(表1–18),数控加工工序或工步有时还要画出数控加工走刀路线图(表1–19),有时为更明确加工部位和加工内容,机械加工工序卡还要求画出工序简图。

二、切槽与切断加工工艺知识

1. 切槽与切断

回转体类零件内外回转表面或端面上经常设计一些沟槽,这些槽有螺纹退刀槽、砂轮越程槽、油槽、密封圈槽等。切槽和车端面有些相似,如同两把左右偏刀并在一起同时车左右两个端面,但刀具与工件的接触面积比较大,切削条件比较差。

将坯料或工件从夹持端上分离下来的切削方法称为切断。切断主要用于圆棒料下料或把加工完的工件从坯料上分离下来。切断与切槽类似,只是由于刀具要切到工件回转中心,散热条件差、排屑困难、刀头窄而长,所以切削条件差。因此,往往将切断刀刀头的高度加大,以增加强度;将主切削刃两边磨出斜刃,以利于排屑。切断时刀尖必须与工件中心等高,否则切断处将留有凸台且容易损坏加工刀具。

为了防止工件在精车后切槽产生较大的切削力而引起变形,破坏精车的加工精度,轴类零件上的切槽一般应在精车之前进行。但若切槽部位距装夹位置很近或采用"一夹一顶"装夹方式,切槽部位距顶尖或夹紧位置很近,也可先精车再切槽。

2. 回转体类零件的切槽与切断加工

回转体类零件内外回转表面或端面常见切槽与切断加工如图2-84所示。

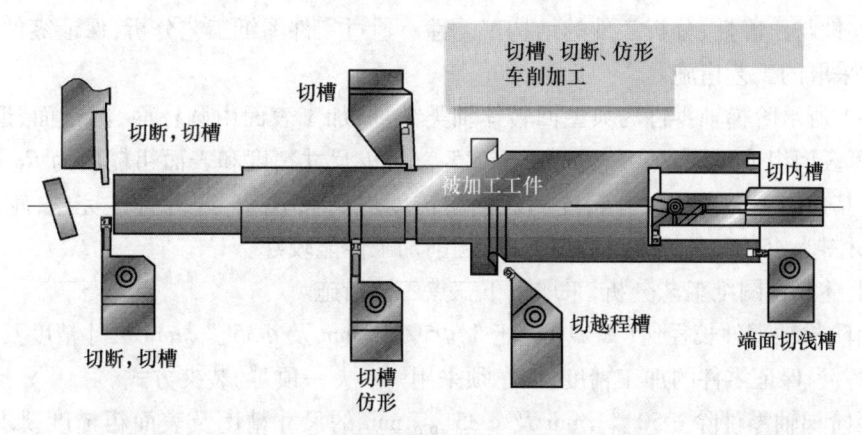

图2-84 切槽与切断加工示例

3. 切断刀切削刃宽度的确定

切断刀主切削刃太宽,会造成切削力过大而引起振动,同时也会浪费工件材料;而主切削刃太窄,又会削弱刀头强度,容易使刀头折断。通常,切断钢件或铸铁材料时,切断刀主切削刃宽度

$$a \approx (0.5 \sim 0.6)\sqrt{D} \qquad (式2-1)$$

式中:a 为主切削刃宽度,单位为 mm;D 为工件待加工表面直径,单位为 mm。

但因切槽与切断的切削力较大,切削过程中容易引起振动,故实际生产中常用切槽刀与切断刀的切削刃宽度 a 为 2~4 mm,上述计算公式仅供参考。

4. 切断时切断刀的折断问题

当切断毛坯或不规则表面的工件时,切断前先用外圆车刀把工件车圆,或开始切断毛坯部分时,尽量减小进给量,以免发生"啃刀"而损坏切断刀。

用卡盘装夹工件切断时,如果工件装夹不牢固,或切断位置离卡盘较远,在切削力的作用下易将工件抬起,会造成切断刀刀头折断。因此,工件应装夹牢固,切断位置应尽可能靠近卡盘。当切断用一夹一顶装夹工件时,工件不应完全切断,而应在工件中心留一细杆,卸下工件后再用榔头敲断,否则,切断时会造成事故并折断切断刀。另外,如果切断刀装得与工件轴线不垂直,主切削刃没有对准工件中心,也容易使切断刀折断。

切断时的进给量太大或数控车床 X 轴传动链间隙过大,切断时易发生"扎刀"折断切断刀;切断时,如果不得已需中途停车,应先把车刀退出后再停车。切断刀排屑不畅时,切屑堵塞在槽内,易造成刀头负荷增大而折断,所以切断时应注意及时排屑,防止堵塞。

2-1-4 完成工作任务过程

1. 零件图纸工艺分析

主要分析阶梯轴零件图纸技术要求（包括尺寸精度、形位精度和表面粗糙度等）、检查零件图的完整性与正确性、分析零件的结构工艺性。通过零件图纸工艺分析，保证零件的加工精度，确定应采取的工艺措施。

图2-1所示阶梯轴零件为典型回转体轴类零件，加工表面由圆柱面、圆锥面、退刀槽、端面及倒角等表面组成。除 $\Phi 50_{-0.02}^{0}$ mm 及 $\Phi 35_{-0.02}^{0}$ mm 尺寸精度和表面粗糙度为 $Ra 1.6\mu m$ 要求较高外，其他加工部位的尺寸精度和表面粗糙度均要求不高。尺寸标注完整，轮廓描述清楚。零件材料为45钢，无热处理硬度要求，切削加工性能较好。

通过上述零件图纸工艺分析，采取以下三点工艺措施。

（1）因阶梯轴零件长径比（L/D）大于5，$\Phi 50_{-0.02}^{0}$ mm 及 $\Phi 35_{-0.02}^{0}$ mm 尺寸精度及表面粗糙度要求较高，为保证零件的加工精度，精车须采用"一夹一顶"的装夹方式。

（2）因阶梯轴零件除 $\Phi 50_{-0.02}^{0}$ mm 及 $\Phi 35_{-0.02}^{0}$ mm 的尺寸精度及表面粗糙度要求较高，生产批量达600件，普通车床虽可加工，但精度较难保证且加工效率较低。为提高生产效率，粗车采用普通车床加工，精车采用数控车床加工。另因数控车床车锥度更准确方便，故精车锥度也由数控车床完成。

（3）因阶梯轴零件加工装夹两端面的中心孔只用一次，无重复使用，故打A型中心孔即可。

2. 加工工艺路线设计

依次经过"选择阶梯轴加工方法→划分加工阶段→划分加工工序→工序顺序安排"，最后确定阶梯轴零件的工步顺序和进给加工路线。

根据上述零件图纸工艺分析和表2-3（外回转表面参考加工方法）及该阶梯轴零件的加工精度、表面质量要求，采用粗车—精车即可满足零件图纸技术要求。再根据零件图纸工艺分析，粗车采用普通车床加工，精车采用数控车床加工，故可划分为粗加工和精加工两个阶段。因该阶梯轴零件毛坯长度较短，无法夹持一头完成全部加工，必须掉头车削加工，所以数控车削工序划分以一次安装所进行的加工作为一道工序。普通车床有车左端面→粗车 $\Phi 50_{-0.02}^{0}$ mm 外径→打中心孔及掉头装夹车右端面→粗车 $\Phi 35_{-0.02}^{0}$ mm 外径和长125mm锥度→切槽→打中心孔等工序。数控车削因需掉头装夹加工，故分两道工序，每道工序都分为两道工步，即粗车、精车外回转表面两道工步。数控车削加工顺序按由粗到精、先面后孔、由近到远（由右到左）的原则确定，工步顺序按同一把刀能加工的内容连续加工原则确定。根据上述工序划分及加工顺序安排，最后确定阶梯轴零件的工步顺序如下。

（1）普通车床粗、精车左端面→粗车 $\Phi 50_{-0.02}^{0}$ mm 外径，单边留1mm余量→打A型中心孔。

（2）普通车床粗、精车右端面→粗车 $\Phi 35_{-0.02}^{0}$ mm 外径和长125mm锥度（数控车床车锥度更准确方便，故精车锥度由数控车床完成），单边留1mm余量→切槽→打A型中心孔。

（3）数控车床粗、精车 $\Phi 50_{-0.02}^{0}$ mm 外径至尺寸。

（4）数控车床粗、精车 $\Phi 35_{-0.02}^{0}$ mm 外径及长125mm锥度至尺寸。

3. 加工机床选择

主要根据加工零件的规格大小、加工精度和表面加工质量等技术要求,经济合理地选择加工机床。

根据上述零件图纸工艺分析和加工工艺路线设计,该阶梯轴零件生产批量达 600 件,为提高生产效率,保证零件加工精度,两端面与切槽加工和外回转表面的粗加工采用普通车床加工,外回转表面的精加工采用数控车床加工。

4. 装夹方案及夹具选择

主要根据加工零件的规格大小、结构特点、加工部位、尺寸精度、形位精度和表面粗糙度等零件图纸技术要求,确定零件的定位、装夹方案及夹具。

根据该阶梯轴零件图纸,若按图示先夹左端车右端,因为右端有退刀槽且直径较小,则夹右端车左端时该阶梯轴的刚性会降低,不符合保证工件加工刚度原则。故该阶梯轴零件普通车床加工时,为提高生产效率,宜采用手动三爪卡盘反爪的台阶轴向定位,先夹右端毛坯外径车左端端面及粗车 $\Phi 50_{-0.02}^{0}$ mm 外径,再掉头夹已粗车的左端外径车右端端面、粗车 $\Phi 35_{-0.02}^{0}$ mm 外径及长 125mm 锥度,再切槽。

数控车床加工时,也应先夹右端车左端,再掉头夹左端车右端。因该阶梯轴零件生产批量达 600 件,为实现快速装夹及解决工件表面夹伤,采用液压三爪卡盘(装软爪)装夹,掉头夹左端车右端时需自车内圆弧软爪夹紧已车 $\Phi 50_{-0.02}^{0}$ mm 外径。再因工件长径比(L/D)大于 5,且 $\Phi 50_{-0.02}^{0}$ mm 及 $\Phi 35_{-0.02}^{0}$ mm 尺寸精度及表面粗糙度要求较高,液压三爪卡盘夹紧一端时,另一端必须用机床尾座顶尖顶紧,即形成"一夹一顶"的装夹方式。

5. 刀具选择

主要根据加工零件的余量大小、结构特点、材质、热处理硬度、加工部位、尺寸精度、形位精度和表面粗糙度等零件图纸技术要求,结合刀具材料,正确合理地选择刀具。

根据上述零件图纸工艺分析和加工工艺路线设计,该阶梯轴零件最后确定的各工步顺序刀具如下,刀具规格参照表 2-13 选取:

(1)普通车床粗、精车左、右端面,选用 45°端面车刀(焊接无涂层硬质合金车刀)。

(2)普通车床粗车 $\Phi 50_{-0.02}^{0}$ mm 外径和粗车 $\Phi 35_{-0.02}^{0}$ mm 外径及长 125mm 锥度,选用主偏角为 93°的外圆车刀(采用涂层硬质合金刀片)。

(3)打中心孔,中心孔因无重复使用,故选用 $\Phi 3$mm A 型中心钻。

(4)普通车床切槽,因退刀槽宽度达 5mm,为减小切削振动,需两次径向进刀切槽,故选 3mm 宽的切槽刀(采用涂层硬质合金刀片)。

(5)数控车床粗、精车 $\Phi 50_{-0.02}^{0}$ mm 和 $\Phi 35_{-0.02}^{0}$ mm 外径及长 125mm 锥度,选用刀尖圆弧半径为 0.8mm,主偏角为 95°的右手车刀(采用涂层硬质合金刀片,主偏角 95°是为减小车削时的径向力,减小加工过程中工件的弯曲变形)。

6. 切削用量选择

主要根据工步加工余量大小、材质、热处理硬度、尺寸精度、形位精度和表面粗糙度等零件图纸技术要求,结合所选刀具和拟定的加工工艺路线,正确合理地选择切削用量。

切削用量包括背吃刀量 a_p、进给速度 f 和主轴转速 n。

1)背吃刀量 a_p

按上述加工工艺路线设计和阶梯轴零件图纸技术要求,普通车床粗、精车两端面的粗糙度

为 $Ra\ 3.2\mu m$,两端面余量均分约为 2.5mm,选粗车背吃刀量 a_p 约为 2.25mm,精车背吃刀量 a_p 约为 0.25 mm。

普通车床粗车 $\Phi 50_{-0.02}^{0}$ mm 外径,单边留 1mm 余量,故粗车 $\Phi 50_{-0.02}^{0}$ mm 外径背吃刀量 a_p 约为 3mm。

普通车床粗车 $\Phi 35_{-0.02}^{0}$ mm 外径和长 125mm 锥度,单边留 1mm 余量,故粗车 $\Phi 35_{-0.02}^{0}$ mm 外径和长 125mm 锥度背吃刀量 a_p 约为 3.5mm(分三刀)。

普通车床车 5mm 宽退刀槽径向逐渐切入至槽深尺寸精度要求,不必计算出背吃刀量 a_p。

普通车床打中心孔不必计算出背吃刀量 a_p。

数控车床粗、精车前单边余量约为 1mm,选粗车 $\Phi 50_{-0.02}^{0}$ mm 外径、$\Phi 35_{-0.02}^{0}$ mm 外径及长 125mm 锥度背吃刀量 a_p 约为 0.85mm,精车背吃刀量 a_p 约为 0.15 mm。

2)进给速度 f

根据表 2-14(硬质合金车刀粗车外圆、端面的进给量参考数值)、表 2-15(按表面粗糙度选择进给量的参考数值)和表 2-17(国产硬质合金刀具及钻孔数控车切削用量的参考数值),该阶梯轴零件普通车床粗车进给量 f 取 0.4mm,精车端面进给量 f 取 0.2mm;中心钻进给量 f 取 0.12mm,切槽进给量 f 取 0.12mm。数控车床粗车进给量 f 取 0.35mm,精车进给量 f 取 0.12mm。

3)主轴转速 n

主轴转速 n 应根据零件上被加工部位的直径,按零件和刀具的材料及加工性质等条件所允许的切削速度 v_c(m/min),按公式 $n = (1000 \times v_c)/(3.14 \times d)$ 来确定。

根据表 2-17(国产硬质合金刀具(无涂层)及钻孔切削用量的参考数值),普通车床粗、精车两端面均采用焊接无涂层硬质合金车刀,粗车切削速度 v_c 选 50m/min,则主轴转速 n 约为 274r/min;精车切削速度 v_c 选 62m/min,则主轴转速 n 约为 340r/min。中心钻切削速度 v_c 选 12m/min,则主轴转速 n 约为 450r/min。

根据表 2-16(硬质合金外圆车刀切削速度的参考数值),普通车床粗车 $\Phi 50_{-0.02}^{0}$ mm 外径、$\Phi 35_{-0.02}^{0}$ mm 外径及长 125mm 锥度,切削速度 v_c 选 90m/min,则主轴转速 n 约为 494r/min;切槽切削速度 v_c 选 65m/min,则主轴转速 n 约为 559r/min。数控车床粗车 $\Phi 50_{-0.02}^{0}$ mm 外径,切削速度 v_c 选 100m/min,则主轴转速 n 约为 612r/min,精车 $\Phi 50_{-0.02}^{0}$ mm 外径切削速度 v_c 选 120m/min,则主轴转速 n 约为 764r/min;粗车 $\Phi 35_{-0.02}^{0}$ mm 外径及 125mm 锥度,切削速度 v_c 选 100m/min,则主轴转速 n 约为 750r/min(与车削锥度的折中结果),精车 $\Phi 35_{-0.02}^{0}$ mm 外径及 125mm 锥度,切削速度 v_c 选 120m/min,则主轴转速 n 约为 920r/min(与车削锥度的折中结果)。

7. 填写阶梯轴零件机械加工工序卡和刀具卡

主要根据选择的机床、刀具、夹具、切削用量和拟定的加工工艺路线,正确填写机械加工工序卡和刀具卡。

1)阶梯轴零件机械加工工序卡

阶梯轴零件机械加工工序卡如表 2-18 所示。

表2-18 阶梯轴零件机械加工工序卡

单位名称	×××	产品名称或代号		零件名称	零件图号
		×××		阶梯轴	×××
加工工序卡号	数控加工程序编号	夹具名称		加工设备	车间
×××	×××	三爪卡盘+顶尖		普通车床+数控车床	×××

工步号	工步内容	刀具号	刀具规格/mm	主轴转速/(r/min)	进给速度/(mm/r)	背吃刀量/mm	备注
1	粗、精车左端面,保证表面粗糙度为$Ra3.2\mu m$	T01	12×12	274/340	0.4/0.2	2.25/0.25	普通车床
2	粗车$\Phi 50_{-0.02}^{0}$mm外径至$\Phi 52$mm	T02	12×12	494	0.4	3	普通车床
3	打中心孔	T03	$\Phi 3$	450	0.12		普通车床
4	粗、精车右端面和倒角,保证表面粗糙度为$Ra3.2\mu m$和总长$255_{-0.1}^{0}$mm	T01	12×12	274/340	0.4/0.2	2.25/0.25	普通车床掉头车
5	粗车$\Phi 35_{-0.02}^{0}$mm外径和长125mm锥度,单边留1mm余量	T02	12×12	494	0.4	3.5	普通车床
6	切5×$\Phi 30$mm槽	T04	12×12	559	0.12		普通车床
7	打中心孔	T03	$\Phi 3$	450	0.12		普通车床
8	粗、精车$\Phi 50_{-0.02}^{0}$外径至尺寸,车削长度83mm,保证表面粗糙度为$Ra1.6\mu m$	T05	12×12	612/764	0.35/0.12	0.85/0.15	数控车床
9	粗、精车$\Phi 35_{-0.02}^{0}$mm外径和长度125mm锥度至尺寸,保证表面粗糙度要求	T05	12×12	750/920	0.35/0.12	0.85/0.15	数控车床
编制	×××	审核	×××	批准	×××	年 月 日	共 页 第 页

2)阶梯轴零件机械加工刀具卡

阶梯轴零件机械加工刀具卡如表2-19所示。

表2-19 阶梯轴零件机械加工刀具卡

产品名称或代号		×××	零件名称	阶梯轴	零件图号	×××
序号	刀具号	刀具			加工表面	备注
		规格名称	数量	刀长/mm		
1	T01	45°端面车刀	1	实测	端面	焊接车刀
2	T02	93°外圆车刀	1	实测	外径、锥度、倒角	机夹涂层刀片
3	T03	$\Phi 3$mmA型中心钻	1	实测	中心孔	
4	T04	3mm切槽刀	1	实测	退刀槽	机夹涂层刀片
5	T04	95°右手车刀	1	实测	外径、锥度	刀尖半径0.8mm
编制	×××	审核	×××	批准	×××	年 月 日 共 页 第 页

2-1-5 工作任务完成情况评价与工艺优化讨论

1. 工作任务完成情况评价

对上述阶梯轴零件加工案例工作任务完成过程进行详尽分析，从零件图纸工艺分析、加工工艺路线设计、加工机床选择、加工刀具选择、装夹方案与夹具选择和切削用量选择，对照自己独立设计的阶梯轴机械加工工艺，评价各自的优缺点。

2. 阶梯轴零件加工工艺优化讨论

(1) 根据上述阶梯轴加工案例机械加工工艺，各学习小组从以下八个方面对其展开讨论。

①加工方法选择是否得当？为什么？

②工序与工步顺序安排是否合理？为什么？

③加工工艺路线是否得当？为什么？有没有更优化的加工工艺路线？

④选择的加工机床是否经济适用？为什么？

⑤加工刀具(含刀片)选择是否得当？为什么？

⑥选择的夹具是否得当？为什么？有没有其他更适用的夹具？

⑦选择的装夹方案是否得当？为什么？有没有更合适的装夹方案？

⑧选择的切削用量是否合适？为什么？有没有更优化的切削用量？

(2) 各学习小组分析、讨论完后，各派一名代表上讲台汇报自己小组的讨论意见。各学习小组汇报完毕后，老师综合各学习小组的汇报情况，对阶梯轴加工案例机械加工工艺进行点评。

(3) 根据老师的点评，独立修改优化阶梯轴机械加工工序卡与刀具卡。

2-1-6 巩固与提高

如图 2-85 所示传动轴加工案例中，零件材料为 45 钢，批量 1000 件。试确定毛坯尺寸，设计其机械加工工艺。

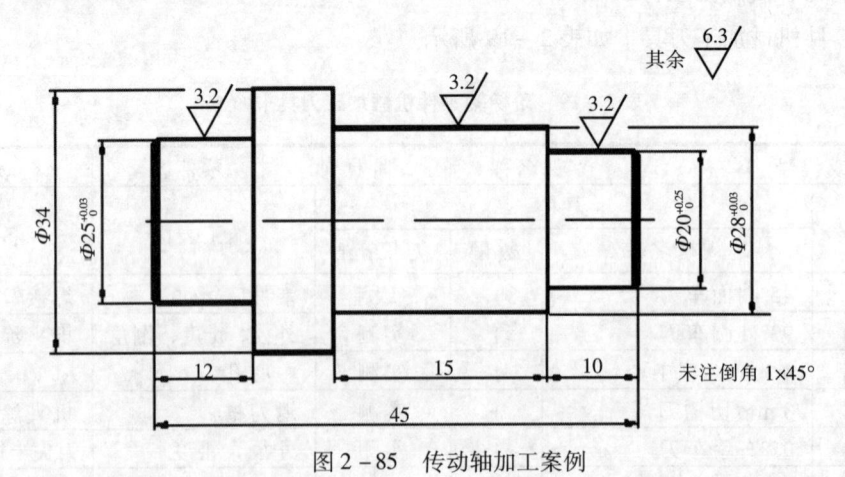

图 2-85 传动轴加工案例

任务 2-2　设计带轮廓曲面回转体轴类零件机械加工工艺

2-2-1　学习目标

通过本任务单元的学习、训练和讨论，学生应该能够：

1. 独立对带轮廓曲面回转体轴类零件图纸进行加工工艺分析，设计机械加工工艺路线，选择经济适用的加工机床，根据生产批量选择夹具并确定装夹方案，按设计的机械加工工艺路线选择合适的加工刀具与合适的切削用量，最后设计出带轮廓曲面回转体轴类零件的机械加工工序卡与刀具卡。

2. 在教师的指导与引导下，通过小组分析、讨论，与各学习小组带轮廓曲面回转体轴类零件机械加工工艺方案对比，优化独立设计的机械加工工艺路线与切削用量，选择更经济适用的加工机床，选择更合适的刀具、夹具，确定更合理的装夹方案，最终设计出优化的带轮廓曲面回转体轴类零件机械加工工序卡与刀具卡。

2-2-2　工作任务描述

现要完成如图 2-86 所示球头销加工案例零件的加工，具体设计该球头销的机械加工工艺，并对设计的球头销机械加工工艺做出评价。具体工作任务如下。

1. 对球头销零件图纸进行加工工艺分析。
2. 设计球头销机械加工工艺路线。
3. 选择加工球头销的经济适用加工机床。
4. 根据生产批量选择夹具并确定球头销的装夹方案。
5. 按设计的球头销机械加工工艺路线选择合适的加工刀具与合适的切削用量。
6. 编制球头销机械加工工序卡与刀具卡。
7. 经小组分析、讨论，与各学习小组球头销机械加工工艺方案对比，对独立设计的球头销机械加工工艺做出评价，修改并优化球头销机械加工工序卡与刀具卡。

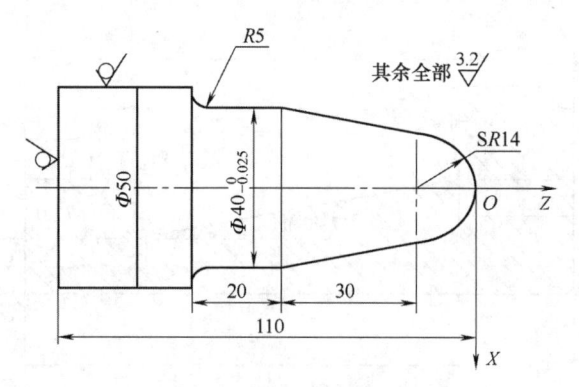

图 2-86　球头销加工案例

注：该球头销材料为 45 钢，零件毛坯尺寸为 $\Phi 50\text{mm} \times 111\text{mm}$，生产批量 500 件。

2-2-3 学习内容

设计带轮廓曲面回转体轴类零件机械加工工艺步骤包括:零件图纸工艺分析、加工工艺路线设计、选择加工机床、找正装夹方案及夹具选择、刀具选择、切削用量选择,最后完成机械加工工序卡及刀具卡的编制。要完成球头销零件机械加工工艺的设计任务,还要学习加工带轮廓曲面回转体轴类零件的相关工艺知识。

一、零件图形的数学处理及编程尺寸设定值的确定

回转体类零件轮廓曲面的加工,用普通车削机床无法完成,必须采用数控加工。但数控加工是一种基于数字的加工,分析数控加工工艺过程不可避免地要进行数字分析和计算。对零件图形的数学处理是数控加工这一特点的突出体现。数控编程工艺员在拿到零件图后,必须对它作数学处理以便最终确定编程尺寸设定值。

1. 编程原点的选择

加工程序中的字大部分是尺寸字,这些尺寸字中的数据是程序的主要内容。同一个零件,同样的加工,由于编程原点选择不同,尺寸字中的数据就会不一样,所以编程之前首先要选定编程原点。从理论上来说,编程原点选在任何位置都是可以的。但实际上,为了使换算尽可能的简便及尺寸较为直观(至少让部分点的指令值与零件图上的尺寸值相同),应尽可能将编程原点的位置选得合理些。另外,当编程原点选在不同位置时,对刀的方便性和准确性也不同。编程原点位置不同时,确定其在毛坯上位置的难易程度和加工余量的均匀性也不一样。数控车削零件坐标系的坐标轴 Z 向一般应取在零件加工表面的回转中心,即装夹后与车床主轴的轴心线同轴,所以编程原点位置只在零件坐标系的 X 向做选择。如图 2-87 所示的 Z 向不对称零件,编程原点 Z 向位置一般在左端面、右端面两者中做选择。如果是左右对称零件,Z 向编程原点应选在对称平面内。一般编程原点的确定原则如下。

(1)将编程原点选在设计基准上,并以设计基准作为定位基准,这样可避免基准不重合而产生的误差及不必要的尺寸换算。如图 2-87 所示的圆锥滚子轴承内圈零件,批量生产时,编程原点选在左端面上。

(2)容易找正对刀,对刀误差小。如图 2-87 所示的圆锥滚子轴承内圈零件,若单件生产,用 G92 建立工件坐标系,选零件的右端面为编程原点,可通过试切直接确定编程原点在 Z 向的位置,不用测量,找正对刀比较容易,对刀误差小。

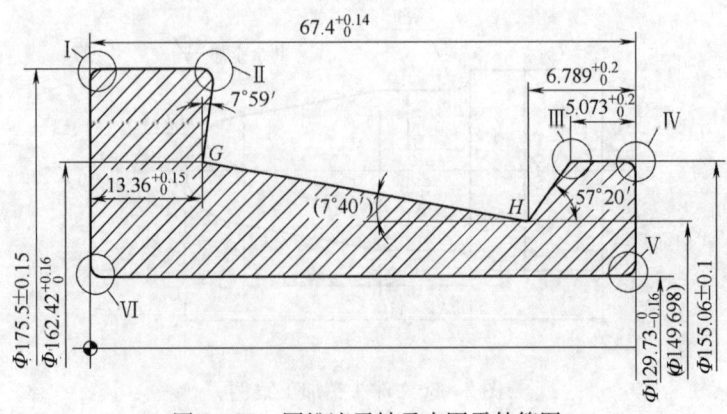

图 2-87 圆锥滚子轴承内圈零件简图

(3)编程方便。如图2-88所示的典型轴类零件,选零件球面的中心(图中点O)为编程原点,各基(节)点的编程尺寸计算会比较方便。

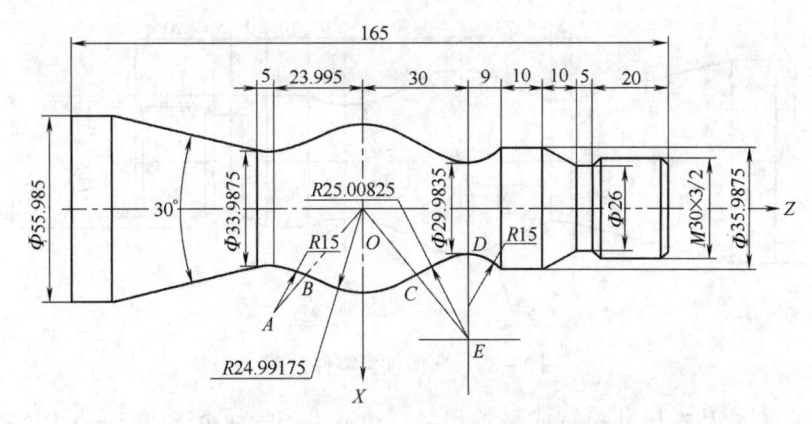

图2-88 典型轴类零件编程原点设定示例

(4)在毛坯上的位置能够容易、准确地确定,并且各面的加工余量均匀。

(5)对称零件的编程原点应选在对称中心。一方面可以保证加工余量均匀,另一方面可以采用镜像编程,编一个程序加工两个工序,零件的轮廓精度高。

具体应用哪条原则,要视具体情况而定,在保证加工质量的前提下,按操作方便和效率高来选择。

2. 编程尺寸设定值的确定

编程尺寸设定值理论上应为该尺寸误差分散中心,但由于事先无法知道分散中心的确切位置,可先由平均尺寸代替,最后根据试加工结果进行修正,以消除常值系统性误差的影响。

1)编程尺寸设定值确定的步骤

(1)精度高的尺寸处理:将基本尺寸换算成平均尺寸。

(2)几何关系的处理:保持原重要的几何关系(如角度、相切等)不变。

(3)精度低的尺寸的调整:通过修改一般尺寸保持零件原有几何关系,使之协调。

(4)基(节)点坐标尺寸的计算:按调整后的尺寸计算有关未知基(节)点的坐标尺寸。

(5)编程尺寸的修正:按调整后的尺寸编程并加工一组工件,测量关键尺寸的实际误差分散中心,并求出常值系统性误差,再按此误差对程序尺寸进行调整并修改程序。

2)应用实例

【例2-3】图2-89所示的典型轴类零件的数控车削编程尺寸的确定(单位:mm)。

该零件中的 $\Phi 56_{-0.03}^{0}$、$\Phi 34_{-0.025}^{0}$、$\Phi 30_{-0.033}^{0}$、$\Phi 36_{-0.025}^{0}$ 四个直径基本尺寸都为最大尺寸,若按此基本尺寸编程,考虑到车削时刀具的磨损及让刀变形,实际加工尺寸肯定偏大,难以满足加工精度要求,所以必须按平均尺寸确定编程尺寸。但这些尺寸一改,若其他尺寸保持不变,则左边 $R15$ 圆弧与 $S\Phi50 \pm 0.05$ 球面、$S\Phi50 \pm 0.05$ 与 $R25$ 圆弧以及 $R25$ 与右边 $R15$ 圆弧相切的几何关系就不能保持,所以必须按上述步骤对有关尺寸进行修正,以确定编程尺寸值。

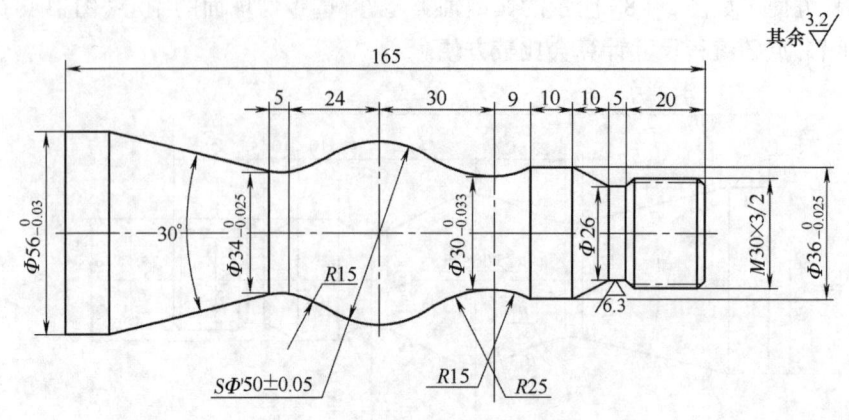

图 2-89 典型轴类零件简图

(1) 将精度高的基本尺寸换算成平均尺寸。$\Phi56_{-0.03}^{0}$ 改为 $\Phi55.985\pm0.015$，$\Phi34_{-0.025}^{0}$ 改为 $\Phi33.9875\pm0.0125$，$\Phi30_{-0.033}^{0}$ 改为 $\Phi29.9835\pm0.0165$，$\Phi36_{-0.025}^{0}$ 改为 $\Phi35.9875\pm0.0125$。

(2) 保持原有关圆弧间相切的几何关系，修改其他精度低的尺寸使之协调，如图 2-88 所示。

设工件坐标轴原点为图示点 O，工件轴线为 Z 轴，径向为 X 轴。点 A 为左边 $R15$ 圆弧圆心；点 B 为左边 $R15$ 圆弧与 $R25$ 球面圆弧切点；点 C 为 $R25$ 球面圆弧与右边 $R25$ 圆弧切点；点 D 为 $R25$ 圆弧与右边 $R15$ 圆弧切点；点 E 为 $R25$ 圆弧圆心。要保证点 E 到轴线距离为 40，由于点 D 到轴线距离为 14.99175（编程尺寸决定），所以该处圆弧半径调整为 $R25.00825$，保持 OE 间距离为 50 不变，则球面圆弧半径调整为 $R24.99175$；保持左边 $R15$ 圆弧半径不变并与 $\Phi33.9875\pm0.0125$ 外圆和 $R24.99175$ 球面圆弧相切，则左边 $R15$ 圆弧中心按此要求计算确定。其他调整后的有关尺寸如图 2-90 所示。

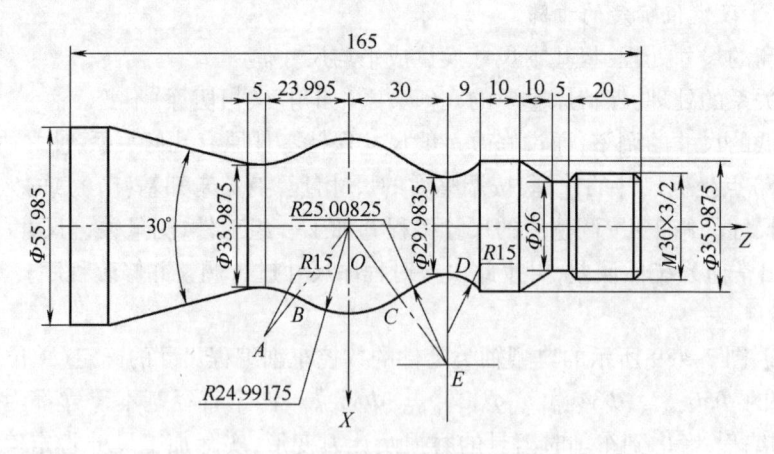

图 2-90 调整后的有关编程尺寸

(3) 按调整后的尺寸计算有关未知节点尺寸。经计算，各有关主要节点的坐标值（保留小数点后 3 位）如下：

点 A：$Z=-23.995$，$X=31.994$　　点 B：$Z=-14.995$，$X=19.994$

点 C：$Z=14.995$，$X=19.994$　　点 D：$Z=30.000$，$X=14.992$

点 E：$Z=30.000$，$X=40.000$

由此可以看出，球面圆弧调整后的直径并不是其平均尺寸，但在其尺寸公差范围内。

二、带轮廓曲面回转体轴类零件加工刀具选择

车削圆弧轮廓表面或凹槽时,要注意车刀副后刀面是否会与工件已车削轮廓表面干涉,如图2-91所示。

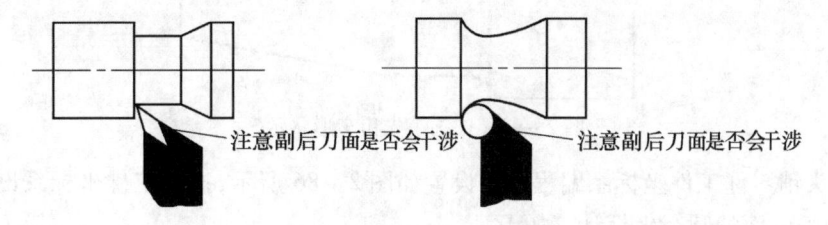

图2-91 注意车刀副后刀面与工件已车削轮廓表面的干涉问题

对于车刀副后刀面会与工件已车削轮廓表面干涉的情况,如果车削圆弧的圆弧曲率半径较小,就容易发生干涉,一般采用直头刀杆车削可解决。直头刀杆如图2-92所示。

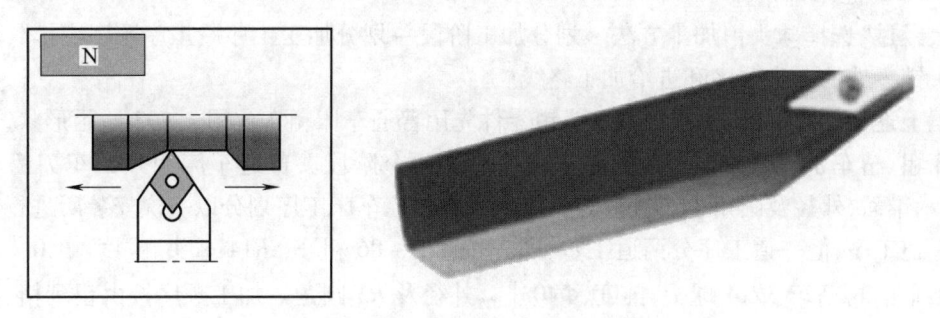

图2-92 直头刀杆及其车削示例

2-2-4 完成工作任务过程

1. 零件图纸工艺分析

主要分析球头销零件图纸的技术要求(包括尺寸精度、形位精度和表面粗糙度等)、检查零件图的完整性与正确性、分析零件的结构工艺性。通过零件图纸工艺分析,保证零件的加工精度,确定应采取的工艺措施。

该球头销零件为典型回转体轴类零件,加工表面由圆柱面、圆锥面、球面及圆弧等表面组成。除mm有较高尺寸精度要求外,其他加工部位的尺寸精度为自由尺寸公差,加工表面粗糙度为$Ra3.2m$,要求不高。尺寸标注完整,轮廓描述清楚。零件材料为45钢,无热处理硬度要求,切削加工性能较好。

通过上述对零件图纸工艺的分析,采取以下两点工艺措施。

(1)图示的球头销零件右端为球头,普通车床无法加工。因生产批量达500件,为提高生产效率,可用普通车床将球头销先粗车成图2-93所示形状,再由数控车床粗、精车即可。

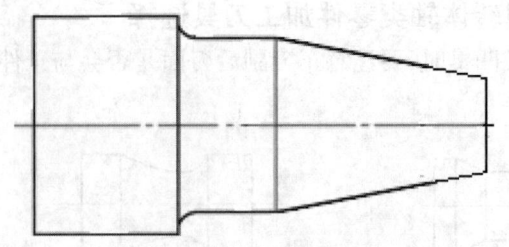

图 2-93 球头销先粗车形状示意

(2) 球头销零件工件坐标系编程原点设置如图 2-86 所示,按此工件坐标系设置,该球头销零件两圆弧曲面的圆心坐标计算如下。

$SR14$mm 圆弧的圆心坐标是：$X = 0$mm，$Z = -14$mm

$R5$mm 圆弧的圆心坐标是：$X = 50$mm，$Z = -(44+20-5) = -59$mm

2. 加工工艺路线设计

依次经过"选择球头销加工方法→划分加工阶段→划分加工工序→工序顺序安排",最后确定球头销零件的工步顺序和进给加工路线。

根据上述零件图纸工艺分析,该球头销零件先用普通车床粗车成图 2-93 所示形状,再由数控车床粗、精车加工,故划分为粗加工和精加工两个阶段。普通车床用外圆车刀粗车图 2-93 所示锥面、外径及圆角连续进行为一道工序。数控车床工序划分以一次安装所进行的加工作为一道工序,但一道工序分两道工步,即先按图 2-86 粗车 $SR14$ 球头、锥度、$\Phi40_{-0.025}^{0}$ 外径及 $R5$ 圆角,再精车 $SR14$ 球头、锥度、$\Phi40_{-0.025}^{0}$ 外径及 $R5$ 圆角。加工顺序按由粗到精、由近到远(由右到左)的原则确定,工步顺序按同一把刀能加工的内容连续加工原则确定。根据上述工序划分及加工顺序安排,最后确定球头销零件的工步顺序如下。

(1) 普通车床按图 2-93 所示粗车锥面、外径及圆角,单边留 1.5mm 余量。
(2) 数控车床粗车 $SR14$ 球头、锥度、$\Phi40_{-0.025}^{0}$mm 外径及 $R5$ 圆角,单边留 0.2mm 余量。
(3) 数控车床精车 $SR14$ 球头、锥度、$\Phi40_{-0.025}^{0}$mm 外径及 $R5$ 圆角至尺寸。

3. 加工机床选择

主要根据加工零件的规格大小、加工精度和表面加工质量等技术要求,经济合理地选择加工机床。

根据上述零件图纸工艺分析,该球头销零件右端为球头,普通车床无法加工。因生产批量达 500 件,为提高生产效率,保证零件加工精度,可用普通车床将球头销先粗车成图 2-93 所示形状,再由数控车床粗、精车即可。

4. 装夹方案及夹具选择

主要根据加工零件的规格大小、结构特点、加工部位、尺寸精度、形位精度和表面粗糙度等零件图纸的技术要求,确定零件的定位、装夹方案及夹具。

根据该球头销零件图纸技术要求,左端 $\Phi50$mm 外径无需加工,故普通车床加工时,为提高生产效率,宜采用手动三爪卡盘反爪的台阶轴向定位,夹紧左端 $\Phi50$mm 外径。

该球头销零件是典型回转体轴类零件,长度较短,长径比(L/D)只有 2.2,生产批量达 500 件。为提高生产效率,数控车床加工时,采用液压三爪卡盘配软爪夹紧图示左端(不用车内圆弧软爪,因工件左端不加工)。为实现快速定位装夹,在液压三爪卡盘内放置合适的圆盘件或隔套,如图 2-94 所示(圆盘件或隔套外径应比所夹持工件外径略小,以免夹住圆盘件或隔套未夹住工件),工件装夹时只需靠紧圆盘件或隔套即可准确轴向定位。

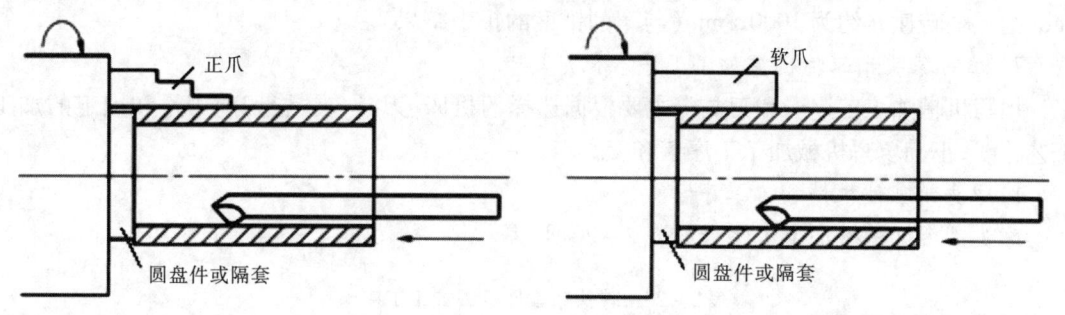

图2-94 手动三爪卡盘正爪与液压三爪卡盘软爪快速定位装夹工件卡爪内放置圆盘件或隔套示例

5. 刀具选择

主要根据加工零件的余量大小、结构特点、材质、热处理硬度、加工部位、尺寸精度、形位精度和表面粗糙度等零件图纸技术要求,结合刀具材料,正确合理地选择刀具。

根据上述零件图纸工艺分析和加工工艺路线设计,该球头销零件最后确定的各工步顺序刀具如下,刀具规格参照表2-13选取:

(1)普通车床粗车锥面、外径及圆角,选用主偏角为93°的外圆车刀(采用涂层硬质合金刀片)。

(2)数控车床粗、精车$SR14$球头、锥度、$\Phi40_{-0.025}^{0}$mm外径及$R5$圆角,选用刀尖圆弧半径为0.8mm,主偏角为95°的右手车刀(采用涂层硬质合金刀片,主偏角95°是为方便车削$R5$圆角)。

6. 切削用量选择

主要根据工步加工的余量大小、材质、热处理硬度、尺寸精度、形位精度和表面粗糙度等零件图纸技术要求,结合所选刀具和拟定的加工工艺路线,正确合理地选择切削用量。

切削用量包括背吃刀量a_p、进给速度f和主轴转速n。

1)背吃刀量a_p

按上述加工工艺路线设计和球头销零件图纸技术要求,普通车床粗车锥面、外径及圆角,单边留1.5mm余量,故粗车背吃刀量a_p约为3.5mm。

数控车床粗车前单边余量约为1.5mm,选粗车$SR14$球头、锥度、$\Phi40_{-0.025}^{0}$mm外径及$R5$圆角背吃刀量a_p约为1.3mm,精车背吃刀量a_p约为0.2mm。

2)进给速度f

根据表2-14(硬质合金车刀粗车外圆、端面的进给量参考数值)、表2-15(按表面粗糙度选择进给量的参考数值),该球头销零件普通车床粗车进给量f取0.4mm,数控车床粗车进给量f取0.35mm,精车进给量f取0.18mm。

3)主轴转速n

主轴转速n应根据零件上被加工部位的直径,按零件和刀具的材料及加工性质等条件所允许的切削速度v_c(m/min),按公式$n=(1000\times v_c)/(3.14\times d)$来确定。

根据表2-16(硬质合金外圆车刀切削速度的参考数值),普通车床粗车锥面、外径及圆角,切削速度v_c选90m/min,则主轴转速n约为573r/min。数控车床粗车$SR14$球头、锥度、$\Phi40_{-0.025}^{0}$mm外径及$R5$圆角,切削速度v_c选100m/min,则主轴转速n约为800r/min(与车削锥度的折中结果),精车 SR14 球头、锥度、$\Phi 40_{-0.025}^{0}$ mm 外径及 R5 圆角,切削速度 v_c 选 120m/min,则主轴转速 n 约为 1000r/min(与车削锥度的折中结果)。

7. 填写球头销零件机械加工工序卡和刀具卡

填写机械加工工序卡和刀具卡主要根据选择的机床、刀具、夹具、切削用量和拟定的加工工艺路线,正确填写机械加工工序卡和刀具卡。

1) 球头销零件机械加工工序卡

球头销零件机械加工工序卡如表 2-20 所示。

表 2-20 球头销零件机械加工工序卡

单位名称	×××	产品名称或代号		零件名称		零件图号	
		×××		球头销		×××	
加工工序卡号	数控加工程序编号	夹具名称		加工设备		车间	
×××	×××	三爪卡盘+软爪		普通车床+数控车床		×××	
工步号	工步内容	刀具号	刀具规格	主轴转速/(r/min)	进给速度/(mm/r)	背吃刀量/mm	备注
1	粗车锥面、$\Phi 40_{-0.025}^{0}$ mm 外径及 R5mm 圆角,单边留 1.5mm 余量	T01	12×12	573	0.4	3.5	普通车床
2	粗车 SR14 球头、锥度、$\Phi 40_{-0.025}^{0}$ mm 外径及 R5 圆角,单边留 0.2mm 余量	T02	12×12	800	0.35	1.3	数控车床
3	精车 SR14mm 至尺寸,保证总长 110mm;精车锥面至尺寸,保证锥面总长 30mm;精车 $\Phi 40$mm 外径和 R5mm 圆角至尺寸,保证 $\Phi 40_{-0.025}^{0}$ mm 和 R5mm 圆角;保证所有加工面粗糙度为 Ra 3.2μm	T02	12×12	1000	0.18	0.2	数控车床
编制	×××	审核	×××	批准	×××	年 月 日	共 页 第 页

注:刀片为涂层硬质合金刀片。

2) 球头销零件机械加工刀具卡

球头销零件机械加工刀具卡如表 2-21 所示。

表 2-21 球头销零件机械加工刀具卡

产品名称或代号		×××	零件名称	球头销	零件图号		×××
序号	刀具号	刀具			刀长/mm	加工表面	备注
		规格名称		数量			
1	T01	93°外圆车刀		1	实测	锥面、外径、圆角	机夹涂层刀片
2	T02	95°右手车刀		1	实测	球面、锥面、外径和圆角	刀尖半径 0.8mm
编制	×××	审核	×××	批准	×××	年 月 日	共 页 第 页

2-2-5 工作任务完成情况评价与工艺优化讨论

1. 工作任务完成情况评价

对上述球头销零件加工案例工作任务完成过程进行详尽分析,从零件图纸工艺分析、加工工艺路线设计、加工机床选择、加工刀具选择、装夹方案与夹具选择和切削用量选择几方面,对照自己独立设计的球头销机械加工工艺,评价各自的优缺点。

2. 球头销零件加工工艺优化讨论

(1) 根据上述球头销加工案例机械加工工艺,各学习小组从以下八个方面对其展开讨论:

①加工方法选择是否得当?为什么?
②工序与工步顺序安排是否合理?为什么?
③加工工艺路线是否得当?为什么?有没有更优化的加工工艺路线?
④选择的加工机床是否经济适用?为什么?
⑤加工刀具(含刀片)选择是否得当?为什么?
⑥选择的夹具是否得当?为什么?有没有其他更适用的夹具?
⑦选择的装夹方案是否得当?为什么?有没有更合适的装夹方案?
⑧选择的切削用量是否合适?为什么?有没有更优化的切削用量?

(2) 各学习小组分析、讨论完毕之后,各派一名代表上讲台汇报自己小组的讨论意见。各学习小组汇报完毕之后,老师综合各学习小组的汇报情况,对球头销加工案例机械加工工艺进行点评。

(3) 根据老师的点评,独立修改优化球头销机械加工工序卡与刀具卡。

2-2-6 巩固与提高

将图 2-93 所示球头销加工案例的零件改成如图 2-95 所示的零件,零件材料为 45 钢,批量 300 件。试确定毛坯尺寸,设计其机械加工工艺。

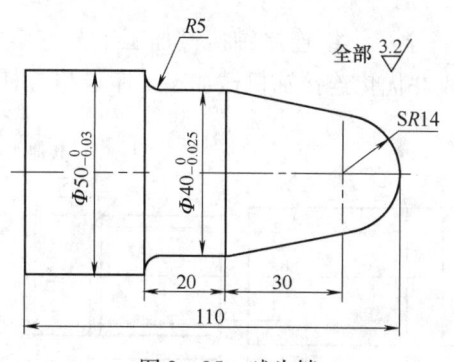

图 2-95 球头销

任务2-3 设计带螺纹回转体轴类零件机械加工工艺

2-3-1 学习目标

通过本任务单元的学习、训练和讨论,学生应该能够:

1. 独立对带螺纹回转体轴类零件图纸进行加工工艺分析,设计机械加工工艺路线,选择经济适用的加工机床,根据生产批量选择夹具并确定装夹方案,按设计的机械加工工艺路线选择合适的加工刀具与合适的切削用量,最后编制出带螺纹回转体轴类零件的机械加工工序卡与刀具卡。

2. 在教师的指导与引导下,通过小组分析、讨论,与各学习小组带螺纹回转体轴类零件机械加工工艺方案对比,优化独立设计的机械加工工艺路线与切削用量,选择更经济适用的加工机床,选择更合适的刀具、夹具,确定更合理的装夹方案,最终编制出优化的带螺纹回转体轴类零件机械加工工序卡与刀具卡。

2-3-2 工作任务描述

现要完成如图2-96所示连接轴(带螺纹)加工案例零件的加工,具体设计该连接轴的机械加工工艺,并对设计的连接轴机械加工工艺做出评价。具体工作任务如下。

1. 对连接轴零件图纸进行加工工艺分析。
2. 设计连接轴机械加工工艺路线。
3. 选择加工连接轴的经济适用加工机床。
4. 根据生产批量选择夹具并确定连接轴的装夹方案。
5. 按设计的连接轴机械加工工艺路线选择合适的加工刀具与合适的切削用量。
6. 编制连接轴机械加工工序卡与刀具卡。
7. 经小组分析、讨论与各学习小组连接轴机械加工工艺方案对比,对独立设计的连接轴机械加工工艺做出评价,修改并优化连接轴机械加工工序卡与刀具卡。

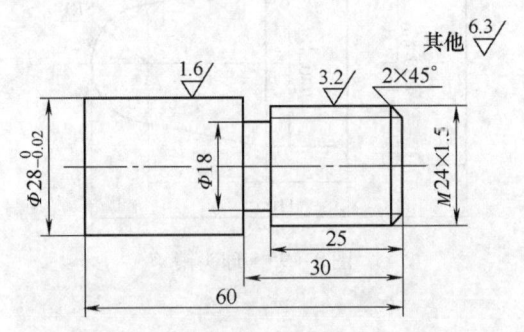

图2-96 连接轴(带螺纹)加工案例

注:该连接轴材料为45钢,零件毛坯尺寸为$\Phi 32mm \times 64mm$,生产批量600件。

2-3-3 学习内容

设计带螺纹回转体轴类零件机械加工工艺步骤包括:零件图纸工艺分析、加工工艺路线设计、选择加工机床、找正装夹方案及夹具选择、刀具选择、切削用量选择,最后完成机械加工工序卡及刀具卡的编制。要完成连接轴零件机械加工工艺的设计任务,还要再学习加工螺纹的相关工艺知识。

一、螺纹加工工艺知识

1. 螺纹加工工艺

车削螺纹是机械加工常见的加工任务。螺纹种类按标准可分为公制螺纹和英制螺纹;按用途可分为联接螺纹、紧固螺纹、传动螺纹等;按牙型可分为三角螺纹、方牙螺纹、梯形螺纹等;按联接形式可分为外螺纹和内螺纹。各种螺纹又都有左旋、右旋、单头、多头之分。其中,以公制三角螺纹应用最广,称为普通螺纹。螺纹加工是由刀具的直线运动和主轴按设定的比例转数同时运动而形成的。车削螺纹使用的刀具是成形刀具,螺距和尺寸精度受机床精度的影响,牙型精度由刀具几何精度保证。

螺纹车削通常需要多次进刀才能完成。由于螺纹刀具加工螺纹时是成形刀具,所以刀刃与工件接触线较长,切削力较大。切削力过大会损坏刀具或在切削中引起震颤,为避免切削力过大,可采用"侧向切入法",又称"斜进法",如图2-97(a)所示。一般情况下,当螺距小于3mm时可采用"径向切入法",又称"直进法",如图2-97(b)所示。车削圆柱螺纹进刀方向应垂直于主轴轴线。

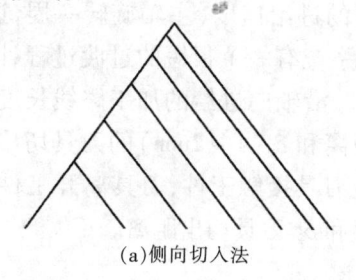

(a)侧向切入法　　　　　　(b)径向切入法

图2-97　螺纹加工的侧向切入法与径向切入法

普通车削机床只能采用"径向切入法",无法实现"侧向切入法",故其一般无法加工螺距大于3mm的螺纹。侧向切入法与径向切入法在数控车床编程系统中一般有相应的指令,有的数控系统可根据螺距的大小自动选择侧向切入法或径向切入法。

径向切入法由于车削时两侧刃同时参与切削,切削力较大,而且排屑困难,因此在切削时,两切削刃容易磨损,所以加工过程中要经常测量与检验。径向切入法在车削螺距较大的螺纹时,由于切削深度较深,两切削刃磨损较快,容易造成螺纹中径产生偏差,但是径向切入法加工的牙形精度较高,因此一般多用于小螺距螺纹加工。

侧向切入法由于车削时单侧刃参与切削,因此参与切削的侧刃容易磨损和损伤,使加工的螺纹面不直,刀尖角发生变化,造成牙形精度较差。但是,由于侧向切入法只有单侧刃参与切削,刀具切削负载较小,排屑容易,并且切削深度为递减式,因此,侧向切入法一般用于大螺距螺纹加工。另外,由于侧向切入法排屑容易、切削刃加工工况较好,在螺纹精度要求不高的情况下,此加工方法更为适用。在加工较高精度的螺纹时,可采用两刀加工完成,既先用侧向切入法进行粗车,然后用径向切入法进行精车。这种加工方法要注意刀具起始点要准确,否则加工的螺纹容易乱扣,造成加工零件报废。另外,侧向切入法由于车削时切削力较小,常用于加工不锈钢等难加工材料的螺纹。

由于车削螺纹时的切削力大,容易引起工件弯曲,因此,工件上的螺纹一般都是在半精车以后车削的。螺纹车好后,再精车各段外圆。

另外,实际生产装夹螺纹部位会破坏螺纹牙型,若无法避免必须装夹螺纹部位时,应在螺纹部位先装上螺母,再装夹在螺母上,以避免螺纹牙型破坏。

2. 螺纹牙型高度(螺纹总切深)的确定

螺纹牙型高度是指在螺纹牙型上,牙顶到牙底之间垂直于螺纹轴线的距离,是车削螺纹时螺纹车刀片的总切入深度。

根据国家标准规定,普通螺纹的牙型理论高度 $H=0.866P$,但实际加工时,由于螺纹车刀刀尖半径的影响,螺纹的实际切深会有所变化。国家标准 GB 197—2003 规定螺纹车刀可在牙底高度 $H/8$ 处削平或倒圆,则螺纹实际牙型高度

$$h = H - 2(H/8) = 0.6495P \qquad (式2-2)$$

式中:H 为螺纹原始三角形高度,$H=0.866P$;P 为螺距。

3. 车削螺纹时轴向进给距离的确定

普通车床车削螺纹时,通过计算匹配挂轮,把主轴的转动传给丝杠,使车刀沿螺纹方向的进给与车床主轴的旋转保持严格的速比关系。

在数控车床上车削螺纹时,车刀沿螺纹方向的(坐标轴)Z 向进给也应与车床主轴的旋转保持严格的速比关系。因车刀从停止状态达到指定的进给速度(主轴旋转一周,进给一个螺距)或从指定的进给速度降至零,数控车床进给伺服系统有一个很短的过渡过程,因此应避免在数控车床进给伺服系统加速或减速的过程中切削。沿轴向进给的加工路线长度,除保证加工螺纹长度外,还应增加 $\delta_1(2\sim5mm)$ 的刀具引入距离和 $\delta_2(1\sim2mm)$ 的刀具切出距离,如图 2-98 所示。这样在切削螺纹时,能保证在升速后使刀具接触工件,刀具离开工件后再降速。同理,普通车床车削螺纹时,也须有 δ_1 刀具引入距离和 δ_2 刀具切出距离。

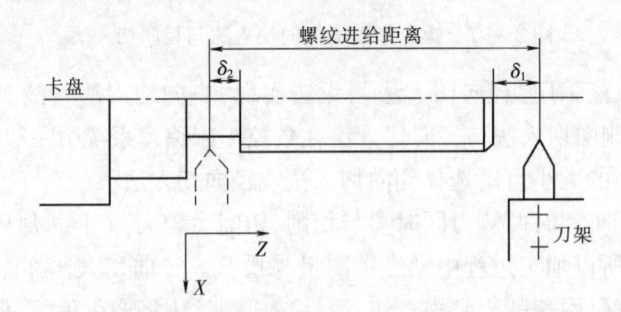

图 2-98 车螺纹时的引入、切出距离

4. 内、外螺纹加工与螺纹车刀和螺纹车刀片

1) 内、外螺纹加工

回转体类零件常见内、外螺纹加工如图 2-99 所示。

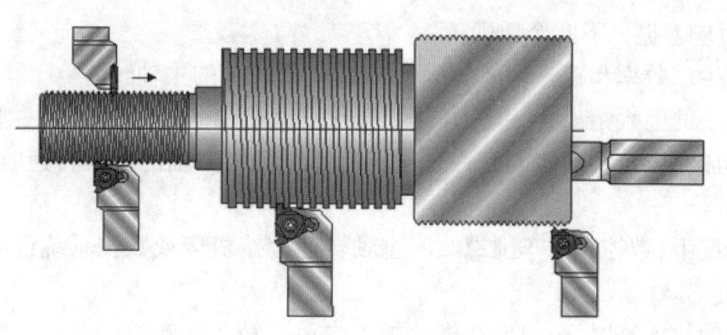

图 2-99　内、外螺纹加工

2）常见外螺纹车刀与螺纹车刀片

常见外螺纹车刀与螺纹车刀片如图 2-100 和图 2-101 所示。

图 2-100　常见外螺纹车刀

图 2-101　螺纹车刀片

5. 数控车床车削螺纹时主轴转速的确定

数控车床加工螺纹时，原则上主轴每转一周，刀具沿主进给轴（一般为坐标轴的 Z 轴）方向移动一个螺距，不应受到限制。但数控车削螺纹时，会受到以下几方面的影响。

（1）螺纹加工程序段中指令的螺距值，相当于以进给量 f（mm/r）表示的进给速度 F，如果将机床的主轴转速选择过高，其换算后的进给速度 F（mm/min）则必定大大超过正常值。

（2）刀具在位移过程的始/终，都将受到伺服驱动系统升/降频率和数控装置插补运算速度的约束，由于升/降频特性满足不了加工需要，主进给运动产生的超前和滞后会导致部分螺距不符合要求。

（3）车削螺纹必须通过主轴的同步运行功能来实现，即车削螺纹需要有主轴脉冲发生器（编码器）。当其主轴转速选择过高时，通过编码器发出的定位脉冲（即主轴每转一周时所发出的一个基准脉冲信号）将可能因"过冲"（特别是当编码器的质量不稳定时）而导致工件螺纹产生乱纹（俗称"烂牙"）。

鉴于上述原因，不同的数控系统车削螺纹时应使用不同的主轴转速范围。普通的数控车床车削螺纹时的主轴转速

$$n \leqslant \frac{1200}{P} - k \qquad \text{（式 2-3）}$$

式中：n 为主轴转速，单位为 r/min；P 为工件螺纹的螺距或导程，单位为 mm；k 为保险系数，一般取为 80。

因车螺纹的切削力较大，切削过程中容易引起振动，所以实际生产中常用的切削线速度为 8~12m/min，上述计算公式仅供参考。

6. 车削螺纹时应遵循的几个原则

车削螺纹时应遵循以下几个原则:

(1) 在保证生产效率和正常切削的情况下,宜选择较低的主轴转速。

(2) 螺纹加工的引入距离 δ_1 和切出距离 δ_2 比较充裕时,可选择适当高一些的主轴转速。

(3) 数控车床编码器所规定的允许工作转速超过机床主轴的最大转速时,则可选择高一些的主轴转速。

(4) 通常情况下,数控车床车削螺纹时主轴转速应按机床或数控系统说明书中规定的计算式进行确定。

(5) 精车带螺纹的轴时,一般应在螺纹加工之后再精车无螺纹部分。若螺纹部位距装夹位置很近或采用"一夹一顶"装夹方式装夹,螺纹加工部位距顶尖或夹紧位置很近,也可先精车无螺纹部分,再车螺纹。

(6) 实际生产中,加工的外螺纹外径尺寸一般只允许比公称尺寸小 0.05~0.15mm,内螺纹内径尺寸一般只允许比公称尺寸大 0.05~0.15mm(螺距小取小值,螺距大取稍大值)。

(7) 牙型较深、螺距较大时,可分数次进给。每次进给的背吃刀量的分配规律:按螺纹深度减去精加工背吃刀量所得之差递减。

常用公制螺纹切削的进给次数与背吃刀量如表 2-22 所示。表中数值为实际生产时的经验切削参数。

表 2-22 常用公制螺纹切削的进给次数与背吃刀量(单边余量)

螺距/mm		1.0	1.5	2.0	2.5	3.0	3.5	4.0
牙深/mm		0.649	0.974	1.299	1.624	1.949	2.273	2.598
背吃刀量(mm)和切削次数	1 次	0.3	0.35	0.4	0.45	0.5	0.6	0.65
	2 次	0.2	0.23	0.3	0.35	0.36	0.4	0.45
	3 次	0.1	0.16	0.2	0.25	0.28	0.3	0.35
	4 次	0.05	0.12	0.15	0.2	0.23	0.25	0.25
	5 次	—	0.07	0.12	0.15	0.18	0.2	0.22
	6 次	—	0.05	0.08	0.11	0.15	0.15	0.18
	7 次	—	—	0.05	0.07	0.12	0.13	0.15
	8 次	—	—	—	0.05	0.08	0.11	0.12
	9 次	—	—	—	—	0.05	0.08	0.1
	10 次	—	—	—	—	—	0.05	0.08
	11 次	—	—	—	—	—	—	0.05

英制螺纹切削的进给次数与背吃刀量如表 2-23 所示。表中数值为实际生产时的经验切削参数。

二、常见的螺纹加工方法

1. 内螺纹加工方法

常见的内螺纹加工方法如表 2-24 所示。

表 2-23 英制螺纹切削的进给次数与背吃刀量(单边余量)

牙数/(牙/英寸)		24	18	16	14	12	10	8
牙深/英寸		0.678	0.904	1.016	1.162	1.355	1.626	2.033
背吃刀量（英寸）和进给次数	1次	0.3	0.35	0.35	0.35	0.4	0.42	0.5
	2次	0.2	0.25	0.25	0.25	0.3	0.3	0.35
	3次	0.12	0.15	0.15	0.18	0.22	0.25	0.3
	4次	0.06	0.1	0.12	0.13	0.16	0.2	0.25
	5次		0.06	0.09	0.11	0.13	0.16	0.2
	6次			0.06	0.09	0.09	0.14	0.16
	7次				0.06	0.06	0.1	0.13
							0.06	0.09
								0.06

表 2-24 常见的内螺纹加工方法

内螺纹	
右螺纹	左螺纹
右手刀	左手刀
转向	转向
转向	转向

2. 外螺纹加工方法

常见的外螺纹加工方法如表 2-25 所示。

表 2-25 常见的外螺纹加工方法

外螺纹	
右螺纹	左螺纹
右手刀	左手刀
反装车刀 转向	转向 反装车刀
转向 反装车刀	转向 反装车刀

2-3-4 完成工作任务过程

1. 零件图纸工艺分析

主要分析连接轴零件图纸的技术要求(包括尺寸精度、形位精度和表面粗糙度等技术要求)、检查零件图的完整性与正确性、分析零件的结构工艺性。通过零件图纸工艺分析,保证零件的加工精度,确定应采取的工艺措施。

该连接轴零件为典型回转体轴类零件,加工表面由圆柱面、退刀槽、端面及螺纹等表面组成。除 $\Phi 28_{-0.02}^{0}$ mm 尺寸精度及表面粗糙度为 $Ra1.6\mu m$ 要求较高外,其他加工部位的尺寸精度和表面粗糙度均要求不高。尺寸标注完整,轮廓描述清楚。零件材料为 45 钢,无热处理硬度要求,切削加工性能较好。

因该连接轴零件小,$\Phi 28_{-0.02}^{0}$ mm 的尺寸精度及表面粗糙度要求较高,生产批量达 600 件,加工余量不大。为提高生产效率,建议只采用数控车床加工。

2. 加工工艺路线设计

依次经过"选择连接轴加工方法→划分加工阶段→划分加工工序→工序顺序安排",最后确定连接轴零件的工步顺序和进给加工路线。

根据上述零件图纸工艺分析,该连接轴零件建议只采用数控车床加工。因该连接轴零件加工余量不大,尺寸精度和表面粗糙度要求较高的 $\Phi 28_{-0.02}^{0}$ mm 外径最大加工单边余量只有约 3mm,根据表 2-3(外回转表面参考加工方法)和该阶梯轴零件的加工精度及表面质量要求,采用粗车—精车即可满足零件图纸技术要求。因无热处理要求,故粗车—精车可连续进行,不需划分加工阶段。该零件毛坯长度较短,长径比(L/D)只有 2.14,无法一次装夹完成全部加工,需掉头装夹加工。若先夹图示左端车右端,则掉头装夹加工会破坏已车牙型,只能先夹右端车左端 $\Phi 28_{-0.02}^{0}$ mm 端面及外径。为减少换刀,工序划分以工件上的结构内容组合用一把刀具加工作为一道工序,共分四道工步,即粗、精车左端面和粗、精车 $\Phi 28_{-0.02}^{0}$ mm 外径。然后掉头装夹图示左端加工右端,共分六道工步,即粗、精车右端面,粗、精车 $M24 \times 1.5$ 螺纹外径,切槽,车螺纹。加工顺序按由粗到精、由近到远(由右到左)的原则确定,工步顺序按同一把刀能加工的内容连续加工原则确定。根据上述工序划分及加工顺序安排,最后确定连接轴零件的工步顺序如下。

(1)先粗、精车左端面,再粗、精车 $\Phi 28_{-0.02}^{0}$ mm 外径。

(2)掉头装夹车,先粗、精车右端面,保证总长,再粗、精车 $M24 \times 1.5$ 螺纹外径,然后切槽,最后车螺纹。

3. 加工机床选择

主要根据加工零件的规格大小、加工精度和表面加工质量等技术要求,经济合理地选择加工机床。

根据上述零件图纸工艺分析,该连接轴零件建议只采用数控车床加工。因该连接轴零件小,故选择小型数控车床加工即可。

4. 装夹方案及夹具选择

主要根据加工零件的规格大小、结构特点、加工部位、尺寸精度、形位精度和表面粗糙度等技术要求,确定零件的定位、装夹方案及夹具。

根据该连接轴零件图纸,该零件图示右端有 $M24 \times 1.5$ 螺纹,若先夹图示左端车右端,则掉头装夹加工会破坏已车 $M24 \times 1.5$ 牙型,只能先夹右端车左端 $\Phi 28_{-0.02}^{\ 0}$ mm 外径及端面,再掉头装夹图示左端加工右端。因车螺纹及切槽切削力较大,该连接轴零件批量 60 件,若装夹总是在工件已车外圆包铜皮,会影响生产效率。因此,该工件夹紧采用液压三爪卡盘配软爪,在软爪夹紧状态自车三软爪形成的内圆弧至 $\Phi 27.9$ mm 后,先夹工件右边,以自车的内圆弧软爪台阶轴向定位,此时三爪卡盘内圆弧软爪夹紧工件接触面积为 6 条线接触,比无自车软爪 3 条线接触面积大。连接轴左端面、$\Phi 28_{-0.02}^{\ 0}$ mm 外径加工好后,掉头夹已加工好的左端外圆,夹紧时软爪轻微变形使软爪圆弧面全夹紧在 $\Phi 28$ mm 的外圆上,夹紧面积大,不会夹伤工件,且装夹效率高。

5. 刀具选择

主要根据加工零件的余量大小、结构特点、材质、热处理硬度、加工部位、尺寸精度、形位精度和表面粗糙度等技术要求,结合刀具材料,正确合理地选择刀具。

根据上述零件图纸工艺分析、加工工艺路线设计和表 2-10(被加工表面与适用的刀片形状),该连接轴除 $\Phi 28_{-0.02}^{\ 0}$ mm 尺寸精度及表面粗糙度为 $Ra1.6\mu m$ 要求较高外,其他加工部位的尺寸精度和表面粗糙度均要求不高。车削 $\Phi 28_{-0.02}^{\ 0}$ mm 外径、$M24 \times 1.5$ 螺纹外径和两端面,采用刀尖圆弧半径为 0.8mm 的 95°右手车刀即可(主偏角 95°是为减小车削时的径向力,减小加工过程中工件的弯曲变形)。退刀槽宽度 5mm 较宽,需两次径向进刀加工,为减小切削振动,选择 3mm 宽的切槽刀。$M24 \times 1.5$ 外螺纹采用标准刀尖角为 60°的螺纹车刀即可。采用涂层硬质合金刀片,刀具规格参照表 2-13 选取。

6. 切削用量选择

主要根据工步加工余量大小、材质、热处理硬度、尺寸精度、形位精度和表面粗糙度等零件图纸技术要求,结合所选刀具和拟定的加工工艺路线,正确合理地选择切削用量。

切削用量包括背吃刀量 a_p、进给速度 f 和主轴转速 n。

1) 背吃刀量 a_p

按上述加工工艺路线设计和连接轴零件图纸的技术要求,连接轴两端面的粗糙度为 $Ra6.3\mu m$,两端面余量均分约为 2mm,选粗车背吃刀量 a_p 约为 1.7mm,精车背吃刀量 a_p 约为 0.3 mm。粗、精车 $\Phi 28_{-0.02}^{\ 0}$ mm 外径时,车削前单边余量约为 2mm,选粗车背吃刀量 a_p 约为 1.85mm,精车背吃刀量 a_p 约为 0.15 mm。粗、精车 $M24 \times 1.5$ 外径时,车削前最大单边余量约为 4mm,选粗车背吃刀量 a_p 约为 3.78mm,精车背吃刀量 a_p 约为 0.22 mm。车螺纹背吃刀量 a_p 按表 2-22(常用公制螺纹切削的进给次数与背吃刀量(单边余量))选取。

2) 进给速度 f

根据表 2-14(硬质合金车刀粗车外圆、端面的进给量参考数值)和表 2-15(按表面粗糙度选择进给量的参考数值),该连接轴零件粗车端面进给量 f 取 0.4mm,精车进给量 f 取 0.25mm。粗车 $\Phi 28_{-0.02}^{\ 0}$ mm 外径进给量 f 取 0.35mm,精车进给量 f 取 0.12mm。切槽进给量 f 取 0.12mm。粗车 $M24 \times 1.5$ 外径进给量 f 取 0.35mm,精车进给量 f 取 0.18mm。车螺纹进给量 f 为螺距 1.5mm。

3) 主轴转速 n

主轴转速 n 应根据零件上被加工部位的直径,按零件和刀具的材料及加工性质等条件所

允许的切削速度 v_c(m/min),按公式 $n=(1000\times v_c)/(3.14\times d)$ 来确定。

根据表2-16(硬质合金外圆车刀切削速度的参考数值),粗、精车两端面时,粗车切削速度 v_c 选 100m/min,则主轴转速 n 约为 995r/min;精车切削速度 v_c 选 120m/min,则主轴转速 n 约为 1194r/min;粗、精车 $\Phi28_{-0.02}^{0}$ mm 外径时,粗车切削速度 v_c 选 100m/min,则主轴转速 n 约为 995r/min;精车切削速度 v_c 选 120m/min,则主轴转速 n 约为 1360r/min;粗、精车 $M24\times1.5$ 外径时,粗车切削速度 v_c 选 100m/min,则主轴转速 n 约为 995r/min;精车切削速度 v_c 选 120m/min,则主轴转速 n 约为 1590r/min;切槽切削速度 v_c 选 70m/min,则主轴转速 n 约为 696r/min。车 $M24\times1.5$ 螺纹时,切削速度 v_c 选 12m/min,则主轴转速 n 约为 159r/min。

7. 填写连接轴零件机械加工工序卡和刀具卡

主要根据选择的机床、刀具、夹具、切削用量和拟定的加工工艺路线,正确填写机械加工工序卡和刀具卡。

1) 连接轴零件机械加工工序卡

连接轴零件机械加工工序卡如表2-26所示。

表2-26 连接轴零件机械加工工序卡

单位名称	×××	产品名称或代号		零件名称	零件图号
		×××		联接轴	×××
加工工序卡号	数控加工程序编号	夹具名称		加工设备	车间
×××	×××	液压三爪卡盘+软爪		CK6110数控车床	×××

工步号	工步内容	刀具号	刀具规格/mm	主轴转速/(r/min)	进给速度/(mm/r)	背吃刀量/mm	备注
1	粗、精车左端面,保证表面粗糙度为 $Ra6.3\mu m$	T01	12×12	995/1194	0.4/0.25	1.7/0.3	数控车床
2	粗精车、$\Phi28mm$ 外径,车削长度32mm,保证 $\Phi28_{-0.01}^{0}$ mm 和表面粗糙度为 $Ra1.6\mu m$	T01	12×12	995/1360	0.35/0.12	1.85/0.15	数控车床
3	粗、车右端面,保证长度尺寸60mm和表面粗糙度为 $Ra6.3\mu m$	T01	12×12	995/1194	0.4/0.25	1.7/0.3	掉头装夹车,防夹伤
4	粗、精车倒角及 $M24\times1.5$ 外径至 $\Phi23.9mm$,车削长度29.8mm	T01	12×12	995/1590	0.35/0.18	3.78/0.22	数控车床
5	切 $5\times\Phi18$ 槽,保证表面粗糙度为 $Ra6.3\mu m$	T02	12×12	696	0.12		数控车床
7	车 $M24\times1.5$ 螺纹	T03	12×12	159	1.5		分6次进刀
编制	×××	审核	×××	批准	×××	年 月 日	共 页 第 页

注:刀片为涂层硬质合金刀片。

(2) 连接轴零件机械加工刀具卡

连接轴零件机械加工刀具卡如表2-27所示。

表 2-27 连接轴零件机械加工刀具卡

产品名称或代号	×××	零件名称		联接轴	零件图号		×××
序号	刀具号	刀具			加工表面	备注	
		规格名称	数量	刀长/mm			
1	T01	95°右手车刀	1	实测	端面、外径、倒角	涂层刀片,刀尖半径 0.8 mm	
2	T02	3 mm 切槽刀	1	实测	退刀槽	涂层硬质合金刀片	
3	T03	60°螺纹车刀	1	实测	$M24×1.5$ 螺纹	螺距1.5mm涂层刀片	
编制	×××	审核	×××	批准	×××	年 月 日	共 页	第 页

2-3-5 工作任务完成情况评价与工艺优化讨论

1. 工作任务完成情况评价

对上述连接轴零件加工案例工作任务完成过程进行详尽分析,从零件图纸工艺分析、加工工艺路线设计、加工机床选择、加工刀具选择、装夹方案与夹具选择和切削用量选择几方面,对照自己独立设计的连接轴机械加工工艺,评价各自的优缺点。

2. 连接轴零件加工工艺优化讨论

(1)根据上述连接轴加工案例机械加工工艺,各学习小组从以下八个方面对其展开讨论。
①加工方法选择是否得当?为什么?
②工序与工步顺序安排是否合理?为什么?
③加工工艺路线是否得当?为什么?有没有更优化的加工工艺路线?
④选择的加工机床是否经济适用?为什么?
⑤加工刀具(含刀片)选择是否得当?为什么?
⑥选择的夹具是否得当?为什么?有没有其他更适用的夹具?
⑦选择的装夹方案是否得当?为什么?有没有更合适的装夹方案?
⑧选择的切削用量是否合适?为什么?有没有更优化的切削用量?

(2)各学习小组分析、讨论完毕之后,各派一名代表上讲台汇报自己小组的讨论意见。各学习小组汇报完毕后,老师综合各学习小组的汇报情况,对连接轴加工案例机械加工工艺进行点评。

(3)根据老师的点评,独立修改优化连接轴机械加工工序卡与刀具卡。

2-3-6 巩固与提高

如图 2-102 所示的传动连接轴加工案例,零件材料为 45 钢,批量 300 件。试确定毛坯尺寸,设计其机械加工工艺。

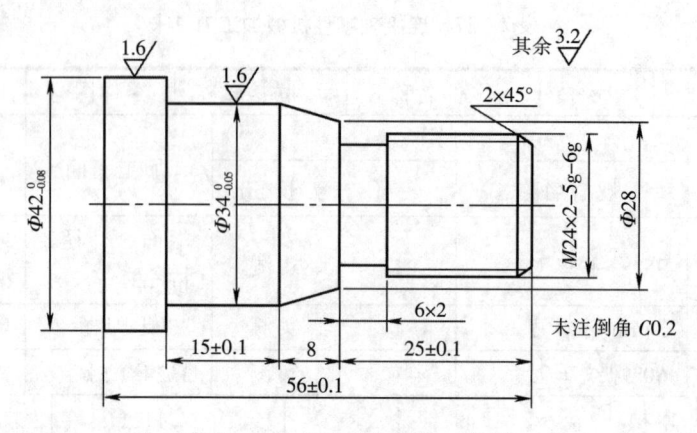

图 2-102　传动连接轴加工案例

任务2-4 设计回转体细长轴类零件机械加工工艺

2-4-1 学习目标

通过本任务单元的学习、训练和讨论,学生应该能够:

1. 独立对回转体细长轴类零件图纸进行加工工艺分析,设计机械加工工艺路线,选择经济适用的加工机床,根据生产批量选择夹具并确定装夹方案,按设计的机械加工工艺路线选择合适的加工刀具与合适的切削用量,最后编制出回转体细长轴类零件的机械加工工序卡与刀具卡。

2. 在教师的指导与引导下,通过小组分析、讨论与各学习小组回转体细长轴类零件机械加工工艺方案对比,优化独立设计的机械加工工艺路线与切削用量,选择更经济适用的加工机床,选择更合适的刀具、夹具,确定更合理的装夹方案,最终编制出优化的回转体细长轴类零件机械加工工序卡与刀具卡。

2-4-2 工作任务描述

现要完成如图2-103所示的中心传动轴加工案例零件的加工,具体设计该中心传动轴的机械加工工艺,并对设计的中心传动轴机械加工工艺做出评价。具体工作任务如下。

1. 对中心传动轴零件图纸进行加工工艺分析。
2. 设计中心传动轴机械加工工艺路线。
3. 选择中心传动轴的经济适用加工机床。
4. 根据生产批量选择夹具并确定中心传动轴的装夹方案。
5. 按设计的中心传动轴机械加工工艺路线选择合适的加工刀具与合适的切削用量。
6. 编制中心传动轴机械加工工序卡与刀具卡。
7. 经小组分析、讨论,与各学习小组中心传动轴机械加工工艺方案对比,对独立设计的中心传动轴机械加工工艺做出评价,修改并优化中心传动轴机械加工工序卡与刀具卡。

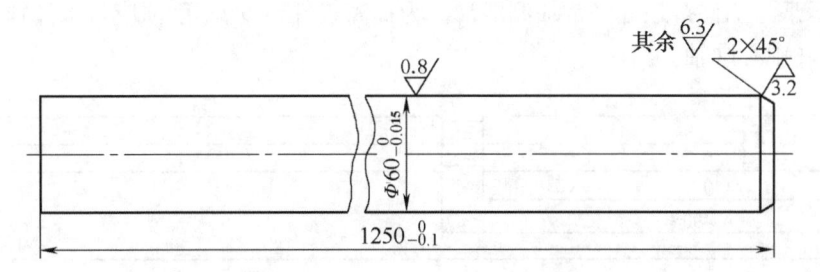

图2-103 中心传动轴加工案例

注:该中心传动轴零件为45钢,零件毛坯尺寸为$\Phi 67mm \times 1256mm$,试生产3件。

2-4-3 学习内容

设计回转体细长轴类零件机械加工工艺步骤包括：零件图纸工艺分析、加工工艺路线设计、选择加工机床、找正装夹方案及夹具选择、刀具选择、切削用量选择，最后完成机械加工工序卡及刀具卡的编制。要完成中心传动轴零件机械加工工艺的设计任务，还要再学习加工回转体细长轴类零件的相关工艺知识与磨削加工工艺相关知识。

一、回转体细长轴类零件加工工艺知识

（一）细长轴的结构与工艺特点

一般把长度与直径之比大于 20（$L/D > 20$）的轴类零件称为细长轴。细长轴加工时有如下几个工艺特点。

1. 细长轴刚性差

细长轴在车削时如果工艺措施不当，很容易因为切削力和自身重力的作用而发生弯曲变形，产生振动，从而影响加工精度和表面粗糙度。

2. 细长轴车削时易受热伸长产生变形

细长轴车削时常用两顶尖，或一端用卡盘、一端用顶尖装夹，由于每次走刀时间较长，大部分切削热传入工件，导致工件轴向伸长而产生弯曲变形，当细长轴以较高速旋转时，这种弯曲所引起的离心力使弯曲变形进一步加剧。

3. 车削细长轴时车刀磨损大

由于车削细长轴每次走刀的时间较长，会使车刀磨损大，从而降低工件的加工精度并增大表面粗糙度值。

4. 工艺系统调整困难，加工精度不易保证

车削细长轴时，由于中心架或跟刀架的使用，机床、刀具、辅助工夹具、工件之间的配合、调整困难，增大了系统共振的因素，容易造成工件竹节形、棱圆形等误差，影响加工精度。

（二）车削细长轴时的工艺处理

1. 用中心架支承车削细长轴

一般在车削细长轴时，用中心架来增加工件的刚性，当工件可以进行分段切削时（如图2-104和图2-105所示），中心架支承在工件中间，如图2-106所示。在工件装上中心架之前，必须在毛坯中部车出一段支承中心架支承爪的沟槽或凸肩，其表面粗糙度及圆柱度误差要小，并在支承爪与工件接触处经常加润滑油。为提高工件精度，车削前应将工件轴线调整到与机床主轴回转中心同轴。

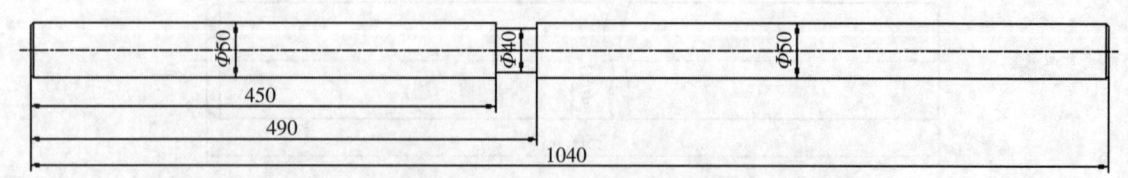

图 2-104 中间小可分段切削零件示例

项目2　设计回转体轴类零件机械加工工艺

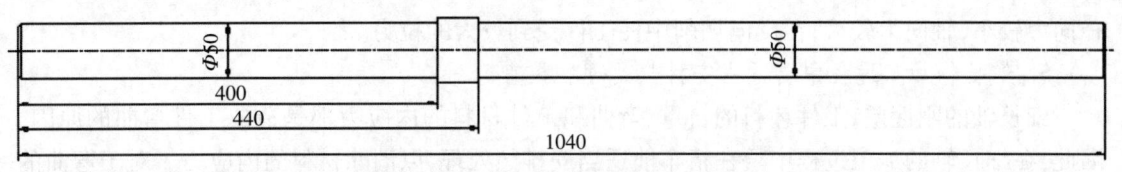

图2-105　中间大可分段切削零件示例

图2-106　用中心架支承车削细长轴加工示例

2. 用跟刀架支承车削细长轴

对不适宜调头车削的细长轴，不能用中心架支承，而要用跟刀架支承进行车削，以增加工件的刚性。跟刀架固定在床鞍上，一般有两个支承爪（如图2-107（a）所示），可以跟随车刀移动，抵消径向切削力，提高车削细长轴的形状精度和减小表面粗糙度。但由于工件本身的向下重力，以及偶尔的弯曲，车削时工件会瞬时离开支承爪及瞬时接触支承爪并产生振动，所以车削细长轴一般采用三支承跟刀架，如图2-107（b）所示。

采用三支承跟刀架加工细长轴外圆，车刀安装粗车时，刀尖可比工件中心高出0.03～0.05mm，使刀尖部分的后面压住工件，车刀此时相当于跟刀架的第四个支承块，有效地增强了工件的刚度，可减少工件振动和变形，提高加工精度。精车时，刀尖可比工件中心低约0.03～0.05mm，用以增大后角减少刀具磨损，切削刃不会"啃入"工件，防止损伤工件表面。采用三支承跟刀架加工细长轴示例如图2-108所示。

3. 车削细长轴时宜采用反向进给

车削细长轴时，为防止工件振动，常采用反向（自左向右，即采用左手刀）进给，使工件内部产生拉应力。此外，宜采用弹性尾顶尖（活顶尖），以防止工件热伸长而导致工件弯曲，在工件和卡爪间垫入开口钢丝圈，以防止工件变形。

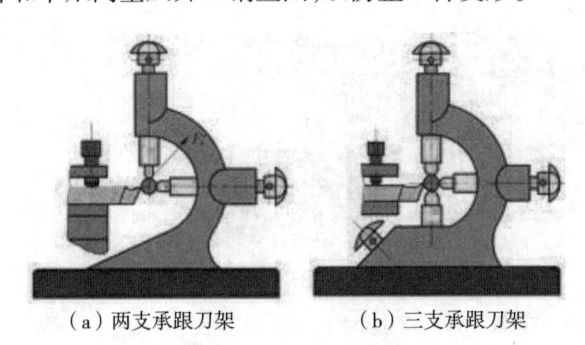

（a）两支承跟刀架　　（b）三支承跟刀架

图2-107　支承跟刀架

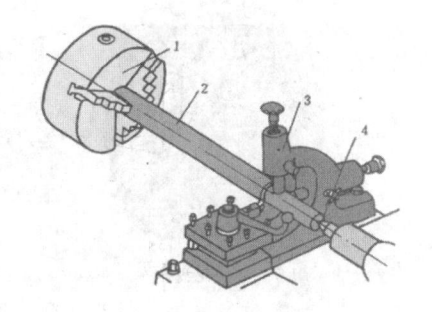

图2-108　三支承跟刀架加工细长轴示例

4. 车削细长轴时粗车刀应采用较大的主偏角

为防止细长轴粗车时的弯曲变形和振动，粗车刀采用较大的主偏（75°或75°以上）使车削径向力较小,轴向力较大,在反向切削中使工件受到较大的拉力。

5. 细长轴加工过程中要适当安排热处理和校直

细长轴的刚性差,工件坯料的自重、弯曲和工件材料的内应力都是造成工件弯曲的原因。因此,在细长轴的加工过程中要在精车前适当安排热处理,以消除材料的内应力。对于弯曲的坯料,加工前要进行校直。一般粗车时工件挠度不大于 1mm,精车时不大于 0.2mm。

当工件坯料整体的弯曲量超过 1mm 时,应进行校直。当工件精度要求较高或坯料直径较大时,采用热校直;当工件精度要求较低且坯料直径较小时,可采用反向锤击法进行冷校直。与一般冷校直法相比,采用反向锤击法,工件虽不易回弹或复弯,但仍存在内应力,因此车去表层后还有弯回的趋势。所以对坯料直径较小而精度要求较高的工件,可在反向锤击法冷校直后再进行退火处理,以消除应力。

在实际生产中,若细长轴类零件批量小,一般不安排校直,若安排校直则工序较长,可采用加大毛坯余量、选用较小的背吃刀量、多刀车削的办法来解决;若细长轴类零件批量较大,才安排校直。

6. 车削细长轴时要装夹正确

细长轴工件装夹不良是工件弯曲的一个重要原因。细长轴毛坯往往都存在一定的挠度,一般用四爪单动卡盘装夹为宜。因为四爪单动卡盘具有可调整被夹工件圆心位置的特点,可用于"借"正毛坯上的某些弯曲部分,以防止车削后工件弯曲。卡爪夹持毛坯不宜过长,一般在 15~20mm 为宜。

另外,尾座顶尖与工件中心孔不宜顶得过紧,否则,车削时产生的切削热会使工件膨胀伸长,造成工件弯曲变形。

(三)四爪卡盘

四爪卡盘的外形如图 2-109(a) 所示,四个对称分布的卡爪通过 4 个螺杆独立移动,又称四爪单动卡盘,可以调整工件夹持部位在主轴上的位置。四爪卡盘的特点是不仅能装夹较大型的回转体类零件、偏心回转体类零件,也能装夹形状比较复杂的非回转体类零件,如方形、长方形等,而且夹紧力大。由于四爪卡盘装夹时不能自动定心,所以装夹效率较低,装夹时必须用划线盘或百分表找正,使工件回转中心与车床主轴中心重合。图 2-109(b) 所示为用百分表找正四爪卡盘装夹工件外圆的示意图,图 2-110 所示为四爪卡盘装夹工件加工内孔示例。

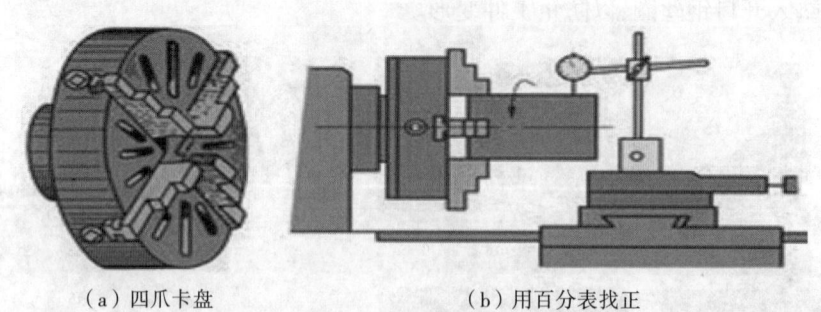

(a)四爪卡盘　　　　　　　　(b)用百分表找正

图 2-109　四爪卡盘及其装夹找正示例

与三爪卡盘相比,四爪卡盘不单单是多了一个爪,而且每个爪都是单动的,这样就可以加工偏心零件和其他形状较复杂、难以装夹在通用卡盘上的零件。加工这类零件时,钳工先在工件上划线确定孔或轴的偏心位置,再使用划针对偏心的孔或轴的偏心位置进行找正,不断地调整各卡爪,使工件孔或轴的轴心线和车床主轴线重合。四爪卡盘除此作用外,还可夹持方型零件等。四爪卡盘装夹找正烦琐费时,因此装夹效率较低,常用于单件或小批生产。四爪卡盘的卡爪也有正爪和反爪两种形式。

二、磨削加工工艺知识

1. 砂轮及其用途

磨削是目前半精加工和精加工的主要加工方法之一,砂轮则是磨削加工中的重要刀具,砂轮是由结合剂将磨料颗粒黏结而成的多孔体。砂轮一般安装在平面磨床、外圆磨床和内圆磨床上使用,也可安装在砂轮机上刃磨刀具。故磨削的方式有外圆磨削、内孔磨削、平面磨削、成形磨削、螺纹磨削、齿轮磨削等,如图 1-81 所示。

图 2-110　四爪卡盘加工工件示例

根据不同的用途、磨削方式和磨削类型,砂轮被制成各种形状和尺寸,常用的砂轮有平形砂轮、筒形砂轮、双斜边砂轮、杯形砂轮、碗形砂轮和碟形砂轮等,如图 1-81 所示。

2. 磨削加工的选择与应用

1) 磨削加工与其他加工的区别

(1) 加工精度高。磨削加工精度可达 IT5~IT6,表面粗糙度可达 $Ra\ 0.32~1.25\mu m$;高精度外圆磨床的精密磨削尺寸精度可达 $0.2\mu m$,圆度可达 $0.1\mu m$,表面粗糙度可控制到 $0.01\mu m$。

(2) 加工范围广。磨削不但可以加工软材料,如未淬火钢、铸铁和有色金属等,而且可以加工硬度很高的材料,如淬火钢、各种切削刀具及硬质合金等。

(3) 磨削层深度小。磨削时,在一次走刀过程中去除的金属层较薄,切削深度小。特别适合精度要求高、加工余量小的零件加工。

2) 砂轮的特性

砂轮的特性包括磨料、粒度、结合剂、硬度、组织、强度、形状和尺寸等。

(1) 磨料。砂轮中磨粒的材料称为磨料。磨削中磨粒担负着切削工作,接受剧烈挤压、摩擦及高温作用,因此磨料必须具备高硬度、高耐热性和一定的韧性。

磨料分为天然和人造两类,天然磨料有刚玉类、金刚石等。刚玉类含杂质多且不稳定,天然金刚石又价格昂贵,故加工中较少使用。目前应用较多的是人造磨料,其种类特性如下。

① 刚玉类。主要成分是三氧化二铝(Al_2O_3),适合磨削抗拉强度高的材料,如各种钢材。如常见的棕刚玉(A),棕褐色,用它制造的陶瓷结合剂砂轮呈蓝色。硬度和韧性好,适于磨削碳钢、合金钢、硬青铜等材料,且价格便宜。再如白钢玉,呈白色,较棕刚玉硬而脆,磨粒锋利,适于精磨淬硬钢、高速钢及易变形的工件。

② 碳化硅类。主要成分碳化硅(SiC),磨料的硬度和脆性比刚玉类高,磨粒也更锋利,不宜磨削钢类等韧性金属,适用于磨削脆性材料,如铸铁、硬质合金等。如黑碳化硅(BC),磨料呈黑色,有金属光泽,硬度高,磨料棱角锋利,但很脆,较适于磨削抗拉强度低的材料,如铸铁、黄铜、青铜等。

再如绿碳化硅(GC),呈绿色,硬度比黑色碳化硅高,刃口锋利,但脆性更大,适于磨削硬而脆的材料,如硬质合金等。

③ 超硬类。超硬类磨料是近年来使用的新型磨料。如人造金刚石(SD),是目前已知物质

硬度最高的材料,刃口异常锋利,切削性能好,但价格昂贵。主要用于高硬度材料如硬质合金、光学玻璃等加工。

再如立方氮化硼(CBN),呈棕黑色,硬度低于金刚石,主要用于磨削高硬度、高韧性的难加工材料。经验证明,立方氮化硼砂轮磨削钢料的效率比刚玉类砂轮要高近百倍,比金刚石高5倍,但磨削脆性材料不及金刚石。

(2)粒度。粒度是表示磨粒尺寸大小的参数,对磨削表面的粗糙度和磨削效率有影响。粒度粗大,磨削深度大,效率高,但表面质量差;反之工件表面摩擦大,发热量大,易灼伤工件。

(3)结合剂。结合剂是将磨粒黏结成各种砂轮的材料,其种类及性能决定了砂轮的硬度、强度及耐腐蚀的能力。

(4)硬度。砂轮的硬度是指结合剂黏结磨粒的牢固程度,即磨粒从砂轮表面上脱落下来的难易程度。磨粒不易脱落的,称为硬砂轮,反之称为软砂轮。

(5)组织。组织是表示砂轮内部结构松紧程度的参数。砂轮的松紧程度与磨粒、结合剂和气孔三者的体积比例有关。砂轮组织号从0到14共分15级,表示磨粒占砂轮体积百分比依次减小,磨粒与磨粒之间的空隙依次增大。

3)砂轮要素的选择

(1)磨削硬材料应选择软的、粒度号大的砂轮,磨削软材料应选择硬的、粒度号小的、组织号大的砂轮。这样砂轮损耗小,也不易堵塞。

(2)粗磨时为了提高生产率要选择粒度号小、软的砂轮。精磨时为了提高工件表面质量要选择粒度号大、硬的砂轮。

(3)大面积磨削或薄壁件磨削时应选择粒度号小、组织号大、软的砂轮。这样砂轮不易堵塞,工件表面不易烧伤,工件也不易变形。

(4)成形磨削选择粒度号大、组织号小、硬的砂轮,以保持砂轮的廓形。

3. 常见外圆磨削、内圆(孔)磨削及平面磨削加工参数选择

常见外圆磨削、内圆(孔)磨削及平面磨削加工参数如表2-28所示。表中数值为实际生产时的经验磨削加工参数供参考。

表2-28 常见外圆磨削、内圆(孔)磨削及平面磨削加工参数

磨削参数		外圆磨削	内圆(孔)磨削	平面磨削
砂轮粒度		46~60	46~80	36~60
修整工具		单粒金刚石		
砂轮线速度		10~35m/s	20~30m/s	20~35m/s
工件线速度		20~35m/min	20~50m/min	
磨削进给速度		1.2~3m/min	2~3m/min	17~30m/min
磨削深度	横向	0.02~0.05mm/行程	0.005~0.01mm/行程	2~5mm(双行程)
	纵向			0.02~0.05mm/行程
光磨次数(单行程)		1~2	2~4	1~2

2-4-4 完成工作任务过程

1. 零件图纸工艺分析

主要分析中心传动轴零件图纸的技术要求(包括尺寸精度、形位精度和表面粗糙度等)、检查零件图的完整性与正确性、分析零件的结构工艺性。通过零件图纸工艺分析,保证零件的加工精度,确定应采取的工艺措施。

该中心传动轴零件长径比(L/D)大于20,为典型细长轴类零件,加工表面由圆柱面及倒角等表面组成,外径 $\Phi60_{-0.015}^{0}$ mm 的尺寸精度和表面粗糙度($Ra0.8\mu m$)要求高。尺寸标注完整,轮廓描述清楚。零件材料为45钢,无热处理硬度要求,切削加工性能较好。

通过上述对零件图纸工艺分析,采取以下四点工艺措施。

(1)中心传动轴虽只试生产3件,但外径 $\Phi60_{-0.015}^{0}$ mm 的尺寸精度和表面粗糙度要求高,普通车床无法加工。若采用数控车床加工,虽加工精度可满足零件图纸技术要求,但因零件为细长轴类零件,只试生产3件,数控车床加工需跟刀架辅助支撑配合,工艺系统调整费时不经济。故建议粗加工采用普通车床辅以跟刀架,精加工采用万能外圆磨床磨削。

(2)普通车床粗加工为防止零件弯曲变形,除采用"一夹一顶"的装夹方式外,还要用三支承跟刀架支承。万能外圆磨床采用两顶尖拨盘装夹磨削。不论是普通车床粗加工,还是万能外圆磨床精加工,都要用顶尖顶中心孔,故中心孔重复使用,所以需打B型中心孔。

(3)车削中心传动轴时采用反向进给。

(4)车削中心传动轴时车刀采用较大的主偏角。

2. 加工工艺路线设计

依次经过:"选择中心传动轴加工方法→划分加工阶段→划分加工工序→工序顺序安排",最后确定中心传动轴零件的工步顺序和进给加工路线。

根据上述零件图纸工艺分析,不论是普通车床粗加工,还是万能外圆磨床精加工,都要用顶尖顶中心孔,可以利用普通车床中空主轴,毛坯穿过中空主轴夹紧,粗、精车两端面和倒角,打中心孔,保证总长 $1250_{-0.1}^{0}$ mm。打好中心孔后,普通车床粗车外圆,然后再由万能外圆磨床粗、精磨外径,故划分为粗加工和精加工两个阶段。万能外圆磨床只有一道工序,但该道工序分两道工步,即粗磨和精磨。根据上述工序划分及加工顺序安排,最后确定中心传动轴零件的工步顺序如下。

(1)先用普通车床粗、精车两端面和倒角,保证总长 $1250_{-0.1}^{0}$ mm,并打中心孔。

(2)普通车床粗车 $\Phi60_{-0.015}^{0}$ mm 外径,外径单边留1mm磨削余量(余量单边留1 mm 是为防止粗车工件弯曲变形过大)。

(3)万能外圆磨床粗、精磨外径至尺寸。

3. 加工机床选择

主要根据加工零件的规格大小、加工精度和表面加工质量等技术要求,经济合理地选择加工机床。

根据上述零件图纸工艺分析和加工工艺路线设计,该中心传动轴零件粗加工采用普通车床辅以跟刀架,但普通车床的纵向行程须达约1.5m;精加工采用万能外圆磨床磨削,可选用M1432A万能外圆磨床。

4. 装夹方案及夹具选择

主要根据加工零件的规格大小、结构特点、加工部位、尺寸精度、形位精度和表面粗糙度等技术要求,确定零件的定位、装夹方案及夹具。

根据上述加工工艺路线设计最后确定的中心传动轴零件工步顺序,普通车床粗、精车两端面和倒角时,可以利用普通车床中空主轴,毛坯穿过中空主轴定位夹紧。普通车床粗车 $\Phi 60_{-0.015}^{0}$ mm 外径时,除采用"一夹一顶"的装夹方式外,还要用三支承跟刀架配合支承。万能外圆磨床粗、精磨外径时,采用两顶尖拨盘装夹磨削。

5. 刀具选择

主要根据加工零件的余量大小、结构特点、材质、热处理硬度、加工部位、尺寸精度、形位精度和表面粗糙度等技术要求,结合刀具材料,正确合理地选择刀具。

根据上述零件图纸工艺分析和加工工艺路线设计,该中心传动轴零件最后确定的各工步顺序刀具如下,刀具规格参照表 2-13 选取。

(1) 普通车床粗、精车两端面、倒角和打中心孔,选用 45°端面车刀(焊接无涂层硬质合金车刀)和 B 型中心钻。

(2) 普通车床粗车 $\Phi 60_{-0.015}^{0}$ mm 外径,选用主偏角为 93°的外圆车刀(采用涂层硬质合金刀片,主偏角 93°是为减小车削时的径向力,减小加工过程中工件的弯曲变形)。

(3) 万能外圆磨床粗、精磨 $\Phi 60_{-0.015}^{0}$ mm 外径时,因零件未经热处理硬度低,故选择砂轮粒度较小的中等硬度砂轮磨削。

6. 切削用量选择

切削用量选择主要根据工步加工的余量大小、材质、热处理硬度、尺寸精度、形位精度和表面粗糙度等技术要求,结合所选刀具和拟定的加工工艺路线,正确合理地选择切削用量。

切削用量包括背吃刀量 a_p、进给速度 f 和主轴转速 n。

1) 背吃刀量 a_p

按上述加工工艺路线设计和中心传动轴零件图纸技术要求,普通车床粗、精车两端面和倒角,选粗车背吃刀量 a_p 约为 2.8mm,精车背吃刀量 a_p 约为 0.2 mm。普通车床粗车 $\Phi 60_{-0.015}^{0}$ mm 外径,选背吃刀量 a_p 约为 2.5mm。

2) 进给速度 f

根据表 2-14(硬质合金车刀粗车外圆、端面的进给量参考数值)、表 2-15(按表面粗糙度选择进给量的参考数值),该零件普通车床粗车端面和倒角进给量 f 取 0.4mm,精车端面和倒角进给量 f 取 0.2mm;中心钻进给量 f 取 0.12mm。普通车床粗车 $\Phi 60_{-0.015}^{0}$ mm 外径,进给量 f 取 0.25mm(进给量取较小是为减小切削力,防止切削过程中工件变形)。

3) 主轴转速 n

主轴转速 n 应根据零件上被加工部位的直径,按零件和刀具的材料及加工性质等条件所允许的切削速度 v_c(m/min),按公式 $n = (1000 \times v_c)/(3.14 \times d)$ 来确定。

根据表 2-16(硬质合金外圆车刀切削速度的参考数值)、表 2-17(国产硬质合金刀具(无涂层)及钻孔数控车切削用量的参考数值)和表 2-28(常见外圆磨削、内圆(孔)磨削及平面磨削加工参数),普通车床粗、精车两端面和倒角均采用焊接无涂层硬质合金车刀,粗车切削速度 v_c 选 50m/min,则主轴转速 n 约为 237r/min;精车切削速度 v_c 选 62m/min,则主轴转速 n 约为 294r/min;中心钻切削速度 v_c 选 12m/min,则主轴转速 n 约为 450r/min。普通车床粗车 $\Phi 60_{-0.015}^{0}$ mm 外径,粗车切削速度 v_c 选 50m/min,则主轴转速 n 约为 237r/min。万能外圆磨床粗、精磨 $\Phi60_{-0.015}^{0}$mm 外径,选砂轮线速度 20m/s,工件线速度 25m/min。

7. 填写中心传动轴零件机械加工工序卡和刀具卡

主要根据选择的机床、刀具、夹具、切削用量和拟定的加工工艺路线,正确填写机械加工工序卡和刀具卡。

1) 中心传动轴零件机械加工工序卡

中心传动轴零件机械加工工序卡如表 2-29 所示。

表 2-29 中心传动轴机械加工工序卡

单位名称	×××	产品名称或代号 ×××	零件名称 中心传动轴	零件图号 ×××
加工工序卡号	数控加工程序编号	夹具名称	加工设备	车间
×××	×××	三爪卡盘+三支承跟刀架+顶针	普通车床+万能外圆磨床	×××

工步号	工步内容	刀具号	刀具规格/mm	主轴转速/(r/min)	进给速度/(mm/r)	背吃刀量/mm	备注
1	粗、精车右端面和倒角,保证表面粗糙度	T01	16×16	237/294	0.4/0.2	2.8/0.2	普通车床
2	打中心孔	T02	$\Phi3$	450	0.12		普通车床
3	粗、精车左端面和倒角,保证表面粗糙度和总长$1250_{-0.1}^{0}$mm	T01	16×16	237/294	0.4/0.2	2.8/0.2	普通车床
4	打中心孔	T02	$\Phi3$	450	0.12		普通车床
5	粗车外径至$\Phi62$mm	T03	16×16	237	0.25	2.5	普通车床
6	粗、精磨$\Phi60_{-0.015}^{0}$mm 外径至尺寸,保证表面粗糙度为$Ra0.8\mu m$	T04					切削参数由磨削规范确定
编制	×××	审核 ×××	批准 ×××	年 月 日	共 页	第 页	

2) 中心传动轴零件机械加工刀具卡

中心传动轴零件机械加工刀具卡如表 2-30 所示。

表 2-30 中心传动轴零件机械加工刀具卡

产品名称或代号		×××	零件名称	中心传动轴	零件图号	×××
序号	刀具号	刀具 规格名称	数量	刀长/mm	加工表面	备注
1	T01	45°端面车刀	1	实测	端面和倒角	焊接无涂层硬质合金车刀
2	T02	$\Phi3$mm B型中心钻	1	实测	中心孔	
3	T03	93°外圆车刀	1	实测	外径	涂层硬质合金刀片
4	T04	砂轮	1	实测	外径	粒度较小的中等硬度砂轮
编制	×××	审核	×××	批准 ×××	年 月 日	共 页 第 页

2-4-5 工作任务完成情况评价与工艺优化讨论

1. 工作任务完成情况评价

对上述中心传动轴零件加工案例工作任务完成过程进行详尽分析,从零件图纸工艺分析、加工工艺路线设计、加工机床选择、加工刀具选择、装夹方案与夹具选择和切削用量选择几方面,对照自己独立设计的中心传动轴机械加工工艺,评价各自的优缺点。

2. 中心传动轴零件加工工艺优化讨论

(1)根据上述中心传动轴加工案例机械加工工艺,各学习小组从以下八个方面对其展开讨论。

①加工方法选择是否得当?为什么?

②工序与工步顺序安排是否合理?为什么?

③加工工艺路线是否得当?为什么?粗车后不安排校直合理吗?有没有更优化的加工工艺路线?

④选择的加工机床是否经济适用?为什么?

⑤加工刀具(含刀片)选择是否得当?为什么?

⑥选择的夹具是否得当?为什么?有没有其他更适用的夹具?

⑦选择的装夹方案是否得当?为什么?有没有更合适的装夹方案?

⑧选择的切削用量是否合适?为什么?有没有更优化的切削用量?

(2)各学习小组分析、讨论完毕后,各派一名代表上讲台汇报自己小组的讨论意见。各学习小组汇报完毕后,老师综合各学习小组的汇报情况,对中心传动轴加工案例机械加工工艺进行点评。

(3)根据老师的点评,独立修改优化中心传动轴机械加工工序卡与刀具卡。

2-4-6 巩固与提高

将图 2-103 所示的中心传动轴零件表面粗糙度 Ra 改为 $3.2\mu m$,外径尺寸改为 $\Phi 60_{-0.06}^{0}$ mm,其他不变,设计其机械加工工艺。

任务2-5 设计回转体轴类零件机械综合加工工艺

2-5-1 学习目标

通过本任务单元的学习、训练和讨论,学生应该能够:

1. 独立对中等以上复杂程度的回转体轴类零件图纸进行加工工艺分析,设计机械加工工艺路线,选择经济适用的加工机床,根据生产批量选择夹具并确定装夹方案,按设计的机械加工工艺路线选择合适的加工刀具与合适的切削用量,最后编制出中等以上复杂程度的回转体轴类零件机械加工工序卡与刀具卡。

2. 在教师的指导与引导下,通过小组分析、讨论,与各学习小组中等以上复杂程度回转体轴类零件机械加工工艺方案对比,优化独立设计的机械加工工艺路线与切削用量,选择更经济适用的加工机床,选择更合适的刀具、夹具,确定更合理的装夹方案,最终编制出优化的中等以上复杂程度回转体轴类零件机械加工工序卡与刀具卡。

2-5-2 工作任务描述

现要完成如图2-111所示连接轴加工案例零件的加工,具体设计该零件的机械加工工艺,并对设计的连接轴零件机械加工工艺做出评价。具体工作任务如下:

1. 对连接轴零件图纸进行加工工艺分析,确定毛坯尺寸。
2. 设计连接轴机械加工工艺路线。
3. 选择加工连接轴的经济适用加工机床。
4. 根据生产批量选择夹具并确定连接轴的装夹方案。
5. 按设计的连接轴零件机械加工工艺路线选择合适的加工刀具与合适的切削用量。
6. 编制连接轴机械加工工序卡与刀具卡。
7. 经小组分析、讨论,与各学习小组连接轴机械加工工艺方案对比,对独立设计的连接轴零件机械加工工艺做出评价,修改并优化连接轴零件机械加工工序卡与刀具卡。

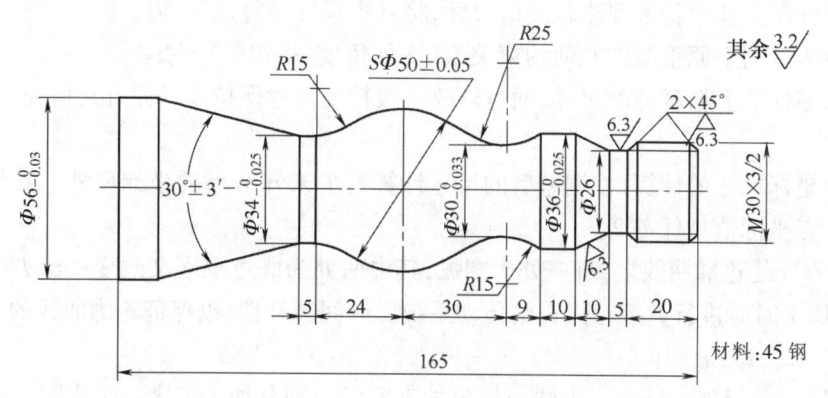

图2-111 连接轴加工案例

注:该连接轴材料45钢,试制2件。

2-5-3 完成工作任务过程

1. 零件图纸工艺分析

主要分析连接轴零件图纸技术要求(包括尺寸精度、形位精度和表面粗糙度等)、检查零件图的完整性与正确性、分析零件的结构工艺性。通过零件图纸工艺分析,保证零件的加工精度,确定应采取的工艺措施。

该零件加工表面由圆柱、圆锥、顺圆弧、逆圆弧及双头螺纹等表面组成。$\Phi 36\mathrm{mm}$ 圆柱面直径、$S\Phi 50\mathrm{mm}$ 球面直径及凹圆弧面的直径尺寸和大锥面锥角有较高精度要求;球径 $S\Phi 50\mathrm{mm}$ 的尺寸公差还兼有控制该球面形状(线轮廓)误差的作用,大部分的表面粗糙度为 $Ra3.2\mu\mathrm{m}$,要求一般。尺寸标注完整,轮廓描述清楚。零件的材料为 45 钢,无热处理和硬度要求,切削加工性能较好。

通过上述零件图纸工艺分析,采取以下几点工艺措施。

(1) 因该连接轴只试制 2 件,且零件轮廓表面的顺圆弧和逆圆弧普通车床无法加工,故采用数控车床加工。另该零件长度和直径比(L/D)约为 3,为保证数控加工精度及精车轮廓光滑过渡,需采用"一夹一顶"的装夹方式。为便于装夹,该连接轴毛坯选用 $\Phi 60\mathrm{mm}\times 180\mathrm{mm}$ 棒料,毛坯左端先用普通车床车出夹持部位,如图 2-112 所示双点划线部分,右端面也先用普通车床车好保证总长 165mm,并打好中心孔。

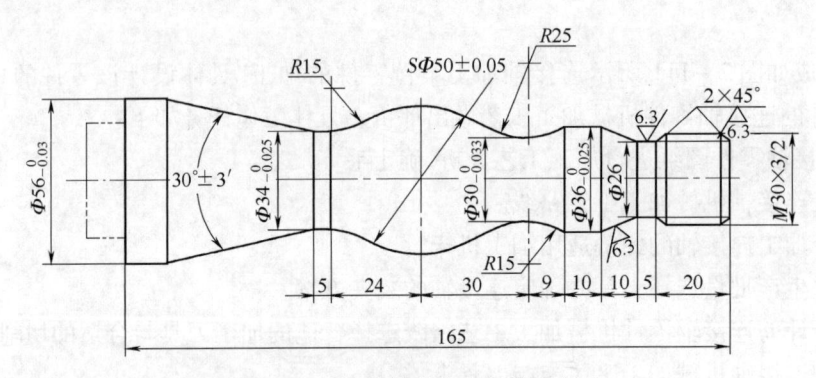

图 2-112 连接轴数控车削前工序图

(2) 数控车削零件图形的数学处理及编程尺寸设定值的确定。

① 对零件图上几个精度要求较高的尺寸,将基本尺寸换算成平均尺寸。

② 保持零件图上原重要的几何约束关系(比如角度、相切等)不变。

③ 调整零件图上精度低的尺寸,通过修改一般精度尺寸保持零件原有几何约束关系,使之协调。

④ 节点坐标尺寸的计算,按调整后的尺寸计算有关未知节点的坐标尺寸。具体经调整计算后的各节点坐标值见任务 2。

(3) 该零件的轮廓曲线上,有三处为圆弧,其中两处为既过象限又改变进给方向的轮廓曲线,因此在加工时应进行数控车床进给传动系统反向间隙补偿,以保证轮廓曲线的光滑过渡。

2. 加工工艺路线设计

依次经过"选择连接轴加工方法→划分加工阶段→划分加工工序→工序顺序安排",最后确定连接轴零件的工步顺序和进给加工路线。

根据表2-3(外回转表面参考加工方法)和连接轴零件的加工精度及表面质量要求,结合该连接轴各加工部位余量大小相差较大,采用"粗车(两次)—精车"可满足零件图纸技术要求。因生产批量只有2件,故"粗车(两次)—精车"可连续进行,不需划分加工阶段。根据上述零件图纸工艺分析拟采取的工艺措施,该连接轴需采用"一夹一顶"的装夹方式,故工序划分以一次安装所进行的加工作为一道工序。普通车床只加工图2-112所示右端面、左端夹持位及打中心孔,数控车削分两道工序,其中一道工序分三道工步,即粗车第一次、粗车第二次、精车外轮廓三道工步;另一道工序只有一道工步,即粗精车螺纹。加工顺序按由粗到精、先面后孔、由近到远(由右到左)的原则确定,工步顺序按同一把刀能加工的内容连续加工原则确定,即先从右到左进行粗车外轮廓第一次,再从右到左进行粗车外轮廓第二次(单边留0.25mm精车余量),最后从右到左进行精车外轮廓,最后车削螺纹(因螺纹距顶尖很近,可先精车轮廓,最后再车螺纹)。根据上述工序划分及加工顺序安排,最后确定连接轴零件的工步顺序和进给加工路线如下。

(1)先用普通车床粗、精车右端面后,打中心孔,再掉头车左端(如图2-112所示)夹持位,保证总长165mm。

(2)数控车床采用阶梯切削进给路线,从右至左粗车$M30$、锥长为10mm的圆锥、$\Phi36mm$、$S\Phi50mm$和$\Phi56mm$各段外圆,单边留约0.25mm的余量。

(3)自右向左粗车$R15mm$、$R25mm$、$S\Phi50mm$、$R15mm$各圆弧面、$\Phi34mm$及$30°\pm3'$的圆锥面,单边留约0.25mm的余量。

(4)自右向左精车:螺纹右端倒角→车削螺纹段外圆$\Phi30mm$→螺纹左端倒角→$5mm\times\Phi26mm$螺纹退刀槽→锥长10mm的圆锥→$\Phi36mm$圆柱段→$R15mm$、$R25mm$、$S\Phi50mm$、$R15mm$各圆弧面→$5mm\times\Phi34mm$的槽→$30°\pm3'$的圆锥面→$\Phi56mm$圆柱段。自右向左精车进给加工路线(走刀路线)如图2-113所示。

(5)车螺纹。

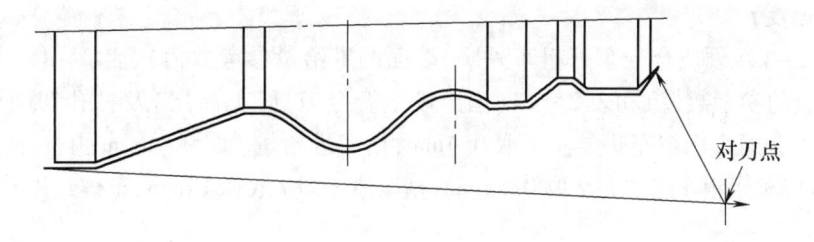

图2-113 精车轮廓进给加工路线

3. 加工机床选择

主要根据加工零件的规格大小、加工精度和表面加工质量等技术要求,经济合理地选择加工机床。

根据上述零件图纸工艺分析和加工工艺路线设计,因该连接轴零件小,故选择小型普通车床和小型数控车床加工即可。

4. 装夹方案及夹具选择

主要根据加工零件的规格大小、结构特点、加工部位、尺寸精度、形位精度和表面粗糙度等技术要求,确定零件的定位、装夹方案及夹具。

根据上述零件图纸工艺分析后拟采取的工艺措施,该零件毛坯左端可在普通车床上预先车出夹持部分(如图 2-112 所示的双点划线部分),右端面也在普通车床上先车好,保证总长 165mm,并打好中心孔。普通车床装夹可利用其中空主轴,毛坯穿过中空主轴定位夹紧。数控车床装夹时以零件的轴线和图 2-112 所示左端大端面为定位基准,用三爪自定心卡盘定心夹紧左端,右端采用活动顶尖作辅助支承,形成"一夹一顶"的装夹方式。

5. 刀具选择

主要根据加工零件的余量大小、结构特点、材质、热处理硬度、加工部位、尺寸精度、形位精度和表面粗糙度等技术要求,结合刀具材料,正确合理地选择刀具。

根据上述零件图纸工艺分析、加工工艺路线设计和表 2-10(被加工表面与适用的刀片形状),该零件先用普通车床加工右端面及打中心孔,再加工左端夹持位,加工端面选用 45°端面车刀(焊接无涂层硬质合金车刀);中心孔因无重复使用,故选 $\Phi 3mm$ A 型中心钻。数控车削时为防止副后刀面与已车工件轮廓发生干涉,副偏角不能太小,选副偏角 $\kappa_r' 35°$、主偏角为 95°的右手车刀。车螺纹选用带涂层硬质合金的 60°外螺纹车刀,刀尖圆弧半径应小于轮廓最小圆角半径,取刀尖圆弧半径 $r_\varepsilon = 0.15 \sim 0.2mm$。具体刀具规格参照表 2-13 选取。

6. 切削用量选择

主要根据工步加工的余量大小、材质、热处理硬度、尺寸精度、形位精度和表面粗糙度等技术要求,结合所选刀具和拟定的加工工艺路线,正确合理地选择切削用量。

切削用量包括背吃刀量 a_p、进给速度 f 和主轴转速 n。

1)背吃刀量 a_p

按上述加工工艺路线设计和零件图纸技术要求,普通车床粗、精车右端面和左端夹持位大端面的粗糙度为 $Ra3.2\mu m$,选粗车右端面背吃刀量 a_p 约为 2.75mm,精车背吃刀量 a_p 约为 0.25 mm,粗车夹持位大端面背吃刀量 a_p 约为 3.5mm,精车背吃刀量 a_p 约为 0.25 mm。数控车床粗、精车外轮廓,选粗车背吃刀量 a_p 约为 3.5mm,精车背吃刀量 a_p 约为 0.25 mm。车螺纹背吃刀量 a_p 根据表 2-22(常用公制螺纹切削的进给次数与背吃刀量(单边余量))选取。

2)进给速度 f

根据表 2-14(硬质合金车刀粗车外圆、端面的进给量参考数值)、表 2-15(按表面粗糙度选择进给量的参考数值)和表 2-17(国产硬质合金刀具(无涂层)及钻孔切削用量的参考数值),该零件普通车床粗车进给量 f 取 0.4mm,精车进给量 f 取 0.18mm;中心钻进给量 f 取 0.12mm。数控车床粗车进给量 f 取 0.35mm,精车进给量 f 取 0.18mm;车螺纹进给量 f 为螺距 3mm。

3)主轴转速 n

主轴转速 n 应根据零件上被加工部位的直径,按零件和刀具的材料及加工性质等条件所允许的切削速度 v_c (m/min),按公式 $n = (1000 \times v_c)/(3.14 \times d)$ 来确定。

根据表 2-17(国产硬质合金刀具(无涂层)及钻孔切削用量的参考数值),普通车床粗、精车端面均采用焊接无涂层硬质合金车刀,粗车切削速度 v_c 选 50m/min,则主轴转速 n 约为 265r/min;精车切削速度 v_c 选 62m/min,则主轴转速 n 约为 329r/min;中心钻切削速度 v_c 选 12m/min,则主轴转速 n 约为 450r/min。

根据表 2-16(硬质合金外圆车刀切削速度的参考数值),数控车床第一次粗车外轮廓切削速度 v_c 选 100m/min,则主轴转速 n 约为 530r/min,第二次粗车外轮廓切削速度 v_c 选 100m/min,则主轴转速 n 约为 636r/min;精车轮廓切削速度 v_c 选 120m/min,则主轴转速 n 约为 764r/

min。车螺纹时按公式 $n \leqslant 1200/P - K$ 计算得到最高转速为 320r/min，因为 3mm 的螺距稍大，为确保螺纹车刀片耐用度，选取 120r/min。

7. 填写连接轴零件机械加工工序卡和刀具卡

主要根据选择的机床、刀具、夹具、切削用量和拟定的加工工艺路线，正确填写机械加工工序卡和刀具卡。

1) 连接轴零件机械加工工序卡

连接轴零件机械加工工序卡如表 2-31 所示。

表 2-31 连接轴零件机械加工工序卡

单位名称	×××	产品名称或代号		零件名称	零件图号
		×××		连接轴	×××
加工工序卡号	数控加工程序编号	夹具名称		加工设备	车间
×××	×××	三爪卡盘+活动顶针		普通车床+数控车床	×××
工步号	工步内容	刀具号	刀具规格/mm	主轴转速/(r/min)	进给速度/(mm/r)	背吃刀量/mm	备注
---	---	---	---	---	---	---	---
1	粗、精车右端面，保证粗糙度为 $Ra 3.2 \mu m$	T01	16×16	265/329	0.4/0.18	2.75/0.25	普通车床
2	打中心孔	T02	$\Phi 3$	450	0.12		普通车床
3	粗、精车左端夹持位大端面，保证总长 165mm 和粗糙度为 $Ra 3.2 \mu m$	T01	16×16	265/329	0.4/0.18	3.5/0.25	普通车床
4	粗车 M30、锥长为10mm 的圆锥、$\Phi 36mm$、$S\Phi 50mm$ 和 $\Phi 56mm$ 各段外圆，单边留 0.25mm 余量	T03	16×16	530	0.35	3.5	数控车床
5	粗车 $R15mm$、$R25mm$、$S\Phi 50mm$、$R15mm$ 各圆弧面、$\Phi 34mm$ 及 30°±3′ 的圆锥面，单边留 0.25mm 余量	T03	16×16	636	0.35	3.5	数控车床
6	精车外轮廓，保证各轮廓尺寸的尺寸精度	T03	16×16	764	0.18	0.25	数控车床
7	粗精车 M30×3 螺纹	T04	16×16	120	3		分 9 次进刀
编制	×××	审核	×××	批准	×××	年 月 日	共 页 第 页

注：数控加工刀片为涂层硬质合金刀片。

2) 连接轴零件机械加工刀具卡

连接轴零件机械加工刀具卡如表 2-32 所示。

表2-32　连接轴零件机械加工刀具卡

产品名称或代号	×××	零件名称		连接轴	零件图号	×××
序号	刀具号	刀具			加工表面	备注
		规格名称	数量	刀长/mm		
1	T01	45°端面车刀	1	实测	左右端面	焊接无涂层硬质合金车刀
2	T02	ϕ3 A型中心钻	1	实测	中心孔	
3	T03	95°右手车刀，副偏角 $\kappa_r'=35°$	1	实测	外轮廓	涂层硬质合金刀片
4	T04	60°外螺纹车刀	1	实测	$M30\times3$ 螺纹	涂层硬质合金刀片
编制	×××	审核	×××	批准	×××	年 月 日	共 页	第 页

2-5-4 工作任务完成情况评价与工艺优化讨论

1. 工作任务完成情况评价

对上述连接轴零件加工案例工作任务完成过程进行详尽分析，从零件图纸工艺分析、加工工艺路线设计、加工机床选择、加工刀具选择、装夹方案与夹具选择和切削用量选择几方面，对照自己独立设计的连接轴机械加工工艺，评价各自的优缺点。

2. 连接轴零件加工工艺优化讨论

（1）根据上述连接轴零件加工案例机械加工工艺，各学习小组从以下八个方面其展开讨论。

①加工方法选择是否得当？为什么？

②工序与工步顺序安排是否合理？为什么？

③加工工艺路线是否得当？为什么？有没有更优化的加工工艺路线？

④选择的加工机床是否经济适用？为什么？

⑤加工刀具（含刀片）选择是否得当？为什么？

⑥选择的夹具是否得当？为什么？有没有其他更适用的夹具？

⑦选择的装夹方案是否得当？为什么？有没有更合适的装夹方案？

⑧选择的切削用量是否合适？为什么？有没有更优化的切削用量？

（2）各学习小组分析、讨论完毕后，各派一名代表上讲台汇报自己小组的讨论意见。各学习小组汇报完毕后，老师综合各学习小组的汇报情况，对连接轴加工案例机械加工工艺进行点评。

（3）根据老师的点评，独立修改优化连接轴机械加工工序卡与刀具卡。

2-5-5 巩固与提高

如图2-114所示的球头连接轴加工案例，零件材料为45钢，批量200件。试确定毛坯尺寸，设计其机械加工工艺。

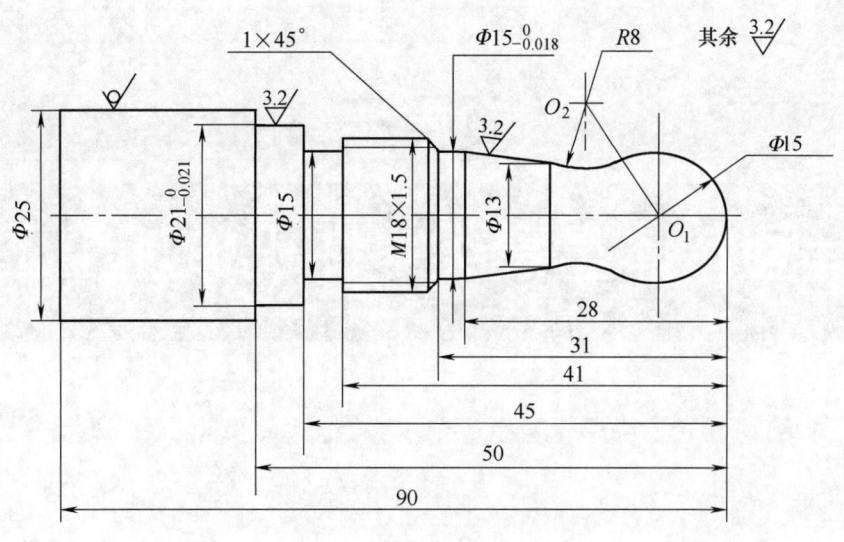

图 2-114 球头连接轴

项目三

设计回转体盘套类零件机械加工工艺

任务 3-1　设计回转体盘类零件机械加工工艺

3-1-1　学习目标

通过本任务单元的学习、训练与讨论,学生应该能够:

1. 独立对回转体盘类零件图纸进行加工工艺分析,设计机械加工工艺路线,选择经济适用的加工机床,根据生产批量选择夹具并确定装夹方案,按设计的机械加工工艺路线选择合适的加工刀具与合适的切削用量,最后编制出回转体盘类零件的机械加工工序卡与刀具卡。

2. 在教师的指导与引导下,通过小组分析、讨论,与各学习小组回转体盘类零件机械加工工艺方案对比,优化独立设计的机械加工工艺路线与切削用量,选择更经济适用的加工机床,选择更合适的刀具、夹具,确定更合理的装夹方案,最终编制出优化的回转体盘类零件机械加工工序卡与刀具卡。

3-1-2　工作任务描述

现要完成如图 3-1 所示齿轮坯加工案例零件的加工,具体设计该齿轮坯的机械加工工艺,并对设计的齿轮坯机械加工工艺做出评价。具体工作任务如下。

1. 对齿轮坯零件图纸进行加工工艺分析。
2. 设计齿轮坯机械加工工艺路线。
3. 选择加工齿轮坯的经济适用加工机床。
4. 根据生产批量选择夹具并确定齿轮坯的装夹方案。
5. 按设计的齿轮坯机械加工工艺路线选择合适的加工刀具与合适的切削用量。
6. 编制齿轮坯机械加工工序卡与刀具卡。

7. 经小组分析、讨论，与各学习小组齿轮坯机械加工工艺方案对比，对独立设计的齿轮坯机械加工工艺做出评价，修改并优化齿轮坯机械加工工序卡与刀具卡。

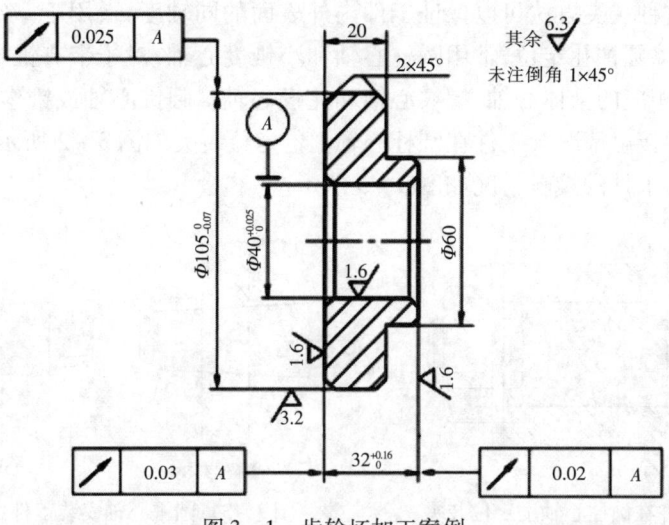

图 3-1 齿轮坯加工案例

注：该齿轮坯零件材料为 45 钢，毛坯尺寸为 $\phi 110mm \times 36mm$，试制 5 件，齿轮坯内孔已用钻床钻孔至 $\phi 33mm$。

3-1-3 学习内容

设计回转体盘类零件机械加工工艺步骤包括：零件图纸工艺分析、加工工艺路线设计、选择加工机床、找正装夹方案及夹具选择、刀具选择、切削用量选择，最后完成机械加工工序卡及刀具卡的编制。要完成齿轮坯零件机械加工工艺的设计任务，除了要掌握回转体类零件机械加工工艺的相关知识，还要学习加工回转体盘类零件的相关工艺知识。

（一）回转体盘类零件的工艺特点

盘类零件主要由端面、外圆和内孔等组成，有些盘类零件上还分布着一些大小不一的孔系，一般零件直径大于零件的轴向尺寸。盘类零件除尺寸精度、表面粗糙度有要求外，其外圆对孔有径向圆跳动的要求，端面对孔有端面圆跳动或垂直度的要求，外圆与内孔间有同轴度要求，以及两端面之间的平行度要求等。保证径向圆跳动和端面圆跳动是制定盘套类零件工艺时要重点考虑的问题。在工艺上，一般分粗车、半精车和精车。精车时，尽可能把有形位精度要求的外圆、孔、端面在一次安装中全部加工完。若有形位精度要求的表面不可能在一次安装中完成时，通常先把孔做出，然后以孔定位上心轴或弹簧心轴加工外圆或端面（有条件的情况下也可在平面磨床上磨削端面）。

（二）加工盘类零件的常用夹具

加工小型盘类零件常采用三爪卡盘装夹工件，若有形位精度要求的表面不可能在三爪卡盘安装中加工完成时，通常在内孔精加工完成后，以孔定位上心轴或弹簧心轴加工外圆或端面，保证形位精度要求。加工大型盘类零件时，因三爪卡盘规格没那么大，常采用四爪卡盘或花盘装夹工件。三爪卡盘和四爪卡盘装夹工件在项目二中已作了详细说明，这里不再赘述。下面学习心轴和花盘。

1. 心轴

当工件用已加工过的孔作为定位基准,并能保证外圆轴线和内孔轴线的同轴度要求时,可采用心轴装夹。这种装夹方法可以保证工件内外表面的同轴度,适用于一定批量生产。心轴的种类很多,工件以圆柱孔定位,常用圆柱心轴和小锥度心轴;对于带有锥孔、螺纹孔、花键孔的工件定位,常用相应的锥体心轴、螺纹心轴和花键心轴。圆锥心轴或锥体心轴定位装夹时,要注意其与工件的接触情况。工件在圆柱心轴上的定位装夹如图3-2所示,圆锥心轴或锥体心轴定位装夹时与工件的接触情况如图3-3所示。

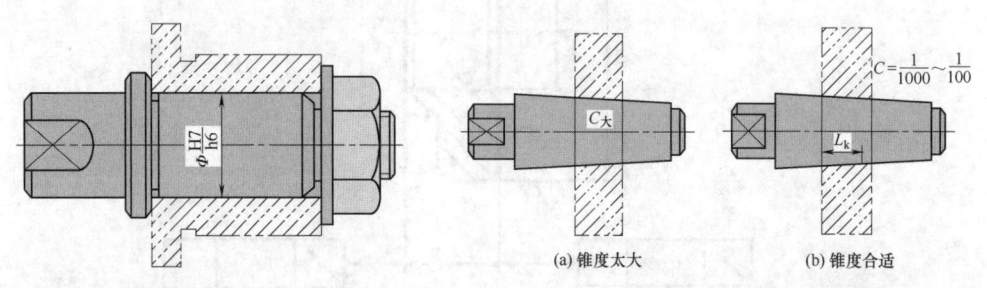

图3-2 工件在圆柱心轴上定位装夹

图3-3 圆锥心轴安装工件的接触情况
(a) 锥度太大　(b) 锥度合适

圆柱心轴是以外圆柱面定心、端面压紧来装夹工件的,心轴与工件孔一般用 H7/h6、H7/g6 的间隙配合,所以工件能很方便地套在心轴上。但是,由于配合间隙较大,一般只能保证同轴度 0.02mm 左右。为了消除间隙,提高心轴定位精度,心轴可以做成锥体,但锥体的锥度要很小,否则工件在心轴上会产生歪斜,常用的锥度为 $C = 1/1000 \sim 1/100$。定位时,工件楔紧在心轴上,楔紧后孔会产生弹性变形,不会使工件倾斜。

当工件直径较大时,应采用带有压紧螺母的圆柱心轴,它的夹紧力较大,但定位精度较锥度心轴低。

2. 花盘

花盘是安装在车床主轴上的一个大圆盘。对于形状不规则的工件,或无法使用三爪卡盘及四爪卡盘装夹的工件,可用花盘装夹,它也是加工大型盘套类零件的常用夹具。花盘上面开有若干个T形槽,用于安装定位元件、夹紧元件和分度元件等辅助元件。采用花盘可加工形状复杂的盘套类零件或偏心类零件的外圆、端面和内孔等表面。用花盘装夹工件时,要注意平衡,应采用平衡装置以减少由离心力产生的振动及主轴轴承的磨损。一般平衡措施有两种:一种是在较轻的一侧加平衡块(配重块),其位置距离回转中心越远越好;另一种是在较重的一侧加工减重孔,其位置距离回转中心越近越好,平衡块的位置和重量最好可以调节。花盘如图3-4所示,在花盘上装夹工件及平衡如图3-5所示。花盘装夹工件加工示例如图3-6所示。

图3-4 花盘

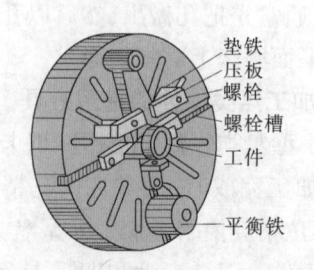

图3-5 在花盘上装夹工件及平衡

图 3-6 花盘装夹工件加工示例

(三) 内孔(圆)加工刀具

1. 内孔(圆)车刀

内孔(圆)车刀与外径(圆)车刀、端面车刀、外螺纹车刀、外切槽刀和切断刀刀杆形状不一样,外径(圆)车刀、端面车刀、外螺纹车刀、外切槽刀和切断刀刀杆形状呈四方形,而内孔(圆)车刀刀杆形状呈圆柱形,且装夹内孔(圆)车刀时,一般必须在刀杆上套一个弹簧夹套,然后装在刀夹上固定。常见内孔(圆)车刀、刀片与弹簧夹套如图3-7所示。

2. 内切槽车刀

内切槽车刀与内孔(圆)车刀一样,刀杆形状呈圆柱形。装夹内切槽车刀时,一般必须在刀杆上套一个弹簧夹套,再用刀夹通过弹簧夹套夹住内切槽车刀,刀片与外切槽车刀片一样。常见内切槽车刀如图3-8所示。

图 3-7 常见内孔(圆)车刀、刀片与弹簧夹套

图 3-8 内切槽车刀

3. 内螺纹车刀

内螺纹车刀与内切槽车刀一样,刀杆形状呈圆柱形。装夹内螺纹车刀时,一般必须在刀杆上套一个弹簧夹套,再用刀夹通过弹簧夹套夹住内螺纹车刀,刀片与外螺纹车刀片一样。常见内螺纹车刀如图3-9所示。

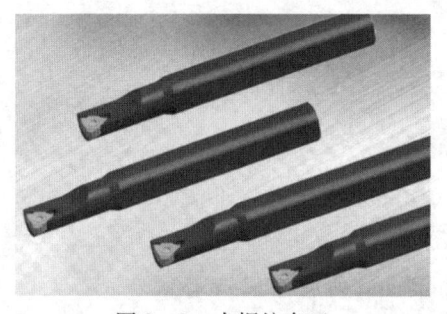

图 3-9 内螺纹车刀

3-1-4 完成工作任务过程

1. 零件图纸工艺分析

主要分析齿轮坯零件图纸技术要求（包括尺寸精度、形位精度和表面粗糙度等）、检查零件图的完整性与正确性、分析零件的结构工艺性。通过零件图纸工艺分析，保证零件的加工精度，确定应采取的工艺措施。

该齿轮坯零件的加工表面由圆柱面、内孔及倒角等表面组成，两端面对内孔中心线有端面圆跳动要求，外径对内孔中心线有径向圆跳动要求。内孔尺寸精度、表面粗糙度及两端面表面粗糙度要求较高。尺寸标注完整，轮廓描述清楚。零件的材料为45钢，无热处理和硬度要求，切削加工性能较好。

保证径向圆跳动和端面圆跳动是制定盘套类零件工艺时重点要考虑的问题。因为齿轮坯无法一次装夹完成外径、内孔及两端面的加工，造成两端面对内孔中心线的端面圆跳动要求和外径对内孔中心线的径向圆跳动要求难于保证，必须采取另外的工艺措施才能解决。通过上述零件图纸工艺分析，采取以下工艺措施。

根据零件图样，图示右端有 $\Phi 60$mm 台肩，可先粗车 $\Phi 60$mm 台肩，然后以台肩端面定位，夹紧 $\Phi 60$mm 外径、粗、精车左端面、粗车、半精车、精车内孔，再粗、精车外径，这样一次装夹加工，可保证左端面对内孔中心线的端面圆跳动要求和外径对内孔中心线的径向圆跳动要求。此时，零件内孔已加工好，可用小锥度心轴楔紧工件内孔（保证内孔中心线与机床主轴中心线重合），再精车右端面，这样就可保证右端面对内孔中心线的端面圆跳动要求。

根据上述拟采取的工艺措施，该齿轮坯零件需多次装夹，内孔 $\Phi 40^{+0.025}_{0}$ mm 尺寸精度及内孔和两端面的粗糙度为 $Ra1.6\mu m$ 要求稍高，选操作水平较高的工人用普通车床即可加工（采用机夹装涂层硬质合金刀片车刀），且只试制5件，故建议由普通车床加工。

2. 加工工艺路线设计

依次经过："选择齿轮坯加工方法→划分加工阶段→划分加工工序→工序顺序安排"，最后确定齿轮坯零件的工步顺序和进给加工路线。

经过项目2的五个工作任务的学习与工艺编制训练，应已对设计加工工艺路线的顺序非常熟悉。设计齿轮坯零件加工工艺路线从选择加工方法→划分加工阶段→划分加工工序→工序顺序安排这里不再赘述，因为这些工作过程都是为最终确定齿轮坯零件的工步顺序和进给加工路线做铺垫，留给学习小组进行讨论、汇报和老师点评。这里列出最后确定的齿轮坯零件工步顺序如下：

(1) 粗车 $\Phi 60$mm 外径。

(2) 粗、精车左端面。

(3) 粗、精车 $\Phi 105$mm 外径。

(4) 粗车、半精车、精车 $\Phi 40$mm 内孔。

(5) 左端孔口和大外角倒角。

(6) 精车 $\Phi 60$mm 外径和20mm 台肩面。

(7) 粗车右端面。

（8）右端内孔、$\Phi 60 mm$ 外圆和大外角倒角。

（9）精车右端面，保证总长。

3. 加工机床选择

主要根据加工零件的规格大小、加工精度和表面加工质量等技术要求，经济合理地选择加工机床。

该齿轮坯零件规格不大，根据上述零件图纸工艺分析拟采取的工艺措施，选小型精度较好的普通车床加工即可。

4. 装夹方案及夹具选择

主要根据加工零件的规格大小、结构特点、加工部位、尺寸精度、形位精度和表面粗糙度等零件图纸技术要求，确定零件的定位、装夹方案及夹具。

根据上述零件图纸工艺分析，该齿轮坯零件由端面、外圆和内孔等组成，零件直径尺寸比轴向长度大很多，两端面对内孔和外圆对内孔都有径向圆跳动要求，是典型的盘类零件。零件的生产批量为5件，为保证零件加工的形位精度要求，该齿轮坯装夹加工时，首先用三爪卡盘夹紧工件左端（在三爪卡盘内放置合适的圆盘件或隔套，工件装夹时只需靠紧圆盘件或隔套即可准确轴向定位），粗车 $\Phi 60 mm$ 台肩，掉头装夹 $\Phi 60 mm$ 外径，以已车台肩端面轴向定位，粗精车左端面、内孔、外圆和倒角。然后，掉头装夹已精车 $\Phi 105 mm$ 外径（在三爪卡盘内放置合适的圆盘件或隔套，工件装夹时只需靠紧圆盘件或隔套即可准确轴向定位），为防止已精车 $\Phi 105 mm$ 外径夹伤，可考虑在工件 $\Phi 105 mm$ 已精车表面夹持位包一层铜皮。垫好铜皮后，为确保工件夹正，用百分表找正工件，精车 $\Phi 60 mm$ 外径和台肩面 20mm 长度至尺寸，然后粗车右端面和内孔孔口 $\Phi 60 mm$ 外径及大外角倒角。最后，用锥度心轴和顶针装夹工件，用卡箍带动工件旋转，精车右端面，保证宽度尺寸。具体用锥度心轴和顶针装夹工件如图 3-10 所示。

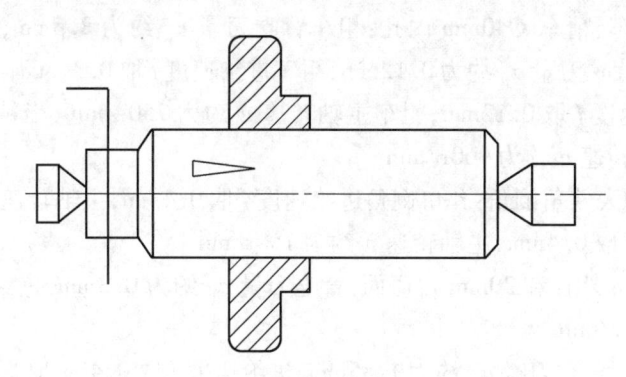

图 3-10 锥度心轴和顶针装夹工件示意图

5. 刀具选择

主要根据加工零件的余量大小、结构特点、材质、热处理硬度、加工部位、尺寸精度、形位精度和表面粗糙度等技术要求，结合刀具材料，正确合理地选择刀具。

根据上述零件图纸工艺分析和齿轮坯的加工精度及表面质量要求，根据表 2-10（被加工表面与适用的刀片形状），上述加工工艺路线设计确定的齿轮坯零件各工步顺序的所用刀具如下，刀具规格参照表 2-13 选取。

（1）粗、精车 $\Phi 60 mm$ 外径和 20mm 台肩面，粗、精车 $\Phi 105 mm$ 外径，选用主偏角为 95° 的外圆车刀。

(2)粗车、半精车、精车 $\Phi 40mm$ 内孔,选主偏角为 95°的内孔车刀。

(3)粗、精车左右端面,内孔孔口、$\Phi 60mm$ 外圆及大外角倒角选用 45°端面车刀(焊接无涂层硬质合金车刀)。

6. 切削用量选择

主要根据各工步加工的余量大小、材质、热处理硬度、尺寸精度、形位精度和表面粗糙度等技术要求,结合所选刀具和拟定的加工工艺路线,正确合理地选择切削用量。

切削用量包括背吃刀量 a_p、进给速度 f 和主轴转速 n。

经过项目 2 中五个工作任务的学习,应该对车削切削用量选择很熟悉。生产实际经验表明,试加工时,因对工艺系统刚性认识不足,若采用较大的切削用量,切削时工艺系统震颤会造成刀具失效,或刀具运动(进给)速度偏快,如果来不及停机,会造成撞刀事故。试加工时,切削用量稍小一些,不易引发刀具失效或加工事故。根据已学知识,如何优化齿轮坯零件的切削用量,留给学习小组进行讨论、汇报和老师点评。这里列出上述齿轮坯零件加工工艺路线设计确定的各工步顺序的背吃刀量 a_p、进给速度 f 和主轴转速 n 如下:

(1)粗车 $\Phi 60mm$ 外径:背吃刀量 a_p 约为 4mm,进给速度 f 取 0.35mm,主轴转速 n 约为 280r/min。

(2)粗、精车左端面:粗车背吃刀量 a_p 约为 1.85mm,精车背吃刀量 a_p 约为 0.15mm;粗车进给速度 f 取 0.45mm(因余量小故选稍大),精车进给速度 f 取 0.15mm;粗车主轴转速 n 约为 300r/min,精车主轴转速 n 约为 360r/min。

(3)粗、精车 $\Phi 105mm$ 外径:粗车背吃刀量 a_p 约为 2.35mm,精车背吃刀量 a_p 约为 0.15mm;粗车进给速度 f 取 0.4mm,精车进给速度 f 取 0.15mm;粗车主轴转速 n 约为 300r/min,精车主轴转速 n 约为 380r/min。

(4)粗车、半精车、精车 $\Phi 40mm$ 内孔:粗车背吃刀量 a_p 约为 2.5mm,半精车背吃刀量 a_p 约为 0.88mm,精车背吃刀量 a_p 约为 0.12mm;粗车进给速度 f 取 0.35mm,半精车进给速度 f 取 0.22mm,精车进给速度 f 取 0.12mm;粗车主轴转速 n 约为 750r/min,半精车主轴转速 n 约为 830r/min,精车主轴转速 n 约为 960r/min

(5)左端孔口和大外角倒角:孔口倒角进给速度 f 取 0.4mm,主轴转速 n 约为 380r/min;大外角倒角进给速度 f 取 0.4mm,主轴转速 n 约为 150r/min。

(6)精车 $\Phi 60mm$ 外径和 20mm 台肩面:背吃刀量 a_p 约为 0.3mm,进给速度 f 取 0.25mm;主轴转速 n 约为 630r/min

(7)粗车右端面:背吃刀量 a_p 约为 1.85mm,进给速度 f 取 0.45mm(因余量小故选稍大),主轴转速 n 约为 500r/min。

(8)右端内孔、$\Phi 60mm$ 外圆和大外角倒角:孔口倒角进给速度 f 取 0.4mm,主轴转速 n 约为 380r/min;$\Phi 60mm$ 外圆倒角进给速度 f 取 0.4mm,主轴转速 n 约为 270r/min;大外角倒角进给速度 f 取 0.4mm,主轴转速 n 约为 150r/min。

(9)精车右端面,保证总长。背吃刀量 a_p 约为 0.15mm,进给速度 f 取 0.1mm,主轴转速 n 约为 580r/min。

7. 填写齿轮坯零件机械加工工序卡和刀具卡

主要根据选择的机床、刀具、夹具、切削用量和拟定的加工工艺路线,正确填写机械加工工序卡和刀具卡。

1) 齿轮坯零件机械加工工序卡

齿轮坯零件机械加工工序卡如表3-1所示。

表3-1 齿轮坯零件机械加工工序卡

单位名称	×××	产品名称或代号 ×××	零件名称 齿轮坯	零件图号 ×××
加工工序卡号 ×××	数控加工程序编号 ×××	夹具名称 三爪卡盘、锥度心轴+顶针	加工设备 普通车床	车间 ×××

工步号	工步内容	刀具号	刀具规格/mm	主轴转速/(r/min)	进给速度/(mm/r)	背吃刀量/mm	备注
1	粗车Φ60 mm外径至Φ60.6×13.7mm	T01	16×16	280	0.35	4	普通车床
2	粗、精车左端面至总长34 mm，表面粗糙度为Ra1.6μm	T02	16×16	300/360	0.45/0.15	1.85/0.15	掉头装夹
3	粗、精车Φ105 mm外径至尺寸，保证$\Phi 105_{-0.07}^{0}$ mm	T01	16×16	300/380	0.4/0.15	2.35/0.15	普通车床
4	粗车、半精车、精车Φ40mm内孔至尺寸，保证$\Phi 40_{0}^{+0.025}$mm	T03	Φ20	750/830/960	0.35/0.22/0.12	2.5/0.88/0.12	普通车床
5	左端内孔1×45°和大外角2×45°倒角	T02	16×16	380/150	0.4		普通车床
6	精车Φ60 mm外径和台肩面20 mm至尺寸	T01	16×16	630	0.25	0.3	掉头装夹找正，防夹伤
7	粗车右端面至总长32.15mm	T02	16×16	500	0.45	1.85	普通车床
8	右端内孔、外圆倒角1×45°和大外角2×45°倒角	T02	16×16	380/270/150	0.4		普通车床
9	精车右端面，保证总长$32_{0}^{+0.16}$ mm	T02	16×16	580	0.1	0.15	锥度心轴+顶针
编制 ×××	审核 ×××	批准 ×××	年 月 日	共 页	第 页		

注：除倒角为焊接无涂层硬质合金刀片外，其他刀片为涂层硬质合金刀片。

2) 齿轮坯零件机械加工刀具卡

齿轮坯零件机械加工刀具卡如表3-2所示。

表3-2 齿轮坯零件机械加工刀具卡

产品名称或代号	×××	零件名称	齿轮坯	零件图号	×××
序号	刀具号	刀具规格名称	数量	刀长/mm	加工表面	备注

序号	刀具号	规格名称	数量	刀长/mm	加工表面	备注
1	T01	95°外圆车刀	1	实测	外径和台肩面	涂层硬质合金刀片
2	T02	45°端面车刀	1	实测	端面和倒角	焊接无涂层硬质合金车刀
3	T03	Φ20内孔车刀（主偏角95°）	1	实测	内孔	涂层硬质合金刀片
编制 ×××	审核 ×××	批准 ×××	年 月 日	共 页	第 页	

3-1-5 工作任务完成情况评价与工艺优化讨论

1. 工作任务完成情况评价

对上述齿轮坯零件加工案例工作任务完成过程进行详尽分析,从零件图纸工艺分析、加工工艺路线设计、加工机床选择、加工刀具选择、装夹方案与夹具选择和切削用量选择几方面,对照自己独立设计的齿轮坯机械加工工艺,评价各自的优缺点。

2. 齿轮坯零件加工工艺优化讨论

(1)根据上述齿轮坯零件加工案例机械加工工艺,各学习小组从以下八个方面对其展开讨论:

①加工方法选择是否得当?为什么?
②工步顺序安排是否合理?为什么?
③加工工艺路线是否得当?为什么?有没有更优化的加工工艺路线?
④选择的加工机床是否经济适用?为什么?
⑤加工刀具(含刀片)选择是否得当?为什么?
⑥选择的夹具是否得当?为什么?有没有其他更适用的夹具?
⑦选择的装夹方案是否得当?为什么?有没有更合适的装夹方案?
⑧选择的切削用量是否合适?为什么?有没有更优化的切削用量?

(2)各学习小组分析、讨论完后,各派一名代表上讲台汇报自己小组的讨论意见。各学习小组汇报完毕后,老师综合各学习小组的汇报情况,对齿轮坯加工案例机械加工工艺进行点评。

(3)根据老师的点评,独立修改优化齿轮坯机械加工工序卡与刀具卡。

3-1-6 巩固与提高

若图 3-1 所示的齿轮坯加工案例图纸还要求加工时保证内孔与外圆的同轴度为0.025 mm(如图 3-11 所示),其他不变,试设计其机械加工工艺。

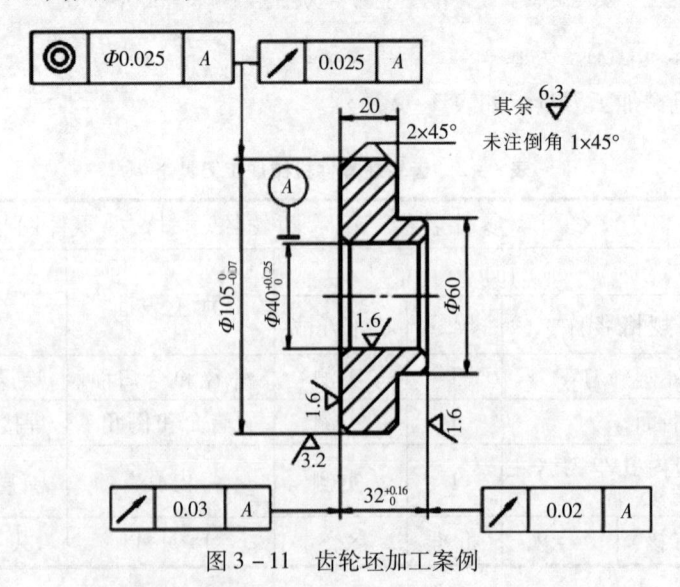

图 3-11 齿轮坯加工案例

任务 3-2 设计回转体套类零件机械加工工艺

3-2-1 学习目标

通过本任务单元的学习、训练和讨论,学生应该能够:

1. 独立对回转体套类零件图纸进行加工工艺分析,设计机械加工工艺路线,选择经济适用的加工机床,根据生产批量选择夹具并确定装夹方案,按设计的机械加工工艺路线选择合适的加工刀具与合适的切削用量,最后编制出回转体套类零件的机械加工工序卡与刀具卡。

2. 在教师的指导与引导下,通过小组分析、讨论,与各学习小组回转体套类零件机械加工工艺方案对比,优化独立设计的机械加工工艺路线与切削用量,选择更经济适用的加工机床,选择更合适的刀具、夹具,确定更合理的装夹方案,最终编制出优化的回转体套类零件机械加工工序卡与刀具卡。

3-2-2 工作任务描述

现要完成如图 3-12 所示隔套加工案例零件的加工,具体设计该隔套零件的机械加工工艺,并对设计的隔套零件机械加工工艺做出评价。具体工作任务如下:

1. 对隔套零件图纸进行加工工艺分析。
2. 设计隔套零件机械加工工艺路线。
3. 选择加工隔套零件的经济适用加工机床。
4. 根据生产批量选择夹具并确定隔套的装夹方案。
5. 按设计的隔套零件机械加工工艺路线选择合适的加工刀具与合适的切削用量。
6. 编制隔套零件机械加工工序卡与刀具卡。
7. 经小组分析、讨论,与各学习小组隔套机械加工工艺方案对比,对独立设计的隔套零件机械加工工艺做出评价,修改并优化隔套零件机械加工工序卡与刀具卡。

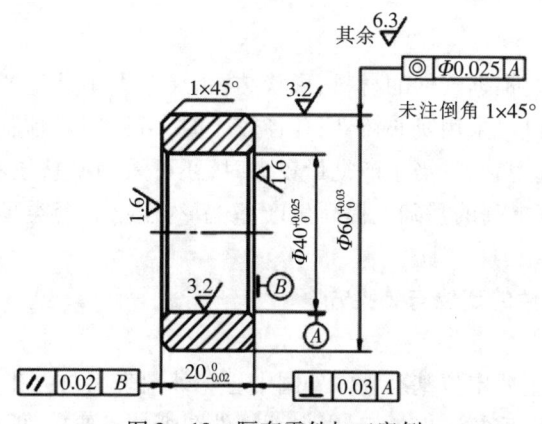

图 3-12 隔套零件加工案例

注:该隔套零件材料为 45 钢,毛坯尺寸为 $\Phi 64mm \times 23mm$,生产批量 400 件,隔套内孔已用钻床钻孔至 $\Phi 35mm$。

3-2-3 学习内容

设计回转体套类零件机械加工工艺步骤包括:零件图纸工艺分析、加工工艺路线设计、选择加工机床、找正装夹方案及夹具选择、刀具选择、切削用量选择,最后完成机械加工工序卡及刀具卡的编制。要完成隔套零件机械加工工艺的设计任务,除了要掌握回转体类零件机械加工工艺的相关知识,还要学习加工回转体套类零件的相关工艺知识。

(一)回转体套类零件的加工工艺特点及毛坯选择

1. 回转体套类零件的工艺特点

回转体套类零件在机器中主要起支承和导向作用,一般主要由同轴度要求较高的内外圆表面组成。一般回转体套类零件的主要技术要求如下:

(1)内孔及外圆的尺寸精度、表面粗糙度和圆度要求。

(2)内外圆之间的同轴度要求。

(3)孔轴线与端面的垂直度要求。

薄壁套类零件,壁薄,径向刚度很弱,在加工过程中极易受切削力、切削热及夹紧力等因素的影响而变形,导致以上各项技术要求难以保证。工件装夹加工时,必须采取相应的预防和纠正措施,以避免加工时引起工件变形;或因装夹变形加工后松开变形恢复,造成已加工表面变形,加工精度达不到零件图纸技术要求。

2. 回转体套类零件的加工工艺原则

(1)粗、精加工应分开进行。

(2)尽量采用轴向压紧,如果采用径向夹紧时,应使径向夹紧力分布均匀。

(3)热处理工序应安排在粗、精加工之间进行。

(4)中小型套类零件的内外圆表面及端面应尽量在一次装夹中加工出来。

(5)内孔、外圆的加工顺序,一般应采用先加工内孔,然后以内孔定位加工外圆的加工顺序。

(6)车削薄壁套类零件时,车削刀具应选择较大的主偏角,以减小背向力(径向力),防止加工工件变形。

(7)车削薄壁套类零件时,根据零件的精度及壁厚,必要时采用包容式软爪,防止加工工件变形。

3. 毛坯选择

套类零件的毛坯主要根据零件的材料、形状结构、尺寸大小及生产批量等因素进行选择。孔径较小时,可选棒料,也可采用实心铸件;孔径较大时,可选用带预制孔的铸件或锻件;壁厚较小且较均匀时,还可选用管料;当生产批量较大时,还可采用冷挤压和粉末冶金等先进毛坯制造工艺,可在毛坯精度提高的基础上提高生产率,节约用材。套类零件材料一般选用钢、铸铁、青铜或者黄铜等。

(二)回转体套类零件的定位与装夹方案

1. 定位基准选择

回转体套类零件的主要定位基准为内外圆中心。外圆表面与内孔中心有较高的同轴度要求时,加工中常互为基准,反复装夹加工,以保证零件图纸技术要求,即采用外圆与端面或内孔与端面互为基准装夹定位。

2. 装夹方案

（1）回转体套类零件的壁较厚，零件以外圆定位时，可直接采用三爪卡盘装夹；外圆轴向尺寸较小时，可与已加工过的端面组合定位装夹，如采用反爪装夹；工件较长时，可加顶尖装夹，再根据工件长度判断加工精度，判断是否再加中心架或跟刀架，采用"一夹一顶一托"法装夹。

（2）套类零件以内孔定位时，可采用心轴装夹（圆柱心轴和可胀式心轴）；当零件的内、外圆同轴度要求较高时，可采用小锥度心轴装夹；当工件较长时，可在两端孔口各加工出一小段60°锥面，用两个圆锥对顶定位装夹。

（3）当回转体套类零件的壁较薄时，也即薄壁套类零件，直接采用三爪卡盘装夹会引起工件变形，可采用轴向装夹、刚性开缝套筒装夹、圆弧软爪装夹（自车软爪成圆弧爪，适当增大卡爪夹紧接触面积）和包容式软爪装夹等方法。

①轴向装夹法。轴向装夹法是将薄壁套类零件由径向夹紧改为轴向夹紧，轴向装夹法如图3-13所示。

②刚性开缝套筒装夹法。薄壁套类零件采用三爪自定心卡盘装夹（如图3-14所示），零件只受到三个卡爪的夹紧力，夹紧接触面积小，夹紧力不均衡，容易使零件发生变形。采用如图3-15所示的刚性开缝套筒装夹，夹紧接触面积大，夹紧力较均衡，不容易使零件发生变形。

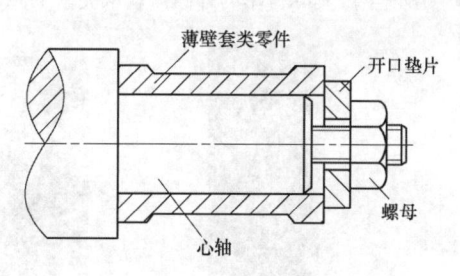

图3-13 工件轴向夹紧示意图

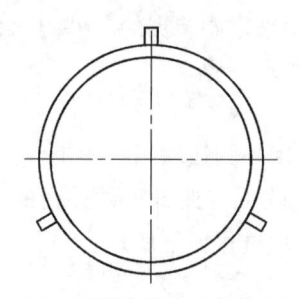

图3-14 三爪自定心卡盘装夹示意图

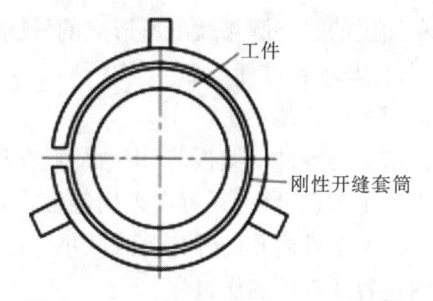

图3-15 刚性开缝套筒装夹示意图

③圆弧软爪装夹法。

当薄壁套类零件以三爪卡盘外圆定位装夹时，采用内圆弧软爪装夹定位工件方法如项目二的图2-50～图2-56所示。

当薄壁套类零件以内孔（圆）定位装夹（撑内孔）时，可采用外圆弧软爪装夹，在机床上根据加工工件内孔大小自车，如图3-16所示。图3-17是生产实际自车的外圆弧软爪实例，图3-18是生产实际自车的外圆弧软爪夹紧工件实例，图3-19是生产实际外圆弧软爪实例。

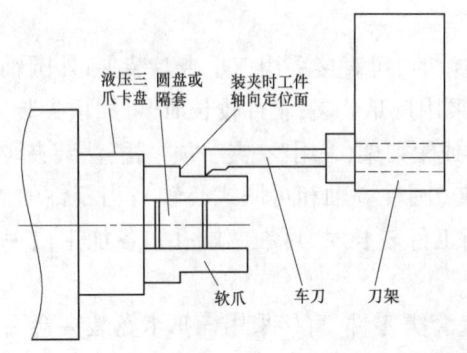

图3-16　数控车床自车加工外圆弧软爪示意图 　　图3-17　生产实际自车的外圆弧软爪实例

图3-18　生产实际自车的外圆弧软爪夹紧工件实例

图3-19　生产实际的外圆弧软爪实例

自车加工的三外圆弧软爪所形成的外圆弧直径大小应比用来定心装夹的工件内孔直径略大一点,其他与项目二任务2-1中所述自车加工内圆弧软爪要求一样。

④包容式软爪装夹法。

当薄壁套类零件的壁很薄,用内圆弧软爪夹紧工件外径或用外圆弧软爪撑紧工件内孔,薄壁套类零件加工仍会变形,可以采用包容式软爪装夹。包容式软爪有夹紧工件外径的内包容式软爪和撑紧工件内孔的外包容式软爪。制作内、外包容式软爪过程如下所述:

a. 内包容式软爪制作过程。

先将一个内径比所要夹持的薄壁套类零件外径小的较厚套类零件等量分割成三块,然后再组合起来,焊接在三爪卡盘的软爪上,最后根据项目二任务2-1中图2-50所示,加工内包容式软爪。所加工的内包容式软爪夹持直径应比工件外圆直径略小。焊接内包容式软爪其中一爪如图3-20所示。

b. 外包容式软爪制作过程。

先将一外径比所要撑紧的薄壁套类零件内径小的较厚套类零件等量分割成三块,然后再组合起来,焊接在三爪卡盘的软爪上,最后根据图3-16所示,加工外包容式软爪,所加工的外包容式软爪撑紧工件内孔的直径应比工件内孔直径略大。焊接外包容式软爪其中一爪如图3-21所示。

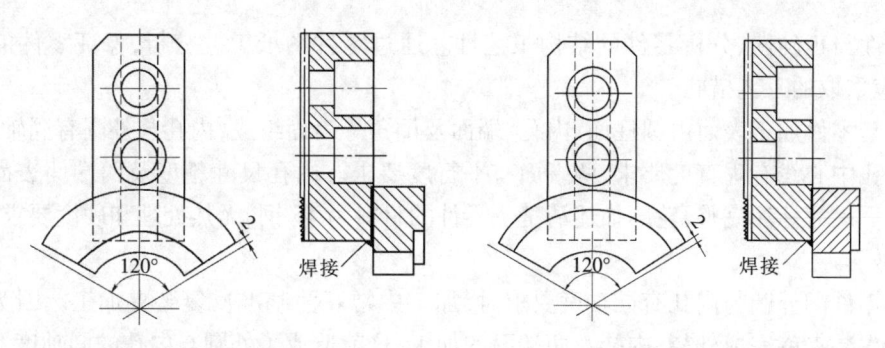

图 3-20　夹工件外径的焊接内包容式软爪　　图 3-21　撑紧工件内孔的焊接外包容式软爪

自车加工内、外圆弧软爪及包容式软爪时要注意,自车软爪应与零件加工时一样处于夹紧状态,以免在加工过程中松动,以及由于卡爪反向间隙而引起定心误差。车削软爪外定心表面时,要在靠卡盘处夹适当的圆盘件,以消除卡盘端面螺纹的间隙。

套类零件的尺寸较小时,尽量在一次装夹下加工出较多表面,这样做既减小了装夹次数及装夹误差,又容易获得较高的形位精度。

(三) 加工回转体套类零件的常用夹具

加工中小型套类零件的常用夹具有:手动三爪卡盘、液压三爪卡盘(包括自车圆弧软爪及包容式软爪)和心轴等。加工中大型套类零件的常用夹具有:四爪卡盘和花盘。这些夹具在前面已经做了详细说明,这里不再赘述。下面着重介绍一下加工中小型套类零件时常用的弹簧心轴夹具。

当工件用已加工过的孔作为定位基准,并能保证外圆轴线和内孔轴线的同轴度要求时,常采用弹簧心轴装夹。这种装夹方法可以保证工件内外圆表面的同轴度,比较适用于批量生产。弹簧心轴(又称涨心心轴)既能定心,又能夹紧,是一种定心夹紧装置。弹簧心轴一般分为直式弹簧心轴和台阶式弹簧心轴。

1. 直式弹簧心轴

直式弹簧心轴如图 3-22 所示,它的最大特点是直径方向上膨胀较大,可达 1.5~5mm。

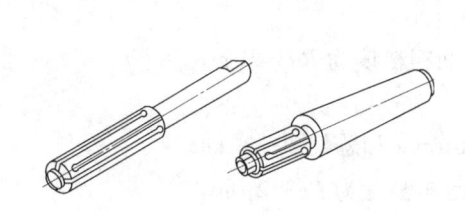

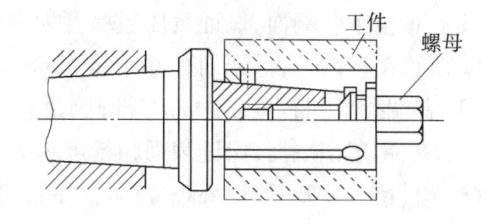

图 3-22　直式弹簧心轴　　　　图 3-23　台阶式弹簧心轴

2. 台阶式弹簧心轴

台阶式弹簧心轴如图 3-23 所示,它的膨胀量较小,一般为 1.0~2.0mm。

3-2-4　完成工作任务过程

1. 零件图纸工艺分析

主要分析隔套零件图纸技术要求(包括尺寸精度、形位精度和表面粗糙度等)、检查零件图的完整性与正确性、分析零件的结构工艺性。通过零件图纸工艺分析,保证零件的加工精度,确定应采取的工艺措施。

该隔套零件加工表面由圆柱面、内孔、端面及倒角等表面组成,内孔与外圆有同轴度要求,端面对内孔中心线有垂直度要求,两端面有平行度要求。内孔尺寸精度及两端面表面粗糙度要求较高。尺寸标注完整,轮廓描述清楚。零件的材料为 45 钢,无热处理和硬度要求,切削加工性能较好。

套类零件的外圆与内孔有同轴度要求时,加工中常互为基准反复装夹加工。因为隔套零件无法一次装夹就完成外径、内孔及两端面的加工,这就造成了外圆与内孔的同轴度及两端面的平行度要求难于保证。另外,因隔套零件的成品尺寸壁厚仅约为 10mm,担心夹紧变形,需采取必要措施解决。通过上述零件图纸工艺分析,采取以下三点工艺措施:

(1)因该隔套零件小,尺寸精度及两端面粗糙度要求较高,生产批量达 400 件,加工余量不大。为提高生产效率,建议只采用数控车床加工。

(2)数控车床自车夹紧毛坯 $\Phi 64$mm 外径的内圆弧软爪,工件以自车的内圆弧软爪台阶面准确轴向定位,夹紧图示工件的左端外径,粗、精车右端面后,即粗、精车 $\Phi 40^{+0.025}_{0}$mm 内孔,可确保右端面对内孔中心线的垂直度要求。

(3)数控车床自车撑紧 $\Phi 40^{+0.025}_{0}$mm 内孔的外圆弧软爪,工件以自车的外圆弧软爪台阶面准确轴向定位,撑紧 $\Phi 40^{+0.025}_{0}$mm 的内孔,粗、精车左端面后,即粗、精车 $\Phi 60^{-0.03}_{0}$mm 外径,可确保内孔与外圆的同轴度要求和两端面的平行度要求。

2. 加工工艺路线设计

依次经过:"选择隔套加工方法→划分加工阶段→划分加工工序→工序顺序安排",最后确定隔套零件的工步顺序和进给加工路线。

设计隔套零件加工工艺路线从选择加工方法→划分加工阶段→划分加工工序→工序顺序安排,这里不再赘述,因为这些工作过程都是为了最终确定隔套零件的工步顺序和进给加工路线做铺垫,留给学习小组进行讨论、汇报和老师点评。这里列出最后确定的隔套零件工步顺序如下:

(1)粗、精车右端面,保证表面粗糙度为 $Ra1.6\mu m$。

(2)粗、精车内孔,保证内孔 $\Phi 40^{+0.025}_{0}$mm 和表面粗糙度为 $Ra3.2\mu m$。

(3)右端孔口和右端 $\Phi 60$mm 外圆倒角。

(4)粗、精车左端面,保证表面粗糙度为 $Ra1.6\mu m$mm 和总长 $20^{-0.02}_{0}$mm。

(5)粗、精车外圆,保证外径 $\Phi 60^{-0.03}_{0}$mm 和表面粗糙度为 $Ra3.2\mu m$。

(6)左端孔口和左端 $\Phi 60$mm 外圆倒角。

3. 加工机床选择

主要根据加工零件的规格大小、加工精度和表面加工质量等技术要求,经济合理地选择加工机床。

根据上述零件图纸工艺分析,该隔套零件建议只采用数控车床加工。因该隔套零件小,故选择小型数控车床加工即可。

4. 装夹方案及夹具选择

主要根据加工零件的规格大小、结构特点、加工部位、尺寸精度、形位精度和表面粗糙度等零件图纸技术要求,确定零件的定位、装夹方案及夹具。

根据上述零件图纸工艺分析,该隔套零件由端面、外圆和内孔等组成,内孔与外圆有同轴度要求,是典型的套类零件。套类零件在加工过程中受切削力、切削热及夹紧力等因素的影响,极易变形,必须采取相应的预防纠正措施。该隔套零件壁厚10mm,稍薄,且零件有形位精度要求,要考虑零件装夹时的夹紧变形。该隔套零件生产批量达400件,建议采用圆弧软爪装夹法,在数控车床上根据工件内孔大小和毛坯外圆大小自车外圆弧软爪和内圆弧软爪,分别用于撑紧工件内孔和夹紧工件毛坯外径,用自车软爪加工出的台阶面准确轴向定位装夹。加工时,先用内圆弧软爪装夹工件毛坯左端外圆,车右端面、内孔及倒角,再用外圆弧软爪涨紧工件内孔,车左端面、外圆及倒角,保证零件的形位精度要求。

5. 刀具选择

主要根据加工零件的余量大小、结构特点、材质、热处理硬度、加工部位、尺寸精度、形位精度和表面粗糙度等零件图纸技术要求,结合刀具材料,正确合理地选择刀具。

根据上述零件图纸工艺分析和隔套零件的加工精度及表面质量要求,该零件精度要求较高,根据表2-10(被加工表面与适用的刀片形状),上述加工工艺路线设计确定的各工步顺序所用刀具如下,刀具规格参照表2-13选取。

(1) 粗、精车左、右端面和$\Phi 60mm$外径,选用主偏角为95°的右手车刀,刀尖半径0.8mm。

(2) 粗、精车$\Phi 40mm$内孔,选用主偏角为95°的内孔车刀,刀尖半径0.8mm。

(3) $\Phi 40mm$内孔孔口、$\Phi 60mm$外圆倒角选用45°端面车刀(焊接无涂层硬质合金车刀)。

6. 切削用量选择

主要根据工步加工余量大小、材质、热处理硬度、尺寸精度、形位精度和表面粗糙度等零件图纸技术要求,结合所选刀具和拟定的加工工艺路线,正确合理地选择切削用量。

切削用量包括背吃刀量a_p、进给速度f和主轴转速n。

试加工时,切削用量可选稍小一些,不易引发刀具失效或加工事故,根据已学知识如何优化隔套零件的切削用量,留给学习小组进行讨论、汇报和老师点评。这里列出上述加工工艺路线设计确定的隔套零件各工步顺序的背吃刀量a_p、进给速度f和主轴转速n如下:

(1) 粗、精车右端面。粗车背吃刀量a_p约为1.35mm,精车背吃刀量a_p约为0.15mm;粗车进给速度f取0.4mm(因为余量小,所以选择的数值稍大),精车进给速度f取0.15mm;粗车主轴转速n约为497r/min,精车主轴转速n约为597r/min。

(2) 粗、精车内孔。粗车背吃刀量a_p约为2.3mm,精车背吃刀量a_p约为0.2mm;粗车进给速度f取0.35mm,精车进给速度f取0.15mm;粗车主轴转速n约为860r/min,精车主轴转速n约为915r/min。

(3) 右端孔口和$\Phi 60mm$外圆倒角。孔口倒角进给速度f取0.3mm,主轴转速n约为400r/min;$\Phi 60mm$外圆倒角进给速度f取0.3mm,主轴转速n约为270r/min。

(4) 粗、精车左端面。粗车背吃刀量a_p约为1.35mm,精车背吃刀量a_p约为0.15mm;粗车进给速度f取0.4mm(因为余量小,所以选择的数值稍大),精车进给速度f取0.15mm;粗车主轴转速n约为497r/min,精车主轴转速n约为597r/min。

(5) 粗、精车外圆。粗车背吃刀量a_p约为1.75mm,精车背吃刀量a_p约为0.25mm;粗车进给速度f取0.4mm,精车进给速度f取0.25mm;粗车主轴转速n约为497r/min,精车主轴转速n约为636r/min。

(6) 左端孔口和$\Phi 60mm$外圆倒角。孔口倒角进给速度f取0.3mm,主轴转速n约为

400r/min；Φ60mm 外圆倒角进给速度 f 取 0.3mm，主轴转速 n 约为 270r/min。

7. 填写隔套零件机械加工工序卡和刀具卡

主要根据选择的机床、刀具、夹具、切削用量和拟定的加工工艺路线，正确填写机械加工工序卡和刀具卡。

1）隔套零件机械加工工序卡如表 3-3 所示。

表 3-3　隔套零件机械加工工序卡

单位名称	×××	产品名称或代号		零件名称	零件图号
		×××		隔套	×××
加工工序卡号	数控加工程序编号	夹具名称		加工设备	车间
×××	×××	液压三爪卡盘+圆弧软爪		数控车床	×××
工步号	工步内容	刀具号	刀具规格/mm	主轴转速/(r/min)	进给速度/(mm/r)	背吃刀量/mm	备注
---	---	---	---	---	---	---	---
1	粗、精车右端面，保证表面粗糙度为 Ra1.6μm	T01	12×12	497/597	0.4/0.15	1.35/0.15	数控车床
2	粗、精车内孔，保证$\Phi 40^{+0.025}_{0}$mm和表面粗糙度为 Ra3.2μm	T02	Φ16	860/915	0.35/0.15	2.3/0.2	数控车床
3	右端孔口和 Φ60mm 外圆倒角	T03	12×12	400/270	03		数控车床
4	粗、精车左端面，保证表面粗糙度为 Ra1.6μm和总长 $20^{0}_{-0.02}$mm	T01	12×12	497/597	0.4/0.15	1.35/0.15	掉头装夹，防夹变形
5	粗精车外圆，保证 $\Phi 60^{0}_{-0.03}$mm 和表面粗糙度为 Ra3.2μm	T01	12×12	497/636	0.4/0.25	1.75/0.25	数控车床
6	左端孔口和 Φ60mm 外圆倒角	T03	12×12	400/270	0.3		数控车床
编制	×××	审核	×××	批准	×××	年 月 日	共 页　第 页

注：除倒角为焊接无涂层硬质合金刀片外，其他刀片为涂层硬质合金刀片。

2）隔套零件机械加工刀具卡

隔套零件机械加工刀具卡如表 3-4 所示。

表 3-4　隔套零件机械加工刀具卡

产品名称或代号		×××	零件名称	隔套	零件图号	×××
序号	刀具号	刀具			加工表面	备注
		规格名称	数量	刀长/mm		
1	T01	95°右手车刀	1	实测	端面、外圆	刀尖半径0.8mm，主偏角95°
2	T02	Φ16mm内孔车刀	1	实测	内孔	刀尖半径0.8mm，主偏角95°
3	T03	45°端面车刀	1	实测	倒角	焊接无涂层硬质合金车刀
编制	×××	审核	×××	批准	×××	年 月 日　共 页　第 页

3-2-5 工作任务完成情况评价与工艺优化讨论

1. 工作任务完成情况评价

对上述隔套零件加工案例工作任务的完成过程进行详尽分析，从零件图纸工艺分析、加工工艺路线设计、加工机床选择、加工刀具选择、装夹方案与夹具选择和切削用量选择几方面，对照自己独立设计的隔套机械加工工艺，评价各自的优缺点。

2. 隔套零件加工工艺优化讨论

（1）根据上述隔套零件加工案例机械加工工艺，各学习小组从以下八个方面对其展开讨论：

①加工方法选择是否得当？为什么？
②工步顺序安排是否合理？为什么？
③加工工艺路线是否得当？为什么？有没有更优化的加工工艺路线？
④选择的加工机床是否经济适用？为什么？
⑤加工刀具（含刀片）选择是否得当？为什么？
⑥选择的夹具是否得当？为什么？有没有其他更适用的夹具？
⑦选择的装夹方案是否得当？为什么？有没有更合适的装夹方案？
⑧选择的切削用量是否合适？为什么？有没有更优化的切削用量？

（2）各学习小组分析、讨论完后，各派一名代表上讲台汇报自己小组的讨论意见。各学习小组汇报完毕后，老师综合各学习小组的汇报情况，对隔套加工案例机械加工工艺进行点评。

（3）根据老师的点评，独立修改优化隔套机械加工工序卡与刀具卡。

3-2-6 巩固与提高

如图 3-24 所示的套筒加工案例，零件材料为 45 钢，批量 100 件，套筒内孔已用普通钻床加工至 $\Phi 50mm$。试设计毛坯尺寸，设计其机械加工工艺。

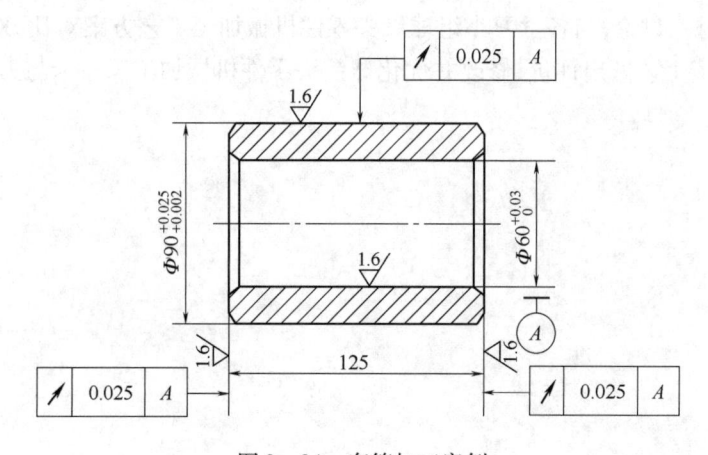

图 3-24 套筒加工案例

任务3-3 设计带轮廓曲面回转体套类零件机械加工工艺

3-3-1 学习目标

通过本任务单元的学习、训练和讨论,学生应该能够:

1. 独立对带轮廓曲面回转体套类零件图纸进行加工工艺分析,设计机械加工工艺路线,选择经济适用的加工机床,根据生产批量选择夹具并确定装夹方案,按设计的机械加工工艺路线选择合适的加工刀具与合适的切削用量,最后编制出带轮廓曲面回转体套类零件的机械加工工序卡与刀具卡。

2. 在教师的指导与引导下,通过小组分析、讨论,与各学习小组带轮廓曲面回转体套类零件机械加工工艺方案对比,优化独立设计的机械加工工艺路线与切削用量,选择更经济适用的加工机床,选择更合适的刀具、夹具,确定更合理的装夹方案,最终编制出优化的带轮廓曲面回转体套类零件机械加工工序卡与刀具卡。

3-3-2 工作任务描述

现要完成如图3-25所示球铰头加工案例零件的加工,具体设计该球铰头的机械加工工艺,并对设计的球铰头机械加工工艺做出评价。具体工作任务如下:

1. 对球铰头零件图纸进行加工工艺分析。
2. 设计球铰头零件机械加工工艺路线。
3. 选择加工球铰头的经济适用加工机床。
4. 根据生产批量选择夹具并确定球铰头的装夹方案。
5. 按设计的球铰头零件机械加工工艺路线选择合适的加工刀具与合适的切削用量。
6. 编制球铰头零件机械加工工序卡与刀具卡。
7. 经小组分析、讨论,与各学习小组球铰头零件机械加工工艺方案对比,对独立设计的球铰头零件机械加工工艺做出评价,修改并优化球铰头零件机械加工工序卡与刀具卡。

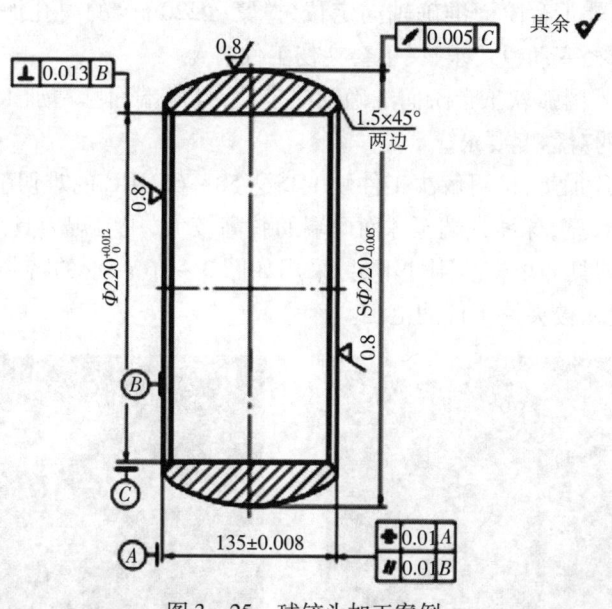

图 3-25 球铰头加工案例

注：该球铰头零件材料为 GCr15SiMn，硬度 58～62HRC，批量生产 500 件。该零件的内孔和两端面在前面工序已精加工好，外球面在液压仿形车床已粗加工，因液压仿形车床加工精度不高，球径单边尚留约 4mm 的加工余量。

3-3-3 完成工作任务过程

1. 零件图纸工艺分析

主要分析球铰头零件图纸技术要求（包括尺寸精度、形位精度和表面粗糙度等）、检查零件图的完整性与正确性、分析零件的结构工艺性。通过零件图纸工艺分析，保证零件的加工精度，确定应采取的工艺措施。

该球铰头零件加工表面由球面、端面及倒角等组成，球面对内孔中心线有球径变动量要求，端面对内孔中心线有垂直度要求，两端面有平行度要求，球面对工件宽度有对称度要求。球径、内径及宽度的尺寸精度要求很高，球径及两端面的表面粗糙度要求也很高。尺寸标注完整，轮廓描述清楚。零件的材料为轴承钢 GCr15SiMn，硬度高达 58～62HRC，难切削加工。

该球铰头零件外球面的尺寸精度、形位精度和表面粗糙度均要求很高，内径和两端面已精加工好，即两端面的平行度要求、端面对内孔中心线的垂直度要求和两端面的粗糙度要求 $Ra0.8\mu m$ 已保证。成品工件最大厚度仅为 27.5mm，球面粗糙度为 $Ra0.8\mu m$，装夹时必须特别注意不能夹伤或碰伤工件表面，夹紧，不能引起工件放松后变形。工件硬度高达 58～62HRC，难切削加工，常用加工刀具难于信任。通过上述零件图纸工艺分析，采取以下五点工艺措施：

（1）该球铰头零件的尺寸精度、形位精度和表面粗糙度均要求很高，普通车床无法加工，必须采用数控车床加工，数控车床也不能采用经济型数控车床，应采用全功能型数控车床，且须消除机床进给传动系统的反向间隙，以免引起球径误差和影响形位精度。

（2）因零件内径和两端面已精加工好，数控车床可自车撑紧 $\Phi220mm$ 内孔的外圆弧软爪，工件以自车的外圆弧软爪台阶面准确轴向定位,撑紧 $\Phi 220mm$ 的内孔加工球面,即可保证球面对内孔中心线的球径变动量要求,又不会夹伤工件。

（3）因以自车的外圆弧软爪台阶面准确轴向定位,且两端面已精加工好,只要加工对刀准确,即可保证两端面的对称度要求。

（4）采用陶瓷刀片加工,即可解决工件硬度高达 58～62HRC 的难切削加工问题。

（5）因工件宽度较宽,球面顶端至球面两端的弦高较大,用常规刀具加工过程中托板进入被夹持工件的范围,刀具伸出较多刚性不足,采用如图 3-26 所示的特制大直径刀杆加工,加工过程中托板不用进入被夹持工件的范围。

图 3-26　特制大直径刀杆加工工件示例

2. 加工工艺路线设计

依次经过:"选择球铰头零件加工方法→划分加工阶段→划分加工工序→工序顺序安排",最后确定球铰头零件的工步顺序和进给加工路线。

设计球铰头零件加工工艺路线从选择加工方法→划分加工阶段→划分加工工序→工序顺序安排,这里不再赘述,因为这些工作过程都是为最终确定球铰头零件的工步顺序和进给加工路线做铺垫,留给学习小组进行讨论、汇报和老师点评。这里列出最后确定的球铰头零件工步顺序如下:

（1）粗车外球面。球径 $S\Phi 275_{-0.015}^{0}mm$ 粗车至 $S\Phi 279mm$,球径单边留 2mm 余量。

（2）半精车外球面及倒角。球径 $S\Phi 275_{-0.015}^{0}mm$ 半精车至 $S\Phi 276mm$ 及两端面倒角至尺寸,球径单边留 0.5mm 余量。

（3）精车外球面。球径 $S\Phi 275_{-0.015}^{0}mm$ 精车至 $S\Phi 275.2mm$,球径单边留 0.1mm 余量。

（4）细车外球面至尺寸。

3. 加工机床选择

主要根据加工零件的规格大小、加工精度和表面加工质量等技术要求,经济合理地选择加工机床。

根据上述零件图纸工艺分析,该球铰头零件精度要求很高,生产批量达 500 件,应选用全功能型数控车床,且须消除机床进给传动系统的反向间隙,以免球径变动量及形位精度超差。

4. 装夹方案及夹具选择

主要根据加工零件的规格大小、结构特点、加工部位、尺寸精度、形位精度和表面粗糙度等零件图纸技术要求,确定零件的定位、装夹方案及夹具。

根据上述零件图纸工艺分析,该球铰头零件的尺寸精度、形位精度和表面粗糙度均要求很高,成品工件最大厚度仅为 27.5mm,球面粗糙度为 $Ra\,0.8\mu m$,装夹时必须特别注意不能夹伤或碰伤工件表面,夹紧,不能引起工件放松后变形。因零件内径和两端面已精加工好,可自车撑紧Φ220mm 内孔的外圆弧软爪,工件以自车的外圆弧软爪台阶面准确轴向定位,撑紧Φ220mm 的内孔加工球面,即可保证球面对内孔中心线的球径变动量要求,又不会夹伤工件,而且只要加工对刀准确,就可保证两端面的对称度要求。

5. 刀具选择

主要根据加工零件余量大小、结构特点、材质、热处理硬度、加工部位、尺寸精度、形位精度和表面粗糙度等零件图纸技术要求,结合刀具材料,正确合理地选择刀具。

该球铰头零件硬度高达 58~62HRC,难切削加工。根据上述零件图纸工艺分析,如果采用常用加工刀片,如涂层硬质合金刀片,刀片易磨损、寿命短,特别是精车或细车时,刀片崩刃或破损可能造成工件报废(零件价值较高),所以应选用陶瓷刀片。因工件的宽度较宽,球面顶端至球面两端的弦高较大,如果用常规刀具,加工过程中托板进入被夹持工件的范围,刀具伸出较多,刚性不足,所以需采用如图 3-26 所示的特制大直径刀杆加工。再因该球铰头零件的加工精度及表面质量要求很高,为保证加工精度,细车用刀尖角为 35°的刀片。综上所述,上述加工工艺路线设计确定的球铰头零件各工步顺序所用刀具如下。

(1)粗车外球面、半精车外球面及倒角、精车外球面,采用 55°的菱形陶瓷刀片,刀尖半径为 0.8mm,特制大直径刀杆为 Φ100mm,装 32 mm×32mm 主偏角为 95°右手车刀。

(2)细车外球面采用 35°的菱形陶瓷刀片,刀尖半径为 0.4mm,特制大直径刀杆为 Φ100mm,装 32 mm×32mm 主偏角为 95°右手车刀。

6. 切削用量选择

主要根据工步加工余量大小、材质、热处理硬度、尺寸精度、形位精度和表面粗糙度等零件图纸技术要求,结合所选刀具和拟定的加工工艺路线,正确合理地选择切削用量。

切削用量包括背吃刀量 a_p、进给速度 f 和主轴转速 n。

试加工时,切削用量可选稍小一些,不易引发刀具失效或加工事故。根据已学知识,如何优化球铰头零件的切削用量,留给学习小组进行讨论、汇报和老师点评。这里列出上述加工工艺路线设计确定的球铰头零件各工步顺序的背吃刀量 a_p、进给速度 f 和主轴转速 n 如下。

(1)粗车外球面。背吃刀量 a_p 约为 2mm,进给速度 f 取 0.28mm(因零件硬度高,故选择的数值较小),主轴转速 n 约为 135r/min。

(2)半精车外球面及倒角。背吃刀量 a_p 约为 1.5mm,进给速度 f 取 0.2mm(因零件硬度高,故选择的数值较小),主轴转速 n 约为 148r/min。

(3)精车外球面。背吃刀量 a_p 约为 0.4mm,进给速度 f 取 0.15mm(因零件硬度高,故选择的数值较小),主轴转速 n 约为 161r/min。

(4)细车外球面。背吃刀量 a_p 约为 0.1mm,进给速度 f 取 0.08(因零件硬度高,故选择的数值较小),主轴转速 n 约为 173r/min。

7. 填写球铰头零件机械加工工序卡和刀具卡

主要根据选择的机床、刀具、夹具、切削用量和拟定的加工工艺路线,正确填写机械加工工序卡和刀具卡。

1)球铰头零件机械加工工序卡

球铰头零件机械加工工序卡如表 3-5 所示。

表 3-5 球铰头零件机械加工工序卡

单位名称	×××	产品名称或代号		零件名称	零件图号
		×××		球铰头	×××
加工工序卡号	数控加工程序编号	夹具名称		加工设备	车间
×××	×××	液压三爪卡盘+外圆弧软爪		全功能型数控车床	×××
工步号	工步内容	刀具号	刀具规格/mm	主轴转速/(r/min)	进给速度/(mm/r)	背吃刀量/mm	备注
---	---	---	---	---	---	---	---
1	粗车外球面至 $S\Phi 279$ mm，球径单边留 2 mm 余量	T01	特制 $\Phi 100$ 大直径刀杆	135	0.28	2	数控车床
2	半精车外球面及倒角，半精车至 $S\Phi 276$ mm 及两端面倒角至尺寸，球径单边留 0.5 mm 余量	T01	特制 $\Phi 100$ 大直径刀杆	148	0.2	1.5	数控车床
3	精车外球面，精车至 $S\Phi 275.2$ mm，球径单边留 0.1 mm 余量	T01	特制 $\Phi 100$ 大直径刀杆	161	0.15	0.4	数控车床
4	细车外球面至尺寸	T02	特制 $\Phi 100$ 大直径刀杆	173	0.08	0.1	数控车床
编制	×××	审核	×××	批准	×××	年 月 日	共 页 第 页

注：刀片为陶瓷刀片。

2) 球铰头零件机械加工刀具卡

球铰头零件机械加工刀具卡如表 3-6 所示。

表 3-6 球铰头零件机械加工刀具卡

产品名称或代号	×××	零件名称	球铰头	零件图号	×××
序号	刀具号	刀具			加工表面	备注
		规格名称	数量	刀长/mm		
1	T01	特制 $\Phi 100$ mm 大直径刀杆，装主偏角为 95° 右手车刀	1	实测	外球面	55°菱形陶瓷刀片
2	T02	特制 $\Phi 100$ mm 大直径刀杆，装主偏角为 95° 右手车刀	1	实测	外球面	35°菱形陶瓷刀片
编制	×××	审核	×××	批准	×××	年 月 日	共 页 第 页

3-3-4 工作任务完成情况评价与工艺优化讨论

1. 工作任务完成情况评价

对上述球铰头零件加工案例工作任务完成过程进行详尽分析，从零件图纸工艺分析、加工工艺路线设计、加工机床选择、加工刀具选择、装夹方案与夹具选择和切削用量选择几方面，对照自己独立设计的球铰头零件机械加工工艺,评价各自的优缺点。

2. 球铰头零件加工工艺优化讨论

(1)根据上述球铰头零件加工案例机械加工工艺,各学习小组从以下八个方面对其展开讨论:

①加工方法选择是否得当?为什么?

②工步顺序安排是否合理?为什么?

③加工工艺路线是否得当?为什么?有没有更优化的加工工艺路线?

④选择的加工机床是否经济适用?为什么?

⑤加工刀具(含刀片)选择是否得当?为什么?

⑥选择的夹具是否得当?为什么?有没有其他更适用的夹具?

⑦选择的装夹方案是否得当?为什么?有没有其他更合适的装夹方案?

⑧选择的切削用量是否合适?为什么?有没有更优化的切削用量?

(2)各学习小组分析、讨论完毕后,各派一名代表上讲台汇报自己小组的讨论意见。各学习小组汇报完毕后,老师综合各学习小组的汇报情况,对球铰头零件加工案例机械加工工艺进行点评。

(3)根据老师的点评,独立修改优化球铰头零件机械加工工序卡与刀具卡。

3-3-5 巩固与提高

图 3-27 所示的铰接球窝零件的材料为 GCr15,硬度 58~62HRC,批量生产 600 件。该零件的外径和两端面在前面的工序中已精加工好,内球面及两宽度为 3.5mm 的密封槽位内孔在液压车床已粗加工过,球径单边尚留约 6.5mm 的加工余量,宽度为 3.5mm 的密封槽位两端内孔单边尚留约 4mm 的加工余量。设计其机械加工工艺。

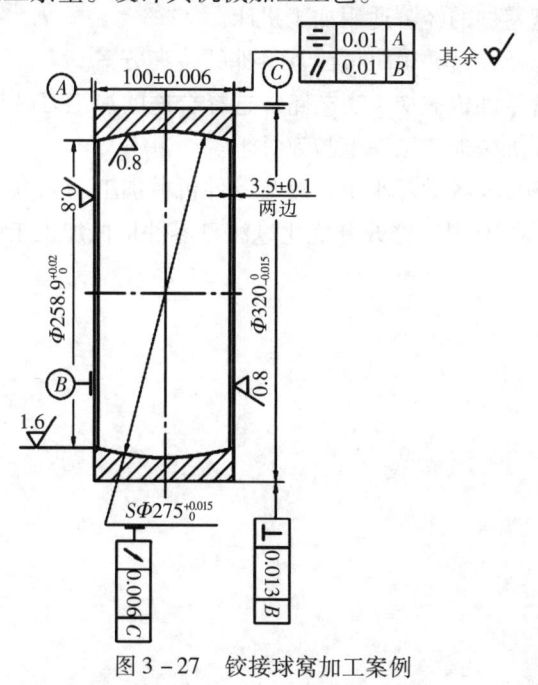

图 3-27 铰接球窝加工案例

任务3-4 设计回转体盘类零件机械综合加工工艺

3-4-1 学习目标

通过本任务单元的学习、训练和讨论,学生应该能够:

1. 独立对中等以上复杂程度回转体盘类零件图纸进行加工工艺分析,设计机械加工工艺路线,选择经济适用的加工机床,根据生产批量选择夹具并确定装夹方案,按设计的机械加工工艺路线选择合适的加工刀具与合适的切削用量,最后编制出中等以上复杂程度的回转体盘类零件机械加工工序卡与刀具卡。

2. 在教师的指导与引导下,通过小组分析、讨论,与各学习小组中等以上复杂程度回转体盘类零件机械加工工艺方案对比,优化独立设计的机械加工工艺路线与切削用量,选择更经济适用的加工机床,选择更合适的刀具、夹具,确定更合理的装夹方案,最终编制出优化的中等以上复杂程度回转体盘类零件机械加工工序卡与刀具卡。

3-4-2 工作任务描述

现要完成如图3-28所示过渡盘加工案例零件的加工,具体设计该过渡盘零件的机械加工工艺,并对设计的过渡盘零件机械加工工艺做出评价。具体工作任务如下:

1. 对过渡盘零件图纸进行加工工艺分析。
2. 设计过渡盘零件机械加工工艺路线。
3. 选择加工过渡盘零件的经济适用加工机床。
4. 根据生产批量选择夹具并确定过渡盘零件的装夹方案。
5. 按设计的过渡盘零件机械加工工艺路线选择合适的加工刀具与合适的切削用量。
6. 编制过渡盘零件机械加工工序卡与刀具卡。
7. 经小组分析、讨论,与各学习小组过渡盘零件机械加工工艺方案对比,对独立设计的过渡盘零件机械加工工艺做出评价,修改并优化过渡盘零件机械加工工序卡与刀具卡。

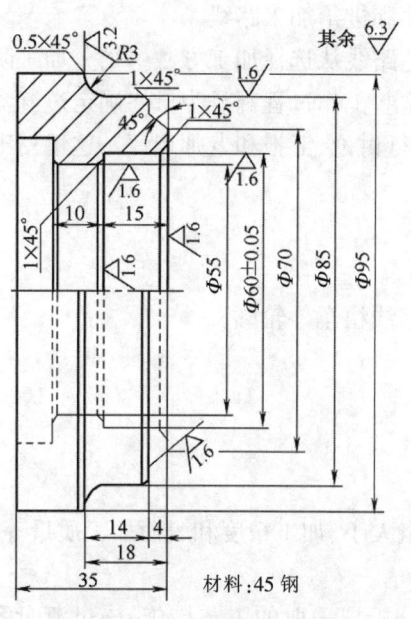

图 3-28 过渡盘加工案例

注：该过渡盘零件材料为 45 钢，毛坯 $\Phi100mm \times 39mm$ 圆钢，在前面工序已用钻床钻孔至 $\Phi52mm$，并用普通车床将左端面、$\Phi95mm$ 外圆及左端未标注内孔加工好，总长剩下约 37mm，生产批量 50 件。

3-4-3 完成工作任务过程

1. 零件图纸工艺分析

主要分析过渡盘零件图纸技术要求（包括尺寸精度、形位精度和表面粗糙度等）、检查零件图的完整性与正确性、分析零件的结构工艺性。通过零件图纸工艺分析，保证零件的加工精度，确定应采取的工艺措施。

该过渡盘零件的加工表面由内孔、端面、圆柱面、锥面及轮廓等组成，尺寸精度要求不高，内孔、端面、锥面和圆柱面的表面粗糙度要求较高。尺寸标注完整，轮廓描述清楚。零件的材料为 45 钢，无热处理硬度要求，切削加工性能好。通过上述零件图纸工艺分析，采取以下三点工艺措施。

（1）该过渡盘零件尺寸精度要求不高，只有内孔、端面、锥面和圆柱面的表面粗糙度为 $Ra1.6\mu m$ 要求较高，生产批量 50 件。因外轮廓 $R3$ 圆角普通车床无法加工，故选经济型数控车床完成全部加工。

（2）该过渡盘零件的宽度小，内孔较大，因此加工内、外回转表面不一定遵循先内后外原则，可先内后外，也可先外后内，但要遵循内外交叉原则。再因 $\Phi95mm$ 外圆、左端面及左端未标注内孔已加工好，装夹定位夹持 $\Phi95mm$ 外圆时，要防止夹伤已加工的 $\Phi95mm$ 外圆。

（3）为提高生产效率，粗车外轮廓可采用阶梯切削进给路线，但粗车后一定要安排半精车，再精车。

2. 加工工艺路线设计

依次经过："选择过渡盘加工方法→划分加工阶段→划分加工工序→工序顺序安排"，最后确定过渡盘零件的工步顺序和进给加工路线。

设计过渡盘零件加工工艺路线从选择加工方法→划分加工阶段→划分加工工序→工序顺序安排,这里不再赘述,因为这些工作过程都是为最终确定过渡盘零件的工步顺序和进给加工路线做铺垫,留给学习小组进行讨论、汇报和老师点评。这里列出最后确定的过渡盘零件工步顺序如下:

(1)粗、精车右端面。
(2)粗车内孔及孔口倒角。
(3)采用阶梯切削进给路线粗车外轮廓。
(4)半精车外轮廓。
(5)精车内孔。
(6)精车外轮廓。

3. 加工机床选择

主要根据加工零件的规格大小、加工精度和表面加工质量等技术要求,经济合理地选择加工机床。

根据上述零件图纸工艺分析拟采取的工艺措施,该过渡盘零件的精度要求不高,只是内孔、端面、锥面和圆柱面的表面粗糙度为 $Ra1.6\mu m$ 要求较高,采用经济型数控车床加工即可。

4. 装夹方案及夹具选择

主要根据加工零件的规格大小、结构特点、加工部位、尺寸精度、形位精度和表面粗糙度等零件图纸技术要求,确定零件的定位、装夹方案及夹具。

根据上述零件图纸工艺分析,该过渡盘零件在数控加工前,已用普通车床将左端面、$\Phi 95mm$ 外圆及左端未标注内孔加工好。该零件的生产批量为 50 件,为提高生产效率,可自车夹紧 $\Phi 95mm$ 外圆的内圆弧软爪,工件以自车的内圆弧软爪台阶面准确轴向定位,夹紧 $\Phi 95mm$ 外圆。

5. 刀具选择

主要根据加工零件的余量大小、结构特点、材质、热处理硬度、加工部位、尺寸精度、形位精度和表面粗糙度等零件图纸技术要求,结合刀具材料,正确合理地选择刀具。

根据上述零件图纸工艺分析和该零件的加工精度及表面质量要求,该零件的加工精度要求不高,根据表 2-10(被加工表面与适用的刀片形状),上述零件加工工艺路线设计确定的各工步顺序的所用刀具如下,具体刀具规格参照表 2-13 选取。

(1)粗、精车右端面,粗车、半精车、精车外轮廓,选用主偏角为 93°的右手刀,刀尖半径 0.8mm。
(2)粗、精车内孔,选用主偏角为 95°的内孔车刀,刀尖半径 0.8mm。

6. 切削用量选择

主要根据工步加工的余量大小、材质、热处理硬度、尺寸精度、形位精度和表面粗糙度等零件图纸技术要求,结合所选刀具和拟定的加工工艺路线,正确合理地选择切削用量。

切削用量包括背吃刀量 a_p、进给速度 f 和主轴转速 n。

试加工时,切削用量可选稍小一些,不易引发刀具失效或加工事故。根据已学知识,如何优化过渡盘零件的切削用量,留给学习小组进行讨论、汇报和老师点评。这里列出上述加工工艺路线设计确定的过渡盘零件各工步顺序的背吃刀量 a_p、进给速度 f 和主轴转速 n 如下:

(1)粗、精车右端面。粗车背吃刀量 a_p 约为 1.85mm,进给速度 f 取 0.4mm,主轴转速 n 约为 335r/min;精车背吃刀量 a_p 约为 0.15mm,进给速度 f 取 0.15mm,主轴转速 n 约为 402r/min

(2)粗车内孔及倒角。背吃刀量 a_p 约为 1.35 和 3.85mm(前面的数值为 Φ55mm 内孔的 a_p,后面的数值为 Φ60mm 内孔的 a_p),进给速度 f 取 0.35mm,主轴转速 n 约为 581r/min。

(3)采用阶梯切削进给路线粗车外轮廓。背吃刀量 a_p 约为 4mm,进给速度 f 取 0.35mm,主轴转速 n 约为 335r/min。

(4)半精车外轮廓。背吃刀量 a_p 约为 1.5~2mm,进给速度 f 取 0.25,主轴转速 n 约为 380r/min。

(5)精车内孔。背吃刀量 a_p 约为 0.15mm,进给速度 f 取 0.12,主轴转速 n 约为 695r/min。

(6)精车外轮廓。背吃刀量 a_p 约为 0.15mm,进给速度 f 取 0.15,主轴转速 n 约为 450r/min。

7. 填写过渡盘零件机械加工工序卡和刀具卡

主要根据选择的机床、刀具、夹具、切削用量和拟定的加工工艺路线,正确填写机械加工工序卡和刀具卡。

1)过渡盘零件机械加工工序卡

过渡盘零件机械加工工序卡如表 3-7 所示。

表 3-7 过渡盘零件机械加工工序卡

单位名称	×××	产品名称或代号		零件名称	零件图号
		×××		过渡盘	×××
加工工序卡号	数控加工程序编号	夹具名称		加工设备	车间
×××	×××	液压三爪卡盘+内圆弧软爪		经济型数控车床	×××
工步号	工步内容	刀具号	刀具规格/mm	主轴转速/(r/min)	进给速度/(mm/r)	背吃刀量/mm	备注
1	粗、精车右端面,保证总长35mm和表面粗糙度为 Ra1.6μm	T01	16×16	335/402	0.4/0.15	1.85/0.15	数控车床
2	粗车 Φ55mm 及 Φ60±0.05 mm 内孔及孔口倒角,单边留0.15mm余量	T02	Φ20	581	0.35	1.35/3.85	数控车床
3	粗车锥面、圆弧、倒角及 Φ85mm 的外轮廓,阶梯最大高低差约为1.5~2mm	T01	16×16	335	0.35	4	阶梯切削进给路线
4	半精车锥面、圆弧、倒角及 Φ85mm 的外轮廓,单边留0.15mm余量	T01	16×16	380	0.25	1.5~2	数控车床
5	精车 Φ55mm 及 Φ60±0.05 mm 内孔,保证尺寸精度和表面粗糙度要求	T02	Φ20	695	0.12	0.15	数控车床
6	精车锥面、圆弧、倒角及 Φ85mm 的外轮廓,保证各尺寸精度和表面粗糙度要求	T01	16×16	450	0.15	0.15	数控车床
编制	×××	审核	×××	批准	×××	年 月 日	共页 第页

注:刀片为涂层硬质合金刀片。

2) 过渡盘零件机械加工刀具卡

过渡盘零件机械加工刀具卡如表3-8所示。

表3-8 过渡盘加工案例机械加工刀具卡

产品名称或代号	×××	零件名称		过渡盘	零件图号		×××
序号	刀具号	刀具			加工表面	备注	
		规格名称	数量	刀长/mm			
1	T01	93°右手车刀	1	实测	外轮及廓端面	涂层硬质合金刀片,刀尖半径0.8mm	
2	T02	95°内孔车刀(Φ20)	1	实测	内孔及倒角	涂层硬质合金刀片,刀尖半径0.8mm	
编制	×××	审核	×××	批准	×××	年 月 日	共页	第 页

3-4-4 工作任务完成情况评价与工艺优化讨论

1. 工作任务完成情况评价

对上述过渡盘零件加工案例工作任务完成过程进行详尽分析,从零件图纸工艺分析、加工工艺路线设计、加工机床选择、加工刀具选择、装夹方案与夹具选择和切削用量选择几方面,对照自己独立设计的过渡盘零件机械加工工艺,评价各自的优缺点。

2. 过渡盘零件加工工艺优化讨论

(1)根据上述过渡盘零件加工案例机械加工工艺,各学习小组从以下八个方面对其展开讨论:

①加工方法选择是否得当?为什么?
②工步顺序安排是否合理?为什么?
③加工工艺路线是否得当?为什么?有没有更优化的加工工艺路线?
④选择的加工机床是否经济适用?为什么?
⑤加工刀具(含刀片)选择是否得当?为什么?
⑥选择的夹具是否得当?为什么?有没有其他更适用的夹具?
⑦选择的装夹方案是否得当?为什么?有没有更合适的装夹方案?
⑧选择的切削用量是否合适?为什么?有没有更优化的切削用量?

(2)各学习小组分析、讨论完毕后,各派一名代表上讲台汇报自己小组的讨论意见。各学习小组汇报完毕后,老师综合各学习小组的汇报情况,对过渡盘零件加工案例机械加工工艺进行点评。

(3)根据老师的点评,独立修改优化过渡盘零件机械加工工序卡与刀具卡。

3-4-5 巩固与提高

将图3-28所示的过渡盘零件的材料改为HT200,内孔 $\Phi55$mm,只铸出 $\Phi45$mm,其他不变,试设计其机械加工工艺。

任务 3-5　设计回转体套类零件机械综合加工工艺

3-5-1　学习目标

通过本任务单元的学习、训练和讨论,学生应该能够:

1. 独立对中等以上复杂程度的回转体套类零件图纸进行加工工艺分析,设计机械加工工艺路线,选择经济适用的加工机床,根据生产批量选择夹具并确定装夹方案,按设计的机械加工工艺路线选择合适的加工刀具与合适的切削用量,最后编制出中等以上复杂程度的回转体套类零件机械加工工序卡与刀具卡。

2. 在教师的指导与引导下,通过小组分析、讨论,与各学习小组中等以上复杂程度回转体套类零件机械加工工艺方案对比,优化独立设计的机械加工工艺路线与切削用量,选择更经济适用的加工机床,选择更合适的刀具、夹具,确定更合理的装夹方案,最终编制出优化的中等以上复杂程度回转体套类零件机械加工工序卡与刀具卡。

3-5-2　工作任务描述

现要完成如图 3-29 所示的轴承套加工案例零件的加工,具体设计该轴承套零件的机械加工工艺,并对设计的轴承套零件机械加工工艺做出评价。具体工作任务如下:

1. 对轴承套零件图纸进行加工工艺分析。
2. 设计轴承套零件机械加工工艺路线。
3. 选择加工轴承套零件的经济适用加工机床。
4. 根据生产批量选择夹具并确定轴承套零件的装夹方案。
5. 按设计的轴承套零件机械加工工艺路线选择合适的加工刀具与合适的切削用量。
6. 编制轴承套零件机械加工工序卡与刀具卡。
7. 经小组分析、讨论,与各学习小组轴承套零件机械加工工艺方案对比,对独立设计的轴承套零件机械加工工艺做出评价,修改并优化轴承套零件机械加工工序卡与刀具卡。

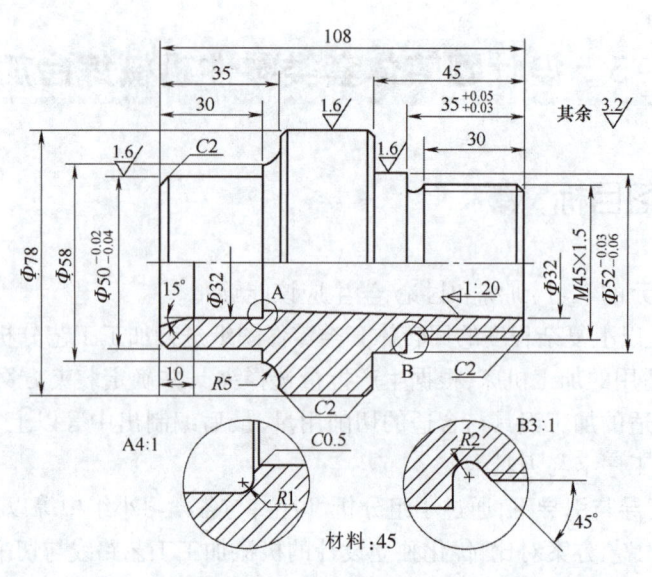

图 3-29 轴承套加工案例

注：该轴承套零件材料为45钢，毛坯 $\Phi 82mm \times 112mm$ 棒料，试制5件。

3-5-3 完成工作任务过程

1. 零件图纸工艺分析

主要分析轴承套零件图纸技术要求（包括尺寸精度、形位精度和表面粗糙度等）、检查零件图的完整性与正确性、分析零件的结构工艺性。通过零件图纸工艺分析，保证零件的加工精度，确定应采取的工艺措施。

该轴承套加工案例零件的表面由内外圆柱面、内圆锥面、顺圆弧、逆圆弧及外螺纹等组成，其中多个直径尺寸与轴向尺寸有稍高的尺寸精度和表面粗糙度要求。零件图纸尺寸标注完整，轮廓描述清楚完整。零件材料为45钢，无热处理和硬度要求，切削加工性能较好。

该轴承套零件总长为自由公差尺寸，两端面粗糙度为 $Ra3.2\mu m$，要求不高，毛坯为实心材料，只试制5件，车削内孔前需先打中心孔再钻孔，普通机床加工能保证，故轴承套零件总长尺寸108mm（含两端面粗糙度 $Ra3.2\mu m$）及两端面打中心孔由普通车床完成，普通车床打好中心孔后，由立式钻床钻孔，然后再由数控车床加工其他部位。因该零件的外轮廓中间凸出来，零件长径比（L/D）只有1.38，内孔加工好后，不易采用"一夹一顶"装夹方式，故精车外轮廓得采用锥度心轴装夹。

通过上述零件图纸工艺分析，采取以下七点工艺措施：

（1）对于零件图上几个精度要求较高的尺寸，数控编程时将基本尺寸换算成平均尺寸。

（2）左、右端面均为多个尺寸的设计基准，数控车床加工前，先用普通车床将左、右端面及总长加工好，并打好中心孔，再用立式钻床钻孔至 $\Phi 26mm$。

（3）内孔尺寸较小，车1:20锥孔与车 $\Phi 32mm$ 孔及15°锥面时需掉头装夹。

（4）粗、精车外轮廓须采用锥度心轴装夹。

（5）因外轮廓表面是台阶，轮廓中间凸出，为防止副后刀面与工件表面发生干涉，应选择较大的副偏角,具体选副偏角 $\kappa_r' = 55°$。

(6)因该轴承套零件只试制 5 件,非批量生产,结合该零件形状,内外轮廓表面的加工可不必内外交叉。

(7)因轴承套零件长径比(L/D)只有 1.38,且零件无形位精度要求,尺寸精度也不高,$M45 \times 1.5$ 的螺纹可最后加工。

2. 加工工艺路线设计

依次经过:"选择轴承套零件加工方法→划分加工阶段→划分加工工序→工序顺序安排",最后确定轴承套零件的工步顺序和进给加工路线。

设计轴承套零件加工工艺路线从选择加工方法→划分加工阶段→划分加工工序→工序顺序安排,这里不再赘述,因为这些工作过程都是为最终确定轴承套零件的工步顺序和进给加工路线做铺垫,留给学习小组进行讨论、汇报和老师点评。由于该轴承套零件只试制 5 件,普通车床只粗、精车两端面及打中心孔,立式钻床只钻孔,加工工艺路线清晰。数控车床要加工内外回转表面,加工工艺路线较长,但数控车削进给加工路线的设计可不必考虑最短进给路线或最短空行程路线,外轮廓表面车削走刀路线可沿零件轮廓顺序进行,如图 3-30 所示。最后确定的轴承套零件工步顺序如下:

(1)普通车床粗、精车右端面。

(2)普通车床钻 $\Phi 3mm A$ 型中心孔。

(3)普通车床粗、精车左端面,保证零件总长尺寸。

(4)立式钻床钻 $\Phi 32mm$ 孔的底孔至 $\Phi 26mm$。

(5)数控车床粗车 $\Phi 32mm$ 内孔、15°斜面及 $C0.5$ 倒角(注:以下为数控车床加工内容)。

(6)精车 $\Phi 32mm$ 内孔、15°斜面及 $C0.5$ 倒角。

(7)粗车 1:20 锥孔。

(8)精车 1:20 锥孔。

(9)从右至左粗车外轮廓。

(10)从左至右粗车外轮廓。

(11)从右至左精车外轮廓,保证各尺寸的尺寸精度。

(12)从左至右精车外轮廓,保证各尺寸的尺寸精度。

(13)粗精车 $M45 \times 1.5$ 螺纹。

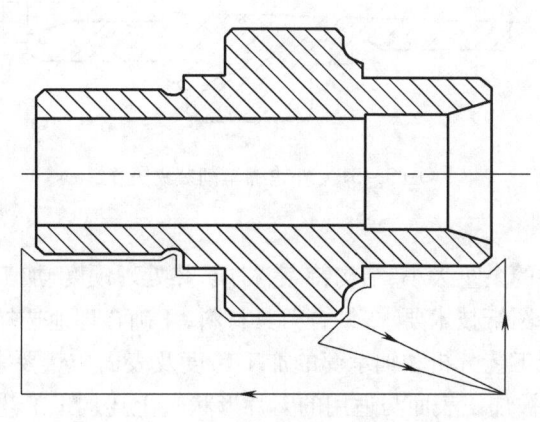

图 3-30 外轮廓加工走刀路线

3. 加工机床选择

主要根据加工零件的规格大小、加工精度和表面加工质量等技术要求,经济合理地选择加工机床。

根据上述零件图纸工艺分析拟采取的工艺措施,该轴承套零件先用普通车床粗、精车两端面及打中心孔,再用立式钻床钻孔至 $\Phi 26mm$,最后用数控车床完成加工。故加工机床选择普通车床、立式钻床和数控车床。

4. 装夹方案及夹具选择

主要根据加工零件的规格大小、结构特点、加工部位、尺寸精度、形位精度和表面粗糙度等零件图纸技术要求,确定零件的定位、装夹方案及夹具。

根据上述零件图纸工艺分析拟采取的工艺措施,因该轴承套零件只试制 5 件,毛坯长度只有 112mm,故普通车床粗、精车两端面及打中心孔可用三爪卡盘装夹。立式钻床钻 $\Phi 26mm$ 孔可在钻床工作台上用螺栓与压板组合夹紧再钻孔。数控车床主要加工内、外回转表面,数控车床加工内孔及外轮廓的装夹方案与夹具如下。

1) 内孔加工

定位基准:内孔加工时以外圆定位。

装夹方案与夹具:用三爪自定心卡盘夹紧毛坯外径(在卡盘内放置合适的圆盘件或隔套,工件装夹时只须靠紧圆盘件或隔套即可准确轴向定位)。

2) 外轮廓加工

定位基准:确定零件轴线为定位基准。

装夹方案:加工外轮廓时,为保证一次安装加工出全部外轮廓,需要设一圆锥心轴装置,用三爪卡盘夹持心轴左端,心轴右端锁紧并露出中心孔,再用尾座顶尖顶紧以提高工艺系统的刚性,如图 3-31 所示。

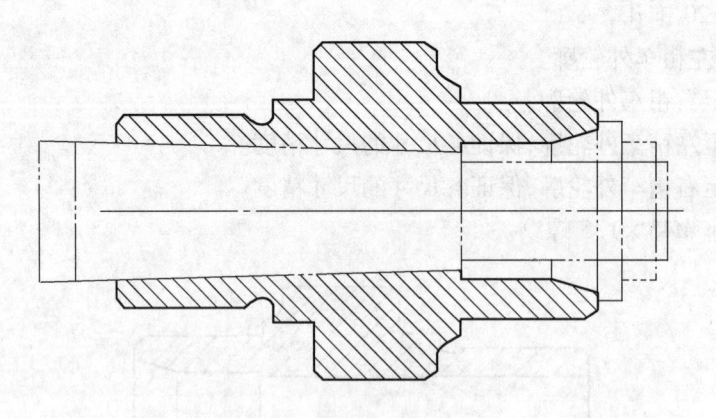

图 3-31 外轮廓车削装夹方案

5. 刀具选择

主要根据加工零件的余量大小、结构特点、材质、热处理硬度、加工部位、尺寸精度、形位精度和表面粗糙度等零件图纸技术要求,结合刀具材料,正确合理地选择刀具。

根据上述零件图纸工艺分析和轴承套的加工精度及表面质量要求,该轴承套零件精度要求一般,根据表 2-10(被加工表面与适用的刀片形状),上述加工工艺路线设计确定的各工步顺序的所用刀具如下(须注意轴承套零件外轮廓表面是台阶,右手刀无法完成全部外轮廓表面加工),具体刀具规格参照表 2 – 13 选取。

(1)普通车床粗、精车左、右端面,选 45°端面车刀(焊接无涂层硬质合金车刀)。

(2)普通车床打中心孔,选 $\Phi 3mm$ A 型中心钻。

(3)立式钻床钻实心材料孔,选 $\Phi 26mm$ 麻花钻头。

(4)数控车床粗车、精车内孔,选主偏角为 95°的内孔车刀,刀尖半径 0.8mm。

(5)数控车床粗车、精车外轮廓,选主偏角为 93°,副偏角 $\kappa_r' = 55°$ 的左、右手车刀各一把,刀尖半径 0.8mm。

(6)数控车床粗精车螺纹,选 60°外螺纹车刀。

6. 切削用量选择

主要根据加工余量大小、材质、热处理硬度、尺寸精度、形位精度和表面粗糙度等零件图纸技术要求,结合所选刀具和拟定的加工工艺路线,正确合理地选择切削用量。

切削用量包括背吃刀量 a_p、进给速度 f 和主轴转速 n。

试加工时,切削用量可选稍小一些,不易引发刀具失效或加工事故。根据已学知识,如何优化轴承套零件的切削用量,留给学习小组进行讨论、汇报和老师点评。这里列出上述加工工艺路线设计确定的各工步顺序的背吃刀量 a_p、进给速度 f 和主轴转速 n 如下:

(1)普通车床粗、精车右端面。粗车背吃刀量 a_p 约为 1.75mm,进给速度 f 取 0.4mm,主轴转速 n 约为 174r/min;精车背吃刀量 a_p 约为 0.25mm,进给速度 f 取 0.2mm,主轴转速 n 约为 213r/min。

(2)普通车床钻 $\Phi 3mm$ A 型中心孔。进给速度 f 取 0.12mm,主轴转速 n 约为 450r/min。

(3)普通车床粗、精车左端面。粗车背吃刀量 a_p 约为 1.75mm,进给速度 f 取 0.4mm,主轴转速 n 约为 174r/min;精车背吃刀量 a_p 约为 0.25mm,进给速度 f 取 0.2mm,主轴转速 n 约为 213r/min。

(4)立式钻床钻 $\Phi 32mm$ 孔的底孔至 $\Phi 26mm$。进给速度 f 取 0.18mm,主轴转速 n 约为 183r/min。

(5)数控车床粗车 $\Phi 32mm$ 内孔、15°斜面及 C0.5 倒角。背吃刀量 a_p 约为 2.8mm,进给速度 f 取 0.35mm,主轴转速 n 约为 1000r/min。

(6)精车 $\Phi 32mm$ 内孔、15°斜面及 C0.5 倒角。背吃刀量 a_p 约为 0.2mm,进给速度 f 取 0.18mm,主轴转速 n 约为 1100r/min。

(7)粗车 1:20 锥孔。背吃刀量 a_p 约为 2.8mm,进给速度 f 取 0.35mm,主轴转速 n 约为 1000r/min。

(8)精车 1:20 锥孔。背吃刀量 a_p 约为 0.2mm,进给速度 f 取 0.18mm,主轴转速 n 约为 1100r/min。

(9)从右至左粗车外轮廓。背吃刀量 a_p 约为 3.5mm,进给速度 f 取 0.3mm,主轴转速 n 约为 388r/min。

(10)从左至右粗车外轮廓。背吃刀量 a_p 约为 3.5mm,进给速度 f 取 0.3mm,主轴转速 n 约为 388r/min。

(11)从右至左精车外轮廓,保证各尺寸的尺寸精度。背吃刀量 a_p 约为 0.15mm,进给速度 f 取 0.15mm,主轴转速 n 约为 466r/min。

(12)从左至右精车外轮廓,保证各尺寸的尺寸精度。背吃刀量 a_p 约为 0.15mm,进给速

度 f 取 0.15mm，主轴转速 n 约为 466r/min。

(13) 粗精车 $M45×1.5$ 螺纹。进给速度 f 取螺距 1.5mm，主轴转速 n 约为 84r/min。

7. 填写轴承套零件机械加工工序卡和刀具卡

填写机械加工工序卡和刀具卡主要根据选择的机床、刀具、夹具、切削用量和拟定的加工工艺路线，正确填写机械加工工序卡和刀具卡。

1) 轴承套零件机械加工工序卡

轴承套零件机械加工工序卡如表 3-9 所示。

表 3-9 轴承套零件机械加工工序卡

单位名称	×××	产品名称或代号		零件名称		零件图号	
		×××		轴承套		×××	
加工工序卡号	数控加工程序编号	夹具名称		加工设备		车间	
×××	×××	三爪卡盘+锥度心轴		普车+立钻+数控车		×××	
工步号	工步内容	刀具号	刀具规格/mm	主轴转速/(r/min)	进给速度/(mm/r)	背吃刀量/mm	备注
1	粗、精车右端面，保证表面粗糙度为 Ra 3.2μm	T01	16×16	174/213	0.4/0.2	1.75/0.25	普通车床
2	钻 Φ3mm A 型中心孔	T02	Φ3	450	0.12		普通车床
3	粗、精车左端面，保证总长 108mm 和表面粗糙度为 Ra3.2μm	T01	16×16	174/213	0.4/0.2	1.75/0.25	普通车床
4	钻 Φ32mm 孔的底孔至 Φ26mm	T03	Φ26	183	0.18		立式钻床
5	粗车 Φ32mm 内孔、15°斜面及 C0.5 倒角	T04	Φ20	1000	0.35	2.8	数控车床
6	粗车 Φ32mm 内孔、15°斜面及 C0.5 倒角	T04	Φ20	1100	0.18	0.2	数控车床
7	粗车 1:20 锥孔	T04	Φ20	1000	0.35	2.8	掉头装夹
8	精车 1:20 锥孔	T04	Φ20	1100	0.18	0.2	数控车床
9	从右至左粗车外轮廓	T05	16×16	388	0.3	3.5	心轴装夹
10	从左至右粗车外轮廓	T06	16×16	388	0.3	3.5	心轴装夹
11	从右至左精车外轮廓，保证各尺寸的尺寸精度	T05	16×16	466	0.15	0.15	心轴装夹
12	从左至右精车外轮廓，保证各尺寸的尺寸精度	T06	16×16	466	0.15	0.15	心轴装夹
13	粗精车 $M45×1.5$ 螺纹	T07	16×16	84	1.5		卸心轴，改三爪卡盘装夹，防夹伤，逐刀减少
编制	×××	审核	×××	批准	×××	年 月 日	共 页 第 页

注：数控加工刀片为涂层硬质合金刀片。

2) 轴承套零件机械加工刀具卡

轴承套零件机械加工刀具卡如表 3-10 所示。

表3–10 轴承套零件机械加工刀具卡

产品名称或代号	×××	零件名称		轴承套	零件图号	×××
序号	刀具号	刀具		刀长/mm	加工表面	备注
		规格名称	数量			
1	T01	45°YT硬质合金端面车刀	1	实测	车端面	焊接无涂层硬质合金车刀
2	T02	Φ3 mmA型中心钻	1	实测	钻中心孔	
3	T03	Φ26 mm麻花钻头	1	实测	钻Φ32 mm底孔	
4	T04	95°内孔车刀	1	实测	车内孔各表面	涂层硬质合金刀片，刀尖半径0.8 mm
5	T05	93°右手车刀（副偏角κ_r'=55°）	1	实测	自右至左车外表面	涂层硬质合金刀片，刀尖半径0.8 mm
6	T06	93°左手车刀（副偏角κ_r'=55°）	1	实测	自左至右车外表面	涂层硬质合金刀片，刀尖半径0.8 mm
7	T07	60°外螺纹车刀	1	实测	车$M45\times1.5$螺纹	涂层硬质合金刀片
编制	×××	审核	×××	批准	×××	年月日 共页 第页

3-5-4 工作任务完成情况评价与工艺优化讨论

1. 工作任务完成情况评价

对上述轴承套零件加工案例工作任务完成过程进行详尽分析，从零件图纸工艺分析、加工工艺路线设计、加工机床选择、加工刀具选择、装夹方案与夹具选择和切削用量选择几方面，对照自己独立设计的轴承套零件机械加工工艺，评价各自的优缺点。

2. 轴承套零件加工工艺优化讨论

（1）根据上述轴承套零件加工案例机械加工工艺，各学习小组从以下八个方面对其展开讨论：

①加工方法选择是否得当？为什么？

②工步顺序安排是否合理？为什么？

③加工工艺路线是否得当？为什么？有没有更优化的加工工艺路线？

④选择的加工机床是否经济适用？为什么？

⑤加工刀具（含刀片）选择是否得当？为什么？

⑥选择的夹具是否得当？为什么？有没有其他更适用的夹具？

⑦选择的装夹方案是否得当？为什么？有没有更合适的装夹方案？

⑧选择的切削用量是否合适？为什么？有没有更优化的切削用量？

（2）各学习小组分析、讨论完毕后，各派一名代表上讲台汇报自己小组的讨论意见。各学习小组汇报完毕后，老师综合各学习小组的汇报情况，对轴承套零件加工案例机械加工工艺进行点评。

（3）根据老师的点评，独立修改优化轴承套机械加工工序卡与刀具卡。

3-5-5 巩固与提高

如图3-32所示连接套加工案例零件的材料为45钢,批量10件。试确定毛坯尺寸,设计其机械加工工艺。

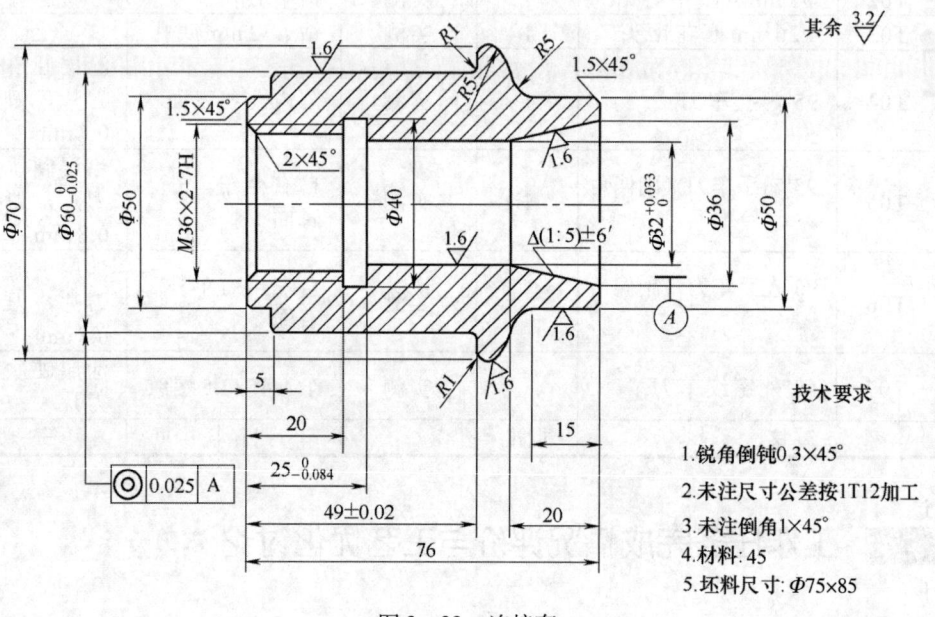

图3-32 连接套

技术要求
1. 锐角倒钝0.3×45°
2. 未注尺寸公差按IT12加工
3. 未注倒角1×45°
4. 材料:45
5. 坯料尺寸:Φ75×85

项目四

设计偏心回转体类零件机械加工工艺

4-1 学习目标

通过本项目任务的学习、训练与讨论,学生应该能够:

1. 独立对偏心回转体类零件图纸进行加工工艺分析,设计机械加工工艺路线,选择经济适用的加工机床,根据生产批量选择夹具并确定装夹方案,按设计的机械加工工艺路线选择合适的加工刀具与合适的切削用量,最后编制出偏心回转体类零件的机械加工工序卡与刀具卡。

2. 在教师的指导与引导下,通过小组分析、讨论,与各学习小组偏心回转体类零件机械加工工艺方案对比,优化独立设计的机械加工工艺路线与切削用量,选择更经济适用的加工机床,选择更合适的刀具、夹具,确定更合理的装夹方案,最终编制出优化的偏心回转体类零件机械加工工序卡与刀具卡。

4-2 工作任务描述

现要完成如图4-1所示偏心轴加工案例零件的加工,具体设计该偏心轴零件的机械加工工艺,并对设计的偏心轴零件机械加工工艺做出评价。具体工作任务如下:

1. 对偏心轴零件图纸进行加工工艺分析。
2. 设计偏心轴零件机械加工工艺路线。
3. 选择加工偏心轴的经济适用加工机床。
4. 根据生产批量选择夹具并确定偏心轴零件的装夹方案。
5. 按设计的偏心轴零件机械加工工艺路线选择合适的加工刀具与合适的切削用量。
6. 编制偏心轴零件机械加工工序卡与刀具卡。
7. 经小组分析、讨论,与各学习小组偏心轴零件机械加工工艺方案对比,对独立设计的偏心轴零件机械加工工艺做出评价,修改并优化偏心轴零件机械加工工序卡与刀具卡。

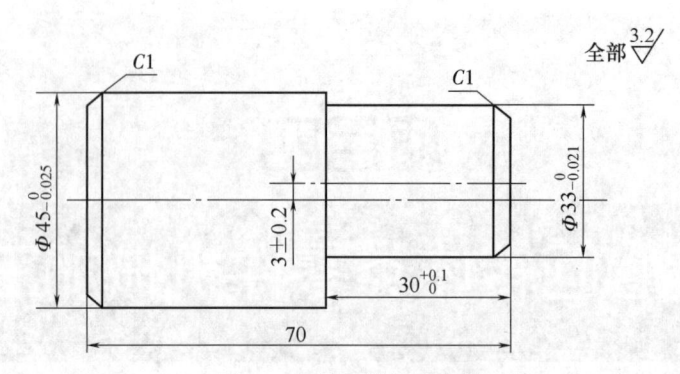

图 4-1 偏心轴加工案例

注:该偏心轴零件材料为 45 钢,毛坯尺寸为 $\Phi 50mm \times 74mm$,生产批量:3 件。

4-3 学习内容

设计偏心回转体类零件机械加工工艺步骤包括:零件图纸工艺分析、加工工艺路线设计、选择加工机床、找正装夹方案及夹具选择、刀具选择、切削用量选择,最后完成机械加工工序卡及刀具卡的编制。设计回转体类零件机械加工工艺的相关知识在项目二中已经详细阐释,这里不再赘述。要完成偏心轴零件机械加工工艺的设计任务,还要学习加工偏心回转体类零件的相关工艺知识。

在机械传动中,回转运动变为往复直线运动或往复直线运动变为回转运动,一般都是利用偏心零件来完成的。

(一)偏心回转体类零件的工艺特点

偏心回转体类零件的外圆和外圆或外圆与内孔的轴线相互平行而不重合,偏离一个距离,如图 4-2 和图 4-3 所示,这两条平行轴线之间的距离称为偏心距。外圆与外圆偏心的零件称为偏心轴或偏心盘;外圆与内孔偏心的零件称为偏心套。

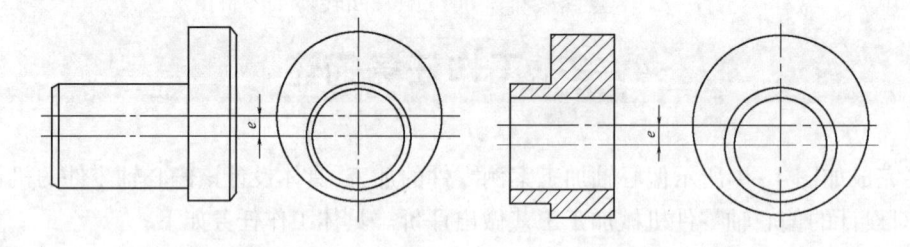

图 4-2 偏心轴   图 4-3 偏心套

偏心轴、偏心套加工工艺比常规回转体轴类、套类、盘类零件的加工工艺复杂,主要是因为难以把握好偏心距,难以达到图纸技术要求的偏心距公差要求。偏心轴、偏心套一般都是采用车削加工,加工原理基本相同,主要是在装夹时需采取措施,即把需要加工的偏心部分的轴线找正到与车床主轴旋转轴线相重合。后续的加工工艺与常规回转体轴类、套类、盘类零件的加工工艺相同。

(二)加工偏心回转体类零件的常用夹具

加工中小型偏心回转体类零件的常用夹具有:三爪卡盘、四爪卡盘、两顶尖装夹、偏心卡盘、角铁和专用偏心车削夹具等;加工中大型偏心回转体类零件的常用夹具有:四爪卡盘和花盘。其中,三爪卡盘、四爪卡盘、两顶尖装夹和花盘等,这些夹具在项目二与项目三已经做了详细阐释,这里不再赘述。偏心卡盘和专用偏心车削夹具为专用车削偏心类零件夹具,一般工厂里较少配置,这里也不再赘述。下面主要介绍常用于加工偏心回转体类零件和外形复杂零件的角铁。

在车床上加工壳体、支座、杠杆、接头和偏心回转体等零件的回转端面和回转表面,由于零件形状较复杂,难以装夹在通用卡盘上,常采用夹具体呈角铁状的夹具,通常称为角铁。角铁和在角铁上装夹及找正工件方法如图4-4所示。

在角铁上装夹和找正工件时,钳工先在偏心工件上划线确定孔或轴的偏心位置,再使用划针对偏心的孔或轴的偏心位置进行找正,不断地调整各部件,使工件孔或轴的轴心线和车床主轴轴线重合。用角铁装夹工件时,要注意平衡,应采用平衡装置以减少由离心力产生的振动及主轴轴承的磨损,平衡铁的位置和重量最好可以调节。

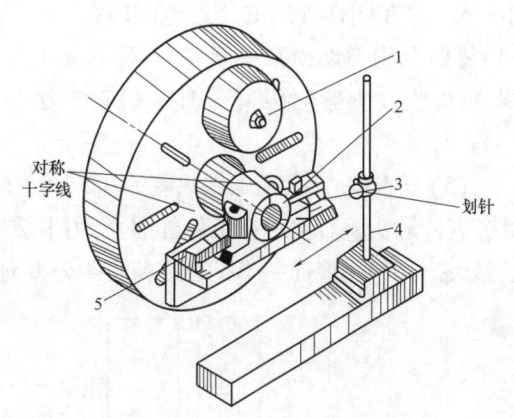

1—平衡铁;2—工件;3—角铁;4—划针盘;5—压板

图4-4 角铁和在角铁上装夹及找正工件示例

(三)加工偏心回转体类零件的常用装夹方案

加工偏心回转体类零件的常用装夹方案有:用四爪单动卡盘装夹、用三爪自定心卡盘装夹、用两顶尖装夹、用偏心卡盘装夹和用专用夹具装夹。由于用两顶尖装夹切削用量小,一般精加工时才使用。也可用偏心卡盘装夹,但一般工厂里较少配置偏心卡盘。用专用夹具装夹,必须根据零件大小、形状加工制造车削专用夹具,这里不再赘述。下面以图4-1所示偏心轴零件来介绍常用四爪单动卡盘和三爪自定心卡盘装夹车削加工偏心回转体类零件的装夹方案。

1. 用四爪单动卡盘装夹的装夹方案和步骤

(1)预调卡盘卡爪,使其中两爪呈对称位置,另两爪处于不对称位置,其偏离主轴中心的距离大致等于工件的偏心距(以该加工案例零件为例),如图4-5所示。图4-6所示为四爪单动卡盘。

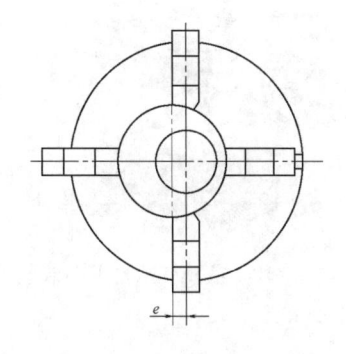

图4-5 四爪单动卡盘装夹偏心零件示意图

图4-6 四爪单动卡盘

（2）装夹工件，用百分表找正，使偏心轴线与车床主轴轴线重合，如图4-7所示。找正点 a 用卡爪调整，找正点 b 用木槌或铜棒轻击。

（3）校正偏心距，用百分表表杆触头垂直接触在工件外圆上，并使百分表压缩量为 0.5~1mm，用手缓慢转动卡盘使工件转一周，百分表指示处读数的最大值和最小值的一半即为偏心距，如图4-7所示。按此方法校正使 a、b 两点的偏心距基本一致，并在图样规定的公差范围内。

（4）将四爪均匀地锁紧一遍，检查确认偏心轴线和侧、顶母线在夹紧时没有位移。检查方法与步骤（3）一样。

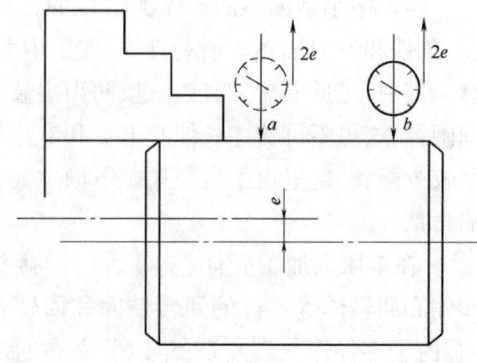

图4-7 找正示意图

（5）复查偏心距，当工件只剩约0.5mm精车余量时，按图4-8所示的方法复查偏心距。将百分表杆触头垂直接触在工件外圆上，用手缓慢转动卡盘使工件转一周，检查百分表指示处读数的最大值和最小值的一半是否在偏心距公差允许范围内，若偏心距超差，则略紧相应卡爪即可。

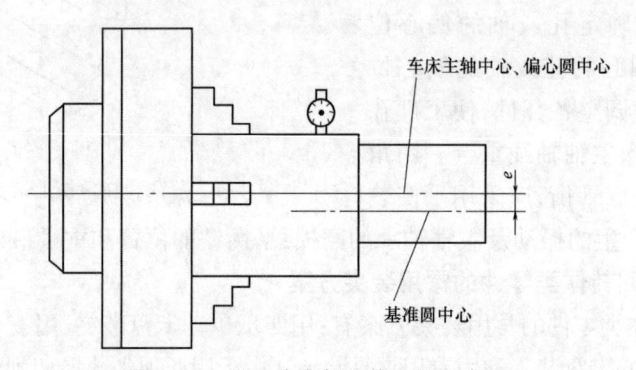

图4-8 用百分表复查偏心距示意图

2. 用三爪自定心卡盘装夹的装夹方案

长度较短的偏心回转体类零件可以在三爪卡盘上进行车削。先把偏心工件中非偏心部分的外圆车好，随后在卡盘任意一个卡爪与工件接触面之间垫上一块预先选好厚度的垫片，使工件轴线相对于车床主轴轴线产生的位移等于工件的偏心距，如图4-9所示。图4-10所示为液压三爪自定心卡盘，经校正母线与偏心距，并把工件夹紧后，即可车削。

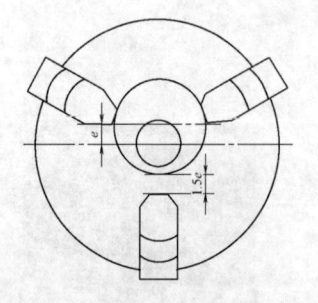

图4-9 用三爪自定心卡盘装夹偏心零件示意图　　图4-10 液压三爪自定心卡盘

垫片厚度可按下式计算：

$$x = 1.5e + 1.5\Delta e$$

（式4-1）

式中：x 为垫片厚度，单位为 mm；e 为工件偏心距，单位为 mm；Δe 为试切后，实测偏心距误差，实测结果比要求的大取负号，反之取正号。

3. 用三爪自定心卡盘装夹的注意事项

（1）应选用硬度较高的材料做垫块，以防止在装夹时发生挤压变形。垫块与卡爪接触的一面应做成与卡爪圆弧相同的圆弧面，否则接触面会产生间隙，造成偏心距误差。

（2）装夹时，工件轴线不能歪斜，否则会影响加工质量。

（3）对精度要求较高的偏心工件，必须按上述方法计算垫片厚度，首件试切不考虑 Δe，根据首件试切后实测的偏心距误差，对垫片厚度进行修正，然后方可正式切削。

4-4 完成工作任务过程

1. 零件图纸工艺分析

主要分析偏心轴零件图纸技术要求（包括尺寸精度、形位精度和表面粗糙度等）、检查零件图的完整性与正确性、分析零件的结构工艺性。通过零件图纸工艺分析，保证零件的加工精度，确定应采取的工艺措施。

该偏心轴零件加工表面由圆柱面、端面及倒角等组成，$\Phi 45_{-0.025}^{0}$ mm 和 $\Phi 33_{-0.021}^{0}$ mm 两外圆中心线相互平行而不重合，偏离 3 ± 0.2 mm 的距离。零件尺寸的精度要求较高。尺寸标注完整，轮廓描述清楚。零件的材料为 45 钢，无热处理和硬度要求，切削加工性能较好。

偏心回转体类零件加工工艺比常规回转体类零件的加工工艺复杂，主要是因为难以把握好偏心距，难以达到零件图纸技术要求的偏心距公差要求。偏心回转体类零件偏心部分的轴线找正到与车床主轴旋转轴线相重合后，后续的加工工艺与常规回转体类零件的加工工艺相同。通过上述零件图纸工艺分析，采取以下两点工艺措施。

（1）该偏心轴零件 $\Phi 45_{-0.025}^{0}$ mm 和 $\Phi 33_{-0.021}^{0}$ mm 尺寸精度要求较高，这种尺寸精度选操作水平较高的工人用普通车床即可加工（采用机夹装涂层硬质合金刀片车刀）。因只生产 3 件，故建议由普通车床加工。

（2）普通车床先加工无偏心的 $\Phi 45_{-0.025}^{0}$ mm 外圆，然后掉头在三爪卡盘任意一个卡爪与工件接触面之间垫上一块预先计算选好厚度的圆弧垫片，使工件轴线相对于车床主轴轴线产生的位移等于工件的偏心距 3 ± 0.2 mm，经校正母线与偏心距无误后夹紧工件，再车削 $\Phi 33_{-0.021}^{0}$ mm，即可保证偏心距 3 ± 0.2 mm。

2. 加工工艺路线设计

依次经过："选择偏心轴加工方法→划分加工阶段→划分加工工序→工序顺序安排"，最后确定偏心轴零件的工步顺序和进给加工路线。

设计偏心轴零件加工工艺路线从选择加工方法→划分加工阶段→划分加工工序→工序顺序安排，这里不再赘述，因为这些工作过程都是为最终确定偏心轴零件的工步顺序和进给加工路线做铺垫，留给学习小组进行讨论、汇报和老师点评。这里列出最后确定的偏心轴零件的工步顺序如下：

（1）粗、精车左端面和 C1 倒角。

（2）粗、精车 $\Phi 45$ mm 外径至尺寸。

(3) 粗、精车右端面和 $C1$ 倒角，保证总长尺寸。

(4) 粗、精车 $\Phi 33\,\text{mm}$ 外径至尺寸。

3. 加工机床选择

主要根据加工零件规格大小、加工精度和表面加工质量等技术要求，经济合理地选择加工机床。

根据上述零件图纸工艺分析拟采取的工艺措施，该偏心轴零件选操作水平较高的工人用普通车床即可加工。因该偏心轴零件尺寸规格小，故选小型普通车床加工。

4. 装夹方案及夹具选择

主要根据加工零件规格大小、结构特点、加工部位、尺寸精度、形位精度和表面粗糙度等零件图纸技术要求，确定零件的定位、装夹方案及夹具。

根据上述零件图纸工艺分析，该偏心轴零件有一偏心距 $(3\pm 0.2)\,\text{mm}$，是典型的偏心轴零件。加工时，先用手动三爪卡盘装夹图示毛坯右端（在三爪卡盘内放置合适的圆盘件或隔套，工件装夹时只需靠紧圆盘件或隔套即可准确轴向定位），把没偏心的左端 $\Phi 45\,\text{mm}$ 端面、外径先车好。该偏心轴零件只生产 3 件，掉头装夹已车好的左端时，为使更换工件装夹时能够准确轴向定位，在三爪卡盘内放置合适的圆盘件或隔套，工件装夹时只需靠紧圆盘件或隔套即可准确轴向定位。为保证偏心距 $3\pm 0.2\,\text{mm}$，在三爪卡盘任意一个卡爪与工件接触面之间垫上一块预先计算选好厚度的圆弧垫片，使 $\Phi 45\,\text{mm}$ 外圆中心线相对于车床主轴轴线产生的位移等于工件的偏心距 $3\pm 0.2\,\text{mm}$，而 $\Phi 33\,\text{mm}$ 外圆中心线与车床主轴轴线重合。母线与偏心距经校正无误后，夹紧工件，即可车削。为防止工件夹伤已车好的左端 $\Phi 45\,\text{mm}$ 外径，可考虑在工件 $\Phi 45\,\text{mm}$ 已加工表面夹持位包一层铜皮。

5. 刀具选择

主要根据加工零件的余量大小、结构特点、材质、热处理硬度、加工部位、尺寸精度、形位精度和表面粗糙度等零件图纸技术要求，结合刀具材料，正确合理地选择刀具。

根据上述零件图纸工艺分析和偏心轴零件的加工精度及表面质量要求，根据表 2 - 10（被加工表面与适用的刀片形状），上述加工工艺路线设计确定的偏心轴零件各工步顺序所用刀具如下，刀具规格参照表 2 - 13 选取。

(1) 粗、精车左、右端面和 $C1$ 倒角，选用 45°端面车刀（焊接无涂层硬质合金车刀）。

(2) 粗、精车 $\Phi 45\,\text{mm}$ 外径和 $\Phi 33\,\text{mm}$ 外径，选用主偏角为 95°的外圆车刀。

6. 切削用量选择

主要根据工步加工余量大小、材质、热处理硬度、尺寸精度、形位精度和表面粗糙度等零件图纸技术要求，结合所选刀具和拟定的加工工艺路线，正确合理地选择切削用量。

切削用量包括背吃刀量 a_p、进给速度 f 和主轴转速 n。

试加工时，切削用量可选稍小一些，不易引发刀具失效或加工事故。根据已学知识，如何优化偏心轴零件的切削用量，留给学习小组进行讨论、汇报和老师点评。这里列出上述加工工艺路线设计确定的偏心轴零件各工步顺序的背吃刀量 a_p、进给速度 f 和主轴转速 n 如下：

(1) 粗、精车左端面和 $C1$ 倒角。粗车背吃刀量 a_p 约为 $1.75\,\text{mm}$，进给速度 f 取 $0.4\,\text{mm}$，主轴转速 n 约为 $636\,\text{r/min}$；精车背吃刀量 a_p 约为 $0.25\,\text{mm}$，进给速度 f 取 $0.2\,\text{mm}$，主轴转速 n 约为 $764\,\text{r/min}$。

(2)粗、精车 $\Phi 45\text{mm}$ 外径。粗车背吃刀量 a_p 约为 2.25mm,精车背吃刀量 a_p 约为0.25 mm;粗车进给速度 f 取 0.4mm,精车进给速度 f 取 0.2mm;粗车主轴转速 n 约为 636r/min,精车主轴转速 n 约为839r/min。

(3)粗、精车右端面和 $C1$ 倒角。粗车背吃刀量 a_p 约为 1.75mm,进给速度 f 取 0.4mm,主轴转速 n 约为 636r/min;精车背吃刀量 a_p 约为 0.25mm,进给速度 f 取 0.2mm,主轴转速 n 约为 764r/min。

(4)粗、精车 $\Phi 33\text{mm}$ 外径。粗车背吃刀量 a_p 约为 3mm,精车背吃刀量 a_p 约为 0.25mm;粗车进给速度 f 取 0.3mm(比工步2小是因为刚开始断续切削),精车进给速度 f 取 0.2mm;粗车主轴转速 n 约为 600r/min,精车主轴转速 n 约为 1140r/min。

7. 填写偏心轴零件机械加工工序卡和刀具卡

主要根据选择的机床、刀具、夹具、切削用量和拟定的加工工艺路线,正确填写机械加工工序卡和刀具卡。

1)偏心轴零件机械加工工序卡

偏心轴零件机械加工工序卡如表 4-1 所示。

表 4-1 偏心轴零件机械加工工序卡

单位名称		产品名称或代号		零件名称	零件图号
×××		×××		偏心轴	×××
加工工序卡号	数控加工程序编号	夹具名称		加工设备	车间
×××	×××	三爪卡盘+圆弧垫片		普通车床	×××
工步号	工步内容	刀具号	刀具规格/mm	主轴转速/(r/min)	进给速度/(mm/r)	背吃刀量/mm	备注
1	粗、精车左端面和C1倒角,保证表面粗糙度 Ra 为3.2μm	T01	12×12	636/764	0.4/0.2	1.75/0.25	普通车床
2	粗、精车 $\Phi 45\text{mm}$ 外径至尺寸,保证尺寸 $40_{-0.025}^{0}\text{mm}$ 和表面粗糙度 Ra 为3.2μm,车削长度43mm	T02	12×12	636/839	0.4/0.2	2.25/0.25	普通车床
3	粗、精车右端面和C1倒角,保证表面粗糙度 Ra 为3.2μm和总长70mm	T01	12×12	636/764	0.4/0.2	1.75/0.25	掉头装夹防夹伤,垫圆弧垫片确保偏心量
4	粗、精车 $\Phi 33\text{mm}$ 外径至尺寸,保证尺寸 $33_{-0.021}^{0}\text{mm}$、$30_{0}^{+0.1}\text{mm}$ 和表面粗糙度 Ra 为3.2μm	T02	12×12	600/1140	0.3/0.2	3/0.25	普通车床
编制	×××	审核	×××	批准	×××	年 月 日	共 页 第 页

注:刀片为涂层硬质合金刀片。

2)偏心轴零件机械加工刀具卡

偏心轴零件机械加工刀具卡如表 4-2 所示。

表4-2 偏心轴零件机械加工刀具卡

产品名称或代号	×××	零件名称		偏心轴	零件图号		×××
序号	刀具号	刀具			加工表面		备注
		规格名称	数量	刀长/mm			
1	T01	45°端面车刀	1	实测	端面、倒角		焊接无涂层硬质合金车刀
2	T02	95°外圆车刀	1	实测	外径		涂层硬质合金刀片
编制	×××	审核	×××	批准	×××	年 月 日	共 页 第 页

4-5 工作任务完成情况评价与工艺优化讨论

1. 工作任务完成情况评价

对上述偏心轴零件加工案例工作任务的完成过程进行详尽分析,从零件图纸工艺分析、加工工艺路线设计、加工机床选择、加工刀具选择、装夹方案与夹具选择和切削用量选择几方面,对照自己独立设计的偏心轴零件机械加工工艺,评价各自的优缺点。

2. 偏心轴加工工艺优化讨论

(1)根据上述偏心轴零件加工案例机械加工工艺,各学习小组从以下八个方面对其展开讨论:

①加工方法选择是否得当?为什么?

②工步顺序安排是否合理?为什么?

③加工工艺路线是否得当?为什么?有没有更优化的加工工艺路线?

④选择的加工机床是否经济适用?为什么?

⑤加工刀具(含刀片)选择是否得当?为什么?

⑥选择的夹具是否得当?为什么?有没有其他更适用的夹具?

⑦选择的装夹方案是否得当?为什么?有没有其他更合适的装夹方案?

⑧选择的切削用量是否合适?为什么?有没有更优化的切削用量?

(2)各学习小组分析、讨论完后,各派一名代表上讲台汇报自己小组的讨论意见。各学习小组汇报完毕后,老师综合各学习小组的汇报情况,对偏心轴零件加工案例机械加工工艺进行点评。

(3)根据老师的点评,独立修改优化偏心轴零件机械加工工序卡与刀具卡。

4-6 巩固与提高

如图4-11所示偏心盘加工案例零件材料为45钢,毛坯尺寸为$\Phi 210\text{mm} \times 123\text{mm}$,生产批量50件,偏心盘内孔已钳工划线钻孔至$\Phi 50\text{mm}$。试设计其机械加工工艺。

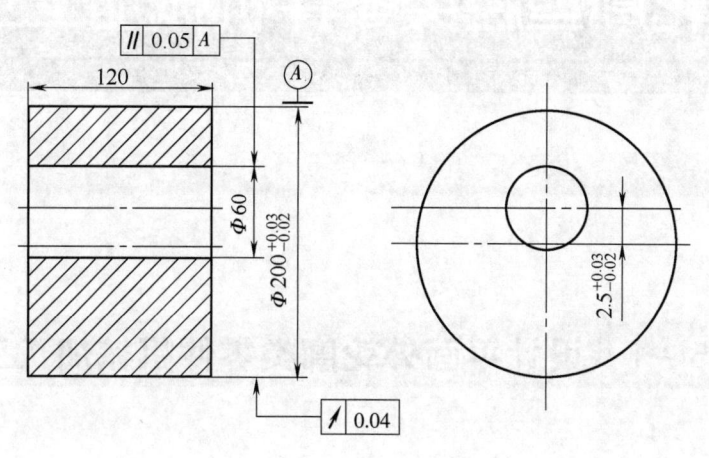

图4-11 偏心盘加工案例

项目五

设计轮廓型腔类零件机械加工工艺

任务5-1 设计平面外轮廓类零件机械加工工艺

5-1-1 学习目标

通过本任务单元的学习、训练与讨论,学生应该能够:

1. 独立对平面外轮廓类零件图纸进行加工工艺分析,设计机械加工工艺路线,选择经济适用的加工机床,根据生产批量选择夹具并确定装夹方案,按设计的机械加工工艺路线选择合适的加工刀具与合适的切削用量,最后编制出平面外轮廓类零件的机械加工工序卡与刀具卡。

2. 在教师的指导与引导下,通过小组分析、讨论,与各学习小组平面外轮廓类零件机械加工工艺方案对比,优化独立设计的机械加工工艺路线与切削用量,选择更经济适用的加工机床,选择更合适的刀具、夹具,确定更合理的装夹方案,最终编制出优化的平面外轮廓类零件机械加工工序卡与刀具卡。

5-1-2 工作任务描述

现要完成如图5-1所示凸模加工案例零件的加工,具体设计该凸模零件的机械加工工艺,并对设计的凸模零件机械加工工艺做出评价。具体工作任务如下:

1. 对凸模零件图纸进行加工工艺分析。
2. 设计凸模零件机械加工工艺路线。
3. 选择加工凸模零件的经济适用加工机床。
4. 根据生产批量选择夹具并确定凸模零件的装夹方案。
5. 按设计的凸模零件机械加工工艺路线选择合适的加工刀具与合适的切削用量。
6. 编制凸模机械加工工序卡与刀具卡。

7. 经小组分析、讨论,与各学习小组凸模零件机械加工工艺方案对比,对独立设计的凸模零件机械加工工艺做出评价,修改并优化凸模零件机械加工工序卡与刀具卡。

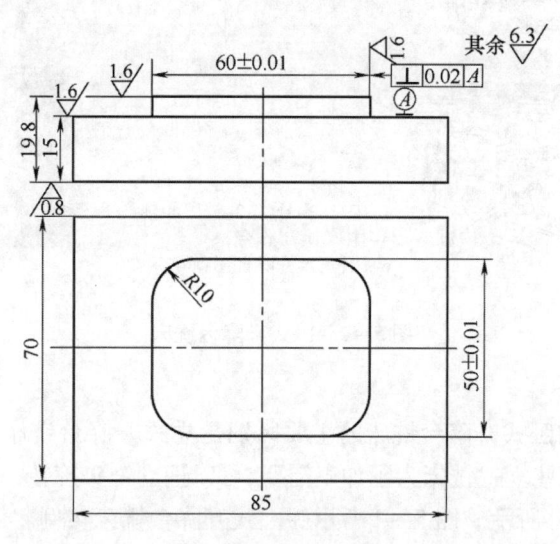

图 5-1 凸模加工案例

注:该凸模零件为半成品,材料为 45 钢,生产批量 5 件。该零件四周已由牛头刨床按零件图纸技术要求加工好,上下平面已由普通铣床粗铣好,尚留 1mm 余量,要求加工凸台及精加工上下平面,并保证凸台与台阶面垂直度为 0.02mm。

5-1-3 学习内容

设计平面外轮廓类零件机械加工工艺步骤包括:零件图纸工艺分析、加工工艺路线设计、选择加工机床、找正装夹方案及夹具选择、刀具选择、切削用量选择,最后完成机械加工工序卡及刀具卡的编制。平面外轮廓类零件是轮廓型腔类零件中较简单的一类零件,要完成凸模零件直至后续工作任务中较复杂的轮廓型腔类零件机械加工工艺的设计任务,要先学习设计轮廓型腔类零件机械加工工艺的相关知识。

一、加工机床选择

轮廓型腔类零件的机械加工方法主要是铣削、刨削、磨削和数控铣削,常见通用加工机床有普通铣床、刨床、平面磨床等,数控机床有数控铣削机床等。常见加工轮廓型腔类零件的普通铣床、刨床、平面磨床和数控铣削机床的分类、组成与布局及其特点如下。

(一)普通铣床

铣床是利用铣刀在工件上加工各种表面的机床。常见的普通铣床有卧式升降台铣床、立式升降台铣床和龙门铣床。铣刀旋转为主运动加工各种表面,工件或铣刀的移动为进给运动。铣刀是多齿刀具,每个刀齿间歇工作,若冷却条件好,切削速度可以提高。

1. 卧式升降台铣床

卧式升降台铣床又称卧铣,主轴水平布置。卧式升降台铣床可加工平面、成形面、各种沟槽、螺旋槽及齿轮齿形等。由床身、横梁、主轴、升降台、横向溜板、工作台等组成,如图 5-2 所示。

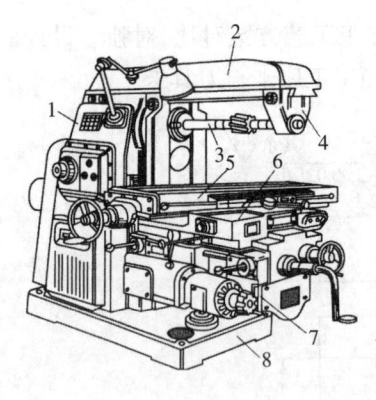

1-床身；2-悬臂；3-铣刀心轴；
4-挂架；5-工作台；
6-床鞍；7-升降台；8-底座

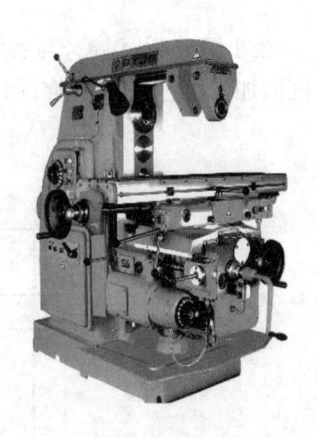

图 5-2 卧式升降台铣床

2. 立式升降台铣床

立式升降台铣床与卧式升降台铣床的主要区别是立式升降台铣床的主轴与工作台垂直，如图 5-3(a)所示。有些立式铣床为了加工需要，可以把立铣头旋转一定的角度，形成万能回转头铣床，如图 5-3(b)所示。图 5-4 所示为立式升降台铣床实例。

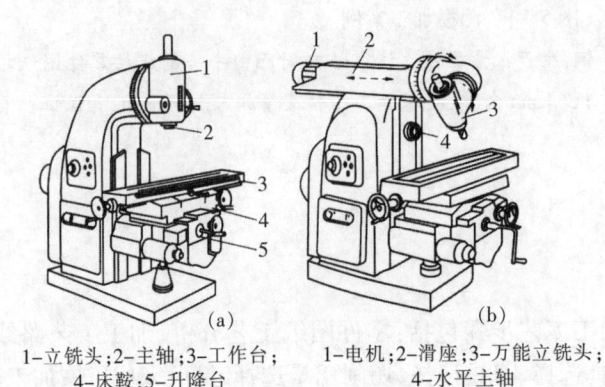

1-立铣头；2-主轴；3-工作台；
4-床鞍；5-升降台

1-电机；2-滑座；3-万能立铣头；
4-水平主轴

图 5-3 立式升降台铣床

图 5-4 立式升降台铣床实例

3. 龙门铣床

龙门铣床如图 5-5 所示，由立柱和顶梁构成门式框架。横梁可沿两立柱导轨作升降运动，横梁上有 1~2 个带垂直主轴的铣头，可沿横梁导轨作横向运动，两立柱上还可分别安装一个带有水平主轴的铣头，它可沿立柱导轨作升降运动。这些铣头可同时加工几个表面，每个铣头都具有单独的电动机、变速机构、操纵机构和主轴部件等。加工时，工件安装在工作台上并随工作台作纵向进给运动。

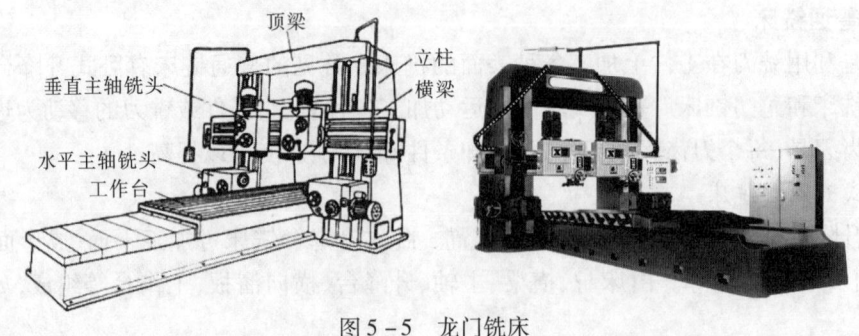

图 5-5 龙门铣床

普通铣床主要用于加工平面(水平面、垂直面)和沟槽(键槽、T形槽、燕尾槽等),用成形铣刀可以加工分齿零件(齿轮、花键轴、链轮、螺旋形表面(如螺旋槽)等固定曲面)。此外,还可用于对回转体表面、内孔加工及切断等工作。普通铣床的加工精度一般可达IT8,表面粗糙度为 $Ra\ 3.2\mu m$;采用机夹涂层刀具较高速度铣削,加工精度可达IT7,表面粗糙度可达 $Ra\ 1.6\mu m$。

(二)刨床

刨床主要用于各种平面、沟槽和成形表面的加工,主运动是刀具或工作台的直线往复运动,换向时惯性力较大,限制了主运动速度的提高。刨床因空行程不进行切削,故生产率较低,在大批量生产中,逐渐被铣削和拉削所代替。但刨床因结构简单、调整方便,在单件生产和维修中仍广泛采用。常见的刨床有牛头刨床、龙门刨床等,牛头刨床的外形结构如图5-6所示,龙门刨床如图5-7所示。

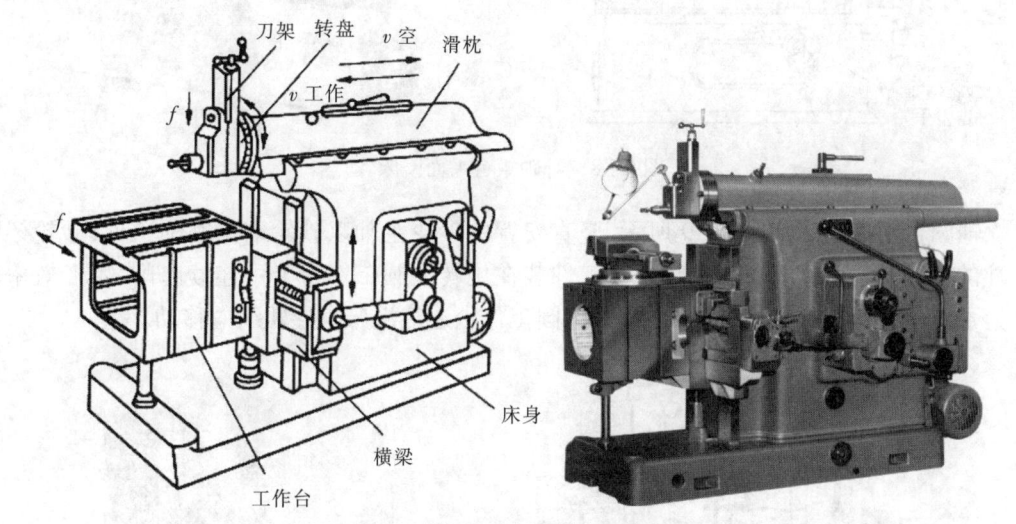

图5-6 牛头刨床

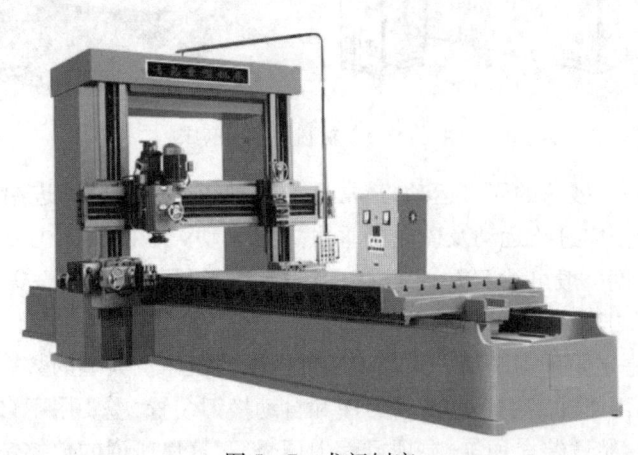

图5-7 龙门刨床

刨床主要用于平面、沟槽和成形表面的加工,可以刨削水平面、垂直面、斜面、曲面、台阶面、燕尾槽、T形槽、V形槽,也可刨削孔、齿轮和齿条等。普通刨床的加工精度一般可达IT9～IT8,表面粗糙度为 $Ra6.3\sim3.2\mu m$。

(三) 平面磨床

平面磨床有卧轴矩台、卧轴圆台、立轴矩台和立轴圆台等，最常见的为卧轴矩台和立轴圆台。

卧轴矩台平面磨床如图 5-8 所示，工件由矩形电磁吸盘吸住或夹持在工作台上作纵向往复运动，砂轮架可沿滑座的燕尾导轨作横向间歇进给运动，滑座可沿立柱的导轨作垂直间歇进给运动。卧轴矩台平面磨床用砂轮周边磨削工件，磨削精度较高。

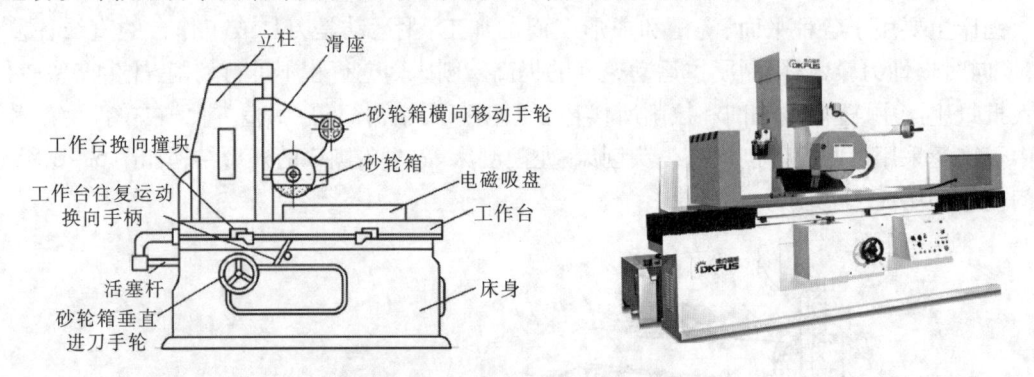

图 5-8 卧轴矩台平面磨床

立轴圆台平面磨床如图 5-9 所示，竖直安置的砂轮主轴以砂轮端面磨削工件，砂轮架可沿立柱的导轨作间歇的垂直进给运动，工件装在旋转的圆工作台上可连续磨削，生产效率较高。为了便于装卸工件，立轴圆台平面磨床圆工作台还能沿床身导轨纵向移动。

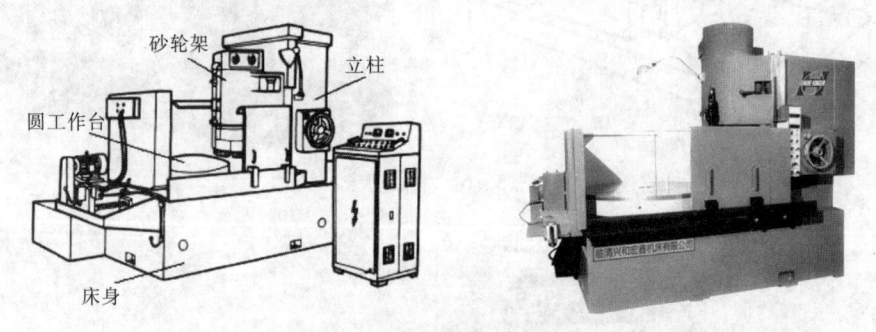

图 5-9 立轴圆台平面磨床

平面磨床主运动为砂轮的回转运动，最常见的卧轴矩台平面磨床进给运动有工作台的纵向进给运动、砂轮的横向进给运动及砂轮的垂直进给运动。平面磨床主要用于磨削工件平面或成型表面，加工精度一般可达 IT7～IT5，表面粗糙度一般可达 $Ra1.6～0.2\mu m$。

(四) 数控铣削铣床

数控铣削机床是主要采用铣削方式加工工件的数控机床。典型的数控铣削机床有数控铣床和加工中心两种，由于加工中心增加了刀库和自动换刀装置，主要用于自动换刀对箱体类等复杂零件进行多工序镗铣综合加工，在项目六中再介绍，这里所说的数控铣削机床是指数控铣床。数控铣床除了能够进行外形轮廓铣削、平面型腔铣削及三维复杂型面的铣削(如凸轮、模具、叶片、螺旋桨等复杂零件的铣削加工)外，还具有孔加工功能。它通过人工手动换刀，也可以进行一系列孔的加工，如钻孔、扩孔、铰孔、镗孔和攻螺纹等。由于读者已对普通铣床、刨床和平面磨床相对熟悉，故下面着重介绍数控铣床。

项目 5 　设计轮廓型腔类零件机械加工工艺

1. 数控铣床的分类

数控铣床的种类很多,常用的分类方法是按主轴的布置形式、控制轴数及其功能分类。

1)按数控铣床的主轴布置形式分类

(1)立式数控铣床。

立式数控铣床主轴轴线垂直于水平面,是数控铣床中最常见的一种布局形式,应用范围最广。立式数控铣床中又以三坐标(X、Y、Z)联动的数控铣床居多,其各坐标的控制方式主要有以下几种:

①工作台纵、横向移动并升降,主轴不动,与普通立式升降台铣床相似。目前小型立式数控铣床一般采用这种方式。

②工作台纵、横向移动,主轴升降。这种方式一般运用在中型立式数控铣床中,如图5-10所示。

③大型立式数控铣床,由于需要考虑扩大行程、缩小占地面积和刚度等技术问题,多采用工作台移动式,其主轴可以在龙门架的横向与垂直溜板上运动,而工作台则沿床身作纵向运动,如图5-11所示。

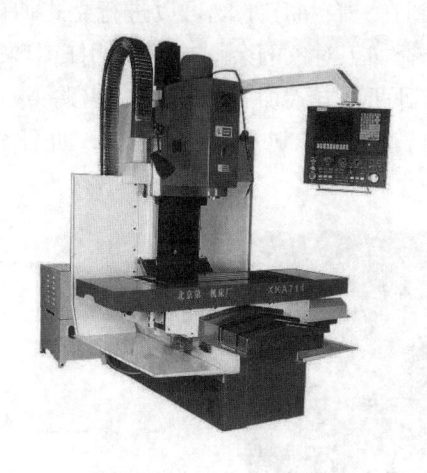

图 5-10 　立式数控铣床　　　　　图 5-11 　龙门式数控铣床

为扩大立式数控铣床的使用功能和加工范围,可增加数控转盘来实现四轴或五轴联动加工,如图5-12所示。

(2)卧式数控铣床。

卧式数控铣床的主轴轴线平行于水平面,如图5-13所示,主要用于箱体类零件的加工。为了扩大加工范围和使用功能,卧式数控铣床通常采用增加数控转盘来实现四轴或五轴联动加工,这样不但工件侧面上的连续回转轮廓可以加工出来,而且可以实现在一次安装中,通过转盘改变工位,进行"四面加工"。尤其是配万能数控转盘的数控铣床,可以把工件上各种不同的角度或空间角度的加工面摆成水平来加工。这样,可以省去很多专用夹具或专用角度的成形铣刀。对于箱体类零件或需要在一次安装中改变工位的工件来说,选择带数控转盘的卧式数控铣床进行加工是非常合适的。由于卧式数控铣床在增加了数控转盘后很容易做到对工件进行"四面加工",在许多方面胜过带数控转盘的立式数控铣床。

图 5-12 立式数控铣床配数控转盘实现四轴联动加工

图 5-13 卧式数控铣床

(3)立、卧两用数控铣床。

立、卧两用数控铣床的主轴方向可以变换,能达到在一台机床上既可以进行立式加工,又可以进行卧式加工,使其应用范围更广,功能更全,选择加工对象的余地更大,给用户带来了很大的方便。尤其是当生产批量小、品种多,又需要立、卧两种方式加工时,用户只需购买一台这样的机床就可以了。配万能数控主轴头可任意方向转换的立、卧两用数控铣床,如图 5-14 所示。

图 5-14 配万能数控主轴头可任意方向转换的立、卧两用数控铣床

2)按数控系统控制的坐标轴数量分类

(1)两轴半联动数控铣床。数控铣床只能进行 X、Y、Z 三个坐标轴中的任意两个坐标轴联动加工。目前常见的数控铣床常采用两轴半联动加工。

(2)三轴联动数控铣床。数控铣床能进行 X、Y、Z 三个坐标轴联动加工。目前常见的数控铣床大多是三轴联动的数控铣床。

(3)四轴联动数控铣床。数控铣床能进行 X、Y、Z 三个坐标轴和绕其中一个轴作数控摆角联动加工。四轴数控铣床联动加工如图 5-12 所示。

(4)五轴联动数控铣床。数控铣床能进行 X、Y、Z 三个坐标轴和绕其中两个轴作数控摆角联动加工。五轴联动数控铣床加工如图 5-15 所示。

图 5-15　五轴联动数控铣床加工示例

3）按数控系统的功能分类

(1) 简易型数控铣床。

简易型数控铣床是在普通立式铣床或卧式铣床的基础上改造而来的，采用步进电机驱动开环控制的数控系统，结构简单，价格低廉，机床功能较少，主轴转速和进给速度不高，一般最小分辨率为 0.01mm 或 0.005mm，主要用于精度不高的简单平面或曲面零件加工，如图 5-16 所示。

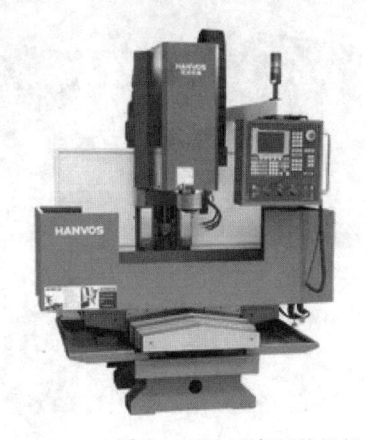

(2) 经济型数控铣床。

经济型数控铣床的主传动系统一般采用变频调速，结构相对简单，价格相对较低，一般只能实现三轴联动加工。例如，配置 FANUC-0iMate-MB、FANUC-0iMate-MC 或 SIEMENS-802C 数控系统的数控铣床现逐渐归类为经济型数控铣床。经济型数控铣床如图 5-17 所示。

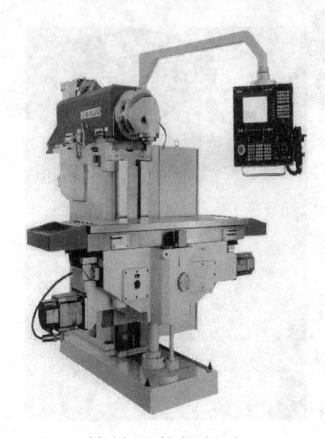

图 5-16　简易型数控铣床　　　　图 5-17　经济型数控铣床

(3) 全功能型数控铣床。

全功能型数控铣床一般采用半闭环或闭环控制，控制系统功能较强，数控系统功能丰富，一般可实现四轴或四轴以上的联动加工，加工适应性强，应用最为广泛，如图 5-18 所示。

(4) 高速铣削数控铣床。

一般将主轴转速在 10000~40000r/min 的数控铣床称为高速铣削数控铣床，其进给速度可达 10~30m/min，如图 5-19 所示。这种数控铣床采用全新的机床结构、功能部件（电主轴、直线电机驱动进给）和功能强大的数控系统，并配以加工性能优越的刀具系统，可对大面积的曲面进行高效率、高质量的加工。

图5-18　全功能数控铣床 　　　　　　图5-19　高速铣削数控铣床

2. 数控铣床主要加工对象及主要加工内容

1）数控铣床主要加工对象

数控铣床可以用于加工许多普通铣床难以加工甚至无法加工的零件，它以铣削功能为主，主要适合铣削下列三类零件：

（1）平面类零件。平面类零件是指加工面平行或垂直于水平面，以及加工面与水平面的夹角为一定值的零件。平面类零件的特点是：加工面为平面或加工面可以展开为平面。如图5-20所示的三个零件均属于平面类零件。图5-20中的曲线轮廓面A和圆台侧面B，展开后均为平面，C为斜平面。这类零件的数控铣削相对比较简单，一般只用三坐标数控铣床的两轴联动就可以加工出来。目前，数控铣床加工的绝大多数零件属于平面类零件。图5-21所示为较复杂典型平面类零件。

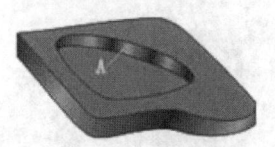

（a）轮廓面A　　　　　　（b）轮廓面B　　　　　　（c）轮廓面C

图5-20　典型的平面类零件

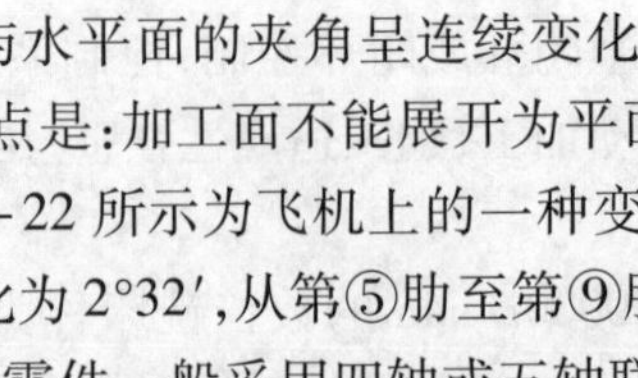

图5-21　较复杂典型平面类零件

（2）变斜角类零件。加工面与水平面的夹角呈连续变化的零件称为变斜角类零件，又称直纹曲面类零件。这类零件的特点是：加工面不能展开为平面，但在加工中，铣刀圆周与加工面接触的瞬间为一条直线。图5-22所示为飞机上的一种变斜角梁橼条，该零件在第②肋至第⑤肋的斜角α从3°10′均匀变化为2°32′，从第⑤肋至第⑨肋再均匀变化为1°20′，从第⑨肋至第⑫肋又均匀变化至0°。这类零件一般采用四轴或五轴联动的数控铣床加工，也可用三轴数控铣床通过两轴联动用鼓形铣刀分层近似加工，但精度稍差。图5-23所示为变斜角类零件的加工。

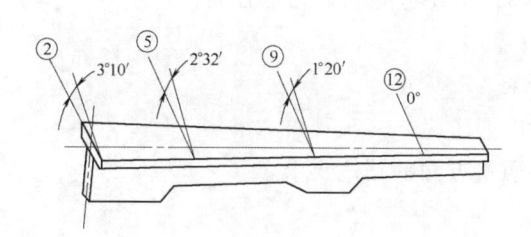

图 5-22 飞机上的变斜角梁椽条　　图 5-23 变斜角类零件的加工

(3) 曲面类(立体类)零件。加工面为空间曲面的零件称为曲面类零件,如图 5-24 所示。这类零件的特点是:①加工面不能展开成平面;②加工面与加工刀具(铣刀)始终为点接触。这类零件在数控铣床的加工中也较为常见,通常采用两轴半联动数控铣床加工精度要求不高的曲面,精度要求高的曲面需用三轴联动数控铣床加工;若曲面周围有干涉表面,需用四轴甚至五轴联动数控铣床加工。图 5-25 所示为典型的曲面类(立体类)零件。

图 5-24 曲面类零件　　图 5-25 典型曲面类(立体类)零件

2) 数控铣床主要加工内容
(1) 工件上的曲线轮廓表面,特别是由数学表达式给出的非圆曲线和列表曲线等曲线轮廓。
(2) 给出数学模型的空间曲面或通过测量数据建立的空间曲面。
(3) 形状复杂、尺寸繁多,划线与检测困难的部位及尺寸精度要求较高的表面。
(4) 通用铣床加工时难以观察、测量和控制进给的内、外凹槽。
(5) 能在一次安装中顺带铣出来的简单表面或形状。
(6) 采用数控铣削后能成倍地提高生产率,大大减轻体力劳动强度的一般加工内容。
下面加工内容一般不采用数控铣削加工。
(1) 需要进行长时间占机人工调整的粗加工内容。
(2) 毛坯上的加工余量不太充分或不太稳定的部位。
(3) 简单的粗加工表面。
(4) 必须用细长铣刀加工的部位,一般是指狭长深槽或高肋板小转接圆弧部位。

二、零件图纸工艺分析

轮廓型腔类零件的加工方法主要是铣削。零件图纸工艺分析包括分析零件图纸技术要求、检查零件图的完整性和正确性、零件的结构工艺性分析、零件毛坯的工艺性分析、数控铣削零件图形的数学处理及编程尺寸设定值的确定。

1. 分析零件图纸技术要求

分析轮廓型腔类零件图纸技术要求时,主要考虑以下几个方面:

(1)各加工表面的尺寸精度要求。

(2)各加工表面的几何形状精度要求。

(3)各加工表面之间的相互位置精度要求。

(4)各加工表面粗糙度要求及表面质量方面的其他要求。

(5)热处理要求及其他要求。

根据上述零件图纸技术要求,首先要根据零件在产品中的功能研究分析零件与部件或产品的关系,从而认识零件的加工质量对整个产品质量的影响,并确定零件的关键加工部位和精度要求较高的加工表面等,认真分析上述各精度和技术要求是否合理。其次,要考虑在哪种机床上精加工才能保证零件的各项精度和技术要求。根据生产批量与技术要求,再具体考虑是由一种机床完成全部加工或由几种机床完成全部加工最为合理。

2. 检查零件图的完整性和正确性

轮廓型腔类零件的轮廓与轮廓型腔加工,根据上述各加工机床的功用分析,主要是采用数控铣床加工(普通铣床无法铣削曲线轮廓或空间曲面)。由于数控铣削加工程序是以准确的坐标点来编制的,因此各图形几何要素间的相互关系(如相切、相交、垂直、平行和同心等)应明确;各种几何要素的条件要充分,应无引起矛盾的多余尺寸或影响工序安排的封闭尺寸;尺寸、公差和技术要求应标注全等。例如,在实际加工中常常会遇到图纸中缺少尺寸,给出的几何要素的相互关系不够明确,使编程计算无法完成,或者虽然给出了几何要素的相互关系,但同时又给出了引起矛盾的相关尺寸,同样给数控编程计算带来困难。另外,要特别注意零件图纸各方向尺寸是否有统一的设计基准,以便简化编程,保证零件的加工精度要求。

采用自动编程,根据零件图纸建立复杂表面数学模型后,必须仔细地检查数学模型的完整性、合理性及几何拓扑关系的逻辑性。数学模型的完整性是指数学模型是否全面表达图纸所表达的零件真实形状;合理性是指生成的数学模型中的曲面是否满足曲面造型的要求,主要包括曲面参数对应性、曲面的光顺性等,曲面不能有异常的凸起和凹坑;几何拓扑关系的逻辑性是指曲面与曲面之间的相互关系,主要包括曲面与曲面之间的连接是否满足指定的要求(如位置连续性、切矢连续性、曲率连续性等),曲面的修剪是否干净、彻底等。

3. 零件的结构工艺性分析

零件的结构工艺性是指所设计的零件在满足使用要求的前提下制造的可行性和经济性。良好的结构工艺性可以使零件加工容易,节省工时和材料,而较差的零件结构工艺性会使加工困难,浪费工时和材料,有时甚至无法加工。

轮廓型腔类零件的结构工艺性分析包括以下几个方面。

1)数控铣削零件图纸上的尺寸标注应方便编程

编程方便与否常常是衡量数控工艺性好坏的一个指标。在实际生产过程中,零件图纸上的尺寸标注方法对工艺性影响较大,为此零件图纸尺寸标注应符合数控加工编程方便的原则。零件图纸的尺寸标注尽量采用基准统一的集中标注或坐标标注。

2)分析零件的变形情况,保证获得要求的加工精度

零件尺寸所要求的加工精度、尺寸公差是否都得以保证?特别要注意过薄的底板与肋板的厚度公差,俗话说"铣工怕铣薄",过薄的底板或肋板在加工时由于产生的切削拉力及薄板

的弹力退让极易产生切削面的振动,使薄板厚度尺寸公差难以保证,其表面粗糙度也将恶化或变坏。零件在铣削加工时的变形,不仅影响加工质量,而且当变形较大时,将使加工不能继续下去。根据实践经验,当面积较大的薄板厚度小于3mm时,就应在工艺上充分重视这一问题。一般采取如下预防措施。

(1)对于大面积的薄板零件,改进装夹方式,采用合适的加工顺序和刀具。

(2)采用适当的热处理方法,如对钢件进行调质处理,对铸铝件进行退火处理。

(3)采用粗、精加工分开及对称去除余量等措施来减小或消除变形的影响。

(4)数控铣削时充分利用数控铣床的循环功能,减小每次进刀的切削深度或切削速度,从而减小切削力,控制零件在加工过程中的变形。

3)尽量统一零件轮廓内圆弧的有关尺寸

(1)轮廓内圆弧半径 R 常常限制刀具的直径。

内槽(内型腔)圆角的大小决定了刀具直径的大小,所以内槽(内型腔)圆角半径不应太小。如图 5-26 所示的零件,其结构工艺性的好坏与被加工轮廓的高低、转角圆弧半径的大小等因素有关。图 5-26(b)与图 5-26(a)相比,转角圆弧半径大,可以采用较大直径的立铣刀来加工;加工平面时,进给次数也相应减少,表面加工质量也会好一些,因而图 5-26(b)工艺性较好。通常 $R < 0.2H$ 时,可以判定零件该部位的工艺性不好。

(a)内槽结构工艺性不好　　(b)内槽结构工艺性较好

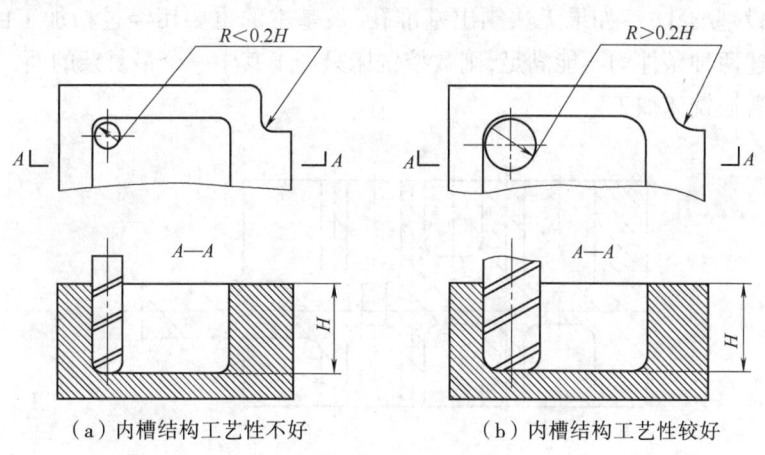

图 5-26　内槽(内型腔)结构工艺性对比

(2)槽底转接圆角或底板与肋板转接圆弧半径 r 大小的影响。

铣削面的槽底转接圆角或底板与肋板相交处的圆角半径 r(如图 5-27 所示)越大,铣刀端刃铣削平面的能力越差,效率也较低。当 r 大到一定程度时,甚至必须用球头铣刀加工,这是应当避免的。因为铣刀端面刃与铣削平面接触的最大直径 $d = D - 2r$(D 为铣刀直径),当 D 越大而 r 越小时,铣刀端刃铣削平面的面积越大,加工平面的能力越强,铣削工艺性当然也越好。有时,当铣削的底面面积越大,底部圆弧 r 也较大时,只能用两把 r 不同的铣刀(一把铣刀的 r 小一些,另一把铣刀的 r 符合零件图样的要求)分两次进行铣削。

在一个零件上,凹圆弧半径在数值一致性的问题上对铣削工艺性非常重要。零件的外形、内腔最好采用统一的几何类型或尺寸,这样可以减少换刀次数,有利于提高生产效率。一般来说,即使不能寻求完全统一,也要力求将数值相近的圆弧半径分组靠拢,达到局部统一,以尽量减少铣刀规格和换刀次数,避免因频繁换刀而增加了零件加工面上的接刀阶差,降低表面加工质量。

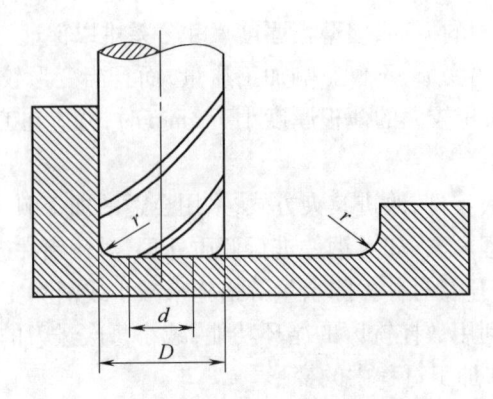

图 5-27 底板与肋板转接圆弧半径 r 对零件铣削工艺性的影响

4) 保证基准统一原则

有些零件需要多次装夹才能完成加工(如图 5-28 所示),多次装夹加工普通铣床可以采用"试切法"来接刀。若采用数控铣床加工,由于数控铣床工时成本高,不能像普通铣床那样加工时采用"试切法"来接刀,往往会因为零件的重新安装而接不好刀。数控加工时为避免多次装夹误差,最好采用统一基准定位,因此零件上应有合适的孔做定位基准孔。如果零件上没有基准孔,也可以专门设置工艺孔作为定位基准(如在毛坯上增加工艺凸耳或在后续工序要铣去的余量上设基准孔)。如果无法制出基准孔,最基本的也要用经过精加工的面作为统一基准。如果上述两种条件均不能满足,则数控铣床只加工其中一个最复杂的面,另一面放弃数控铣削而改由普通铣床加工。

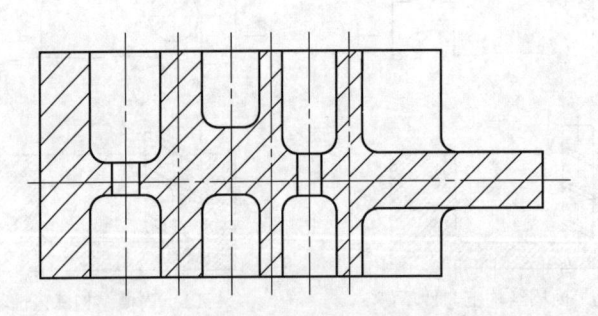

图 5-28 必须两次安装加工的零件

因普通铣床无法铣削曲线轮廓或空间曲面,曲线轮廓或空间曲面通常采用数控铣削加工,有关数控铣削零件的结构工艺性实例如表 5-1 所示,该结构工艺性对比实例对普通铣床加工也适用。

表 5-1 数控铣削零件加工部位结构工艺性实例

序号	A 工艺性差的结构	B 工艺性好的结构	说明
1	$R_2<(\frac{1}{5}\sim\frac{1}{6})H$	$R_2>(\frac{1}{5}\sim\frac{1}{6})H$	B 结构可选用较高刚性刀具

续表

序号	A 工艺性差的结构	B 工艺性好的结构	说明
2			B 结构需用刀具比 A 结构少，减少了换刀的辅助时间
3			B 结构 R 大、r 小，铣刀端刃铣削面积大，生产效率高
4			B 结构 $a>2R$，便于半径为 R 的铣刀进入，所需刀具少，加工效率高
5	$\dfrac{H}{b}>10$	$\dfrac{H}{b}\leqslant 10$	B 结构刚性好，可用大直径铣刀加工，加工效率高

4. 零件毛坯的工艺性分析

在分析数控铣削零件的结构工艺性时，还需要分析零件的毛坯工艺性。零件在进行数控铣削加工时，由于加工过程的自动化，余量的大小、如何装夹等问题在设计毛坯时就应仔细考虑好；否则，如果毛坯不适合数控铣削，加工将很难进行下去。数控铣削零件的毛坯工艺性分析主要有如下三点，对普通铣削加工也可借鉴采用。

1）毛坯应有充分、稳定的加工余量

毛坯主要是指锻件、铸件。锻件在锻造时欠压量与允许的错模量会造成余量不均匀；铸件在铸造时因砂型误差、收缩量及金属液体的流动性差，不能充满型腔等，会造成余量不均匀。此外，铸造、锻造后，毛坯挠曲和扭曲变形量的不同也会造成加工余量不充分、不稳定。因此，除板料外，不论是锻件、铸件还是型材，只要准备采用数控铣削加工，其加工面均应有充分的余量。经验表明，数控铣削中最难保证的是加工面与非加工面之间的尺寸，对这一点应引起特别的重视。因此，如果已确定或准备采用数控铣削加工，就应事先对毛坯的设计进行必要的更改，或在设计时就加以充分考虑，即在零件图样注明的非加工面处增加适当的余量。

2）分析毛坯的装夹适应性

主要考虑毛坯在加工时定位和夹紧的可靠性与方便性，以便在一次安装中加工出较多表面。对不便装夹的毛坯，可考虑在毛坯上另外增加装夹余量或工艺凸台、工艺凸耳等辅助基准。如图 5-29 所示，该工件缺少合适的定位基准，在毛坯上铸出两个工艺凸耳，在凸耳上制出定位基准孔。

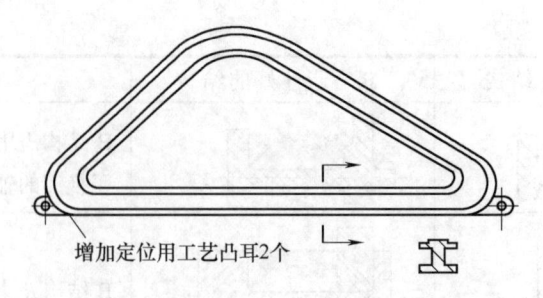

图 5-29 增加毛坯辅助基准示例

3) 分析毛坯的变形、余量大小及均匀性

分析毛坯加工中与加工后的变形程度,考虑是否应采取预防性措施和补救措施。如对于热轧中、厚铝板,经淬火时效后很容易加工变形,这时最好采用经预拉伸处理的淬火板坯。对于毛坯余量大小及均匀性,主要考虑在加工中是否要分层铣削,分几层铣削。在自动编程时,这个问题尤其重要。

5. 数控铣削零件图形的数学处理及编程尺寸设定值的确定

数控铣削加工是一种基于数字的加工,分析数控加工工艺过程不可避免地要进行数字分析和计算。对零件图形的数学处理是数控加工这一特点的突出体现。数控编程工艺员在拿到零件图后,必须要对它作数学处理以便最终确定编程尺寸的设定值。

1) 零件手工编程尺寸及自动编程时建模图形尺寸的确定

数控铣削加工零件时,手工编程尺寸及自动编程零件建模图形的尺寸不能简单地直接取零件图上的基本尺寸,要进行分析,有关尺寸也应按项目二任务 2-2 中介绍的零件图形的数学处理办法及编程尺寸设定值确定的步骤来确定,这样所建立的模型图形才是正确的。图形尺寸可按下述步骤调整:

(1) 精度高的尺寸处理:将基本尺寸换算成平均尺寸。
(2) 几何关系的处理:保持原重要的几何关系,如角度、相切等不变。
(3) 精度低的尺寸的调整:通过修改一般尺寸保持零件原有几何关系,使之协调。
(4) 基点或节点坐标尺寸的计算:按调整后的尺寸计算有关未知基点或节点的坐标尺寸。
(5) 编程尺寸的修正:按调整后的尺寸编程并加工一组工件,测量关键尺寸的实际误差分散中心,并求出常值系统性误差,再按此误差对编程尺寸进行调整并修改程序。

2) 应用实例

如图 5-30 所示是一板类零件,其轮廓各处尺寸的公差大小、偏差位置不同,对编程尺寸产生影响。如果用同一把铣刀、同一个刀具半径补偿值编程加工,很难保证各处尺寸在公差范围之内。

对这一问题有两种处理方法:①在编程计算时,改变轮廓尺寸并移动公差带,用上述方法将编程尺寸取为平均尺寸,采用同一把铣刀和同一个刀具半径补偿值加工,如图 5-30 中括号内的尺寸,其偏差均作了相应改变,计算与编程时用括号内尺寸来进行;②仍以图样中的名义尺寸计算和编程,用同一把刀加工,在不同加工部位编入不同的刀具号,加工时赋予不同的刀具半径补偿值,但这样做,操作者会感到很麻烦,而且在圆弧与直线、圆弧与圆弧相切处不容易办到,一般不采用此法。

轮廓尺寸改为平均尺寸后,两个圆弧的中心和切点的坐标尺寸应按修改后的尺寸计算。

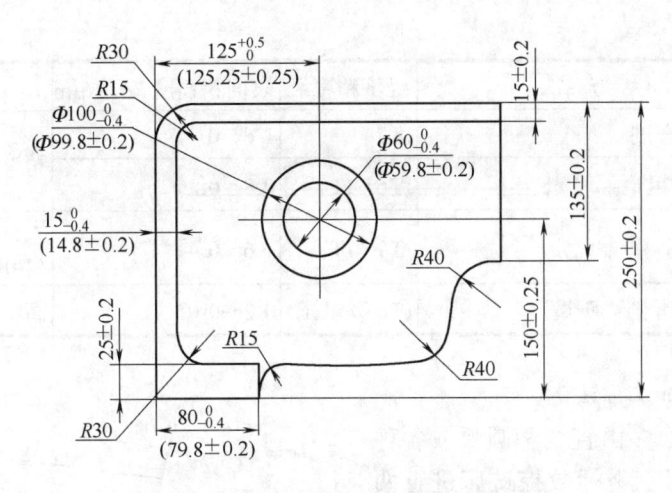

图 5-30 零件尺寸公差对编程的影响

三、设计轮廓型腔类零件机械加工工艺路线

设计轮廓型腔类零件加工工艺路线的主要内容包括：选择各加工表面的加工方法、划分加工阶段、划分加工工序、确定加工顺序（工序顺序安排）和进给加工路线（又称走刀路线）确定等。由于生产批量的差异，即使是同一零件的机械加工工艺方案也有所不同。设计机械加工工艺时，应根据具体生产批量、现场生产条件、生产周期等情况，拟定经济、合理的机械加工工艺路线。轮廓型腔类零件的轮廓与轮廓型腔加工，根据上述各加工机床的功用分析，主要是采用数控铣床加工，普通铣床无法铣削曲线轮廓或空间曲面（采用成形刀具加工小曲线轮廓或小空间曲面除外）。因普通铣床、刨床和平面磨床加工内容相对简单，加工工艺路线也相对简单清晰。故下面着重介绍如何设计数控铣削轮廓型腔类零件加工工艺路线。

1. 加工方法选择

数控铣削加工时，应重点考虑这样几个方面：能保证零件的加工精度和表面粗糙度要求；使走刀路线最短，这样既可简化编程程序段，又可减少刀具空行程时间，提高加工效率；应使节点数值计算简单，程序段数量少，以减少编程工作量。一般根据零件的加工精度、表面粗糙度、材料、结构形状、尺寸及生产类型确定零件表面的数控铣削加工方法及加工方案。

1) 平面加工方法的选择

数控铣削平面主要采用端铣刀、立铣刀和面铣刀加工。粗铣的尺寸精度和表面粗糙度一般可达 IT10～IT12，表面粗糙度 $Ra6.3～25\mu m$；精铣的尺寸精度和表面粗糙度一般可达 IT7～IT9，表面粗糙度 $Ra1.6～6.3\mu m$。当零件表面粗糙度要求较高时，应采用顺铣方式。

平面加工精度经济的加工方法如表 5-2 所示。

表 5-2 平面加工精度经济的加工方法

序号	加 工 方 法	经济精度级	表面粗糙度 Ra 值/μm	适 用 范 围
1	粗铣（刨）—精铣（刨）或 粗铣（刨）—半精铣（刨）—精铣（刨）	IT7～IT9	6.3～1.6	一般不淬硬平面
2	粗铣（刨）—精铣—刮研或 粗铣—半精铣（刨）—精铣（刨）—刮研	IT6～IT7	1.6～0.4	精度要求较高的不淬硬平面

续表

序号	加 工 方 法	经济精度级	表面粗糙度 Ra 值/μm	适 用 范 围
3	粗铣—精铣—磨削	IT7	1.6~0.4	精度要求高的淬硬平面
4	粗铣—精铣—粗磨—精磨	IT6~IT7	0.8~0.2	
5	粗铣（刨）—半精铣（刨）—拉	IT7~IT8	1.6~0.4	大量生产，较小的平面（精度视拉刀精度而定）
6	粗铣—精铣—磨削—研磨	IT6级以上	0.2~0.05	高精度平面

2) 平面轮廓的加工方法

这类零件的表面多由直线和圆弧或各种曲线构成，通常采用三坐标数控铣床进行两轴半坐标加工。图 5-31 所示为由直线和圆弧构成的零件平面轮廓 ABCDEA，采用半径为 R 的立铣刀沿周向加工，虚线 A'B'C'D'E'A' 为刀具中心的运动轨迹。为保证加工面光滑，刀具沿 PA' 切入，沿 A'K 切出。

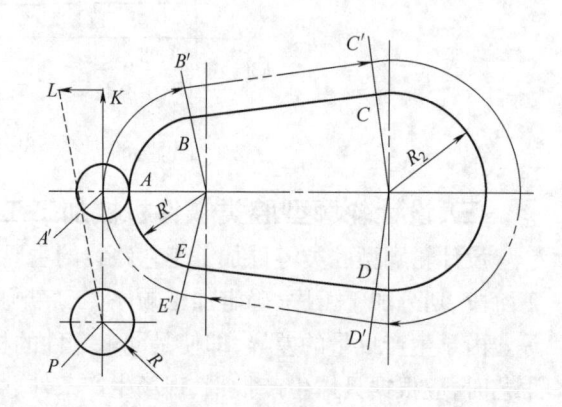

3) 固定斜角平面的加工方法

固定斜角平面是与水平面成一固定夹角的斜面，常用的加工方法如下：

图 5-31 平面轮廓铣削

(1) 当零件尺寸不大时，可用斜垫板垫平后加工；如果机床主轴可以摆角，则可以摆成适当的定角，用不同的刀具来加工，如图 5-32 所示。当零件尺寸很大，斜面斜度又较小时，常用行切法加工（即刀具与零件轮廓的切点轨迹是一行一行的，行间距按零件加工精度要求而确定），但加工后，会在加工面上留下残留面积，需要用钳修方法加以清除，用三轴数控立铣加工飞机整体壁板零件时常用此法。当然，加工斜面的最佳方法是采用五轴数控铣床，主轴摆角后加工，可以不留残留面积。

(2) 对于图 5-20(b) 所示的轮廓面 B 的正圆台表面，一般可用专用的角度成形铣刀加工，其效果比采用五轴数控铣床摆角加工更好。

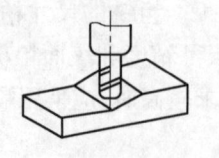

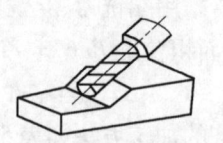

(a) 主轴垂直端刃加工　　(b) 主轴摆角后侧刃加工

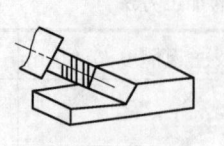

(c) 主轴摆角后端刃加工　　(d) 主轴水平侧刃加工

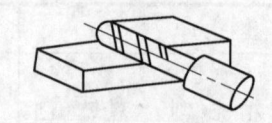

图 5-32 主轴摆角加工固定斜面

4) 变斜角面的加工

（1）对曲率变化较小的变斜角面，用 x、y、z 和 A 四轴联动的数控铣床，采用立铣刀（但当零件斜角过大，超过机床主轴摆角范围时，可用角度成形铣刀加以弥补）以插补方式摆角加工，如图 5-33(a) 所示。加工时，为保证刀具与零件型面在全长上始终贴合，刀具绕 A 轴摆角度。四轴联动加工变斜角类零件如图 5-34 所示。

(a) 四轴联动加工　　(b) 五轴联动加工

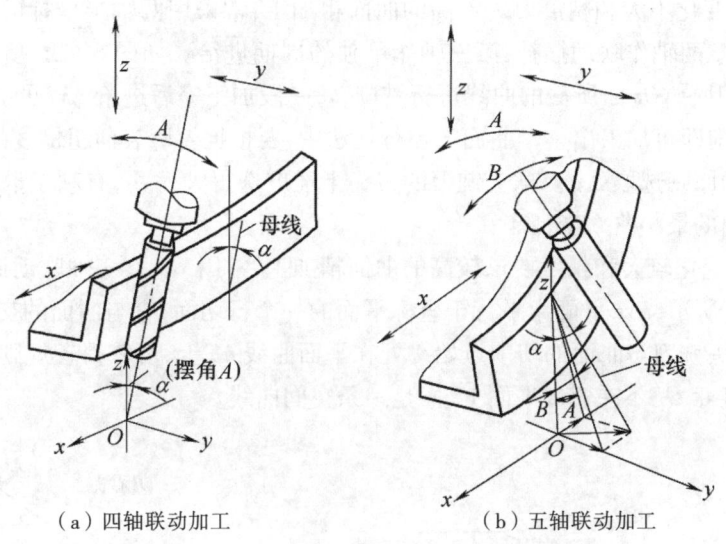

图 5-33　四、五坐标数控铣床加工零件变斜角面

图 5-34　四轴联动加工变斜角类零件示例

（2）对曲率变化较大的变斜角面，用四轴联动加工难以满足加工要求，最好用 x、y、z、A 和 B（或 C 转轴）的五轴联动数控铣床，以圆弧插补方式摆角加工，如图 5-33(b) 所示。图 5-33 中夹角 A 和 B 分别是零件斜面母线与 z 坐标轴夹角 α 在 zOy 平面上和 xOy 平面上的分夹角。五轴联动数控铣床加工示例如图 5-15 所示。

（3）采用三轴数控铣床两坐标联动，利用球头铣刀和鼓形铣刀，以直线或圆弧插补方式进行分层铣削加工，加工后的残留面积用钳修方法清除，图 5-35 所示是用鼓形铣刀分层铣削变斜角面的情形。由于鼓形铣

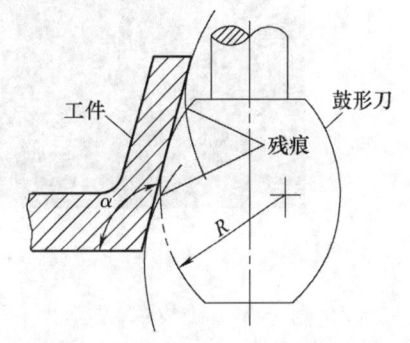

图 5-35　用鼓形铣刀分层铣削变斜角面

刀的鼓径可以做得比球头铣刀的球径大,所以加工后的残留面积高度小,加工效果比球头刀好。

5）曲面轮廓的加工方法

立体曲面的加工应根据曲面形状、刀具形状及精度要求采用不同的铣削加工方法,如两轴半、三轴、四轴及五轴等联动加工。

（1）对曲率变化不大和精度要求不高的曲面粗加工,常采用两轴半坐标的行切法加工,即 x、y、z 三轴中任意两轴作联动插补,第三轴作单独的周期进给。如图 5-36 所示,将 x 向分成若干段,球头铣刀沿 yOz 面所截的曲线进行铣削,每一段加工完后进给 Δx,再加工另一相邻曲线,如此依次切削即可加工出整个曲面。在行切法中,要根据轮廓表面粗糙度的要求及刀头不干涉相邻表面的原则选取 Δx。球头铣刀的刀头半径应选得大一些,有利于散热,但刀头半径应小于内凹曲面的最小曲率半径。

（2）对曲率变化较大和精度要求较高的曲面精加工,常用 x、y、z 三轴联动插补的行切法加工。如图 5-37 所示,P_{yz} 平面为平行于坐标平面的一个行切面,它与曲面的交线为 ab。由于是三轴联动,球头铣刀与曲面的切削点始终处在平面曲线 ab 上,可获得较规则的残留沟纹,但这时的刀心轨迹 O_1O_2 不在 P_{yz} 平面上,而是一条空间曲线。

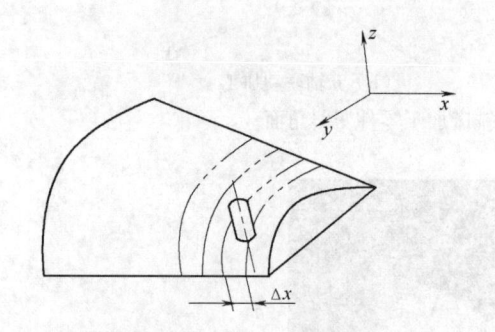

图 5-36 两轴半坐标行切法加工曲面　　图 5-37 三轴联动行切法加工曲面的切削点轨迹

（3）对像叶轮、螺旋桨这样的复杂零件,因其叶片形状复杂,刀具容易与相邻表面干涉,常用 x、y、z、A 和 B 的五轴联动数控铣床加工,如图 5-38 所示。

图 5-38 五轴联动加工叶轮零件示例

2. 划分加工阶段

当数控铣削零件的加工质量要求较高时,往往不可能用一道工序来满足其要求,而要用几道工序逐步达到所要求的加工质量。为保证加工质量和合理地使用设备,零件的加工过程通常按工序性质不同,分为粗加工、半精加工、精加工和光整加工四个阶段。

(1) 粗加工阶段。粗加工阶段主要任务是切除毛坯上各表面的大部分多余金属,使毛坯在形状和尺寸上接近零件成品,其目的是提高生产率。

(2) 半精加工阶段。半精加工阶段任务是使主要表面达到一定的精度,留有一定的精加工余量,为主要表面的精加工(精铣或精磨)做好准备,并可完成一些次要表面加工,如扩孔、攻螺纹、铣键槽等。

(3) 精加工阶段。精加工阶段任务是保证各主要表面达到图纸规定的尺寸精度和表面粗糙度要求,其主要目标是保证加工质量。

(4) 光整加工阶段。光整加工阶段任务是对零件上精度和表面粗糙度要求很高(IT6级以上,表面粗糙度为$Ra0.2mm$以下)的表面,进行光整加工,其目的是提高尺寸精度、减小表面粗糙度。

划分加工阶段的目的如下:

(1) 保证加工质量。使粗加工产生的误差和变形,通过半精加工和精加工予以纠正,并逐步提高零件的精度和表面质量。

(2) 合理使用设备。避免以精干粗,充分发挥机床的性能,延长使用寿命。

(3) 便于安排热处理工序,使冷热加工工序配合得更好,热处理变形可以通过精加工予以消除。

(4) 有利于及早发现毛坯的缺陷(如铸件的砂眼、气孔等),粗加工时发现毛坯缺陷,及时予以报废,以避免继续加工造成工时的浪费。

加工阶段的划分不是绝对的,必须根据工件的加工精度要求和工件的刚性来决定。一般来说,工件精度要求越高、刚性越差,划分阶段应越细;当工件批量小、精度要求不太高、工件刚性较好时,也可以不分或少分阶段。上述加工阶段划分,普通铣床、刨床加工也适用。

3. 划分加工工序

根据机床的不同,数控铣削的加工对象也是不一样的。立式数控铣床一般适用于加工平面凸轮、样板、形状复杂的平面或立体曲面零件以及模具的内、外型腔等。卧式数控铣床一般适用于加工箱体、泵体、壳体等零件。

在数控铣床上加工零件,工序比较集中,一般只需一次装夹即可完成全部工序的加工。为了提高数控铣床的使用寿命,保持数控铣床的精度,降低零件的加工成本,通常把零件的粗加工,特别是零件的基准面、定位面,在通用加工机床上加工。加工工序的划分通常采用工序集中原则和工序分散原则。单件、小批生产时,通常采用工序集中原则;成批生产时,可按工序集中原则划分,也可按工序分散原则划分,应视具体情况而定。对于结构尺寸和重量都很大的重型零件,应采用工序集中原则,以减少装夹次数和运输量。对于刚性差、精度高的零件,应按工序分散原则划分工序。

在数控铣床上加工的零件,一般按工序集中原则划分工序,划分方法如下:

(1) 刀具集中分序法。这种方法就是按所用刀具来划分工序的,用同一把刀具加工完成所有可以加工的部位,然后再换刀。这种方法可以减少换刀次数,缩短辅助时间,减少不必要的定位误差。

(2) 粗、精加工分序法。根据零件的形状、尺寸精度等因素,按粗、精加工分开的原则,先粗加工,再半精加工,最后精加工。这种划分方法适用于加工后变形较大,需粗、精加工分开的零件,如毛坯为铸件、焊接件或锻件的零件。

(3)加工部位分序法。以完成相同型面的那一部分工艺过程作为一道工序,一般先加工平面、定位面,再加工孔;先加工形状简单的表面,再加工复杂的几何形状表面;先加工精度比较低的部位,再加工精度比较高的部位。

(4)安装次数分序法。以一次安装完成的那一部分工艺过程作为一道工序。这种划分方法适用于工件的加工内容不多、加工完成后就能达到待检的状态。

4. 加工顺序(工序顺序安排)

数控铣削加工顺序安排是否合理,将直接影响到零件的加工质量、生产率和加工成本。根据零件的结构和毛坯状况,结合定位及夹紧的需要综合考虑,重点应保证工件的刚度不被破坏,尽量减少变形。制定零件数控铣削加工工序顺序一般遵循下列原则:

(1)基面先行原则。用作精基准的表面,要首先加工出来,因为定位基准的表面越精确,装夹误差就越小。所以,第一道工序一般是进行定位面的粗加工和半精加工(有时包括精加工),然后再以精基准面定位加工其他表面。

(2)先粗后精原则。先安排粗加工,中间安排半精加工,最后安排精加工和光整加工,逐步提高加工表面的加工精度,减小加工表面粗糙度。

(3)先主后次原则。先安排零件的装配基面和工作表面等主要表面的加工,后安排如键槽、紧固用的光孔和螺纹孔等次要表面的加工。由于次要表面加工工作量小,与主要表面经常有位置精度要求,所以一般放在主要表面的半精加工之后、精加工之前进行。

(4)先面后孔原则。对于箱体、支架类零件,平面轮廓尺寸较大,先加工用作定位的平面和孔的端面,然后再加工孔,特别是钻孔,孔的轴线不易偏斜。这样可使工件定位夹紧稳定可靠,利于保证孔与平面的位置精度,减小刀具的磨损,同时也给孔加工带来方便。

(5)先内后外原则。一般先进行内型腔加工,后进行外形加工。

上述加工顺序(工序顺序安排),普通铣床、刨床加工也适用。

5. 进给加工路线的确定

1)逆铣与顺铣的确定

(1)逆铣与顺铣的概念。

铣刀的旋转方向和工作台(工件)进给方向相反时称为逆铣,相同时称为顺铣,如图5-39所示。

(2)逆铣与顺铣的特点。

如图5-39(a)所示,逆铣时刀具从已加工表面切入,切削厚度从零逐渐增大;刀齿在已加工表面上滑行、挤压,使这段表面产生严重的冷硬层,下一个刀齿切入时,又在冷硬层表面滑行、挤压,不仅使刀齿容易磨损,而且使工件的表面粗糙度增大;另外,刀齿在已加工面处切入工件时,由于切屑变形大,切屑作用在刀具上的力使刀具实际切深加大,可能会产生"挖刀"式的多切,造成后续加工余量不足。同时,刀齿切离工件时,垂直方向的切削分力 F_{v1} 有把工件从工作台上挑起的倾向,因此需较大的夹紧力。但逆铣时刀齿从已加工表面切入,不会造成从毛坯面切入而"打刀";另外,其水平切削分力与工件进给方向相反,使铣床工作台纵向进给的丝杠与螺母传动面始终是右侧面抵紧,如图5-39(b)所示,不会受丝杠螺母副间隙的影响,铣削较平稳。

如图 5-39(c)所示,顺铣时刀具从待加工表面切入,切削厚度从最大逐渐减小为零,切入时冲击力较大;刀齿无滑行、挤压现象,对刀具耐用度有利;其垂直方向的切削分力 F_{v2} 向下压向工作台,减小了工件上下的振动,对提高铣刀加工表面质量和工件的夹紧有利。但顺铣的水平切削分力与工件进给方向一致,当水平切削分力大于工作台摩擦力(如遇到加工表面有硬皮或硬质点)时,使工作台带动丝杠向左窜动,丝杠与螺母传动副右侧面出现间隙,如图 5-39(d)所示,硬点过后丝杠螺母副的间隙恢复正常(左侧间隙),这种现象对加工极为不利,会引起"啃刀"或"打刀"现象,甚至损坏夹具或机床。

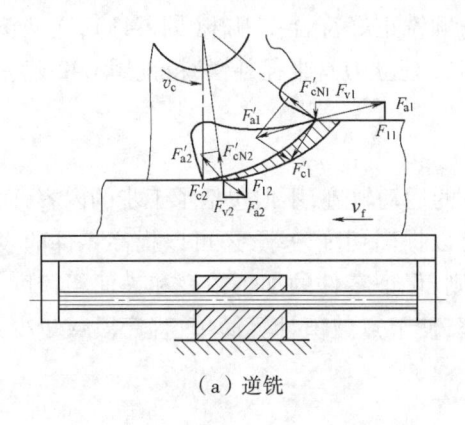

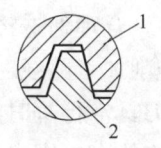

(a)逆铣

(b)逆铣丝杆螺母间传动面始终紧贴

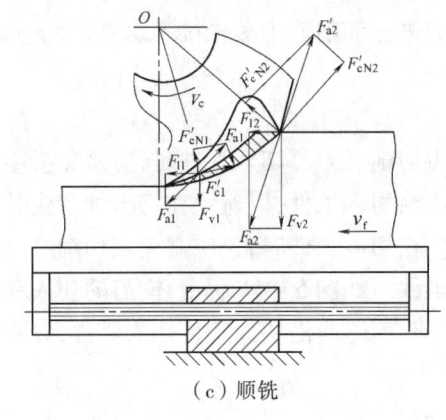

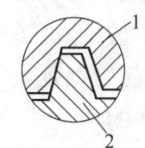

(c)顺铣

(d)顺铣丝杆与螺母间传动副右侧面瞬间出现间隙

1-螺母;2-丝杆

图 5-39 逆铣与顺铣

上述逆铣与顺铣是对铣刀中心线与铣削平面空间平行而言的,如卧式数控铣床铣削工件的平面与铣刀中心线空间平行;对铣刀中心线与铣削平面垂直的平面铣削,如立式数控铣床铣削工件平面,则铣刀在铣削过程中逆铣与顺铣同时存在,如图 5-40 所示。

(3)逆铣、顺铣的选择。

根据上述分析,当工件表面有硬皮、机床的进给机构有间隙时,应选用逆铣。因为逆铣时,刀齿是从已加工表面切入的,不会崩刃,机床进给机构的间隙不会引起振动和爬行,因此粗铣

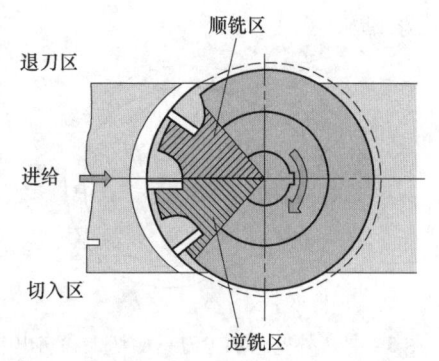

图 5-40 铣刀中心线与铣削平面垂直的平面铣削

时应尽量采用逆铣。当工件表面无硬皮、机床进给机构无间隙时,应选用顺铣。因为顺铣加工后,零件表面质量好,刀齿磨损小,因此精铣时,尤其是零件材料为铝镁合金、钛合金或耐热合金时,应尽量采用顺铣。一般精铣采用顺铣。

由于数控铣床基本都采用滚珠丝杆螺母副传动,进给传动机构一般无间隙或间隙值极小,这时如果加工的毛坯硬度不高、尺寸大、形状复杂、成本高,即使粗加工,一般也应采用顺铣,这样能减少刀具的磨损,避免粗加工时逆铣可能产生的"挖刀"式多切而造成后续加工余量不足致使工件报废。

在数控铣床主轴正向旋转、刀具为右旋铣刀时,顺铣正好符合左刀补(即 G41),逆铣正好符合右刀补(即 G42)。所以,一般情况下,精铣用 G41 建立刀具半径补偿,粗铣用 G42 建立刀具半径补偿。

2)加工工艺路线

加工路线是刀具在整个加工工序中相对于工件的运动轨迹,不但包括了工步的内容,而且也反映出工步的顺序。合理地选择加工路线不但可以提高切削效率,还可以提高零件的表面精度。在确定数控铣削加工路线时,应遵循如下原则:保证零件的加工精度和表面粗糙度;使走刀路线最短,减少刀具空行程时间,提高加工效率;使节点数值计算简单,程序段数量少,以减少编程工作量;最终轮廓一次走刀完成。

(1)铣削平面类零件的加工工艺路线。

铣削平面类零件外轮廓时,一般采用立铣刀侧刃进行切削。为减少接刀痕迹,保证零件表面质量,对刀具的切入和切出程序需要精心设计。

①铣削外轮廓的加工工艺路线。

当铣削平面零件外轮廓时,一般采用立铣刀侧刃切削。刀具切入工件时,应避免沿零件外轮廓的法向切入,而应沿切削起始点延长线的切向逐渐切入工件,以避免在切入处产生驻刀痕迹而影响加工表面质量,保证零件曲线的平滑过渡。在切离工件时,也应避免在切削终点处直接抬刀,要沿着切削起始点延长线的切向逐渐切离工件。如图 5-41 所示,铣刀的切入和切出点应沿零件轮廓曲线的延长线上切入和切出零件表面,而不应沿法向直接切入零件,以避免加工表面产生驻刀痕,保证零件轮廓光滑。

当用圆弧插补方式铣削零件外轮廓或整圆加工时(如图 5-42 所示),要安排刀具从切向进入圆周铣削加工。当整圆加工完毕后,不要在切点 2 处直接退刀,而应让刀具沿切线方向多运动一段距离,以免取消刀补时刀具与工件表面相碰,造成工件报废。

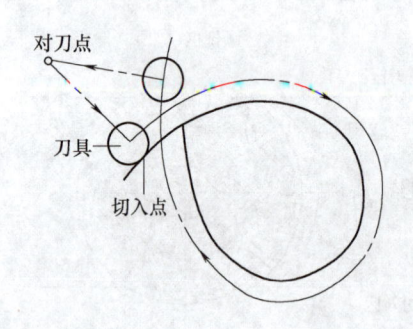

图 5-41 外轮廓加工刀具的切入和切出 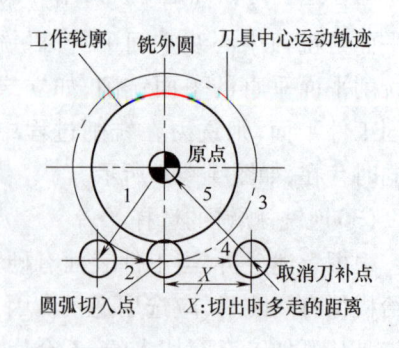　　图 5-42 外轮廓加工刀具的切入和切出

②铣削内轮廓的加工工艺路线。

当铣削封闭的内轮廓表面时,若内轮廓曲线允许外延,则应沿切线方向切入切出。若内轮廓曲线不允许外延(如图5-43所示),则刀具只能沿内轮廓曲线的切线切入切出,并最好将其切入、切出点选在零件轮廓两几何元素的交点处。当内部几何元素相切无交点时,为防止刀补取消时在轮廓拐角处留下凹口,刀具切入、切出点应远离拐角,如图5-44所示。

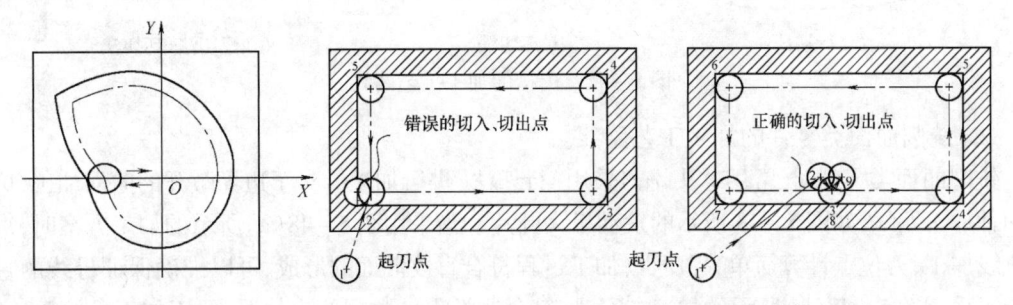

图5-43 内轮廓加工刀具的切入和切出图

5-44 无交点内轮廓加工刀具的切入和切出

当用圆弧插补铣削内圆弧或内孔整圆时,也要遵循从切向切入、切向切出的原则,最好安排从圆弧过渡到圆弧的加工路线,以提高内圆弧或内孔的加工精度与表面质量,如图5-45所示。

③铣削内槽(内型腔)的加工工艺路线。

所谓内槽(又称凹槽型腔)是指以封闭曲线为边界的平底凹槽,一般用平底立铣刀加工(如图5-46所示),刀具圆角半径应符合内槽的图纸要求。图5-47所示为加工内槽的三种进给路线,图5-47(a)和图5-47(b)分别为用行切法和环切法加工内槽。两种进给路线的共同点是:都能切净内腔槽中的全部面积,不留死角,不伤轮廓,同时尽量减少重复进给的搭接量。不同点是:行切法的进给路线比环切法短,但行切法将在每两次进给的起点与终点间留下残留面积,而达不到所要求的加工表面粗糙度。用环切法加工获得的零件表面粗糙度要好于行切法,但环切法需要逐次向外扩展轮廓线,刀位点计算稍微复杂一些。采用图5-47(c)所示的进给路线,即先用行切法切去中间部分余量,最后用环切法环切一刀光整轮廓表面,既能使总的进给路线较短,又能获得较好的表面粗糙度。

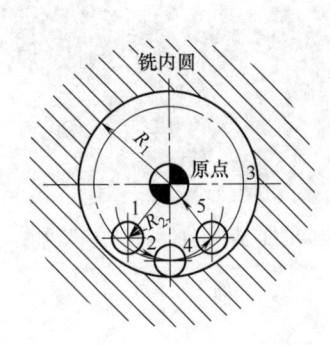

图5-45 内轮廓加工刀具的切入和切出

图5-46 内槽(凹槽型腔)加工示例

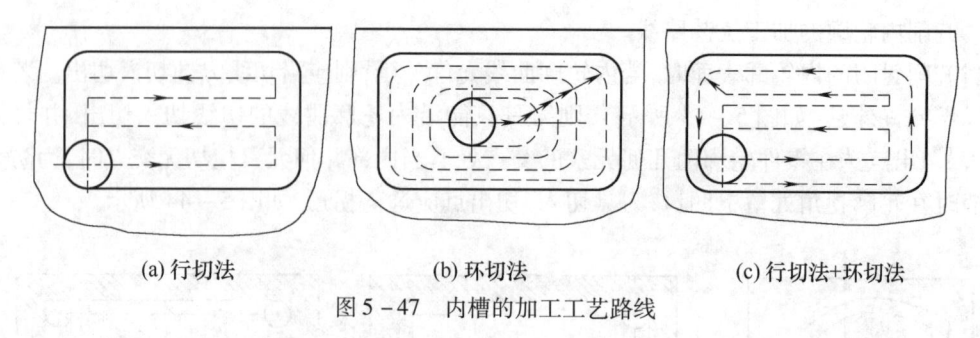

(a) 行切法　　　　　　　(b) 环切法　　　　　　(c) 行切法+环切法

图 5-47　内槽的加工工艺路线

(2) 铣削曲面类零件的加工工艺路线。

铣削曲面类零件时,常用球头铣刀采用"行切法"进行加工。对于边界敞开的曲面加工,可采用两种加工路线,如图 5-48 所示的发动机大叶片。当采用图 5-48(a) 所示的加工方案时,每次沿直线加工,刀位点计算简单,程序少,加工过程符合直纹曲面的形成,可以准确保证母线的直线度。当采用图 5-48(b) 所示的加工方案时,符合这类零件数据给出情况,便于加工后检验,叶形的准确度较高,但程序较多。由于曲面零件的边界是敞开的,没有其他表面限制,所以曲面边界可以延伸,球头铣刀可由边界外开始加工。直纹曲面类零件(又称变斜角类零件)的"行切法"加工如图 5-34 所示,曲面类(立体类)零件的"行切法"加工如图 5-49 所示。

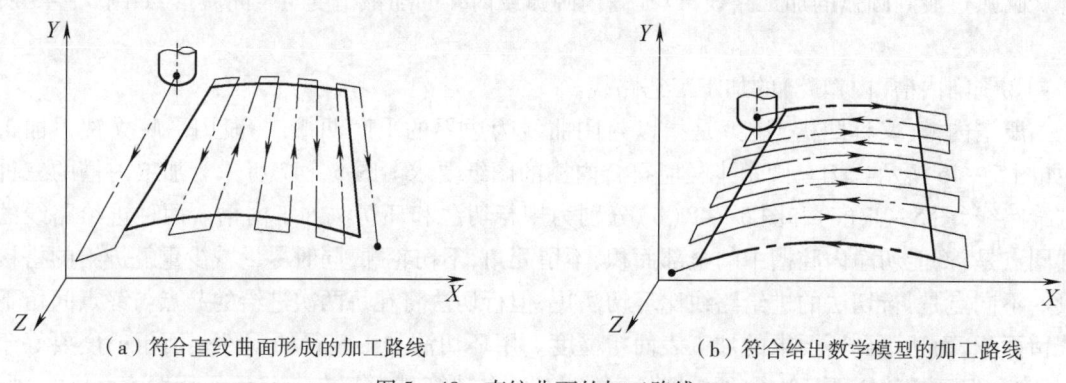

(a) 符合直纹曲面形成的加工路线　　　(b) 符合给出数学模型的加工路线

图 5-48　直纹曲面的加工路线

(a) 叶轮叶片的"行切法"加工　　　(b) 复杂曲面类零件的"行切法"加工

图 5-49　曲面类(立体类)零件的"行切法"加工

四、找正装夹方案及夹具选择

1. 找正装夹方案

1) 轮廓型腔类零件的装夹定位基准选择

(1)所选基准应能保证零件定位准确可靠,力求定位基准统一,以减少基准不重合误差。

(2)数控铣削时,所选基准应与各加工部位间的各个尺寸计算简单,以减少数控编程中的计算工作量。

(3)所选基准应能保证图纸各项加工精度要求。

2)选择定位基准应遵循的原则

(1)尽量选择零件上的设计基准作为定位基准。

(2)当零件的定位基准与设计基准不能重合且加工面与其设计基准又不能在一次安装内同时加工时,应认真分析装配图纸,确定该零件设计基准的设计功能,通过尺寸链的计算,严格规定定位基准与设计基准间的公差范围,确保加工精度。

(3)当无法同时完成包括设计基准在内的全部表面加工时,要考虑用所选基准定位后,一次装夹能够完成全部关键部位的加工。

(4)定位基准的选择要保证完成尽可能多的加工内容。

(5)数控批量铣削加工时,零件定位基准应尽可能与建立工件坐标系的对刀基准重合。

(6)必须多次安装时,应遵从基准统一原则。

3)找正装夹

找正装夹方式适用于轮廓型腔类零件的单件生产。当零件较复杂、加工面较多时,需要经过多道工序的加工,其位置精度取决于工件的找正装夹方式和装夹精度。常用的找正装夹方法如下。

(1)直接找正装夹。

用划针、百分表或千分表等工具直接找正工件位置并加以夹紧的方法称直接找正装夹法。此法生产率低,精度取决于工人的技术水平和测量工具的精度,一般只用于单件生产,如图5-50所示。

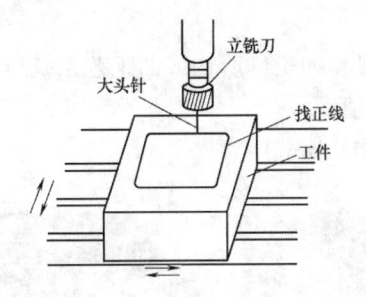

(a)按工件平面上划线找正后装夹　　(b)找正虎钳后装夹工件

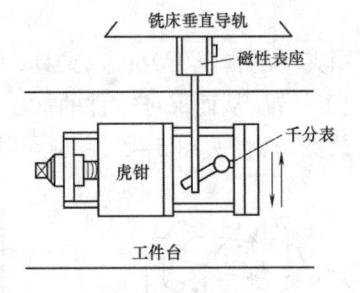

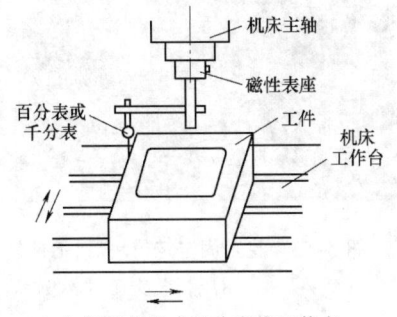

(c)用百分表或千分表找正装夹　　(d)用靠表找正定位块后,工件靠紧定位块装夹

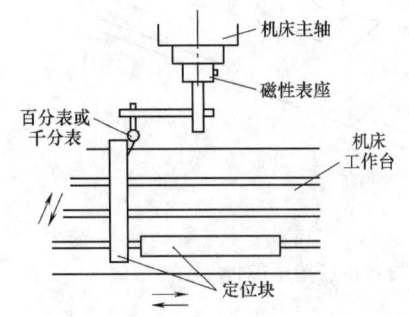

图5-50　直接找正装夹

(2)划线找正装夹。

先用划针画出要加工表面的位置,再用划针按划线找正工件在机床上的位置并加以夹紧。由于划线既费时,又需要技术高的划线工,所以一般用于批量小、形状复杂而笨重的工件或低精度毛坯的加工,如图5-51所示。

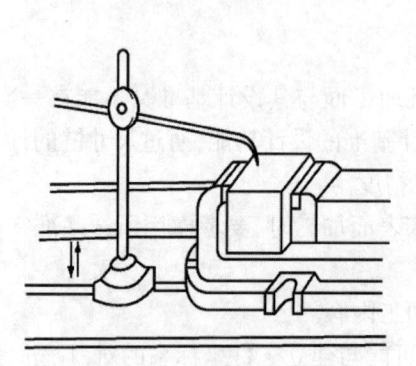

(a)用划针找正工件划线位置后装夹 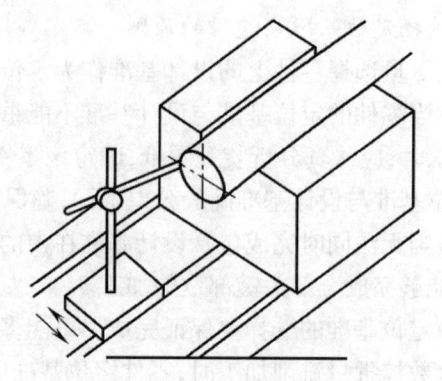　　(b)用划针找正工件划线位置后装夹

图5-51　划线找正装夹

(3)用夹具装夹

将工件直接安装在夹具的定位元件上的方法称为夹具装夹法。这种方法安装迅速方便,定位精度较高且稳定,生产率较高,广泛用于中批量以上的生产类型。

用夹具装夹工件的方法具有如下优点:

①工件在夹具中的正确定位是通过工件上的定位基准面与夹具上的定位元件相接触而实现的,因此不再需要找正便可将工件夹紧。

②由于夹具预先在机床上已调整好位置,因此,工件通过夹具相对于机床也就占有了正确的位置。

由此可见,在使用夹具的情况下,机床、夹具、刀具和工件所构成的工艺系统,环环相扣,相互之间保持正确的加工位置,从而保证零件的加工精度。

4)常见的定位、装夹示例(如图5-52~图5-55所示)

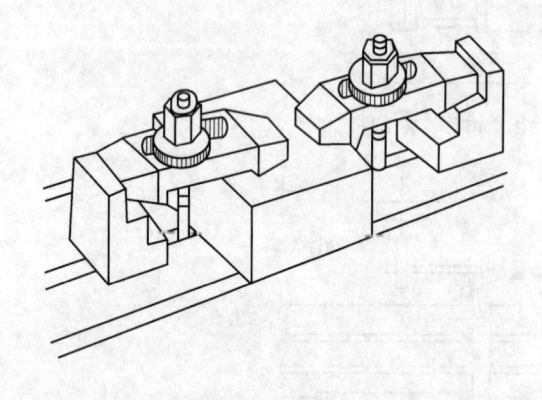

图5-52　直接找正后用压板装夹工件示例

图5-53　找正固定定位块后,工件靠紧定位块用压板装夹工件示例

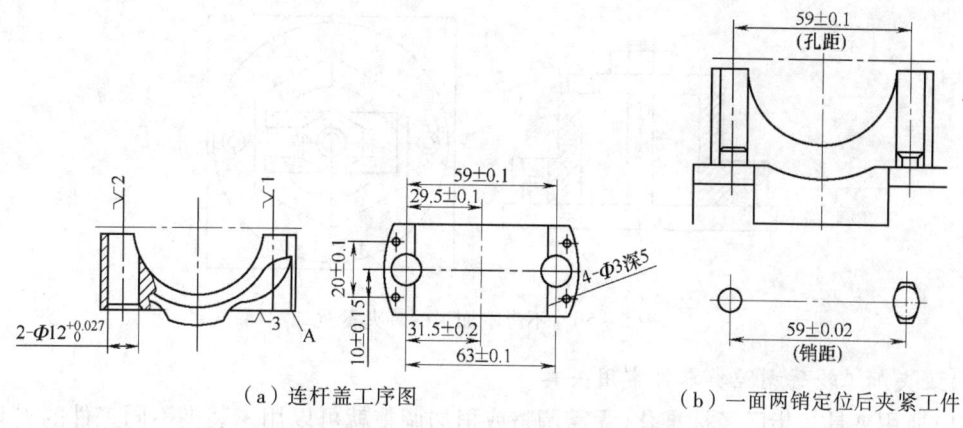

(a) 连杆盖工序图　　　　　(b) 一面两销定位后夹紧工件

图 5-54　连杆盖用"一面两销"定位的装夹示例

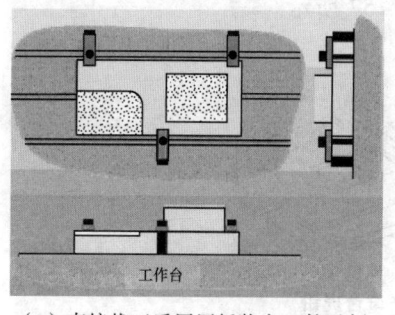

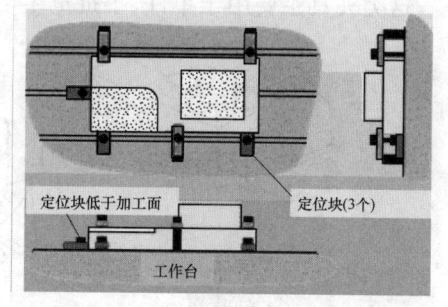

(a) 直接找正后用压板装夹工件示例　　(b) 找正3个定位块后，工件靠近定位块用压板装夹工件示例

图 5-55　直接找正装夹工件示例与用找正后的定位块靠紧装夹工件示例

2. 夹具选择

1) 装夹加工轮廓型腔类零件夹具的基本要求

（1）为保持工件在本工序中所有需要完成的待加工面充分暴露在外，夹具要做得尽可能敞开，夹具上一些组成件（如定位块、压板、螺栓等）不能与刀具运动轨迹发生干涉。因此，夹紧机构元件与加工面之间应保持一定的安全距离，同时要求夹紧机构元件能低则低，以防止夹具与机床主轴套筒或刀套、刃具在加工过程中发生碰撞。如图 5-56 所示，在数控铣床上用立铣刀铣削零件的六边形，若用压板压住工件的凸台面，则压板易与铣刀发生干涉，若夹压工件上平面，就不影响加工。

（2）数控铣削时，为保持零件安装方位与机床坐标系、编程坐标系方向的一致性，夹具应不仅能保证在机床上实现定向安装，还要求能协调零件定位面与机床之间保持一定的坐标联系。

（3）夹具的刚性与稳定性要好。夹紧力应力求靠近主要支撑点或刚性好的地方，不能引起零件夹压变形。尽量不采用在加工过程中更换夹紧点的设计，当非要在加工过程中更换夹紧点时，要特别注意不能因更换夹紧点而破坏夹具或工件定位精度。

（4）夹具结构应力求简单，装卸方便，夹紧可靠，辅助时间尽量短。

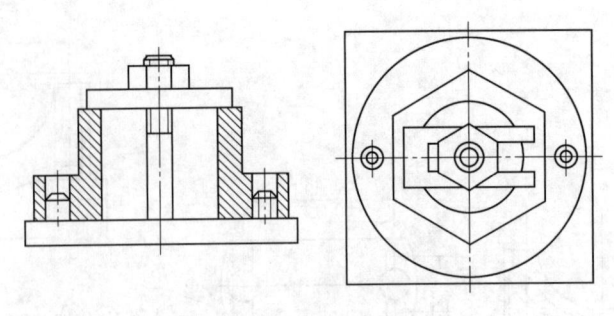

图 5-56 不影响加工的装夹示意

2) 装夹加工轮廓型腔类零件常用夹具

(1) 通用夹具。指已经标准化、无需调整或稍加调整就可以用来装夹不同工件的夹具,如虎钳、平口台虎钳、铣削用自定心三爪卡盘、铣削用四爪卡盘、分度盘、数控回转工作台和万能分度头等。这类夹具主要用于单件、小批量生产,如图 5-57 所示。

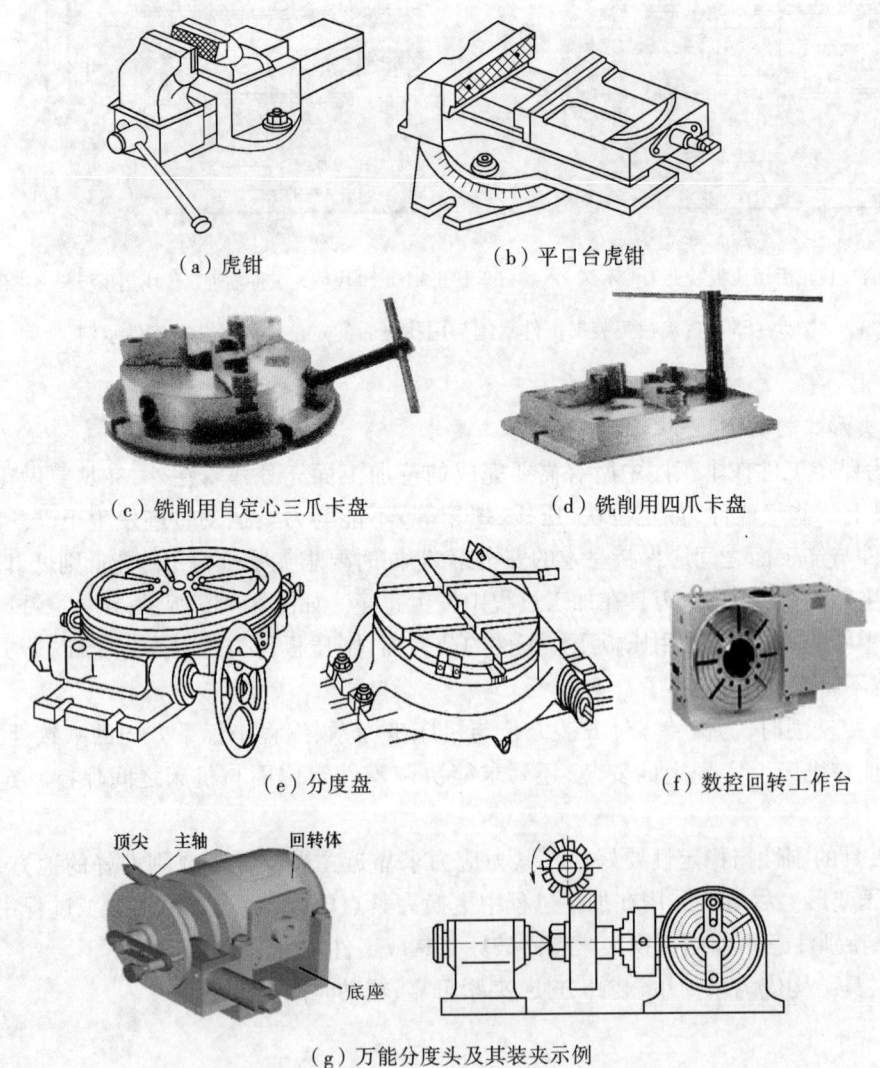

(a) 虎钳

(b) 平口台虎钳

(c) 铣削用自定心三爪卡盘

(d) 铣削用四爪卡盘

(e) 分度盘

(f) 数控回转工作台

顶尖　主轴　回转体

底座

(g) 万能分度头及其装夹示例

图 5-57 通用夹具

(2) 气动或液压夹具。指采用气动或液压夹紧工件的夹具。气动或液压夹具适用于生产批量较大,采用其他夹具又特别费工、费力的工件,能减轻工人劳动强度和提高生产率,但此类夹具结构较复杂,造价较高,而且制造周期较长。

(3) 多工位夹具。可以同时装夹多个工件,减少换刀次数,也便于一边加工、一边装卸工件,有利于缩短辅助时间,提高生产率,适用于中批量生产。

(4) 专用铣削夹具。指专为某一工件或类似几种工件而设计制造的专用夹具,其结构紧凑,操作方便,主要用于固定产品的大批量生产。

(5) 螺栓压板组合夹具。指以螺栓和压板为主,辅以垫块和支承板、弯板等压紧工件,一般以机床工作台面或在工作台面垫上等高块作为主要定位面,可随意组合的夹具,如图 5-58 所示。螺栓压板组合夹具一般用于单件、小批量生产或尺寸较大、形状特殊的零件装夹加工。用螺栓压板组合夹具装夹工件时,一般采用直接找正或划线找正装夹工件。

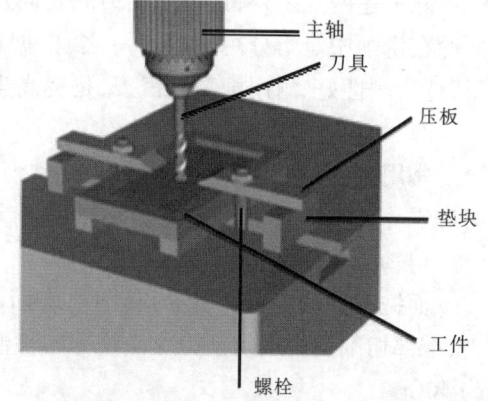

图 5-58 螺栓压板组合夹具示例

3) 夹具选择

选择加工轮廓型腔类零件夹具应重点考虑以下几点:

(1) 单件、小批量生产时,优先选用通用夹具和螺栓压板组合夹具,以缩短生产准备时间,节省生产费用。

(2) 成批生产时,应考虑采用专用夹具,并力求结构简单。

(3) 零件的装卸要快速、方便、可靠,以缩短机床的停顿时间,减少辅助时间。

(4) 数控铣削加工时,夹具定位、夹紧精度高要,以免影响数控铣削精度。

(5) 夹具上各零部件应不妨碍机床对零件各表面的加工,即夹具要敞开,其定位、夹紧元件不能影响加工中的走刀(如产生碰撞等)。

(6) 为提高生产效率,生产批量较大的零件加工可采用气动或液压夹具、多工位夹具。

五、刀具选择

选择切削刀具是机械加工工艺设计的重要内容。刀具选择合理与否不仅影响加工效率,而且还直接影响加工质量。轮廓型腔类零件的切削刀具主要是铣削刀具。

1. 铣削刀具的基本要求

1) 铣刀刚性要好

一是为满足提高生产效率而采用大切削用量的需要;二是为适应数控铣床加工过程中难以调整切削用量的特点。例如,当工件各处的加工余量相差悬殊时,普通铣床遇到这种情况很容易采取分层铣削的方法加以解决,但数控铣削就必须按程序规定的走刀路线前进,遇到余量大时无法像普通铣床那样"随机应变",除非在编程时能够预先考虑到,否则铣刀必须返回原点,改变切削面高度或采用加大刀具半径补偿值的方法从头开始加工,多走几刀。这样,势必会造成余量少的地方经常走空刀,降低生产效率,若是刀具的刚性较好,就不必这么办。在数控铣削中,因铣刀刚性较差折断并造成工件损伤的事例常有发生,所以铣刀的刚性问题很重要。

2) 铣刀的耐用度要高

尤其是用一把铣刀加工很多的内容时,如果刀具不耐用、磨损较快,会影响工件的表面质量与加工精度,而且会增加换刀引起的调刀与对刀次数,也会使加工表面留下因对刀误差而形成的接刀痕迹,降低工件的表面质量。

除上述两点之外,铣刀切削刃的几何角度参数及排屑性能等也非常重要,切屑黏刀形成积屑瘤在铣削中是十分忌讳的。总之,根据被加工工件材料的热处理状态、切削性能及加工余量,选择刚性好、耐用度高的铣刀,是提高生产效率,获得满意加工质量的前提。

2. 常用铣刀种类

常用铣削刀具主要有:面铣刀、立铣刀、模具铣刀、键槽铣刀、球头铣刀、鼓形铣刀、成形铣刀和锯片铣刀等。

1) 面铣刀

面铣刀如图 5-59 所示,其圆柱表面和端面上都有切削刃,圆柱表面的切削刃为主切削刃,端部切削刃为副切削刃。面铣刀多被制成套式镶齿结构,刀齿为高速钢或硬质合金,刀体为 40Cr。

高速钢面铣刀按国家标准规定,直径 $d = \Phi80 \sim \Phi250$mm,螺旋角 $\beta = 10°$,刀齿数 $Z = 10 \sim 26$。

硬质合金面铣刀与高速钢铣刀相比,铣削速度较高,表面加工质量也较好,并可加工带有硬皮和淬硬层的工件,应用较广泛。硬质合金面铣刀按刀片和刀齿的安装方式不同,可分为整体焊接式、机夹-焊接式和可转位式三种。由于整体焊接式和机夹-焊接式面铣刀难于保证焊接质量,刀具耐用度低,目前已被可转位式面铣刀所取代。可转位面铣刀直径系列有:16、20、25、32、50、63、80、100、125、160、200、250、315、400、500、630,可转位面铣刀最小直径 $\Phi16$mm 的刀齿数为 2,直径越大刀齿数越多,具体刀齿数与相关技术要求可查阅 GB/T 5342.3—2006(可转位面铣刀第 3 部分技术条件)。

可转位式面铣刀是将可转位刀片通过夹紧元件固定在刀体上,当刀片的一个切削刃用钝后,直接在机床上将刀片转位或更换新刀片。因此,面铣刀在提高产品加工质量和加工效率、降低成本、操作使用方便等方面都具有明显的优势,所以得到广泛应用。

面铣刀主要用于面积较大的平面铣削和较平坦的立体轮廓多坐标加工,主偏角 $\kappa_r = 90°$ 的面铣刀还可以加工小台阶,如图 5-60 所示。粗齿铣刀用于粗加工,细齿铣刀用于平稳条件的铣削加工,密齿铣刀用于薄壁铸铁件的加工。图 5-61 所示是用三面刃铣刀加工沟槽的示例。

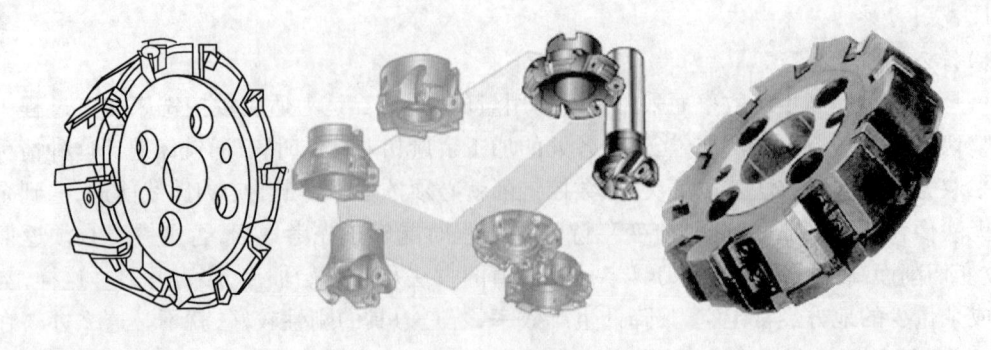

图 5-59 面铣刀

图 5-60　面(盘)铣刀加工示例　　　　图 5-61　三面刃铣刀加工沟槽的示例

2) 立铣刀

立铣刀也称为圆柱铣刀,是铣削轮廓型腔类零件最常用的一种铣刀,如图 5-62 和图 5-63 所示,主要用于面积较小的平面铣削和平面类零件的凹槽型腔及轮廓加工。立铣刀的圆柱表面和端面上都有切削刃,可同时进行切削加工,也可单独进行切削加工,圆柱表面的切削刃为主切削刃,端面切削刃为副切削刃。主切削刃一般为螺旋齿,如图 5-63 所示,这样可以增加切削平稳性,提高加工精度。图 5-63(c)和图 5-63(d)的切削刃是波纹形的,它是一种结构先进的立铣刀,其特点是排屑更流畅、切削厚度更大,利于刀具散热并可提高刀具寿命,切削不易产生振动。

立铣刀按端部切削刃的不同可分为过中心刃和不过中心刃两种。过中心刃立铣刀可直接轴向进刀,常称为端铣刀;不过中心刃立铣刀由于端面中心处无切削刃,所以它不能作轴向进刀,端面刃主要用来加工与侧面相垂直的底平面。

为了能加工较深的沟槽并保证有足够的备磨量,立铣刀的轴向长度一般较长。为了便于排屑,立铣刀齿数较少,容屑槽圆弧半径较大。常见整体式立铣刀齿数有 3 齿和 4 齿两种。

实际生产中,加工凹槽型腔槽底面圆角、底板与肋板转接圆弧、行切法粗加工变斜角类零件(直纹曲面类零件)曲面与曲面类(立体类)零件曲面(如图 5-23~图 5-25 所示零件)常采用如图 5-64 所示的立铣刀,该立铣刀圆柱面螺旋刃与端面刃转接处刃磨成半径为 R 的圆弧,这种立铣刀常被称为环形铣刀,又称牛鼻刀。

立铣刀分为整体式、机夹-焊接式和可转位式三种。机夹-焊接式立铣刀难以保证焊接质量和刃磨质量,目前已被可转位式立铣刀所取代。整体式立铣刀有直柄和莫氏锥度锥柄两种,刀具材料有高速钢和硬质合金两种。与高速钢立铣刀相比,硬质合金立铣刀铣削速度较高,表面加工质量也较好。整体式硬质合金立铣刀常被称为"钨钢刀",如图 5-62(b)和(c)所示,$\Phi 2 \sim \Phi 20mm$ 的立铣刀制成直柄,如图 5-63(b)所示;$\Phi 6 \sim \Phi 63mm$ 的立铣刀为莫氏锥柄,如图 5-63(c)所示;$\Phi 25 \sim \Phi 80mm$ 的立铣刀为 7∶24 锥柄,如图 5-63(a)所示;直径大于 $\Phi 40 \sim \Phi 160mm$ 的立铣刀可做成套式结构。

可转位立铣刀刀片为硬质合金刀片并且可以更换,$\kappa_r = 90°$,可加工台阶,其刀片镶嵌形式如图 5-63(a)和图 5-65 所示,常被称为"玉米铣刀"。

(a) 直柄高速钢立铣刀　　　(b) 直柄硬质合金立铣刀　　　(c) 锥柄硬质合金立铣刀

图 5-62　立铣刀

(a) 可转位硬质合金立铣刀　　　　　　(b) 高速钢立铣刀

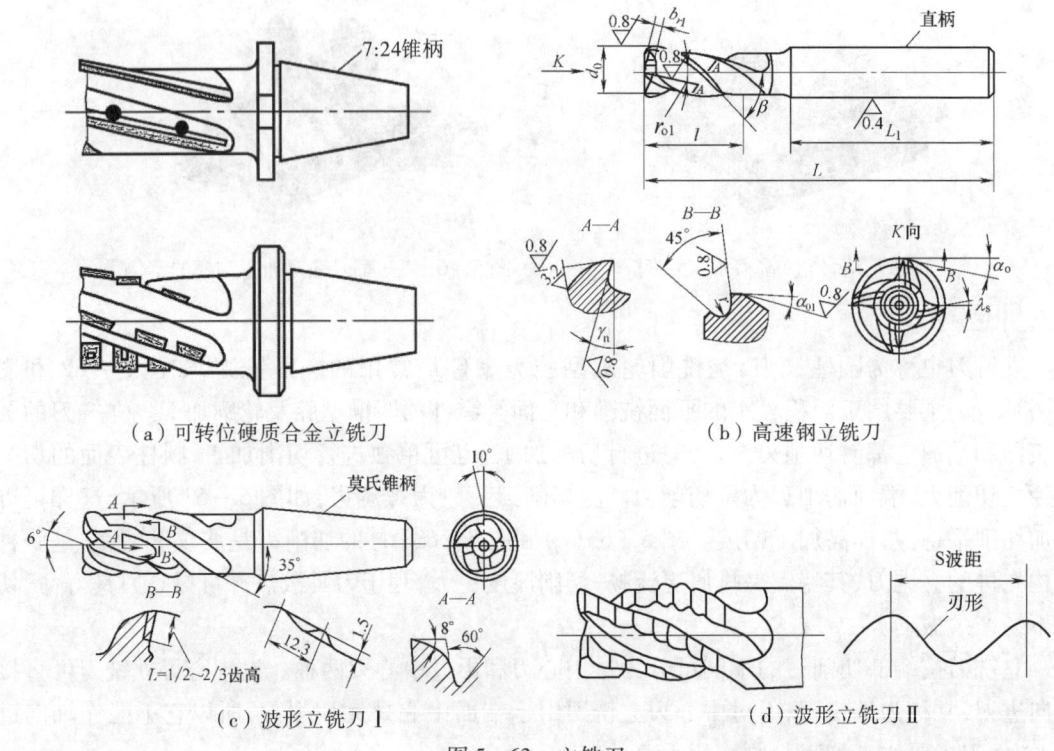

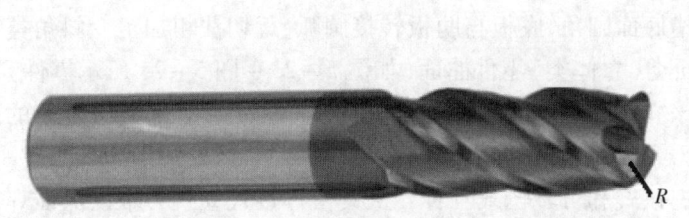

(c) 波形立铣刀Ⅰ　　　　　　(d) 波形立铣刀Ⅱ

图 5-63　立铣刀

图 5-64　环形铣刀（牛鼻刀）　　　　　图 5-65　玉米铣刀

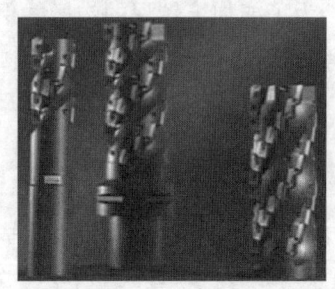

3) 模具铣刀

模具铣刀由立铣刀发展而来，是加工金属模具型面铣刀的通称。模具铣刀可分为圆锥形立铣刀（圆锥半角有 3°、5°、7°、10°）、圆柱形球头立铣刀和圆锥形球头立铣刀三种，如图 5-66 和图 5-67 所示，其柄部有直柄、削平型直柄和莫氏锥柄三种。它的结构特点是球头或端面上布满了切削刃，圆周刃与球头刃圆弧连接，可以作径向和轴向进给。铣刀工作部分用高速钢或硬质合金制造，国家标准规定直径 $d = \Phi 4 \sim \Phi 63 \mathrm{mm}$。小规格的硬质合金模具铣刀多制成整体结构，如图 5-67 所示，直径 $\Phi 16 \mathrm{mm}$ 以上的模具铣刀制成焊接或机夹可转位刀片结构。

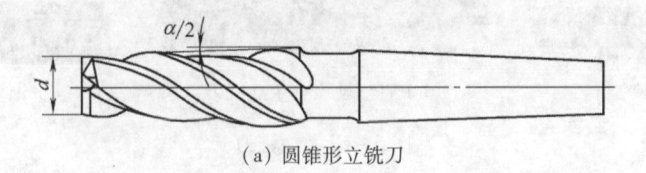

(a) 圆锥形立铣刀

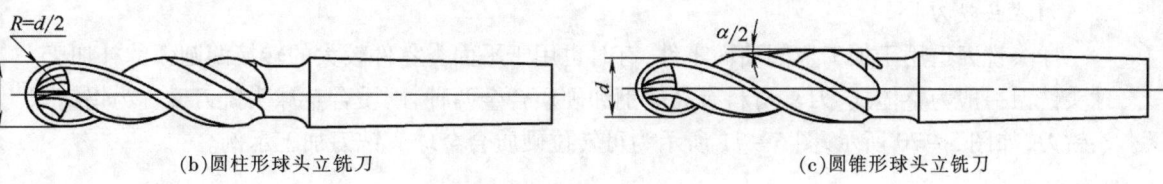

(b)圆柱形球头立铣刀　　　　　　　(c)圆锥形球头立铣刀

图 5-66　高速钢模具铣刀

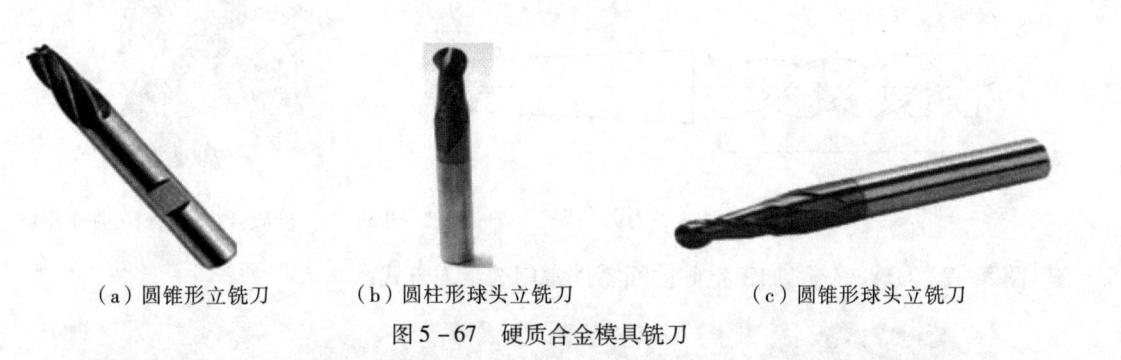

(a)圆锥形立铣刀　　(b)圆柱形球头立铣刀　　(c)圆锥形球头立铣刀

图 5-67　硬质合金模具铣刀

4)键槽铣刀

键槽铣刀如图 5-68 和图 5-69 所示,它有两个刀齿,圆柱面和端面都有切削刃,端面刃延至中心,既像立铣刀,又像钻头。利用键槽铣刀铣削键槽时,先轴向进给达到槽深,然后沿键槽方向铣出键槽全长。按国家标准规定,直柄键槽铣刀直径 $d = \Phi2 \sim \Phi22\text{mm}$,锥柄键槽铣刀直径 $d = \Phi14 \sim \Phi50\text{mm}$。键槽铣刀直径的偏差有 e8 和 d8 两种,刀具材料有高速钢和硬质合金两种。

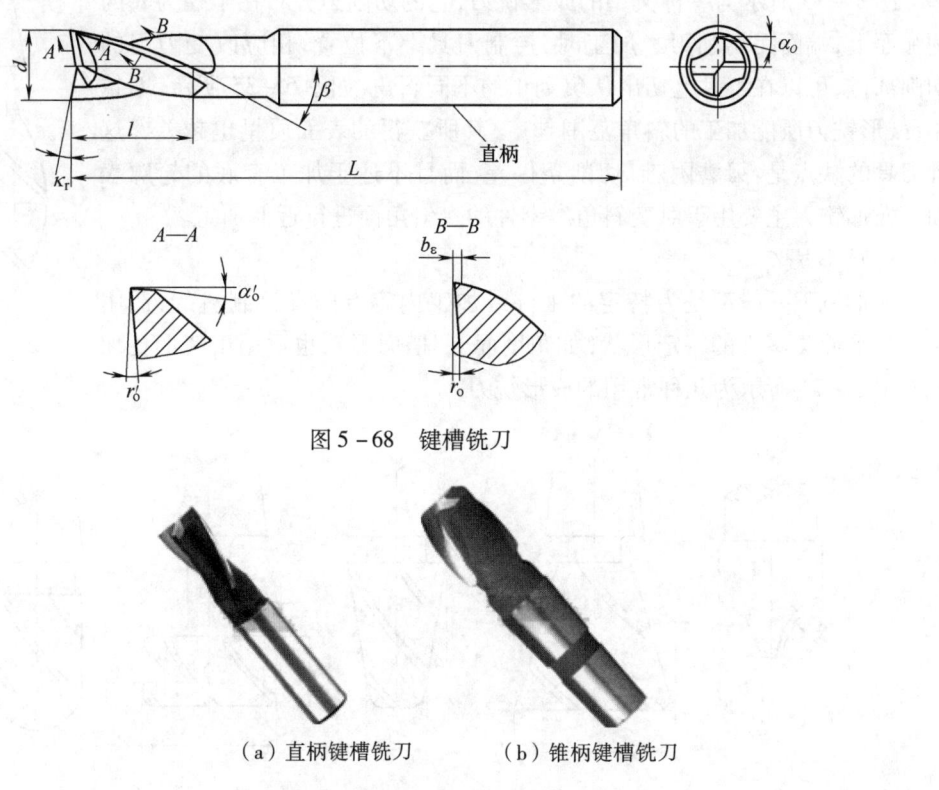

图 5-68　键槽铣刀

(a)直柄键槽铣刀　　(b)锥柄键槽铣刀

图 5-69　键槽铣刀(实图)

5)球头铣刀

球头铣刀适用于加工空间曲面零件,有时也用于平面类零件较大的转接凹圆弧的补加工。球头铣刀一般为整体式,刀具材料有高速钢和硬质合金两种,硬质合金球头铣刀又称为钨钢球头铣刀,如图5-70所示,图5-71所示为可转位硬质合金球头铣刀加工示例。

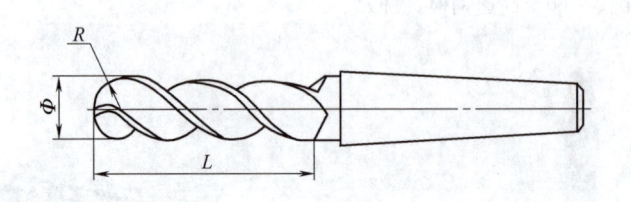

图5-70 球头铣刀

图5-71 硬质合金球头铣刀加工示例

图5-72为球头铣刀加工空间曲面零件常用的走刀方式。

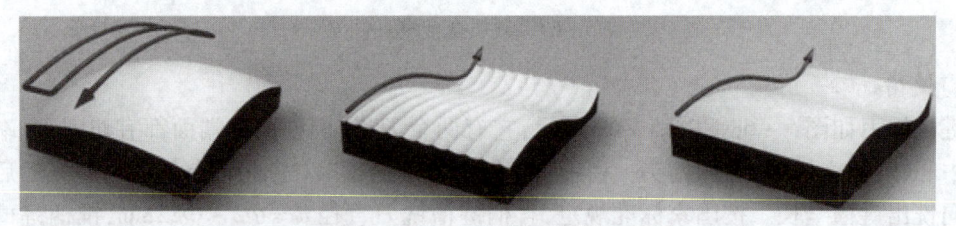

图5-72 球头铣刀加工空间曲面零件常用的走刀方式

6)鼓形铣刀

图5-73所示为一种典型的鼓形铣刀,它的切削刃分布在半径为R的圆弧面上,端面无切削刃。加工时,控制刀具上下位置,相应改变刀刃的切削部位,可以在工件上切出从负到正的不同斜角,如图5-35所示。R越小,鼓形铣刀所能加工的斜角范围越广,其所获得的表面质量也越差。这种刀具的缺点是:刃磨困难,切削条件差,而且不适于加工有底的轮廓表面。鼓形铣刀主要用于对变斜角类零件的变斜角面进行近似加工。

7)成形铣刀

成形铣刀一般都是为特定的工件或加工内容专门设计制造的,适用于加工平面类零件的特定形状(如角度面、凹槽面等),也适用于特形孔加工。图5-74所示为几种常用的成形铣刀。

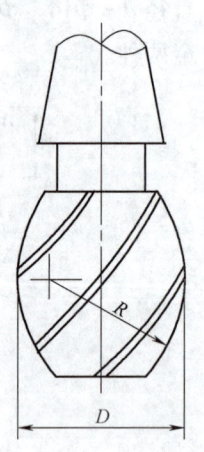

图5-73 鼓形铣刀

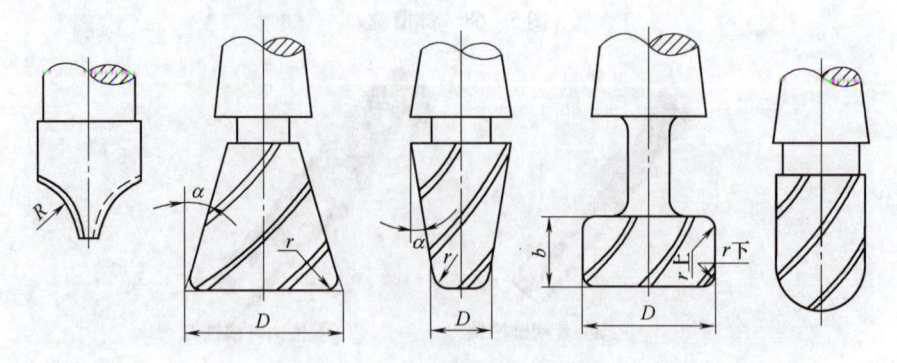

图5-74 几种常用的成形铣刀

8) 锯片铣刀

锯片铣刀可分为中小型规格的锯片铣刀和大规格的锯片铣刀(GB6130—1985),普通铣床、数控铣床和加工中心主要用中小型规格的锯片铣刀。锯片铣刀主要用于大多数材料的切槽、切断、内外槽铣削、组合铣削、缺口实验的槽加工、齿轮毛坯粗齿加工等。图5-75所示高速钢锯片铣刀主要用于切槽、切断与内外槽铣削,硬质合金可转位锯片铣刀如图6-76所示。

图5-75 高速钢锯片铣刀(实图)　　　图5-76 可转位锯片铣刀

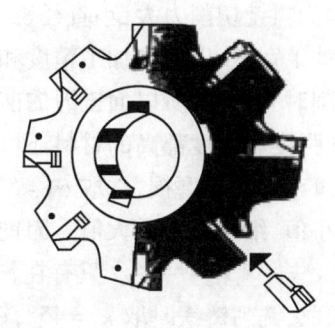

3. 铣刀典型加工表面

铣刀铣削轮廓型腔类零件的典型加工表面如图5-77和图5-78所示。

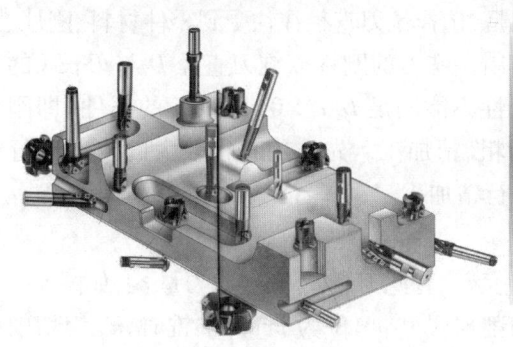

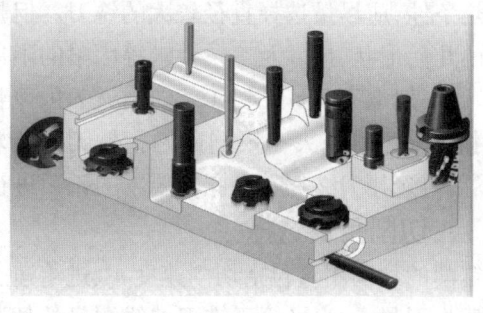

图5-77 铣刀典型加工表面Ⅰ　　　图5-78 铣刀典型加工表面Ⅱ

4. 铣刀类型的选择

铣削轮廓型腔类零件要根据被加工零件的材料、几何形状、表面质量要求、热处理状态、切削性能及加工余量等,选择刚性好、耐用度高的铣刀。

铣刀类型的选择原则如下:

(1)选取刀具时,要使刀具的尺寸与被加工工件的表面尺寸和形状相适应。

(2)加工较大的平面应选择面铣刀。

(3)加工平面零件周边轮廓、凹槽、凸台和较小的台阶面应选择立铣刀。

(4)加工空间曲面、模具型腔或凸模成形表面等多选用环形铣刀与模具铣刀;加工封闭的键槽选用键槽铣刀。

(5)加工变斜角零件的变斜角面应选用鼓形铣刀。

(6)加工立体型面和变斜角轮廓外形常采用球头铣刀、鼓形铣刀。

(7)加工各种直的或圆弧形的凹槽、斜角面、特型孔等应选用成形铣刀。

(8)加工毛坯表面或粗加工孔可选用镶硬质合金的"玉米铣刀"。

5. 铣刀参数选择

铣刀参数的选择主要应考虑零件加工部位的几何尺寸和刀具的刚性等因素。铣削轮廓型腔类零件使用最多的是可转位面铣刀和立铣刀。下面重点介绍面铣刀和立铣刀参数的选择。

1) 面铣刀主要参数的选择

根据工件的材料、刀具材料及加工性质的不同来确定面铣刀的几何参数。粗铣时,铣刀直径要小些,因为粗铣切削力大,小直径铣刀可减小切削扭矩。精铣时,铣刀直径要大些,尽量包容工件整个加工宽度,以提高加工精度和效率,减小相邻两次进给之间的接刀痕迹。

由于铣削时有冲击,所以面铣刀的前角一般比车刀略小,尤其是硬质合金面铣刀,前角小得更多,铣削强度和硬度都高的材料还可用负前角。铣刀的磨损主要发生在后刀面上,因此适当加大后角可减少铣刀磨损,常取 $\alpha_o = 5° \sim 12°$,工件材料软的取大值,工件材料硬的取小值;粗齿铣刀取小值,细齿铣刀取大值。因铣削时冲击力较大,为了保护刀尖,硬质合金面铣刀的刃倾角常取 $\lambda_s = -15° \sim -5°$。只有在铣削低强度材料时,才取 $\lambda_s = 5°$。主偏角 κ_r 在 $45° \sim 90°$ 范围内选取,铣削铸铁时取 $\kappa_r = 45°$,铣削一般钢材时取 $\kappa_r = 75°$,铣削带凸肩的平面或薄壁零件时取 $\kappa_r = 90°$。

2) 立铣刀主要参数的选择

一般情况下,为减少走刀次数,提高铣削速度和铣削用量,保证铣刀有足够的刚性及良好的散热条件,应尽量选择直径较大的铣刀。但是,选择铣刀直径往往受到零件材料、刚性、加工部位的几何形状、尺寸及工艺要求等因素的限制。铣刀的刚性以铣刀直径 D 与刃长 l 的比值来表示,一般取 $D/l > 0.4 \sim 0.5$。当铣刀的刚性不能满足 $D/l > 0.4 \sim 0.5$ 的条件(即刚性较差)时,可采用直径大小不同的两把铣刀进行粗、精加工。先选用直径较大的铣刀进行粗加工,然后再选用 D、l 均符合图样要求的铣刀进行精加工。

六、切削用量选择

铣削的切削用量包括切削速度 v_c、进给速度 F、背吃刀量 a_p 和侧吃刀量 a_e,如图 5-79 所示。背吃刀量 a_p 为平行于铣刀轴线测量的切削层尺寸,单位为 mm。端铣时,a_p 为切削层深度,而圆周铣时,a_p 为被加工表面的宽度。侧吃刀量 a_e 为垂直于铣刀轴线测量的切削层尺寸,单位为 mm。端铣时,a_e 为被加工表面宽度,而圆周铣削时,a_e 为切削层深度。

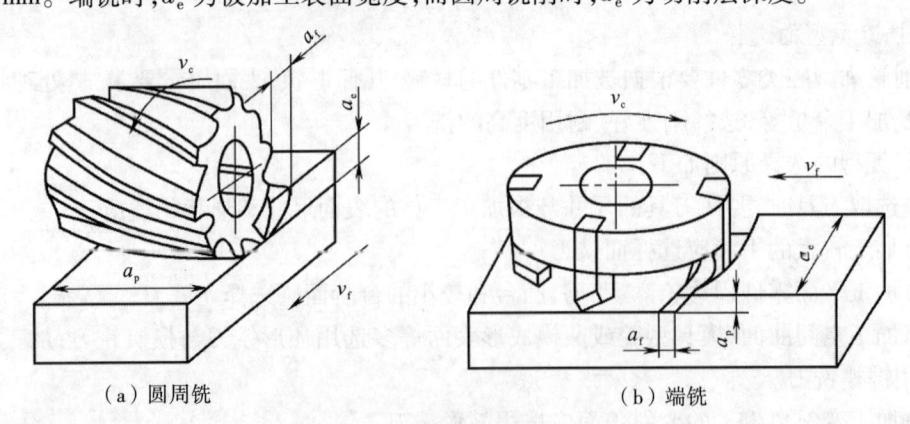

(a) 圆周铣　　(b) 端铣

图 5-79　铣削切削用量

1. 选择背吃刀量(端铣)或侧吃刀量(圆周铣)

背吃刀量或侧吃刀量的选取主要取决于加工余量和表面质量的要求。

从刀具耐用度出发,切削用量的选择方法是:先选取背吃刀量或侧吃刀量,其次确定进给速度,最后确定切削速度。由于背吃刀量对刀具耐用度影响最小,背吃刀量 a_p 和侧吃刀量 a_e 的确定主要根据机床、夹具、刀具、工件的刚度和被加工零件的精度要求来决定。如果零件精度要求不高,在工艺系统刚度允许的情况下,能一次切净加工余量最好,即 a_p 或 a_e 等于加工余量,以提高加工效率;如果零件精度要求高,为保证表面粗糙度和精度,只好采用多次走刀。

(1)在工件表面粗糙度值要求为 $Ra12.5\sim25\mu m$ 时,如果圆周铣削的加工余量小于3.5mm,端铣的加工余量小于4mm,粗铣一次进给就可以达到要求。但在余量较大、工艺系统刚性较差或机床动力不足时,可分两次进给完成。

(2)在工件表面粗糙度值要求为 $Ra3.2\sim12.5\mu m$ 时,可分粗铣和精铣两步进行。粗铣时背吃刀量或侧吃刀量选取同前,粗铣后留 $0.3\sim0.8mm$ 余量,在精铣时切除。

(3)在工件表面粗糙度值要求为 $Ra0.8\sim3.2\mu m$ 时,可分粗铣、半精铣和精铣三步进行。半精铣时背吃刀量或侧吃刀量取 $1.0\sim2.0mm$,精铣时背吃刀量或侧吃刀量取 $0.08\sim0.25mm$。

2. 选择切削进给速度 F

切削进给速度 F 是切削时单位时间内工件与铣刀沿进给方向的相对位移,单位为 mm/min。它与铣刀转速 n、铣刀齿数 Z 及每齿进给量 f_z(单位为 mm/Z)的关系为:

$$F = f_z Z n \quad (式5-1)$$

每齿进给量 f_z 的选取主要取决于工件材料的力学性能、刀具材料、工件表面粗糙度等因素。工件材料的强度和硬度越高,f_z 越小;反之,则越大。硬质合金铣刀的每齿进给量高于同类高速钢铣刀。工件表面粗糙度值越小,f_z 就越小。每齿进给量的确定可参考表5-3选取(表中数值为实际生产的经验切削参数)。工件刚性差或刀具强度低时,应取小值。转速 n 则与切削速度和机床的性能有关。所以,切削进给速度应根据所采用机床的性能、刀具材料和尺寸、被加工零件材料的切削加工性能和加工余量的大小来综合地确定。一般原则是:工件表面的加工余量大,切削进给速度低,反之相反。数控铣削进给速度可由机床操作者根据被加工零件表面的具体情况进行手动调整进给倍率,以获得最佳切削状态。

表5-3 铣刀每齿进给量参考值

工件材料	f_z/(mm/Z)			
	粗 铣		精 铣	
	高速钢铣刀	硬质合金铣刀	高速钢铣刀	硬质合金铣刀
钢	0.06~0.10	0.08~0.15	0.04~0.06	0.05~0.10
铸铁	0.08~0.15	0.10~0.20		

因数控铣削的进给速度较快,在确定切削进给速度时,要注意下述特殊情况:

(1)在高速进给的轮廓加工中,由于工艺系统的惯性,在轮廓的拐角处易产生"欠切"(即切外凸表面时在拐角处少切了一些余量)和"过切"(即切内凹表面时在拐角处多切了一些金属而损伤了零件的表面)现象,如图5-80所示。避免"欠切"和"过切"的办法是在接近拐角前适当地降低进给速度,过了拐角后再逐渐增速,即在拐角处前后采用变化的进给速度,从而减少误差。

(a) 欠切　　　　　　　　　(b) 过切

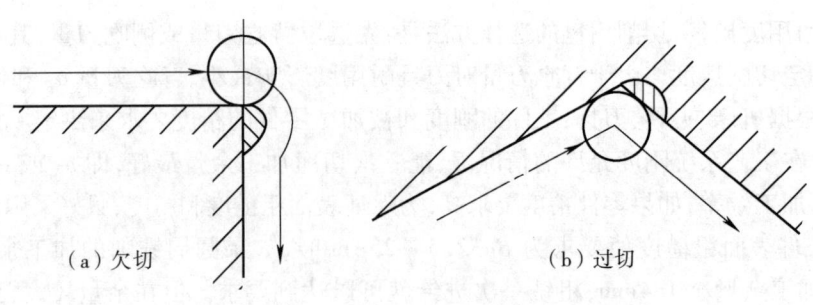

图 5-80　拐角处的"欠切"和"过切"

（2）加工圆弧段时，由于圆弧半径的影响，切削点的实际进给速度 v_T 并不等于选定的刀具中心进给速度 v_f。由图 5-81 可知，加工外圆弧时，切削点的实际进给速度为：

$$v_T = \frac{R}{R+r} v_f \qquad \text{（式 5-2）}$$

即 $v_T < v_f$。而加工内圆弧时，由于：

$$v_T = \frac{R}{R-r} v_f \qquad \text{（式 5-3）}$$

即 $v_T > v_f$，如果 $R \approx r$，则切削点的实际进给速度将变得非常大，有可能损伤刀具或工件。因此，这时要考虑到圆弧半径对实际进给速度的影响。

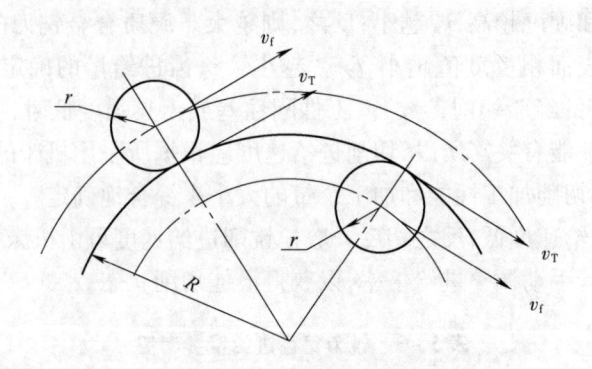

图 5-81　切削圆弧的进给速度

在加工过程中，由于毛坯尺寸不均匀而引起切削深度变化，或因刀具磨损引的起切削刃切削条件变化，都会使实际加工状态与编程时的预定情况不一致，如果机床面板上设有"进给速率修调"旋钮，操作者可利用它实时修改程序中的进给速度指令值来减少误差。

3. 选择切削速度 v_c

铣削的切削速度 v_c 与刀具的耐用度 T、每齿进给量 f_z、背吃刀量 a_p、侧吃刀量 a_e 及铣刀齿数 Z 成反比，而与铣刀直径成正比。其原因是，当 f_z、a_p、a_e 和 Z 增大时，刀刃负荷增加，而且同时工作的齿数也增多，使切削热增加，刀具磨损加快，从而限制了切削速度的提高。为提高刀具耐用度，允许使用较低的切削速度。而加大铣刀直径则可以改善散热条件，因而可以提高切削速度。

铣削加工的切削速度 v_c 可参考表 5-4 选取，也可参考有关切削用量手册中的经验公式，通过计算选取。表中数值为实际生产的经验切削参数。

表 5-4 铣削加工的切削速度参考值

工件材料	硬度（HBS）	v_c/(m/min)	
		高速钢铣刀	硬质合金铣刀
钢	<225	18~32	60~120
	225~325	12~28	50~100
	325~425	6~18	35~65
铸铁	<190	21~30	60~120
	190~260	9~18	40~75
	260~320	5~9	20~30

4. 主轴转速 n

主轴转速 n 要根据允许的切削速度 v_c 来确定：

$$n = 1000v_c/(3.14 \times d) \qquad (式 5-4)$$

式中：d 为铣刀直径，单位为 mm；v_c 为切削速度，单位为 m/min。

主轴转速 n 要根据计算值在机床说明书规定的主轴转速范围内选取标准值。

从理论上来讲，v_c 值越大越好，因为这不仅可以提高生产率，而且可以避开生成积屑瘤的临界速度，获得较低的表面粗糙度值。但是实际上，由于机床、刀具等的限制，使用国内机床、刀具时，采用带涂层硬质合金刀片，允许的切削速度常常只能在 90~150m/min 的范围内选取。然而对于材质较软的铝、镁合金等，v_c 可提高近一倍。

七、填写机械加工工序卡和刀具卡

机械加工工艺文件既是机械加工的依据，也是操作者遵守、执行的作业指导书。机械加工工艺文件是对机械加工工艺过程的具体说明，目的是让操作者更明确加工顺序、加工内容、加工设备、装夹方式、切削用量和各个加工部位所选用的刀具等。轮廓型腔类零件的机械加工工序卡和机械加工刀具卡具体详见加工案例零件的机械加工工序卡和机械加工刀具卡。

5-1-4 完成工作任务过程

1. 零件图纸工艺分析

主要分析凸模零件图纸技术要求（包括尺寸精度、形位精度和表面粗糙度等）、检查零件图的完整性与正确性、分析零件的结构工艺性。通过零件图纸工艺分析，保证零件的加工精度，确定应采取的工艺措施。

该凸模零件加工表面由平面、垂直台阶面及圆弧等组成。凸台长、宽的尺寸精度与上、下平面和凸台四周的表面粗糙度要求较高，铣削后凸台的台阶面垂直度要求较高。尺寸标注完整，轮廓描述清楚。零件材料为 45 钢，无热处理硬度要求，切削加工性能较好。

通过上述零件图纸工艺分析，采取以下五点工艺措施。

(1) 该凸模零件四周已由牛头刨床加工好，上、下平面也已由普通铣床粗铣好。因上、下平面粗糙度要求较高，上平面粗糙度为 $Ra1.6\mu m$，下平面粗糙度为 $Ra0.8\mu m$，担心下平面粗糙度铣削达不到要求，故由卧轴矩台平面磨床先精磨基准下平面后，再精磨上平面。另因凸台四周由 $R10mm$ 圆弧过渡，普通铣床无法加工，故卧轴矩台平面磨床精磨好上、下平面后，由数控铣床铣削凸台。

(2) 该凸模零件为结构对称的实心材料,四周均已按零件图纸技术要求加工好,宽度 70mm,在平口台虎钳的夹持范围内,可采用平口台虎钳按图 5-50(b)所示找正虎钳后装夹工件。装夹前,在平口台虎钳工件夹持位下面垫上等高块,边用铜棒前后左右敲击工件边装夹,确保凸模零件夹紧后工件下平面与等高块上平面接触。选择的等高块高度要注意,确保按上述要求装夹好工件后,工件的加工部位要高于虎钳夹紧钳面的上平面,以免数控铣削时铣刀碰到虎钳的夹紧钳面。

(3) 为确保凸台铣削后台阶面的垂直度与表面粗糙度要求,精铣凸台时换一把专用于精铣的铣刀加工,以防粗铣后铣刀的磨损影响精铣凸台的台阶面垂直度和表面粗糙度,并且精铣刀采用直径 $\Phi 18mm$ 硬质合金立铣刀(钨钢刀),以保证铣刀的刚性。

(4) 该凸模零件四个对角的余量比其他加工部位大,为提高加工效率,粗铣、精铣都采用直径 $\Phi 18mm$ 的立铣刀,以免四个对角要铣削两次,精铣时台阶面留下接刀痕迹。

(5) 为保证精铣的凸台轮廓光滑过渡,精铣进给加工路线(走刀路线)一定要切线切入切线切出,不能法线切入法线切出。

2. 加工工艺路线设计

依次经过:"选择凸模加工方法→划分加工阶段→划分加工工序→工序顺序安排",最后确定凸模零件的工步顺序和进给加工路线。

该凸模零件四周已由牛头刨床加工好,上、下平面也已由普通铣床粗铣好,留 1mm 加工余量。根据上述零件图纸工艺分析拟采取的工艺措施,上、下平面由卧轴矩台平面磨床精磨,凸台由数控铣床铣削。卧轴矩台平面磨床先精磨基准下平面后,再精磨上平面,平面磨床为精加工连续进行,无需划分加工阶段。故卧轴矩台平面磨床分精磨下平面和精磨上平面两道工序。

根据表 5-2(平面加工精度经济的加工方法)和该凸模零件的加工精度及表面质量要求,数控铣床加工凸台采用"粗铣—半精铣—精铣"即可满足零件图纸的技术要求。因生产批量只有 5 件,故凸台"粗铣—半精铣—精铣"可连续进行,不需划分加工阶段。根据上述零件图纸工艺分析拟采取的工艺措施,该凸模零件精铣换另一把专用于精铣的铣刀加工,所以工序划分以刀具集中分序法划分,共分两道工序。第一道工序为 $\Phi 18mm$ 立铣刀粗铣、半精铣凸台,分两道工步,即粗铣和半精铣;第二道工序为另一把 $\Phi 18mm$ 立铣刀只精铣凸台一道工步。加工顺序按先粗后精原则确定,工步顺序按同一把刀能加工的内容连续加工原则确定。根据上述工序划分及加工顺序安排,最后确定凸模零件的工步顺序及精铣凸台进给加工路线如下:

(1) 精磨上、下平面,保证上、下平面的表面粗糙度要求和高度尺寸 19.8mm。

(2) 粗铣、半精铣凸台。

(3) 精铣凸台,保证凸台尺寸精度、表面粗糙度和台阶面的垂直度要求。

铣削平面零件外轮廓刀具切入工件时,应避免沿零件外轮廓的法向切入,而应沿切削起始点延长线的切向逐渐切入,以避免在切入处产生驻刀痕而影响加工表面质量,保证零件曲线的平滑过渡。在切离工件时,也应避免在切削终点处直接抬刀,要沿着切削起始点延长线的切向逐渐切离工件。根据上述铣削平面零件外轮廓的进给加工路线,为避免产生驻刀痕迹,保证凸模零件的加工质量,该凸模零件精铣凸台的进给加工路线如图 5-82 所示。

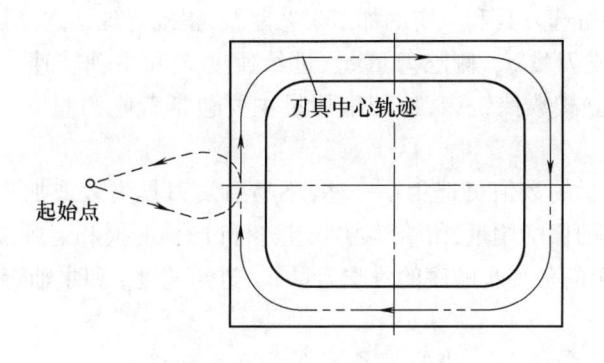

图 5-82 凸模精铣走刀路线

3. 加工机床选择

主要根据加工零件的规格大小、加工精度和表面加工质量等技术要求,经济合理地选择加工机床。

根据上述零件图纸工艺分析拟采取的工艺措施,该凸模零件上、下平面由卧轴矩台平面磨床精磨,凸台由数控铣床铣削。因该零件规格不大,故选小型卧轴矩台平面磨床和小型立式数控铣床即可。

4. 装夹方案及夹具选择

主要根据加工零件的规格大小、结构特点、加工部位、尺寸精度、形位精度和表面粗糙度等零件图纸技术要求,确定零件的定位、装夹方案及夹具。

根据上述零件图纸工艺分析拟采取的工艺措施,该凸模零件上、下平面由卧轴矩台平面磨床精磨,故精磨上、下平面的定位、装夹由电磁吸盘吸住。数控铣床铣削凸台时,因该凸模零件前后左右结构对称,以下平面作为尺寸基准,同时也是设计基准,所以该凸模零件加工时以下平面及相互垂直的两侧面作为定位基准定位。再因该凸模零件只生产 5 件,且工件的宽度尺寸只有 70mm,在平口台虎钳的夹持范围内,所以可采用平口台虎钳按图 5-50(b)所示找正虎钳后装夹工件。装夹前,在平口台虎钳工件夹持位下面垫上等高块,边用铜棒前后左右敲击工件边装夹,确保凸模零件夹紧后工件下平面与等高块上平面接触。选择的等高块高度要注意,确保按上述要求装夹好工件后,工件的加工部位要高于虎钳夹紧钳面的上平面,以免铣削时铣刀碰到虎钳的夹紧钳面。

5. 刀具选择

主要根据加工零件的余量大小、结构特点、材质、热处理硬度、加工部位、尺寸精度、形位精度和表面粗糙度等零件图纸技术要求,结合刀具材料,正确合理地选择刀具。

根据上述零件图纸工艺分析和加工工艺路线设计,该凸模零件最后确定的各工步顺序的所用刀具如下:

(1)卧轴矩台平面磨床精磨上、下平面。因零件未经热处理硬度低,故选择砂轮粒度较小的中等硬度砂轮磨削。

(2)数控铣床粗铣、半精铣凸台。选用 $\Phi 18mm$ 高速钢立铣刀,齿数 $Z=4$。

(3)数控铣床精铣凸台。选用 $\Phi 18mm$ 硬质合金立铣刀(钨钢刀),齿数 $Z=4$。

6. 切削用量选择

主要根据工步加工的余量大小、材质、热处理硬度、尺寸精度、形位精度和表面粗糙度等零件图纸技术要求,结合所选刀具和拟定的加工工艺路线,正确合理地选择切削用量。

切削用量包括背吃刀量 a_p、侧吃刀量 a_e、进给速度 F 和主轴转速 n。根据上述加工凸台选择的加工机床为立式数控铣床,故切削用量主要包括背吃刀量 a_p、进给速度 F 和主轴转速 n。

试加工时,切削用量的数值可选稍小一些,不易引发刀具失效或加工事故。根据已学知识,如何优化凸模零件的切削用量,留给学习小组进行讨论、汇报和老师点评。这里列出上述加工工艺路线设计确定的各工步顺序的背吃刀量 a_p、进给速度 f 和主轴转速 n 如下:

1)背吃刀量 a_p

(1)精磨上、下平面余量均分,背吃刀量 a_p 约为 0.5 mm。

(2)粗铣、半精铣凸台。粗铣凸台背吃刀量 a_p 约为 3.5mm,半精铣凸台背吃刀量 a_p 约为 1.4mm。

(3)精铣凸台。精铣凸台背吃刀量 a_p 约为 0.1mm。

2)主轴转速 n

主轴转速 n 应根据所选铣刀直径,按零件和刀具的材料及加工性质等条件所允许的切削速度 v_c(m/min),按公式 $n = (1000 \times v_c)/(3.14 \times d)$ 来确定。

根据表 2-28(常见外圆磨削、内圆(孔)磨削及平面磨削加工参数)和表 5-4(铣削加工的切削速度参考值),上述加工工艺路线设计所确定的各工步主轴转速 n 计算如下:

(1)卧轴矩台平面磨床精磨上、平面,选砂轮线速度 25m/s。

(2)粗铣、半精铣凸台(铣刀为高速钢立铣刀)。粗铣切削速度 v_c 选 23m/min,则主轴转速 n 约为 406r/min;半精铣切削速度 v_c 选 27m/min,则主轴转速 n 约为 477r/min。

(3)精铣凸台(铣刀为硬质合金立铣刀)。精铣切削速度 v_c 选 100m/min,则主轴转速 n 约为 1769r/min。

3)进给速度 F

进给速度 $F = f_z Z n$(n 为铣刀转速,Z 为铣刀齿数,f_z 为每齿进给量)。

根据表 5-3(铣刀每齿进给量参考值)和凸模零件图纸技术要求,上述加工工艺路线设计所确定的各工步进给速度 F 计算如下:

(1)卧轴矩台平面磨床精磨上、下平面的进给速度由平面磨床磨削规范确定。

(2)粗铣、半精铣凸台(铣刀为高速钢立铣刀)。粗铣每齿进给量 0.08 mm,则进给速度 F 为 129mm/min;半精铣每齿进给量 0.07 mm,则进给速度 F 为 133mm/min。

(3)精铣凸台(铣刀为硬质合金立铣刀)。精铣每齿进给量 0.05 mm,则进给速度 F 为 353mm/min。

7. 填写凸模零件机械加工工序卡和刀具卡

主要根据选择的机床、刀具、夹具、切削用量和拟定的加工工艺路线,正确填写机械加工工序卡和刀具卡。

1)凸模零件机械加工工序卡

凸模零件机械加工工序卡如表 5-5 所示。

表 5-5 凸模零件机械加工工序卡

单位名称	×××	产品名称或代号 ×××	零件名称 凸模	零件图号 ×××
加工工序卡号 ×××	数控加工程序编号 ×××	夹具名称 电磁洗盘、平口台钳	加工设备 平面磨床、数控铣床	车间 ×××

工步号	工步内容	刀具号	刀具规格/mm	主轴转速/(r/min)	进给速度/(mm/min)	背吃刀量/mm	备注
1	精磨上、下平面，保证上、下面的表面粗糙度为 $Ra\,1.6\mu m$ 和 $Ra\,0.8\mu m$，高度尺寸19.8mm	T01				0.5	切削参数由磨削规范确定
2	粗铣凸台，凸台四周及台阶面留1.5mm余量	T02	Φ18	406	129	3.5	数控铣床
3	半精铣凸台，凸台四周及台阶面留0.1mm余量	T02	Φ18	477	133	1.4	数控铣床
4	精铣凸台至尺寸，保证垂直度和表面质量要求	T03	Φ18	1769	353	0.1	数控铣床
编制 ×××	审核 ×××	批准 ×××	年 月 日	共 页	第 页		

注：铣刀4齿。

2) 凸模零件机械加工刀具卡

凸模零件机械加工刀具卡如表5-6所示。

表 5-6 凸模零件机械加工刀具卡

产品名称或代号	×××	零件名称	凸模	零件图号	×××		
序号	刀具号	刀具规格名称	数量	刀长/mm	加工表面	备注	
1	T01	砂轮	1	实测	上、下平面	粒度较小的中等硬度砂轮	
2	T02	Φ18mm高速钢立铣刀	1	实测	凸台四周及台阶面	整体立铣刀	
3	T03	Φ18mm硬质合金立铣刀	1	实测	凸台四周及台阶面	整体立铣刀	
编制 ×××	审核 ×××	批准 ×××	年 月 日	共 页	第 页		

5-1-5 工作任务完成情况评价与工艺优化讨论

1. 工作任务完成情况评价

对上述凸模零件加工案例工作任务的完成过程进行详尽分析，从零件图纸工艺分析、加工工艺路线设计、加工机床选择、加工刀具选择、装夹方案与夹具选择和切削用量选择几方面，对照自己独立设计的凸模零件机械加工工艺，评价各自的优缺点。

2. 凸模零件加工工艺优化讨论

（1）根据上述凸模零件加工案例机械加工工艺，各学习小组从以下八个方面对其展开讨论：

①加工方法选择是否得当？为什么？

②工序与工步顺序安排是否合理？为什么？

③加工工艺路线是否得当？为什么？有没有更优化的加工工艺路线？

④选择的加工机床是否经济适用？为什么？

⑤加工刀具（含刀片）选择是否得当？为什么？

⑥选择的夹具是否得当？为什么？有没有其他更适用的夹具？

⑦选择的装夹方案是否得当？为什么？有没有更合适的装夹方案？

⑧选择的切削用量是否合适？为什么？有没有更优化的切削用量？

（2）各学习小组分析、讨论完后，各派一名代表上讲台汇报自己小组的讨论意见。各学习小组汇报完毕后，老师综合各学习小组的汇报情况，对凸模零件加工案例机械加工工艺进行点评。

（3）根据老师的点评，独立修改优化凸模零件机械加工工序卡与刀具卡。

5-1-6 巩固与提高

将图 5-1 所示凸模零件加工案例改为均尚未加工，零件材料改为 40Cr 钢，试制 3 件。试确定其毛坯尺寸，并设计其机械加工工艺。

任务5-2 设计平面内轮廓型腔类零件机械加工工艺

5-2-1 学习目标

通过本任务单元的学习、训练与讨论,学生应该能够:

1. 独立对平面内轮廓型腔类零件图纸进行加工工艺分析,设计机械加工工艺路线,选择经济适用的加工机床,根据生产批量选择夹具并确定装夹方案,按设计的机械加工工艺路线选择合适的加工刀具与合适的切削用量,最后编制出平面内轮廓型腔类零件的机械加工工序卡与刀具卡。

2. 在教师的指导与引导下,通过小组分析、讨论,与各学习小组平面内轮廓型腔类零件机械加工工艺方案对比,优化独立设计的机械加工工艺路线与切削用量,选择更经济适用的加工机床,选择更合适的刀具、夹具,确定更合理的装夹方案,最终编制出优化的平面内轮廓型腔类零件机械加工工序卡与刀具卡。

5-2-2 工作任务描述

现要完成如图5-83所示凹模加工案例零件的加工,具体设计该凹模零件的机械加工工艺,并对设计的凹模机械加工工艺做出评价。具体工作任务如下:

1. 对凹模零件图纸进行加工工艺分析。
2. 设计凹模零件机械加工工艺路线。
3. 选择加工凹模零件的经济适用加工机床。
4. 根据生产批量选择夹具并确定凹模零件的装夹方案。
5. 按设计的凹模零件机械加工工艺路线选择合适的加工刀具与合适的切削用量。
6. 编制凹模零件机械加工工序卡与刀具卡。
7. 经小组分析、讨论,与各学习小组凹模零件机械加工工艺方案对比,对独立设计的凹模零件机械加工工艺做出评价,修改并优化凹模零件机械加工工序卡与刀具卡。

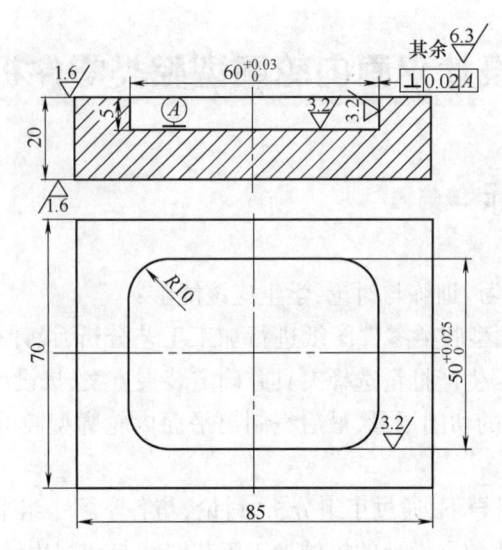

图 5-83 凹模加工案例

注:该凹模零件为半成品,材料为 45 钢,生产批量 5 件,该零件上下平面由普通铣床粗铣后,已由平面磨床磨好,四周已由牛头刨床按图纸技术要求加工好。要求加工凹槽,保证凹槽底平面与凹槽侧壁垂直度为 0.02mm。

5-2-3 学习内容

设计平面内轮廓型腔类零件机械加工工艺步骤包括:零件图纸工艺分析、加工工艺路线设计、选择加工机床、找正装夹方案及夹具选择、刀具选择、切削用量选择,最后完成机械加工工序卡及刀具卡的编制。设计轮廓型腔类零件机械加工工艺的相关知识在前面已做了详细阐释,这里不再赘述。要完成凹模零件机械加工工艺的设计任务,还要学习加工内槽(型腔)起始切削的相关工艺知识。

1. 预钻削起始孔法

预钻削起始孔法就是在实体材料上先钻出比铣刀直径大的起始孔,铣刀先沿着起始孔下刀,再按行切法、环切法或行切+环切法侧向铣削出内槽(型腔)。一般不采用这种方法,因为钻头的钻尖凹坑会残留在内槽(型腔)内,需采用另外的铣削方法铣去,且刀具会增加一把钻头。另外,铣刀通过预钻削孔时因切削力突然变化会产生振动,常常会导致铣刀损坏。预钻削起始孔法加工示例如图 5-84 所示。

2. 插铣法

插铣法又称为 Z 轴铣削法或轴向铣削法,是利用铣刀端面刃进行垂直下刀铣削的加工方法。采用这种方法开始铣削内槽(型腔)时,铣刀端部切削刃必须有一刃经过铣刀中心(端面刃主要用来加工与工件侧面相垂直的底平面),并且开始切削时,切削进给速度要慢一些,待铣刀切削进工件表面后,再逐渐提高切削进给速度,否则开始切削内槽(型腔)时容易损坏铣刀。当加工任务要求刀具轴向长度较大时(如铣削大凹腔或深槽),可采用插铣法,以减小径向切削力,与侧铣法相比具有更高的加工稳定性,能够有效解决大悬深问题。插铣法加工示例如图 5-85 所示。

图 5-84　预钻削起始孔法加工示例　　　　图 5-85　插铣法加工示例

3. 坡走铣法

坡走铣法是开始铣削内槽(型腔)的最佳方法之一,它采用 X、Y、Z 三轴联动线性坡走下刀切削加工,以达到全部轴向深度,如图 5-86 所示。

4. 螺旋插补铣

螺旋插补铣是开始铣削内槽(型腔)的最佳方法,它采用 X、Y、Z 三轴联动以螺旋插补形式下刀进行铣削内槽(型腔),如图 5-87 所示。螺旋插补铣铣削的内槽(型腔)表面粗糙度 Ra 值较小,表面光滑,切削力较小,刀具耐用度较高,并且只要求很小的开始铣削空间。

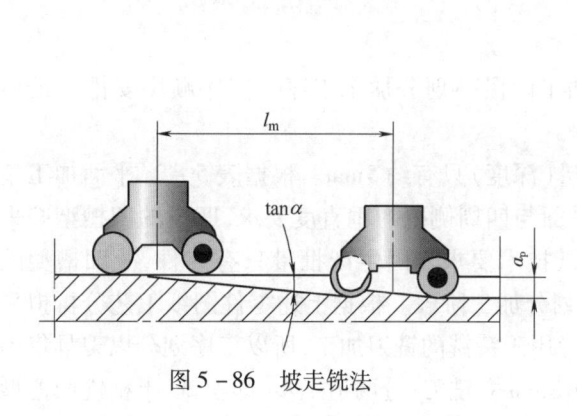

图 5-86　坡走铣法　　　　图 5-87　螺旋插补铣法

5-2-4　完成工作任务过程

1. 零件图纸工艺分析

主要分析凹模零件图纸技术要求(包括尺寸精度、形位精度和表面粗糙度等)、检查零件图的完整性与正确性、分析零件的结构工艺性。通过零件图纸工艺分析,保证零件的加工精度,确定应采取的工艺措施。

该凹模零件加工表面为凹槽型腔,凹槽长、宽的尺寸精度和表面粗糙度要求较高,铣削后凹槽侧壁与底平面的垂直度也要求较高。尺寸标注完整,轮廓描述清楚。零件材料为 45 钢,无热处理硬度要求,切削加工性能较好。

通过上述零件图纸工艺分析,采取以下六点工艺措施:

(1)该凹模零件上、下平面由普通铣床粗铣后,已由平面磨床磨好,四周已由牛头刨床加工好。因凹槽四周由 $R10$mm 圆弧过渡,普通铣床无法加工,只能由数控铣床铣削凹槽。

(2)该凹模零件为结构对称的实心材料,四周及上、下平面均已按零件图纸技术要求加工好,宽度 70mm,在平口台虎钳的夹持范围内,可采用平口台虎钳按图 5-50(b)所示找正虎钳后装夹。装夹前,在平口台虎钳工件夹持位下面垫上等高块,边用铜棒前后左右敲击工件边装夹,确保凹模零件夹紧后工件下平面与等高块上平面接触。选择的等高块高度要注意,确保按上述要求装夹好工件后,工件的上平面要高出虎钳夹紧钳面的上平面,便于对刀设定工件坐标原点,同时避免铣削时铣刀柄碰到虎钳的夹紧钳面。

(3)为确保凹槽铣削后底平面与四周侧壁的垂直度要求,精铣凹槽时换一把专用于精铣的铣刀加工,以防粗铣后铣刀的磨损影响精铣的凹槽侧壁与底平面的垂直度,并且精铣刀采用直径 $\Phi 18$mm 硬质合金立铣刀(钨钢刀),除保证铣刀的刚性外,同时要保证 $R10$ 圆弧轮廓铣削的准确性。

(4)为保证精铣的凹槽型腔侧壁光滑过渡,精铣进给加工路线(走刀路线)一定要切线切入切线切出,不能法线切入法线切出。

(5)因为凹模零件数控铣削前为实心材料,所以凹槽型腔起始切削的加工方法采用手工编程相对简单的坡走铣法。

(6)因凹槽型腔不大,且采用 $\Phi 18$mm 立铣刀铣削凹槽型腔,故粗铣、半精铣、精铣凹槽型腔采用环切法加工。

2. 加工工艺路线设计

依次经过:"选择凹模加工方法→划分加工阶段→划分加工工序→工序顺序安排",最后确定凹模零件的工步顺序和进给加工路线。

该凹模零件加工余量不大,凹槽型腔余量(深度)只有约 5mm。根据表 5-2(平面加工精度经济的加工方法),为保证凹槽铣削后底平面与四周侧壁的垂直度要求,凹模的凹槽型腔采用"粗铣—半精铣—精铣"即可满足零件图纸技术要求。因生产批量只有 5 件,故凹槽型腔"粗铣—半精铣—精铣"可连续进行,可不需划分加工阶段。根据上述零件图纸工艺分析拟采取的工艺措施,该凹模零件精铣需换另一把专用于精铣的铣刀加工,所以工序划分以刀具集中分序法划分,共分两道工序。第一道工序,$\Phi 18$mm 立铣刀,分两道工步,即粗铣、半精铣凹槽型腔两道工步;第二道工序,另一把 $\Phi 18$mm 立铣刀,只有精铣凹槽型腔一道工步。加工顺序按先粗后精原则确定,工步顺序按同一把刀能加工的内容连续加工原则确定。根据上述工序划分及加工顺序安排,最后确定凹模零件的工步顺序及进给加工路线如下:

(1)采用环切法粗铣凹槽型腔,留 1.5mm 余量。

(2)采用环切法半精铣凹槽型腔,留 0.15mm 余量。

(3)采用环切法精铣凹槽型腔至尺寸,保证尺寸精度、表面质量及底平面与四周侧壁的垂直度要求。

精铣凹槽型腔的内轮廓表面时,若内轮廓曲线允许外延,则应沿切线方向切入切出。若内轮廓曲线不允许外延,则刀具只能沿内轮廓曲线的切线切入切出。根据上述零件图纸工艺分析拟采取的工艺措施,该凹模零件粗铣、半精铣、精铣时采用坡走铣形式下刀,下刀后采用环切法进行粗铣和半精铣,具体粗铣和半精铣进给加工路线(走刀路线)如图 5-88 所示。粗铣和半精铣后,精铣采用图 5-44 所示的方式加工走刀。

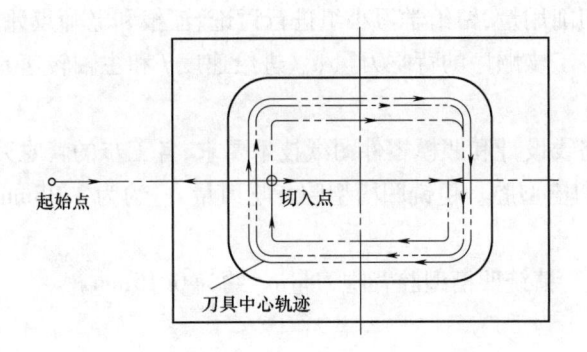

图 5-88　凹模零件粗铣和半精铣加工走刀路线

3. 加工机床选择

主要根据加工零件的规格大小、加工精度和表面加工质量等技术要求,经济合理地选择加工机床。

根据上述零件图纸工艺分析拟采取的工艺措施,该凹模零件凹槽型腔底平面与四周侧壁的垂直度要求较高,零件规格不大,故选用小型全功能型立式数控铣床即可。

4. 装夹方案及夹具选择

主要根据加工零件的规格大小、结构特点、加工部位、尺寸精度、形位精度和表面粗糙度等零件图纸技术要求,确定零件的定位、装夹方案及夹具。

根据上述零件图纸工艺分析,该凹模零件前后左右结构对称,以下平面作为基准,装夹时以下平面及相互垂直的两侧面作为定位基准。因为该凹模零件为半成品,只生产 5 件,工件上、下平面及四周均已按图纸技术要求加工好,并且工件的宽度尺寸只有 70mm,在平口台虎钳的夹持范围内,所以可采用平口台虎钳按图 5-50(b)所示找正虎钳后装夹工件。装夹前在平口台虎钳工件夹持位下面垫上等高块,边用铜棒前后左右敲击工件边装夹,确保凹模零件夹紧后工件下平面与等高块上平面接触。选择的等高块高度要注意,确保按上述要求装夹好工件后,工件的上平面要高出虎钳夹紧钳面的上平面,便于对刀设定工件坐标原点,同时避免铣削时铣刀柄碰到虎钳的夹紧钳面。

5. 刀具选择

主要根据加工零件的余量大小、结构特点、材质、热处理硬度、加工部位、尺寸精度、形位精度和表面粗糙度等零件图纸技术要求,结合刀具材料,正确合理地选择刀具。

根据上述零件图纸工艺分析和加工工艺路线设计,该凹模零件最后确定的工步顺序的刀具如下:

(1) 粗、半精铣凹槽型腔。选用 $\Phi 18mm$ 高速钢立铣刀,齿数 $Z=4$。

(2) 精铣凹槽型腔。选用 $\Phi 18mm$ 硬质合金立铣刀(钨钢刀),齿数 $Z=4$。

6. 切削用量选择

主要根据工步加工余量大小、材质、热处理硬度、尺寸精度、形位精度和表面粗糙度等零件图纸技术要求,结合所选刀具和拟定的加工工艺路线,正确合理地选择切削用量。

切削用量包括背吃刀量 a_p、侧吃刀量 a_e、进给速度 F 和主轴转速 n。根据上述选择的加工机床为立式数控铣床,故切削用量主要包括背吃刀量 a_p、进给速度 F 和主轴转速 n。

试加工时,切削用量数值可选稍小一些,不易引发刀具失效或加工事故。根据已学知识,如何优化凹模零件的切削用量,留给学习小组进行讨论、汇报和老师点评。这里列出上述加工工艺路线设计确定的各工步顺序的背吃刀量 a_p、进给速度 f 和主轴转速 n 如下:

1)背吃刀量 a_p

按上述加工工艺路线设计和凹模零件图纸技术要求,各工步的背吃刀量 a_p 如下:

(1)粗铣、半精铣凹槽型腔。粗铣凹槽型腔背吃刀量 a_p 约为 3.35mm,半精铣凹槽型腔背吃刀量 a_p 约为 1.5mm。

(2)精铣凹槽型腔。精铣凹槽型腔背吃刀量 a_p 约为 0.15mm。

2)主轴转速 n

主轴转速 n 应根据所选铣刀直径,按零件和刀具的材料及加工性质等条件所允许的切削速度 v_c(m/min),按公式 $n = (1000 \times v_c)/(3.14 \times d)$ 来确定。

根据表 5-4(铣削加工的切削速度参考值),上述加工工艺路线设计所确定的各工步主轴转速 n 计算如下:

(1)粗铣、半精铣凹槽型腔(铣刀为高速钢立铣刀)。粗铣切削速度 v_c 选 23m/min,则主轴转速 n 约为 406r/min;半精铣切削速度 v_c 选 27m/min,则主轴转速 n 约为 477r/min。

(2)精铣凹槽型腔(铣刀为硬质合金立铣刀)。精铣切削速度 v_c 选 100m/min,则主轴转速 n 约为 1769r/min。

3)进给速度 F

进给速度 $F = f_z Z n$(n 为铣刀转速,Z 为铣刀齿数,f_z 为每齿进给量)。

根据表 5-3(铣刀每齿进给量参考值)和凹模零件图纸技术要求,上述加工工艺路线设计所确定的各工步进给速度 F 计算如下:

(1)粗铣、半精铣凹槽型腔(铣刀为高速钢立铣刀)。粗铣每齿进给量 0.08 mm,则进给速度 F 为 129mm/min;半精铣每齿进给量 0.07 mm,则进给速度 F 为 133mm/min。

(2)精铣凹槽型腔(铣刀为硬质合金立铣刀)。精铣每齿进给量 0.05 mm,则进给速度 F 为 353mm/min。

7. 填写凹模零件机械加工工序卡和刀具卡

主要根据选择的机床、刀具、夹具、切削用量和拟定的加工工艺路线,正确填写机械加工工序卡和刀具卡。

1)凹模零件机械加工工序卡

凹模零件机械加工工序卡如表 5-7 所示。

表 5-7 凹模零件机械加工工序卡

单位名称	×××	产品名称或代号		零件名称		零件图号	
		×××		凹模		×××	
加工工序卡号	数控加工程序编号	夹具名称		加工设备		车间	
×××	×××	平口台虎钳		立式数控铣床		×××	
工步号	工步内容	刀具号	刀具规格/mm	主轴转速/(r/min)	进给速度/(mm/min)	背吃刀量/mm	备注
1	采用环切法粗铣凹槽型腔,留1.5 mm余量	T01	Φ18	406	129	3.35	数控铣床

续表

单位名称	×××	产品名称或代号 ×××	零件名称 凹模	零件图号 ×××
加工工序卡号 ×××	数控加工程序编号 ×××	夹具名称 平口台虎钳	加工设备 立式数控铣床	车间 ×××
工步号	工步内容	刀具号	刀具规格/mm	主轴转速/(r/min)	进给速度/(mm/min)	背吃刀量/mm	备注
---	---	---	---	---	---	---	---
2	采用环切法精铣凹槽型腔,留0.15mm余量	T01	Φ18	477	133	1.5	数控铣床
3	采用环切法精铣凹槽型腔至尺寸,保证底平面与四周侧壁的垂直度要求及尺寸精度要求	T02	Φ18	1769	353	0.15	数控铣床
编制 ×××	审核 ×××	批准 ×××	年 月 日	共 页 第 页

注：铣刀4齿。

2）凹模零件机械加工刀具卡

凹模零件机械加工刀具卡如表5-8所示。

表5-8 凹模零件机械加工刀具卡

产品名称或代号	×××	零件名称	凹模		零件图号	×××
序号	刀具号	刀具			加工表面	备注
		规格名称	数量	刀长/mm		
1	T01	Φ18mm高速钢立铣刀	1	实测	凹槽型腔	整体立铣刀
2	T02	Φ18mm硬质合金立铣刀	1	实测	凹槽型腔	整体立铣刀
编制	×××	审核 ×××	批准 ×××	年 月 日	共 页	第 页

5-2-5 工作任务完成情况评价与工艺优化讨论

1. 工作任务完成情况评价

对上述凹模零件加工案例工作任务的完成过程进行详尽分析，从零件图纸工艺分析、加工工艺路线设计、加工机床选择、加工刀具选择、装夹方案与夹具选择和切削用量选择几方面，对照自己独立设计的凹模机械加工工艺，评价各自的优缺点。

2. 凹模零件加工工艺优化讨论

（1）根据上述凹模零件加工案例机械加工工艺，各学习小组从以下八个方面对其展开讨论：

①加工方法选择是否得当？为什么？凹槽型腔起始切削的加工方法好吗？

②工步顺序安排是否合理？为什么？

③加工工艺路线是否得当？为什么？有没有更优化的加工工艺路线？

④选择的加工机床是否经济适用？为什么？

⑤加工刀具选择是否得当？为什么？
⑥选择的夹具是否得当？为什么？有没有其他更适用的夹具？
⑦选择的装夹方案是否得当？为什么？有没有更合适的装夹方案？
⑧选择的切削用量是否合适？为什么？有没有更优化的切削用量？

（2）各学习小组分析、讨论完后，各派一名代表上讲台汇报自己小组的讨论意见。各学习小组汇报完毕后，老师综合各学习小组的汇报情况，对凹模零件加工案例机械加工工艺进行点评。

（3）根据老师的点评，独立修改优化凹模零件机械加工工序卡与刀具卡。

5-2-6 巩固与提高

如图 5-89 所示上模加工案例零件，该零件材料为 40Cr 钢，小批生产。该零件为半成品，除凹槽型腔及凸台外，四周及下平面已按零件图纸技术要求加工好，上平面尚有 2mm 加工余量。试设计其机械加工工艺。

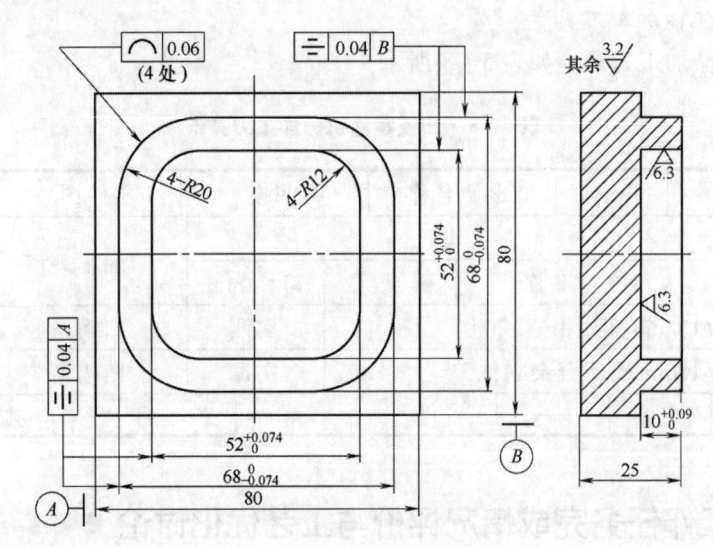

图 5-89 上模

任务5-3 设计轮廓型腔类零件机械综合加工工艺

5-3-1 学习目标

通过本任务单元的学习、训练与讨论,学生应该能够:

1. 独立对中等以上复杂程度轮廓型腔类零件图纸进行加工工艺分析,设计机械加工工艺路线,选择经济适用的加工机床,根据生产批量选择夹具并确定装夹方案,按设计的机械加工工艺路线选择合适的加工刀具与合适的切削用量,最后编制出中等以上复杂程度轮廓型腔类零件的机械加工工序卡与刀具卡。

2. 在教师的指导与引导下,通过小组分析、讨论,与各学习小组中等以上复杂程度轮廓型腔类零件机械加工工艺方案对比,优化独立设计的机械加工工艺路线与切削用量,选择更经济适用的加工机床,选择更合适的刀具、夹具,确定更合理的装夹方案,最终编制出优化的中等以上复杂程度轮廓型腔类零件机械加工工序卡与刀具卡。

5-3-2 工作任务描述

现要完成如图5-90所示平面槽形凸轮加工案例零件的加工,具体设计该平面槽形凸轮零件的机械加工工艺,并对设计的平面槽形凸轮零件机械加工工艺做出评价。具体工作任务如下:

1. 对平面槽形凸轮零件图纸进行加工工艺分析。
2. 设计平面槽形凸轮零件机械加工工艺路线。
3. 选择加工平面槽形凸轮零件的经济适用加工机床。
4. 根据生产批量选择夹具并确定平面槽形凸轮零件的装夹方案。
5. 按设计的平面槽形凸轮零件机械加工工艺路线选择合适的加工刀具与合适的切削用量。
6. 编制平面槽形凸轮零件机械加工工序卡与刀具卡。
7. 经小组分析、讨论,与各学习小组平面槽形凸轮机械加工工艺方案对比,对独立设计的平面槽形凸轮零件机械加工工艺做出评价,修改并优化平面槽形凸轮机械加工工序卡与刀具卡。

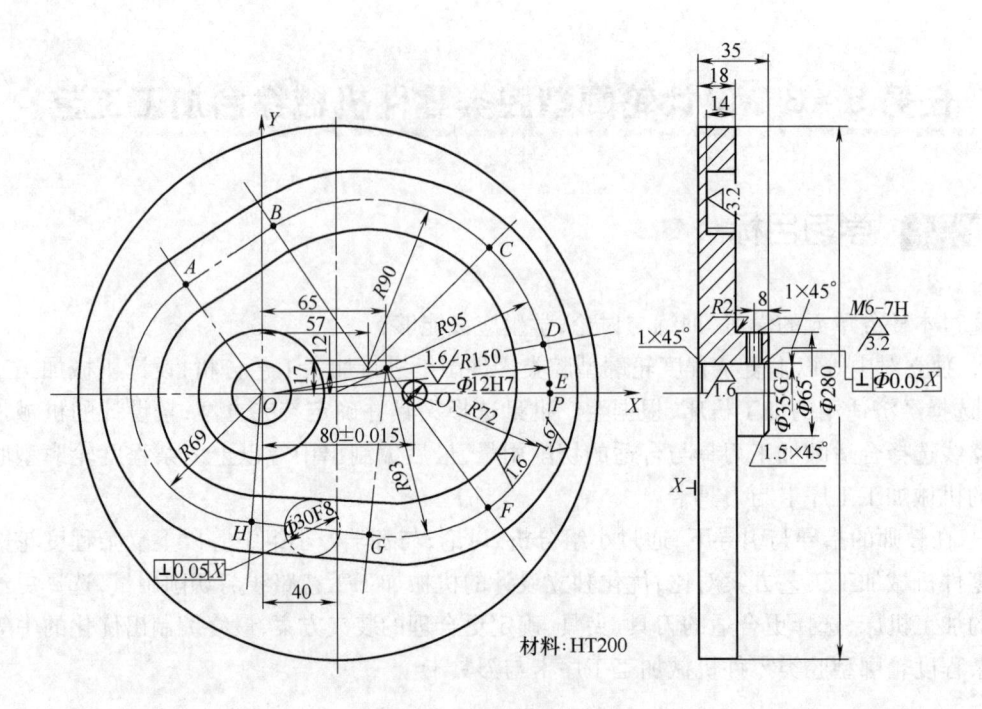

图 5-90 平面槽形凸轮加工案例

注：该平面槽形凸轮零件为半成品，材料为 HT200 铸铁，小批量生产。除凸轮槽外，该零件其他工序均已按零件图纸技术要求加工好。要求加工凸轮槽。

5-3-3 完成工作任务过程

1. 零件图纸工艺分析

主要分析平面槽形凸轮零件图纸技术要求（包括尺寸精度、形位精度和表面粗糙度等）、检查零件图的完整性与正确性、分析零件的结构工艺性。通过零件图纸工艺分析，保证零件的加工精度，确定应采取的工艺措施。

该平面槽形凸轮零件加工表面为凸轮槽，凸轮轮廓由 HA、BC、DE、FG 及直线 AB、HG 及过渡圆弧 CD、EF 组成，组成轮廓的各几何要素关系清楚，条件充分。凸轮槽的尺寸精度要求不高，内外轮廓面表面粗糙度要求较高，凸槽轮内外轮廓面对底面 X 有垂直度要求，但垂直度要求不高。尺寸标注完整，轮廓描述清楚。零件材料为 HT200 铸铁，铣削工艺性较好。

通过上述零件图纸工艺分析，采取以下五点工艺措施：

(1) 该平面槽形凸轮零件为半成品，除凸轮槽外，其他工序均已按零件图纸技术要求加工好，小批生产。因凸轮槽内外轮廓由直线与圆弧组成，为保证凸轮槽内外轮廓的光滑过度，普通铣床无法加工，只能由数控铣床加工。

(2) 该平面槽形凸轮零件的 $\Phi 35mm$ 及 $\Phi 12mm$ 两个孔和底面 X 已在前面工序加工完成，因此，该平面槽形凸轮的定位可采用"一面两销（两孔）"定位，即用底面 X 及 $\Phi 35mm$ 和 $\Phi 12mm$ 两个孔作为定位基准，夹紧时用两个特制定位销的一端螺纹锁紧工件即可。

(3) 为确保凸轮槽铣削后内外轮廓面与底面 X 的垂直度要求和内外轮廓面的表面粗糙度要求，精铣凸轮槽时，换一把专用于精铣的铣刀加工，以防粗铣后铣刀的磨损影响精铣的凸轮槽内外轮廓面与底面 X 的垂直度和表面粗糙度,并且精铣刀采用直径 $\Phi 18\text{mm}$ 硬质合金立铣刀(钨钢刀),以保证铣刀的刚性。

(4)为保证精铣的凸轮槽内外轮廓面光滑过渡,精铣进给加工路线(走刀路线)一定要切线切入切线切出,不能法线切入法线切出。

(5)因平面槽形凸轮零件数控铣削凸轮槽前为实心材料,凸轮槽起始切削的加工方法采用手工编程相对简单的坡走铣法。

2. 加工工艺路线设计

依次经过:"选择平面槽形凸轮加工方法→划分加工阶段→划分加工工序→工序顺序安排",最后确定平面槽形凸轮零件的工步顺序和进给加工路线。

设计平面槽形凸轮零件加工工艺路线从选择加工方法→划分加工阶段→划分加工工序→工序顺序安排,这里不再赘述,因为这些工作过程都是为最终确定平面槽形凸轮零件的工步顺序和进给加工路线做铺垫,留给学习小组进行讨论、汇报和老师点评。这里列出最后确定的平面槽形凸轮零件的工步顺序和进给加工路线如下:

(1)分三次来回粗铣凸轮槽,铣深至 12mm,凸轮槽宽 25mm。

(2)粗铣凸轮槽内轮廓,留余量 0.2mm。

(3)粗铣凸轮槽外轮廓,留余量 0.2 mm。

(4)精铣凸轮槽内轮廓至尺寸,保证内轮廓表面粗糙度要求。

(5)精铣凸轮槽外轮廓至尺寸,保证外轮廓表面粗糙度要求。

凸轮槽的进给加工路线(走刀路线)包括平面内进给走刀和深度进给走刀。平面内的进给走刀,对外轮廓是从切线方向切入,对内轮廓是从过渡圆弧切入,如图 5-91 所示。为使凸轮槽表面具有较好的加工表面质量,采用顺铣方式铣削,即对外轮廓按顺时针方向铣削,对内轮廓按逆时针方向铣削。深度进给按坡走铣法逐渐进刀,直到既定深度。

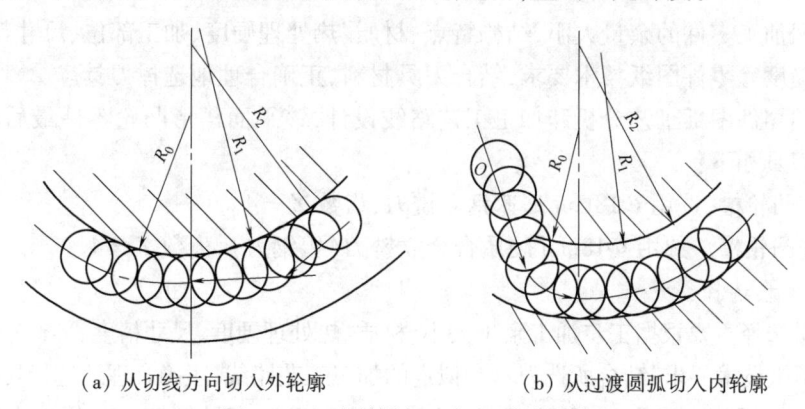

(a)从切线方向切入外轮廓　　　　(b)从过渡圆弧切入内轮廓

图 5-91　凸轮槽切入加工进给路线

3. 加工机床选择

主要根据加工零件的规格大小、加工精度和表面加工质量等技术要求,经济合理地选择加工机。

根据上述零件图纸工艺分析拟采取的工艺措施和平面槽形凸轮零件的图纸技术要求,该平面槽形凸轮零件的凸轮槽尺寸精度和形位精度要求不高,只有内外轮廓面表面粗糙度要求较高,内外轮廓面的表面粗糙度要求可通过切削用量及加工刀具解决。因零件规格不大,故选用小型经济型立式数控铣床即可。

4. 装夹方案及夹具选择

主要根据加工零件的规格大小、结构特点、加工部位、尺寸精度、形位精度和表面粗糙度等零件图纸技术要求,确定零件的定位、装夹方案及夹具。

根据上述零件图纸工艺分析,该平面槽形凸轮零件的 $\Phi 35mm$ 及 $\Phi 12mm$ 两个孔和底面 X 已在前面工序加工完成。因此,该平面槽形凸轮的定位可采用"一面两销(两孔)"定位,即用底面 X 以及 $\Phi 35mm$ 和 $\Phi 12mm$ 两个孔作为定位基准。

根据上述分析,采用一块 $320mm \times 320mm \times 40mm$ 的垫块,垫块的上、下平面先用平面磨床磨好,保证垫块上下平面的平行度误差在 0.02mm 以内,垫块平面度在 0.04mm 以内,然后在垫块上分别加工出 $\Phi 35mm$ 及 $\Phi 12mm$ 的两个定位孔(并配特制定位销),孔距为 $80 \pm 0.01mm$(比零件的孔距精度高)。该平面槽形凸轮零件在加工前,先找正并固定垫块,使两定位销的中心线与机床 X 轴平行,垫块上平面要保证与机床工作台面平行(用百分表找正并检查),最后在垫块上装夹工件。在垫块上装夹平面槽形凸轮零件如图 5-92 所示。

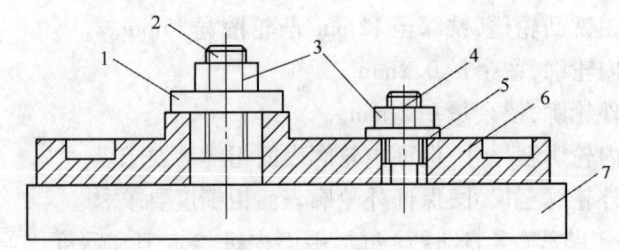

1—开口垫圈;2—带螺纹圆柱销;3—压紧螺母;4—带螺纹削边销;5—垫圈;6—工件;7—垫块图

5-92 平面槽形凸轮加工装夹示意图

5. 刀具选择

主要根据加工零件的余量大小、结构特点、材质、热处理硬度、加工部位、尺寸精度、形位精度和表面粗糙度等零件图纸技术要求,结合刀具材料,正确合理地选择刀具。

根据上述零件图纸工艺分析和加工工艺路线设计,该平面槽形凸轮零件最后确定的各工步顺序所用刀具如下:

(1)粗铣凸轮槽,选用 $\Phi 18mm$ 高速钢立铣刀,齿数 $Z = 4$。

(2)精铣凸轮槽。选用 $\Phi 18mm$ 硬质合金立铣刀(钨钢刀),齿数 $Z = 4$。

6. 切削用量选择

切削用量选择主要根据工步加工余量大小、材质、热处理硬度、尺寸精度、形位精度和表面粗糙度等零件图纸技术要求,结合所选刀具和拟定的加工工艺路线,正确合理地选择切削用量。

切削用量包括背吃刀量 a_p、侧吃刀量 a_e、进给速度 F 和主轴转速 n。根据上述选择的加工机床为立式数控铣床,故切削用量主要包括背吃刀量 a_p、进给速度 F 和主轴转速 n。

试加工时,切削用量的数值可选稍小一些,不易引发刀具失效或加工事故。根据已学知识,如何优化平面槽形凸轮零件的切削用量留给学习小组进行讨论、汇报和老师点评。这里列出上述加工工艺路线设计确定的各工步顺序的背吃刀量 a_p、进给速度 f 和主轴转速 n 如下:

1)背吃刀量 a_p

按上述加工工艺路线设计和平面槽形凸轮零件图纸技术要求,各工步的背吃刀量 a_p 如下:

(1)分三次来回粗铣凸轮槽。背吃刀量 a_p 约为 4mm。

(2) 粗铣凸轮槽内、外轮廓。背吃刀量 a_p 约为 1.8mm。

(3) 精铣凸轮槽内、外轮廓。背吃刀量 a_p 约为 0.2mm。

2) 主轴转速 n

主轴转速 n 应根据所选铣刀直径,按零件和刀具的材料及加工性质等条件所允许的切削速度 v_c(m/min),按公式 $n = (1000 \times v_c)/(3.14 \times d)$ 来确定。

根据表 5-4(铣削加工的切削速度参考值),上述加工工艺路线设计所确定的各工步的主轴转速 n 计算如下:

(1) 分三次来回粗铣凸轮槽(铣刀为高速钢立铣刀)。切削速度 v_c 选 22m/min,则主轴转速 n 约为 389r/min。

(2) 粗铣凸轮槽内、外轮廓(铣刀为高速钢立铣刀)。切削速度 v_c 选 25m/min,则主轴转速 n 约为 442r/min。

(3) 精铣凸轮槽内、外轮廓(铣刀为硬质合金立铣刀)。切削速度 v_c 选 100m/min,则主轴转速 n 约为 1769r/min。

3) 进给速度 F

进给速度 $F = f_z Z n$ (n 为铣刀转速,Z 为铣刀齿数,f_z 为每齿进给量)。

根据表 5-3(铣刀每齿进给量参考值)和平面槽形凸轮零件图纸技术要求,上述加工工艺路线设计所确定的各工步的进给速度 F 计算如下:

(1) 分三次来回粗铣凸轮槽(铣刀为高速钢立铣刀)。选每齿进给量 0.06 mm,则进给速度 F 为 93mm/min。

(2) 粗铣凸轮槽内、外轮廓(铣刀为高速钢立铣刀)。选每齿进给量 0.07 mm,则进给速度 F 为 123mm/min。

(3) 精铣凸轮槽内、外轮廓(铣刀为硬质合金立铣刀)。选每齿进给量 0.05 mm,则进给速度 F 为 353mm/min。

7. 填写平面槽形凸轮零件机械加工工序卡和刀具卡

主要根据选择的机床、刀具、夹具、切削用量和拟定的加工工艺路线,正确填写机械加工工序卡和刀具卡。

1) 平面槽形凸轮零件机械加工工序卡

平面槽形凸轮零件机械加工工序卡如表 5-9 所示。

表 5-9 平面槽形凸轮零件机械加工工序卡

单位名称	×××	产品名称或代号	零件名称	零件图号
		×××	平面槽形凸轮	×××
加工工序卡号	数控加工程序编号	夹具名称	加工设备	车间
×××	×××	螺栓压板组合夹具	小型经济型立式数控铣床	×××

工步号	工步内容	刀具号	刀具规格 /mm	主轴转速 /(r/min)	进给速度 /(mm/min)	背吃刀量 /mm	备注
1	分三次来回粗铣凸轮槽,铣深至 12 mm,凸轮槽宽 25 mm	T01	Φ18	389	93	4	数控铣床

续表

单位名称	×××	产品名称或代号		零件名称		零件图号	
		×××		平面槽形凸轮		×××	
加工工序卡号	数控加工程序编号	夹具名称		加工设备		车间	
×××	×××	螺栓压板组合夹具		小型经济型立式数控铣床		×××	
工步号	工步内容	刀具号	刀具规格/mm	主轴转速/(r/min)	进给速度/(mm/min)	背吃刀量/mm	备注
2	粗铣凸轮槽内轮廓，留余量0.2 mm	T01	Φ18	442	123	1.8	数控铣床
3	粗铣凸轮槽外轮廓，留余量0.2 mm	T01	Φ18	442	123	1.8	数控铣床
4	精铣凸轮槽内轮廓至尺寸，保证内轮廓表面粗糙度要求	T02	Φ18	1769	353	0.2	数控铣床
5	精铣凸轮槽外轮廓至尺寸，保证外轮廓表面粗糙度要求	T02	Φ18	1769	353	0.2	数控铣床
编制	×××	审核	×××	批准	×××	年 月 日	共 页 第 页

注：铣刀4齿。

2）平面槽形凸轮零件机械加工刀具卡

平面槽形凸轮零件机械加工刀具卡如表5-10所示。

表5-10 平面槽形凸轮零件机械加工刀具卡

产品名称或代号		×××	零件名称	平面槽形凸轮	零件图号	×××
序号	刀具号	刀具			加工表面	备注
		规格名称	数量	刀长/mm		
1	T01	Φ18 mm 高速钢立铣刀	1	实测	粗铣凸轮槽内、外轮廓	整体立铣刀
2	T02	Φ18 mm 硬质合金立铣刀	1	实测	精铣凸轮槽内、外轮廓	整体立铣刀
编制	×××	审核	×××	批准	×××	年 月 日 共 页 第 页

5-3-4 工作任务完成情况评价与工艺优化讨论

1. 工作任务完成情况评价

对上述平面槽形凸轮零件加工案例工作任务的完成过程进行详尽分析，从零件图纸工艺分析、加工工艺路线设计、加工机床选择、加工刀具选择、装夹方案与夹具选择和切削用量选择几方面，对照自己独立设计的平面槽形凸轮机械加工工艺，评价各自的优缺点。

2. 平面槽形凸轮零件加工工艺优化讨论

（1）根据上述平面槽形凸轮零件加工案例机械加工工艺，各学习小组从以下八个方面对其展开讨论：

①加工方法选择是否得当？为什么？凸轮槽起始切削的加工方法好吗？

②工步顺序安排是否合理？为什么？

③加工工艺路线是否得当？为什么？有没有更优化的加工工艺路线？

④选择的加工机床是否经济适用？为什么？

⑤加工刀具选择是否得当？为什么？

⑥选择的夹具是否得当？为什么？有没有其他更适用的夹具？

⑦选择的装夹方案是否得当？为什么？有没有更合适的装夹方案？

⑧选择的切削用量是否合适？为什么？有没有更优化的切削用量？

（2）各学习小组分析、讨论完后，各派一名代表上讲台汇报自己小组的讨论意见。各学习小组汇报完毕后，老师综合各学习小组的汇报情况，对平面槽形凸轮零件加工案例机械加工工艺进行点评。

（3）根据老师的点评，独立修改和优化平面槽形凸轮零件机械加工工序卡与刀具卡。

5-3-5 巩固与提高

图 5-93 所示的平面槽形凸轮加工案例零件为半成品，零件材料为 HT200 铸铁，批量 20 件。该零件除凸轮槽外，其他工序均已按图纸技术要求加工好，要求加工凸轮槽。试设计其机械加工工艺。

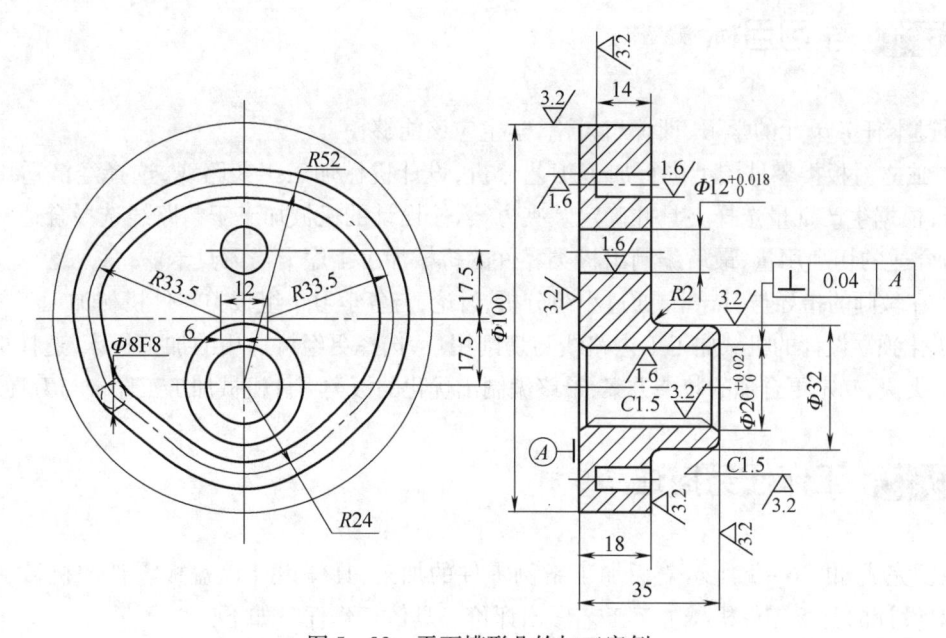

图 5-93 平面槽形凸轮加工案例

项目六

设计箱体类零件机械加工工艺

任务 6-1　设计板类零件机械加工工艺

6-1-1　学习目标

通过本任务单元的学习、训练与讨论,学生应该能够:

1. 独立对板类零件图纸进行加工工艺分析,设计机械加工工艺路线,选择经济适用的加工机床,根据生产批量选择夹具并确定装夹方案,按设计的机械加工工艺路线选择合适的加工刀具与合适的切削用量,最后编制出板类零件的机械加工工序卡与刀具卡。

2. 在教师的指导与引导下,通过小组分析、讨论,与各学习小组板类零件机械加工工艺方案对比,优化独立设计的机械加工工艺路线与切削用量,选择更经济适用的加工机床,选择更合适的刀具、夹具,确定更合理的装夹方案,最终编制出优化的板类零件机械加工工序卡与刀具卡。

6-1-2　工作任务描述

现要完成如图 6-1 所示盖板加工案例零件的加工,具体设计该盖板零件的机械加工工艺,并对设计的盖板零件机械加工工艺做出评价。具体工作任务如下:

1. 对盖板零件图纸进行加工工艺分析。
2. 设计盖板零件机械加工工艺路线。
3. 选择加工盖板零件的经济适用加工机床。
4. 根据生产批量选择夹具并确定盖板零件的装夹方案。
5. 按设计的盖板零件机械加工工艺路线选择合适的加工刀具与合适的切削用量。
6. 编制盖板零件机械加工工序卡与刀具卡。
7. 经小组分析、讨论,与各学习小组盖板零件机械加工工艺方案对比,对独立设计的盖板零件机械加工工艺做出评价,修改并优化盖板零件机械加工工序卡与刀具卡。

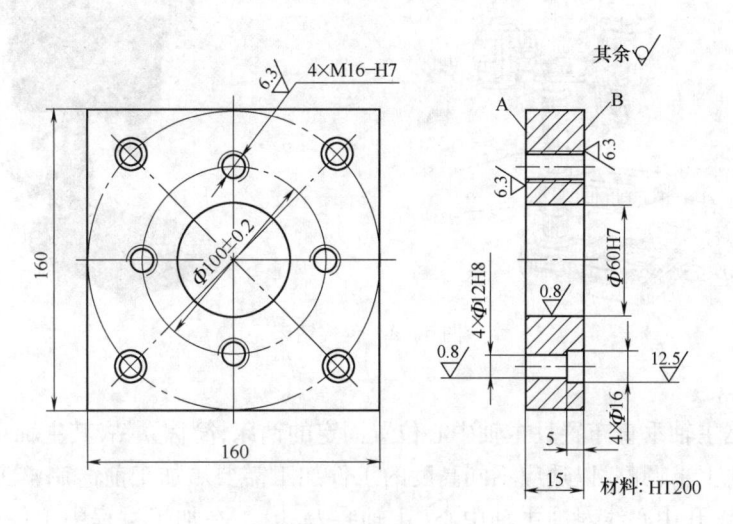

图 6-1 盖板加工案例

注:该盖板零件材料为 HT200,毛坯外形尺寸为 160mm×160mm×20mm,Φ60H7mm 孔已铸出 Φ50mm 的预制孔,生产批量 500 件。

6-1-3 学习内容

设计箱体类零件机械加工工艺步骤包括:零件图纸工艺分析、加工工艺路线设计、选择加工机床、找正装夹方案及夹具选择、刀具选择、切削用量选择,最后完成机械加工工序卡及刀具卡的编制。盖板零件是箱体类零件中较简单的一类零件,要完成盖板零件直至后续工作任务中较复杂的泵盖类、箱体类零件机械加工工艺的设计任务,要掌握设计轮廓型腔类零件和箱体类零件机械加工工艺的相关知识。设计轮廓型腔类零件机械加工工艺的相关知识在项目五中已做了详细阐释,这里不再赘述。下面主要介绍设计箱体类零件机械加工工艺的相关知识。

一、加工机床选择

箱体类零件的机械加工方法主要是铣削、刨削、磨削和钻、扩、铰、锪、镗削及攻螺纹,常见的通用加工机床有普通铣床、刨床、平面磨床、钻床和镗床等,数控机床有数控铣床和加工中心等。普通铣床、刨床、平面磨床和数控铣床在项目五中已介绍并熟悉,这里不再赘述。下面再介绍钻床、镗床和加工中心的分类、组成与布局及其特点。

(一)钻床

钻床主要用钻头进行钻孔,钻削时工件不动,刀具(钻头)旋转运动为主运动,刀具沿轴向移动(进给运动)来加工孔。除钻孔外,在钻床上还可以完成扩孔、铰孔、锪平面、锪沉孔及攻螺纹等。常见的钻床有台式钻床、立式钻床和摇臂钻床等。

1. 台式钻床

台式钻床为钻孔直径≤Φ13mm 的小型钻床,最小可钻 Φ0.1mm 孔。主轴变速通过改变三角带在塔形带轮上的位置来实现,加工进给为手动进给。台式钻床主要应用于单件或小批生产的小型零件孔加工,其外形结构如图 6-2 所示。

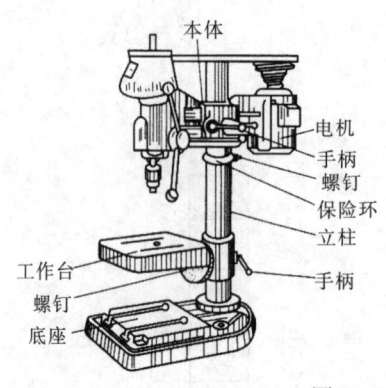

图 6-2 台式钻床

2. 立式钻床

立式钻床是主轴垂直布置且主轴中心位置固定的钻床,简称立钻,其主轴箱和工作台的位置可沿立柱导轨上下调整,以适应不同高度的工件加工需要。加工前需调整工件在工作台上的位置,使被加工孔中心线对准主轴中心(主轴装刀具)。在加工过程中工件固定,主轴在套筒中旋转并与套筒一起作轴向进给,加工进给为手动进给。加工完一个孔后再加工另一个孔时,需移动工件,主要应用于单件或小批生产的中小型零件孔加工。立式钻床的外形结构如图6-3所示。

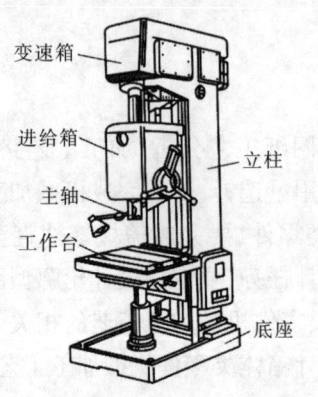

图 6-3 立式钻床

3. 摇臂钻床

摇臂钻床是摇臂可绕立柱回转和升降,主轴箱在摇臂上可作水平移动的钻床。摇臂钻床的主轴箱不仅可在摇臂上移动,并随摇臂绕立柱回转,还可沿立柱上下移动,以适应不同高度的工件加工,摇臂回转升降、主轴箱在摇臂上的移动及加工进给均为手动。较小的工件可安装在工作台上,较大的工件(体积和重量较大)可直接放在机床底座或地面上。摇臂钻床广泛应用于单件或小批生产的大、中型零件孔加工,其外形结构如图6-4所示。

台式钻床、立式钻床和摇臂钻床除钻孔外,还可以完成扩孔、铰孔、锪平面、锪沉孔、镗孔及攻螺纹等。钻孔、扩孔加工精度一般只能达到 IT10,表面粗糙度一般为 $Ra12.5 \sim 6.3 \mu m$;铰孔、锪平面、锪沉孔加工精度与表面粗糙度和使用刀具有关,铰孔加工精度一般为 IT9～IT7,表面粗糙度为 $Ra1.6 \sim 0.8 \mu m$;锪沉孔加工精度一般为 IT9～IT8,表面粗糙度为 $Ra6.3 \sim 3.2 \mu m$。镗孔加工精度一般为 IT9～IT8,表面粗糙度为 $Ra6.3 \sim 1.6 \mu m$。攻螺纹的加工精度与表面粗糙度和使用刀具有关。

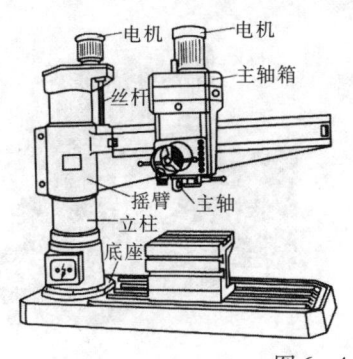

图 6-4　摇臂钻床

（二）镗床

镗床为主要用镗刀对工件已有的孔进行镗削的机床,使用不同的刀具和附件还可进行钻削、铣削和攻螺纹等。通常,镗刀旋转为主运动,镗刀或工件的移动为进给运动。镗床主要用于加工较高精度孔或一次定位完成多个孔的精加工,尤其适合于精加工较大直径孔。镗床的加工精度(尺寸精度及位置精度)和表面质量高于钻床,主要用于单件或小批生产,是中、大型箱体零件的主要加工设备。常见镗床有卧式铣镗床和坐标镗床等。

1. 卧式铣镗床

卧式铣镗床主轴为水平布置并可轴向进给,主轴箱可沿前立柱导轨垂直移动,工作台可旋转并可实现纵、横向进给,其外形结构如图 6-5 所示。卧式铣镗床除镗孔外,还能铣削平面、钻削、加工端面和凸缘的外圆及攻螺纹等,是应用最广泛的一种镗床,主要用于单件或小批生产。卧式镗铣床加工时,刀具(镗刀或镗杆)装在主轴上,通过主轴箱可获得需要的各种转速和进给量,同时可随着主轴箱沿前立柱的导轨上下移动。工件安装在工作台上,工作台可随下滑座和上滑座作纵、横向移动,还可绕上滑座的圆导轨回转至所需要的角度,以适应各种零件的加工。当镗杆较长时,可用后立柱上的尾架来支承其一端,以提高镗杆刚度。

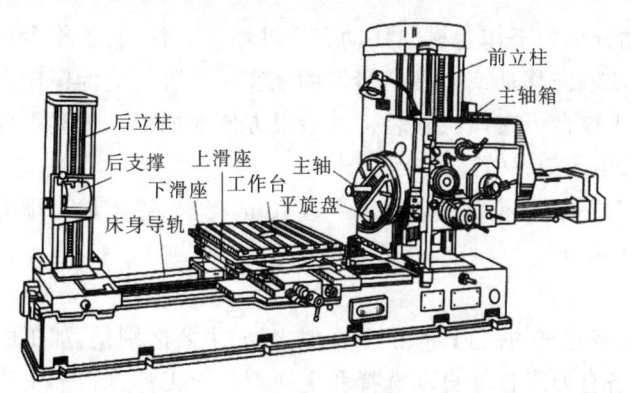

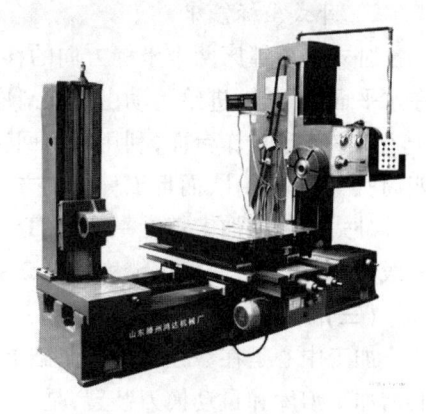

图 6-5　卧式铣镗床

2. 坐标镗床

坐标镗床为具有精密坐标定位装置的镗床,可对零件的孔及孔系进行高精密镗削加工,还能进行钻、扩、铰、锪平面、锪沉孔、切槽和铣削等加工。常见的坐标镗床有立式单柱坐标镗床、立式双柱坐标镗床和卧式坐标镗床,图 6-6 所示为立式双柱坐标镗床的外形结构,图 6-7 所示为卧式坐标镗床的外形结构。

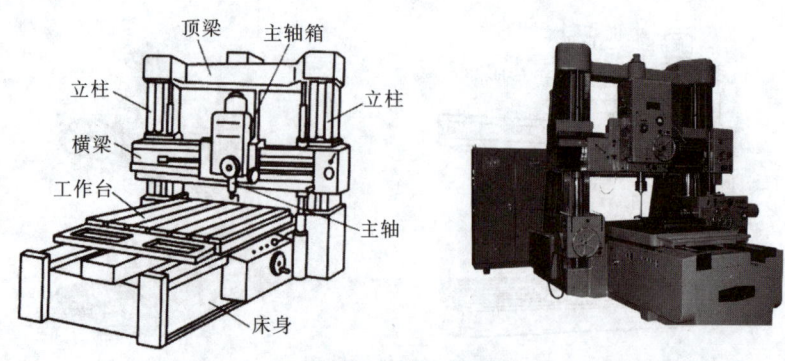

图 6-6 双柱坐标镗床

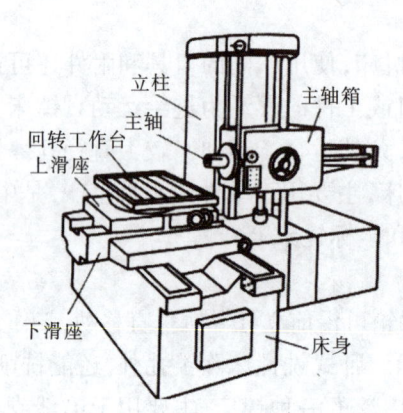

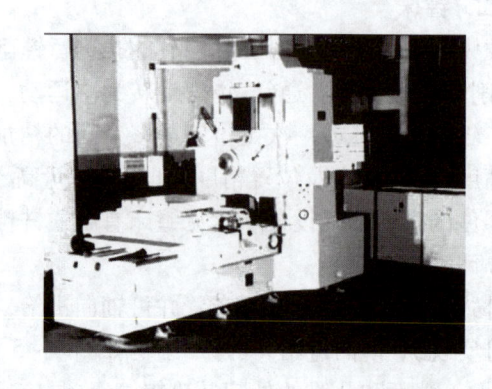

图 6-7 卧式坐标镗床

1) 立式双柱坐标镗床

立式双柱坐标镗床主轴垂直于工作台面,两立柱上部通过顶梁连接,横梁可沿立柱导轨上下调整位置,主轴箱沿横梁导轨作横向移动,工作台沿床身导轨作纵向移动,以配合坐标定位。

2) 卧式坐标镗床

卧式坐标镗床两个坐标方向的移动分别为工作台横向移动和主轴箱垂直移动,工作台可在水平面内回转,进给运动由纵向滑座的轴向移动或主轴套筒伸缩来实现。卧式坐标镗床由于主轴平行于工作台面,利用精密回转工作台可在一次安装工件后很方便地加工箱体类零件四周所有的坐标孔,而且工件安装方便,生产效率较高。

卧式铣镗床加工精度一般为 IT8~IT7,表面粗糙度 $Ra3.2~0.8\mu m$。坐标镗床加工精度一般为 IT7~IT6,表面粗糙度 $Ra3.2~0.8\mu m$。

(三) 加工中心

加工中心是在数控铣床的基础上发展起来的,与其有很多相似之处,主要区别是,加工中心增加了刀库和自动换刀装置,是一种备有刀库并能自动选择和更换刀具对工件进行多工序集中加工的数控机床,主要用于对箱体类等复杂零件进行多工序镗铣及孔系综合加工。加工中心除铣削功能外,通过在刀库上安装不同用途的刀具,可在一次装夹中实现工件的铣、钻、扩、铰、镗、锪和攻螺纹等多工序加工,是集数控铣床、数控镗床、数控钻床功能于一身的高效、高自动化程度的机床。

1. 加工中心的分类

加工中心的分类方法很多,常用的分类方法是按主轴的布置形式和换刀形式进行分类。

1)按照加工中心的主轴布置形式分类

(1)立式加工中心。立式加工中心为主轴轴心线垂直状态设置的加工中心,如图6-8所示。其结构形式多为固定立柱,工作台为长方形,无分度回转功能,适合加工盘、套、板类零件。它一般具有三个直线运动坐标轴,并可在工作台上安装一个沿水平轴线旋转的数控回转工作台,即第四轴(如图6-9所示),实现四轴联动,用于加工复杂曲面类及螺旋线类零件等。立式加工中心装夹方便,便于操作,易于观察加工情况,调试程序容易,应用广泛。但是,受立柱高度及换刀装置的限制,不能加工太高的零件,在加工型腔或下凹的型面时,切屑不易排出,严重时会损坏刀具,破坏已加工表面,影响加工的顺利进行。

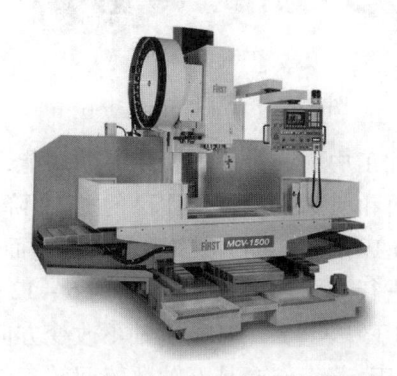

(a)带刀库和机械手的立式加工中心　　(b)无机械手的立式加工中心

图6-8　立式加工中心

图6-9　装第四轴的立式加工中心

(2)卧式加工中心。卧式加工中心为主轴轴心线水平状态设置的加工中心,通常都带有自动分度的回转工作台,如图6-10所示。卧式加工中心一般具有3～5个运动坐标,常见的是3个直线运动坐标(沿X、Y、Z轴方向)加一个回转运动坐标(回转工作台),工件在一次装夹后,可完成除安装面和顶面以外的其余四个表面的加工,最适合加工箱体类零件。卧式加工中心有多种形式,如固定立柱式或固定工作台式。与立式加工中心相比,卧式加工中心一般具有刀库容量大、整体结构复杂、体积和占地面积大、加工时排屑容易、对加工有利等优点,缺点是价格较高。

(3)龙门式加工中心。龙门式加工中心的形状与数控龙门铣床相似,如图6-11所示。龙门式加工中心的主轴多为垂直设置,除自动换刀装置以外,还带有可更换的主轴头附件,数控装置的软件功能也较齐全,能够一机多用,尤其适用于加工大型或形状复杂的零件,如航空工业及大型汽轮机上的某些零件加工。

图 6-10　卧式加工中心

图 6-11　龙门式加工中心

（4）五面体加工中心。五面体加工中心具有立式加工中心和卧式加工中心的功能，工件一次安装后能完成除安装面以外的其余五个面（即顶面和前、后、左、右四面）的加工，降低了工件二次安装所带来的形位精度误差，并大大提高了加工精度和生产效率。常见的五面体加工中心有两种形式：一种是主轴可以旋转 90°，对工件进行立式和卧式加工，如图 6-12 所示（主轴头旋转 90°可立卧转换加工），又称为立卧五面加工中心；另一种是主轴不改变方向，而由工作台带着工件旋转 90°，完成对工件五个表面的加工，若工作台是五轴数控回转工作台，还能成为五轴联动的加工中心（如图 6-13 所示），可以加工形状非常复杂的零件，如叶轮和螺旋桨等。由于五面体加工中心存在结构复杂、造价高、占地面积大等缺点，所以它的使用和生产在数量上远不如其他类型的加工中心。

图 6-12　立卧五面加工中心加工工件示例

图 6-13　五轴联动加工中心

2）按照换刀形式分类

（1）带刀库和机械手的加工中心。这种加工中心的自动换刀装置（Automatic Tool Changer，ATC）由刀库和机械手组成，换刀机械手完成换刀工作，如图 6-8（a）所示，这是加工中心最普遍采用的形式。

（2）无机械手的加工中心。这种加工中心的换刀通过刀库和主轴箱的配合动作来完成，如图 6-8（b）所示。一般是采用把刀库放在可以运动到主轴的位置，或整个刀库或某一刀位能移动到主轴箱可以到达的位置。刀库中刀的存放位置方向与主轴装刀方向一致。换刀时，主轴运动到刀位上的换刀位置，由主轴直接取走或放回刀具。多用于采用 40 号以下刀柄的中小型加工中心。

(3)转塔刀库式加工中心。一般在小型立式加工中心上采用转塔刀库形式,主要以孔加工为主,如图6-14所示。目前这种加工中心已逐渐被淘汰。

2. 加工中心的主要加工对象及主要加工内容

由于加工中心是在数控铣床的基础上增加刀库及自动换刀装置,工件在一次装夹后,可依次完成多工序的加工。所以,加工中心与数控铣床相比,除了能加工数控铣床的主要加工对象外,还能加工如下对象和内容。

1)加工中心的主要加工对象

(1)箱体类零件。箱体类零件一般是指具有孔系和平

图6-14 转塔刀库式加工中心

面,内部有一定型腔,在长、宽、高方向有一定比例的零件。例如,汽车的发动机缸体、变速箱体,机床的床头箱、主轴箱,齿轮壳泵体等。图6-15所示的汽车发动机缸体就是典型的箱体类零件。箱体类零件一般都需要进行多工位孔系及平面加工,精度要求较高,特别是形状精度和位置精度要求严格,通常要经过铣、钻、扩、镗、铰、锪和攻螺纹等工序(或工步)加工,需要刀具较多。此类零件在普通机床上加工难度大,工装套数多,费用高,加工周期长,需多次装夹、找正,手工测量次数多,换刀次数多,加工精度难以保证,而在加工中心上加工,一次装夹可完成普通机床60%~95%的工序内容,零件各项精度一致性好,加工质量稳定,同时节省费用,缩短生产周期。

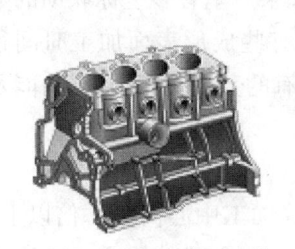

(2)带复杂曲面的零件。零件上的复杂曲面用加工中心加工时,与数控铣床加工基本一样,所不同的是加工中心刀具可以自动更换,工艺范围更宽,加工效率更高。图6-16所示的叶轮就是典型的带复杂曲面的零件。

图6-15 发动机缸体　　　图6-16 整体叶轮　　　图6-17 异形件

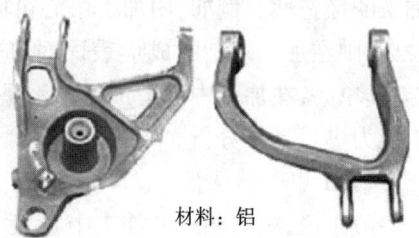

(3)异形类零件。异形类零件是指外形不规则的零件,大都需要点、线、面多工位混合加工,典型的如图6-17所示。此外,实际生产中的各种样板、靠模等大多也属异形类零件。异形类零件由于外形不规则,在普通机床上只能采取工序分散的原则加工,需要工装较多,周期长。异形类零件的刚性一般较差,夹压变形难以控制,加工精度也难以保证,甚至某些零件的有些加工部位用普通机床无法加工。用加工中心加工时,利用加工中心可多工位点、线、面混合加工的特点,通过采取合理的工艺措施,一次或二次装夹,即能完成多道工序或全部工序的加工内容。

(4)盘、套、轴、板、壳体类零件。带有键槽、径向孔、端面有孔系或带有曲面的轴、盘、套类零件(如带法兰的轴套,带键槽或方头的轴类零件等),以及具有较多孔系的板类零件和各种壳体类零件等,适合在加工中心上加工。如图6-18所示的壳体类零件和图6-19所示的盘、套类零件。

图 6-18 壳体类零件　　　　图 6-19 盘、套类零件

加工部位集中在单一端面上的盘、套、轴、板、壳体类零件宜选择立式加工中心，加工部位不在同一方向表面上的零件可选择卧式加工中心。

2) 加工中心的主要加工内容

(1) 尺寸精度要求较高的表面加工。

(2) 用数学模型描述的复杂曲线或曲面加工。

(3) 难测量、难控制进给、难控制尺寸的不敞开内腔表面加工。

(4) 零件上不同类型表面之间有较高的位置精度要求，更换机床加工时很难保证位置精度要求，必须在一次装夹中合并完成铣、钻、扩、镗、铰、锪或攻螺纹等多道工序的表面加工。

(5) 镜像对称的表面加工等。

在加工上述的各种表面前，可以先不过多地考虑生产率与经济上是否合理，而首先应考虑能不能把它们加工出来，要着重考虑可能性问题。只要有可能，一般都应列为加工中心的加工内容。

由于加工中心的台时费用高，在考虑工序负荷时，不仅要考虑机床加工的可能性，还要考虑加工的经济性。例如，用加工中心可以进行复杂的曲面加工，但如果厂里有多坐标联动的数控铣床，则在加工复杂的成形表面时，应优先选择数控铣床。因为有些成形表面加工时间很长，刀具单一，在加工中心上加工并不是最佳选择，这要根据厂里拥有的数控机床类型、功能及加工能力进行具体分析。

3. 加工中心的选择

一般来说，规格相近的加工中心，卧式加工中心的价格要比立式加工中心高出一倍以上，因此从经济性角度考虑，完成同样的工艺内容，宜选用立式加工中心，当立式加工中心不能满足加工要求时才选用卧式加工中心。选择加工中心时主要从以下几个方面进行综合考虑：

1) 加工中心类型的选择

(1) 立式加工中心适用于只需单工位加工的零件，如加工各种平面凸轮、端盖、箱盖等板类零件和跨距较小的箱体等。

(2) 卧式加工中心适用于加工两工位以上的工件或者四周呈径向辐射状排列的孔系、面等。

(3) 当工件的位置精度要求较高时（如箱体、阀体和泵体等），宜采用卧式加工中心，若采用卧式加工中心在一次装夹中不能完成多工位加工，保证位置精度要求时，则可选立卧五面加工中心。

(4) 当工件尺寸较大，一般立式加工中心的工作范围不足时，应选用龙门式加工中心。例如，加工机床的床身、立柱等。

上述选择只是一般原则,并不是绝对的。如果厂里没有门类齐全的各种类型加工中心,则应从如何保证工件的加工质量出发,灵活地选择设备类型。

2)加工中心精度的选择

根据零件关键部位的加工精度选择加工中心的精度等级。国产加工中心按精度分为普通型和精密型两种。表6-1列出了加工中心的几项关键精度。

表6-1 加工中心精度等级

精度项目	普通型	精密型
单轴定位精度/mm	±0.01/300	0.005/全长
单轴重复定位精度/mm	±0.006	<0.003
铣圆精度(圆度)	0.02~0.03/Φ200圆	<0.015/Φ200圆

一般来说,单轴方向精镗加工两个孔的孔距误差是加工中心定位精度的2倍左右。在普通型加工中心上加工,孔距精度可达IT7~IT8级。在精密型加工中心上加工,孔距精度可达IT5~IT7级,而精铣两平面间距离误差一般为加工中心定位精度的3~4倍。

3)加工中心功能的选择

(1)坐标轴控制功能的选择。

坐标轴控制功能主要从零件本身的加工要求来选择。例如,平面凸轮需两轴联动,复杂曲面的叶轮、模具等需要三轴、四轴甚至五轴联动加工。

(2)工作台自动分度功能的选择。

普通型的卧式加工中心多采用鼠牙盘定位的工作台自动分度。这种工作台的最小分度角度有限制,而且工作台只起分度与定位作用,在回转过程中不能参与切削。当配备了能实现任意分度和定位的数控回转工作台,就能实现同其他轴联动控制,这种工作台在回转过程中能参与切削。因此,需根据具体工件的加工要求选择相应的工作台分度定位功能。

4)刀库容量选择

通常根据零件的工艺分析,算出工件一次安装所需的刀具数来确定刀库容量。刀库容量需留有余地,但不宜太大,因为大容量刀库成本和故障率高、结构和刀具管理复杂。一般来说,在立式加工中心上选用约20~24把刀具容量的刀库,在卧式加工中心上选用约40把刀具容量的刀库即可满足使用要求。

二、零件图纸工艺分析

箱体类零件加工方法主要是铣削(或刨削、磨削)、钻、扩、铰、锪、镗削及攻螺纹。零件图纸工艺分析是制定箱体类零件机械加工工艺的首要工作。零件图纸工艺分析包括分析零件图纸技术要求,检查零件图的完整性和正确性,分析零件的结构工艺性。

1. 分析零件图纸技术要求

分析箱体类零件图纸的技术要求时,主要考虑如下方面:

(1)各加工表面的尺寸精度要求。

(2)各加工表面的几何形状精度要求。

(3)各加工表面之间的相互位置精度要求。

(4)各加工表面粗糙度要求及表面质量方面的其他要求。

(5) 热处理要求及其他要求。

根据上述零件图纸技术要求,首先要根据零件在产品中的功能研究分析零件与部件或产品的关系,从而认识零件的加工质量对整个产品质量的影响,并确定零件的关键加工部位和精度要求较高的加工表面等,认真分析上述各精度和技术要求是否合理。其次,要考虑在哪种机床上精加工才能保证零件的各项精度和技术要求。根据生产批量与技术要求,再具体考虑是由一种机床完成全部加工或由几种机床完成全部加工最为合理。

2. 检查零件图的完整性和正确性

一方面要检查零件图是否正确,尺寸、公差和技术要求是否标注齐全。另一方面要特别注意准备在加工中心上加工的零件各个方向上的尺寸是否有一个统一的设计基准,以求简化编程,保证零件图纸的设计精度要求,如果发现零件图中没有一个统一的设计基准,则应向设计部门提出,要求修改图样或考虑选择统一的工艺基准,计算转化各尺寸,并标注在工艺附图上。

3. 零件的结构工艺性分析

箱体类零件的结构工艺性分析,主要考虑以下几个方面:

(1) 零件的切削加工余量要稳定,以减少不必要的加工过程调整,降低非切削加工时间。

(2) 零件上光孔和螺纹孔的尺寸规格应尽可能少,减少加工时钻头、铰刀及丝锥等刀具的数量,减少换刀辅助时间,同时防止加工中心加工时刀库容量不够。

(3) 零件加工尺寸规格应尽量标准化,以便采用标准刀具。

(4) 零件加工表面应具有加工的可能性和方便性。

(5) 零件结构应具有足够的刚性,以减少夹紧变形和切削变形。

表 6-2 中列出了部分零件的孔加工工艺性对比实例。

表 6-2 零件的孔加工工艺性对比实例

序号	A 工艺性差的结构	B 工艺性好的结构	说明
1			A 结构不便引进刀具,难以实现孔的加工
2			B 结构可避免钻头钻入和钻出时因工件表面倾斜而造成引偏或折断
3			B 结构节省材料,减少了质量,还避免了深孔加工
4	M17	M16	A 结构不能采用标准丝锥攻螺纹
5	0.8	0.8 12.5 0.8	B 结构减少配合孔的接触面积

续表

序号	A 工艺性差的结构	B 工艺性好的结构	说明
6			B 结构孔径从一个方向递减或从两个方向递减，便于加工
7			B 结构可减少深孔的螺纹加工
8			B 结构刚度好

三、设计箱体类零件孔系机械加工工艺路线

箱体类零件的加工方法主要是铣削（或刨削、磨削）、钻、扩、铰、锪、镗削及攻螺纹，铣削、刨削、磨削在项目五中已介绍并熟悉，这里不再赘述，此处主要介绍设计箱体类零件的孔系机械加工工艺路线。

设计箱体类零件孔系机械加工工艺路线的主要内容包括：选择各加工表面的加工方法、划分加工阶段、划分加工工序、确定加工顺序（安排工序顺序）和进给加工路线的确定等。由于生产批量的差异，即使同一零件的孔系机械加工工艺方案也有所不同。拟定箱体类零件孔系机械加工工艺时，应根据具体生产批量、现场生产条件和生产周期等情况，拟定经济、合理的孔系机械加工工艺。

1．加工方法的选择

1）孔的加工方法

孔的加工方法比较多，有钻、扩、铰、镗、锪和攻螺纹等。大直径孔除可用镗床采用大孔径镗刀加工外，也可用加工中心以圆弧插补方式进行铣圆加工。孔的加工方式及所能达到的精度如表 6-3 所示。

表 6-3 H13~H7 孔加工方法（孔长度≤直径 5 倍）

孔的精度	孔的毛坯性质	
	在实体材料上加工孔	预先铸出或热冲出的孔
H13 H12	一次钻孔或钻扩孔	用扩孔钻钻孔或镗刀镗孔
H11	孔径≤10 mm：一次钻孔 孔径>10~30 mm：钻孔及扩孔 孔径>30~80 mm：钻孔、扩孔、镗孔	孔径≤80 mm：用镗刀粗镗、精镗；或根据余量大小一次镗孔
H10 H9	孔径≤10 mm：钻孔及铰孔 孔径>10~30 mm：钻孔、扩孔及铰孔（或镗孔） 孔径>30~80 mm：钻孔、扩孔、镗孔	孔径≤80 mm：用镗刀粗镗（一次、两次或三次，根据余量而定）及精镗孔
H8 H7	孔径≤10mm：钻孔、扩孔及铰孔 孔径>10~30 mm：钻孔、扩孔及一次或两次铰孔（或镗孔） 孔径>30~80 mm：钻孔、扩孔（或用镗刀分几次粗镗）、一次或两次精镗孔	孔径≤80 mm：用镗刀粗镗（一次、两次或三次，根据余量而定）及半精镗、精镗

孔的具体加工方案可按下述方法制定：

（1）所有孔系一般先完成全部粗加工后，再进行精加工。

（2）对于直径大于 $\Phi 30\text{mm}$ 已铸出或锻出毛坯孔的孔加工（实际生产中，孔径大于 $\Phi 30\text{mm}$ 批量生产的零件都有铸出或锻出预制孔），一般按"粗镗—半精镗—孔口倒角—精镗"四个工序（工步）的加工方法完成。采用加工中心加工，一般先在普通机床上进行毛坯荒加工，直径上留 $4\sim6\text{mm}$ 的余量，然后再由加工中心按"粗镗—半精镗—孔口倒角—精镗"四个工步或"半精镗—孔口倒角—精镗"三个工步的加工方法完成。孔内有空刀槽时，可用单刃镗刀镗削加工，也可用加工中心采用锯片铣刀在半精镗之后、精镗之前用圆弧插补方式铣削完成。

（3）对于直径小于 $\Phi 30\text{mm}$ 的孔，毛坯上一般不铸出或锻出预制孔（实际生产中，孔径大于 $\Phi 20\text{mm}$ 较大批量生产的零件有铸出或锻出预制孔），为提高孔的位置精度，在钻孔前必须锪（或铣）平孔口端面，并钻出中心孔作导向孔。一般实际生产孔径小于或等于 $\Phi 20\text{mm}$ 的孔，通常采用"锪（或铣）平端面—钻中心孔—钻—扩—孔口倒角—铰"的加工方案；孔径大于 $\Phi 20\text{mm}$ 的孔，通常采用"锪（或铣）平端面—钻中心孔—钻—扩（或镗，但采用镗孔前的孔径一般要大于 $\Phi 20\text{mm}$，因为中国小孔径镗刀品质较差）—孔口倒角—"的加工方法。有同轴度要求的小孔，须采用"锪（或铣）平端面—钻中心孔—钻—半精镗—孔口倒角—精镗（孔径小于 $\Phi 20\text{mm}$ 孔的镗孔，要采用品质较好的小孔径镗刀）"的加工方法。孔口倒角安排在半精加工后、精加工之前进行，以防孔内产生毛刺，不用再安排修毛刺工序。

（4）在孔系加工中，先加工大孔，再加工小孔，特别是在大小孔相距很近的情况下更要采取这一措施。

（5）对于同轴孔系，若相距较近，用穿镗法加工，如图 6-20 所示；若跨距较大，应尽量采用调头镗的方法加工（如利用卧式加工中心工作台回转 180°进行调头镗加工），以缩短刀具的悬伸，减小其长径比，保证刀具刚性，提高加工质量。

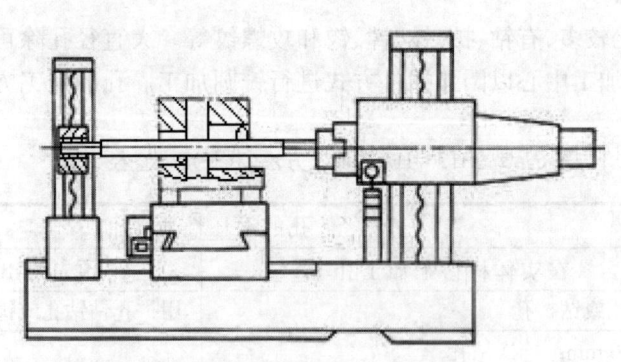

图 6-20 穿镗法加工示例

（6）对于螺纹孔，要根据其大小选择不同的加工方式。直径在 $M6\sim M20$ 之间的螺纹孔，一般在加工机床上用攻螺纹的方法加工。直径在 $M6$ 以下的螺纹孔，则一般只在加工机床上钻出螺纹底孔，然后通过其他手段攻螺纹，如人工手工攻螺纹，以防止丝锥扭断产生废品。直径在 $M20$ 以上的螺纹，一般在加工机床上钻出螺纹底孔后，再采用镗刀镗削而成或加工中心钻出螺纹底孔后，采用铣螺纹方式加工。加工中心铣螺纹加工如图 6-21 所示。

项目 6　设计箱体类零件机械加工工艺

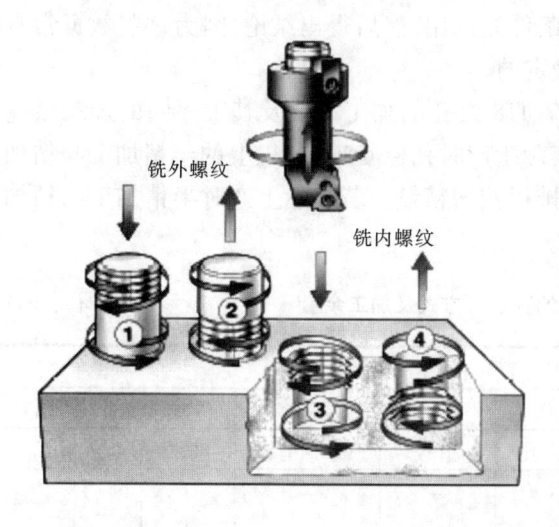

图 6-21　加工中心铣螺纹加工示例

螺纹铣削具有如下优点：
①螺纹铣削免去了采用大量的不同类型丝锥的必要性。
②可加工具有相同螺距的任意直径螺纹。
③加工始终产生的都是短切屑，因此不存在切屑处置方面的问题。
④刀具破损的部分可以很容易地从零件中去除。
⑤不受加工材料限制，那些无法用传统方法加工的材料可以用螺纹铣刀进行加工。
⑥采用螺纹铣刀，可以按所需公差要求进行加工，螺纹尺寸是由加工循环控制的。
⑦与传统 HSS（高速钢）攻丝相比，采用硬质合金螺纹铣削可以提高生产率。

在确定加工方法时，要注意孔系加工余量的大小，这对零件的加工质量、生产效率及经济性均有较大的影响。正确规定加工余量的数值，是制定孔系机械加工工艺的重要工作之一。加工余量过小，不能保证切去金属表面的缺陷层而产生废品；加工余量过大，则浪费工时，增加工具损耗，浪费金属材料。在制定箱体类零件加工中心孔系加工工艺时，更要注意加工余量大小问题，因为一般安排上加工中心加工箱体类零件孔系，箱体类零件已用普通机床荒加工过，加工余量过小，会由于上道工序与加工中心工序的安装找正误差，不能保证切去金属表面的缺陷层而产生废品。

确定加工余量的基本原则是在保证加工质量的前提下，尽量减少加工余量。最小加工余量的数值，应保证能将具有各种缺陷和误差的金属层切去，从而提高加工表面的精度和表面质量。

在具体确定工序间的加工余量时，应根据下列条件选择其大小：
（1）对最后的工序，加工余量应能保证得到图纸上所规定的表面粗糙度和精度要求。
（2）考虑加工方法、设备的刚性及零件可能发生的变形。
（3）考虑零件热处理时引起的变形。
（4）考虑被加工零件的大小，零件越大，由切削力、内应力引起的变形也会增加，因此要求加工余量也相应大一些。

确定工序间加工余量的原则、数据等，很多出版物中有刊出，使用时可查阅。但须指出的是:国内外一切推荐数据都要结合本单位工艺条件先试用,然后得出结论,因为这些数据常常是在机床刚性、刃具、工件材质等理想状况下确定的。

为便于查阅,表6-4和表6-5列出了IT7、IT8级孔的加工方式及其工序间的加工余量(表中数值为实际生产的经验切削参数,因为实际生产时孔径$\Phi20$mm以上的半精加工与精加工以镗为主,所以表中半精加工与精加工未安排粗铰与精铰。若实际生产时半精加工与精加工有铰刀,也可安排粗铰与精铰),供读者参考。

表6-4 在实体材料上的孔加工方式及加工余量 (单位:mm)

加工孔的直径	直径							
	钻		粗加工		半精加工		精加工(H7、H8)	
	第一次	第二次	粗镗	或扩孔	粗铰	或半精镗	精铰	或精镗
3	2.9	—	—	—	—	—	3	—
4	3.9	—	—	—	—	—	4	—
5	4.8	—	—	—	—	—	5	—
6	5.0	—	—	5.85	—	—	6	—
8	7.0	—	—	7.85	—	—	8	—
10	9.0	—	—	9.85	—	—	10	—
12	11.0	—	—	11.8	11.95	—	12	—
13	12.0	—	—	12.8	12.95	—	13	—
14	13.0	—	—	13.8	13.95	—	14	—
15	14.0	—	—	14.8	14.95	—	15	—
16	15.0	—	—	15.8	15.95	—	16	—
18	17.0	—	—	17.8	17.95	—	18	—
20	18.0	—	—	19.8	19.95	—	20	—
22	20.0	—	21.7	21.7	—	21.90	—	22
24	22.0	—	23.7	23.7	—	23.90	—	24
25	23.0	—	24.7	24.7	—	24.90	—	25
26	24.0	—	25.7	25.7	—	25.90	—	26
28	26.0	—	27.7	27.7	—	27.90	—	28
30	15.0	28.0	29.7	29.7	—	29.90	—	30
32	15.0	30.0	31.7	31.7	—	31.90	—	32
35	20.0	33.0	34.7	34.7	—	34.90	—	35
38	20.0	36.0	37.7	37.7	—	37.90	—	38
40	25.0	38.0	39.7	39.7	—	39.90	—	40
42	25.0	40.0	41.7	41.7	—	41.90	—	42
45	30.0	43.0	44.7	44.7	—	44.90	—	45
48	36.0	46.0	47.7	47.7	—	47.90	—	48
50	36.0	48.0	49.7	49.7	—	49.90	—	50

表6-5 已预先铸出或热冲出孔的工序间加工余量　　　　　　　　　（单位：mm）

加工孔的直径	直径				加工孔的直径	直径			
	粗镗		半精镗	精镗成 H7、H8		粗镗		半精镗	精镗成 H7、H8
	第一次	第二次				第一次	第二次		
30	—	27.0	29.9	30	100	93	98.0	99.85	100
32	—	29.0	31.9	32	105	98	103.0	104.8	105
35	—	32.0	34.9	35	110	103	108.0	109.8	110
38	—	35.0	37.9	38	115	108	113.0	114.8	115
40	—	37.0	39.9	40	120	113	118.0	119.8	120
42	—	39.0	41.9	42	125	118	123.0	124.8	125
45	—	42.0	44.9	45	130	123	128.0	129.8	130
48	—	45.0	47.9	48	135	128	133.0	134.8	135
50	44	47.0	49.9	50	140	133	138.0	139.8	140
52	45	49.0	51.9	52	145	138	143.0	144.8	145
55	49	53.0	54.9	55	150	143	148.0	149.8	150
58	52	56.0	57.9	58	155	148	153.0	154.8	155
60	54	58.0	59.9	60	160	153	158.0	159.8	160
62	56	60.0	61.9	62	165	158	163.0	164.8	165
65	59	63.0	64.9	65	170	163	168.0	169.8	170
68	62	66.0	67.9	68	175	168	173.0	174.8	175
70	64	68.0	69.9	70	180	173	178.0	179.8	180
72	66	70.0	71.9	72	185	178	183.0	184.8	185
75	68.5	73.0	74.9	75	190	183	188.0	189.8	190
78	71.5	76.0	77.9	78	195	188	193.0	194.8	195
80	73.5	78.0	79.9	80	200	191.5	197.0	199.8	200
82	75.5	80.0	81.85	82	210	201.5	207.0	209.8	210
85	78.5	83.0	84.85	85	220	211.5	217.0	219.8	220
88	81.5	86.0	87.85	88	250	241.5	247.0	249.8	250
90	83.5	88.0	89.85	90	280	271.5	277.0	279.8	280
92	85.5	90.0	91.85	92	300	291.5	297.0	299.8	300
95	88.5	93.0	94.85	95	320	311.5	317.0	319.8	320
98	91.5	96.0	97.85	98	350	340.5	347.0	349.8	350

2. 划分加工阶段

（1）加工质量要求较高的零件，最好将粗、精加工分两个阶段进行。粗、精加工分开，可及时发现零件主要加工表面上毛坯存在的缺陷，如裂纹、气孔、砂眼、疏松、缩孔、夹渣或加工余量不足等，得以及时采取措施，避免浪费更多的工时和费用。

（2）若零件已经过粗加工，只完成最后的精加工，则不必划分加工阶段。

（3）当零件的加工精度要求较高，需采用加工中心加工，而在加工中心加工之前又没有进行过粗加工时，则应将粗、精加工分开进行。粗加工通常在通用加工机床上进行，而在加工中心上只进行精加工，有利于长期保持加工中心的精度，避免精机粗用。这样不仅可以充分发挥机床的各种功能，降低加工成本，提高经济效益，而且还可以让零件在粗加工后有一段自然时效过程，以消除粗加工产生的残余应力，恢复因切削力、夹紧力引起的弹性变形，以及由切削热引起的热变形，必要时还可以安排人工时效，最后再通过精加工消除各种变形，以确保零件的加工精度。

（4）对零件的加工精度要求较高、毛坯质量较高、加工余量不大、生产批量又很小的零件，则可在加工中心上利用加工中心的良好冷却系统，把粗、精加工合并进行，完成加工工序的全部内容，但粗、精加工应划分成两道工序分别完成。在加工过程中，对于刚性较差的零件，可采取相应的工艺措施，如粗加工后安排暂停指令，由操作者将压板等夹紧元件（装置）稍稍放松一些，以恢复零件的弹性变形，然后再用较小的夹紧力将零件夹紧，最后再进行精加工。

3．划分加工工序

划分加工工序方法与项目五中的工序划分基本一样，但由于箱体类零件主要是孔系加工，孔系经常有较高的形位精度要求，因此箱体类零件的工序划分还要遵循如下原则：

（1）加工表面按"粗加工—半精加工—精加工"的次序完成，或全部加工表面按"先粗，后半精、精加工"分开进行。加工尺寸公差要求较高时，考虑零件尺寸、精度、零件刚性和变形等因素，可采用前者；加工位置公差要求较高时，宜采用后者。

（2）对于既有铣面又有镗孔的零件，应先铣后镗，以提高孔的加工精度。因为铣削时，切削力较大，工件易发生变形。先铣面后镗孔，使其有一段时间恢复，减少由变形引起的对孔的精度的影响。反之，如果先镗孔后铣面，铣削时必然在孔口产生飞边、毛刺，从而破坏孔的精度。

（3）当设计基准相对于孔加工的位置精度与机床定位精度、重复定位精度相接近时（工件孔系采用卧式铣镗床、坐标镗床或加工中心加工），宜采用相同设计基准集中加工的原则，可以解决同一工位设计尺寸的基准多于一个时引起的加工精度问题。

（4）相同工位集中加工时，应尽量按就近位置加工，以缩短刀具移动距离，减少空运行时间。

（5）加工中心加工时，可按所用刀具划分工序（工步）。例如，卧式加工中心工作台回转时间比换刀时间短，在不影响加工精度的前提下，为了减少换刀次数，减少空移时间，减少不必要的定位误差，可以采取刀具集中工序加工，也就是用同一把刀将零件上该刀能加工的部位都加工完后再换第二把刀。

（6）考虑到加工中存在着重复定位误差，对于同轴度要求很高的孔系，应该在一次定位后，通过顺序连续换刀，连续加工完该同轴孔系的全部孔后，再加工其他坐标位置孔，以提高孔系同轴度。

（7）在一次定位装夹中，尽可能完成所有能够加工的表面。

4．安排加工顺序

（1）箱体类零件在安排加工顺序时同样要遵循"基面先行"、"先面后孔"、"先主后次"及"先粗后精"的一般工艺原则。

(2)在加工中心上加工零件,一般都有多个工步,使用多把刀具,因此加工顺序安排得是否合理将直接影响加工精度、加工效率、刀具数量和经济效益。

(3)定位基准的选择是决定加工顺序的一个重要因素。半精加工和精加工的基准表面,应提前加工好,因此任何一个高精度表面加工前,作为其定位基准的表面,应在前面工序中加工好。而这些作为精基准的表面加工,又有其加工所需的定位基准,这些定位基准又要在更前面的工序中加以安排。因此,各工序的基准选择问题解决后,就可以从最终的精加工工序向前倒推出整个工序顺序的大致轮廓。

(4)箱体类零件在加工中心加工前,安排有预加工工序的零件,加工中心工序的定位基准面,即其预加工工序要完成的表面,可由通用加工机床完成。不安排预加工工序的,采用毛坯面作为加工中心工序的定位基准,这时要根据毛坯基准的精度,考虑加工中心工序的划分,即是否仅一道工序就能完成全部加工的内容。必要时,要把加工中心的加工内容分几道或多道工序完成。

(5)安排加工中心加工的箱体类零件,无论有无预加工,零件毛坯加工余量一定要充分而且稳定,因为加工中心采用自动定位加工,在加工过程中不能用串位或借料等常规方法,一旦确定了零件的定位基准,加工中心加工时对余量不足的问题很难照顾到。因此,在加工基准面或选择基准对毛坯由通用加工机床进行预加工时,要照顾各个方向的尺寸,留给加工中心的余量要充分而且均匀。

(6)在加工中心上加工零件,最难保证的尺寸有两个:一是加工面与非加工面之间的尺寸,二是加工中心工序加工的面与预加工工序中通用加工机床(或加工中心)加工面之间的尺寸。针对不同的情况采取不同的措施,具体如下:

①对前一种情况,即使是图样已注明的非加工面,也需在毛坯设计或型材选用时,在其确定的非加工面上增加适当的余量,以便在加工中心上按图样尺寸进行加工时,保证非加工面与加工面之间的尺寸符合图样要求。

②对后一种情况,安排加工顺序时,要统筹考虑,最好在加工中心上一次定位装夹中完成预加工面在内的所有内容。如果非要分两台机床完成,则最好留一定的精加工余量,或者使该预加工面与加工中心工序的定位基准有一定的尺寸精度要求。由于这是间接保证,所以该尺寸的公差要比加工中心加工面与预加工面之间的尺寸精度严格。

5. 进给加工路线的确定

箱体类零件的进给加工路线分为孔加工进给路线和铣削进给加工路线。铣削进给加工路线加工平面、平面轮廓及曲面的知识在项目五中已详细阐释,这里不再赘述。下面主要学习孔加工进给路线。

箱体类零件的孔系加工常被称为点位加工(刀具从一个孔中心位置移动到另一个孔中心位置,不管中间的移动轨迹如何,在移动过程中不进行切削加工),通用加工机床(钻床和镗床)自动化程度低,价格相对较低(注:精密镗床价格较高),工时成本也相对较低。但加工中心由于自动化程度高,精度和价格也较高,工时成本相对较高,箱体类零件孔系点位加工时,要求定位要迅速、准确,尽量减少空行程等辅助时间。因通用加工机床(钻床和镗床)加工工艺路线相对简单清晰,故下面着重介绍如何设计加工中心孔加工工艺路线。

加工中心加工孔时,一般首先将刀具在 XY 平面内迅速、准确地运动到孔中心线位置,然后再沿 Z 向(轴向)运动进行加工。因此,加工中心孔加工进给路线的确定包括以下内容:

1)在 XY 平面内的进给加工路线

加工孔时,刀具在 XY 平面内的运动属点位运动,因此确定进给加工路线时主要考虑以下两点:

(1)定位要迅速。

也就是说在刀具不与工件、夹具和机床干涉的前提下空行程应尽可能短。例如,加工如图 6-22(a)所示的零件,图(b)所示的进给加工路线与图(c)所示的进给加工路线相比,前者的定位时间要比后者节省近一半。这是因为加工中心(含数控铣床)在点位运动情况下,刀具由一点运动到另一点时,通常是沿 X、Y 坐标轴方向同时快速移动。当 X、Y 轴各自移动距离不同时,短移动距离方向的运动先停,待长移动距离方向的运动停止后刀具才到达目标位置。图 6-22(b)所示的进给加工路线沿 X、Y 轴方向的移动距离接近,所以定位迅速。

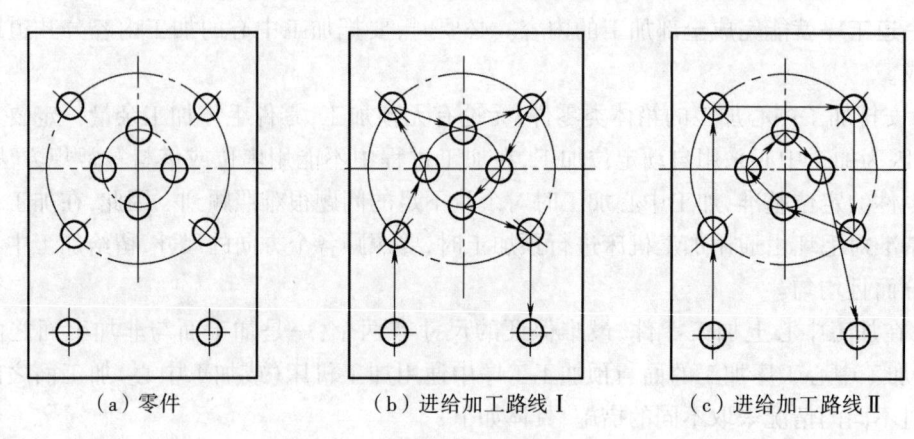

图 6-22 最短进给加工路线设计示例

(2)定位要准确。

安排进给加工路线时,要避免机械进给传动系统的反向间隙对孔位置精度的影响。例如,镗削如图 6-23(a)所示的零件上的 4 个孔。按图(b)所示的进给加工路线,由于孔 4 与孔 1、孔 2 和孔 3 孔定位方向相反,Y 向反向间隙会使定位误差增加,从而影响孔 4 与其他孔的位置精度。按图(c)所示的进给加工路线,加工完孔 3 后往上多移动一段距离至点 P,然后再折回来在孔 4 处进行定位加工,这样方向一致,就可避免反向间隙的引入,提高了孔 4 的定位精度。

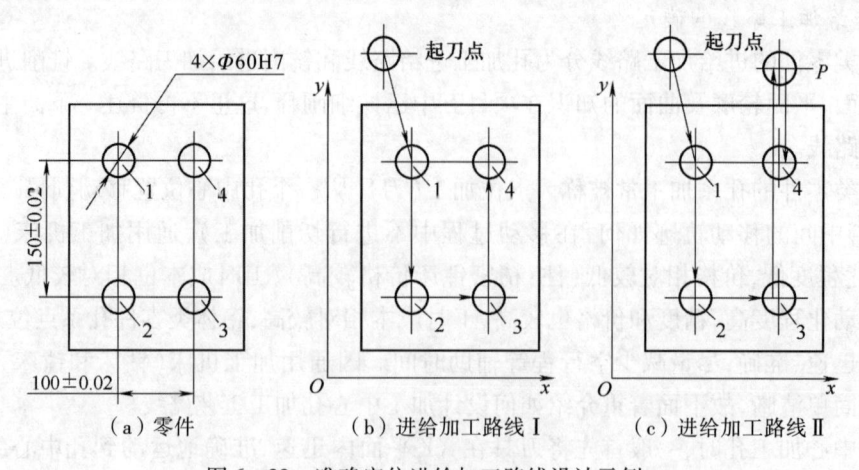

图 6-23 准确定位进给加工路线设计示例

定位迅速和定位准确有时难以同时满足。图6-23(b)所示是按最短进给路线加工,满足了定位迅速,但因为不是从同一方向趋近目标,引入了机床进给传动系统的反向间隙,所以难以做到定位准确;图6-23(c)是从同一方向趋近目标位置,消除了机床进给传动系统反向间隙的误差,满足了定位准确,但不是最短进给路线,没有满足定位迅速的要求。因此,在具体加工中应抓住主要矛盾,若按最短进给路线加工,能保证位置精度,则取最短路线;反之,应取能保证定位准确的进给加工路线。

2) Z 向(轴向)的进给加工路线

为缩短刀具的空行程时间,刀具在 Z 向的进给加工路线分为快进(即快速接近工件)和工进(即工作进给)。刀具在开始加工前,要快速运动到离待加工表面一定距离的 R 平面(距工件加工表面有一定切入距离的平面)上,然后才能以工作进给速度接近待加工表面进行切削加工。图6-24(a)所示为加工单个孔时刀具的进给加工路线(进给距离)。加工多孔时,为减少刀具空行程进给时间,加工完前一个孔后,刀具不必退回到初始平面,只需退到 R 平面后即可沿 X、Y 坐标轴方向快速移动到下一孔位,其进给加工路线如图6-24(b)所示。

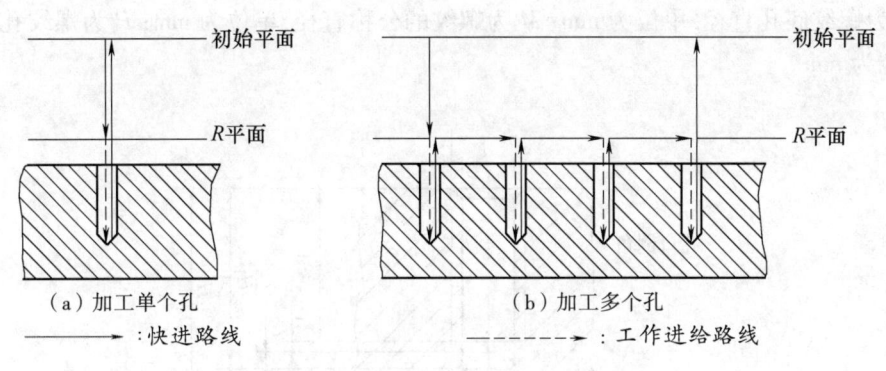

图6-24 刀具 Z 向进给加工路线设计示例

在工作进给加工路线中,工作进给距离 Z_F 包括被加工孔的深度 H、刀具的切入距离 Z_a 和切出距离 Z_0(加工通孔),如图6-25所示。

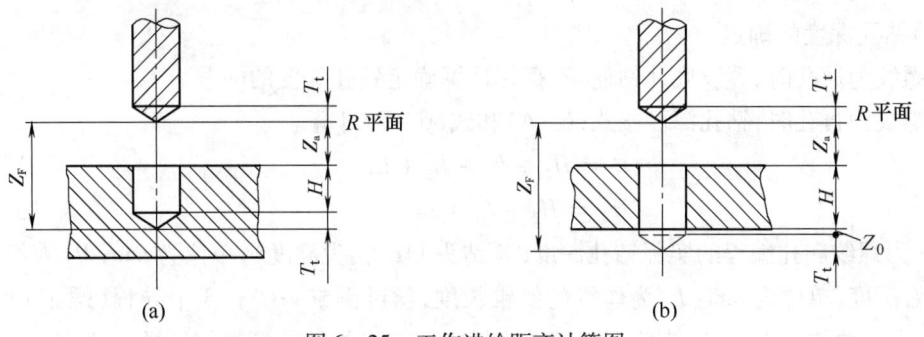

图6-25 工作进给距离计算图

加工盲孔时,工作进给距离为:

$$Z_F = Z_a + H + T_t \tag{式6-1}$$

加工通孔时,工作进给距离为:

$$Z_F = Z_a + H + Z_0 + T_t \tag{式6-2}$$

式中:刀具切入、切出距离的经验数据如表5-7所示。

表6-6 刀具切入、切出距离参考值

加工方式	表面状态		加工方式	表面状态	
	已加工表面	毛坯表面		已加工表面	毛坯表面
钻孔	2～3	5～8	铰孔	3～5	5～8
扩孔	3～5	5～8	铣削	3～5	5～10
镗孔	3～5	5～8	攻螺纹	5～10	5～10

3)钻螺纹底孔尺寸及钻孔深度的确定

(1)钻螺纹底孔尺寸的确定。

直径在 $M6 \sim M20$ 的螺纹孔,一般在加工中心上用攻螺纹的方法加工;直径在 $M6$ 以下的螺纹,则只在加工中心上加工出螺纹底孔,然后通过其他手段或人工手工攻螺纹。如图 6-26 所示,钻螺纹底孔时,一般螺纹底孔尺寸为:

$$d = M - P \quad \text{(式 6-3)}$$

式中: d 为螺纹底孔直径,单位为 mm; M 为螺纹的公称直径,单位为 mm; P 为螺纹孔导程(螺距),单位为 mm。

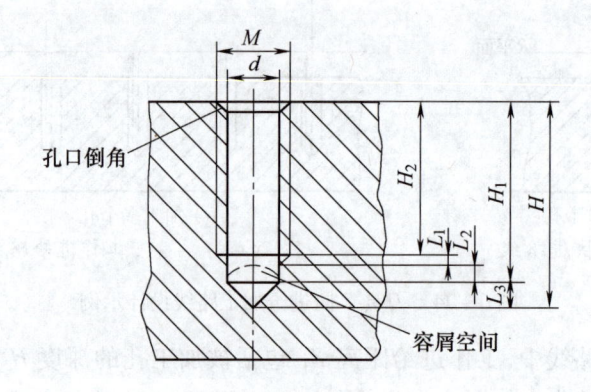

图 6-26 钻螺纹底孔加工尺寸

(2)钻孔深度的确定。

①螺纹为通孔时,螺纹底孔钻通,不存在计算确定钻孔深度的问题。

②螺纹为盲孔时,钻孔深度按式(6-4)和式(6-5)计算。

$$H = H_2 + L_1 + L_2 + L_3 \quad \text{(式 6-4)}$$

$$H_1 = H_2 + L_1 + L_2 \quad \text{(式 6-5)}$$

式中: H 为螺纹底孔编程的实际钻孔深度(含钻头118°钻尖高度),单位为 mm; H_2 为丝锥攻螺纹的有效深度,单位为 mm; L_1 为丝锥的倒锥长度,丝锥倒锥一般有3个导程(螺距)长度,故 $L_1 = 3 \times P$,单位为 mm; L_2 为确保足够的容屑空间而增加钻孔深度的裕量,一般为2~3 mm。该值根据计算公式计算的盲孔实际钻孔深度是否会钻破(穿),及按公式计算的实际钻孔深度是否会影响工件的强度、刚度或使用功能确定,盲孔会钻破(穿)及影响工件的强度、刚度或使用功能的 L_2 取小值,或再小一点;反之 L_2 则取大值,或再大一点; L_3 为钻头的钻尖高度,一般钻头的钻尖角度为118°,为便于计算,钻头的钻尖角度常近似按120°计算,根据三角函数即可算出钻尖的高度; H_1 为钻孔的有效深度,单位为 mm。

在图 6-26 中,容屑空间高度 = $L_2 + L_3$。这个容屑空间存在的原因是:钻孔时,铁屑主要以带状切削形式从钻头的螺旋槽排出,小部分铁屑以崩碎切削和粒状切削形式掉到孔底。因为加工中心加工时,一般不人为干预停机,从孔底将细碎铁屑清除出来(主轴另配气管将孔底细碎铁屑吹出,或钻头采用内冷将细碎铁屑清除出来除外)。另外,攻螺纹时,产生的细碎铁屑相当一部分也掉到孔底,与钻削时掉到孔底的细碎铁屑累积起来,沉积在容屑空间内。攻螺纹时,丝锥快攻到孔底时,若碰到沉积在容屑空间内的细碎铁屑,首先挤压细碎铁屑,若无法将细碎铁屑挤压下去而顶住了(因为机床主轴转动一周,丝锥要往下工作进给一个导程(螺距),此时丝锥已无法往下工作进给,最终会导致丝锥剪断(扭断)。若丝锥剪断(扭断)处在螺纹孔口,则剪断(扭断)的丝锥容易取出;若丝锥剪断(扭断)处在螺纹孔内,则剪断(扭断)的丝锥很难取出,必须采取特殊措施(如电火花等),否则可能造成工件报废。

四、找正装夹方案及夹具选择

1. 找正装夹方案

箱体类零件的找正装夹方案与项目五轮廓型腔类零件所述方法一样,这里不再赘述。下面主要学习箱体类零件装夹时的定位基准选择问题。

1) 选择定位基准的基本要求

加工箱体类零件时,所选定位基准要全面考虑各加工部位的加工情况,满足以下要求:

(1) 所选基准应能保证工件定位准确、装卸方便、迅速,装夹可靠,夹具结构简单。

(2) 所选基准与各加工部位间的各个尺寸计算简单。

(3) 保证各项加工精度要求。

2) 选择定位基准应遵循的原则

(1) 尽量选择零件上的设计基准作为定位基准,设计基准与定位基准不重合,会存在基准不重合误差。选择设计基准作为定位基准,可以避免因基准不重合而引起的定位误差,保证加工精度。在制定箱体类零件的加工方案时,首先要按基准重合原则选择最佳的精基准来安排零件的加工路线,这就要求在最初加工时,就要考虑以哪些面为精基准,把作为精基准的各面先加工出来。

(2) 当零件的定位基准与设计基准不能重合,应认真分析装配图样,确定该零件设计基准的设计功能,通过尺寸链的计算,严格规定定位基准与设计基准间的公差范围,确保加工精度。

(3) 在加工中心上无法同时完成包括设计基准在内的全部表面加工时,要考虑使用所选基准定位后,一次装夹能够完成全部关键精度部位的加工。

(4) 定位基准的选择要保证完成尽可能多的加工内容。为此,需考虑便于各个表面都能被加工的定位方式。对箱体类零件加工,最好采用"一面两销(孔)"的定位方案,以便刀具对其他表面进行加工。若工件上没有合适的孔,可增加工艺孔进行定位。

(5) 采用加工中心批量加工时,零件定位基准应尽可能与建立工件坐标系的对刀基准(对刀后,工件坐标系原点与定位基准间的尺寸为定值)重合。批量生产时,工件采用夹具定位安装,刀具一次对刀建立工件坐标系后加工一批工件,建立工件坐标系的对刀基准与零件定位基准重合可直接按定位基准对刀,以减少对刀误差。但是,在单件加工时(每加工一件对一次刀),工件坐标系原点和对刀基准的选择应主要考虑便于编程和测量,可不与定位基准重合。如图 6-27 所示的零件,在加工中心上单件加工 $4 \times \phi25H7$ 孔。$4 \times \phi25H7$ 孔都以 $\phi80H7$ 孔为设计基准,编程原点应选在 $\phi80H7$ 孔中心上,加工时以 $\phi80H7$ 孔中心为对刀基准建立工件坐标系,而定位基准为 A、B 两面,定位基准与对刀基准和编程原点不重合,这样的加工方案同样能保证各项精度。如果将编程原点选在 A、B 两面的交点上,则编程时计算很烦琐,并且还存在不必要的尺寸链计算误差。但批量加工时,工件采用 A、B 面为定位基准,即使将编程原点选在 $\Phi80H7$ 孔中心上并按 $\Phi80H7$ 孔中心对刀,仍会产生基准不重合误差。因为再安装工件的 $\Phi80H7$ 孔中心的位置是变动的。

(6) 必须多次安装时,应遵从基准统一原则。如图 6-28 所示的铣头体,其中 $\Phi80H7$ 孔、$\Phi80K6$、$\Phi90K6$、$\Phi95H7$、$\Phi140H7$ 孔及 $D-E$ 孔两端面需在卧式镗铣床或卧式加工中心上加工,且需要经两次装夹才能完成上述孔和面的加工。第一次装夹,加工 $\Phi80K6$ 孔、$\Phi90K6$ 孔、$\Phi80H7$ 孔及 $D-E$ 孔两端面;第二次装夹,加工 $\Phi95H7$ 孔及 $\Phi140H7$ 孔。为保证孔与孔之间、孔与面之间的相互位置精度,应选用同一定位基准。根据该零件的具体结构及技术要求,显然应选 A 面和 A 面上的两孔作为定位基准,采用如图 6-29 所示的直角夹具体,仍以 A 面和 A 面上的两孔作为定位基准定位,基准统一。因此,前面工序中加工出 A 面及两个定位用的工艺孔 $2\times\Phi16H6$,两次装夹都以 A 面和 $2\times\Phi16H6$ 孔定位,可减少因定位基准转换而引起的定位误差。

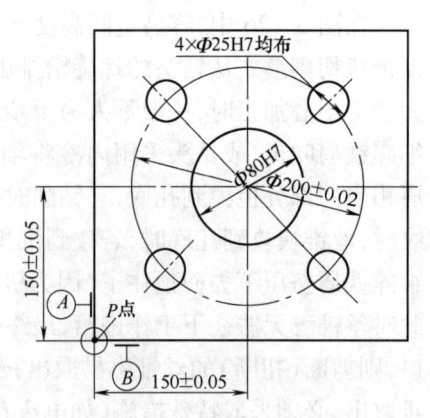

图6-27 编程原点选择

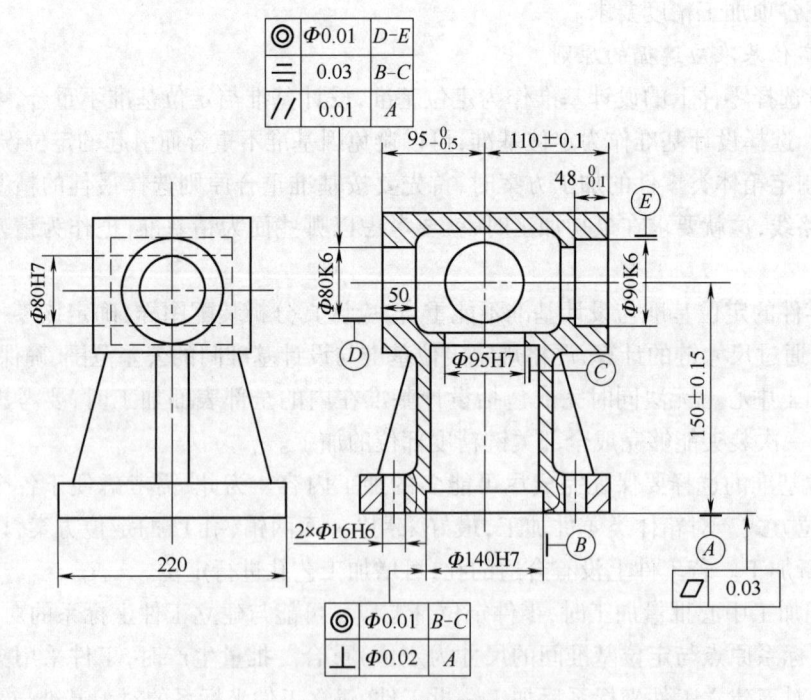

图6-28 铣头体简图

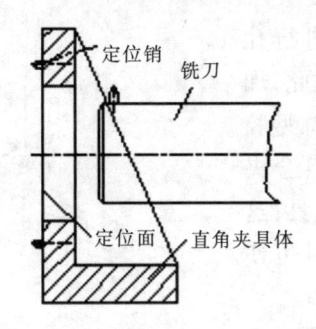

图 6-29 铣头体第二次装夹定位示意图

3)基准不重合时工序尺寸与公差的确定

加工中心加工的零件若存在定位基准与设计基准不重合时,必须通过更改设计(或更改尺寸标注,因为加工中心加工精度较高,一般更改尺寸标注为集中标注或坐标式尺寸标注,不会产生较大累积误差而造成工件报废或影响零件的装配及使用特性)或通过计算确定工序尺寸与公差。

如图 6-30(a)所示的零件,105±0.1mm 尺寸的 $Ra0.8\mu m$ 两面均已在前面工序中加工完毕,在加工中心上只进行所有孔的加工。以 A 面定位时,由于高度方向没有统一基准,$\phi 48H7$ 孔和上面两个 $\phi 25H7$ 孔,与 B 面的尺寸是间接保证的,要保证 32.5±0.1mm($\phi 25H7$ 孔与 B 面)和 52.5±0.04mm 尺寸,需要在上工序中对 105±0.1mm 尺寸公差进行压缩。若改为图 6-30(b)所示的方式标注尺寸,各孔位置尺寸都以定位面 A 为基准,基准统一,且定位基准与设计基准重合,各个尺寸都容易保证(具体计算过程省略)。

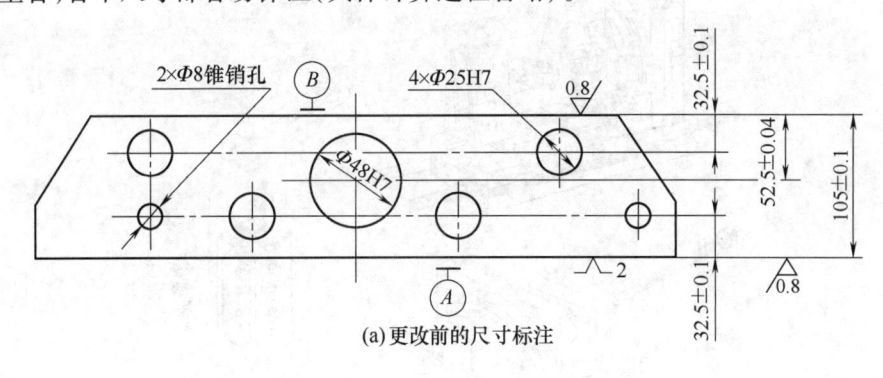

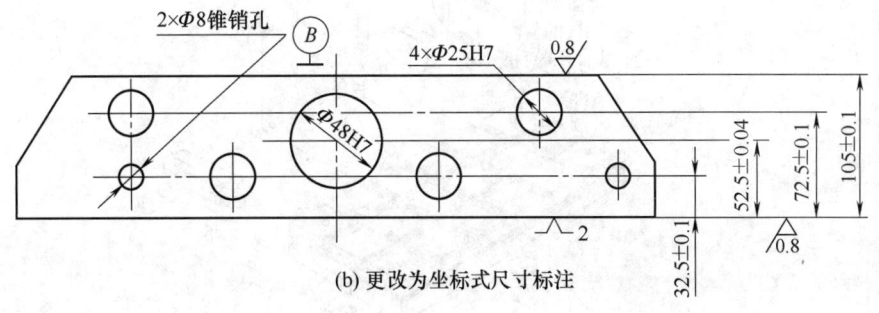

图 6-30 零件工序基准不重合时工序尺寸的确定

2. 夹具选择

项目五装夹轮廓型腔类零件所用夹具也适用于箱体类零件的装夹,因加工箱体类零件除铣削(或刨削、磨削)外,主要是进行孔系加工(钻、扩、铰、镗、攻、锪),因此,加工箱体类零件所用夹具比加工轮廓型腔类零件多一些。下面重点学习组合夹具、专用夹具、可调夹具和成组夹具,这些夹具在加工轮廓型腔类零件时也使用,只是使用的频率相对低一些。

1)组合夹具、专用夹具、可调夹具和成组夹具

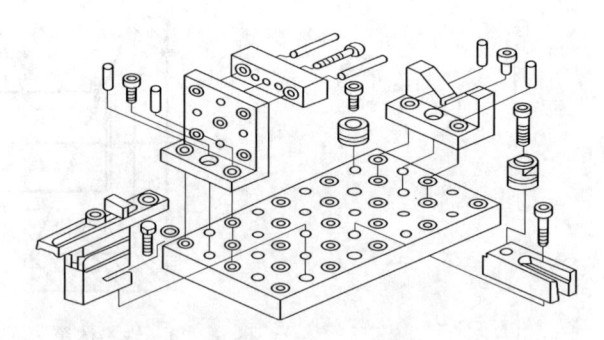

图6-31 孔系组合夹具组装示意图

(1)组合夹具。指按一定的工艺要求,由一套结构已经标准化、尺寸已经规格化和系列化的通用元件与组合元件,根据工件的加工装夹需要,可组装成各种功用的夹具。组合夹具使用完毕后,可方便地拆散成元件或部件,待需要时重新组合成其他加工零件的夹具,适用于数控加工,新产品的试制和中、小批量的生产。由于组合夹具是由各种通用标准元件和部件组合而成,各元件间相互配合的环节较多,夹具精度、刚性比不上专用夹具,尤其是元件连接的接合面刚度,对加工精度影响较大。通常,采用组合夹具时其加工尺寸精度只能达到IT8~IT9级。此外,组合夹具总体显得笨重,还有排屑不便等不足。组合夹具有孔系组合夹具和槽系组合夹具两种,图6-31所示为孔系组合夹具,图6-32所示为槽系组合夹具。

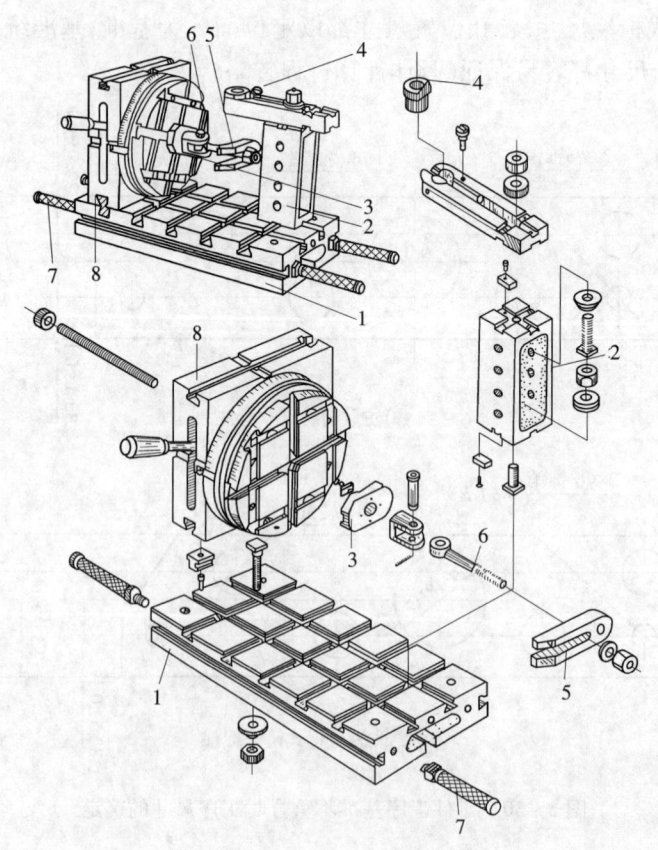

1—基础件;2—支承件;3—定位件;4—导向件;5—夹紧件;6—紧固件;7—其他件;8—合件

图6-32 槽系组合夹具组装示意图

（2）专用夹具。指专为某一工件或类似几种工件加工而专门设计制造的夹具，具有结构合理、刚性强、装夹稳定可靠、操作方便、装夹精度高及装夹速度快等优点，主要用于固定产品的中、大批量生产。采用这种夹具，批量加工的工件尺寸比较稳定，互换性较好，生产效率高。但是，专用夹具具有只能为一种或类似几种工件加工专用的局限性，与当今产品品种不断变型更新的形势不相适应，特别是专用夹具的设计和制造周期长、成本较高，加工简单零件不太经济。一般工厂的主导产品，批量较大、精度要求较高的关键性零件，可选用专用夹具。专用夹具的夹紧机构一般采用气动或液压夹紧机构，能大大减轻工人的劳动强度，并且能够提高生产率。图 6-33 所示为专用夹具实例。

图 6-33 专用夹具实例

（3）可调夹具。是组合夹具和专用夹具的结合，能克服以上两种夹具的不足，既能满足加工精度要求，又有一定的柔性。可调夹具与组合夹具的主要不同之处是：它具有整体刚性好的夹具体，在夹具体上设置了具有定位、夹紧等多功能的 T 形槽及台阶式光孔、螺孔，配置有多种夹压、定位元件。

（4）成组夹具。是随成组加工工艺的发展而出现的，其使用基础是对零件的分类。通过工艺分析，把形状相似、尺寸相近的各种零件进行分组，编制成组工艺，然后把定位、夹紧和加工方法相同的或相似的零件集中起来，统筹考虑夹具的设计方案。对结构外形相似的零件，采用成组夹具，具有较好的经济性和较高的装夹精度等优点。

2）夹具选择

加工箱体类零件夹具的选择要根据零件的精度等级、结构特点、产品批量及机床精度等情况综合考虑。

（1）在单件生产或新产品试制时，应采用通用夹具、组合夹具和可调夹具，只有在通用夹具、组合夹具和可调夹具无法解决工件装夹时才考虑采用其他夹具。

（2）小批或成批生产时，可考虑采用简单专用夹具。

（3）在生产批量较大时，可考虑采用多工位夹具或高效气动、液压等专用夹具。

（4）采用成组工艺时，应使用成组夹具。

五、刀具选择

在钻床、镗床上加工的刀具由于手工装卸相对简单，一般只手工装卸刃具部分。而在加工中心和数控铣床上加工的刀具，通常由刃具和刀柄两部分组成，刃具有面加工用的各种铣刀和孔加工用的钻头、扩孔钻、铰刀、镗刀和丝锥等；而刀柄要满足机床主轴的自动松开和夹紧定位，并能准确地安装各种切削刃具和适应换刀机械手的夹持等要求。

各种铣刀及其选择在项目五中已做了详细介绍,这里不再赘述。下面主要学习加工中心刀柄的选择和孔加工刀具的选择。

1. 加工中心切削刀具的基本要求

加工中心具有刀库及自动换刀装置,工件在一次装夹后,可依次完成多工序集中加工。根据加工中心的这一结构及特点,其切削刀具的基本要求如下:

(1)刀具应有较高的刚性。因为在加工中心上加工工件时无辅助装置支承刀具,刀具的长度在满足使用要求的前提下应尽可能短。

(2)重复定位精度高。同一把刀具多次装入加工中心的主轴锥孔时,切削刃的位置应重复不变。

(3)切削刃相对于主轴的一个固定点的轴向和径向位置应能准确调整,即刀具必须能以快速简单的方法准确地预调到一个固定的几何尺寸上。

2. 加工中心刀柄及其选择

1)刀柄

刀柄是加工中心主轴与刀具之间的连接工具,因此刀柄要能满足机床主轴自动松开和拉紧定位、准确安装各种切削刃具、适应机械手的夹持和搬运、储存和识别刀库中各种刀具的要求。加工中心与数控铣床一般都采用 7∶24 圆锥刀柄,如图 6-34 所示。这类刀柄不能自锁,换刀比较方便,与直柄相比有较高的定心精度与刚度。加工中心刀柄已系列化和标准化,其锥柄部分和机械手抓拿部分都有相应的国际标准和国家标准。固定在刀柄尾部且与主轴内拉紧机构相适应的拉钉也已标准化,柄部及拉钉的有关尺寸可查阅相应标准(GB/T10944.2—2006)。图 6-35 和图 6-36 所示分别是标准中规定的 A 型和 B 型拉钉。图 6-37 是常用的 MAS403 BT 标准拉钉。

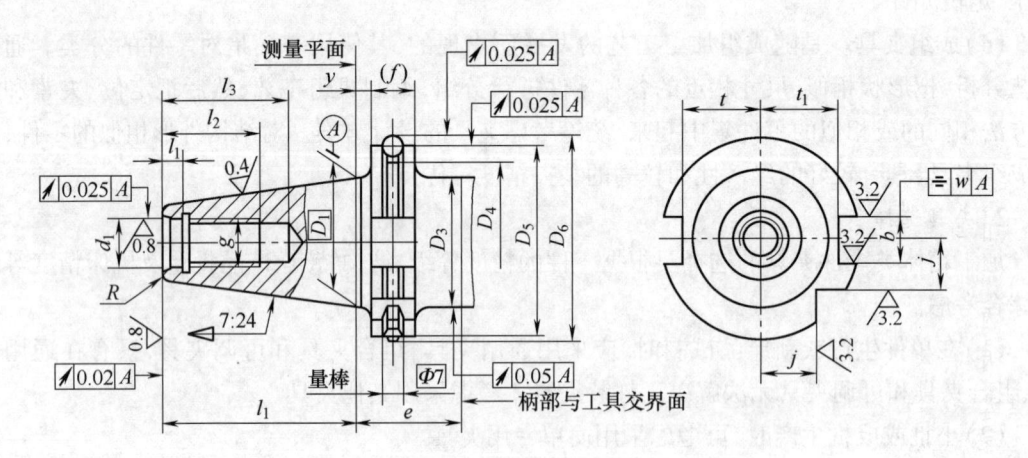

图 6-34 加工中心/数控铣床 7∶24 圆锥工具柄部简图

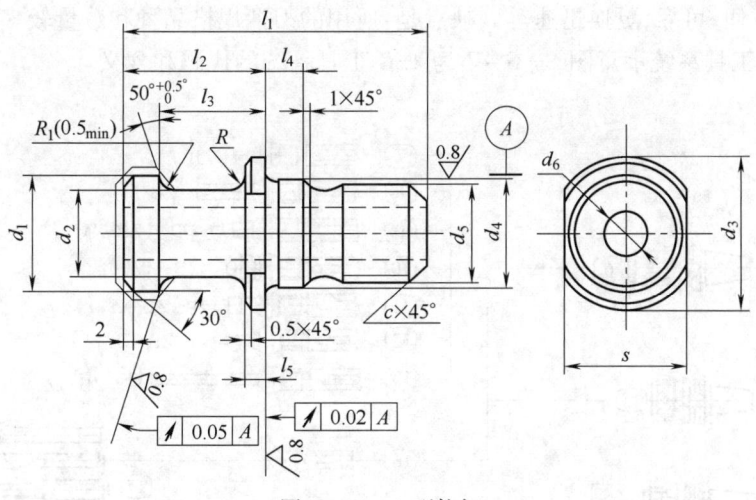

图 6-35　A 型拉钉

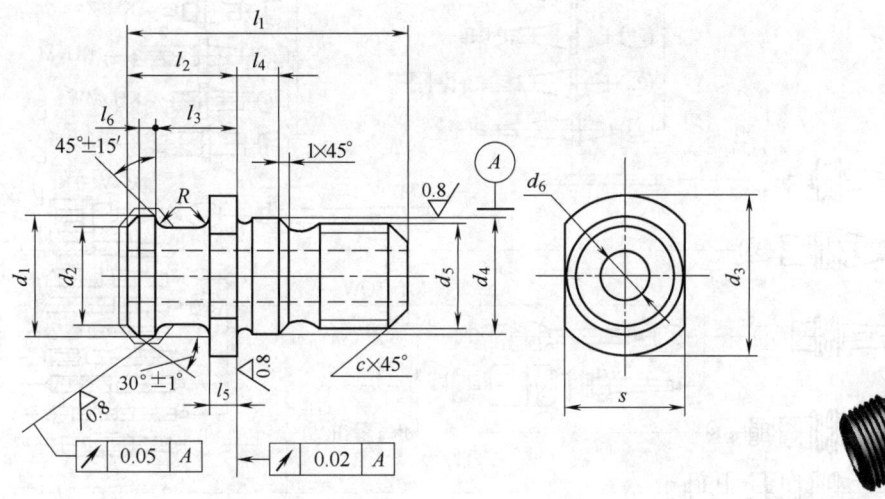

图 6-36　B 型拉钉

图 6-37　MAS403 BT 标准拉钉

加工中心/数控铣床的刀柄(工具柄部)和拉钉标准很多:有 BT、DIN、ANSI、CAT、JT 和 ISO 等近十种,JT 标准是我国标准。在选择刀柄时,要弄清楚选用的机床应配用符合哪个标准的工具柄部,且要求工具的柄部应与机床主轴锥孔的哪个规格(40 号、45 号还是 50 号)相匹配;工具柄部抓拿部位要能适应机械手的形状位置要求;拉钉也要与刀柄一样采用相同标准,拉钉的形状、尺寸要与主轴里的拉紧机构相匹配,如果拉钉选择不当,装在刀柄上使用可能会造成设备事故。

2)镗铣类工具系统

由于加工中心要适应多种形式零件的不同部位加工,所以刀具装夹部分的结构、形式、尺寸也是多种多样的。通过将通用性较强的几种装夹工具(如装夹铣刀、镗刀、铰刀、钻头和丝锥等)系列化、标准化,可将其发展成为不同结构的镗铣类工具系统。镗铣类工具系统一般分为整体式结构和模块式结构两大类。

(1)镗铣类整体式工具系统。镗铣类整体式工具系统把工具柄部和装夹刀具的工作部分做成一体。不同品种和规格的工作部分都必须带有与机床主轴相连接的柄部。其优点是:结构简单，使用方便、可靠，更换迅速等。缺点是：所用的刀柄规格品种和数量较多。图 6-38 所示为我国 TSG 工具系统示意图，表 6-7 为 TSG 工具系统的代码和含义。

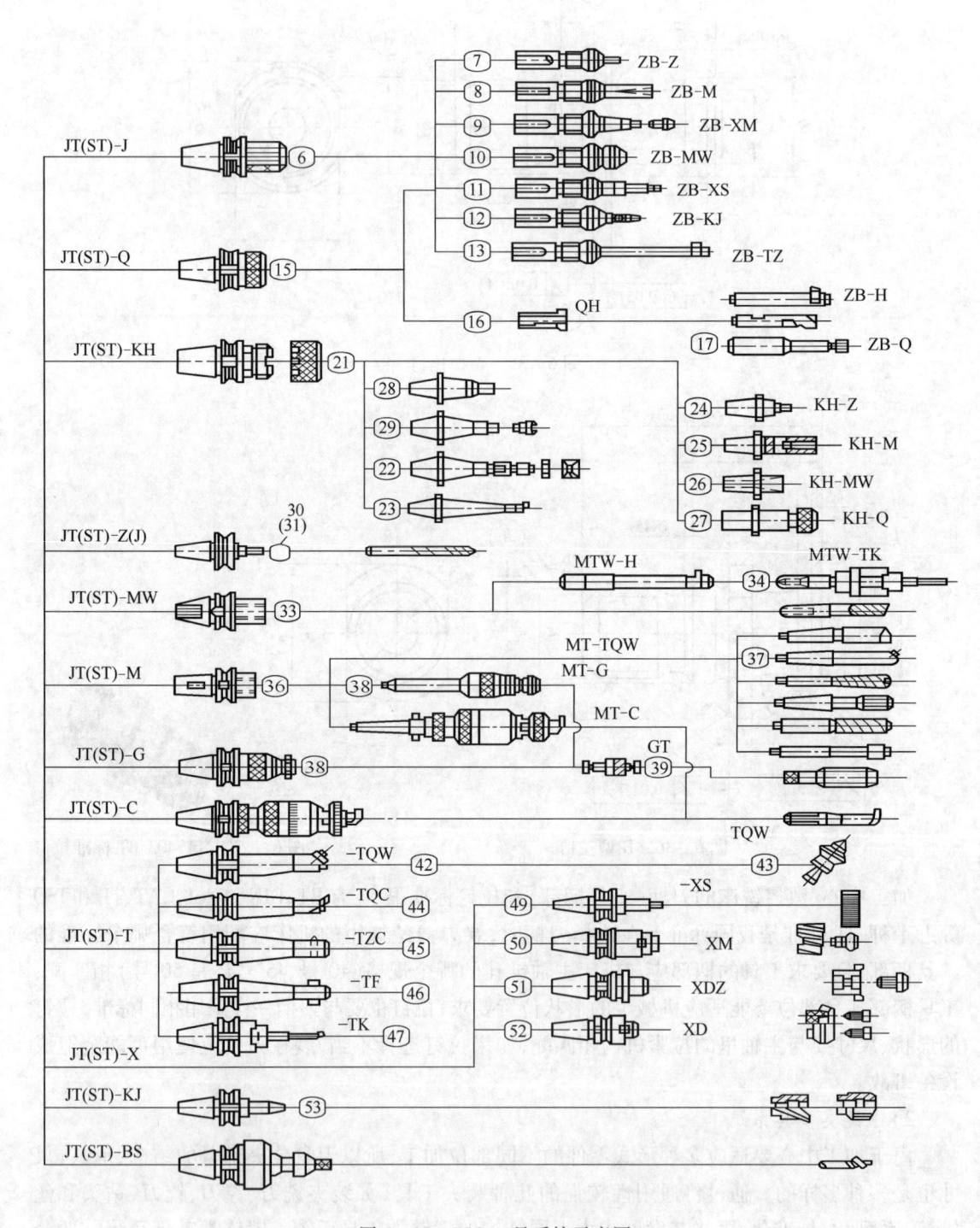

图 6-38　TSG 工具系统示意图

表6-7 TSG工具系统的代码和含义

代码	代码的含义	代码	代码的含义	代码	代码的含义
J	装接长刀杆用锥柄	KJ	用于装扩、铰刀	TF	浮动镗刀
Q	弹簧夹头	BS	倍速夹头	TK	可调镗刀
KH	7:24锥柄快换夹头	H	倒锪端面刀	X	用于装铣削刀具
Z(J)	用于装钻夹头(莫氏锥度注J)	T	镗孔刀具	XS	装三面刃铣刀
MW	装无扁尾莫氏锥柄刀具	TZ	直角镗刀	XM	装面铣刀
M	装有扁尾莫氏锥柄刀具	TQW	倾斜式微调镗刀	XDZ	装直角端铣刀
G	攻螺纹夹头	TQC	倾斜式粗镗刀	XD	装端铣刀
C	切内槽刀具	TZC	直角形粗镗刀		

注：用数字表示工具的规格，其含义随工具不同而异：对于有些工具，该数字为轮廓尺寸($D-L$)；对另一些工具，该数字表示应用范围；还有表示其他参数值的，如锥度号等。

(2)镗铣类模块式工具系统。把工具的柄部和工作部分分开，制成系统化的主柄模块、中间模块和工作模块，每类模块中又分为若干小类和规格，然后用不同规格的中间模块组装成不同用途、不同规格的模块式工具。这样既方便了制造，也方便了使用和保管，大大减少了用户的工具储备。目前，模块式工具系统已成为数控加工刀具发展的方向。图6-39所示为TMG工具系统的示意图。

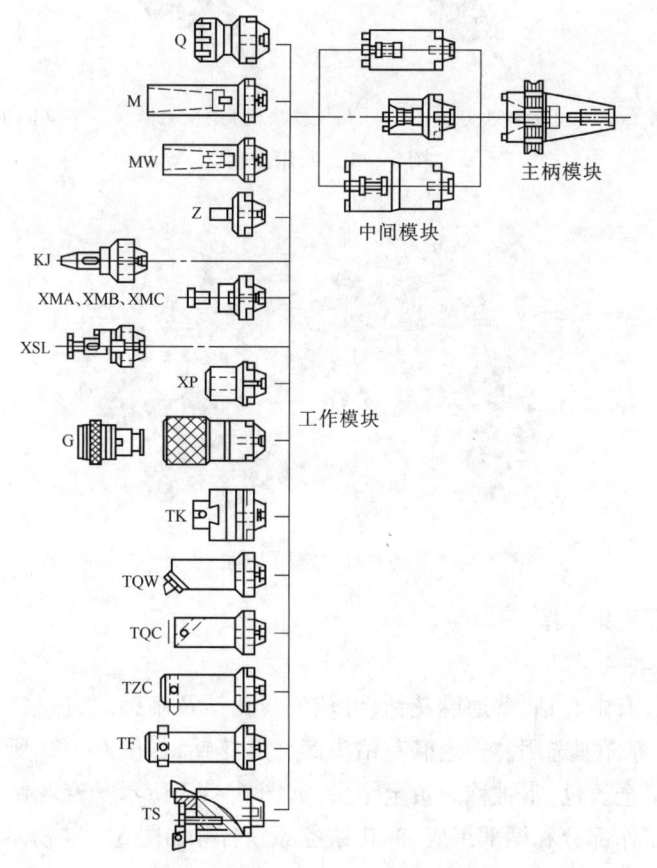

图6-39 TMG工具系统的示意图

3) 常用刀柄

图 6-40 和图 6-41 所示是常用的各种刀柄。

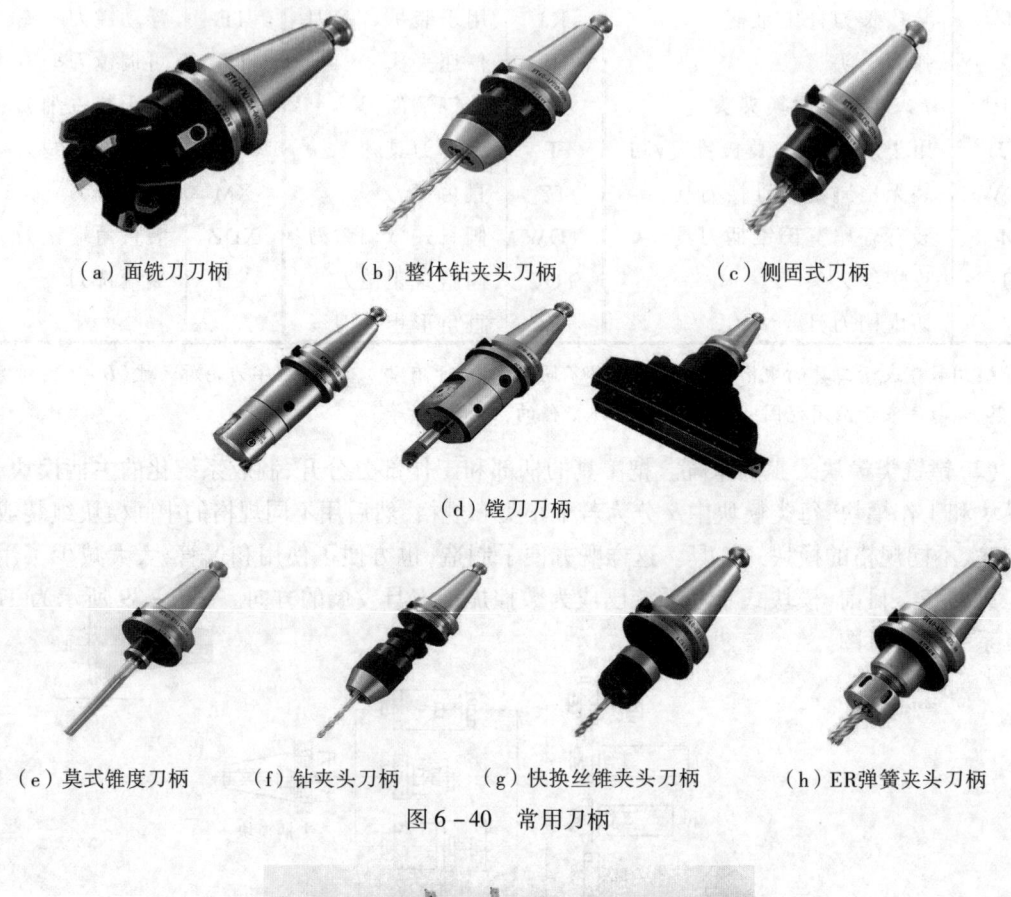

(a) 面铣刀刀柄　　(b) 整体钻夹头刀柄　　(c) 侧固式刀柄

(d) 镗刀刀柄

(e) 莫式锥度刀柄　(f) 钻夹头刀柄　(g) 快换丝锥夹头刀柄　(h) ER弹簧夹头刀柄

图 6-40　常用刀柄

图 6-41　常用刀柄

3. 孔加工刀具及其选择

1) 钻孔刀具及其选择

钻孔刀具较多，有中心钻、普通麻花钻、可转位浅孔钻及扁钻等，应根据工件材料、加工尺寸及加工质量要求等合理选用。普通麻花钻头简称麻花钻，如图 6-42 所示。在麻花钻上涂覆 TiN 涂层，钻头呈金黄色，常被称为黄金钻头，如图 6-43 所示。麻花钻有高速钢和硬质合金两种，它主要由工作部分和柄部组成，麻花钻各部分名称如图 6-44 所示。麻花钻加工示例如图 6-45 所示。

图 6-42 直柄麻花钻头

图 6-43 涂覆 TiN 涂层的黄金钻头

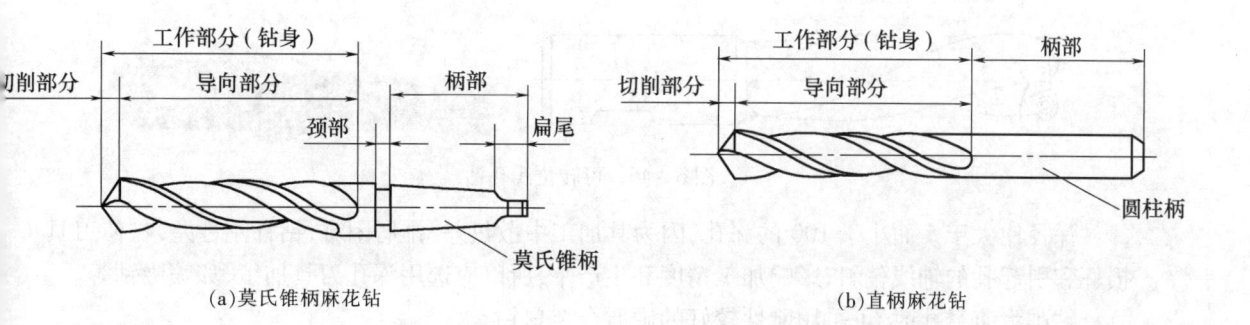

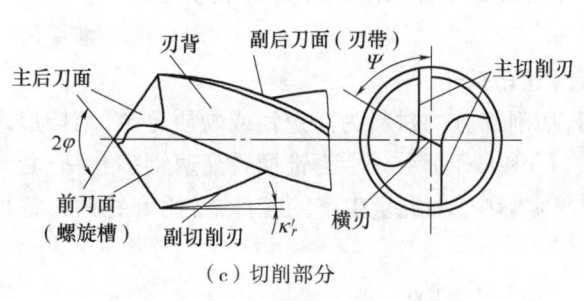

(a) 莫氏锥柄麻花钻

(b) 直柄麻花钻

(c) 切削部分

图 6-44 麻花钻各部分名称

图 6-45 麻花钻加工示例

麻花钻的工作部分包括切削部分和导向部分。麻花钻的切削部分有两个主切削刃、两个副切削刃和一个横刃。两个螺旋槽是切屑流经的表面,为前刀面;与工件过渡表面(即孔底)相对的端部两曲面为主后刀面;与工件已加工表面(即孔壁)相对的两条刃带为副后刀面。前刀面与主后刀面的交线为主切削刃,前刀面与副后刀面的交线为副切削刃,两个主后刀面的交线为横刃。主切削刃上各点的前角、后角是变化的,钻心处的前角接近 0°,甚至是负值;两条主切削刃在与其平行的平面内的投影之间的夹角称为顶角,标准麻花钻的顶角 $2\psi = 118°$。麻花钻导向部分起导向、修光、排屑和输送切削液作用,也是切削部分的后备。

根据柄部不同,麻花钻有圆柱柄和莫氏锥柄两种。直径为 $\Phi 0.1 \sim \Phi 20mm$ 的麻花钻多为圆柱柄($\Phi 8 \sim \Phi 20mm$ 麻花钻有莫氏锥柄),可装在图 6-40(h) 所示的 ER 弹簧夹头刀柄或图 6-40(f) 所示的钻夹头刀柄上。直径为 $\Phi 20 \sim \Phi 80mm$ 的麻花钻为莫氏锥柄,可直接装在带有莫氏锥孔的刀柄内,刀具长度不能调节。

麻花钻有标准型和加长型两种,为了提高钻头刚性,应尽量选用较短的钻头,但麻花钻的工作部分应大于孔深,以便排屑和输送切削液。

在加工中心上钻孔,因无夹具钻模导向,受两切削刃上切削力不对称的影响,容易引起钻头偏斜,要求钻头的两切削刃必须有较高的刃磨精度(两刃长度一致,顶角 2ψ 对称于钻头中心线)。

钻削中等浅孔(直径在 $\Phi20\sim\Phi60mm$,孔的深径比小于等于5)时,可选用可转位浅孔钻,如图6-46所示。可转位浅孔钻结构是在带排屑槽及内冷却通道钻体的头部装有一组刀片(多为凸多边形、菱形和四边形),多采用硬质合金刀片。靠近钻心的刀片用韧性较好的材料,靠近钻头外径的刀片选用较为耐磨的材料,这种钻头具有切削效率高、加工质量好的特点,最适用于箱体类零件的钻孔加工。为了提高刀具的使用寿命,在刀片上涂覆 TiC 涂层。使用这种钻头钻箱体孔,比普通麻花钻提高效率4~6倍。

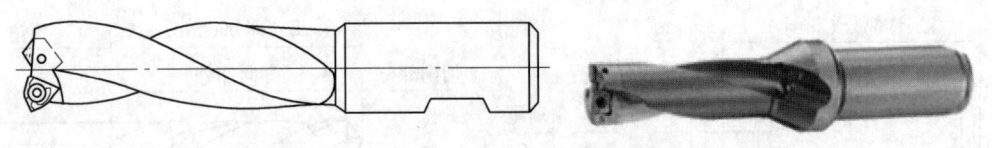

图6-46 可转位浅孔钻

深径比大于5而小于100的深孔,因为其加工中散热差,排屑困难,钻杆刚性差,易使刀具损坏和引起孔的轴线偏斜,影响加工精度和生产率,所以应选用深孔刀具加工,如喷吸钻等。

钻削大直径孔时,可采用刚性较好的硬质合金扁钻。

中心钻主要用于钻中心孔,在项目二中已经做了详细阐释,这里不再赘述。

2)扩孔刀具及其选择

扩孔可采用扩孔钻,也可采用镗刀或麻花钻扩孔。

标准扩孔钻一般有3~4条主切削刃,切削部分的材料为高速钢或硬质合金,结构形式有直柄式、锥柄式和套式等。图6-47(a)、(b)和(c)所示分别为锥柄式高速钢扩孔钻、套式高速钢扩孔钻和套式硬质合金扩孔钻。生产实际中,小批量生产的零件,常用麻花钻代替扩孔钻。图6-48所示为扩孔加工示意。

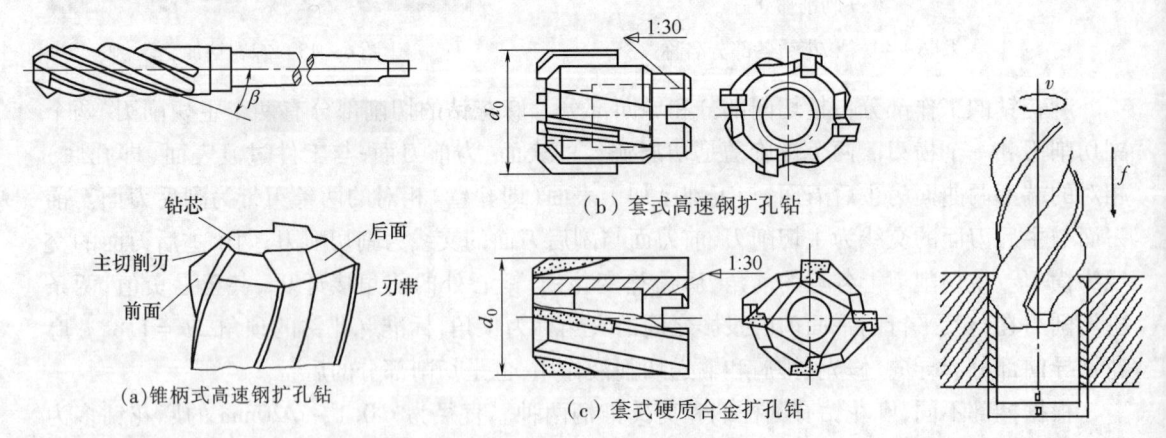

图6-47 扩孔钻

(a)锥柄式高速钢扩孔钻
(b)套式高速钢扩孔钻
(c)套式硬质合金扩孔钻

图6-48 扩孔加工示意

扩孔直径较小时,可选用直柄式扩孔钻;扩孔直径中等时,可选用锥柄式扩孔钻;扩孔直径较大时,可选用套式扩孔钻。

扩孔钻的加工余量较小,主切削刃较短,因为容屑槽浅,所以刀体的强度和刚度较好。它无麻花钻的横刃,加之刀齿多,所以导向性好、切削平稳,加工质量和生产率都比麻花钻高。

扩孔直径在 $\Phi20\sim\Phi60mm$,并且机床刚性好、功率大时,可选用如图6-49所示的可转位扩孔钻。这种扩孔钻的两个可转位刀片的外刃位于同一个外圆直径上,并且刀片径向可作微量(±0.1mm)调整,以控制扩孔直径。

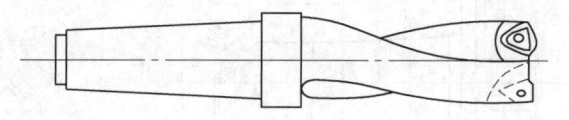

图6-49 可转位扩孔钻

3)镗孔刀具及其选择

镗孔所用刀具为镗刀。镗刀种类很多,按切削刃数量可分为单刃镗刀和双刃镗刀。

镗削通孔、阶梯孔和盲孔,可分别选用图6-50(a)、(b)、(c)所示的单刃镗刀,实例如图6-51所示。单刃镗刀头结构类似车刀,用螺钉装夹在镗杆上,结构简单。在图6-50所示的单刃镗刀中,螺钉1用于调整尺寸,螺钉2起锁紧作用。单刃镗刀刚性差,切削时容易引起振动,所以镗刀的主偏角选得较大,以减小径向力。镗铸铁孔或精镗时,一般取主偏角$\kappa_r = 90°$;粗镗钢件孔时,取主偏角$\kappa_r = 60° \sim 75°$,以提高刀具的耐用度。所镗孔径的大小要靠调整刀具的悬伸长度来保证,调整麻烦,效率低,一般用于粗镗,或小批生产零件的粗、精镗。镗孔加工实例如图6-52所示。

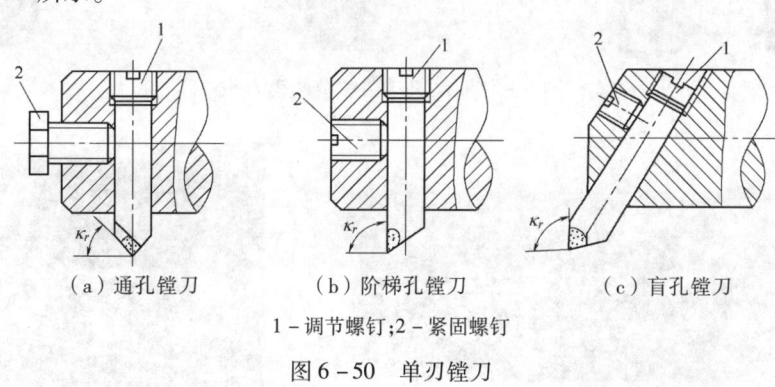

(a)通孔镗刀 (b)阶梯孔镗刀 (c)盲孔镗刀

1-调节螺钉;2-紧固螺钉

图6-50 单刃镗刀

图6-51 单刃镗刀实例   图6-52 镗孔加工实例

在孔的精镗中,一般选用精镗微调镗刀。这种镗刀的径向尺寸可以在一定范围内进行微调,调节方便,且精度高。整体式精镗微调镗刀结构如图6-53所示,调整尺寸时,先松开拉紧螺钉4,然后转动带刻度盘的调整螺母5,待调至所需尺寸时,再拧紧螺钉4。使用时应保证锥面的接触面积,而且与直孔部分同心。导向块与键槽配合间隙不能太大,否则微调时就不能达到较高的精度。模块式精镗微调镗刀头如图6-54所示,小孔径精镗微调镗刀柄与镗刀杆如图6-55所示。

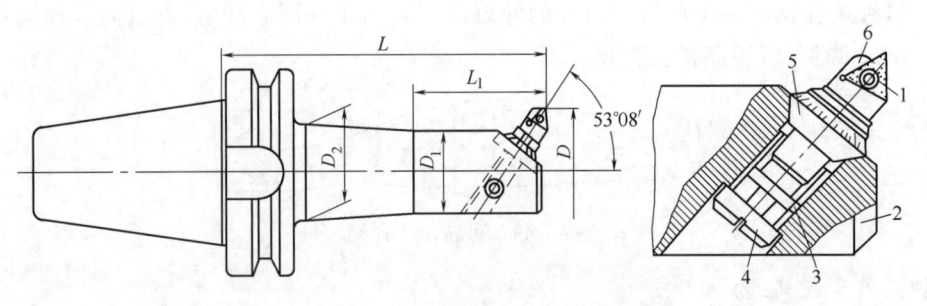

1—刀片；2—镗刀杆；3—导向块；4—螺钉；5—调整螺母；6—刀块

图 6-53 整体式精镗微调镗刀

图 6-54 模块式精镗微调镗刀头

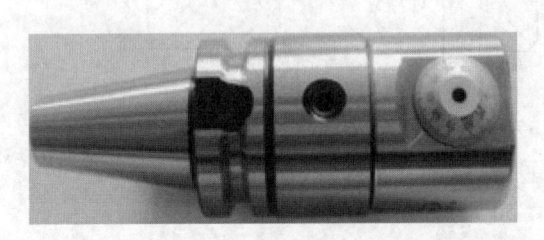

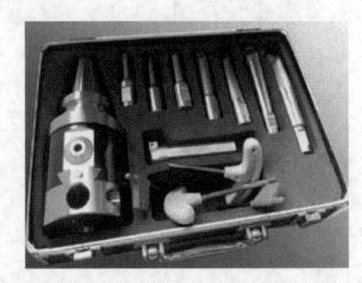

图 6-55 小孔径精镗微调镗刀柄与镗刀杆

镗削大直径的孔时，可选用如图 6-56 所示的双刃镗刀。这种镗刀头部可以在较大范围内进行调整，且调整方便。双刃镗刀的两端有一对对称的切削刃同时参与切削，与单刃镗刀相比，镗刀每转进给量可提高一倍左右，生产效率高，同时可消除切削力对镗杆的影响。双刃镗刀的镗刀头实例如图 6-57 所示。

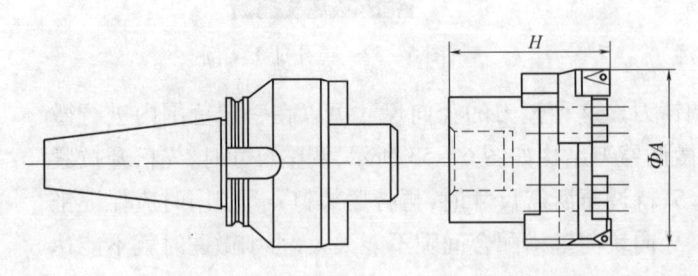

图 6-56 双刃镗刀

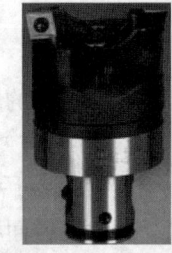

图 6-57 双刃镗刀的镗刀头实例

4)铰孔刀具及其选择

常见的铰刀多是通用标准铰刀。此外,还有机夹硬质合金刀片单刃铰刀和浮动铰刀等。通用标准铰刀各部分名称如图6-58所示。

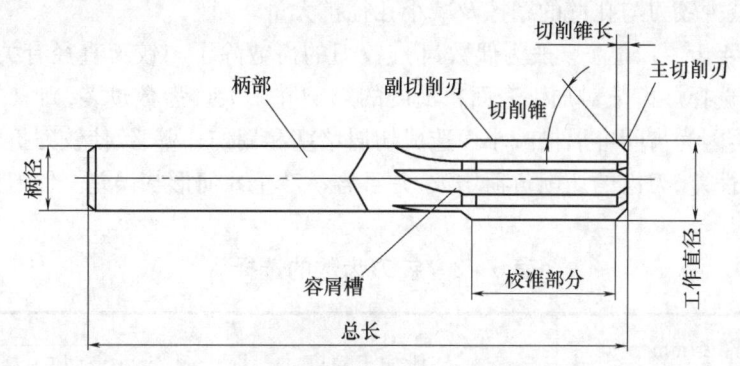

图6-58 铰刀的各部分名称

通用标准铰刀有直柄、锥柄和套式三种,如图6-59所示。锥柄铰刀直径为 $\Phi 10 \sim \Phi 32mm$,直柄铰刀直径为 $\Phi 6 \sim \Phi 20mm$,小孔直柄铰刀直径为 $\Phi 1 \sim \Phi 6mm$,套式铰刀直径为 $\Phi 25 \sim \Phi 80mm$。加工精度为 IT7~IT8 级、表面粗糙度 Ra 值为 $0.8mm \sim 1.6\mu m$ 的孔时,多选用通用标准铰刀。通用标准铰刀,一把铰刀只对应加工一种孔径,铰刀磨损即报废,且较大孔径铰刀需特殊订货,不像镗刀在一定范围内可调镗孔孔径,刀具磨损更换机夹刀片即可。此外,因为我国小孔径镗刀品质较差,所以生产实际 $\Phi 20mm$ 及以下孔径的精加工采用通用标准铰刀铰孔,$\Phi 20mm$ 以上孔径的精加工采用镗孔。图6-60所示为硬质合金直柄铰刀机用实例,图6-61所示为铰孔加工实例。

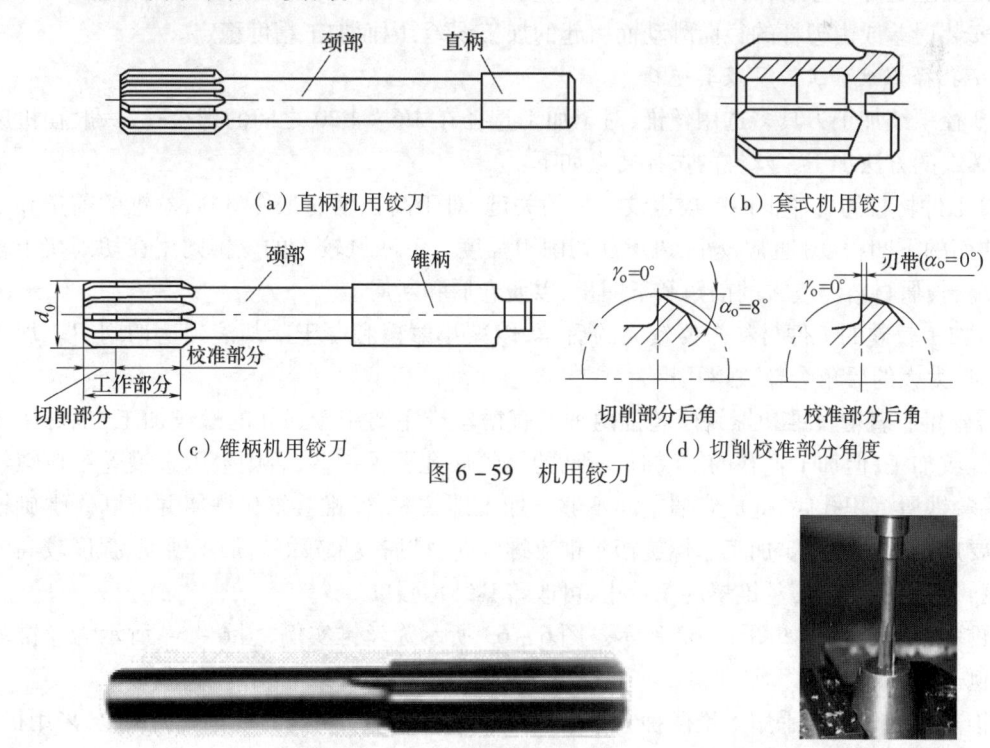

(a)直柄机用铰刀

(b)套式机用铰刀

(c)锥柄机用铰刀

(d)切削校准部分角度

图6-59 机用铰刀

图6-60 硬质合金直柄机用铰刀

图6-61 铰孔加工实例

铰刀的工作部分包括切削部分与校准部分。切削部分为锥形，担负主要的切削工作。切削部分的主偏角为5°~15°，前角一般为0°，后角一般为5°~8°。校准部分的作用是校正孔径、修光孔壁和导向。校准部分包括圆柱部分和倒锥部分，圆柱部分保证铰刀直径和便于测量，倒锥部分可减少铰刀与孔壁的摩擦及减小孔径扩大量。

标准铰刀有4齿~12齿（一般为偶数齿），铰刀的齿数除了与铰刀直径有关外，主要根据加工精度的要求选择。齿数对加工表面粗糙度的影响并不大。齿数过多，刀具的制造重磨都比较麻烦，而且会因为齿间容屑槽减小而造成切屑堵塞和划伤孔壁，致使铰刀折断；齿数过少，则铰削时的稳定性差，刀齿的切削负荷增大，并且容易产生几何形状误差。铰刀齿数可参照表6-8选择。

表6-8 铰刀齿数的选择

铰刀直径/mm	齿 数	
	一般加工精度	高加工精度
1.5~3	4	4
3~14	4	6
14~40	6	8
>40	8	10~12

铰削精度IT6~IT7级、表面粗糙度Ra值为$0.4~0.8\mu m$的孔时，可采用机夹硬质合金刀片的单刃铰刀铰孔。

铰削精度为IT6~IT7级、表面粗糙度Ra值为$0.8~1.6\mu m$的大直径通孔时，可选用专为加工中心设计的浮动铰刀。浮动铰刀既能保证在换刀和铰削过程中刀片不会从刀杆中滑出，又能较准确地定心。浮动铰刀有两个对称刃，能自动平衡切削力，在铰削过程中又能自动补偿因刀具安装误差或由刀杆的径向跳动而引起的加工误差，因而加工精度稳定。

5）小孔径螺纹加工刀具及其选择

小孔径螺纹加工刀具多选用丝锥，对于加工直径在$M6~M20$之间的螺纹孔，一般在机床上用攻螺纹的方法加工。丝锥的选择要点如下：

（1）工件材料的可加工性是攻螺纹难易的关键，对于高强度的工件材料，丝锥的前角和下凹量（前面的下凹程度）通常较小，以增加切削刃强度。下凹量较大的丝锥则用在切削扭矩较大的情况，长屑材料需较大的前角和下凹量，以便卷屑和断屑。

（2）加工较硬的工件材料需要较大的后角，以减小摩擦和便于冷却液到达切削刃。加工软材料时，太大的后角会导致螺孔扩大。

（3）丝锥有直槽丝锥和螺旋槽丝锥两种。直槽丝锥主要用于通孔的螺纹加工，也可用于盲孔的螺纹加工，但加工盲孔的螺纹时，所钻的螺纹底孔要深一些，否则会因直槽丝锥攻螺纹排屑不畅，铁屑沉积孔底，造成容屑空间不够。加工螺纹时，丝锥会抵住铁屑并剪断。螺旋槽丝锥主要用于盲孔的螺纹加工。螺旋槽丝锥攻螺纹时，排屑效果较好。加工硬度、强度较高的工件材料，所用的螺旋槽丝锥螺旋角较小，可改善其结构强度。

丝锥的各部分名称如图6-62所示。图6-63所示为丝锥实例，图6-64所示为丝锥攻螺纹实例。

丝锥有机用丝锥和手用丝锥两种。机用丝锥装在具有浮动功能的攻螺纹夹头上，采用机械加工机床攻螺纹,其切削锥长一般是螺距的3倍左右;手用丝锥用于人工手工攻螺纹,其切削锥长一般是螺距的5倍左右。

注意:攻螺纹时,必须采用具有浮动功能的攻螺纹夹头,切记。

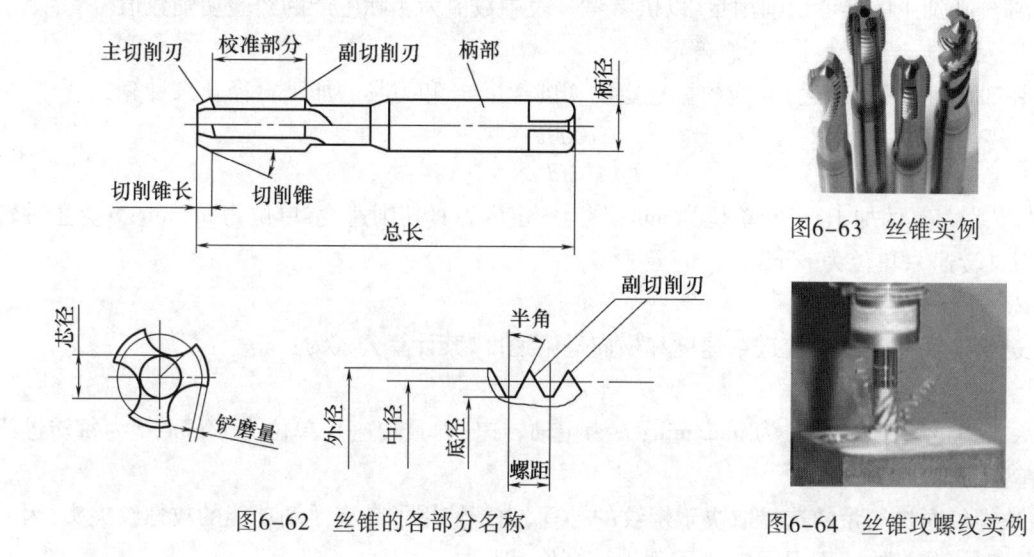

图6-62 丝锥的各部分名称

图6-63 丝锥实例

图6-64 丝锥攻螺纹实例

6) 锪孔刀具及其选择

锪孔是用锪钻或锪刀在工件孔口刮平端面或切出锥形、圆柱形沉孔的加工方法。在工件孔口刮平端面称为锪平面,切出锥形、圆柱形沉孔称为锪沉孔。锪孔的深度一般较浅,如锪平铸件或锻件工件孔口平面,锪出沉孔螺栓的沉孔等。锪钻或锪刀一般是根据要锪的孔口平面或沉孔形状特殊磨制或订制的,但在实际生产中,对于孔口较小的平面或沉孔,一般采用立铣刀或端面刃立铣刀锪平面,锪沉孔一般采用立铣刀、端面刃立铣刀或用麻花钻头手工刃磨或工具磨刃磨成群钻。群钻又称倪志福钻头,麻花钻头刃磨成群钻的钻尖形状如图6-65所示。图6-66所示为群钻锪沉孔加工实例。

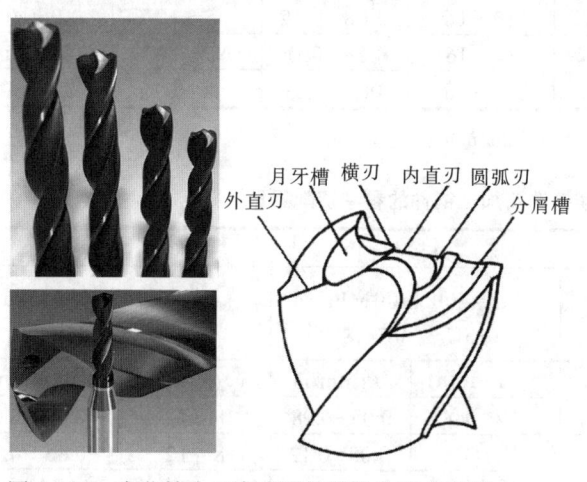

图6-65 麻花钻头刃磨成群钻的钻尖形状示例

图6-66 群钻锪沉孔加工实例

六、切削用量选择

切削用量的选择应充分考虑零件的加工精度、表面粗糙度,以及刀具的强度、刚度和加工效率等因素,在机床允许的范围之内,查阅相关手册并结合经验确定。表6-9~表6-13列出了部分孔加工的参考切削用量,以供参考。表中数值为实际生产的经验切削数值。

1. 主轴转速(刀具转速)的确定

主轴转速(刀具转速)n应根据选定的切削速度v_c和刀具的加工直径d来计算:

$$n = \frac{1000v_c}{\pi d} \qquad (式6-6)$$

式中:d为刀具的加工直径,单位为mm;v_c为选定的刀具切削速度,单位为m/min;n为主轴转速(刀具转速),单位为r/min。

2. 进给速度F的计算

进给速度F包括纵向进给速度和横向进给速度,其计算公式为:

$$F = nf \qquad (式6-7)$$

式中:F为进给速度,单位为mm/min;n为主轴转速(刀具转速),单位为r/min;f为每转进给量,单位为mm/r。

攻螺纹时进给量的选择取决于螺纹的导程,由于使用了带有浮动功能的攻螺纹夹头,因而攻螺纹时工作进给速度F可略小于理论计算值,即:

$$F \leqslant Pn \qquad (式6-8)$$

式中:F为丝锥攻螺纹的进给速度,单位为mm/min;P为加工螺纹孔的导程,单位为mm;n为攻螺纹时主轴转速(刀具转速),单位为r/min。

表6-9 高速钢钻头加工铸铁的参考切削用量

钻头直径/mm	材料硬度					
	160~200HBS		200~300HBS		300~400HBS	
	v_c/(m/min)	f/(mm/r)	v_c/(m/min)	f/(mm/r)	v_c/(m/min)	f/(mm/r)
1~6	14~20	0.05~0.10	10~16	0.05~0.08	5~10	0.03~0.06
6~12	14~20	0.10~0.15	10~16	0.08~0.12	5~10	0.06~0.10
12~22	14~20	0.15~0.2	10~16	0.12~0.16	5~10	0.10~0.14
22~50	14~20	0.2~0.4	10~16	0.16~0.3	5~10	0.14~0.2

注:采用硬质合金钻头加工铸铁时取$v_c = 20 \sim 32$m/min。

表6-10 高速钢钻头加工钢件的参考切削用量

钻头直径/mm	材料强度					
	σ_b=520~700MPa (35、45钢)		σ_b=700~900MPa (15Cr、20Cr钢)		σ_b=1000~1100MPa (合金钢)	
	v_c/(m/min)	f/(mm/r)	v_c/(m/min)	f/(mm/r)	v_c/(m/min)	f/(mm/r)
1~6	14~20	0.05~0.08	10~16	0.05~0.08	8~12	0.03~0.06
6~12	14~20	0.1~0.15	10~16	0.08~0.12	8~12	0.06~0.10
12~22	14~20	0.15~0.2	10~16	0.12~0.16	8~12	0.1~0.14
22~50	14~20	0.2~0.3	10~16	0.16~0.25	8~12	0.14~0.2

表 6-11 高速钢铰刀铰孔的参考切削用量

铰刀直径/mm	工件材料					
	铸铁		钢及合金钢		铝铜及其合金	
	v_c/(m/min)	f/(mm/r)	v_c/(m/min)	f/(mm/r)	v_c/(m/min)	f/(mm/r)
6~10	2~5	0.2~0.4	2~4	0.2~0.3	6~9	0.3~0.45
10~15	2~5	0.3~0.5	2~4	0.25~0.35	6~9	0.45~0.6
15~25	2~5	0.4~0.6	2~4	0.35~0.45	6~9	0.6~0.8
25~40	2~5	0.5~0.7	2~4	0.45~0.5	6~9	0.8~1.0
40~60	2~5	0.6~0.8	2~4	0.5~0.6	6~9	0.9~1.3

注:采用硬质合金铰刀加工铸铁时取 $v_c = 8 \sim 10$ m/min,铰铝时 $v_c = 12 \sim 15$ m/min。

表 6-12 镗孔参考切削用量

工序	刀具材料	工件材料					
		铸铁		钢及合金钢		铝铜及其合金	
		v_c/(m/min)	f/(mm/r)	v_c/(m/min)	f/(mm/r)	v_c/(m/min)	f/(mm/r)
粗镗	高速钢	20~25	0.25~0.35	15~25	0.3~0.4	80~120	0.4~0.7
	无涂层硬质合金	35~50	0.3~0.45	40~55	0.3~0.45	120~150	0.5~1.0
	涂层硬质合金	80~100	0.3~0.5	85~105	0.3~0.5	150~200	0.6~1.1
半精镗	高速钢	20~30	0.15~0.25	15~30	0.15~0.25	90~140	0.2~0.4
	无涂层硬质合金	40~55	0.2~0.35	45~60	0.2~0.35	140~170	0.35~0.6
	涂层硬质合金	90~110	0.25~0.4	90~115	0.25~0.4	170~220	0.4~0.8
精镗	高速钢	30~40	<0.08	30~40	<0.08	100~160	0.08~0.2
	无涂层硬质合金	50~70	0.05~0.2	50~70	0.05~0.2	160~220	0.08~0.3
	涂层硬质合金	100~130	0.05~0.3	100~140	0.05~0.3	220~280	0.08~0.4

注:双刃镗刀表内每转进给量 f 可提高一倍。

表 6-13 攻螺纹参考切削用量

加工材料	铸铁	钢及合金钢	铝铜及其合金
v_c(m/min)	2.5~5	1.5~5	5~10

七、填写机械加工工序卡和刀具卡

机械加工工艺文件既是机械加工的依据,也是操作者遵守、执行的作业指导书。机械加工工艺文件是对机械加工工艺过程的具体说明,目的是让操作者更明确加工顺序、加工内容、加工设备、装夹方式、切削用量和各个加工部位所选用的刀具等。箱体类零件机械加工工序卡和机械加工刀具卡具体详见加工案例零件的机械加工工序卡和机械加工刀具卡。

6-1-4 完成工作任务过程

1. 零件图纸工艺分析

主要分析盖板零件图纸技术要求(包括尺寸精度、形位精度和表面粗糙度等)、检查零件图的完整性与正确性、分析零件的结构工艺性。通过零件图纸工艺分析,保证零件的加工精度,确定应采取的工艺措施。

该盖板零件加工表面由 A、B 两面和孔系组成,零件结构简单,主要加工孔系包括 4 个 M16 螺纹孔、4 个 Φ16mm/Φ12H8mm 阶梯孔及 1 个 Φ60H7mm 孔。Φ60H7mm 孔尺寸精度要求较高,4×Φ12H8mm 孔和 Φ60H7mm 孔的表面粗糙度要求较高,其余孔的尺寸精度与表面粗糙度要求一般。尺寸标注完整,轮廓描述清楚。零件材料为灰铸铁 HT200,切削加工性能较好。

通过上述零件图纸工艺分析,采取以下两点工艺措施:

(1) 该盖板零件加工表面为 A、B 两侧面和孔系,A、B 两侧面厚度 15mm 为自由公差(毛坯厚度为 20mm),表面粗糙度为 Ra6.3μm 要求不高,零件尺寸规格较小,为降低加工成本,A、B 两侧面可采用牛头刨床刨削加工。孔系 4 个 Φ12H8mm 和 1 个 Φ60H7mm 孔的尺寸精度和表面粗糙度要求较高,这 4 个 Φ12H8mm 和 1 个 Φ60H7mm 孔的表面粗糙度为 Ra0.8μm,普通铣床和钻床镗孔的表面粗糙度一般只能达到 Ra1.6μm,采用镗床加工可解决。但因盖板零件尺寸规格较小,生产批量达 500 件,采用镗床(卧式镗铣床或坐标镗床一般用于单件小批生产的中大型零件加工)加工不甚经济。为提高生产效率,建议采用加工中心加工。

(2) 该盖板零件结构对称,A、B 两侧面上述分析决定采用牛头刨床刨削加工,零件长宽均只有 160mm,在平口台虎钳的夹持范围内,故加工中心加工孔系时,可采用平口台虎钳按图 5-50(b) 所示找正虎钳后装夹工件。装夹工件前,在平口台虎钳工件夹持位下面垫上等高块,但所垫的等高块必须让开孔系,不能垫在加工孔的下方,以防加工到等高块而破坏等高块。装夹时,边用铜棒前后左右敲击工件边装夹,确保盖板零件夹紧后工件下平面与等高块上平面接触。选择等高块高度时要注意,确保按上述要求装夹好工件后,工件的上平面要高出虎钳夹紧钳面的上平面,便于对刀设定工件坐标原点,同时避免加工时刀柄碰到虎钳的夹紧钳面。

2. 加工工艺路线设计

依次经过:"选择盖板加工方法→划分加工阶段→划分加工工序→工序顺序安排",最后确定盖板零件的工步顺序和进给加工路线。

根据上述零件图纸工艺分析拟采取的工艺措施,牛头刨床刨削加工 A、B 两侧面,加工中心一次装夹多工序集中加工孔系。根据表 5-2(平面加工精度经济的加工方法)和表 6-3(H13~H7 孔加工方法)及该盖板零件的加工精度及表面质量要求,该盖板零件 A、B 两侧面、4 个 M16 螺纹孔、4 个 Φ16mm/Φ12 H8mm 阶梯孔及 1 个 Φ60H7mm 孔的加工方法如下:

1) A、B 两侧面刨削的加工方法

A、B 两侧面厚度为 15mm,表面粗糙度为 Ra6.3μm,余量两边均分为 2.5mm,采用粗刨→精刨即可。

2) 4 个 M16 螺纹孔的加工方法

打中心孔→钻 Φ14mm 的螺纹底孔→孔口倒角→攻 M16 螺纹。

3) 4 个 Φ16mm/Φ12 H8mm 阶梯孔的加工方法

这 4 个 Φ16mm/Φ12H8mm 阶梯孔的 Φ12H8mm 孔表面粗糙度(Ra0.8μm)要求较高,只要钻 Φ12H8mm 底孔留铰削的余量合适,再安排精铰,该 Φ12H8mm 孔的加工就不存在问题。加工方法:打中心孔→钻 4×Φ12H8mm 底孔至 Φ11.9mm→锪 4×Φ16 mm 沉孔深 5mm→铰 4×Φ12H8mm 孔。

4) Φ60H7mm 孔的加工方法

因该 Φ60H7mm 孔的尺寸精度和表面粗糙度(Ra0.8μm)要求较高,表面单边余量有 5mm,只要加工方法合适且精镗的余量较小,即可满足该孔的尺寸精度和表面粗糙度要求,故采用"粗镗→半精镗→精镗"的加工方法。

该盖板零件生产批量 500 件,零件尺寸规格较小,为提高生产效率减少装夹次数,一次装夹 2 件粗刨→精刨连续进行,即粗刨→精刨完 A 面后,翻面以已加工 A 面为精基准定位,再粗刨→精刨 B 面。

加工中心加工孔系可一次装夹完成零件所有孔系加工,不需划分加工阶段。根据上述零件图纸工艺分析和上述加工方法,该盖板零件除打 4 个 M16 螺纹孔和 4 个 $\Phi 16mm/\Phi 12mm$ 阶梯孔的中心孔可共用刀具外,其他孔系加工的刀具均不共用,所以工序划分按刀具集中分序法划分,共分 12 道工序。具体工序划分(工序顺序)如下:

(1)粗、精刨 A 面。

(2)粗、精刨 B 面。

(3)钻 4 个 M16 螺纹孔和 4 个 $\Phi 16mm/\Phi 12mm$ 阶梯孔的中心孔。

(4)粗镗 $\Phi 60H7mm$ 孔。

(5)半精镗 $\Phi 60H7mm$ 孔。

(6)精镗 $\Phi 60H7mm$ 孔。

(7)钻 $4\times\Phi 12H8mm$ 底孔。

(8)锪 $4\times\Phi 16mm$ 沉孔。

(9)铰 $4\times\Phi 12H8mm$ 孔。

(10)钻 4 个 M16 的螺纹底孔。

(11)4 个 M16 螺纹孔孔口倒角。

(12)攻 4 个 M16 螺纹。

该盖板零件牛头刨床粗、精刨 A、B 两侧面工序顺序及进给加工路线(刀具往复直线运动)清晰。加工中心加工孔系除打 4 个 M16 螺纹孔和 4 个 $\Phi 16mm/\Phi 12mm$ 阶梯孔的中心孔共用工具外,其他孔系加工的刀具均不共用,故打完中心孔后,4 个 M16 螺纹孔、4 个 $\Phi 16mm/\Phi 12mm$ 阶梯孔及 1 个 $\Phi 60H7mm$ 可不分先后加工。但因攻 4 个 M16 螺纹的扭矩较大,担心先加工 4 个 M16 螺纹孔攻 M16 螺纹时,夹紧力不够会造成工件移位,故加工 4 个 M16 螺纹放在后面,可先加工 $\Phi 60H7mm$ 孔,然后再加工 4 个 $\Phi 16mm/\Phi 12mm$ 阶梯孔(也可先加工 4 个 $\Phi 16mm/\Phi 12mm$ 阶梯孔,再加工 $\Phi 60H7mm$ 孔)。加工顺序按先粗后精原则确定,工步顺序按同一把刀能加工的内容连续加工原则确定。根据上述分析,工步顺序就是上述的孔系工序划分(工序顺序)方法。由盖板零件图纸技术要求可知,孔系的位置精度要求不高,因此所有孔加工的进给加工路线均按最短路线确定。根据上述孔系工序划分及加工顺序安排,最后确定盖板零件孔系的进给加工路线如图 6-67~图 6-71 所示。

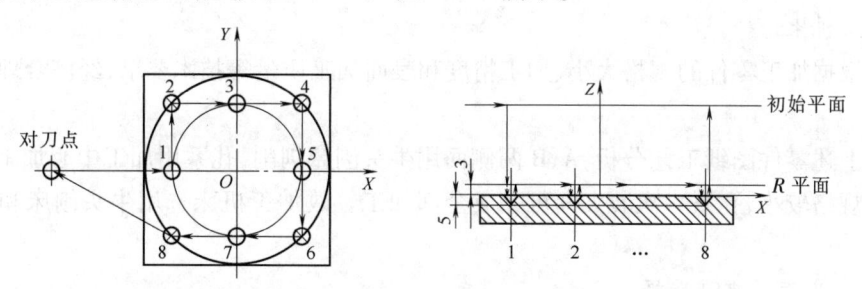

图 6-67 钻中心孔进给加工路线

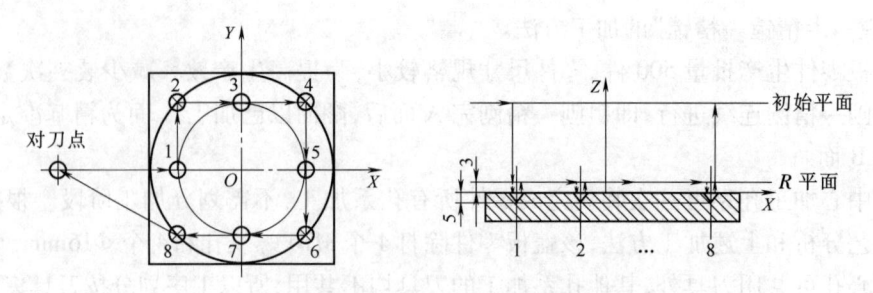

图 6-68 镗 $\Phi60H7$mm 孔进给加工路线

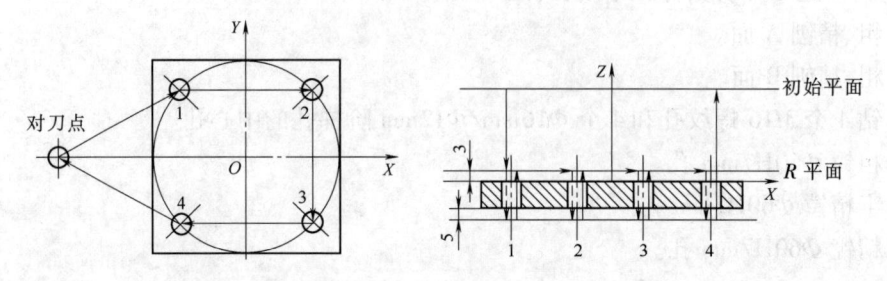

图 6-69 钻、铰 $4\times\Phi12H8$mm 孔进给加工路线

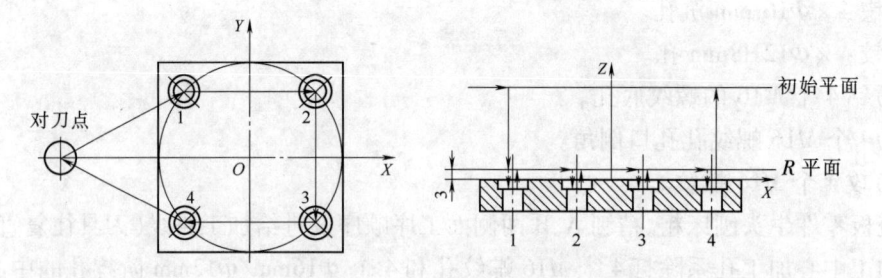

图 6-70 锪 $4\times\Phi16$mm 孔进给加工路线

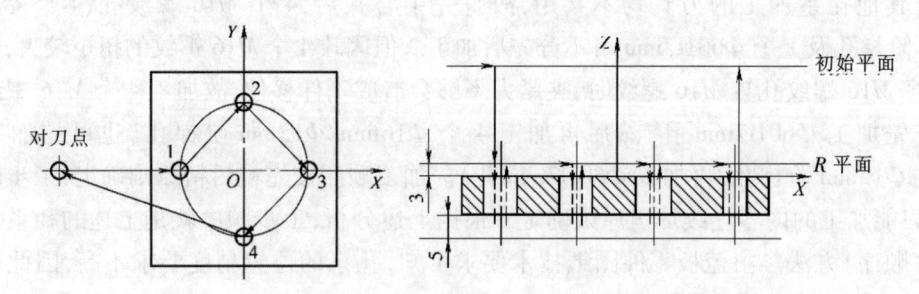

图 6-71 钻螺纹底孔、攻螺纹进给加工路线

3. 加工机床选择

主要根据加工零件的规格大小、加工精度和表面加工质量等技术要求,经济合理地选择加工机床。

根据上述零件图纸工艺分析,A、B两侧面用牛头刨床刨削,孔系用加工中心加工。因盖板零件尺寸规格较小,孔系一次装夹即可完成全部加工。故加工机床选用牛头刨床和小型立式加工中心。

4. 装夹方案及夹具选择

主要根据加工零件的规格大小、结构特点、加工部位、尺寸精度、形位精度和表面粗糙度等零件图纸技术要求,确定零件的定位、装夹方案及夹具。

根据上述零件图纸工艺分析拟采取的工艺措施,牛头刨床刨削 A、B 两侧面利用机床工作台上装夹的虎钳一次装夹 2 件刨削。

该盖板零件结构对称,长宽均为 160mm,在平口台虎钳的夹持范围内,加工中心加工孔系时可采用平口台虎钳按图 5 – 50(b)所示找正虎钳,以 A 面(主要定位基准面)和相互垂直的两个侧面定位,用平口台虎钳从相对两侧面夹紧工件。装夹工件前,在平口台虎钳工件夹持位下面垫上等高块,但所垫的等高块必须让开孔系,不能垫在加工孔的下方,以防加工到等高块而破坏等高块。装夹时,边用铜棒前后左右敲击工件边装夹,确保盖板零件夹紧后工件下平面与等高块上平面接触。选择等高块高度时要注意,确保按上述要求装夹好工件后,工件的上平面要高出虎钳夹紧钳面的上平面,便于对刀设定工件坐标原点,同时避免加工时刀柄碰到虎钳的夹紧钳面。

5. 刀具选择

主要根据加工零件的余量大小、结构特点、材质、热处理硬度、加工部位、尺寸精度、形位精度和表面粗糙度等零件图纸技术要求,结合刀具材料,正确合理地选择刀具。

根据上述零件图纸工艺分析和加工工艺路线设计,该盖板零件最后确定的各工步顺序所用刀具如下:

(1)粗、精刨 A、B 两侧面,选用焊接硬质合金刨刀。

(2)钻 4 个 $M16$ 螺纹孔和 4 个 $\Phi16mm/\Phi12mm$ 阶梯孔的中心孔,选用 $\Phi3mm$ 中心钻。

(3)粗镗 $\Phi60H7mm$ 孔,选用 $\Phi58mm$ 粗镗刀(采用涂层硬质合金刀片,单刃粗镗刀)。

(4)半精镗 $\Phi60H7mm$ 孔,选用 $\Phi59.86mm$ 半精镗刀(采用涂层硬质合金刀片,单刃半精镗刀)。

(5)精镗 $\Phi60H7mm$ 孔,选用 $\Phi60H7mm$ 微调镗刀(采用涂层硬质合金刀片,单刃微调镗刀)。

(6)钻 $4\times\Phi12H8mm$ 底孔,选用 $\Phi11.9mm$ 高速钢麻花钻头。

(7)锪 $4\times\Phi16mm$ 沉孔,选用 $\Phi16mm$ 高速钢立铣刀(齿数 4 齿)。

(8)铰 $4\times\Phi12H8mm$ 孔,选用 $\Phi12H8mm$ 高速钢铰刀(齿数 4 齿)。

(9)钻 4 个 $M16$ 的螺纹底孔,选用 $\Phi14mm$ 高速钢麻花钻头。

(10)4 个 $M16$ 螺纹孔孔口倒角,选用 $\Phi18mm$ 高速钢麻花钻头(90°钻尖)。

(11)攻 4 个 $M16$ 螺纹,选用 $M16$ 机用丝锥(采用直槽丝锥)。

6. 切削用量选择

主要根据零件的工序(工步)加工余量大小、材质、热处理硬度、尺寸精度、形位精度和表面粗糙度等零件图纸技术要求,结合所选刀具和拟定的加工工艺路线,正确合理地选择切削用量。

牛头刨床背吃刀量 a_p 为刨削深度,进给速度 F 为每往复直线运动一次的刨削厚度(单位为 mm/双行程),每分钟往复直线运动次数可调,具体可查阅刨削相关技术资料或工厂的刨削规范确定,这里不再赘述。加工中心的切削用量包括背吃刀量 a_p(铣削还包括侧吃刀量 a_e,另钻实心孔、孔口倒角、锪沉孔和攻螺纹可不必计算出背吃刀量 a_p)、进给速度 F 和主轴转速 n。根据上述选择的加工中心为立式加工中心,故切削用量主要包括背吃刀量 a_p、进给速度 F 和主轴转速 n。

1)背吃刀量 a_p

按上述加工工艺路线设计和盖板零件图纸技术要求,各工序(工步)的背吃刀量 a_p 如下:

(1)粗、精刨 A、B 两侧面,粗刨 a_p 选 2.2mm,精刨 a_p 选 0.3 mm。

(2)钻 4 个 M16 螺纹孔和 4 个 $\Phi16mm/\Phi12mm$ 阶梯孔的中心孔均为实心材料钻孔,不必计算出背吃刀量 a_p。

(3)粗镗 $\Phi60H7mm$ 孔。背吃刀量 a_p 约为 4mm。

(4)半精镗 $\Phi60H7mm$ 孔。背吃刀量 a_p 约为 0.93mm。

(5)精镗 $\Phi60H7mm$ 孔。背吃刀量 a_p 约为 0.07mm。

(6)钻 $4\times\Phi12H8mm$ 底孔为实心材料钻孔,不必计算出背吃刀量 a_p。

(7)锪 $4\times\Phi16$ mm 沉孔不必计算出背吃刀量 a_p。

(8)铰 $4\times\Phi12H8mm$ 孔。背吃刀量 a_p 约为 0.05mm。

(9)钻 4 个 M16 的螺纹底孔为实心材料钻孔,不必计算出背吃刀量 a_p。

(10)4 个 M16 螺纹孔孔口倒角不必计算出背吃刀量 a_p。

(11)攻 4 个 M16 螺纹不必计算出背吃刀量 a_p。

2)主轴转速 n

主轴转速 n 应根据所选刀具直径,按零件和刀具的材料及加工性质等条件所允许的切削速度 v_c(m/min),按公式 $n=(1000\times v_c)/(3.14\times d)$ 来确定。

根据表 6-9(高速钢钻头加工铸铁的参考切削用量)、表 6-11(高速钢铰刀铰孔的参考切削用量)、表 6-12(镗孔参考切削用量)、表 6-13(攻螺纹参考切削用量)和所选刀具,上述加工工艺路线设计所确定的各工步主轴转速 n 计算如下:

(1)钻 4 个 M16 螺纹孔和 4 个 $\Phi16mm/\Phi12mm$ 阶梯孔的中心孔。切削速度 v_c 选 16m/min,则主轴转速 n 约为 636r/min。

(2)粗镗 $\Phi60H7mm$ 孔。切削速度 v_c 选 90m/min,则主轴转速 n 约为 494r/min。

(3)半精镗 $\Phi60H7mm$ 孔。切削速度 v_c 选 105m/min,则主轴转速 n 约为 558r/min。

(4)精镗 $\Phi60H7mm$ 孔。切削速度 v_c 选 120m/min,则主轴转速 n 约为 636r/min。

(5)钻 $4\times\Phi12H8mm$ 底孔。切削速度 v_c 选 16m/min,则主轴转速 n 约为 428r/min。

(6)锪 $4\times\Phi16$ mm 沉孔。切削速度 v_c 选 28m/min,则主轴转速 n 约为 557r/min。

(7)铰 $4\times\Phi12H8mm$ 孔。切削速度 v_c 选 3.5m/min,则主轴转速 n 约为 93r/min

(8)钻 4 个 M16 的螺纹底孔。切削速度 v_c 选 16m/min,则主轴转速 n 约为 363r/min。

(9)4 个 M16 螺纹孔孔口倒角。切削速度 v_c 选 18m/min,则主轴转速 n 约为 318r/min。

(10)攻 4 个 M16 螺纹。切削速度 v_c 选 3.5m/min,则主轴转速 n 约为 69r/min。

注:刨削每分钟往复直线运动次数可查阅刨削相关技术资料或工厂的刨削规范确定。

3)进给速度 F

进给速度 $F=f_z Z n$ 或 $F=fn$(n 为刀具转速,Z 为刀具齿数,f 为每转进给量,f_z 为每齿进给量)。

根据表 6-9(高速钢钻头加工铸铁的参考切削用量)、表 6-11(高速钢铰刀铰孔的参考切削用量)、表 6-12(镗孔参考切削用量)、表 6-13(攻螺纹参考切削用量)及所选刀具和盖板零件图纸技术要求,上述加工工艺路线设计所确定的各工步进给速度 F 计算如下:

(1)钻 4 个 M16 螺纹孔和 4 个 $\Phi16mm/\Phi12mm$ 阶梯孔的中心孔。每转进给量 Φ 选 0.08 mm,则进给速度 F 约为 50mm/min。

(2)粗镗 $\Phi60H7mm$ 孔。每转进给量 f 选 0.38 mm,则进给速度 F 约为 187mm/min。

(3)半精镗 $\Phi60H7mm$ 孔。每转进给量 f 选 0.3 mm,则进给速度 F 约为 167mm/min。

项目 6 设计箱体类零件机械加工工艺

(4) 精镗 Φ60H7mm 孔。每转进给量 f 选 0.08 mm，则进给速度 F 约为 50mm/min。

(5) 钻 $4 \times \Phi$12H8mm 底孔。每转进给量 f 选 0.12 mm，则进给速度 F 约为 51mm/min。

(6) 锪 $4 \times \Phi$16 mm 沉孔。每齿进给量 f 选 0.07 mm，则进给速度 F 约为 156mm/min。

(7) 铰 $4 \times \Phi$12H8mm 孔。每转进给量 f 选 0.45 mm，则进给速度 F 约为 42mm/min。

(8) 钻 4 个 M16 的螺纹底孔。每转进给量 f 选 0.13 mm，则进给速度 F 约为 47mm/min。

(9) 4 个 M16 螺纹孔孔口倒角。每转进给量 f 选 0.15 mm，则进给速度 F 约为 47mm/min。

(10) 攻 4 个 M16 螺纹。每转进给量 f 等于螺距 2 mm，则进给速度 F 约为 138mm/min。

注：刨削进给速度可查阅刨削相关技术资料或工厂的刨削规范确定。

7. 填写盖板机械加工工序卡和刀具卡

主要根据选择的机床、刀具、夹具、切削用量和拟定的加工工艺路线，正确填写机械加工工序卡和刀具卡。

1）盖板零件机械加工工序卡

盖板零件机械加工工序卡如表 6-14 所示。

表 6-14 盖板零件机械加工工序卡

单位名称		×××	产品名称或代号		零件名称		零件图号	
			×××		盖板		×××	
加工工序卡号		数控加工程序编号	夹具名称		加工设备		车间	
×××		×××	虎钳		牛头刨床+小型立式加工中心		×××	
工步号	工步内容		刀具号	刀具规格/mm	主轴转速/(r/min)	进给速度/(mm/min)	背吃刀量/mm	备注
1	粗、精刨A面		T01				2.2/0.3	牛头刨床
2	粗、精刨B面，保证厚度15mm		T01				2.2/0.3	牛头刨床
3	钻4个M16螺纹孔和4个Φ16mm/Φ12mm阶梯孔的中心孔		T02	Φ3	636	50		加工中心
4	粗镗Φ60H7mm孔至Φ58mm		T03	Φ58	494	187	4	加工中心
5	半精镗Φ60H7mm孔至Φ59.86mm		T04	Φ59.86	558	167	0.93	加工中心
6	精镗Φ60H7mm孔至尺寸		T05	Φ60H7	636	50	0.07	加工中心
7	钻$4\times\Phi$12H8mm底孔至Φ11.9mm		T06	Φ11.9	428	51		加工中心
8	锪$4\times\Phi$16mm沉孔，深度5 mm		T07	Φ16	557	156		加工中心
9	铰$4\times\Phi$12H8mm孔至尺寸		T08	Φ12H8	93	42	0.05	加工中心
10	钻通$4\times M$16螺纹底孔至Φ14mm		T09	Φ14	363	47		加工中心
11	$4\times M$16螺纹孔口倒角		T010	Φ18	318	47		加工中心
12	攻$4\times M$16螺纹孔		T11	M16	69	138		加工中心
编制	×××	审核	×××	批准	×××	年 月 日	共 页	第 页

2）盖板零件机械加工刀具卡

盖板零件机械加工刀具卡如表 6-15 所示。

表6-15 盖板零件机械加工刀具卡

产品名称或代号	×××	零件名称	盖板	零件图号	×××
序号	刀具号	刀具 规格名称	数量	刀长/mm	加工表面	备注

序号	刀具号	规格名称	数量	刀长/mm	加工表面	备注
1	T01	刨刀	1	实测	A、B两侧面	焊接刨刀
2	T02	ϕ3 mm 中心钻	1	实测	钻中心孔	
3	T03	ϕ58 mm 粗镗刀	1	实测	粗镗ϕ60H7mm孔	涂层刀片
4	T04	ϕ59.86mm 半精镗刀	1	实测	半精镗ϕ60H7mm孔	涂层刀片
5	T05	ϕ60H7mm 微调镗刀	1	实测	精镗ϕ60H7mm孔	涂层刀片
6	T06	ϕ11.9mm 麻花钻头	1	实测	钻4×ϕ12H8mm底孔	
7	T07	ϕ16 mm 立铣刀	1	实测	锪4×ϕ16mm沉孔	
8	T08	ϕ12H8mm 铰刀	1	实测	铰4×ϕ12H8mm孔	
9	T09	ϕ14 mm 麻花钻头	1	实测	钻4×M16螺纹底孔	
10	T10	90°ϕ18mm 麻花钻头	1	实测	4×M16螺纹孔口倒角	
11	T11	M16机用丝锥	1	实测	攻4×M16螺纹孔	
编制	×××	审核	×××	批准	×××	年 月 日	共 页	第 页

6-1-5 工作任务完成情况评价与工艺优化讨论

1. 工作任务完成情况评价

对上述盖板零件加工案例工作任务的完成过程进行详尽分析,从零件图纸工艺分析、加工工艺路线设计、加工机床选择、加工刀具选择、装夹方案与夹具选择和切削用量选择几方面,对照自己独立设计的盖板零件机械加工工艺,评价各自的优缺点。

2. 盖板零件加工工艺优化讨论

(1)根据上述盖板零件加工案例机械加工工艺,各学习小组从以下八个方面对其展开讨论:
①加工方法选择是否得当? 为什么?
②工序与工步顺序安排是否合理? 为什么?
③加工工艺路线是否得当? 为什么? 有没有更优化的加工工艺路线?
④选择的加工机床是否经济适用? 为什么?
⑤加工刀具选择是否得当? 为什么?
⑥选择的夹具是否得当? 为什么? 有没有其他更适用的夹具?
⑦选择的装夹方案是否得当? 为什么? 有没有其他更合适的装夹方案?
⑧选择的切削用量是否合适? 为什么? 有没有更优化的切削用量?

(2)各学习小组分析、讨论完后,各派一名代表上讲台汇报自己小组的讨论意见。各学习小组汇报完后,老师综合各学习小组的汇报情况,对盖板零件加工案例机械加工工艺进行点评。

(3)根据老师的点评,独立修改优化盖板零件机械加工工序卡与刀具卡。

6-1-6 巩固与提高

将图6-1所示的盖板零件ϕ60H7mm孔改为盲孔无预铸孔,试制2件,其他不变。试设计其机械加工工艺。

任务 6-2 设计泵盖类零件机械综合加工工艺

6-2-1 学习目标

通过本任务单元的学习、训练与讨论,学生应该能够:

1. 独立对中等以上复杂程度泵盖类零件图纸进行加工工艺分析,设计机械加工工艺路线,选择经济适用的加工机床,根据生产批量选择夹具并确定装夹方案,按设计的机械加工工艺路线选择合适的加工刀具与合适的切削用量,最后编制出中等以上复杂程度泵盖类零件的机械加工工序卡与刀具卡。

2. 在教师的指导与引导下,通过小组分析、讨论,与各学习小组中等以上复杂程度泵盖类零件机械加工工艺方案对比,优化独立设计的机械加工工艺路线与切削用量,选择更经济适用的加工机床,选择更合适的刀具、夹具,确定更合理的装夹方案,最终编制出优化的中等以上复杂程度泵盖类零件机械加工工序卡与刀具卡。

6-2-2 工作任务描述

现要完成如图 6-72 所示泵盖加工案例零件的加工,具体设计该泵盖零件的机械加工工艺,并对设计的泵盖零件机械加工工艺做出评价。具体工作任务如下:

1. 对泵盖零件图纸进行加工工艺分析。
2. 设计泵盖零件机械加工工艺路线。
3. 选择加工泵盖零件的经济适用加工机床。
4. 根据生产批量选择夹具并确定泵盖零件的装夹方案。
5. 按设计的泵盖零件机械加工工艺路线选择合适的加工刀具与合适的切削用量。
6. 编制泵盖零件机械加工工序卡与刀具卡。
7. 经小组分析、讨论,与各学习小组泵盖零件机械加工工艺方案对比,对独立设计的泵盖零件机械加工工艺做出评价,修改并优化泵盖零件机械加工工序卡与刀具卡。

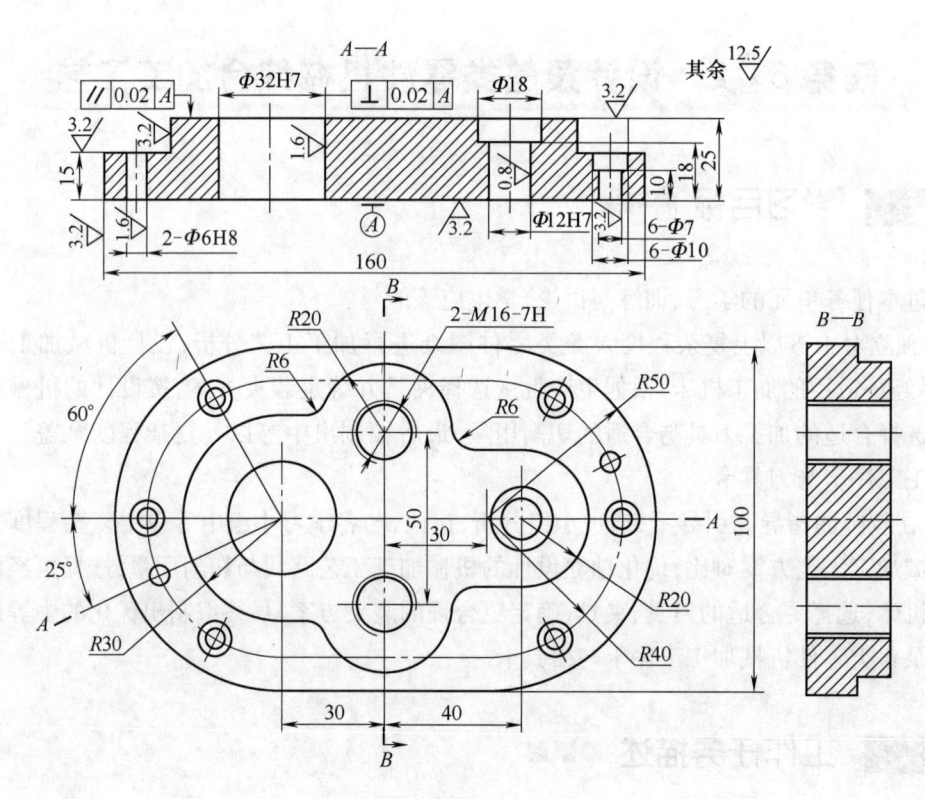

图 6-72 泵盖零件加工案例

注：该泵盖零件材料为 HT200 灰铸铁，试制 5 件，零件毛坯尺寸（长×宽×高）为 170mm×110mm×30mm。

6-2-3 完成工作任务过程

1. 零件图纸工艺分析

主要分析泵盖零件图纸技术要求（包括尺寸精度、形位精度和表面粗糙度等）、检查零件图的完整性与正确性、分析零件的结构工艺性。通过零件图纸工艺分析，保证零件的加工精度，确定应采取的工艺措施。

该泵盖零件加工表面由平面、外轮廓及孔系组成，零件结构较复杂。加工平面为上下平面（下平面即底面，为基准面），加工轮廓为阶梯外轮廓，主要加工孔系包括 2-M16-7H 螺纹孔、1 个 ϕ18mm/ϕ12H7mm 阶梯孔、6-ϕ10mm/ϕ7mm 阶梯孔、2-ϕ6H8mm 及 1 个 ϕ32H7mm 孔。ϕ32H7mm 孔与 ϕ12H7mm 孔的尺寸精度与表面粗糙度要求较高，2-ϕ6H8mm 孔的表面粗糙度要求较高，其余孔和其他加工表面的尺寸精度与表面粗糙度要求一般。零件上下表面平行度要求较高，ϕ32H7mm 孔与基准面（底面）的垂直度要求较高。尺寸标注完整，轮廓描述清楚。零件材料为灰铸铁 HT200，切削加工性能较好。

通过上述零件图纸工艺分析，采取以下六点工艺措施：

（1）该泵盖零件只试制 5 件，加工表面由平面、阶梯外轮廓及孔系组成，若采用通用加工机床（普通铣床、刨床、钻床、镗床）加工，需多次装夹，且阶梯外轮廓无法加工。为加快泵盖零件的试制，建议采用加工中心加工。

(2) 该泵盖零件加工表面为上下平面、阶梯外轮廓和孔系,根据基面先行原则,该零件下平面(即底面,为基准面)要先加工出来,即先粗、精铣底面,再粗、精铣上平面,保证上下表面的平行度要求。该泵盖零件结构对称,毛坯宽度只有 110 mm,在平口台虎钳的夹持范围内,可采用平口台虎钳,按图 5 – 50(b)所示找正虎钳后装夹工件。

(3) 上下表面加工好后(即基准定位面先加工),理论上可先加工阶梯外轮廓,也可先加工孔系(符合先面后孔原则)。若先加工大的外形轮廓,则必须以顶面(上平面)做为基准定位,且夹持高度不能超过 10mm(担心零件夹不紧),不符合以零件的设计基准做为定位基准原则(底面是零件的设计基准)。因此,只能以底面做为定位基准面定位夹紧,先粗、精铣台阶面及其外轮廓,这样做的好处是可大大减少加工 6 – Φ10mm/Φ7mm 阶梯孔和 2 – Φ6H8mm 孔的工作量,提高生产效率,然后再加工孔系。

(4) 按上述措施先粗、精铣台阶面及其外轮廓时,装夹工件前在平口台虎钳工件夹持位下面垫上等高块,但所垫的等高块必须让开孔系,不能垫在加工孔的下方,以防加工到等高块而破坏等高块。装夹时,边用铜棒前后左右敲击工件边装夹,确保泵盖零件夹紧后工件下平面与等高块上平面接触,以保证加工 Φ32H7mm 孔与底面的垂直度要求。选择等高块高度时要注意,确保按上述要求装夹好工件后,工件的上平面要高出虎钳夹紧钳面的上平面 10mm 以上,便于对刀设定工件坐标原点,同时避免粗、精铣台阶面及其外轮廓时,铣刀铣到虎钳的夹紧钳面。

(5) 所有规格孔系打中心孔必须用中心钻一次打好,但打 6 – Φ10mm/Φ7mm 阶梯孔和 2 – Φ6H8mm孔的中心孔时,编程时一定要注意,打好一个中心孔后中心钻一定要提升到顶面上方,以免中心钻移至下一孔打中心孔时与阶梯外轮廓产生碰撞干涉。

(6) 台阶面及其外轮廓和所有规格孔系都加工好后,可以采用"一面两销(两孔)"的定位方式,即以底面 A、Φ32H7mm 孔和 Φ12H7mm 孔定位,以如图 5 – 92 平面槽形凸轮加工装夹示意图所示的类似特制定位销锁紧工件,再粗、精铣大的外形轮廓。

2. 加工工艺路线设计

依次经过:"选择泵盖加工方法→划分加工阶段→划分加工工序→工序顺序安排",最后确定泵盖零件的工步顺序和进给加工路线。

该泵盖零件的加工表面为上下平面、阶梯外轮廓和孔系。根据表 5 – 2(平面加工精度经济的加工方法)、表 6 – 3(H13 ~ H7 孔加工方法)和该泵盖零件的加工精度及表面质量要求,该泵盖零件上下平面、阶梯外轮廓和孔系的加工方法如下:

1)上下平面的加工方法

上下平面的尺寸精度和表面粗糙度($Ra3.2\mu m$)要求不高,但上下表面平行度要求较高,毛坯余量不大,采用"粗铣→精铣"的加工方法即可满足加工精度的要求。

2)阶梯外轮廓的加工方法

阶梯外轮廓包括大外形轮廓和台阶面外轮廓,根据零件图纸技术要求,大外形轮廓和台阶面外轮廓的尺寸精度和表面粗糙度要求不高,采用"粗铣→精铣"的加工方法即可满足加工精度要求。

3) 2 – M16 – 7H 螺纹孔的加工方法

采用"打中心孔→钻 Φ14mm 的螺纹底孔→孔口倒角→攻 M16 螺纹"的方法。

4) 6 – Φ10mm/Φ7mm 阶梯孔的加工方法

6-Φ10mm/Φ7mm 阶梯孔的 Φ7mm 孔表面粗糙度为 Ra3.2μm,钻孔的表面粗糙度达不到要求,因孔径较小,采用铰刀铰削 Φ7mm 孔可满足该孔的表面粗糙度要求。因此,采用"打中心孔→钻 Φ7 底孔至 Φ6.8mm→锪 Φ10 mm 沉孔→铰 Φ7mm 孔"的加工方法。

5)1 个 Φ18mm/Φ12H7mm 阶梯孔的加工方法

这个 Φ18mm/Φ12H7mm 阶梯孔的 Φ12H7mm 孔尺寸精度和表面粗糙度(Ra0.8μm)要求较高,只要钻 Φ12H7mm 底孔留铰削的余量合适,且再安排粗铰和精铰,该 Φ12H7mm 孔的加工就不存在问题。故这个 Φ18mm/Φ12H7mm 阶梯孔的加工方法采用打中心孔→钻 Φ12H7mm 底孔至 Φ11.7mm→锪 Φ18 mm 沉孔→粗铰 Φ12H7mm 孔至 Φ11.9mm→精铰的加工方法。

6)2-Φ6H8mm 孔的加工方法

这 2 个 Φ6H8mm 孔的尺寸精度要求一般,但表面粗糙度(Ra1.6μm)要求较高,因孔径较小,采用铰刀铰削 Φ6H8mm 孔可满足该孔的尺寸精度和表面粗糙度要求。故这 2 个 Φ6H8mm 孔的加工方法采用打中心孔→钻 Φ6H8mm 底孔至 Φ5.8mm→铰 Φ6H8mm 孔的加工方法。

7)1 个 Φ32H7mm 孔的加工方法

这个 Φ32H7mm 孔没有预制孔,该孔的尺寸精度和表面粗糙度要求较高。因为该泵盖零件只试制 5 件,可采用较大钻头先钻 Φ32H7mm 孔的底孔,再采用"粗镗→精镗"的加工方法即可满足该孔的尺寸精度和表面粗糙度要求。

根据上述零件图纸工艺分析拟采取的工艺措施和确定的加工方法,该泵盖零件只试制 5 件,基准面加工好后,零件一次装夹可完成所有孔系和台阶面外轮廓的加工(另一次一面两销定位装夹只加工大的外形轮廓),可不需划分加工阶段。根据上述零件图纸工艺分析和上述孔系的加工方法,该泵盖零件除共用打 2-M16-7H 螺纹孔、6-Φ10mm/Φ7mm 阶梯孔、Φ18mm/Φ12H7mm 阶梯孔、2-Φ6H8mm 孔和 Φ32H7mm 孔的中心孔加工刀具外,其他孔系及外轮廓加工的刀具均不共用,所以工序划分按刀具集中分序法划分,包括加工基准面和上平面共分 19 道工序。具体工序划分(工序顺序)如下:

(1)粗铣、精铣上下平面。

(2)粗铣、精铣台阶面及其外轮廓。

(3)钻 2-M16-7H 螺纹孔、6-Φ10mm/Φ7mm 阶梯孔、Φ18mm/Φ12H7mm 阶梯孔、2-Φ6H8mm 孔和 Φ32H7mm 孔的中心孔。

(4)钻 Φ32H7mm 孔的底孔。

(5)粗镗 Φ32H7mm 孔。

(6)精镗 Φ32H7mm 孔。

(7)钻 Φ12H7mm 孔的底孔。

(8)锪 Φ18mm 沉孔。

(9)粗铰 Φ12H7mm 孔。

(10)精铰 Φ12H7mm 孔。

(11)钻 6-Φ7mm 孔的底孔。

(12)锪 6-Φ10mm 沉孔。

(13)铰 6-Φ7mm 孔。

(14)钻 2-Φ6H8mm 孔的底孔。

(15) 铰 2 - Φ6H8mm 孔。

(16) 钻 2 - M16 - 7H 螺纹孔底孔。

(17) 2 - M16 - 7H 螺纹孔孔口倒角。

(18) 攻 2 - M16 - 7H 螺纹。

(19) 粗铣、精铣大外形轮廓。

该泵盖零件打 2 - M16 - 7H 螺纹孔、6 - Φ10mm/Φ7mm 阶梯孔、Φ18mm/Φ12H7mm 阶梯孔、2 - Φ6H8mm 孔和 Φ32H7mm 孔的中心孔时要共用刀具,除此之外,其他孔系的加工刀具、上下平面加工刀具及外轮廓加工刀具均不共用,所以工步划分即按所用刀具划分,该泵盖零件的工步刚好就是划分的工序;另外,打完中心孔后,2 - M16 - 7H 螺纹孔、6 - Φ10mm/Φ7mm 阶梯孔、Φ18mm/Φ12H7mm 阶梯孔、2 - Φ6H8mm 孔和 Φ32H7mm 孔可不分先后加工。但因攻 2 - M16 - 7H 螺纹的扭矩较大,担心先加工 2 - M16 - 7H 螺纹孔攻 M16 螺纹时,夹紧力不够会造成工件移位,故加工 2 - M16 - 7H 螺纹孔放在后面,其他孔系的加工顺序可不分先后加工。该零件加工顺序就按上述工序顺序安排。加工顺序按先面后孔、先粗后精原则确定,工步顺序按同一把刀能加工的内容连续加工原则确定。根据上述分析,工步顺序就是上述的工序划分(工序顺序)方法。由该泵盖零件图纸技术要求可知,孔系的位置精度要求不高,因此所有孔加工的进给加工路线均按最短路线确定。本书所有孔加工及铣平面和铣轮廓的进给加工路线这里不再赘述,留给学习小组讨论。

3. 加工机床选择

主要根据加工零件的规格大小、加工精度和表面加工质量等技术要求,经济合理地选择加工机床。

根据上述零件图纸工艺分析拟采取的工艺措施,该泵盖零件外形不大,但需更换 19 把刀加工,且零件无需回转,除第一次装夹加工基准底面外,再两次装夹即可完成全部加工(其中第二次装夹只完成大外形轮廓加工),所以选用小型立式加工中心即可。

4. 装夹方案及夹具选择

主要根据加工零件的规格大小、结构特点、加工部位、尺寸精度、形位精度和表面粗糙度等零件图纸技术要求,确定零件的定位、装夹方案及夹具。

根据上述零件图纸工艺分析拟采取的工艺措施,该泵盖零件拟采用加工中心加工。因该泵盖零件毛坯外形规则且不大,在平口台虎钳的夹持范围内,只试制 5 件。因此,在加工上下表面、阶梯外轮廓及孔系时,可采用平口台虎钳,按图 5 - 50(b)所示找正虎钳,以底面(定位基准面也是设计基准)和相互垂直的两个侧面定位,用平口台虎钳从相对两侧面夹紧工件。装夹工件前,在平口台虎钳工件夹持位下面垫上等高块,但加工孔系时所垫的等高块必须让开孔系,不能垫在加工孔的下方,以防加工到等高块而破坏等高块。装夹时,边用铜棒前后左右敲击工件边装夹,确保盖板零件夹紧后工件下平面与等高块上平面接触,以保证加工 Φ32H7mm 孔与底面的垂直度要求。选择等高块高度时要注意,确保按上述要求装夹好工件后,工件的上平面要高出虎钳夹紧钳面的上平面 10mm 以上,便于对刀设定工件坐标原点,同时避免粗、精铣台阶面及其外轮廓时,铣刀铣到虎钳的夹紧钳面(或面铣刀铣削平面时铣到虎钳的夹紧钳面)。

泵盖零件上下表面、台阶面及其外形轮廓和所有规格孔系都加工好后,可以采用"一面两销(两孔)"的定位方式,即以底面、Φ32H7mm 孔和 Φ12H7mm 孔定位,以如图 5 - 92 所示的类似特制定位销锁紧工件,再粗、精铣大的外形轮廓。

5. 刀具选择

主要根据加工零件的余量大小、结构特点、材质、热处理硬度、加工部位、尺寸精度、形位精度和表面粗糙度等零件图纸技术要求,结合刀具材料,正确合理地选择刀具。

根据上述零件图纸工艺分析和加工工艺路线设计,该泵盖零件最后确定的各工步顺序所用刀具如下:

(1)粗铣、精铣上下平面。因为该零件上下平面的表面粗糙度要求不高,故选用 $\Phi 63$mm 硬质合金面铣刀(选面铣刀直径超过 $\Phi 80$mm 需设置大径刀),采用涂层硬质合金刀片,齿数6齿。

(2)粗铣、精铣台阶面及其外轮廓。因为台阶面外轮廓的最小圆角半径为6mm,故铣削台阶面外轮廓的铣刀直径不能超过 $\Phi 12$mm。此外,铣削台阶面及其外轮廓的加工余量较大,若选高速钢立铣刀容易磨损,要再换一把刀精铣,所以选 $\Phi 12$mm 硬质合金立铣刀(齿数4齿)。

(3)钻 2-$M16-7H$ 螺纹孔、6-$\Phi 10$mm/$\Phi 7$mm 阶梯孔、$\Phi 18$mm/$\Phi 12H7$mm 阶梯孔、2-$\Phi 6H8$mm 孔和 $\Phi 32H7$mm 孔的中心孔。选用 $\Phi 3$mm 中心钻。

(4)钻 $\Phi 32H7$mm 孔的底孔。因为该泵盖零件只试制5件,为提高加工效率,可选 $\Phi 28$mm 高速钢麻花钻头。

(5)粗镗 $\Phi 32H7$mm 孔。选用 $\Phi 31.7$mm 粗镗刀(采用涂层硬质合金刀片,单刃粗镗刀)。

(6)精镗 $\Phi 32H7$mm 孔。选用 $\Phi 32H7$mm 微调镗刀(采用涂层硬质合金刀片,单刃微调镗刀)。

(7)钻 $\Phi 12H7$mm 孔的底孔。选用 $\Phi 11.7$mm 高速钢麻花钻头。

(8)锪 $\Phi 18$mm 沉孔。选用 $\Phi 18$mm 高速钢立铣刀(齿数4齿)。

(9)粗铰 $\Phi 12H7$mm 孔。选用 $\Phi 11.9$mm 铰刀。

(10)精铰 $\Phi 12H7$mm 孔。选用 $\Phi 12H7$mm 铰刀。

(11)钻 6-$\Phi 7$mm 孔的底孔。选用 $\Phi 6.8$mm 高速钢麻花钻头。

(12)锪 6-$\Phi 10$mm 沉孔。选用 $\Phi 10$mm 高速钢立铣刀(齿数3齿)。

(13)铰 6-$\Phi 7$mm 孔。选用 $\Phi 7$mm 铰刀。

(14)钻 2-$\Phi 6H8$mm 孔的底孔。选用 $\Phi 5.8$mm 高速钢麻花钻头。

(15)铰 2-$\Phi 6H8$mm 孔。选用 $\Phi 6H8$mm 铰刀。

(16)钻 2-$M16-7H$ 螺纹孔底孔。选用 $\Phi 14$mm 高速钢麻花钻头。

(17)2-$M16-7H$ 螺纹孔孔口倒角。选用 $\Phi 18$mm 高速钢麻花钻头(90°钻尖)。

(18)攻 2-$M16-7H$ 螺纹。选用 $M16$ 机用丝锥(采用直槽丝锥)。

(19)粗铣、精铣大外形轮廓。铣削大外形轮廓的加工余量较大,若选高速钢立铣刀容易磨损,要再换一把刀精铣,所以选 $\Phi 20$mm 硬质合金立铣刀(齿数4齿)。

6. 切削用量选择

主要根据工步加工余量大小、材质、热处理硬度、尺寸精度、形位精度和表面粗糙度等零件图纸技术要求,结合所选刀具和拟定的加工工艺路线,正确合理地选择切削用量。

加工中心的切削用量包括背吃刀量 a_p(铣削还包括侧吃刀量 a_e,另钻实心孔、孔口倒角、锪沉孔和攻螺纹可不必计算出背吃刀量 a_p)、进给速度 F 和主轴转速 n。根据上述选择的加工中心为立式加工中心,所以切削用量主要包括背吃刀量 a_p、进给速度 F 和主轴转速 n。

1)背吃刀量 a_p

按上述加工工艺路线设计和泵盖零件图纸技术要求,各工步的背吃刀量 a_p 如下:

(1) 粗铣、精铣上下平面。粗铣背吃刀量 a_p 约为 2.25mm，精铣背吃刀量 a_p 约为 0.25mm。

(2) 粗铣、精铣台阶面及其外轮廓。粗铣背吃刀量 a_p 约为 3mm（铣刀直径为 Φ12mm，故背吃刀量 a_p 选小一点），精铣背吃刀量 a_p 约为 0.25mm。

(3) 钻 2-M16-7H 螺纹孔、6-Φ10mm/Φ7mm 阶梯孔、Φ18mm/Φ12H7mm 阶梯孔、2-Φ6H8mm 孔和 Φ32H7mm 孔的中心孔。这些孔均为实心材料钻中心孔，不必计算出背吃刀量 a_p。

(4) 钻 Φ32H7mm 孔的底孔。实心材料钻孔，不必计算出背吃刀量 a_p。

(5) 粗镗 Φ32H7mm 孔。粗镗背吃刀量 a_p 约为 1.85mm。

(6) 精镗 Φ32H7mm 孔。精镗背吃刀量 a_p 约为 0.15mm。

(7) 钻 Φ12H7mm 孔的底孔。实心材料钻孔，不必计算出背吃刀量 a_p。

(8) 锪 Φ18mm 沉孔。锪沉孔不必计算出背吃刀量 a_p。

(9) 粗铰 Φ12H7mm 孔。粗铰背吃刀量 a_p 约为 0.1mm。

(10) 精铰 Φ12H7mm 孔。精铰背吃刀量 a_p 约为 0.05mm。

(11) 钻 6-Φ7mm 孔的底孔。实心材料钻孔，不必计算出背吃刀量 a_p。

(12) 锪 6-Φ10mm 沉孔。锪沉孔不必计算出背吃刀量 a_p。

(13) 铰 6-Φ7mm 孔。铰背吃刀量 a_p 约为 0.1mm。

(14) 钻 2-Φ6H8mm 孔的底孔。实心材料钻孔，不必计算出背吃刀量 a_p。

(15) 铰 2-Φ6H8mm 孔。铰背吃刀量 a_p 约为 0.1mm。

(16) 钻 2-M16-7H 螺纹孔底孔。实心材料钻孔，不必计算出背吃刀量 a_p。

(17) 2-M16-7H 螺纹孔孔口倒角。螺纹孔口倒角不必计算出背吃刀量 a_p。

(18) 攻 2-M16-7H 螺纹。攻螺纹不必计算出背吃刀量 a_p。

(19) 粗铣、精铣大外形轮廓。粗铣背吃刀量 a_p 约为 3.5mm，精铣背吃刀量 a_p 约为 0.25mm。

2）主轴转速 n

主轴转速 n 根据所选刀具的直径，按零件和刀具的材料及加工性质等条件所允许的切削速度 v_c(m/min)，按公式 $n = (1000 \times v_c)/(3.14 \times d)$ 来确定。

根据表 6-9（高速钢钻头加工铸铁的参考切削用量）、表 6-11（高速钢铰刀铰孔的参考切削用量）、表 6-12（镗孔参考切削用量）、表 6-13（攻螺纹参考切削用量）、表 5-4（铣削加工的切削速度参考值）和所选刀具，上述加工工艺路线设计所确定的各工步主轴转速 n 计算如下：

(1) 粗铣、精铣上下平面。粗铣切削速度 v_c 选 100m/min，则主轴转速 n 约为 505r/min；精铣切削速度 v_c 选 120m/min，则主轴转速 n 约为 606r/min。

(2) 粗铣、精铣台阶面及其外轮廓。粗铣切削速度 v_c 选 70m/min，则主轴转速 n 约为 1857r/min；精铣切削速度 v_c 选 90m/min，则主轴转速 n 约为 2388r/min。

(3) 钻 2-M16-7H 螺纹孔、6-Φ10mm/Φ7mm 阶梯孔、Φ18mm/Φ12H7mm 阶梯孔、2-Φ6H8mm 孔和 Φ32H7mm 孔的中心孔。切削速度 v_c 选 16m/min，则主轴转速 n 约为 636r/min。

(4) 钻 Φ32H7mm 孔的底孔。切削速度 v_c 选 18m/min，则主轴转速 n 约为 204r/min。

(5) 粗镗 Φ32H7mm 孔。切削速度 v_c 选 100m/min，则主轴转速 n 约为 1004r/min。

(6)精镗 Φ32H7mm 孔。切削速度 v_c 选 120m/min,则主轴转速 n 约为 1194r/min。

(7)钻 Φ12H7mm 孔的底孔。切削速度 v_c 选 16m/min,则主轴转速 n 约为 435r/min。

(8)锪 Φ18mm 沉孔。切削速度 v_c 选 28m/min,则主轴转速 n 约为 495r/min。

(9)粗铰 Φ12H7mm 孔。切削速度 v_c 选 3.5m/min,则主轴转速 n 约为 93r/min。

(10)精铰 Φ12H7mm 孔。切削速度 v_c 选 4m/min,则主轴转速 n 约为 106r/min。

(11)钻 6-Φ7mm 孔的底孔。切削速度 v_c 选 15m/min,则主轴转速 n 约为 702r/min。

(12)锪 6-Φ10mm 沉孔。切削速度 v_c 选 25m/min,则主轴转速 n 约为 796r/min。

(13)铰 6-Φ7mm 孔。切削速度 v_c 选 3.5m/min,则主轴转速 n 约为 159r/min。

(14)钻 2-Φ6H8mm 孔的底孔。切削速度 v_c 选 14m/min,则主轴转速 n 约为 768r/min。

(15)铰 2-Φ6H8mm 孔。切削速度 v_c 选 3.5m/min,则主轴转速 n 约为 185r/min。

(16)钻 2-M16-7H 螺纹孔底孔。切削速度 v_c 选 16m/min,则主轴转速 n 约为 363r/min。

(17)2-M16-7H 螺纹孔孔口倒角。切削速度 v_c 选 18m/min,则主轴转速 n 约为 318r/min。

(18)攻 2-M16-7H 螺纹。切削速度 v_c 选 3.5m/min,则主轴转速 n 约为 69r/min。

(19)粗铣、精铣大外形轮廓。粗铣切削速度 v_c 选 75m/min,则主轴转速 n 约为 1194r/min;精铣切削速度 v_c 选 95m/min,则主轴转速 n 约为 1512r/min。

3)进给速度 F

进给速度 $F=f_z Zn$ 或 $F=fn$(n 为刀具转速,Z 为刀具齿数,f 为每转进给量,f_z 为每齿进给量)。

根据表 6-9(高速钢钻头加工铸铁的参考切削用量)、表 6-11(高速钢铰刀铰孔的参考切削用量)、表 6-12(镗孔参考切削用量)、表 6-13(攻螺纹参考切削用量)、表 5-3(铣刀每齿进给量参考值)及所选刀具和该泵盖零件图纸技术要求,上述加工工艺路线设计所确定的各工步进给速度 F 计算如下:

(1)粗铣、精铣上下平面。粗铣每齿进给量 f 选 0.12mm,则进给速度 F 约为 363mm/min;精铣每齿进给量 f 选 0.07mm,则进给速度 F 约为 254mm/min。

(2)粗铣、精铣台阶面及其外轮廓。粗铣每齿进给量 f 选 0.08mm,则进给速度 F 约为 445mm/min;精铣每齿进给量 f 选 0.05mm,则进给速度 F 约为 358mm/min。

(3)钻 2-M16-7H 螺纹孔、6-Φ10mm/Φ7mm 阶梯孔、Φ18mm/Φ12H7mm 阶梯孔、2-Φ6H8mm 孔和 Φ32H7mm 孔的中心孔。每转进给量 f 选 0.08mm,则进给速度 F 约为 50mm/min。

(4)钻 Φ32H7mm 孔的底孔。每转进给量 f 选 0.22mm,则进给速度 F 约为 44mm/min。

(5)粗镗 Φ32H7mm 孔。每转进给量 f 选 0.38mm,则进给速度 F 约为 381mm/min。

(6)精镗 Φ32H7mm 孔。每转进给量 f 选 0.12mm,则进给速度 F 约为 143mm/min。

(7)钻 Φ12H7mm 孔的底孔。每转进给量 f 选 0.12mm,则进给速度 F 约为 52mm/min。

(8)锪 Φ18mm 沉孔。每齿进给量 f 选 0.07mm,则进给速度 F 约为 138mm/min。

(9)粗铰 Φ12H7mm 孔。每转进给量 f 选 0.5mm,则进给速度 F 约为 46mm/min。

(10)精铰 Φ12H7mm 孔。每转进给量 f 选 0.4mm,则进给速度 F 约为 42mm/min。

(11)钻 6-Φ7mm 孔的底孔。每转进给量 f 选 0.1mm,则进给速度 F 约为 70mm/min。

(12)锪 6-Φ10mm 沉孔。每齿进给量 f 选 0.07mm,则进给速度 F 约为 167mm/min。

(13)铰 6-Φ7mm 孔。每转进给量 f 选 0.5mm,则进给速度 F 约为 79mm/min。

(14)钻 2-Φ6H8mm 孔的底孔。每转进给量 f 选 0.08mm,则进给速度 F 约为 61mm/min。

(15)铰 2-Φ6H8mm 孔。每转进给量 f 选 0.45mm,则进给速度 F 约为 83mm/min。

(16)钻 2-M16-7H 螺纹孔底孔。每转进给量 f 选 0.13mm,则进给速度 F 约为 47mm/min。

(17)2-M16-7H 螺纹孔孔口倒角。每转进给量 f 选 0.15mm,则进给速度 F 约为 47mm/min。

(18)攻 2-M16-7H 螺纹。每转进给量 f 等于螺距 2mm,则进给速度 F 约为 138mm/min。

(19)粗铣、精铣大外形轮廓。粗铣每齿进给量 f 选 0.08mm,则进给速度 F 约为 382mm/min;精铣每齿进给量 f 选 0.05mm,则进给速度 F 约为 302mm/min。

7. 填写泵盖机械加工工序卡和刀具卡

主要根据选择的机床、刀具、夹具、切削用量和拟定的加工工艺路线,正确填写机械加工工序卡和刀具卡。

1)泵盖零件机械加工工序卡

泵盖零件机械加工工序卡如表 6-16 所示。

表 6-16 泵盖零件机械加工工序卡

单位名称	×××	产品名称或代号	零件名称	零件图号
		×××	泵盖	×××
加工工序卡号	数控加工程序编号	夹具名称	加工设备	车间
×××	×××	平口钳和"一面两销"自制夹具	小型立式加工中心	×××

工步号	工步内容	刀具号	刀具规格/mm	主轴转速/(r/min)	进给速度/(mm/min)	背吃刀量/mm	备注
1	粗铣定位基准面 A	T01	Φ63	505	363	2.25	加工中心
2	精铣定位基准面 A,保证表面粗糙度要求	T01	Φ63	606	254	0.25	加工中心
3	粗铣上表面	T01	Φ63	505	363	2.25	反面装夹
4	精铣上表面,保证高度 25mm	T01	Φ63	606	254	0.25	加工中心
5	粗铣台阶面及其外轮廓	T02	Φ12	1857	445	3	加工中心
6	精铣台阶面及其外轮廓	T02	Φ12	2388	358	0.25	加工中心
7	钻所有孔的中心孔	T03	Φ3	636	50		加工中心
8	钻 Φ32H7mm 底孔至 Φ28mm	T04	Φ28	204	44		加工中心
9	粗镗 Φ32H7mm 孔至 31.7mm	T05	Φ31.7	1004	381	1.85	加工中心
10	精镗 Φ32H7mm	T06	Φ32H7	1194	143	0.15	加工中心
11	钻 Φ12H7mm 底孔至 Φ11.7mm	T07	Φ11.7	435	52		加工中心
12	锪 Φ18mm 孔	T08	Φ18	495	138		加工中心
13	粗铰 Φ12H7 孔至 Φ11.9mm	T09	Φ11.9	93	46	0.1	加工中心
14	精铰 Φ12H7mm 孔	T10	Φ12H7	106	42	0.05	加工中心

续表

单位名称	×××	产品名称或代号		零件名称	零件图号
		×××		泵盖	×××
加工工序卡号	数控加工程序编号	夹具名称		加工设备	车间
×××	×××	平口钳和"一面两销"自制夹具		小型立式加工中心	×××

工步号	工步内容	刀具号	刀具规格/mm	主轴转速/(r/min)	进给速度/(mm/min)	背吃刀量/mm	备注
15	钻6-Φ7mm底孔至Φ6.8mm	T11	Φ6.8	702	70		加工中心
16	锪6-Φ10mm孔	T12	Φ10	796	167		加工中心
17	铰6-Φ7mm孔	T13	Φ7	159	79	0.1	加工中心
18	钻2-Φ6H8mm底孔至Φ5.8mm	T14	Φ5.8	768	61		加工中心
19	铰2-Φ6H8mm孔	T15	Φ6H8	185	83	0.1	加工中心
20	钻2-M16底孔至Φ14mm	T16	Φ14	363	47		加工中心
21	2-M16孔口倒角	T17	Φ18	318	47		加工中心
22	攻2-M16螺纹孔	T18	M16	69	138		加工中心
23	粗铣外轮廓	T19	Φ20	1194	382	3.5	一面两销定位
24	精铣外轮廓	T19	Φ20	1512	302	0.25	一面两销定位
编制	×××	审核	×××	批准	×××	年 月 日	共 页 第 页

2) 泵盖零件机械加工刀具卡

泵盖零件机械加工刀具卡如表6-17所示。

表6-17 泵盖零件机械加工刀具卡

产品名称或代号		×××	零件名称	泵盖	零件图号	×××
序号	刀具号	刀具			加工表面	备注
		规格名称	数量	刀长/mm		
1	T01	Φ63mm硬质合金面铣刀	1	实测	铣削上下表面	涂层刀片
2	T02	Φ12mm硬质合金立铣刀	1	实测	铣削台阶面及其轮廓	涂层刀片
3	T03	Φ3mm中心钻	1	实测	钻中心孔	
4	T04	Φ28mm麻花钻头		实测	钻Φ32H7mm底孔	
5	T05	Φ31.7mm单刃镗刀	1	实测	粗镗Φ32H7mm孔	涂层刀片
6	T06	Φ32H7mm微调镗刀	1	实测	精镗Φ32H7mm孔	涂层刀片
7	T07	Φ11.7mm麻花钻头	1	实测	钻Φ12H7mm底孔	
8	T08	Φ18mm立铣刀	1	实测	锪Φ18mm孔	
9	T09	Φ11.9mm铰刀	1	实测	粗铰Φ12H7mm孔	
10	T10	Φ12H7mm铰刀	1	实测	精铰Φ12H7mm孔	
11	T11	Φ6.8mm麻花钻头	1	实测	钻6-Φ7mm底孔Φ6.8mm	

续表

产品名称或代号	×××		零件名称		泵盖	零件图号	×××
序号	刀具号	刀具		数量	刀长/mm	加工表面	备注
		规格名称					
12	T12	Φ10 mm 立铣刀		1	实测	锪 6-Φ10 mm 孔	
13	T13	Φ7 mm 铰刀		1	实测	铰 6-Φ7mm 孔	
14	T14	Φ5.8 mm 麻花钻头		1	实测	钻 2-Φ6H8 mm 底孔	
15	T15	Φ6H8 mm 铰刀		1	实测	铰 2-Φ6H8 mm 孔	
16	T16	Φ14 mm 麻花钻头		1	实测	钻 2-M16 螺纹底孔	
17	T17	Φ18 mm 麻花钻头（90°钻尖）		1	实测	2-M16 孔口倒角	
18	T18	M16 机用丝锥		1	实测	攻 2-M16 螺纹孔	
19	T19	Φ20 mm 硬质合金立铣刀		1	实测	大外形轮廓	
编制	×××	审核	×××	批准	×××	年 月 日	共 页 第 页

6-2-4 工作任务完成情况评价与工艺优化讨论

1. 工作任务完成情况评价

对上述泵盖零件加工案例工作任务完成过程进行详尽分析,从零件图纸工艺分析、加工工艺路线设计、加工机床选择、加工刀具选择、装夹方案与夹具选择和切削用量选择几方面,对照自己独立设计的泵盖机械加工工艺,评价各自的优缺点。

2. 泵盖加工工艺优化讨论

(1)根据上述泵盖零件加工案例机械加工工艺,各学习小组从以下八个方面对其展开讨论:

①加工方法选择是否得当？为什么？

②工序与工步顺序安排是否合理？为什么？

③加工工艺路线是否得当？为什么？有没有更优化的加工工艺路线？

④选择的加工机床是否经济适用？为什么？

⑤加工刀具选择是否得当？为什么？

⑥选择的夹具是否得当？为什么？有没有其他更适用的夹具？

⑦选择的装夹方案是否得当？为什么？有没有更合适的装夹方案？

⑧选择的切削用量是否合适？为什么？有没有更优化的切削用量？

(2)各学习小组分析、讨论完后,各派一名代表上讲台汇报自己小组的讨论意见。各学习小组汇报完毕后,老师综合各学习小组的汇报情况,对泵盖零件加工案例机械加工工艺进行点评。

(3)根据老师的点评,独立修改优化泵盖零件机械加工工序卡与刀具卡。

6-2-5 巩固与提高

图 6-73 所示的法兰盖加工案例零件为半成品，底面和四个侧面均已加工好，顶面留 2mm 余量，零件材料为 45 钢，批量生产 100 件。试设计其机械加工工艺。

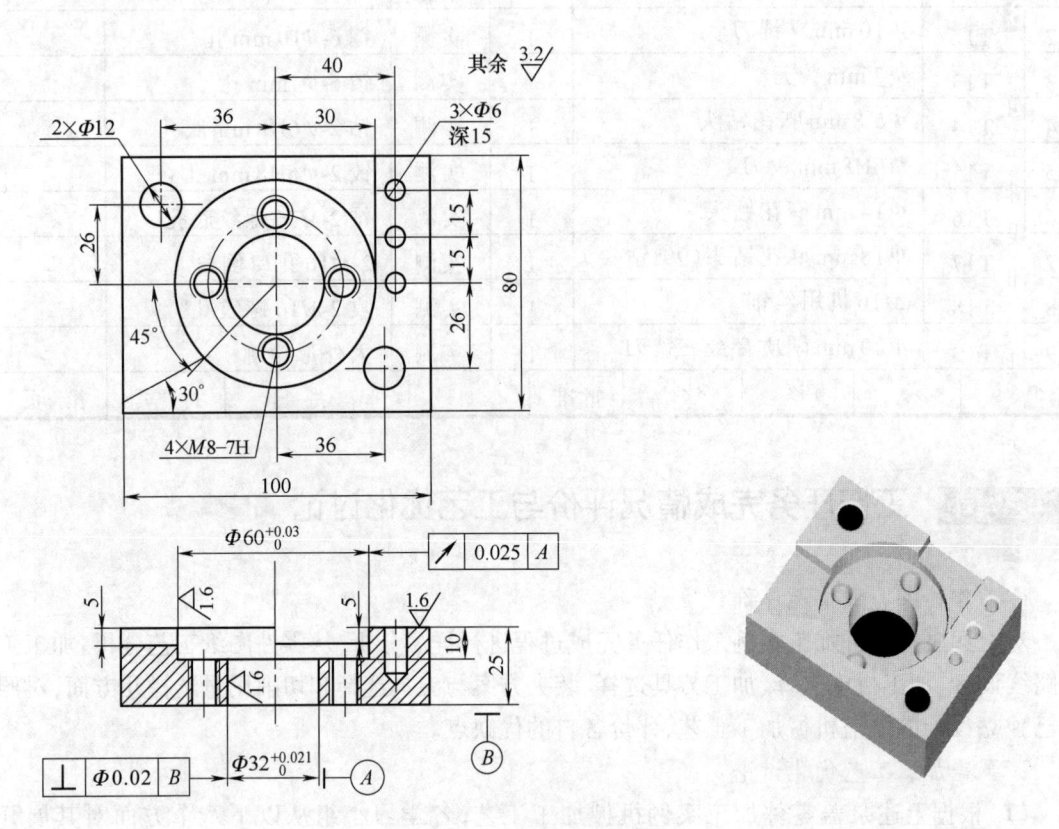

图 6-73 法兰盖加工案例

任务6-3 设计箱体类零件机械综合加工工艺

6-3-1 学习目标

通过本任务单元的学习、训练与讨论,学生应该能够:

1. 独立对中等以上复杂程度箱体类零件图纸进行加工工艺分析,设计机械加工工艺路线,选择经济适用的加工机床,根据生产批量选择夹具并确定装夹方案,按设计的机械加工工艺路线选择合适的加工刀具与合适的切削用量,最后编制出中等以上复杂程度箱体类零件的机械加工工序卡与刀具卡。

2. 在教师的指导与引导下,通过小组分析、讨论,与各学习小组中等以上复杂程度箱体类零件机械加工工艺方案对比,优化独立设计的机械加工工艺路线与切削用量,选择更经济适用的加工机床,选择更合适的刀具、夹具,确定更合理的装夹方案,最终编制出优化的中等以上复杂程度箱体类零件机械加工工序卡与刀具卡。

6-3-2 工作任务描述

现要完成如图6-74所示的柴油机机体加工案例零件的加工,具体设计该柴油机机体零件的机械加工工艺,并对设计的柴油机机体零件机械加工工艺做出评价。具体工作任务如下:

1. 对柴油机机体零件图纸进行加工工艺分析。
2. 设计柴油机机体零件机械加工工艺路线。
3. 选择加工柴油机机体零件的经济适用加工机床。
4. 根据生产批量选择夹具并确定柴油机机体零件的装夹方案。
5. 按设计的柴油机机体零件机械加工工艺路线选择合适的加工刀具与合适的切削用量。
6. 编制柴油机机体零件机械加工工序卡与刀具卡。
7. 经小组分析、讨论,与各学习小组柴油机机体零件机械加工工艺方案对比,对独立设计的柴油机机体零件机械加工工艺做出评价,修改并优化柴油机机体零件机械加工工序卡与刀具卡。

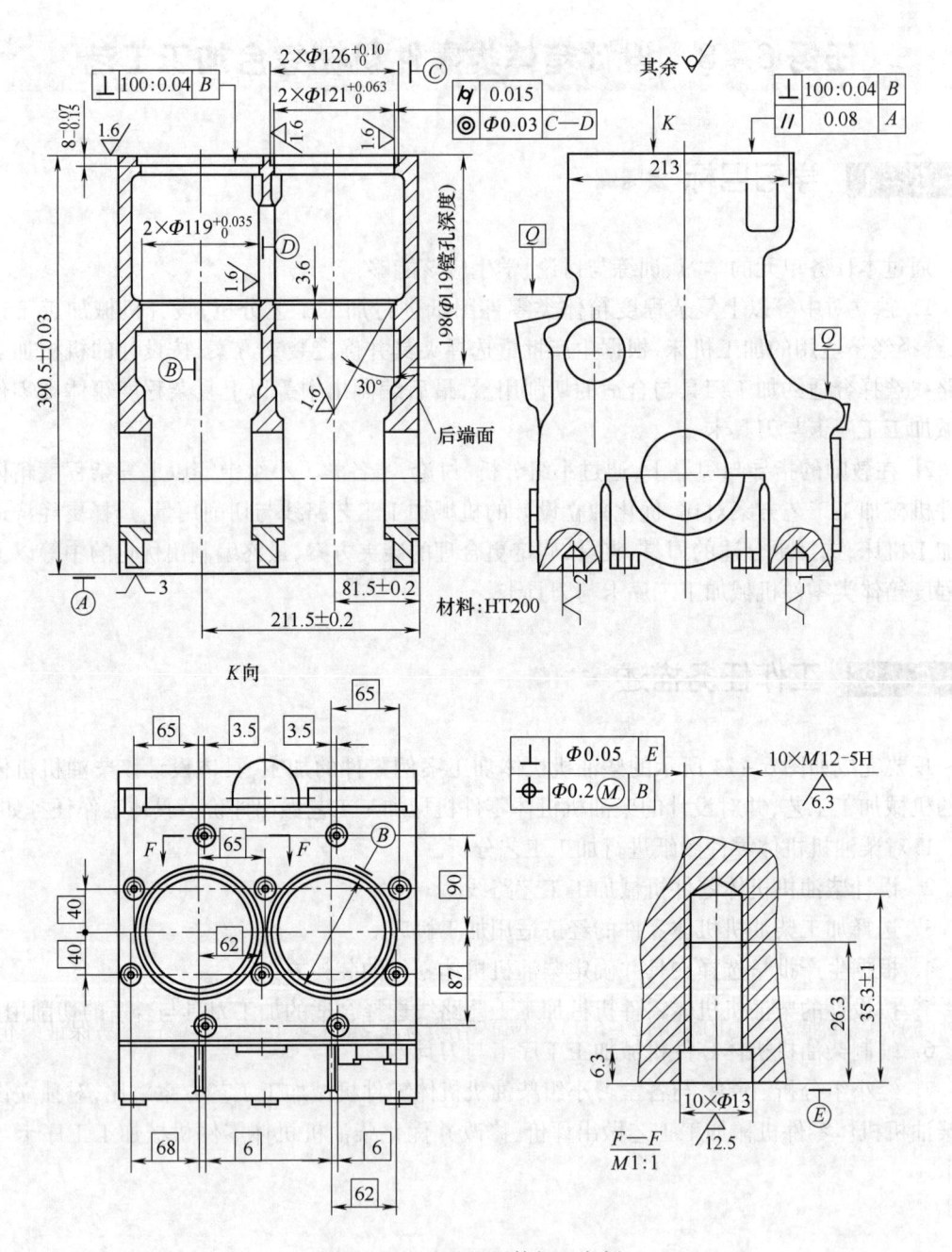

图 6-74 柴油机机体加工案例

注：该柴油机机体零件为半成品，零件材料为 HT200 灰铸铁，生产批量 2000 件/月。该零件除缸套孔、缸盖面摘丝孔（即 10×M12-5H 螺孔）和顶面留余量待加工之外，其他工序均已按图纸技术要求加工好。缸套孔经镗孔专机粗镗后，缸套孔三段尺寸直径余量为 5mm，止口深度粗镗至深度 6mm，缸盖面摘丝孔尚未加工，缸盖面留 0.3mm 余量。

6-3-3 完成工作任务过程

1. 零件图纸工艺分析

主要分析柴油机机体零件图纸技术要求(包括尺寸精度、形位精度和表面粗糙度等)、检查零件图的完整性与正确性、分析零件的结构工艺性。通过零件图纸工艺分析,保证零件的加工精度,确定应采取的工艺措施。

该柴油机机体零件加工部位由圆柱孔、台阶孔、螺纹孔和平面等组成,零件结构较复杂,除缸套孔三段尺寸 $2\times\Phi126_{\ 0}^{+0.10}$mm、$2\times\Phi121_{\ 0}^{+0.063}$mm 和 $2\times\Phi119_{\ 0}^{+0.035}$mm 的同轴度、圆柱度、表面粗糙度及顶面(缸盖面)的表面粗糙度要求较高外,其他加工部位的形位精度和尺寸精度均要求不高,尺寸标注完整,轮廓描述清楚,零件材料为 HT200 灰铸铁,切削加工性能较好。

通过上述零件图纸工艺分析,采取以下六点工艺措施:

(1)该柴油机机体零件虽采用通用加工机床的卧式镗铣床可加工,但夹具须采用如图 6-29 所示的直角夹具体,以底面的一面两孔定位装夹加工,吊装装夹不方便(零件重量较重)。另因卧式镗铣床自动化程度低,一般用于单件小批生产,该柴油机机体生产批量达 2000 件/月,采用卧式镗铣床加工,生产效率很低。为提高生产效率,建议采用加工中心加工。

(2)对于缸套孔对顶面(缸盖面)的垂直度(0.04/100mm)、顶面(缸盖面)对底面基准 A 的平行度(0.08mm)、缸套孔止口台阶面对缸套孔的垂直度(0.04/100mm),只要提高夹具的装夹精度(安装夹具时要校正,保证夹具与柴油机机体底面基准 A 接触的上平面与机床工作台面平行),即可保证(因机床主轴轴线与机床工作台面垂直)。

(3)缸套孔三段尺寸 $2\times\Phi126_{\ 0}^{+0.10}$mm、$2\times\Phi121_{\ 0}^{+0.063}$mm 和 $2\times\Phi119_{\ 0}^{+0.035}$mm 的尺寸精度、同轴度、圆柱度、表面粗糙度及两缸套孔的中心距精度要求,只要最后留较小余量进行精镗,即可保证。同样留较小余量精镗缸套孔止口,则缸套孔止口深度 $8_{-0.15}^{-0.07}$mm 即可保证,因为加工中心的主轴精度较高。

(4)顶面(缸盖面)的表面粗糙度值为 $Ra1.6\mu m$,顶面(缸盖面)尚留 0.3mm 的余量,只要采用机夹硬质合金面铣刀精铣即可保证。

(5)缸盖面摘丝孔($10\times M12-5H$)的位置精度为 0.2mm,精度要求不高,容易保证。但要保证摘丝孔与缸盖面(顶面)的垂直度为 0.05mm,需要在加工前先用中心钻打中心孔,钻螺纹底孔时进给速度放慢一点才行。

(6)该柴油机机体零件生产批量达 2000 件/月,为确保产品加工质量和加工效率,需采用专用夹具进行装夹。

2. 加工工艺路线设计

依次经过:"选择柴油机机体零件加工方法→划分加工阶段→划分加工工序→工序顺序安排",最后确定柴油机机体零件的工步顺序和进给加工路线。

经过任务 6-1 与任务 6-2 的学习、训练与讨论,应已对设计箱体类零件加工工艺路线的顺序非常熟悉。设计柴油机机体零件加工工艺路线从选择加工方法开始→划分加工阶段→划分加工工序→工序顺序安排,这里不再详细赘述,因为这些工作过程都是为最终确定柴油机机体零件的工步顺序和进给加工路线做铺垫,留给学习小组进行讨论、汇报和老师点评。这里只列出最后确定的柴油机机体零件的工步顺序如下:

(1)精铣缸盖面,保证机体高度为。

(2) 钻 $10 \times M12 - 5H$ 中心孔。

(3) 钻 $10 \times M12 - 5H$ 螺纹底孔 $\Phi 10.2\text{mm}$，深 $35.3 \pm 1\text{mm}$。

(4) 锪 $10 \times \Phi 13$ 沉孔，深 6.3mm。

(5) 半精镗 $2 \times \Phi 126_{0}^{+0.10}\text{mm}$ 孔至 $\Phi 125.6\text{mm}$，深度 7.8mm。

(6) 半精镗 $2 \times \Phi 121_{0}^{+0.063}\text{mm}$ 孔至 $\Phi 120.6\text{mm}$。

(7) 半精镗 $2 \times \Phi 119_{0}^{+0.035}\text{mm}$ 孔至 $\Phi 118.6\text{mm}$。

(8) 精镗 $2 \times \Phi 126_{0}^{+0.10}\text{mm}$ 孔至尺寸，深度 $8_{-0.15}^{-0.07}\text{mm}$。

(9) 精镗 $2 \times \Phi 121_{0}^{+0.063}\text{mm}$ 孔至尺寸。

(10) 精镗 $2 \times \Phi 119_{0}^{+0.035}\text{mm}$ 孔至尺寸。

(11) 攻 $10 \times M12 - 5H$ 螺纹孔，深 26.3mm。

3. 加工机床选择

主要根据加工零件的规格大小、加工精度和表面加工质量等技术要求，经济合理地选择加工机床。

根据上述零件图纸工艺分析拟采取的工艺措施，该柴油机机体零件拟采用加工中心进行加工。因为零件高度尺寸较高，加上专用夹具的夹具体高度，零件安装固定在夹具上之后，顶面（缸盖面）距机床工作台面的距离达 500mm 以上，所以应选择机床主轴鼻端至工作台面距离 850mm 左右，才能保证加工中心换刀时，机械手不会与工件干涉。因零件外形不大，只是高度较高，且零件无需回转一次装夹即可完成全部加工，故选用小型立式加工中心即可，但需保证主轴鼻端至工作台面距离在 850mm 或更大。

4. 装夹方案及夹具选择

主要根据加工零件的规格大小、结构特点、加工部位、尺寸精度、形位精度和表面粗糙度等零件图纸技术要求，确定零件的定位、装夹方案及夹具。

该柴油机机体零件的底面基准 A 及底面两个工艺孔已在前面工序中加工完成。因此，该零件的定位可采用"一面两销（两孔）"定位，即用底面 A 和两个工艺孔（图 6 - 74 中的 ∧₁、∧₂ 两工艺孔和 ∧₃ 底面）作为定位基准（∧ 为生产实际加工工序图中的装夹定位符号），以 ∧₁、∧₂ 工艺孔和 ∧₃ 机体底面进行定位。因为该柴油机机体零件生产批量 2000 件/月，为保证产品的加工质量和加工效率，需采用专用夹具进行装夹。由于该零件左右两面是加工面，无法夹压，前后两面外形不规则（夹压面必须为平面），所以只能选择在图 6 - 74 中机油泵孔上方的小平面（图 6 - 74 中标气动夹压符号 Q 处）和机体前面圆弧形下方的小平面，采用气动专用夹具夹紧。

5. 刀具选择

主要根据加工零件的余量大小、结构特点、材质、热处理硬度、加工部位、尺寸精度、形位精度和表面粗糙度等零件图纸技术要求，结合刀具材料，正确合理地选择刀具。

根据上述零件图纸工艺分析和加工工艺路线设计，该柴油机机体零件最后确定的各工步顺序的所用刀具如下：

(1) 精铣缸盖面。因为缸盖面宽度超过 213mm，所以选用 $\Phi 80\text{mm}$ 硬质合金面铣刀（因选面铣刀直径超过 $\Phi 80\text{mm}$，需设置大径刀，设置大径刀面铣刀的直径也不能超过 $\Phi 160\text{mm}$，铣削缸盖面都必须接刀），采用涂层硬质合金刀片，齿数 8 齿。

(2) 钻 $10 \times M12 - 5H$ 中心孔。选用 $\Phi 3\text{mm}$ 中心钻。

(3)钻 $10 \times M12-5H$ 螺纹底孔。选用 $\Phi 10.2\mathrm{mm}$ 高速钢麻花钻头。

(4)锪 $10 \times \Phi 13$ 沉孔。选用 $\Phi 13\mathrm{mm}$ 群钻($\Phi 13\mathrm{mm}$ 麻花钻头刃磨成群钻)。

(5)半精镗 $2 \times \Phi 126_{\ 0}^{+0.10}\mathrm{mm}$ 孔。选用 $\Phi 125.6\mathrm{mm}$ 倾斜型镗刀(采用涂层硬质合金刀片,单刃镗刀)。

(6)半精镗 $2 \times \Phi 121_{\ 0}^{+0.063}\mathrm{mm}$ 孔。选用 $\Phi 120.6\mathrm{mm}$ 倾斜型镗刀(采用涂层硬质合金刀片,单刃镗刀)。

(7)半精镗 $2 \times \Phi 119_{\ 0}^{+0.035}\mathrm{mm}$ 孔。选用 $\Phi 118.6\mathrm{mm}$ 倾斜型镗刀(采用涂层硬质合金刀片,单刃镗刀)。

(8)精镗 $2 \times \Phi 126_{\ 0}^{+0.10}\mathrm{mm}$ 孔。选用 $\Phi 126_{\ 0}^{+0.10}\mathrm{mm}$ 微调镗刀(采用涂层硬质合金刀片,单刃微调镗刀)。

(9)精镗 $2 \times \Phi 121_{\ 0}^{+0.063}\mathrm{mm}$ 孔。选用 $\Phi 121_{\ 0}^{+0.063}\mathrm{mm}$ 微调镗刀(采用涂层硬质合金刀片,单刃微调镗刀)。

(10)精镗 $2 \times \Phi 119_{\ 0}^{+0.035}\mathrm{mm}$ 孔。选用 $\Phi 119_{\ 0}^{+0.035}\mathrm{mm}$ 微调镗刀(采用涂层硬质合金刀片,单刃微调镗刀)。

(11)攻 $10 \times M12-5H$ 螺纹孔。选用 $M12-5H$ 机用丝锥(采用螺旋槽丝锥)。

6. 切削用量选择

主要根据零件的加工余量大小、材质、热处理硬度、尺寸精度、形位精度和表面粗糙度等零件图纸技术要求,结合所选刀具和拟定的加工工艺路线,正确合理地选择切削用量。

加工中心的切削用量包括背吃刀量 a_p(铣削还包括侧吃刀量 a_e,另钻实心孔、孔口倒角、锪沉孔和攻螺纹可不必计算出背吃刀量 a_p)、进给速度 F 和主轴转速 n。根据上述选择的加工中心为立式加工中心,故切削用量主要包括背吃刀量 a_p、进给速度 F 和主轴转速 n。

1) 背吃刀量 a_p

按上述该柴油机机体零件的加工工艺路线设计和零件图纸的技术要求,各工步的背吃刀量 a_p 如下:

(1)精铣缸盖面。背吃刀量 a_p 约为 $0.3\mathrm{mm}$。

(2)钻 $10 \times M12-5H$ 中心孔。实心材料钻中心孔,不必计算出背吃刀量 a_p。

(3)钻 $10 \times M12-5H$ 螺纹底孔。实心材料钻孔,不必计算出背吃刀量 a_p。

(4)锪 $10 \times \Phi 13$ 沉孔。锪沉孔不必计算出背吃刀量 a_p。

(5)半精镗 $2 \times \Phi 126_{\ 0}^{+0.10}\mathrm{mm}$ 孔。背吃刀量 a_p 约为 $2.3\mathrm{mm}$。

(6)半精镗 $2 \times \Phi 121_{\ 0}^{+0.063}\mathrm{mm}$ 孔。背吃刀量 a_p 约为 $2.3\mathrm{mm}$。

(7)半精镗 $2 \times \Phi 119_{\ 0}^{+0.035}\mathrm{mm}$ 孔。背吃刀量 a_p 约为 $2.3\mathrm{mm}$。

(8)精镗 $2 \times \Phi 126_{\ 0}^{+0.10}\mathrm{mm}$ 孔。背吃刀量 a_p 约为 $0.2\mathrm{mm}$。

(9)精镗 $2 \times \Phi 121_{\ 0}^{+0.063}\mathrm{mm}$ 孔。背吃刀量 a_p 约为 $0.2\mathrm{mm}$。

(10)精镗 $2 \times \Phi 119_{\ 0}^{+0.035}\mathrm{mm}$ 孔。背吃刀量 a_p 约为 $0.2\mathrm{mm}$。

(11)攻 $10 \times M12-5H$ 螺纹孔。攻螺纹不必计算出背吃刀量 a_p。

2) 主轴转速 n

主轴转速 n 应根据所选刀具的直径,按零件和刀具的材料及加工性质等条件所允许的切削速度 $v_\mathrm{c}(\mathrm{m/min})$,按公式 $n = (1000 \times v_\mathrm{c})/(3.14 \times d)$ 来确定。

根据表 6-9(高速钢钻头加工铸铁的参考切削用量)、表 6-12(镗孔参考切削用量)、表

6-13（攻螺纹参考切削用量）、表5-4（铣削加工的切削速度参考值）和所选刀具，该零件上述加工工艺路线设计所确定的各工步主轴转速 n 计算如下：

(1) 精铣缸盖面。切削速度 v_c 选 120m/min，则主轴转速 n 约为 477r/min。

(2) 钻 $10 \times M12-5H$ 中心孔。切削速度 v_c 选 16m/min，则主轴转速 n 约为 636r/min。

(3) 钻 $10 \times M12-5H$ 螺纹底孔。切削速度 v_c 选 16m/min，则主轴转速 n 约为 499r/min。

(4) 锪 $10 \times \Phi 13$ 沉孔。切削速度 v_c 选 18m/min，则主轴转速 n 约为 440r/min。

(5) 半精镗 $2 \times \Phi 126_{0}^{+0.10}$ mm 孔。切削速度 v_c 选 110m/min，则主轴转速 n 约为 278 r/min。

(6) 半精镗 $2 \times \Phi 121_{0}^{+0.063}$ mm 孔。切削速度 v_c 选 110m/min，则主轴转速 n 约为 290 r/min。

(7) 半精镗 $2 \times \Phi 119_{0}^{+0.035}$ mm 孔。切削速度 v_c 选 110m/min，则主轴转速 n 约为 295r/min。

(8) 精镗 $2 \times \Phi 126_{0}^{+0.10}$ mm 孔。切削速度 v_c 选 130m/min，则主轴转速 n 约为 328r/min。

(9) 精镗 $2 \times \Phi 121_{0}^{+0.063}$ mm 孔。切削速度 v_c 选 130m/min，则主轴转速 n 约为 342r/min。

(10) 精镗 $2 \times \Phi 119_{0}^{+0.035}$ mm 孔。切削速度 v_c 选 130m/min，则主轴转速 n 约为 347r/min。

(11) 攻 $10 \times M12-5H$ 螺纹孔。切削速度 v_c 选 4m/min，则主轴转速 n 约为 106r/min。

3) 进给速度 F

进给速度 $F = f_z Z n$ 或 $F = fn$（n 为刀具转速，Z 为刀具齿数，f 为每转进给量，f_z 为每齿进给量）。

根据表6-9（高速钢钻头加工铸铁的参考切削用量）、表6-12（镗孔参考切削用量）、表6-13（攻螺纹参考切削用量）、表5-3（铣刀每齿进给量参考值）及所选刀具和该零件图纸技术要求，上述加工工艺路线设计所确定的各工步进给速度 F 计算如下：

(1) 精铣缸盖面。每齿进给量 f 选 0.08mm，则进给速度 F 约为 305mm/min。

(2) 钻 $10 \times M12-5H$ 中心孔。每转进给量 f 选 0.08mm，则进给速度 F 约为 50mm/min。

(3) 钻 $10 \times M12-5H$ 螺纹底孔。每转进给量 f 选 0.12mm，则进给速度 F 约为 59mm/min。

(4) 锪 $10 \times \Phi 13$ 沉孔。每转进给量 f 选 0.15mm，则进给速度 F 约为 66mm/min。

(5) 半精镗 $2 \times \Phi 126_{0}^{+0.10}$ mm 孔。每转进给量 f 选 0.25mm，则进给速度 F 约为 69mm/min。

(6) 半精镗 $2 \times \Phi 121_{0}^{+0.063}$ mm 孔。每转进给量 f 选 0.25mm，则进给速度 F 约为 72mm/min。

(7) 半精镗 $2 \times \Phi 119_{0}^{+0.035}$ mm 孔。每转进给量 f 选 0.25mm，则进给速度 F 约为 73mm/min。

(8) 精镗 $2 \times \Phi 126_{0}^{+0.10}$ mm 孔。每转进给量 f 选 0.15mm，则进给速度 F 约为 49mm/min。

(9) 精镗 $2 \times \Phi 121_{0}^{+0.063}$ mm 孔。每转进给量 f 选 0.15mm，则进给速度 F 约为 51mm/min。

(10) 精镗 $2 \times \Phi 119_{0}^{+0.035}$ mm 孔。每转进给量 f 选 0.15mm，则进给速度 F 约为 52mm/min。

(11) 攻 $10 \times M12-5H$ 螺纹孔。每转进给量 f 等于螺距 1.5mm，则进给速度 F 约为 159mm/min。

7. 填写柴油机机体零件机械加工工序卡和刀具卡

主要根据选择的机床、刀具、夹具、切削用量和拟定的加工工艺路线，正确填写机械加工工序卡和刀具卡。

1) 柴油机机体零件机械加工工序卡

柴油机机体零件机械加工工序卡如表6-18所示。

表6-18 柴油机机体零件数控加工工序卡

单位名称	×××	产品名称或代号		零件名称	零件图号
		×××		柴油机机体	×××
加工工序卡号	数控加工程序编号	夹具名称		加工设备	车间
×××	×××	SL2100机体专用夹具		小型立式加工中心	×××
工步号	工步内容	刀具号	刀具规格/mm	主轴转速/(r/min)	进给速度/(mm/min)	背吃刀量/mm	备注
---	---	---	---	---	---	---	---
1	精铣缸盖面，保证机体高度为390.5±0.03	T01	$\Phi 80$	477	305	0.3	加工中心
2	钻10×M12-5H中心孔	T02	$\Phi 3$	636	50		加工中心
3	钻10×M12-5H螺纹底孔Φ10.2mm，深35.3±1mm	T03	$\Phi 10.2$	499	59		加工中心
4	锪10×Φ13沉孔，深6.3mm	T04	$\Phi 13$	440	66		加工中心
5	半精镗2×$\Phi 126_0^{+0.10}$mm孔至Φ125.6 mm，深度7.8mm	T05	$\Phi 125.6$	278	69	2.3	加工中心
6	半精镗2×$\Phi 121_0^{+0.063}$mm孔至Φ120.6mm	T06	$\Phi 120.6$	290	72	2.3	加工中心
7	半精镗2×$\Phi 119_0^{+0.035}$mm孔至Φ118.6mm	T07	$\Phi 118.6$	295	73	2.3	加工中心
8	精镗2×$\Phi 126_0^{+0.10}$mm孔至尺寸，深度$8_{-0.15}^{-0.07}$mm	T08	$\Phi 126_0^{+0.10}$	328	49	0.2	加工中心
9	精镗2×$\Phi 121_0^{+0.063}$mm孔至尺寸	T09	$\Phi 121_0^{+0.063}$	342	51	0.2	加工中心
10	精镗2×$\Phi 119_0^{+0.035}$mm孔至尺寸	T10	$\Phi 119_0^{+0.035}$	347	52	0.2	加工中心
11	攻10×M12-5H螺纹孔，深26.3mm	T11	M12	106	159		加工中心
编制	×××	审核	×××	批准	×××	年 月 日	共 页 第 页

2) 柴油机机体零件机械加工刀具卡

柴油机机体零件机械加工刀具卡如表6-19所示。

表 6-19 柴油机机体零件机械加工刀具卡

产品名称或代号	×××		零件名称	柴油机机体	零件图号	×××
序号	刀具号	刀具规格名称	数量	刀长/mm	加工表面	备注
1	T01	Φ80mm 硬质合金面铣刀	1	实测	顶面	涂层刀片
2	T02	Φ3mm 中心钻	1	实测	摘丝孔	A型中心钻
3	T03	Φ10.2mm 高速钢麻花钻头	1	实测	摘丝孔	
4	T04	Φ13mm 群钻（Φ13mm 麻花钻头刃磨成群钻）	1	实测	摘丝孔沉孔	
5	T05	Φ125.6mm 倾斜型镗刀（涂层硬质合金刀片）	1	实测	缸套孔	涂层刀片
6	T06	Φ120.6mm 倾斜型镗刀（涂层硬质合金刀片）	1	实测	缸套孔	涂层刀片
7	T07	Φ118.6mm 倾斜型镗刀（涂层硬质合金刀片）	1	实测	缸套孔	涂层刀片
8	T08	$\Phi 126_{0}^{+0.10}$mm 微调镗刀（涂层硬质合金刀片）	1	实测	缸套孔	涂层刀片
9	T09	$\Phi 121_{0}^{+0.063}$mm 微调镗刀（涂层硬质合金刀片）	1	实测	缸套孔	涂层刀片
10	T10	$\Phi 119_{0}^{+0.035}$mm 微调镗刀（涂层硬质合金刀片）	1	实测	缸套孔	涂层刀片
11	T11	M12-5H 机用丝锥	1	实测	摘丝孔	
编制	×××	审核 ×××	批准 ×××	年 月 日	共 页	第 页

6-3-4 工作任务完成情况评价与工艺优化讨论

1. 工作任务完成情况评价

对上述柴油机机体零件加工案例工作任务的完成过程进行详尽分析，从零件图纸工艺分析、加工工艺路线设计、加工机床选择、加工刀具选择、装夹方案与夹具选择和切削用量选择几方面，对照自己独立设计的柴油机机体零件机械加工工艺，评价各自的优缺点。

2. 柴油机机体零件加工工艺优化讨论

(1) 根据上述柴油机机体零件机械加工工艺，各学习小组从以下八个方面对其展开讨论：

① 加工方法选择是否得当？为什么？

② 工步顺序安排是否合理？为什么？

③ 加工工艺路线是否得当？为什么？有没有更优化的加工工艺路线？

④ 选择的加工机床是否经济适用？为什么？

⑤ 加工刀具选择是否得当？为什么？

⑥ 选择的夹具是否得当？为什么？有没有其他更适用的夹具？

⑦ 选择的装夹方案是否得当？为什么？有没有更合适的装夹方案？

⑧ 选择的切削用量是否合适？为什么？有没有更优化的切削用量？

(2)各学习小组分析、讨论完后,各派一名代表上讲台汇报自己小组的讨论意见。各学习小组汇报完毕后,老师综合各学习小组的汇报情况,对柴油机机体加工案例机械加工工艺进行点评。

(3)根据老师的点评,独立修改优化柴油机机体零件机械加工工序卡与刀具卡。

6-3-5 巩固与提高

将图6-74所示的柴油机机体零件的缸套孔三段直径尺寸均增加5.2mm,止口深度不变,把该柴油机机体改为功率大一点的柴油机机体。机体缸套孔只有预铸孔,止口未铸出,所以缸套孔三段直径尺寸铸孔只有两段尺寸,分别为$\Phi 110$ mm和$\Phi 106$mm。机体缸盖面已粗加工过,高度尺寸尚留3mm余量,试制5件,其他不变。试设计该半成品状态功率大一点的柴油机机体零件机械加工工艺。

项目七

设计异形类零件机械加工工艺

7-1 学习目标

通过本项目任务的学习、训练与讨论,学生应该能够:

1. 独立对中等以上复杂程度异形类零件图纸进行加工工艺分析,设计机械加工工艺路线,选择经济适用的加工机床,根据生产批量选择夹具并确定装夹方案,按设计的机械加工工艺路线选择合适的加工刀具与合适的切削用量,最后编制出中等以上复杂程度异形类零件的机械加工工序卡与刀具卡。

2. 在教师的指导与引导下,通过小组分析、讨论,与各学习小组中等以上复杂程度异形类零件机械加工工艺方案对比,优化独立设计的机械加工工艺路线与切削用量,选择更经济适用的加工机床,选择更合适的刀具、夹具,确定更合理的装夹方案,最终编制出优化的中等以上复杂程度异形类零件机械加工工序卡与刀具卡。

7-2 工作任务描述

现要完成如图7-1所示支承套加工案例零件的加工,具体设计该支承套零件的机械加工工艺,并对设计的支承套零件机械加工工艺做出评价。具体工作任务如下:

1. 对支承套零件图纸进行加工工艺分析。
2. 设计支承套零件机械加工工艺路线。
3. 选择加工支承套零件的经济适用加工机床。
4. 根据生产批量选择夹具并确定支承套零件的装夹方案。
5. 按设计的支承套零件机械加工工艺路线选择合适的加工刀具与合适的切削用量。

6. 编制支承套零件机械加工工序卡与刀具卡。

7. 经小组分析、讨论，与各学习小组支承套零件机械加工工艺方案对比，对独立设计的支承套零件机械加工工艺做出评价，修改并优化支承套零件机械加工工序卡与刀具卡。

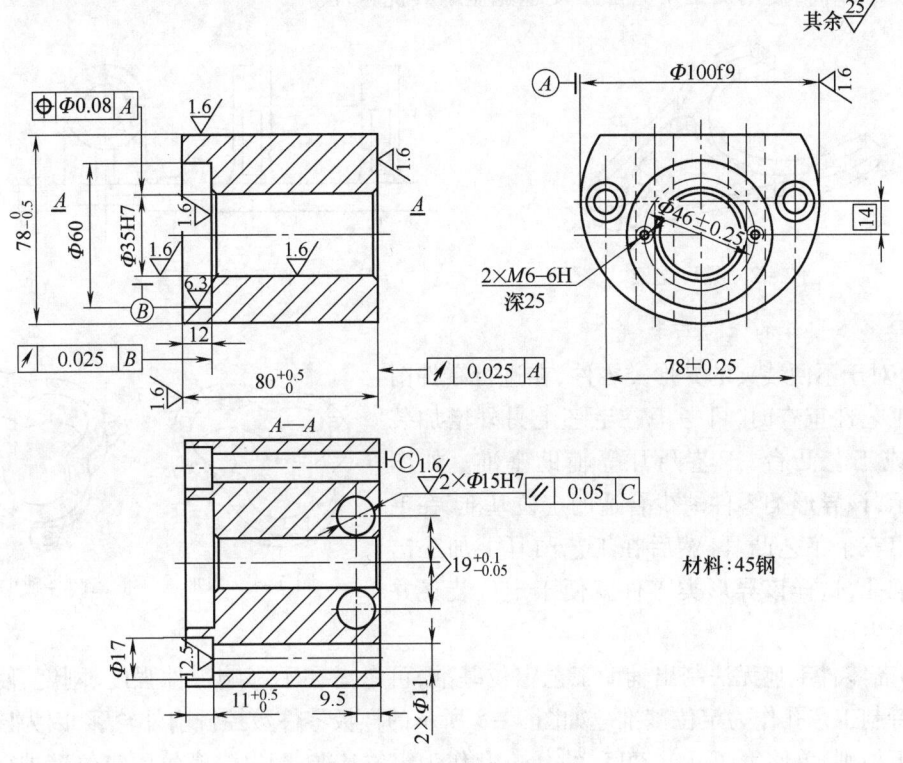

图 7-1 支承套加工案例

注：该支承套零件为卧式升降台铣床的支承套，材料为 45 钢，零件毛坯为棒料 $\Phi 110\text{mm} \times 90\text{mm}$，长度 $80^{+0.5}_{0}\text{mm}$、外径 $\Phi 100\text{f}9\text{mm}$ 及尺寸 $78^{~0}_{-0.5}\text{mm}$ 在前面工序中已按零件图纸技术要求加工好，生产 3 件。

7-3 学习内容

设计异形类零件机械加工工艺步骤包括：零件图纸工艺分析、加工工艺路线设计、选择加工机床、找正装夹方案及夹具选择、刀具选择、切削用量选择，最后完成机械加工工序卡及刀具卡的编制。要完成支承套零件机械加工工艺的设计任务，除了要学习设计轮廓型腔类零件机械加工工艺和设计箱体类零件机械加工工艺的相关知识，还要学习设计异形类零件机械加工工艺的相关知识。设计轮廓型腔类零件机械加工工艺的相关知识在项目五中已做了详细阐释，设计箱体类零件机械加工工艺的相关知识在项目六中已做了详细阐释，这里不再赘述。下面学习设计异形类零件机械加工工艺的相关知识。

1. 异形类零件的工艺特点

异形类零件即外形特异的零件，如图 7-2 所示的异形支架和图 7-3 所示的支架都是外形不规则的零件，这类零件大都需要采用点、线、面多工位混合加工。异形类零件的总体刚性一般较差,装夹过程中易变形,在通用加工机床上只能采取工序分散的原则加工,需用工装较多,周期较长,而且难以保证加工精度。而数控机床,特别是加工中心最适合多工位的点、线、面混合加工,能够完成大部分甚至全部工序的加工内容。实践证明,异形件的形状越复杂、加工精度要求越高,使用加工中心加工便越能显示其优越性。

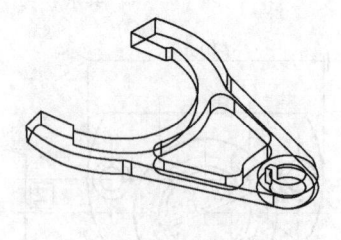

图7-2 异形支架

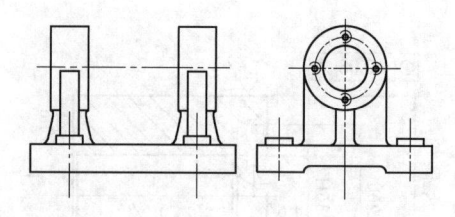

图7-3 支架

2. 异形类零件的定位与装夹

(1)对于不便装夹的异形类零件,在进行零件图纸结构工艺性审查时,可考虑在毛坯上另外增加装夹余量或工艺凸台、工艺凸耳等辅助基准。如图7-4所示,该异形类零件缺少合适的定位基准,在毛坯上铸出三个工艺凸耳,然后在工艺凸耳上加工出定位基准孔,这样该异形类零件就便于定位装夹并适合批量生产。

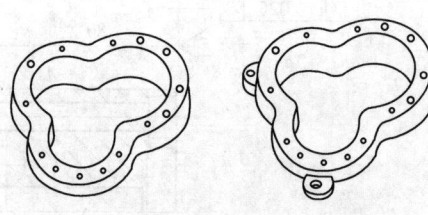

图7-4 增加毛坯工艺凸耳辅助基准

(2)若零件毛坯无法制出辅助工艺定位基准,可考虑在不影响零件强度、刚度、使用功能的部位特制工艺孔作为定位基准。如图7-5所示的样板零件数控铣削外轮廓,因为该零件轮廓外形不规则,单件生产可以 $\Phi15^{+0.070}_{\ 0}$ mm 孔作为定位基准,配以带螺纹的定位销进行定位和压紧,在加工过程中,要注意及时更换压紧部位及装夹的位置,以保证加工过程顺利进行。若为批量生产,可以采用专用夹具,即仍以 $\Phi15^{+0.070}_{\ 0}$ mm 孔定位兼压紧,在零件下方选择不影响样板强度、刚度、使用功能的适当位置钻一个工艺孔(如图7-6所示的虚线孔),并将该工艺孔作为第二个定位基准孔,以满足"一面两销"准确而可靠的定位。

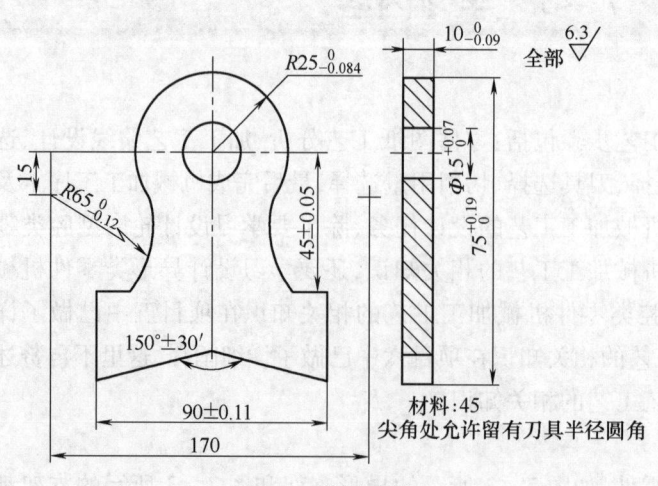

图7-5 样板零件

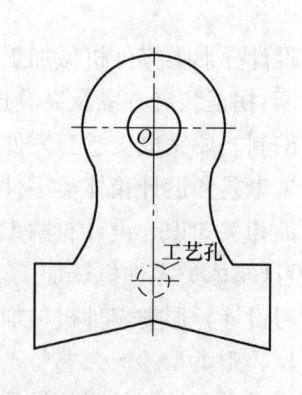

图7-6 增加工艺孔

7-4 完成工作任务过程

1. 零件图纸工艺分析

主要分析支承套零件图纸技术要求(包括尺寸精度、形位精度和表面粗糙度等)、检查零件图的完整性与正确性、分析零件的结构工艺性。通过零件图纸工艺分析,保证零件的加工精度,确定应采取的工艺措施。

该支承套零件加工部位由孔系组成,零件结构较复杂,有互相垂直两个方向上的孔系,且 ϕ35H7mm 孔对外圆有 14mm 的偏心距要求,ϕ35H7mm 孔对 ϕ100f9mm 外圆有位置精度要求;ϕ60mm 孔底平面对 ϕ35H7mm 孔有端面跳动要求;$2 \times \phi$15H7mm 孔对端面 C 有平行度要求;端面 C 对 ϕ100f9mm 外圆有跳动要求;ϕ35H7mm 孔、$2 \times \phi$15H7mm 孔和 ϕ60mm 孔底平面的表面粗糙度要求较高。尺寸标注完整、轮廓描述清楚,零件材料为 45 钢,切削加工性能较好。

通过上述零件图纸工艺分析,采取以下两点工艺措施:

(1) 该支承套零件有互相垂直的两个方向上的孔系,且 ϕ35H7mm 孔对外圆有 14mm 的偏心距要求;ϕ35H7mm 孔对 ϕ100f9mm 外圆有位置精度要求;ϕ60mm 孔底平面对 ϕ35H7mm 孔有端面跳动要求;$2 \times \phi$15H7mm 孔对端面 C 有平行度要求;端面 C 对 ϕ100f9mm 外圆有跳动要求。若在通用加工机床上加工,由于各加工部位在不同方向上,需多次装夹才能完成加工,不能保证形位精度要求,且加工效率低;若采用立式加工中心加工两个互相垂直的部位,需要两次装夹才能完成,也不能完全保证形位精度要求;若采用带回转工作台的卧式加工中心加工,只需一次装夹即可完成全部工序加工,形位精度要求能保证,且加工效率高。

(2) 该支承套零件 ϕ35H7mm 孔对外圆有 14mm 的偏心距要求,根据上述工艺措施拟采用卧式加工中心加工,因加工中心精度较高,只要对刀准确,工件坐标原点设置得当,ϕ35H7mm 孔采用铣削加工,14mm 的偏心距要求完全能够保证。

2. 加工工艺路线设计

依次经过:"选择支承套加工方法→划分加工阶段→划分加工工序→工序顺序安排",最后确定支承套零件的工步顺序和进给加工路线。

经过项目六的学习、训练与讨论,应已对设计箱体类零件加工工艺路线非常熟悉。因该支承套零件结构较复杂,加工部位多,有多处形位精度要求,且卧式加工中心的加工工艺编制还未训练过。为便于学习,这里给出该支承套零件选择的加工方法和最后确定的工步顺序,其他设计支承套零件加工工艺路线必经的划分加工阶段→划分加工工序→工序顺序安排,这里不再详细赘述,留给学习小组进行讨论、汇报和老师点评。

1) 选择支承套零件的加工方法

该支承套零件毛坯为棒料,因此所有孔都是在实体材料上加工。为防止钻头钻偏,需先用中心钻钻导向孔(打中心孔),然后再钻孔。为保证 ϕ35H7mm 孔的精度,根据其尺寸,选择精镗孔为其最终加工方法,采用"打中心孔—钻孔—粗镗—半精镗—精镗"的加工方法;为保证 $2 \times \phi$15H7mm 孔的精度,根据其尺寸,选择铰孔为其最终加工方法,采用打"中心孔—钻孔—扩孔—铰孔"的加工方法;对 ϕ60mm 孔,根据孔径精度、孔深和孔底平面粗糙度要求,用"粗铣—精铣"的加工方法同时完成孔壁和孔底平面的加工。其余各孔因精度要求不高,采用"打中心孔→钻孔—锪孔"的加工方法即可达到零件图纸技术要求。上述各加工部位选择的加工方法如下：

Φ35H7mm 孔：打中心孔—钻孔—粗镗—半精镗—精镗。

Φ15H7mm 孔：打中心孔—钻孔—扩孔—铰孔。

Φ60mm 孔：粗铣—精铣。

Φ11mm 孔：打中心孔—钻孔。

Φ17mm 孔：锪孔（在 Φ11mm 底孔上）。

M6-6H 螺纹孔：打中心孔—钻螺纹底孔—孔口倒角—攻螺纹。

2）确定支承套零件工步顺序

该支承套零件加工的工步顺序按先主后次、先粗后精的原则确定。为减少变换加工工位的辅助时间和加工中心回转工作台分度误差的影响，各个加工工位上的加工部位在工作台一次分度下按先主后次、先粗后精的原则加工完毕。具体加工顺序如下：

● 第一工位（加工中心回转工作台在 B0°）。

钻 Φ35H7mm、2×Φ17×Φ11mm 中心孔→钻 Φ35H7mm 孔→钻 2×Φ11mm 孔→锪 2×Φ17mm 沉孔→粗镗 Φ35H7mm 孔→粗铣、精铣 Φ60mm×12 孔→半精镗 Φ35H7mm 孔→钻 2×M6-6H 螺纹中心孔→钻 2×M6-6H 螺纹底孔→2×M6-6H 螺纹孔口倒角→攻 2×M6-6H 螺纹孔→精镗 Φ35H7mm 孔。具体细化的工步顺序如下：

(1) 钻 Φ35H7mm 孔、2×Φ17×Φ11mm 孔的中心孔。

(2) 钻 Φ35H7mm 孔至 Φ28mm。

(3) 钻 2×Φ11mm 孔。

(4) 锪 2×Φ17mm 沉孔。

(5) 粗镗 Φ35H7mm 孔至 Φ34mm。

(6) 粗铣 Φ60×12mm 孔至 Φ59×11.5mm。

(7) 精铣 Φ60×12mm 孔至尺寸。

(8) 半精镗 Φ35H7mm 孔至 Φ34.85mm。

(9) 钻 2×M6-6H 螺纹中心孔。

(10) 钻 2×M6-6H 螺纹底孔至 Φ5mm。

(11) 2×M6-6H 螺纹孔口倒角。

(12) 攻 2×M6-6H 螺纹孔。

(13) 精镗 Φ35H7mm 孔至尺寸。

● 第二工位（加工中心回转工作台在 B90°）。

钻 2×Φ15H7mm 中心孔→钻 2×Φ15H7mm 孔→扩 2×Φ15H7mm 孔→铰 2×Φ15H7mm 孔。具体细化的工步顺序如下：

(14) 钻 2×Φ15H7mm 孔的中心孔。

(15) 钻 2×Φ15H7mm 孔至 Φ14mm。

(16) 扩 2×Φ15H7mm 孔至 Φ14.85mm。

(17) 铰 2×Φ15H7mm 孔至尺寸。

3. 加工机床选择

主要根据加工零件的规格大小、加工精度和表面加工质量等技术要求，经济合理地选择加工机床。

根据上述零件图纸工艺分析,该支承套零件有两个互相垂直方向上的孔系需要加工,若在通用加工机床上加工,需多次装夹才能完成加工,不能保证形位精度要求,且加工效率低;若采用立式加工中心加工,需要两次装夹才能完成加工,也不能完全保证形位精度要求;采用带回转工作台的卧式加工中心加工,只需一次装夹即可完成全部加工。故选卧式加工中心加工。

4. 装夹方案及夹具选择

主要根据加工零件的规格大小、结构特点、加工部位、尺寸精度、形位精度和表面粗糙度等零件图纸技术要求,确定零件的定位、装夹方案及夹具。

根据上述零件图纸工艺分析拟采取的工艺措施,该支承套零件拟采用卧式加工中心加工。该支承套零件加工部位由孔系组成,零件结构较复杂,有两个互相垂直方向上的孔系,且 $\Phi 35H7$ mm 孔对外圆有 14mm 的偏心距要求,$\Phi 35H7$ mm 孔对 $\Phi 100f9$ mm 外圆有位置精度要求;$\Phi 60$ mm 孔底平面对 $\Phi 35H7$ mm 孔有端面跳动要求;$2 \times \Phi 15H7$ mm 孔对端面 C 有平行度要求;端面 C 对 $\Phi 100f9$ mm 外圆有跳动要求。首先按照基准重合原则考虑选择定位基准,由于 $\Phi 35H7$ mm 孔、$\Phi 60$ mm 孔、$2 \times \Phi 11$ mm 孔及 $2 \times \Phi 17$ mm 孔的设计基准均为 $\Phi 100f9$ mm 外圆中心线,所以选择 $\Phi 100f9$ mm 外圆中心线为主要定位基准。因为 $\Phi 100f9$ mm 外圆不是整圆,所以用 V 形块作定位元件,限制 4 个自由度。支承套长度方向的定位基准,若选右端面定位,对 $\Phi 17$ mm 孔深尺寸 $11_{0}^{+0.5}$ mm 存在基准不重合误差,加工精度不能保证(因为工序尺寸 $80_{0}^{+0.5}$ mm 的公差为 0.5mm),所以选左端面定位,限制支承套轴向移动的自由度。工件的装夹简图如图 7-7 所示,在装夹时应使工件上平面在夹具中保持垂直,以消除转动自由度。

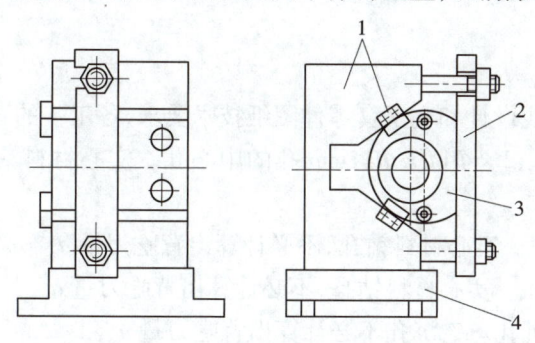

1—定位元件;2—夹紧机构;3—工件;4—夹具体

图 7-7 支承套装夹示意图

5. 刀具选择

主要根据加工零件的余量大小、结构特点、材质、热处理硬度、加工……形位精度和表面粗糙度等零件图纸技术要求,结合刀具材料,正确合理地……

根据上述零件图纸工艺分析和加工工艺路线设计,该支承套……各工步顺序的所用刀具如下:

(1)钻 $\Phi 35H7$ mm 孔、$2 \times \Phi 17 \times \Phi 11$ mm 孔的中心孔。选用……。

(2)钻 $\Phi 35H7$ mm 孔。选用 $\Phi 28$ mm 锥柄麻花钻头(因该支承套零件……生产 3 件,所以选较大钻头钻孔,不必再经过扩孔)。

(3)钻 $2 \times \Phi 11$ mm 孔。选用 $\Phi 11$ mm 直柄麻花钻头。

(4)锪 $2 \times \Phi 17$ mm 沉孔。选用 $\Phi 17$ mm 群钻($\Phi 17$ mm 麻花钻头刃磨成群钻)。

(5)粗镗 $\Phi 35H7$ mm 孔。选用 $\Phi 34$ mm 倾斜型粗镗刀(采用涂层硬质合金刀片,单刃镗刀)。

(6) 粗铣 $\Phi 60 \times 12$mm 孔。选用 $\Phi 20$mm 硬质合金立铣刀(齿数 4 齿)。

(7) 精铣 $\Phi 60 \times 12$mm 孔。选用 $\Phi 20$mm 硬质合金立铣刀(齿数 4 齿)。

(8) 半精镗 $\Phi 35$H7mm 孔。选用 $\Phi 34.85$mm 镗刀(采用涂层硬质合金刀片,单刃镗刀)。

(9) 钻 $2 \times M6-6H$ 螺纹中心孔。选用 $\Phi 3$mm 中心钻。

(10) 钻 $2 \times M6-6H$ 螺纹底孔。选用 $\Phi 5$mm 直柄麻花钻头。

(11) $2 \times M6-6H$ 螺纹孔口倒角。选用 $\Phi 11$mm 直柄麻花钻头。

(12) 攻 $2 \times M6-6H$ 螺纹孔。选用 $M6-6H$ 机用丝锥(采用螺旋槽丝锥)。

(13) 精镗 $\Phi 35$H7mm 孔。选用 $\Phi 35$H7mm 微调镗刀(采用涂层硬质合金刀片,单刃镗刀)。

(14) 钻 $2 \times \Phi 15$H7mm 孔的中心孔。选用 $\Phi 3$mm 中心钻。

(15) 钻 $2 \times \Phi 15$H7mm 孔。选用 $\Phi 14$mm 直柄麻花钻头。

(16) 扩 $2 \times \Phi 15$H7mm 孔。选用 $\Phi 14.85$mm 直柄麻花钻头。

(17) 铰 $2 \times \Phi 15$H7mm 孔。选用 $\Phi 15$H7mm 铰刀。

6. 切削用量选择

主要根据各工步的加工余量大小、材质、热处理硬度、尺寸精度、形位精度和表面粗糙度等零件图纸技术要求,结合所选刀具和拟定的加工工艺路线,正确合理地选择切削用量。

加工中心的切削用量包括背吃刀量 a_p(铣削还包括侧吃刀量 a_e,另钻实心孔、孔口倒角、锪沉孔和攻螺纹可不必计算出背吃刀量 a_p)、进给速度 F 和主轴转速 n。根据上述选择的加工中心为卧式加工中心,且只加工孔系,所以切削用量主要包括背吃刀量 a_p、进给速度 F 和主轴转速 n。

1) 背吃刀量 a_p

按上述加工工艺路线设计和支承套零件图纸技术要求,各工步的背吃刀量 a_p 如下:

(1) 钻 $\Phi 35$H7mm 孔、$2 \times \Phi 17 \times \Phi 11$mm 孔的中心孔。实心材料钻中心孔,不必计算出背吃刀量 a_p。

(2) 钻 $\Phi 35$H7mm 孔。实心材料钻孔,不必计算出背吃刀量 a_p。

(3) 钻 $2 \times \Phi 11$mm 孔。实心材料钻孔,不必计算出背吃刀量 a_p。

(4) 锪 $2 \times \Phi 17$mm 沉孔。锪沉孔不必计算出背吃刀量 a_p。

(5) 粗镗 $\Phi 35$H7mm 孔。背吃刀量 a_p 约为 3mm。

(6) 粗铣 $\Phi 60 \times 12$mm 孔。背吃刀量 a_p 约为 3.5mm。

(7) 精铣 $\Phi 60 \times 12$mm 孔。背吃刀量 a_p 约为 0.18mm。

(8) 半精镗 $\Phi 35$H7mm 孔。背吃刀量 a_p 约为 0.43mm。

(9) 钻 $2 \times M6-6H$ 螺纹中心孔。实心材料钻中心孔,不必计算出背吃刀量 a_p。

(10) 钻 $2 \times M6-6H$ 螺纹底孔。实心材料钻孔,不必计算出背吃刀量 a_p。

(11) $2 \times M6-6H$ 螺纹孔口倒角。孔口倒角不必计算出背吃刀量 a_p。

(12) 攻 $2 \times M6-6H$ 螺纹孔。攻螺纹不必计算出背吃刀量 a_p。

(13) 精镗 $\Phi 35$H7mm 孔。背吃刀量 a_p 约为 0.08mm。

(14) 钻 $2 \times \Phi 15$H7mm 孔的中心孔。实心材料钻中心孔,不必计算出背吃刀量 a_p。

(15) 钻 $2 \times \Phi 15$H7mm 孔。实心材料钻孔,不必计算出背吃刀量 a_p。

(16) 扩 $2 \times \Phi 15$H7mm 孔。背吃刀量 a_p 约为 0.43mm。

(17) 铰 $2 \times \Phi 15$H7mm 孔。背吃刀量 a_p 约为 0.08mm。

2)主轴转速 n

主轴转速 n 应根据所选刀具直径,按零件和刀具的材料及加工性质等条件所允许的切削速度 v_c(m/min),按公式 $n = (1000 \times v_c)/(3.14 \times d)$ 来确定。

根据表 6-9(高速钢钻头加工铸铁的参考切削用量)、表 6-12(镗孔参考切削用量)、表 6-13(攻螺纹参考切削用量)、表 5-4(铣削加工的切削速度参考值)和所选刀具,上述加工工艺路线设计所确定的各工步主轴转速 n 计算如下:

(1)钻 $\varPhi35H7$ mm 孔、$2 \times \varPhi17 \times \varPhi11$ mm 孔的中心孔。切削速度 v_c 选 16m/min,则主轴转速 n 约为 636r/min。

(2)钻 $\varPhi35H7$ mm 孔。切削速度 v_c 选 19m/min,则主轴转速 n 约为 216r/min。

(3)钻 $2 \times \varPhi11$ mm 孔。切削速度 v_c 选 16m/min,则主轴转速 n 约为 463r/min。

(4)锪 $2 \times \varPhi17$ mm 沉孔。切削速度 v_c 选 18m/min,则主轴转速 n 约为 337r/min。

(5)粗镗 $\varPhi35H7$ mm 孔。切削速度 v_c 选 95m/min,则主轴转速 n 约为 889r/min。

(6)粗铣 $\varPhi60 \times 12$ mm 孔。切削速度 v_c 选 80m/min,则主轴转速 n 约为 1273r/min。

(7)精铣 $\varPhi60 \times 12$ mm 孔。切削速度 v_c 选 100m/min,则主轴转速 n 约为 1592r/min。

(8)半精镗 $\varPhi35H7$ mm 孔。切削速度 v_c 选 110m/min,则主轴转速 n 约为 1005r/min。

(9)钻 $2 \times M6-6H$ 螺纹中心孔。切削速度 v_c 选 16m/min,则主轴转速 n 约为 636r/min。

(10)钻 $2 \times M6-6H$ 螺纹底孔。切削速度 v_c 选 14m/min,则主轴转速 n 约为 891r/min。

(11)$2 \times M6-6H$ 螺纹孔口倒角。切削速度 v_c 选 16m/min,则主轴转速 n 约为 463r/min。

(12)攻 $2 \times M6-6H$ 螺纹孔。切削速度 v_c 选 3.2m/min,则主轴转速 n 约为 169r/min。

(13)精镗 $\varPhi35H7$ mm 孔。切削速度 v_c 选 130m/min,则主轴转速 n 约为 1182r/min。

(14)钻 $2 \times \varPhi15H7$ mm 孔的中心孔。切削速度 v_c 选 16m/min,则主轴转速 n 约为 636r/min。

(15)钻 $2 \times \varPhi15H7$ mm 孔。切削速度 v_c 选 16.5m/min,则主轴转速 n 约为 375r/min。

(16)扩 $2 \times \varPhi15H7$ mm 孔。切削速度 v_c 选 17.5m/min,则主轴转速 n 约为 375r/min。

(17)铰 $2 \times \varPhi15H7$ mm 孔。切削速度 v_c 选 4m/min,则主轴转速 n 约为 84r/min。

3)进给速度 F

进给速度 $F = f_Z Z n$ 或 $F = fn$(n 为刀具转速,Z 为刀具齿数,f 为每转进给量,f_Z 为每齿进给量)。

根据表 6-9(高速钢钻头加工铸铁的参考切削用量)、表 6-12(镗孔参考切削用量)、表 6-13(攻螺纹参考切削用量)、表 5-3(铣刀每齿进给量参考值)及所选刀具和支承套零件图纸技术要求,上述加工工艺路线设计所确定的各工步的进给速度 F 计算如下:

(1)钻 $\varPhi35H7$ mm 孔、$2 \times \varPhi17 \times \varPhi11$ mm 孔的中心孔。每转进给量 f 选 0.08 mm,则进给速度 F 约为 50mm/min。

(2)钻 $\varPhi35H7$ mm 孔。每转进给量 f 选 0.2mm,则进给速度 F 约为 43mm/min。

(3)钻 $2 \times \varPhi11$ mm 孔。每转进给量 f 选 0.11mm,则进给速度 F 约为 50mm/min。

(4)锪 $2 \times \varPhi17$ mm 沉孔。每转进给量 f 选 0.15mm,则进给速度 F 约为 50mm/min。

(5)粗镗 $\varPhi35H7$ mm 孔。每转进给量 f 选 0.38mm,则进给速度 F 约为 337mm/min。

(6)粗铣 $\varPhi60 \times 12$ mm 孔。每齿进给量 0.13mm,则进给速度 F 为 661mm/min。

(7)精铣 $\varPhi60 \times 12$ mm 孔。每齿进给量 0.08mm,则进给速度 F 为 509mm/min。

(8)半精镗 $\varPhi35H7$ mm 孔。每转进给量 f 选 0.25mm,则进给速度 F 约为 251mm/min。

(9)钻 $2 \times M6 - 6H$ 螺纹中心孔。每转进给量 f 选 0.08mm,则进给速度 F 约为 50mm/min。

(10)钻 $2 \times M6 - 6H$ 螺纹底孔。每转进给量 f 选 0.06mm,则进给速度 F 约为 53mm/min。

(11) $2 \times M6 - 6H$ 螺纹孔口倒角。每转进给量 f 选 0.12mm,则进给速度 F 约为 55mm/min。

(12)攻 $2 \times M6 - 6H$ 螺纹孔。每转进给量 f 等于螺距1mm,则进给速度 F 约为 169mm/min。

(13)精镗 $\Phi35H7$mm 孔。每转进给量 f 选 0.12mm,则进给速度 F 约为 141mm/min。

(14)钻 $2 \times \Phi15H7$mm 孔的中心孔。每转进给量 f 选 0.08mm,则进给速度 F 约为 50mm/min。

(15)钻 $2 \times \Phi15H7$mm 孔。每转进给量 f 选 0.14mm,则进给速度 F 约为 52mm/min。

(16)扩 $2 \times \Phi15H7$mm 孔。每转进给量 f 选 0.16mm,则进给速度 F 约为 60mm/min。

(17)铰 $2 \times \Phi15H7$mm 孔。每转进给量 f 选 0.45mm,则进给速度 F 约为 37mm/min。

7. 填写支承套机械加工工序卡和刀具卡

主要根据选择的机床、刀具、夹具、切削用量和拟定的加工工艺路线,正确填写机械加工工序卡和刀具卡。

1)支承套零件机械加工工序卡

支承套零件机械加工工序卡如表 7-1 所示。

表 7-1 支承套零件机械加工工序卡

单位名称	×××	产品名称或代号		零件名称		零件图号
		×××		支承套		×××
加工工序卡号	数控加工程序编号	夹具名称		加工设备		车间
×××	×××	专用夹具		卧式加工中心		×××
工步号	工步内容	刀具号	刀具规格/mm	主轴转速/(r/min)	进给速度/(mm/min)	背吃刀量/mm	备注
---	---	---	---	---	---	---	---
	加工中心回转工作台在 B0°						工作台0°
1	钻 $\Phi35H7$mm 孔、$2\times17\times11$mm 孔的中心孔	T01	$\Phi3$	636	50		加工中心
2	钻 $\Phi35H7$mm 孔至 $\Phi28$mm	T02	$\Phi28$	216	43		加工中心
3	钻 $2\times\Phi11$mm 孔	T03	$\Phi11$	463	50		加工中心
4	锪 $2\times\Phi17$mm 沉孔	T04	$\Phi17$	337	50		加工中心
5	粗镗 $\Phi35H7$mm 孔至 $\Phi34$mm	T05	$\Phi34$	889	337	3	加工中心
6	粗铣 $\Phi60\times12$mm 孔至 $\Phi59\times11.5$mm	T06	$\Phi20$	1273	661	3.5	加工中心
7	精铣 $\Phi60\times12$mm 孔至尺寸	T06	$\Phi20$	1592	509	0.18	加工中心
8	半精镗 $\Phi35H7$mm 孔至 $\Phi34.85$mm	T07	$\Phi34.85$	1005	251	0.43	加工中心
9	钻 $2\times M6-6H$ 螺纹孔的中心孔	T01	$\Phi3$	636	50		加工中心
10	钻 $2\times M6-6H$ 螺纹底孔至 $\Phi5$mm	T08	$\Phi5$	891	53		加工中心
11	$2\times M6-6H$ 螺纹孔口倒角	T03	$\Phi11$	463	55		加工中心
12	攻 $2\times M6-6H$ 螺纹孔	T09	$M6$	169	169		加工中心
13	精镗 $\Phi35H7$mm 孔至尺寸	T10	$\Phi35H7$	1182	141	0.08	加工中心
	加工中心回转工作台在 B90°						工作台回转90°

续表

单位名称	×××	产品名称或代号 ×××	零件名称 支承套	零件图号 ×××
加工工序卡号 ×××	数控加工程序编号 ×××	夹具名称 专用夹具	加工设备 卧式加工中心	车间 ×××

工步号	工步内容	刀具号	刀具规格/mm	主轴转速/(r/min)	进给速度/(mm/min)	背吃刀量/mm	备注
14	钻 2×Φ15H7 mm 孔的中心孔	T01	Φ3	636	50		加工中心
15	钻 2×Φ15H7mm 孔至 Φ14mm	T11	Φ14	375	52		加工中心
16	扩 2×Φ15H7mm 孔至 Φ14.85mm	T12	Φ14.85	375	60	0.43	加工中心
17	铰 2×Φ15H7mm 孔至尺寸	T13	Φ15H7	84	37	0.08	加工中心
编制	×××	审核 ×××	批准 ×××	年 月 日		共 页	第 页

2) 支承套零件机械加工刀具卡

支承套零件机械加工刀具卡如表 7-2 所示。

表 7-2 支承套零件机械加工刀具卡

产品名称或代号		×××	零件名称	支承套	零件图号	×××
序号	刀具号	刀具 规格名称	数量	刀长/mm	加工表面	备注
1	T01	Φ3 mm 中心钻	1	实测	Φ35H7mm、Φ17mm、Φ15H7mm 孔和 M6 螺纹孔	
2	T02	Φ28 mm 锥柄麻花钻头	1	实测	Φ35H7mm 孔	
3	T03	Φ11 mm 直柄麻花钻头	1	实测	Φ11 mm 孔	
4	T04	Φ17 mm 群钻	1	实测	Φ17 mm 孔	
5	T05	Φ34 mm 倾斜型粗镗刀	1	实测	Φ35H7mm 孔	涂层刀片
6	T06	Φ20mm 硬质合金立铣刀	1	实测	Φ60 mm 孔	
7	T07	Φ34.85mm 镗刀	1	实测	Φ35H7mm 孔	涂层刀片
8	T08	Φ5 mm 直柄麻花钻头	1	实测	M6 螺纹孔	
9	T09	M6-6H 机用丝锥	1	实测	M6 螺纹孔	
10	T10	Φ35H7mm 微调镗刀	1	实测	Φ35H7mm 孔	涂层刀片
11	T11	Φ14 mm 直柄麻花钻头	1	实测	Φ15H7mm 孔	
12	T12	Φ14.85mm 直柄麻花钻头	1	实测	Φ15H7mm 孔	
13	T13	Φ15H7mm 铰刀	1	实测	Φ15H7mm 孔	
编制	×××	审核 ×××		批准 ×××	年 月 日	共 页 第 页

7-5 工作任务完成情况评价与工艺优化讨论

1. 工作任务完成情况评价

对上述支承套零件加工案例工作任务的完成过程进行详尽分析,从零件图纸工艺分析、加工工艺路线设计、加工机床选择、加工刀具选择、装夹方案与夹具选择和切削用量选择几方面,对照自己独立设计的支承套零件机械加工工艺,评价各自的优缺点。

2. 支承套零件加工工艺优化讨论

(1)根据上述支承套零件机械加工工艺,各学习小组从以下八个方面对其展开讨论:

①加工方法选择是否得当?为什么?
②工步顺序安排是否合理?为什么?
③加工工艺路线是否得当?为什么?有没有更优化的加工工艺路线?
④选择的加工机床是否经济适用?为什么?
⑤加工刀具选择是否得当?为什么?
⑥选择的夹具是否得当?为什么?有没有其他更适用的夹具?
⑦选择的装夹方案是否得当?为什么?有没有更合适的装夹方案?
⑧选择的切削用量是否合适?为什么?有没有更优化的切削用量?

(2)各学习小组分析、讨论完后,各派一名代表上讲台汇报自己小组的讨论意见。各学习小组汇报完毕后,老师综合各学习小组的汇报情况,对支承套零件加工案例机械加工工艺进行点评。

(3)根据老师的点评,独立修改优化支承套零件机械加工工序卡与刀具卡。

7-6 巩固与提高

如图7-8所示为某机床变速箱体操纵机构上的拨动杆,该拨动杆用于把转动变为拨动,实现操纵机构的变速功能。该零件材料为HT200灰铸铁,批量生产50件。试设计该拨动杆的机械加工工艺。

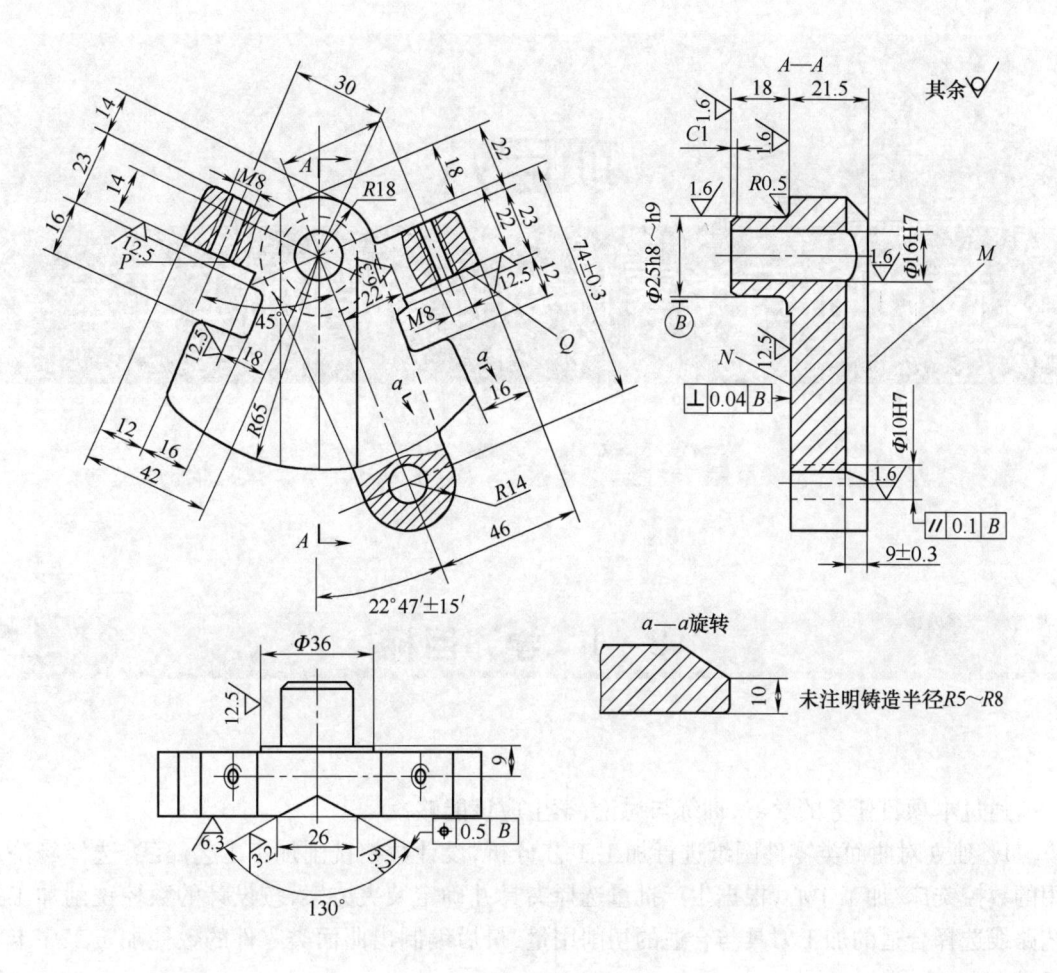

图 7-8 拨动杆加工案例

项目八

设计曲面类零件数控铣削加工工艺

8-1 学习目标

通过本项目任务的学习、训练与讨论,学生应该能够:

1. 独立对曲面类零件图纸进行加工工艺分析,设计数控铣削加工工艺路线,选择经济适用的数控铣床/加工中心,根据生产批量选择夹具并确定装夹方案,按设计的数控铣削加工工艺路线选择合适的加工刀具与合适的切削用量,最后编制出曲面类零件的数控加工工序卡与刀具卡。

2. 在教师的指导与引导下,通过小组分析、讨论,与各学习小组曲面类零件数控铣削加工工艺方案对比,优化独立设计的数控铣削加工工艺路线与切削用量,选择更经济适用的数控铣床/加工中心,选择更合适的刀具、夹具,确定更合理的装夹方案,最终编制出优化的曲面类零件数控加工工序卡与刀具卡。

8-2 工作任务描述

现要完成如图 8-1 所示盒形模具凹模零件加工案例的加工,具体设计该盒形模具凹模零件的数控铣削加工工艺,并对设计的盒形模具凹模零件数控铣削加工工艺做出评价。具体工作任务如下:

1. 对盒形模具凹模零件图纸进行加工工艺分析。
2. 设计盒形模具凹模零件数控铣削加工工艺路线。
3. 选择加工盒形模具凹模零件的经济适用数控铣床/加工中心。
4. 根据生产批量选择夹具并确定盒形模具凹模零件的装夹方案。
5. 按设计的盒形模具凹模零件数控铣削加工工艺路线选择合适的加工刀具与合适的切

削用量。

6. 编制盒形模具凹模零件数控铣削加工工序卡与刀具卡。

7. 经小组分析、讨论与各学习小组盒形模具凹模零件数控铣削加工工艺方案对比,对独立设计的盒形模具凹模零件数控铣削加工工艺做出评价,修改并优化盒形模具凹模零件数控铣削加工工序卡与刀具卡。

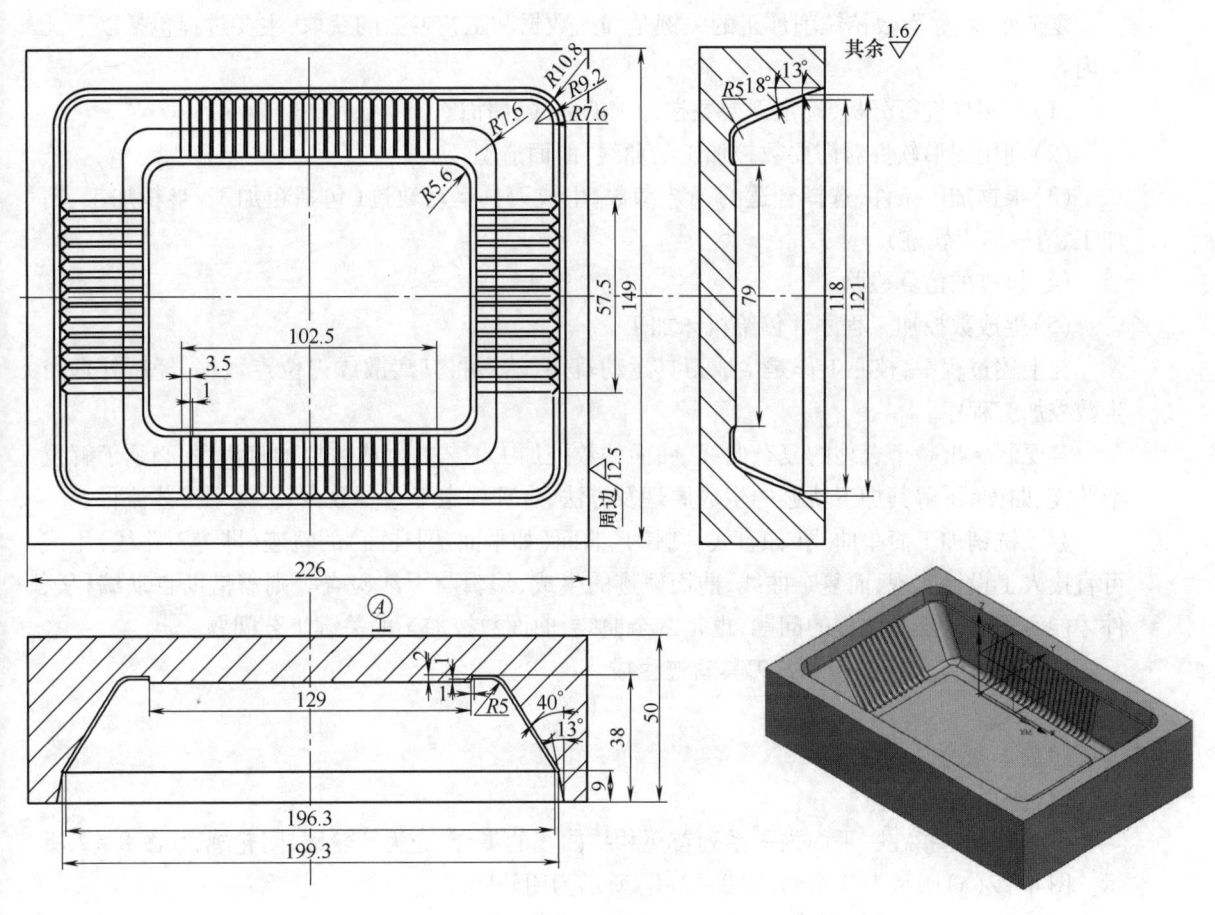

图 8-1 盒形模具凹模加工案例

注:该盒形模具凹模零件材料为T8A,生产2件。零件外形为六面体,内腔型面复杂,除凹形型腔外其他部位均已加工好。主要结构是由多个曲面组成的凹形型腔,型腔四周的斜平面之间采用 $R7.6mm$ 的圆弧面过渡,斜平面与底平面之间采用 $R5mm$ 的圆弧面过渡,在模具的底平面上有一个四周也是斜平面的锥台,模具的外部结构是一个标准的长方体。

8-3 学习内容

设计曲面类零件数控铣削加工工艺步骤包括:零件图纸工艺分析、加工工艺路线设计、选择数控铣床/加工中心、找正装夹方案及夹具选择、刀具选择、切削用量选择,最后完成数控加工工序卡及刀具卡的编制。空间立体曲面类零件,通用加工机床无法加工,一般只能采用数控铣床/加工中心加工。要完成盒形模具凹模零件数控铣削加工工艺的设计任务,除了要学习设计轮廓型腔类零件机械加工工艺的相关知识外,还要学习设计复杂曲线、曲面数控铣削加工刀具轨迹的相关工艺知识和模具制造的相关工艺知识。设计轮廓型腔类零件机械加工工艺的相关知识在项目五中已经做了详细阐释,这里不再赘述。下面主要学习设计复杂曲线、曲面数控铣削加工刀具轨迹的相关工艺知识和模具的加工工艺特点。

一、设计复杂曲线、曲面数控铣削加工的刀具轨迹

复杂曲线、曲面数控铣削加工的关键是加工数据和工艺参数的获取,主要过程包括以下几个内容:

(1)对图样进行分析,确定需要数控加工的曲线、曲面。

(2)利用图形软件对需要数控加工的曲线、曲面造型。

(3)根据加工条件,选择合适的工艺参数,生成刀具运动轨迹(包括粗加工、半精加工、精加工、清根加工轨迹)。

(4)轨迹的仿真检验。

(5)生成数控加工程序并传给机床加工。

在上述过程中,核心工作是生成刀具运动轨迹,然后将其离散成刀位点数据,经后处理产生数控加工程序。

若要制定出一个合理的复杂曲线、曲面的数控加工工艺并生成数控加工程序,必须了解复杂曲线、曲面,了解其加工轨迹的生成原理及方法,合理确定工艺参数,熟悉整个工艺流程。

数控铣销加工简单曲线(如直线、圆弧)、曲面(如平面、圆柱面)的轨迹(即走刀路线)生成可直接人工设计实现,而复杂曲线、曲面轨迹的生成、编辑与干涉检查等则需借助自动编程软件才能实现。这既是编程的问题,也是复杂曲线、曲面数控加工的关键工艺问题。

(一)二坐标数控铣削加工刀具轨迹生成

1. 概述

1)基本概念

(1)平面轮廓。

平面轮廓是指在一平面内一系列首尾相接曲线的集合,分为开轮廓、闭轮廓,如图8-2所示。图8-2(a)所示为开轮廓,图8-2(b)所示为闭轮廓。

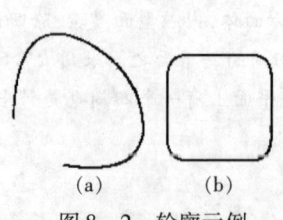

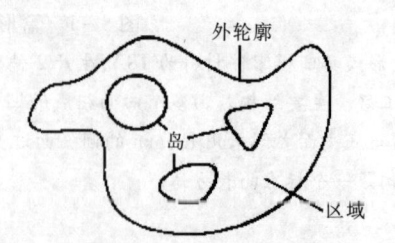

图8-2 轮廓示例　　　　图8-3 轮廓与岛的关系

在制订二轴数控铣削加工走刀轨迹时,常常需要指定图形的平面轮廓,用于界定被加工区域或被加工的图形本身。如果轮廓是用于界定被加工区域,则要求指定的轮廓是闭合的;如果加工的是轮廓本身,则轮廓也可以不闭合。

(2)区域和岛。

区域指由一个闭合平面轮廓围成的内部空间,其内部可以有"岛"。岛也是由闭合轮廓界

定的。区域指外轮廓和岛之间的部分。由外轮廓和岛共同指定待加工的区域,外轮廓用于界定加工区域的外部边界,岛用于屏蔽其内部不需加工或需保护的部分,如图8-3所示。同时,轮廓和岛可以嵌套使用,即岛内还有岛。

2)二坐标数控加工主要对象

(1)外形轮廓。

平面上的外形轮廓分为内轮廓和外轮廓,其刀具中心轨迹为外形轮廓线的等距线,如图8-4所示。

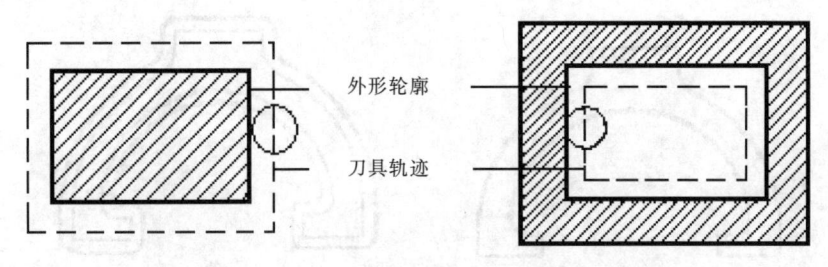

图8-4 外形轮廓及数控加工刀具中心轨迹

(2)二维型腔。

二维型腔是指以平面封闭轮廓为边界的平底直壁凹坑。内部全部加工的为简单型腔,内部不许加工的区域(岛)或只加工到一定深度(比型腔外面低)的为带岛型腔。其数控加工分为行切和环切法两种切削加工方式,如图8-5所示。

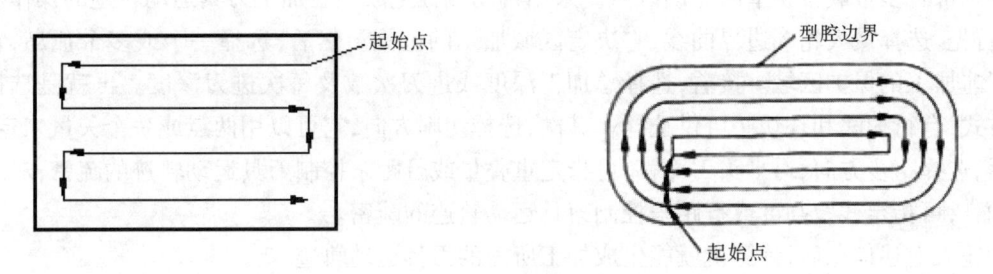

图8-5 二维型腔数控加工刀具轨迹

(3)孔。

孔的加工包括钻孔、镗孔和攻螺纹等操作,要求的几何信息仅为平面上的二维坐标点,至于孔的大小一般由刀具来保证(大直径孔的铣削加工除外)。

(4)二维字符。

平面上的刻字加工也是一类典型的二坐标加工,按设计要求输入字符后,采用雕刻刀雕刻加工所设计的字符,其刀具轨迹一般就是字符轮廓轨迹,字符的线条宽度一般由雕刻刀刀尖直径来保证。

3)二坐标数控加工的方法

(1)两轴加工。

机床坐标系的 X 和 Y 轴二轴联动,而 Z 轴固定,即机床在同一高度下对工件进行切削。两轴加工适合于铣削平面图形。

(2)两轴半加工。

X、Y、Z 三轴中任意两轴联动,第三轴周期进给,可以实现分层加工立体零件,每层在同一高度上进行两轴加工,层间有第三轴轴向的移动。

2. 外形轮廓数控铣削加工刀具轨迹生成

外形轮廓加工,一般分为粗加工和精加工等多个工序。确定粗精加工刀具轨迹生成方法,可通过刀具半径补偿途径来实现,即在采用同一刀具的情况下,先制订精加工刀具轨迹,再通过改变刀具半径补偿值的方式进行粗加工刀具轨迹设定。另外,也可以通过设置粗精加工次数及余量来设定粗精加工刀具轨迹。图 8-6 所示为二维轮廓粗、精加工刀具轨迹,图 8-6(a)为二维轮廓,图 8-6(b)为粗、精加工刀具轨迹。

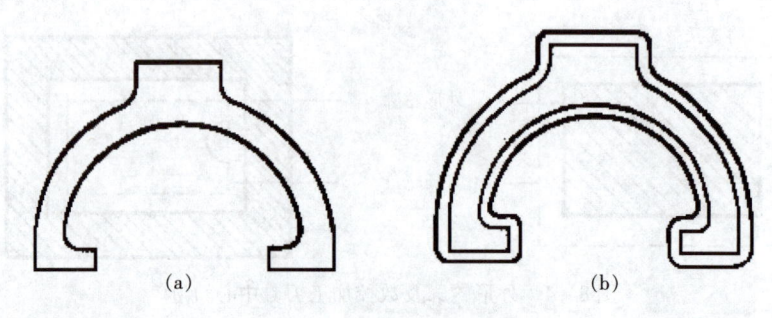

图 8-6 二维轮廓粗、精加工刀具轨迹

3. 二维型腔(内槽区域)数控加工刀具轨迹生成

二维型腔加工能自动清除在边界区域(可以包含孤岛)内的材料,边界能够被定义为凸向区域或带有多重嵌套狭窄的非凸区域。采用自动编程生成型腔加工刀具运动轨迹的操作步骤是:首先,选择最大轮廓边界曲线,它决定区域加工的范围。然后,选择一个或多个孤岛,它确定了非加工的保护区域。接着,选择总加工深度或进刀次数及每次进刀深度。再就是选择切削方式,有行切法和环切法可供选择。其次,选择切削方向,它可以用两点或一个矢量来定义。最后,选择跨步方向,对平头刀而言,可指定重叠量或行距来控制刀具运动轨迹的疏密;对球头刀而言,可指定残留高度或行距来控制刀具运动轨迹的疏密。

输入上述信息后,计算机就能生成加工所需的刀具运动轨迹。

二维型腔具体加工的过程是:先用平底端铣刀用环切或行切法走刀,铣去型腔的多余材料并留出轮廓(包括岛)和型腔底的精加工余量,最后根据型腔轮廓(及岛)圆角半径和轮廓(及岛)与型腔底的过渡圆角选环铣刀沿型腔底面和轮廓(及岛)走刀,精铣型腔底面和边界外形。

当型腔较深时,则要分层进行粗加工,这时还需要定义每一层粗加工的深度及型腔的实际深度,以便计算需要分多少层进行粗加工。下面介绍行切法和环切法生成刀具轨迹的过程。

1) 行切法加工刀具轨迹生成

(1) 这种加工方法的刀具轨迹计算过程是:根据型腔轮廓形状,首先确定走刀轨迹的角度(与 X 轴的夹角),可以是 0°(与 X 轴平行)、90°(与 Y 轴平行)或任意其他方向的角度,然后根据刀具半径及加工精度要求确定走刀步长 l,接着根据平面型腔边界轮廓外形(包括岛屿的外形)、刀具半径和精加工余量计算行距 S 并确定各切削行的刀具轨迹,最后将各行刀具轨迹线段有序连接起来,连接的方式可以是单向(顺铣或逆铣方式不变),也可以是双向(顺铣逆铣方式交替变化)。单向连接因换向需要抬刀(到安全面高度),遇到岛屿时也需要抬刀,双向连接则不需要抬刀。

(2) 对于与有岛屿的刀具轨迹线段的连接,需要采用以下步骤确定:

①生成封闭的边界轮廓(含岛屿的边界)。

②生成边界(含岛屿的边界)轮廓等距线。该等距线距离边界轮廓的距离为精加工余量与刀具半径之和,如图 8-7 所示,其中实线为型腔及岛屿的边界轮廓,虚线为其等距线。

③计算各行刀具轨迹。从刀具路径角度方向(本例与 X 轴平行)与上述边界轮廓等距线的第一条切线的切点开始,逐行计算每一条行切刀具轨迹线与上述等距线的交点,生成各切削行的刀具轨迹线段,如图 8-8 所示。

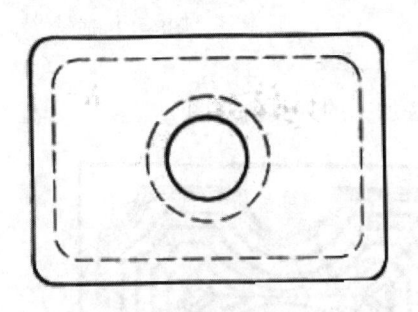

图 8-7 边界轮廓等距线的生成

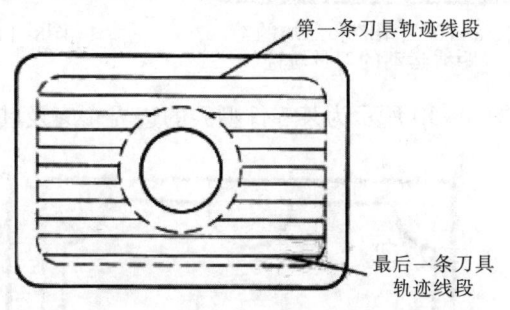

图 8-8 行切加工刀具轨迹线段生成

④有序连接各刀具轨迹线段。从第一条刀具轨迹线段(所有线段均为直线,第一条可能只有一个切点)开始,将前一行最后一条刀具轨迹线段的终点和下一行刀具轨迹的起点沿边界轮廓等距线连接起来,同一行中的不同刀具轨迹线段则要通过先抬刀再下刀的方式将刀具轨迹连接起来,即在前一段刀具轨迹的终点处将刀具抬起至安全面高度,用直线连接到下一段刀具轨迹起点的安全面高度处,再下刀至这一段刀具轨迹的起点进行加工,如图 8-9(a)所示;或沿岛屿的等距线运动到下一行的下一条刀具轨迹线段的起点将刀具轨迹连接起来,如图 8-9(b)所示。采用图 8-9(b)所示的方法生成刀具轨迹将避免加工过程中的垂直进刀。由于平底端铣刀不宜垂直进刀,平面型腔的行切加工一般均采用双向走刀,避免多次垂直进刀;在不能避免垂直进刀的情况下,需要预先在垂直进刀位置钻一个进刀工艺孔。

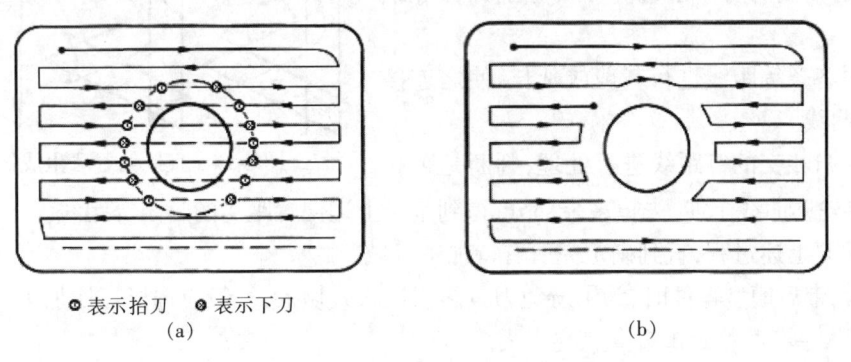

⊙ 表示抬刀 ● 表示下刀
(a)   (b)

图 8-9 刀具轨迹线段的有序连接

⑤最后沿型腔和岛屿的等距线运动,生成最后一条刀具轨迹,如图 8-10 所示。

2)环切法加工刀具轨迹生成

环切法加工分为顺铣(如图 8-11 所示)或逆铣(如图 8-12 所示),其刀具轨迹是沿型腔边界走等距线,优点是铣刀的切削方式不变。

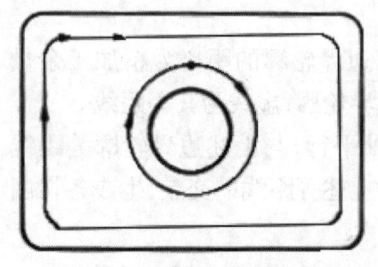

图8-10 沿型腔和岛屿的等
距线运动的刀具轨迹　　　　图8-11 顺铣　　　　图8-12 逆铣

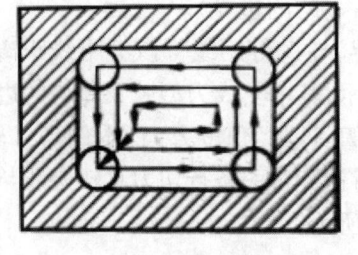

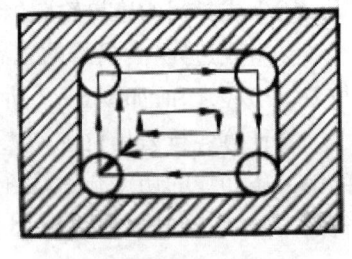

图8-13所示为某零件型腔的边界轮廓及其环切法加工的刀具轨迹图。

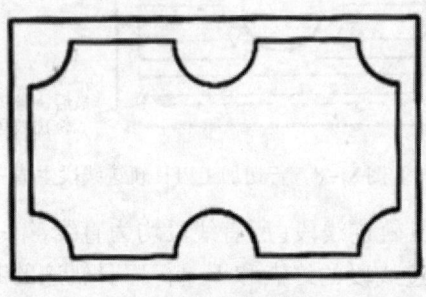

(a)型腔边界轮廓　　　　(b)环切法加工刀具轨迹

图8-13 复杂型腔环切法加工刀具轨迹

平面型腔的环切法加工刀具轨迹的计算可以归结为平面封闭轮廓曲线的等距线计算。可以采用直接偏置法,如图8-14所示,其算法步骤如下:

(1)根据铣刀直径及余量,按一定的偏置距离对封闭轮廓曲线的每一条边界曲线分别计算等距线。

(2)对各条等距线进行裁剪或延长,使之连接形成封闭曲线。

(3)对自相交的等距线进行处理,判断是否和

图8-14 直接偏置法生成等距线

岛屿、边界轮廓曲线干涉,去掉多余部分,得到基于上述偏置距离的封闭等距线。

(4)重复上述过程,直到确定完所有待加工区域。

在铣削带岛槽型零件时,为了避免刀具多次嵌入式切入,一般应选择环切加工路线。

4. 二维字符数控加工刀具轨迹生成

平面上的字符雕刻是一种常见的切削加工,其数控雕刻加工刀具轨迹生成方法依赖于所要雕刻加工的字符。

原则上讲,凹陷字符雕刻加工刀具轨迹采用外形轮廓铣削加工的方式沿着字符轮廓生成。

对于线条型字符和斜体字符,直接利用字符轮廓生成字符雕刻加工刀具轨迹,同一字符不同笔画间和不同字符间采用"抬刀—移位—下刀"的方法将分段刀具轨迹连接起来,形成连续的刀具轨迹。这种刀具轨迹不考虑刀具半径补偿,字符线条的宽度直接由刀尖直径确定。

对于有一定线条宽度的方块字符和罗马字符,也要采用外形轮廓铣削加工方式生成刀具

轨迹,这时刀尖直径一般略小于线条宽度。如果线条特别宽,而又不能采用大一点的刀具(因为字符中到处有尖角)时,则要采用二维型腔铣削加工方式生成刀具轨迹,即将字符的轮廓线包围的区域视为二维型腔,采用二维型腔铣削加工方式生成数控雕刻加工刀具轨迹。

如果要使字符呈凸起状态,则要将字符定义为岛屿,按带岛屿的型腔加工方法生成凸起字符的数控雕刻加工刀具轨迹。与普通带岛型腔加工不同的是,凸起字符的加工一般采用雕刻刀,直接用截平面法进行加工,即遇到凸起字符的线条时抬刀,越过线条后进刀。图章的雕刻加工就是一种典型的凸起字符的雕刻加工。此方法加工精度较低。

(二)多坐标数控铣削加工刀具轨迹生成

许多零件表面特别是复杂模具零件表面,是由复杂空间曲面构成的,如图8-15所示模具零件的型面。这些表面的数控铣削加工是通过生成多坐标数控铣削加工刀具轨迹来进行的。

1. 概述

1)多坐标数控加工有关的基本概念

(1)常见数控铣削加工曲面的概念及种类。

①直纹面。是由一条母线(直线)两端点分别在两条不重合空间曲线上连续运动而形成的轨迹曲面,亦即两曲线间的参数对应点用直线段连接而成的曲面。其中一条曲线可退化为一点。

图8-15 模具零件的型面

②旋转面。是指一轮廓曲线绕某一轴线旋转一定的角度而生成的曲面。

③扫描面。在截面上定义一个截面曲线,截面曲线沿一个或两个轮廓曲线扫描所形成的曲面。也有另外定义扫描面的,比如CAXA软件的定义是:按给定的起始位置和扫描距离沿指定方向以一定的锥度扫描生成的曲面。

④昆式(Coons)曲面。昆式曲面的基本构思是将一个复杂的空间曲面划分成若干"曲面片",每一个"曲面片"是由四条任意的边界曲线调配成一个光滑的小曲面,这些小曲面之间的梯度和曲率能保持连续。

⑤放样面。以一组互不相交、方向相同、形状相似的特征线(或截面线)为骨架进行形状控制,通过这些曲线蒙面生成的曲面称为放样面。

⑥网格面。由特征线组成横竖相交线的网格曲线,以这些网格曲线为骨架,蒙上自由曲面而生成的曲面。自由曲面一般为B样条曲面、NURBS曲面(非均匀有理B样条曲面)等。

(2)与刀具切削轨迹有关的几个基本概念。

①切触点。指刀具在加工过程中与被加工零件曲面的理论接触点。对于曲面加工,不论采用什么刀具,从几何学的角度来看,刀具与加工曲面的接触关系均为点接触,如图8-16所示。

②切触点曲线。指刀具在加工过程中由切触点构成的曲线。刀具轨迹生成的依据就是切触点曲线。切触点曲线可以是曲面上实在的曲线,如曲面的等参数线、二曲

图8-16 刀具与加工曲面点接触加工

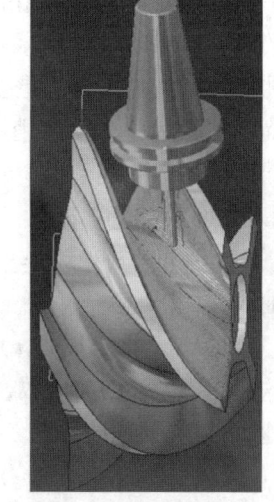

面的交线等,也可以是对切触点的约束条件所隐含的"虚拟"曲线。例如,约束刀具沿导动线运动,而导动线的投影可以定义刀具在加工曲面上的切触点,还可以直接定义刀具中心轨迹,切触点曲线由刀具中心轨迹隐式定义。

③刀位点数据。指准确确定刀具在加工过程中每一位置所需的数据。一般来说,刀具在工件坐标系中的准确位置可以用刀具刀位点和刀轴矢量来进行描述,其中刀具刀位点可以是刀心点,也可以是刀尖点,视具体情况而定。

④刀具轨迹曲线。指在加工过程中由刀位点运动构成的曲线,曲线上的每一点包含一个刀轴矢量。刀具轨迹曲线一般由切触点曲线及定义刀具偏置计算得到,计算结果存放于刀位文件中。

⑤导动规则。指曲面上切触点曲线的生成方法(如参数法线、截平面法等)及一些有关加工精度的参数(如步长、逼近误差、行距、残留高度等)。

2)多坐标数控铣削的主要加工对象

一般来说,多坐标数控铣削可以加工任何复杂曲面的零件。根据零件的形状特征进行分类,可以归纳为如下几种主要加工对象(或加工特征):

①曲面区域加工;②曲面型腔加工;③多曲面连续加工;④曲面间过渡区域加工;⑤裁剪曲面加工等。

2. 多坐标数控加工刀具轨迹生成方法

一种较好的刀具轨迹生成方法,不仅应该满足计算速度高、占用计算机内存少的要求,更重要的是要满足切削行间距分布均匀、加工误差小、走刀步长分布合理、加工效率高等要求。所生成的合理刀具运动轨迹应具有如下特征:

- 刀具运动轨迹准确无误,无过切、扎刀等加工质量问题。
- 刀具运动轨迹分布均匀、整齐、便于钳工维修。
- 所生成的刀具运动轨迹应与各类复杂表面的加工精度要求相适应。
- 在刀具运动轨迹中,应绝对避免主轴碰撞工件而损坏机床。
- 在刀具运动轨迹中,刀具受力均匀,避免不必要的冲击力作用而使刀具受到损坏。
- 在刀具运动轨迹中,应减少直至避免刀具空刀运动轨迹的产生,以提高加工效率。

下面介绍目前比较常用的刀具轨迹生成方法。

1)参数线法

曲面参数线加工方法是多坐标数控加工中生成刀具轨迹的主要方法之一,特点是切削行沿曲面的参数线分布,即切削行沿 u 线或 v 线分布,适用于网格比较规整的参数曲面的加工。

曲面的参数曲线是指,当曲面的矢量方程中 u,v 两参数的一个参数为常数,如当 $u = u_o$ 时,代入曲面的矢量方程

$$r = r(u,v) = [X(u,v), Y(u,v), Z(u,v)], u,v \in [0,1] \qquad (式8-1)$$

得到曲线

$$r = r(u_o, v) = [X(u_o, v), Y(u_o, v), Z(u_o, v)] \qquad (式8-2)$$

这是单参数 v 的矢函数,表示曲面上一条沿 v 参数方向的空间曲线,称为 v 向线或 v 曲线。类似地,可定义 u 向线,即

$$r = r(u, v_o) = [X(u, v_o), Y(u, v_o), Z(u, v_o)] \qquad (式8-3)$$

u 向线和 v 向线统称为曲面的参数曲线,亦称等参数线。u 向和 v 向两族参数曲线构成了整

张曲面。

生成参数线加工刀具轨迹时,先确定一个参数线方向为切削行的切削进给方向,假定为参数曲线 u 方向,相应的另一参数曲线 v 方向即为沿切削行的行进给方向,然后根据允许的残留高度计算加工带的宽度,即行距,并以此为基础,根据 v 参数曲线的弧长计算刀具沿 v 参数曲线的走刀次数(即加工带的数量)N_v,切削行在参数曲线 u 方向上按等参数步长或局部按等参数步长等方法确定刀位点位置。基于参数线加工的刀具轨迹计算方法有多种,比较成熟的有等参数步长法、局部等参数步长法等。

(1)等参数步长法。

等参数步长法是在整条参数线上按等参数步长计算点位。参数步长 l 和曲面加工误差 e,没有一定关系,为了满足加工精度,通常 l 的取值偏于保守且凭经验。这样计算的点位信息比较多。由于点位信息按等参数步长计算,没有用曲面的曲率来估计步长,因此等参数步长法没有考虑曲面的局部平坦性(在平坦的曲域只需较少的点位信息)。但这种方法计算简单,速度高,在刀位计算中常被采用。

(2)局部等参数步长法。

在实际应用中,也常采用局部等参数步长法,即加工带在参数曲线 v 方向上按局部等参数步长(曲面片内,实际就是行距)分布,在切削进给路线上,走刀步长根据逼近误差进行计算,方法是在每一段 u 参数曲线上,按最大曲率估计步长,然后按等参数步长进行离散。

采用局部等参数步长法来求刀位点位置,不仅考虑了曲率的变化对走刀步长的影响,而且计算方法也比较简单。

参数线加工算法是各种曲面零件数控加工编程系统中生成切削行刀具轨迹的主要方法。优点是刀具轨迹计算方法简单,计算快;不足之处是当加工曲面的参数线分布不均匀时,切削行刀具轨迹的分布也不均匀,加工效率也不高,如图 8-17 所示。

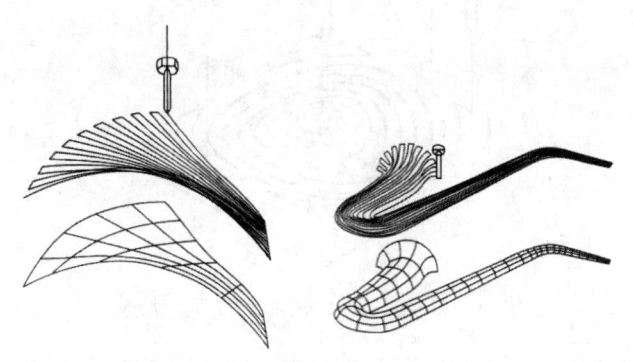

8-17 参数线加工的刀具轨迹分布

2)截平面法

截平面法是指采用一组截平面去截取加工表面,截出一系列交线,刀具与加工表面的切触点就沿着这些交线运动,完成曲面的加工。该方法使刀具与曲面的切触点轨迹在同一平面上。

截平面可以定义为一组平行的平面(称平行走刀方式),也可以定义为一组绕某直线旋转的平面,如图 8-18 所示。图 8-18(a)为截平面绕一直线旋转,图 8-18(b)为截平面平行于 X 轴,图 8-18(c)为截平面与 X 轴的夹角为 20°。一般来说,截平面平行于刀具轴线,即与 Z 坐标轴平行。平行截面与 X 轴的夹角可以为任意角度。若一组截平面与 Z 轴垂直,则为等高方式加工。

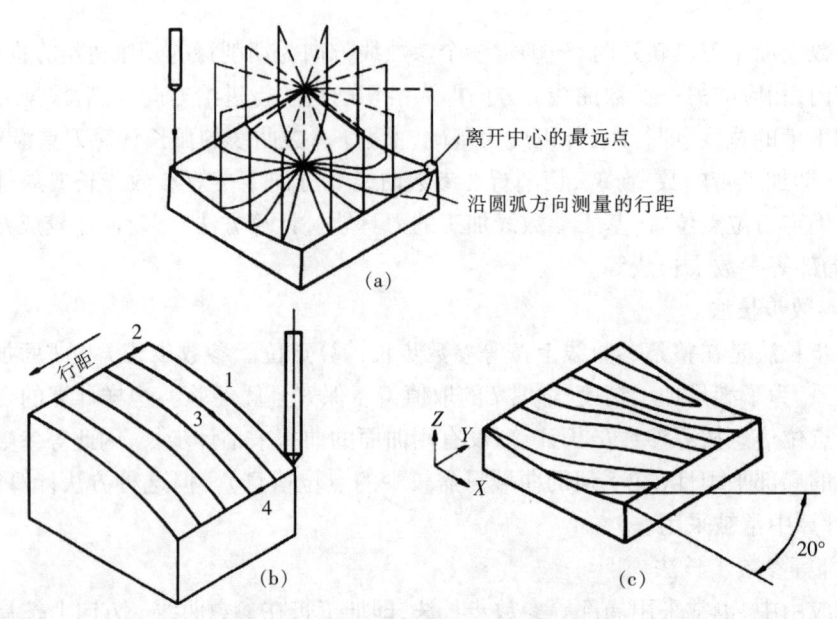

图 8-18 截平面法加工的刀具轨迹

3）回转截面法

回转截面法是指采用一组回转圆柱面去截取加工表面，截出一系列交线，刀具与加工表面的切触点就沿着这些交线运动，完成曲面的加工。一般情况下，作为截面的回转圆柱面的轴心线平行 Z 坐标轴，如图 8-19 所示。

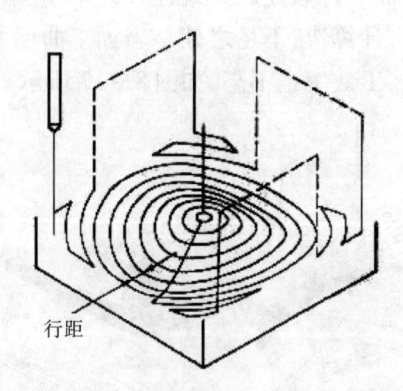

图 8-19 回转截面法加工的刀具轨迹

该方法要求首先建立一个回转中心，接着建立一组回转截面，并求出所有的回转截面与待加工表面的交线，然后对这些交线根据刀具运动方式进行串联，形成一条完整的刀具轨迹。回转截面法加工可以从中心向外扩展，也可以由边缘向中心靠拢。回转截面法适用于曲面区域、组合曲面、复杂多曲面和曲面型腔的加工轨迹生成。

4）投影法

对投影型刀具运动轨迹来说，应先在二维平面内定义刀具运动轨迹为导动曲线，然后把该二维刀具运动轨迹投影到被加工曲面上，生成加工三维曲面所需的刀具运动轨迹。由于二维平面内定义刀具运动轨迹非常方便、灵活，因此该方式生成三维曲面的刀具运动轨迹具有很大的灵活性。

导动曲线在待加工表面上的投影一般为切触点轨迹,也可以是刀心点轨迹。切触点轨迹适用于单一曲面的加工,而对于有干涉面的场合,限制刀心点更为有效。由于待加工表面上每一点的法矢方向均不相同,因此限制切触点轨迹不能保证刀心点轨迹落在投影方向上,所以限制刀心点更容易控制刀具的准确位置,可以保证在一些临界位置和其他曲面(如干涉面)不发生干涉。图 8-20 描述了投影法加工限制切触点和限制刀心点的区别。

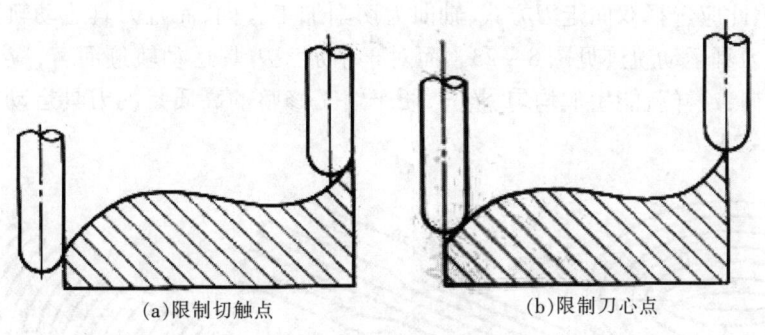

(a)限制切触点　　(b)限制刀心点

图 8-20　投影法加工

导动曲线的定义依加工对象而定。对于曲面上要求精确成形的轮廓线,如曲面上的花纹、文字和图形,可以事先将轮廓线投影到工作平面上作为导动曲线。多个嵌套的内环与一个外环曲线作为导动曲线可用于限定曲面上的加工区域。对于曲面型腔的加工,便可采用平面型腔的加工方法:首先将型腔底面与边界曲面和岛屿边界曲面的交线投影到工作平面上,按平面型腔加工方法生成一组刀具轨迹,然后将该刀具轨迹反投影到型腔曲面上,限制刀尖位置,便可生成加工曲面型腔型面的刀具轨迹。

投影法加工以其灵活且易于控制等特点在现代 CAD/CAM 系统中获得了广泛的应用,常用来处理其他方法难于取得满意效果的组合曲面和曲面型腔的加工。图 8-21 是用投影法加工生成刀具轨迹的几个例子。

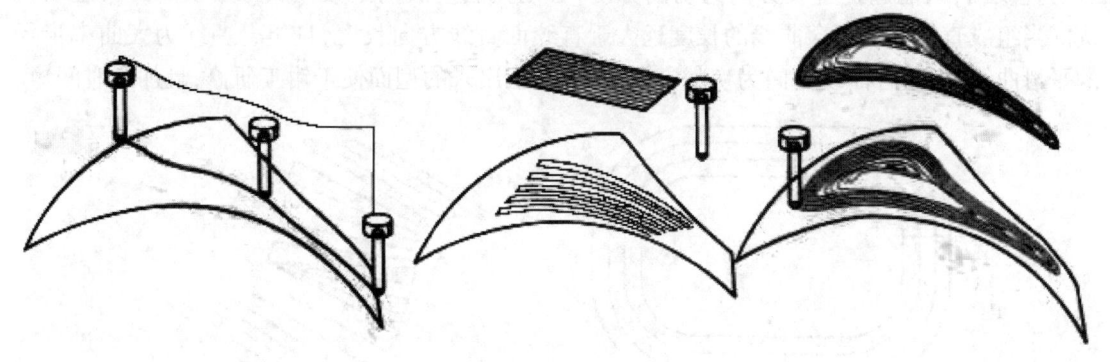

图 8-21　投影法加工

3. 常见曲面刀具轨迹生成

1) 旋转面

对旋转面来说,一般沿圆周方向进行切削,并选择单方向切削方式。其好处为:在同一条切削轨迹中,切削余量均匀,刀具受力平稳。在切削过程中,切削余量从小到大均匀地变化,这样有利于保护刀具,但具体情况稍有区别。

对盘状旋转面而言,不论是生成粗加工刀具运动轨迹,还是精加工刀具运动轨迹,一般选

Z 坐标值较小的曲面角点为进刀点,选择环切走刀方式及圆周方向为切削加工方向。其优点为:所生成的刀具运动轨迹分布均匀、整齐,便于钳工修整;刀具受力均匀,排屑方便;切削加工时间短。刀具运动轨迹见图 8-22。

对轴类旋转面而言,应根据粗、精加工要求生成数控加工所需的刀具运动轨迹。由于在生成粗加工刀具运动轨迹时,主要考虑切削加工过程中刀具受力是否均匀、排屑是否方便及加工效率等因素,因此应选择双向走刀方式,轴向为切削加工方向,而且刀具运动轨迹是按先深后浅方式分布。刀具运动轨迹见图 8-23。而对于精加工刀具运动轨迹而言,应选择圆周方向为切削加工方向,这样就能生成均匀、整齐,便于钳工修整的高质量的刀具运动轨迹。刀具运动轨迹见图 8-24。

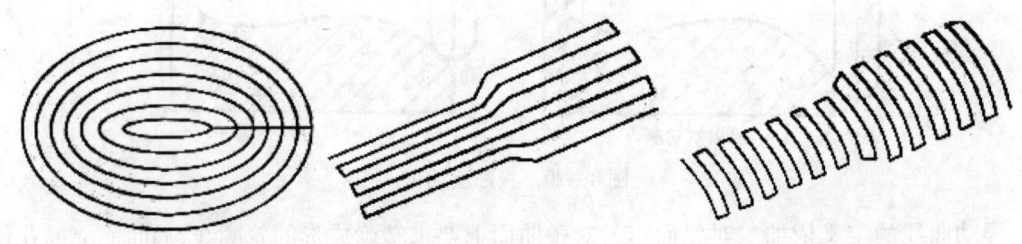

图 8-22 盘状旋转面的刀具运动轨迹

图 8-23 轴类旋转面粗加工刀具运动轨迹

图 8-24 轴类旋转面精加工刀具运动轨迹

2) 直纹面

图 8-25 所示为封闭直纹环面,生成这类曲面的粗、精加工刀具运动轨迹时,应选择环切走刀方式及周边方向为切削的加工方向,刀具运动轨迹按先深后浅顺序分布,这样能使零件的加工精度、效率及刀具的受力都处于最佳状态。对于非封闭型直纹面,一般选择双向走刀方式,这样能减少切削加工时间,同时也能保证零件的加工精度;切削方向应根据直纹面的形状特征及曲面的长宽比大小来合理地确定。对于如图 8-26 所示的两曲线间有特定参数对应关系的直纹面,只能选择直纹方向为切削方向,否则无法生成满足数控加工要求的刀具运动轨迹。当组成直纹面的组合曲线的长度远大于直纹面直线方向长度,且组合曲线为大曲率半径的平滑曲线时,组合曲线方向为切削方向,这样加工出来的型面便于钳工研修,且加工时间短。

图 8-25 封闭直纹环面的刀具运动轨迹

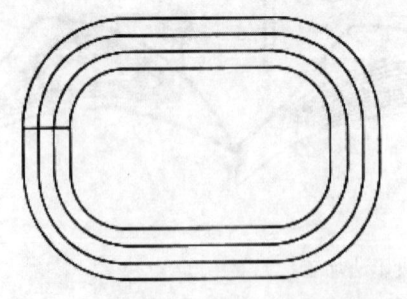

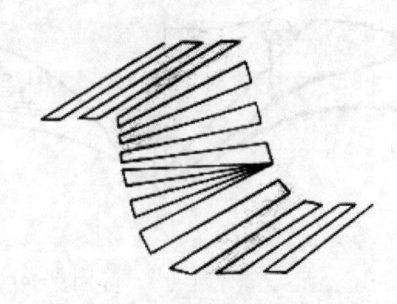

图 8-26 特定直纹面的刀具运动轨迹

对其他直纹面而言,应针对粗、精加工的目的进行刀具运动轨迹的生成。生成粗加工刀具运动轨迹时,应考虑刀具受力的平稳性及加工效率等;而生成精加工刀具运动轨迹时,应考虑零件的加工精度及是否便于后续钳工修整,因此精加工刀具运动轨迹应选曲线定义方向为切削加工方向,以满足上述要求。

4. 多曲面连续加工刀具运动轨迹生成

多曲面连续加工是指按一定的要求对一组曲面同时进行数控加工,并提供每个曲面内的校验及预防曲面间的加工过切等功能的加工方法。其刀具运动轨迹按如下方式定义:刀具运动轨迹在 XY 坐标面上的投影由给定行距和切削方向的导动线来控制,而切削加工深度则由一组所定义的被加工曲面来控制。导动线一般应定义在 XY 坐标面上,但也可以在空间状态下定义。如果在空间状态下定义,则应以导动线在 XY 坐标面上的投影线来控制刀具中心的运动。

复杂多曲面在生产实际中非常普遍,一方面表现在某些曲面经过若干次裁剪、拼接和过渡处理后,最终成为复杂多曲面,甚至由于 CAD 系统的曲面造型功能不完善,曲面片与曲面片之间有微小缝隙。这种现象在应用 MasterCAM 软件进行数控加工编程时十分常见,即使是应用 UGⅡ软件,此现象也时有发生。另一方面表现在零件设计上,有的零件表面往往由多张不规则曲面片构成,曲面片之间一般均有严格的几何连续性要求,如汽车覆盖件模具、电视机及电话机外壳模具等零件的型面,一般均为复杂多曲面。

对于功能上意义明确而设计上定义不完善的复杂多曲面,采用分片加工的方法是不可取的。一方面是因为各曲面片间会留下较明显的接刀痕迹,由于各曲面片面积一般都很小,形状也不规则,刀具轨迹走刀方向经常发生突变,微小的加工段会引起刀具运动的不平稳,严重影响加工质量;另一方面,频繁的抬刀下刀使加工效率大大降低。更重要的是,这样的走刀方式不符合原始型面的设计意图。因此,复杂多曲面的连续加工能力对于一个曲面数控加工编程软件来说是十分重要的。

复杂多曲面刀具轨迹的计算常用的一种处理方法是:先将多张曲面逼近表示成一张曲面,一般用小三角片逼近表示,然后采用多面体曲面加工刀具轨迹计算方法或离散刀具轨迹计算方法生成逼近曲面加工的刀具轨迹。对于各曲面片之间有缝隙或重叠的情形,多张曲面的整体逼近表示有困难。

5. 曲面型腔加工刀具轨迹生成

曲面型腔是机械零件上比较典型的加工单元,种类繁多,形状各异,但归纳起来可分为两大类:普通曲面型腔和带岛曲面型腔。

曲面型腔可视为在一张具有封闭内环的曲面上沿该内环边界挖腔而生成的。一般来说,曲面型腔的加工采用三坐标加工方法。至于一些特殊的需要采用四、五坐标加工的曲面型腔,则需要根据实际情况采用特殊的加工方法。

曲面型腔的加工一般分为粗铣型腔和型腔型面精加工。粗铣型腔的目的是挖去型腔的大部分加工余量,切削出型腔的基本形状;型腔型面精加工是在型腔型面留有少量加工余量的基础上加工型腔型面。

1) 曲面型腔粗加工

先设定曲面型腔的主面(可以是简单曲面,也可以是组合曲面)及曲面型腔的边界,确定粗铣型腔刀具轨迹的步骤为:

(1)确定铣削加工面(含余量)在毛坯上的最高位置。一般可直接从型腔主面的内环边界上取点,也可以在图形交互(或命令交互)方式下输入。该最高位置作为确定起刀点高度的依据。

(2)确定型腔分层铣削的切削深度。一般根据工件材料、刀具尺寸与刀具材料而确定。第一层的切削深度往往大于以后各层的切削深度。除第一层外,其他各层切削深度可以相等,也可以递减。

（3）从铣削加工面在毛坯上的最高位置开始,根据分层切削深度依次用垂直于 Z 轴的截平面去截曲面型腔,形成一系列封闭截交线(当某一截平面上有一个以上的封闭截交线时,该型腔为带岛曲面腔槽);当没有截交线时,即终止分层切削扫描。

（4）在每一截平面内按平面型腔的行切或环切加工方式确定每一层的刀具轨迹。

（5）如果曲面型腔带有岛屿,不宜采用螺旋线或斜线进刀,应预先钻一个工艺孔,作为截平面铣削的起刀位置。工艺孔位置一般选在型腔最深的位置。

粗铣型腔加工的操作顺序是:先钻工艺孔,然后分层铣削,直到铣削完最后一层。

应该说明的是,曲面型腔粗加工刀具轨迹的安排十分灵活,往往根据经验而定。对于具有复杂曲面型腔的模具加工,其型腔的粗加工一般由经验丰富的工人在普通铣床上进行粗加工,留出一定的半精加工和精加工余量(这时的加工余量一般是不均匀的,但只要没有过切就行),最后在数控机床上采用曲面型腔型面精加工方法进行半精加工和精加工。当型面加工余量较小时,可直接采用型腔精加工方法。

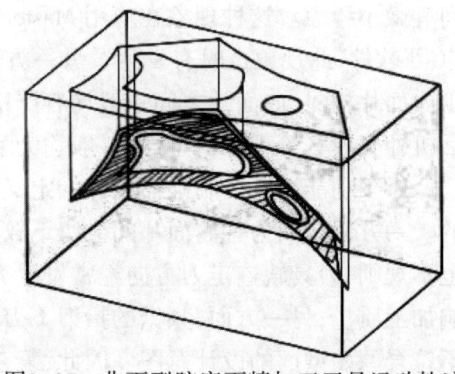

图8-27 曲面型腔底面精加工刀具运动轨迹

2）曲面型腔精加工

曲面型腔精加工的主要方法有截平面法和投影法,但从本质上讲,曲面型腔型面精加工刀具轨迹的计算可以归结为组合曲面、裁剪曲面、曲面交线区域、曲面间过渡区域及复杂曲面等加工特征刀具轨迹的计算与编程。

曲面型腔型面的精加工一般采用球头刀,对于一些特殊的型腔,也可能会采用平底刀。

图8-27 所示为带岛曲面型腔底面精加工的一个实例。

6. 曲面间过渡区域加工刀具轨迹生成

曲面间过渡区域是一种比较独特的区域,一般采用截平面法进行加工,或定义成过渡曲面后用参数线法进行加工。

曲面间过渡区域一般要求为等半径圆弧过渡曲面或变半径圆弧过渡曲面。一旦生成一完整的过渡曲面(参数曲面形式),便可采用参数线法进行加工。

两曲面之间要求有过渡曲面,一方面是造型设计的要求,另一方面是加工工艺的要求。严格来说,两张曲面的交线是加工不出来的,之间必须有一过渡区域。至于过渡曲面在理论上应是一张什么样的曲面,在产品设计中并不重要,而只要求该过渡曲面与其母面光滑拼接,并光滑过渡。因此,在实际设计生产中,人们往往不事先构造过渡曲面(特殊要求的除外),而是直接通过母面生成过渡区域加工的刀具轨迹。

最简单的过渡区域加工刀具轨迹生成方法是两曲面间采用等半径圆弧过渡,该半径正好是加工所用球头刀的刀具半径,可直接采用曲面交线清根加工刀具轨迹的生成方法。这类曲面的粗、精加工所需的刀具运动轨迹都应选择交线方向为切削运动方向且采用双向走刀方式。但在生成精加工刀具运动轨迹时,残留高度应设定较小值,一般为 0.015mm,这样能减少后续钳工的修整量且解决钳工修整圆弧型过渡面的困难。

当两曲面间过渡圆弧半径很小时,在加工曲面时,一般不宜采用半径等于过渡圆弧半径的刀具，而是采用半径较大的刀具，这是因为刀具半径太小会大大增加加工曲面的刀位点，降低加工效率；而用较大的刀具加工两张相交曲面，无论用什么方法加工，在交线处留的总是这把刀具的圆角半径，如果这时再采用小刀具沿交线加工一次，又会在交线两侧小刀具与大刀具的交接处留有较高的残痕，钳工极不好修整。

为了解决这个问题，可采用半径递减法，用大刀具加工曲面，用小刀具在交线的两侧来回加工几次，形成光滑的过渡区域。

7. 裁剪曲面加工刀具轨迹生成

裁剪曲面一般表现为如下两种形式：孔边界裁剪和岛屿边界裁剪。图 8-28 所示为一个光滑曲面（三个曲面片组合而成）被一个孔和一个岛屿裁剪的情形，主环与岛屿环和型腔环围成的区域为裁剪后的零件面待加工区域。

裁剪曲面的数控加工刀具轨迹具有以下特点：

(1) 裁剪之前的曲面是连续的，而且往往是光滑的，可以利用参数线法或截平面法生成数控加工刀具轨迹。

(2) 被孔裁剪的裁剪曲面，无论孔的形状如何，如果孔的直径远小于待加工曲面，数控加工编程时可以不考虑孔的存在，而将裁剪曲面作为一个整体进行刀具轨迹规划。

(3) 如果孔的直径比较大，为了提高加工效率，可将跨越孔的刀具轨迹线段提高进给速度。这时需要对整体刀具轨迹进行裁剪，将加工区域刀具轨迹线段与跨越孔的刀具轨迹线段分开。由于进给速度不同，一般需要对孔的边界指定一个负的加工余量，保证加工区域的刀具轨迹线段延伸到孔中一定的距离，这样将避免刀具在快速跨越孔的边界时撞击零件的边缘，如图 8-29 所示。

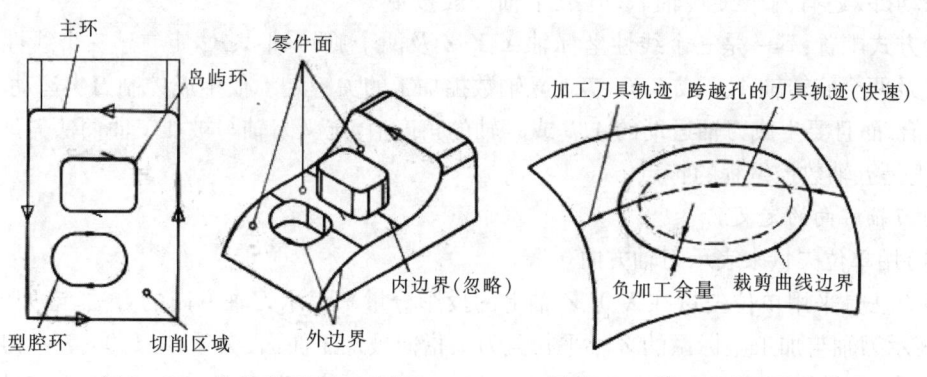

图 8-28 裁剪曲面的加工区域   图 8-29 快速跨越孔裁剪曲面的加工

(4) 加工被岛屿裁剪的裁剪曲面，可以按带岛屿的型腔加工刀具轨迹计算方法生成刀具轨迹。另外，也可以直接利用参数线法或截平面法生成整个曲面数控加工的刀具轨迹，接着用岛屿的边界（内环）对整体刀具轨迹进行裁剪，去掉跨越岛屿的刀具轨迹线段。裁剪刀具轨迹时，需要对岛屿的边界指定一个正的加工余量，加工余量应略大于刀具半径。然后设置刀具回避岛屿的方式：抬刀或沿岛屿最短边界绕行。

如果回避方式为抬刀，则当刀具沿刀具轨迹运动到裁剪曲面的内环边界而切削行尚未结束时，刀具快速自动退到安全平面，并继续快速运动到此切削行的下一段刀具轨迹的起点，然后再下降到加工表面，沿此切削行的下一段刀具轨迹进行切削加工，如图 8-30 所示。

如果回避方式为沿岛屿最短边界绕行，则当刀具沿刀具轨迹运动到裁剪曲面的内环边界而切削行尚未结束时，刀具自动沿岛屿最短边界路径运动，直到此切削行的下一段刀具轨迹的起点，然后沿此切削行的下一段刀具轨迹进行切削加工，如图 8-31 所示。

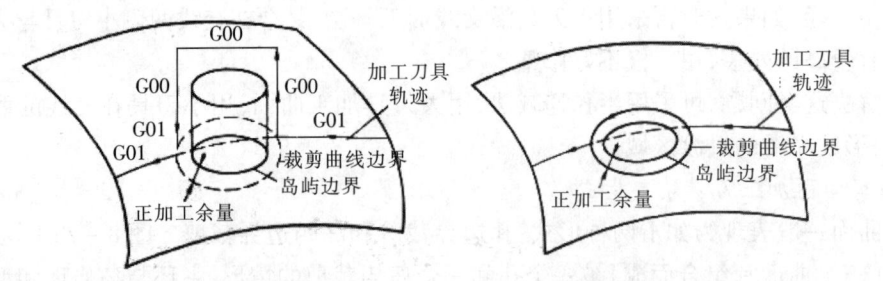

图8-30 抬刀回避岛屿方式裁剪曲面的加工

图8-31 沿岛屿边界绕行回避岛屿方式裁剪曲面的加工

8. 曲面的摆角或分度加工

对于具有主轴摆角功能或工作台分度功能的数控机床，将主轴摆成某一角度或通过分度将工件转成某一角度而不需要将工件重新安装，对加工斜平面或倾斜角度大的陡峭曲面或加工倾斜孔等将变得非常方便。图 8-32 是摆角加工斜平面且在斜平面上钻孔的例子。

9. 曲面的五轴加工

五轴数控加工是指刀具相对于工件除 X、Y、Z 坐标轴联动外，还有两个旋转轴联动。五个轴一般按下列二种方式配置：其一是三个线性坐标轴 X、Y、Z 及两个旋转轴 A、B；其二是三个线性坐标轴 X、Y、Z 及两个旋转轴 A、C 或 B、C。实现五轴数控加工的关键是不仅生成控制刀尖运动的 X、Y、Z 坐标值，而且要生成刀轴运动的 A、B 或 C 轴的角度值。定义刀轴与被加工曲面法矢量之间的关系，正是五轴数控编程的特点。

1) 刀轴方向的定义

(1) 用单位矢量来表示刀轴方向。

该方法是采用单位矢量在 X、Y、Z 轴上的投影分量来表示刀轴方向的方法。诸如矢量 (0,0,1) 表示刀轴与加工坐标系的 Z 轴平行且刀尖指向被加工曲面，矢量 (0,1,0) 表示刀轴与工件坐标系的 Y 轴平行且刀尖指向刀根的方向与 Y 轴正方向相同，矢量 (1,0,0) 表示刀轴与工件坐标系的 X 轴平行且刀尖指向刀根的方向与 X 轴正方向相同，矢量 (1,1,1) 表示刀轴与工件坐标系的 X、Y、Z 轴均成 45°。矢量、刀轴、工件坐标系的相互关系如图 8-33 所示。

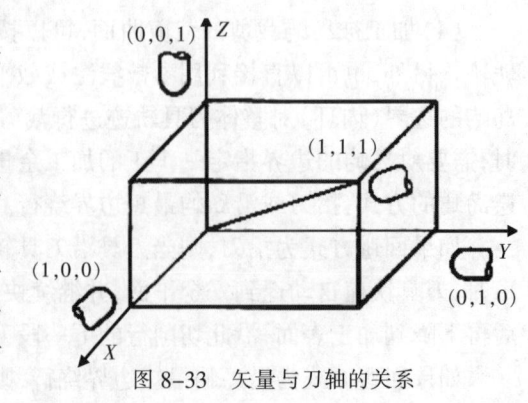

图8-32 斜平面的摆角加工

(2) 用曲面的法矢量与刀轴之间的角度来定义刀轴方向。

该方法是通过刀具与被加工曲面切触点的法矢量与刀轴之间的角度来定义刀轴方向，0°表示刀具在刀具与被加工曲面的切点处，刀轴与曲面

图8-33 矢量与刀轴的关系

法矢量平行,即刀具垂直于被加工曲面,如图 8-34 所示;90°表示刀具在刀具与被加工曲面的切点处,刀轴与曲面法矢量垂直,即刀具的侧刃与被加工曲面平行,如图 8-35 所示。

(3)用直纹面的直纹方向线来定义刀轴方向。

该方法是采用被加工直纹面的直纹方向来定义刀轴方向。当采用五轴数控机床加工某些直纹面时,为了提高曲面的加工精度及效率,一般采用圆柱铣刀进行加工,且刀轴方向与被加工直纹面的 v 向等参数直线段平行,如图 8-36 所示。

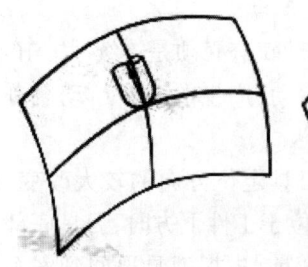

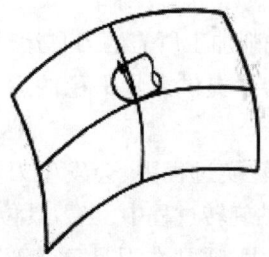

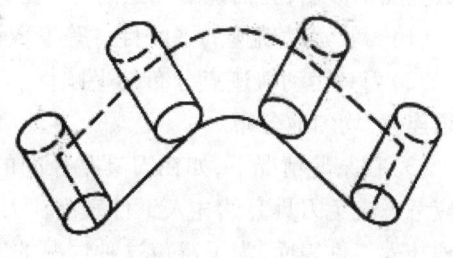

图 8-34 刀具垂直于曲面　　图 8-35 刀具平行于曲面　　图 8-36 刀轴与直纹面的直纹方向线平行

(4)锥度定义法。

该方法在被加工曲面外定义一个基点,用该点与切削点(刀具与被加工曲面的切触点)的连线来确定刀轴方向。基点可定义在被加工曲面的上方或下方,这主要取决于被加工曲面的形状特征。

(5)导动面定义法。

该方法是通过定义一个导动面来定义的,导动面各点的法矢量方向就是刀轴的方向。被加工曲面与导动面的一一对应关系可通过定义一个矢量来建立,被加工曲面上的点沿所定义的矢量方向投射到导动面上,生成投射点,导动面上投射点的法矢量方向就确定该切削点的刀轴方向。

图 8-37 是加工形状较平缓的凸形曲面,刀轴与加工面法矢量平行(夹角为 0°),用平底立铣刀代替球刀加工曲面的五轴加工实例。其特点是曲面形状精度高,行距接近刀具直径,加工效率大大提高。

图 8-37　刀轴与加工面法矢量平行的五轴加工

2)五轴铣削加工的要求

为了生成理想的球刀五轴加工刀具运动轨迹,必须对刀轴相对于被加工表面的法矢量方向进行恰当定位,以获得最佳切削状态,其最佳切削状态必须满足下列条件:其一是刀具与被加工零件表面的切触点必须不能与刀具底端中心重合,因为该点的切削速度为零,切削状态最差,所以一定要避免零点切削状态;其二是加工零件表面时,刀轴与被加工表面的法矢量之间的夹角应尽可能小,以改善刀具受力状态,提高数控加工的质量和效率。基于上述两点,在实际数控加工中,刀轴与曲面法矢量之间的夹角一般定义为 0°~15°,这样既能保证零件的加工质量,又能有效地保证零件加工的效率。

3)五轴铣削加工的技术条件

(1)建立高质量的曲面模型是实现五轴铣削加工的前提。用五轴铣削加工一个定义不完善的几何体是毫无意义的,这意味着必须用高质量的方法设计零件表面。

(2) 五轴铣削加工的编程比三轴铣削加工更复杂、更难掌握,因此要求编程人员具有良好的机械加工经验并精通所采用软件功能的使用方法和技巧。

(3) 五轴铣削加工的刀具运动轨迹的生成需要更先进的计算方法和碰刀检验方法。

4) 五轴铣削加工计算要求

概括五轴加工所需的技术条件可知,只有先进的 CAD/CAM 系统才能提供准确、可靠的五轴数控加工数据,五轴铣削加工的计算必须满足下列要求:

(1) 刀具运动轨迹的平顺性。等参数铣削加工所需的刀具运动轨迹必须是连续、均匀的。

(2) 刀具运动轨迹点分布的平顺性。为了提供刀具平稳的运动,产生的刀具运动轨迹点必须连续、均匀地分布。

(3) 在某些情况下,如在刀具路径间的转换过程中,会发生刀具定位方向的较大改变,此时应考虑避免刀具突然扎入工件表面。刀轴旋转过程中,当刀具位于工件上方时,刀具底部会猛烈扎入工件表面,为了避免这种情况的发生,通常在刀具急转弯前,先把刀具退回到安全平面上,然后再运动到下一曲面进行加工。

(4) 避免刀具和刀具夹持装置与要加工的曲面及附近曲面(干涉面)相碰撞,尤其是避免与夹具相碰撞,这需要进行有效的计算和模拟。

10. 清根加工刀具轨迹生成

精度高、型面复杂的大型型面(如汽车模具)加工一般由粗清根、粗加工、半精清根、半精加工、精清根、精加工和最后残料清根加工等工序来完成。在各型面加工前先安排清根加工,是为了减小刀具在加工过渡区域时的突然受力增大而造成的冲击。为了提高型面的加工精度和效率,在型面精加工时,一般采用 $\Phi20$ 的球头刀进行精加工,这样会给型面的某些区域留下较大的加工余量,尤其是一些相对深度较浅的曲面加工,会严重影响型面的加工精度。因此,在型面精加工后,必须采用更小尺寸的刀具,如 $\Phi6$ 的球头刀,对精加工无法加工到的区域进行清根加工,保证型面的整体加工精度。

(1) 笔式清根加工。

笔式清根加工是指刀具与两被加工曲面双切,并沿它们的交线方向运动而生成的刀具运动轨迹。该加工方法主要用于清除两曲面凹向交线处的材料,使被加工零件表面具有清晰的棱线,为钳工修整提供基准。笔式清根加工的缺点是精加工表面与清根加工的表面不能进行有效的平顺过渡,尤其是精加工所采用的刀具与清根加工所采用的刀具在尺寸上差异较大时,会在精加工刀具运动轨迹与清根加工刀具运动轨迹之间留有较大的加工余量,影响型面的加工精度。为了克服这一缺点,笔式清根加工分多次进行,如第一次采用较大的刀具进行清根加工,第二次采用较小的刀具进行清根加工⋯⋯最后一次采用最小的刀具进行清根加工等。

(2) 区域清根加工。

区域清根加工是指零件精加工后,计算机系统根据被加工曲面的特征和精加工时所采用的刀具类型和尺寸,自动计算出非加工的区域,然后该区域采用更小尺寸的刀具进行区域清根加工的方法。该方法是一种高效、高精度的清根加工方法。

(三) 数控铣削加工刀具运动轨迹的编辑

刀具轨迹的编辑是指对已存在的刀具运动轨迹进行各种处理,以生成所需的刀具运动轨迹。

1. 刀具运动轨迹编辑的方法
1)刀具运动轨迹的分段

刀具运动轨迹分段是指把一个刀具运动轨迹在某一位置分解成两个刀具运动轨迹,而去掉其中的一个刀具运动轨迹。图8-38所示是刀具运动轨迹 TP_1 在点 P_1 处分解成两个刀具运动轨迹 TP_{11} 和 TP_{12}。

2)刀具运动轨迹的合成

刀具运动轨迹合成是指把两个或两个以上的刀具运动轨迹合成为一整个刀具运动轨迹的处理方法。该方法主要应用于这样的场合:用同一种规格的刀具生成数个刀具运动轨迹,为了便于数控加工,把这些刀具运动轨迹合成为一个更大的刀具运动轨迹。图8-39所示是把两个刀具运动轨迹 TP_{11}、TP_{12} 合成为一个刀具运动轨迹。

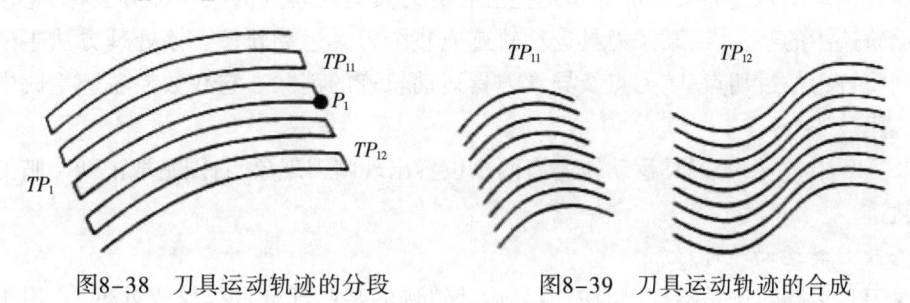

图8-38 刀具运动轨迹的分段

图8-39 刀具运动轨迹的合成

3)刀具运动轨迹的变换

刀具运动轨迹变换是指对已有的刀具运动轨迹进行几何变换的处理方法。包括平移、旋转、缩放等。

(1)刀具运动轨迹的平移。

刀具运动轨迹平移是指把刀具运动轨迹沿某一矢量方向移动一段距离的处理方法,该方法主要应用于加工同一形状、同一尺寸,但具有不同位置的几何表面。如图8-40所示是刀具运动轨迹沿 X 轴正方向移动100mm,沿 Y 轴正方向移动30mm,且复制两个刀具运动轨迹。

(2)刀具运动轨迹的旋转。

刀具运动轨迹旋转是指把已有的刀具运动轨迹绕某一点旋转给定角度的处理方法。该方法主要应用于加工由同一形状、同一尺寸且具有同一圆心同一圆周分布的几何表面。图8-41所示是刀具运动轨迹绕坐标原点 O 旋转90°且复制两个刀具运动轨迹。

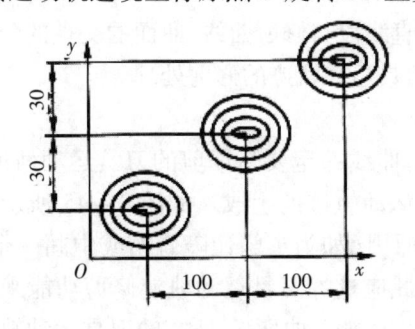

图8-40 刀具运动轨迹的平移

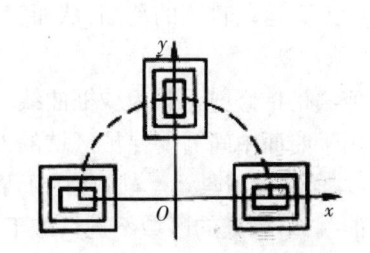

图8-41 刀具运动轨迹的旋转

(3)刀具运动轨迹的缩放。

刀具运动轨迹缩放是指把已有的刀具运动轨迹相对于基点进行放大、缩小的处理方法。

图 8-42 所示是刀具运动轨迹相对于坐标原点 O 缩小至一半及放大一倍的刀具轨迹图。

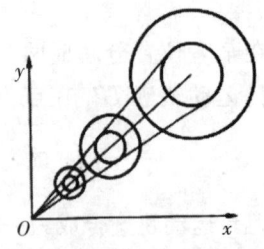

图 8-42 刀具运动轨迹的缩放　　　图 8-43 啃刀点的消除

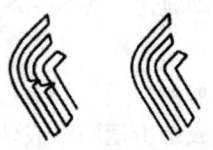

4) 消除刀具运动轨迹的某一部分

消除刀具运动轨迹的某一部分是指把已有的刀具运动轨迹的某一部分去掉,它包括消除刀具运动轨迹中的某一点、某条刀具运动轨迹或整个刀具运动轨迹。该处理方法主要应用于刀具运动轨迹中的过切点、啃刀点及异常刀具运动轨迹的消除。它在数控轨迹生成中得到了广泛的应用。

图 8-43 中,左图的刀具运动轨迹有两个位置出现啃刀现象,右图是取消两个啃刀点的刀具运动轨迹。

5) 修改刀具运动轨迹

修改刀具运动轨迹是指把已有的刀具运动轨迹的某些部分进行修改处理,它用于修改刀具运动轨迹点的位置坐标值。图 8-44 中,左图的刀具运动轨迹有一位置出现啃刀现象,为了消除啃刀点,可采用修改刀具运动轨迹功能对啃刀点进行位置坐标值的修改,使啃刀点 P_1 的 Z 坐标值向上移动一定的距离,右图是修改后的刀具运动轨迹。

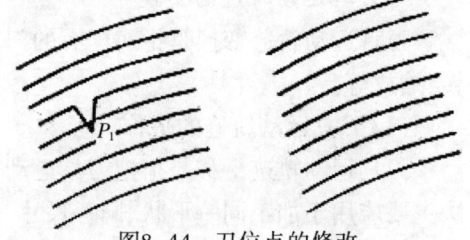

6) 刀具运动轨迹的修剪

刀具运动轨迹的修剪是指按一定的要求,去掉

图 8-44 刀位点的修改

原始刀具运动轨迹的某一部分,而剩下所需部分刀具运动轨迹的处理方法。要对刀具运动轨迹进行修剪,必须有两种元素;其一是要修剪的刀具运动轨迹;其二是修剪几何元素,它可以是与刀具运动轨迹相交的曲线或曲面。对三维曲面刀具运动轨迹的生成方法的分析表明:三轴加工所需的刀具运动轨迹是由一系列直线段组成的,这样就把刀具运动轨迹的修剪问题转化成直线段与修剪曲线或曲面的求交问题。根据直线段与修剪曲线、曲面的交点的分布情况,可确定要去掉的刀具运动轨迹的范围,从而完成刀具运动轨迹的修剪处理。

(1) 曲线修剪法。

曲线修剪法是指修剪元素为线框曲线,修剪曲线一定要与修剪的刀具运动轨迹相交。该方法主要应用于曲面中间需要保护区域的刀具运动轨迹的生成。如图 8-45 所示,已知生成的加工曲面 S_1 所需的刀具运动轨迹,由于某种原因(如为了躲让障碍物或中间一个大孔等),需对由封闭曲线 C_1 围成的区域不进行加工,为此应选择刀具运动轨迹修剪功能来进行处理。具体方法为:利用曲面刀具运动轨迹生成功能,生成加工曲面 S_1 所需的刀具运动轨迹,再利用刀具运动轨迹修剪功能,选择要修剪的刀具运动轨迹及修剪曲线 C_1,就生成了如图 8-45 所示中间局部区域不加工的刀具运动轨迹。

(2) 曲面修剪法。

曲面修剪法是指修剪元素为曲面,修剪曲面应与要修剪的刀具运动轨迹相交。如图8-46所示,已知加工曲面 S_2 所需的刀具运动轨迹及修剪曲面 S_1,根据数控加工要求,应把曲面 S_2 的刀具运动轨迹在曲面 S_1 的以左部分去掉。刀具运动轨迹的处理方法为:选择刀具运动轨迹的曲面修剪功能,选择要修剪的刀具运动轨迹,选择修剪曲面 S_1,这样就能把图8-46所示的 S_1 以左部分的刀具运动轨迹去掉,以满足实际的加工要求。

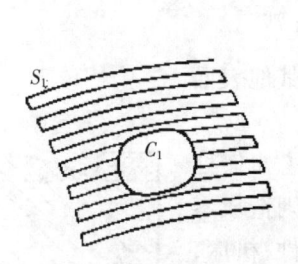

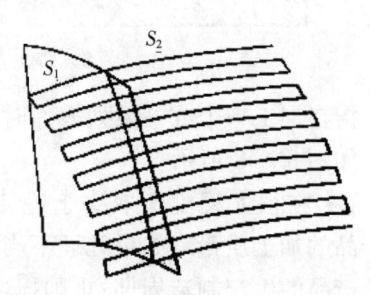

图8-45 刀具运动轨迹的曲线修剪　　图8-46 刀具运动轨迹的曲面修剪

2. 刀具运动轨迹的校验

刀具运动轨迹校验是指把刀具运动轨迹的数据点以图形方式显示在计算机屏幕上,以检验刀具运动轨迹的准确性。刀具运动轨迹的显示方式有三种:

(1)显示切削点。

显示被加工曲面与刀具的切触点轨迹。这种显示方法通常用于查看曲面的加工情况,也就是说,曲面的哪一部分被切削加工了,哪一部分没有切削加工。刀具运动轨迹与被加工曲面在切削逼近误差内吻合。

(2)显示刀具中心点。

对三轴的曲面加工而言,一般采用球头刀进行数控加工。该方式下的刀具运动轨迹是刀具球心包络面的运动轨迹,即刀具运动轨迹所在的面与被加工曲面在法矢量方向偏移一个刀具半径值。

(3)显示刀具的尖点。

该方式下的刀具运动轨迹是刀具球心包络面的运动轨迹沿刀轴负方向移动一个刀具半径值所得到的,这种显示方式常用于校验刀具运动轨迹是否出现加工过切或啃刀等,它是数控编程中用于校验刀具运动轨迹准确性的最常用方法。

3. 刀具运动轨迹的干涉检查与修正

1)有关概念

(1)干涉。

在切削被加工表面时,如果刀具切不到或切到了不应该切的部分,称为干涉或者叫过切。干涉分为以下两种情况:

①自身干涉:指被加工表面中存在刀具切削不到的部分而产生的过切现象,如图8-47所示。

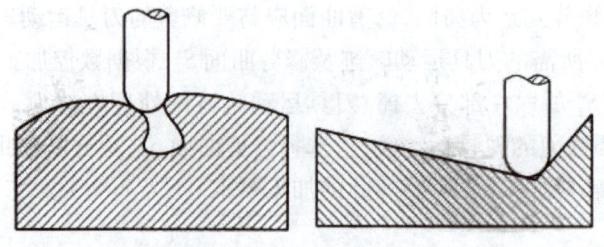

图 8-47 自身干涉

②面间干涉：指在加工一个或一系列表面时，对其他表面产生过切的现象，如图 8-48 所示。

编程质量的优劣在很大程度上取决于过切问题如何处理，它直接影响产品的加工质量。如果处理不当，轻则造成零件制造缺陷，延长产品的生产制造周期；重则损坏零件、机床，造成重大经济损失。因此，解决数控加工的过切问题具有重要的实际意义。

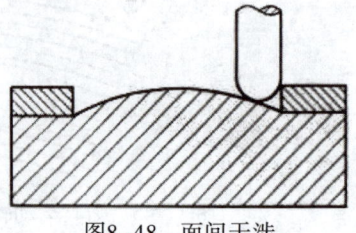

图 8-48 面间干涉

(2) 啃刀。

啃刀指加工某一曲面时，刀具沿曲面的法矢量负方向突然切入工件表面，在工件表面扎了一个凹坑。啃刀是加工过切中的一种特殊情况。

2) 刀具轨迹啃刀、干涉的原因

在三维曲面的数控加工中，产生曲面加工干涉主要有如下三个原因：

(1) 生成曲面凹圆角处的曲率半径小于数控加工时所采用的刀具半径。

(2) 对曲面特性理解不透，选用了不合理的曲线或曲面类型使生成曲面偏离实际所需。

(3) 在两曲面的凹型交线处，对曲面的加工范围处理不当。

其中第一个原因是产生啃刀现象的原因。是否出现啃刀现象，可以通过求由被加工曲面偏移一个刀具半径值的包络面的方法来检验，如果所生成包络面的形状分布合理，则原曲面不会产生啃刀现象；如果所生成包络面的形状出现了异常的凸起、凹坑区域或局部区域相互重叠，则原曲面会产生啃刀现象。

3) 解决两曲面凹型交线处加工过切的方法

(1) 曲面修剪法。

如图 8-49 所示，曲面 S_1、S_2 呈凹角，为了防止在两曲面交线处产生加工过切，应在两曲面相接处生成一个圆弧过渡面 S_{12}，该过渡面的圆弧半径应大于或等于刀具半径。把原始曲面 S_1、S_2 在圆弧型过渡面 S_{12} 以下的部分去掉，从而消除了曲面间的过切区域。

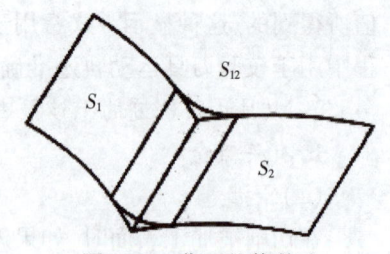

图 8-49 曲面的修剪法

(2) 定义加工边界法。

如图 8-50 所示，该方法的基本思路为：求出一定半径的球与两原始曲面 S_1、S_2 双切并沿着它们的交线 C_{12} 方向滚动时，球与两曲面接触点形成了两条轨迹线 C_1 和 C_2。球的半径应等于数控加工时所采用的球刀半径。这两条轨迹线就决定了两原始曲面的加工范围。当刀具与曲面的切触点运动到加工边界线时，刀具的球头部分正好与另一相邻曲面相切，这样就方便地解决了加工过切问题。

(3) 定义检查（干涉）面法。

在数控编程时，可定义一个检查（干涉）面来限制刀具运动的终止位置。如图 8-51 所示，在零件面的区域加工中，当刀具碰到所定义的检查（干涉）面时，刀具就能自动返回，进行下一行的切削加工，从而解决了曲面加工过切问题。

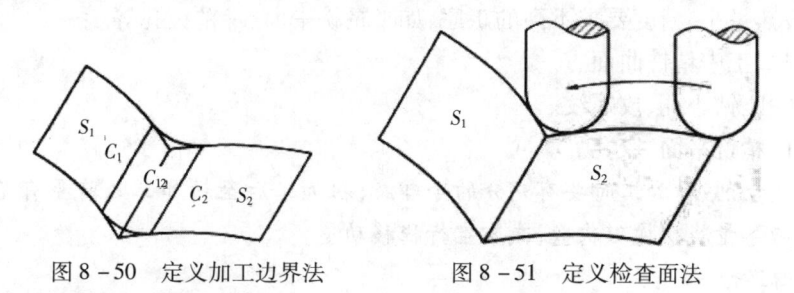

图 8-50 定义加工边界法　　图 8-51 定义检查面法

二、模具的加工工艺特点

1. 模具加工的基本特点

(1) 加工精度要求高。每副模具一般都是由凹模、凸模和模架组成的，有些还可能是多件拼合模块。因此，上、下模的组合，镶块与型腔的组合，模块之间的拼合均要求有很高的加工精度，精密模具的尺寸精度甚至达微米级。

(2) 表面复杂。有些产品，如汽车覆盖件、飞机零件、玩具和家用电器，其表面都是由多种曲面组合而成的。因此，模具型腔面很复杂，有些曲面必须用数学计算方法进行处理。

(3) 批量小。模具的生产不是大批量成批生产的，很多情况下往往只生产一副。

(4) 工序多。模具加工中总要用到铣、镗、钻、铰和攻螺纹等多种工序。

(5) 重复性投产。模具的使用寿命是有限的，当一副模具的使用超过其寿命时，就要更换新的模具，因此，模具的生产往往有重复性。

(6) 仿形加工。模具生产中有时既没有图样，也没有数据，要根据实物进行仿形加工。

(7) 模具材料优异，硬度高。模具的主要材料多采用优质合金钢制造，特别是寿命长的模具，常采用 Cr12、CrWMn 等莱氏体钢制造。这类钢材从毛坯锻造、加工到热处理均有严格要求，因此，加工工艺的编制就更不容忽视，热处理技术参数更需要严格制定。

根据上述诸多特点，在选用加工机床时要尽可能满足加工要求。例如，数控系统的功能要强，要求机床精度高、刚性好、热稳定性好且具有仿形加工功能等。

2. 模具加工一般应采取的技术措施

根据上述模具加工的特点，一般在加工工艺上采取一些措施，以便发挥机床高精度、高效率的特点，保证模具加工质量。

(1) 精选材料，毛坯材质均匀。目前，有些材料可以做到在粗加工后变形量较小。铸锻件应经过高温时效处理，消除内应力，使材料经过多道工序加工之后变形小。

(2) 合理安排工序，精化工件毛坯。在模具的生产过程中，一般不可能仅仅依靠一两台数控铣床即可完成工件的全部加工工序，还需要与普通铣床、车床等通用设备配合使用。在保证高精度、高效率以及发挥数控加工和通用设备加工各自特长的前提下，数控加工前的毛坯应尽量精化，例如，除去铸锻、热处理产生的氧化硬层，只留少量加工余量，加工出基准面和基准孔等。

(3) 数控机床的刚性好、热稳定性好、功率大，在加工中尽可能选择较大的切削用量，这样既可满足加工精度要求，又提高了效率。

(4)考虑到有些工件由于易产生切削内应力、热变形,再考虑到装夹位置的合理性、夹具夹紧变形等因素,必须多次装夹才能完成所有工序。

(5)一般加工顺序的安排如下:

①重切削、粗加工、去除零件毛坯上大部分余量,如粗铣大平面、粗铣曲面、粗镗孔等。

②加工发热量小、精度要求不高的工序,如半精铣平面、半精镗孔等。

③在模具加工中精铣曲面。

④打中心孔、钻小孔、攻螺纹。

⑤精镗孔、精铣平面、铰孔。

注意:在重切削、精加工时要有充分的冷却液,粗加工后至精加工之前要有充分的冷却时间;在加工中应尽量减少换刀次数,减少空行程移动量。

3. 刀具的选择

数控机床在加工模具时所采用的刀具多数与通用刀具相同,也经常使用机夹不重磨可转位硬质合金刀片的铣刀。由于模具中有许多是由曲面构成的型腔,所以经常需要采用球头铣刀和环形刀(即立铣刀刀尖呈圆弧倒角状)。

4. 铣削曲面时应注意的问题

(1)粗铣。粗铣时,应根据被加工曲面给出的余量,用立铣刀按等高面一层一层地铣削,这种粗铣效率高。粗铣后的曲面类似于山坡上的"梯田",台阶的高度视粗铣精度而定。

(2)半精铣。半精铣的目的是铣掉"梯田"的台阶,使被加工表面更接近于理论曲面。采用球头铣刀一般为精加工工序留出0.5mm左右的加工余量。半精加工的行距和步距可以比精加工的大。

(3)精铣。精铣最终加工出理论曲面。用球头铣刀精加工曲面时,一般用行切法。对于敞开性比较好的工件,行切的折返点应选在曲面的外面,即在编程时,应把曲面向外延伸一些。对敞开性不好的工件表面,由于折返时切削速度的变化,很容易在已加工表面上留下由停顿和振动产生的刀痕。因此,在加工和编程时,一是要在折返时降低进给速度;二是在编程时,被加工曲面折返点应稍离开阻挡面。对曲面与阻挡面相贯线应单独做一个清根程序另外加工,这样就会使被加工曲面与阻挡面光滑连接,而不致产生很大的刀痕。

(4)球头铣刀在铣削曲面时,其刀尖处的切削速度很低,如果用球刀垂直于被加工面铣削比较平缓的曲面,那么球刀刀尖切出的表面质量较差,所以应适当地提高机床主轴转速;另外,还应避免用刀尖切削。

(5)避免垂直下刀。平底圆柱铣刀有两种:一种是端面有顶尖孔,其端刃不过中心;另一种是端面无顶尖孔,端刃相连且过中心。在铣削曲面时,有顶尖孔的端铣刀绝对不能像钻头一样向下垂直进刀,除非预先钻有工艺孔,否则会把铣刀顶断。如果使用无顶尖孔的端铣刀时,可以垂直向下进刀,但尽量采用坡走铣或螺旋插补铣进刀到一定深度后,再用侧刃横向进给切削。在铣削凹槽面时,可以预先钻出工艺孔以便下刀。用球头铣刀垂直进刀的效果虽然比平底的端铣刀好,但也会因为轴向力过大,影响切削效果,最好不使用这种下刀方式。

(6)铣削曲面零件时,如果发现零件材料热处理不好、有裂纹、组织不均匀等现象,应及时停止加工。

(7)在铣削模具型腔比较复杂的曲面时,一般需要较长的周期。因此,在每次开机铣削前,应对机床、夹具和刀具进行适当的检查,以免中途发生故障,影响加工精度,甚至造成废品。

(8) 在模具型腔铣削时，应根据工件的表面粗糙度掌握修挫余量。对于铣削比较困难的部位，如果工件表面粗糙度高，应适当多留些修挫余量，而对于平面、垂直沟槽等容易加工的部位，应尽量降低工件表面粗糙度值，减少修挫工作量，避免因大面积修挫而影响型腔曲面的精度。

8-4 完成工作任务过程

1. 零件图纸工艺分析

主要分析盒形模具凹模零件图纸技术要求（包括尺寸精度、形位精度和表面粗糙度等）、检查零件图的完整性与正确性、分析零件的结构工艺性。通过零件图纸工艺分析，保证零件的加工精度，确定应采取的工艺措施。

该盒形模具凹模零件加工部位由凹形型腔、斜面、圆弧和锥台等组成，零件结构较复杂，微小加工部位（微小曲面）多，虽为平面类零件，但加工面为固定斜角平面，表面加工质量（表面粗糙度）要求较高。尺寸标注完整、轮廓描述清楚，零件材料为 T8A 工具钢，切削加工性能一般。

通过上述零件图纸工艺分析，采取以下六点工艺措施：

(1) 该盒形模具凹模零件加工部位由凹形型腔、斜面、圆弧和锥台等组成，零件结构较复杂，微小加工部位（微小曲面）多，虽为平面类零件，但加工面为固定斜角平面，采用通用加工机床无法加工，只能采用数控铣床/加工中心加工。因该零件无孔系加工，不须频繁换刀加工，且只生产 2 件，故选择数控铣床加工。

(2) 该盒形模具凹模零件毛坯为结构对称实心材料，要铣削的凹形型腔深度 38mm，表面粗糙度要求较高，铣削加工量很大，为保证铣刀的刚性，铣刀柄夹持的铣刀不能伸出太长。所以零件的夹紧面不能在上平面，否则铣刀柄会与夹紧压板（夹紧装置）发生干涉。

因为该盒形模具凹模零件除凹形型腔外，上下、左右、前后六面均已按零件图纸技术要求加工好，宽度 149mm，在平口台虎钳的夹持范围内，可采用平口台虎钳按图 5-50(b) 所示找正虎钳后装夹工件。该零件要加工凹形型腔，加工量很大，担心因加工量大、切削时间长且切削力大易造成加工过程中的工件移位，装夹工件前在平口台虎钳工件夹持位下面垫上等高块，边用铜棒前后左右敲击工件边装夹，确保零件夹紧后工件下平面与等高块上平面接触。选择的等高块高度要注意，确保按上述要求装夹好工件后，工件的上平面要高出虎钳夹紧钳面的上平面，便于对刀设定工件坐标原点，同时避免铣削时铣刀柄碰到虎钳的夹紧钳面。

(3) 该零件凹形型腔上部有锥度 13°、深 9mm 的倒锥凹槽，下部有深 27mm、相对锥面分别为 18°和 40°的倒锥凹槽，底部有 2mm 高的锥台，两倒锥凹槽内圆弧半径不一样。为简化刀具运动轨迹并便于加工，将该盒形模具凹模零件凹形型腔分为三部分，第一部分为上部锥度 13°、深 9mm 的倒锥凹槽，称为上型腔；第二部分为深 27mm、相对锥面分别为 18°和 40°的倒锥凹槽，称为下型腔；第三部分为底部 2mm 高的锥台。刀具运动轨迹按这三部分设计，比按整个型腔设计刀具运动轨迹要简单明了（粗铣可按整个型腔设计刀具运动轨迹）。

因为该零件铣削加工量很大，零件材料为 T8A 工具钢，切削加工性能一般，表面粗糙度要求较高，为保证零件加工精度，需采用"粗铣—半精铣—精铣"的加工方法。粗铣整个型腔铣削加工量很大，为避免中途因刀具问题换刀，采用 Φ20mm 硬质合金立铣刀（钨钢刀）；为保证凹形型腔精铣时的内圆弧半径余量均匀，半精铣采用 Φ12mm 高速钢立铣刀；为保证上、下型腔、底部锥台和底平面转接圆弧的表面粗糙度要求,精铣采用 $\Phi 6mm$ 高速钢球头铣刀。

(4)该盒形模具凹模零件的结构较复杂,微小加工部位(微小曲面)多,虽为平面类零件,但加工面为固定斜角平面,采用手工编程难于实现,需采用自动编程(CAM)加工。

(5)该盒形模具凹模零件数控铣削凹形型腔前为实心材料,凹形型腔起始切削的加工方法采用螺旋插补铣法,半精铣、精铣底部锥台的起始切削加工方法也是采用螺旋插补铣法。为保证凹形型腔的轮廓精度,精铣进给加工路线(走刀路线)一定要切线切入切线切出,不能法线切入法线切出。

(6)该盒形模具凹模零件凹形型腔不大,但微小加工部位(微小曲面)多,若粗铣采用行切,则需半精铣两次,所以粗铣、半精铣、精铣凹形型腔均采用环切法加工。

2. 加工工艺路线设计

依次经过:"选择盒形模具凹模加工方法→划分加工阶段→划分加工工序→工序顺序安排",最后确定盒形模具凹模零件的工步顺序和进给加工路线(包括粗铣、半精铣、精铣进给加工路线的刀具运动轨迹)。

经过项目五、项目六及项目七的学习、训练与讨论,应已对设计数控铣削加工工艺路线非常熟悉。设计盒形模具凹模零件加工工艺路线从选择加工方法→划分加工阶段→划分加工工序→工序顺序安排,这里不再赘述,因为这些工作过程都是为最终确定盒形模具凹模零件的工步顺序和进给加工路线做铺垫,留给学习小组进行讨论、汇报和老师点评。因为项目五、项目六及项目七中数控铣削的零件或数控铣削加工的部位较简单,进给加工路线(加工刀具轨迹)相对直观,对较复杂曲线、曲面零件加工刀具轨迹尚不熟悉,这里列出最后确定的盒形模具凹模零件工步顺序和进给加工路线(加工刀具轨迹用浅蓝色表示,刀具轨迹及刀具轨迹的加工部位轮廓分别以实体图和线框图表示)如下:

(1)用环切法粗铣整个型腔,留 2mm 余量。

粗铣整个型腔的加工刀具轨迹采用等参数步长法生成,如图 8-52 和图 8-53 所示。

图 8-52 环切法粗铣整个型腔的加工刀具轨迹(实体图)

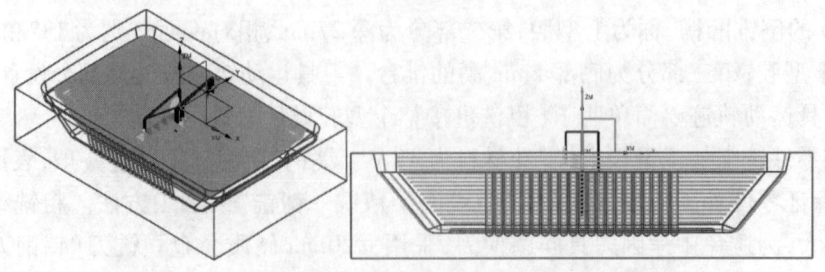

图 8-53 环切法粗铣整个型腔的加工刀具轨迹(线框图)

(2) 用环切法半精铣上型腔,留 0.15mm 余量。

半精铣上型腔的加工刀具轨迹采用等参数步长法生成,如图 8-54 和图 8-55 所示。

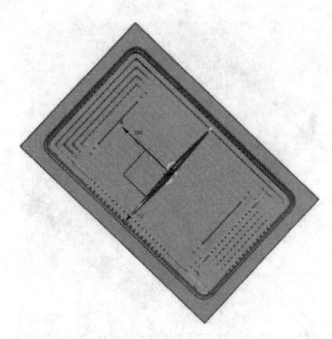

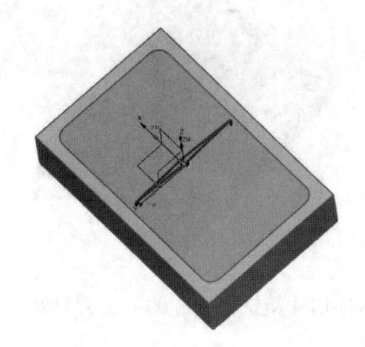

图 8-54　环切法半精铣上型腔的加工刀具轨迹(实体图)

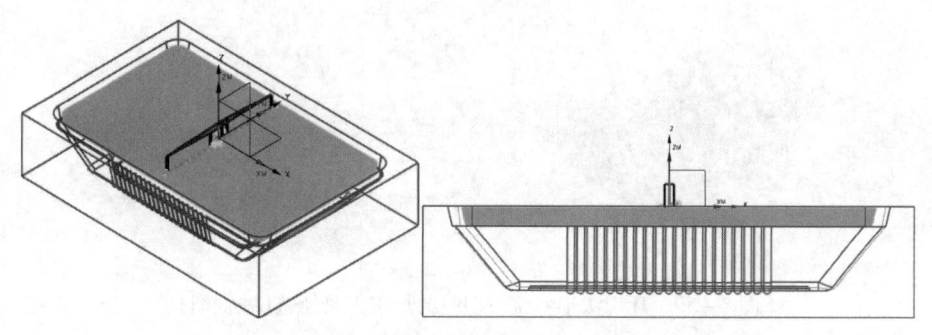

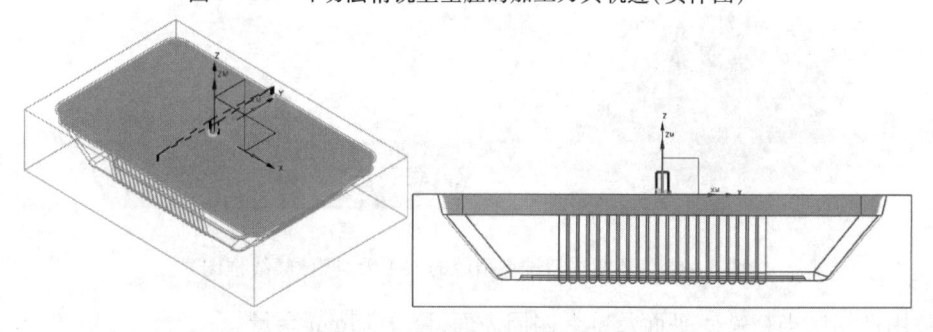

图 8-55　环切法半精铣上型腔的加工刀具轨迹(线框图)

(3) 用环切法精铣上型腔至尺寸,保证表面粗糙度要求。

精铣上型腔的加工刀具轨迹采用等参数步长法生成,如图 8-56 和图 8-57 所示。

图 8-56　环切法精铣上型腔的加工刀具轨迹(实体图)

图 8-57　环切法精铣上型腔的加工刀具轨迹(线框图)

(4) 用环切法半精铣下型腔,留 0.15mm 余量。

半精铣下型腔的加工刀具轨迹采用等参数步长法生成,如图 8-58 和图 8-59 所示。

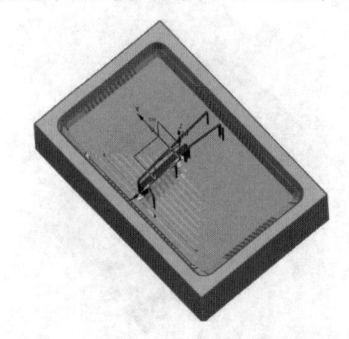

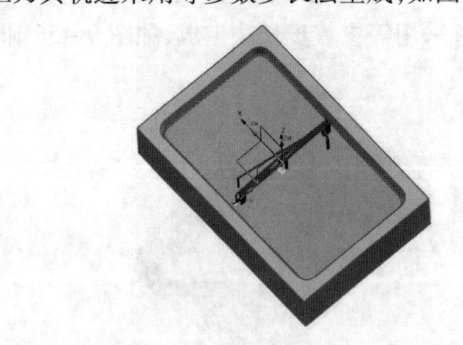

图 8-58　环切法半精铣下型腔的加工刀具轨迹(实体图)

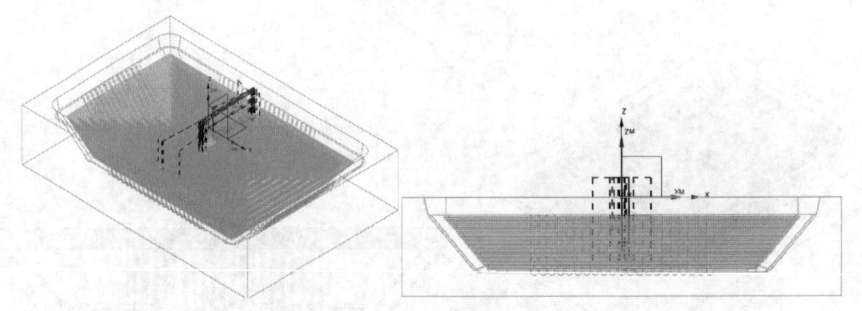

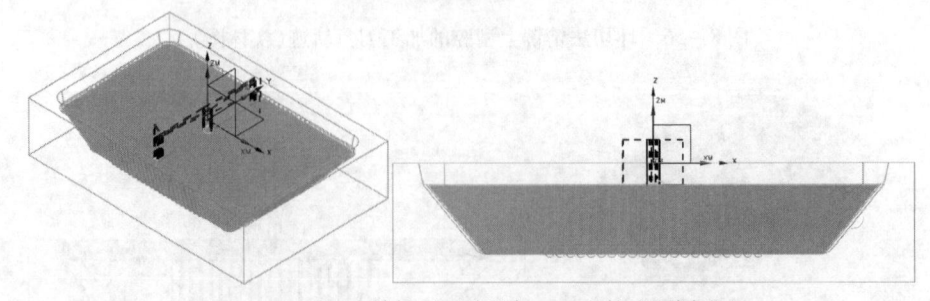

图 8-59　环切法半精铣下型腔的加工刀具轨迹(线框图)

(5) 用环切法精铣下型腔至尺寸,保证表面粗糙度要求。

精铣下型腔的加工刀具轨迹采用等参数步长法生成,如图 8-60 和图 8-61 所示。

图 8-60　环切法精铣下型腔的加工刀具轨迹(实体图)

图 8-61　环切法精铣下型腔的加工刀具轨迹(线框图)

(6) 用环切法半精铣底平面及锥台四周表面,留 0.15mm 余量。

半精铣底平面及锥台四周表面的加工刀具轨迹采用等参数步长法生成,如图 8-62 和图 8-63 所示。

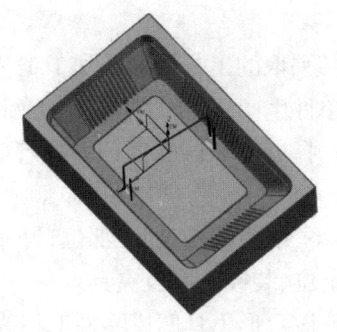

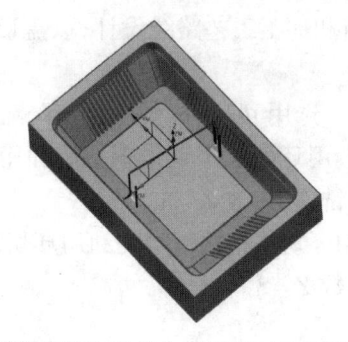

图 8-62　环切法半精铣底平面及锥台四周表面的加工刀具轨迹(实体图)

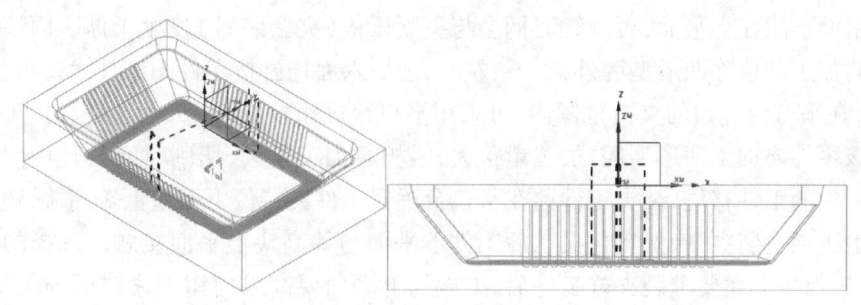

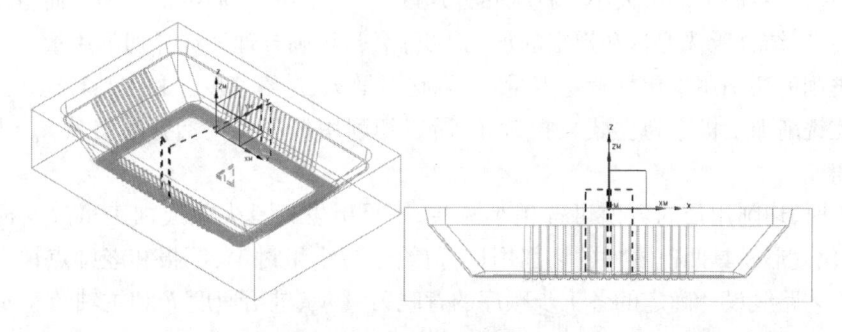

图 8-63　环切法半精铣底平面及锥台四周表面的加工刀具轨迹(线框图)

(7)用环切法精铣底平面及锥台四周表面至尺寸,保证表面粗糙度要求。

精铣底平面及锥台四周表面的加工刀具轨迹采用等参数步长法生成,如图 8-64 和图 8-65 所示。

图 8-64　环切法精铣底平面及锥台四周表面的加工刀具轨迹(实体图)

图 8-65　环切法精铣底平面及锥台四周表面的加工刀具轨迹(线框图)

3. 数控铣削加工机床选择

选择主要根据加工零件的规格大小、加工精度和表面加工质量等技术要求，经济合理地选择数控铣床或加工中心。

根据上述零件图纸工艺分析拟采取的工艺措施及加工工艺路线设计，该盒形模具凹模零件规格不大，表面粗糙度要求较高，单件生产，所需刀具不多，但每把刀走刀时间较长。因为每把刀走刀时间较长，不用频繁换刀，若选加工中心则加工成本较高，故选用小型立式数控铣床即可。

4. 装夹方案及夹具选择

主要根据加工零件的规格大小、结构特点、加工部位、尺寸精度、形位精度和表面粗糙度等零件图纸技术要求，确定零件的定位、装夹方案及夹具。

根据上述零件图纸工艺分析，该盒形模具凹模零件毛坯为结构对称的实心材料，只生产2件，要铣削的凹形型腔深度38mm，为保证铣刀的刚性，铣刀柄夹持的铣刀不能伸出太长，所以零件的夹紧面不能在上平面，否则铣刀柄会与夹紧压板（夹紧装置）发生干涉。因该盒形模具凹模零件的加工部位除凹形型腔外，上下、左右、前后六面均已按零件图纸技术要求加工好，宽度149mm，在平口台虎钳的夹持范围内，可采用平口台虎钳按图5-50(b)所示找正虎钳后装夹工件。该零件要加工凹形型腔，加工量很大，因担心加工量大、切削时间长且切削力大易造成加工过程中的工件移位，装夹工件前在平口台虎钳工件夹持位下面垫上等高块，边用铜棒前后左右敲击工件边装夹，确保零件夹紧后工件下平面与等高块上平面接触。选择的等高块高度要注意，确保按上述要求装夹好工件后，工件的上平面要高出虎钳夹紧钳面的上平面，便于对刀设定工件坐标原点，同时避免铣削时铣刀柄碰到虎钳的夹紧钳面。

5. 刀具选择

主要根据加工零件的余量大小、结构特点、材质、热处理硬度、加工部位、尺寸精度、形位精度和表面粗糙度等零件图纸技术要求，结合刀具材料，正确合理地选择刀具。

根据上述零件图纸工艺分析和加工工艺路线设计，该盒形模具凹模零件最后确定的各工步顺序所用刀具如下：

(1) 用环切法粗铣整个型腔。选用 $\Phi 20mm$ 硬质合金立铣刀（钨钢刀），齿数 $Z=4$。

(2) 用环切法半精铣上型腔、用环切法半精铣下型腔和用环切法半精铣底平面及锥台四周表面。选用 $\Phi 12mm$ 高速钢立铣刀，齿数 $Z=3$。

(3) 用环切法精铣上型腔、用环切法精铣下型腔和用环切法精铣底平面及锥台四周表面。选用 $\Phi 6mm$ 高速钢球头铣刀，齿数 $Z=3$。

6. 切削用量选择

主要根据工步加工余量大小、材质、热处理硬度、尺寸精度、形位精度和表面粗糙度等零件图纸技术要求，结合所选刀具和拟定的加工工艺路线，正确合理地选择切削用量。

数控铣削的切削用量包括背吃刀量 a_p、侧吃刀量 a_e、进给速度 F 和主轴转速 n。根据上述选择的数控铣削加工机床为立式数控铣床，所以切削用量主要包括背吃刀量 a_p、进给速度 F 和主轴转速 n。

试加工时，切削用量的数值可选稍小一些，不易引发刀具失效或加工事故。根据已学知识，如何优化盒形模具凹模零件的切削用量，留给学习小组讨论、汇报和老师点评。这里列出上述加工工艺路线设计确定的各工步顺序的背吃刀量 a_p、进给速度 F 和主轴转速 n 如下：

1) 背吃刀量 a_p

按上述加工工艺路线设计和该零件图纸技术要求,各工步背吃刀量 a_p 如下:

(1) 用环切法粗铣整个型腔。背吃刀量 a_p 约为 3.5mm。

(2) 用环切法半精铣上型腔。背吃刀量 a_p 约为 1.85mm。

(3) 用环切法精铣上型腔。背吃刀量 a_p 约为 0.15mm。

(4) 用环切法半精铣下型腔。背吃刀量 a_p 约为 1.85mm。

(5) 用环切法精铣下型腔。背吃刀量 a_p 约为 0.15mm。

(6) 用环切法半精铣底平面及锥台四周表面。背吃刀量 a_p 约为 1.85mm。

(7) 用环切法精铣底平面及锥台四周表面。背吃刀量 a_p 约为 0.15mm。

2) 主轴转速 n

主轴转速 n 应根据所选铣刀直径,按零件和刀具的材料及加工性质等条件所允许的切削速度 v_c(m/min),按公式 $n = (1000 \times v_c)/(3.14 \times d)$ 来确定。

根据表 5-4(铣削加工的切削速度参考值),上述加工工艺路线设计所确定的各工步主轴转速 n 计算如下:

(1) 用环切法粗铣整个型腔(铣刀为硬质合金立铣刀)。切削速度 v_c 选 70m/min(T8A 工具钢材料切削加工性能一般,因此所选数值稍低),则主轴转速 n 约为 1114r/min。

(2) 用环切法半精铣上型腔(铣刀为高速钢立铣刀)。切削速度 v_c 选 25m/min(T8A 工具钢材料切削加工性能一般,因此所选数值稍低),则主轴转速 n 约为 663r/min。

(3) 用环切法精铣上型腔。切削速度 v_c 选 27m/min(T8A 工具钢材料切削加工性能一般,因此所选数值稍低),则主轴转速 n 约为 1433r/min。

(4) 用环切法半精铣下型腔。切削速度 v_c 选 25m/min(T8A 工具钢材料切削加工性能一般,因此所选数值稍低),则主轴转速 n 约为 663r/min。

(5) 用环切法精铣下型腔。切削速度 v_c 选 28m/min(T8A 工具钢材料切削加工性能一般,因此所选数值稍低),则主轴转速 n 约为 1433r/min。

(6) 用环切法半精铣底平面及锥台四周表面。切削速度 v_c 选 25m/min(T8A 工具钢材料切削加工性能一般,因此所选数值稍低),则主轴转速 n 约为 663r/min。

(7) 用环切法精铣底平面及锥台四周表面。切削速度 v_c 选 28m/min(T8A 工具钢材料切削加工性能一般,因此所选数值稍低),则主轴转速 n 约为 1433r/min。

3) 进给速度 F

进给速度 $F = f_z Z n$(n 为铣刀转速;Z 为铣刀齿数;f_z 为每齿进给量)。

根据表 5-3(铣刀每齿进给量参考值)和盒形模具凹模零件图纸技术要求,上述加工工艺路线设计所确定的各工步的进给速度 F 计算如下:

(1) 用环切法粗铣整个型腔。每齿进给量 0.12mm,则进给速度 F 为 534mm/min。

(2) 用环切法半精铣上型腔。每齿进给量 0.07mm,则进给速度 F 为 139mm/min。

(3) 用环切法精铣上型腔。每齿进给量 0.04mm(T8A 工具钢材料切削加工性能一般,因此所选数值稍低),则进给速度 F 为 171mm/min。

(4) 用环切法半精铣下型腔。每齿进给量 0.07mm,则进给速度 F 为 139mm/min。

(5) 用环切法精铣下型腔。每齿进给量 0.04mm(T8A 工具钢材料切削加工性能一般,因此所选数值稍低),则进给速度 F 为 171mm/min。

(6) 用环切法半精铣底平面及锥台四周表面。每齿进给量 0.07mm,则进给速度 F 为 139mm/min。

(7) 用环切法精铣底平面及锥台四周表面。每齿进给量 0.04mm(T8A 工具钢材料切削加工性能一般,因此所选数值稍低),则进给速度 F 为 171mm/min。

7. 填写盒形模具凹模数控加工工序卡和刀具卡

主要根据选择的机床、刀具、夹具、切削用量和拟定的加工工艺路线,正确填写数控加工工序卡和刀具卡。

1) 盒形模具凹模零件数控加工工序卡

盒形模具凹模零件数控加工工序卡如表 8-1 所示。

表 8-1 盒形模具凹模零件数控加工工序卡

单位名称	×××		产品名称或代号	零件名称	零件图号
			×××	盒形模具凹模	×××
加工工序卡号		数控加工程序编号	夹具名称	加工设备	车间
×××		×××	平口台虎钳	小型立式数控铣床	×××
工步号	工步内容	刀具号	刀具规格/mm	主轴转速/(r/min)	进给速度/(mm/min)	背吃刀量/mm	备注
---	---	---	---	---	---	---	---
1	用环切法粗铣整个型腔,留2mm余量	T01	Φ20	1114	534	3.5	数控铣床
2	用环切法半精铣上型腔,留0.15mm余量	T02	Φ12	663	139	1.85	数控铣床
3	用环切法精铣上型腔至尺寸,保证表面粗糙度要求	T03	Φ6	1433	171	0.15	数控铣床
4	用环切法半精铣下型腔,留0.15mm余量	T02	Φ12	663	139	1.85	数控铣床
5	用环切法精铣下型腔至尺寸,保证表面粗糙度要求	T03	Φ6	1433	171	0.15	数控铣床
6	用环切法半精铣底平面及锥台四周表面,留0.15mm余量	T02	Φ12	663	139	1.85	数控铣床
7	用环切法精铣底平面及锥台四周表面至尺寸,保证表面粗糙度要求	T03	Φ6	1433	171	0.15	数控铣床
编制	×××	审核	×××	批准	×××	年 月 日	共 页 第 页

2) 盒形模具凹模零件数控加工刀具卡

盒形模具凹模零件数控加工刀具卡如表 8-2 所示。

表8-2 盒形模具凹模零件数控加工刀具卡

产品名称或代号		×××	零件名称		盒形模具凹模	零件图号		×××
序号	刀具号	刀具			刀长/mm	加工表面		备注
		规格名称		数量				
1	T01	Φ20mm硬质合金立铣刀		1	实测	粗铣整个型腔		
2	T02	Φ12mm高速钢立铣刀		1	实测	半精铣上、下型腔,底平面及锥台四周表面		
3	T03	Φ6mm高速钢球头铣刀		1	实测	精铣上、下型腔、底平面及锥台四周表面		
编制	×××	审核	×××	批准	×××	年 月 日	共 页	第 页

8-5 工作任务完成情况评价与工艺优化讨论

1. 工作任务完成情况评价

对上述盒形模具凹模零件加工案例工作任务的完成过程进行详尽分析,从零件图纸工艺分析、加工工艺路线设计、数控铣床/加工中心选择、加工刀具选择、装夹方案与夹具选择和切削用量选择几方面,对照自己独立设计的盒形模具凹模零件数控铣削加工工艺,评价各自的优缺点。

2. 盒形模具凹模零件加工工艺优化讨论

(1)根据上述盒形模具凹模零件数控铣削加工工艺,各学习小组从以下八个方面对其展开讨论:

①加工方法选择是否得当?为什么?

②工步顺序安排是否合理?为什么?

③加工工艺路线(包括粗铣、半精铣、精铣的加工刀具轨迹)是否得当?为什么?有没有更优化的加工工艺路线(包括粗铣、半精铣、精铣的加工刀具轨迹)?

④选择的数控铣削加工机床是否经济适用?为什么?

⑤加工刀具选择是否得当?为什么?

⑥选择的夹具是否得当?为什么?有没有其他更适用的夹具?

⑦选择的装夹方案是否得当?为什么?有没有更合适的装夹方案?

⑧选择的切削用量是否合适?为什么?有没有更优化的切削用量?

(2)各学习小组分析、讨论完后,各派一名代表上讲台汇报自己小组的讨论意见。各学习小组汇报完毕后,老师综合各学习小组的汇报情况,对盒形模具凹模加工案例数控铣削加工工艺进行点评。

(3)根据老师的点评,独立修改优化盒形模具凹模零件数控铣削加工工序卡与刀具卡。

8-6 巩固与提高

图 8-66 所示为四曲面体零件,零件材料为 45 钢,生产 3 件。该四曲面体零件毛坯长×宽×高分别为 105mm×65mm×65mm,数控铣削四曲面体前,已用普通铣床加工为长×宽×高分别为 100mm×60mm×62mm,要求铣削四曲面体。试设计该四曲面体零件的数控铣削加工工艺。

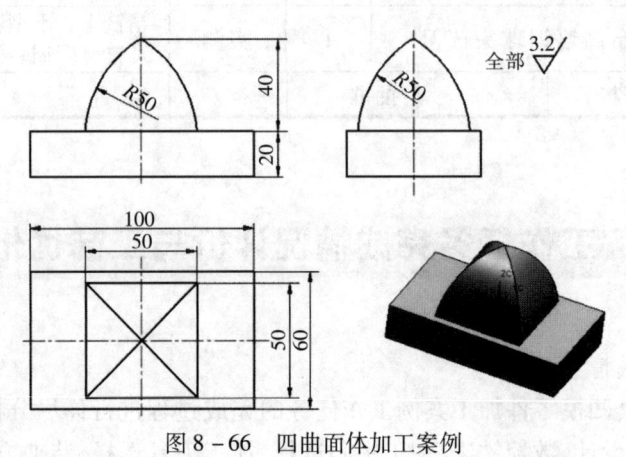

图 8-66 四曲面体加工案例

项目九

设计组合件车、铣复合机械加工工艺和装配工艺

9-1 学习目标

通过本项目任务的学习、训练与讨论,学生应该能够:

1. 独立对组合件(含零件)图纸进行加工工艺和装配工艺分析,设计组合件零件车、铣复合机械加工工艺路线,选择组合件的装配方法和装配基准件,选择经济适用的组合件零件加工机床,根据生产批量选择加工组合件零件夹具、确定装夹方案,选择组合件装配工艺装备与装配工具,按设计的组合件零件车、铣复合加工工艺路线选择合适的加工刀具与合适的切削用量,设计组合件装配工艺,最后编制出组合件零件的车、铣复合机械加工工序卡与刀具卡、组合件装配工艺过程卡。

2. 在教师的指导与引导下,通过小组分析、讨论,与各学习小组组合件零件车、铣复合机械加工工艺与组合件装配工艺方案对比,独立优化组合件零件车、铣复合机械加工工艺路线与切削用量,选择加工组合件零件更经济适用的加工机床,选择更合适的组合件装配方法与装配基准件,选择更合适的组合件零件加工刀具、夹具,确定更合理的组合件零件装夹方案,选择更合适的组合件装配工艺装备与装配工具,设计出更好的组合件装配工艺,最终编制出优化的组合件零件车、铣复合机械加工工序卡与刀具卡和组合件的装配工艺过程卡。

9-2 工作任务描述

现要完成如图 9-1 所示棘爪-转轴组合体案例零件的加工与装配(主要零件图如图9-2和图9-3所示),具体设计该棘爪-转轴组合体零件的车、铣复合加工工艺与装配工艺,并对设计的棘爪-转轴组合体零件车、铣复合加工工艺和装配工艺做出评价。具体工作任务如下:

1. 对棘爪-转轴组合体(含零件)图纸进行加工工艺和装配工艺分析。

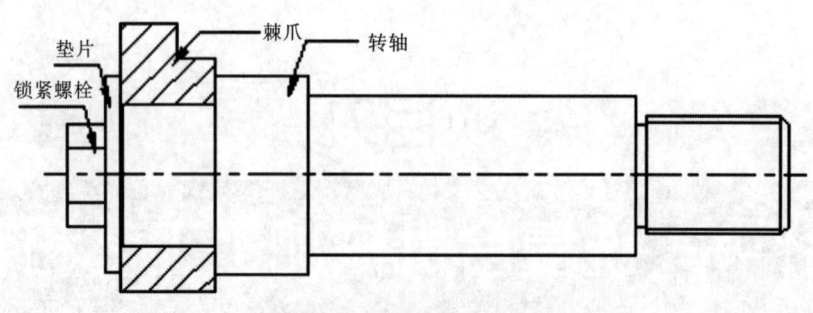

图 9-1 棘爪-转轴组合体案例

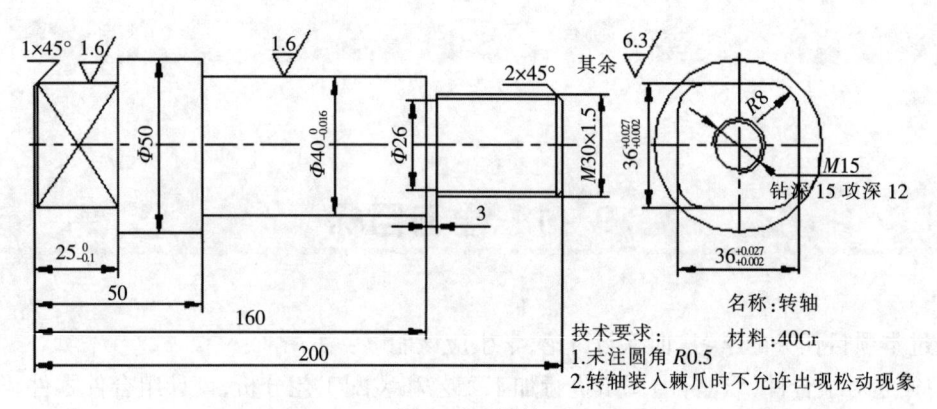

图 9-2 转轴

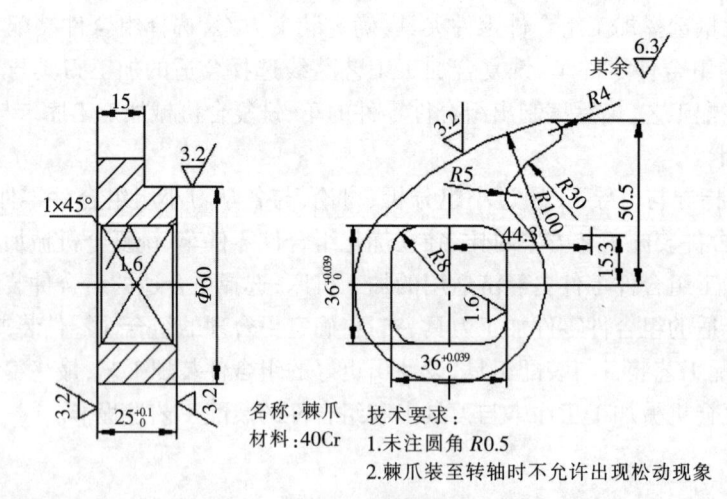

名称：转轴
材料：40Cr
技术要求：
1. 未注圆角 R0.5
2. 转轴装入棘爪时不允许出现松动现象

图 9-3 棘爪

名称：棘爪
材料：40Cr
技术要求：
1. 未注圆角 R0.5
2. 棘爪装至转轴时不允许出现松动现象

注：该棘爪-转轴组合体为某一间歇运动部件的一个装配部件，棘爪与转轴为过渡配合，通过垫片与锁紧螺栓锁紧，不允许出现松动现象，由另一机构控制转轴往复周期转动一角度，实现该部件的间歇运动。该间歇运动部件为新产品试制，试制 2 套，主要装配部件为棘爪-转轴组合体。该棘爪-转轴组合体两个主要零件——棘爪与转轴的材料均为 40Cr 钢，棘爪毛坯尺寸为 $\Phi105mm \times 28mm$；转轴毛坯尺寸为 $\Phi55mm \times 205mm$，总长 200mm，已用普通车床车好并且两端打好了中心孔。

2. 设计棘爪-转轴组合体零件车、铣复合加工工艺路线,选择棘爪-转轴组合体的装配方法和装配基准件。

3. 选择加工棘爪-转轴组合体零件的经济适用加工机床,选择棘爪-转轴组合体零件的装配部门。

4. 根据生产批量选择加工棘爪-转轴组合体零件的夹具,确定装夹方案,选择棘爪-转轴组合体零件的装配工艺装备与装配工具。

5. 按设计的棘爪-转轴组合体零件车、铣复合加工工艺路线,选择合适的加工刀具与合适的切削用量,设计棘爪-转轴组合体零件的装配工艺。

6. 编制棘爪-转轴组合体零件车、铣复合机械加工工序卡、刀具卡和棘爪-转轴组合体零件的装配工艺过程卡。

7. 经小组分析、讨论,与各学习小组棘爪-转轴组合体零件车、铣复合加工工艺方案与棘爪-转轴组合体装配工艺方案对比,对独立设计的棘爪-转轴组合体零件车、铣复合加工工艺与棘爪-转轴组合体零件装配工艺方案做出评价,修改并优化棘爪-转轴组合体零件车、铣复合加工工序卡、刀具卡和棘爪-转轴组合体零件装配工艺过程卡。

9-3 学习内容

设计组合件车、铣复合机械加工工艺与装配工艺步骤包括:组合件图纸工艺分析(含组合件零件图纸工艺分析),组合件零件加工工艺路线设计,组合件的装配方法和装配基准件选择,选择组合件零件的加工机床,选择组合件装配部门,选择加工组合件零件的装夹方案与夹具,选择组合件的装配工艺装备,选择组合件零件的加工刀具,选择组合件的装配工具,选择加工组合件零件的切削用量,设计组合件装配工艺,填写组合件零件机械加工工序卡、刀具卡和组合件装配工艺过程卡。要完成棘爪-转轴组合体零件加工与装配任务,除了要学习设计回转体类零件机械加工工艺、设计轮廓型腔类零件机械加工工艺和设计箱体类零件机械加工工艺的相关知识,还要学习组合件的相关工艺知识和装配知识。设计回转体类零件机械加工工艺、设计轮廓型腔类零件机械加工工艺和设计箱体类零件机械加工工艺的相关知识在项目二、项目五和项目六中已做了详细阐释,这里不再赘述。下面再学习组合件的加工工艺知识和机械装配工艺基础知识。

一、组合件加工工艺知识

(一)组合件的工艺特点

组合件是指由两个或两个以上机械零件相互配合所组成的配合体。组合件的加工工艺设计除了要考虑组合件各零件的加工工艺外,还要考虑组合件中各零件加工工序的先后顺序、各零件相互之间的装配工艺等问题。组合件各零件按各自加工工艺加工完成后,按照装配工艺的要求能够组装起来,实现组合件赋予的功能。生产实际组合件的批量生产、组合件中各零件的加工质量必须符合零件图纸技术要求,最后按装配工艺要求组装起来。遇到新产品试制或特殊订货的产品,生产批量很小,经常只生产一套或几套而已。对于这种只生产一套或小批试制的产品(一般是组合件),在制定组合件特别是复杂组合件的加工工艺方案及进行组合件零件的加工时,需要特别注意如下几点:

1. 分析组合件的装配关系

仔细分析组合件的装配关系，确定基准零件，也就是直接影响组合件装配后零件间相互位置精度的主要零件。

2. 首先加工基准零件

组合件加工时，应先加工出基准零件，然后根据装配关系的顺序，依次加工组合件中其他零件。

3. 保证组合件的装配精度要求

加工组合件其余零件时，一方面应按基准零件加工时的要求进行，另一方面按已加工的基准零件及其他零件的实测结果作相应调整，充分使用车、铣、刨、磨、钻、扩、铰、镗、攻、锪、线切割等加工手段组合，以保证组合件的装配精度要求。

4. 拟定组合零件的加工方法

根据各零件的技术要求和结构特点，以及组合件装配的技术要求，分别拟定各零件的加工方法、各主要加工表面的加工顺序。

当前，我国各级技能竞赛都有参赛队员团队合作的组合件加工与装配项目。组合件的加工与装配工艺涉及较多工种及相关知识，因本书篇幅有限，这里主要介绍组合件车、铣复合加工工艺及机械装配工艺的基础知识。

（二）组合件车、铣复合加工工艺基础知识

组合件加工工艺往往涉及车、铣复合加工的工艺问题和装配工艺等问题。车、铣复合加工的先后顺序，可能先车后铣，或先铣后车，亦可能车、铣加工穿插于工艺规程中，这就要求车加工工序必须先为铣加工工序加工好装夹定位基准，或铣加工工序必须先为车加工工序加工好装夹定位基准问题，这涉及车、铣复合加工基准重合、基准统一、装夹定位的知识。

如图9-4所示的组合件，件1装入件2不允许出现松动现象，这就要求件1的六角头尺寸精度与件2的六角凹槽尺寸精度必须严格保证才能符合装配精度的要求。生产数量只要求2件，这种单件生产工程实际一般采用修配法。先将件2加工好，件1的六角头最后再加工；根据件2的六角凹槽实际加工尺寸精度，再铣削件1的六角头（为防止六角头尺寸铣削后偏小造成装配松动，此时六角头尺寸铣削稍大一些）；件1的六角头铣削好后，零件先不拆卸下来，将件2的六角凹槽装入件1的六角头，若装不进去，再将件1的六角头尺寸铣削小一点，再装配。如此反复，最终件2六角凹槽能装进件1的六角头，符合图9-4所示组合件的装配精度要求。若只考虑件1的加工工艺，件1的六角头可以先铣削出来，再用车床定位装夹六角头去车削件1的其他外回转表面；也可以先用车床车削件1的所有外回转表面（六角头外径车削至$\Phi36.95$或略大一点），然后再用铣床铣削六角头。但因该组合件为单件生产，实际生产时为保证装配精度，综合分析后必须先用车床车削件1的所有外回转表面，待件2加工完后，根据件2六角凹槽实际加工尺寸，采用修配法，再用铣床铣削件1的六角头。

图9-4 组合件

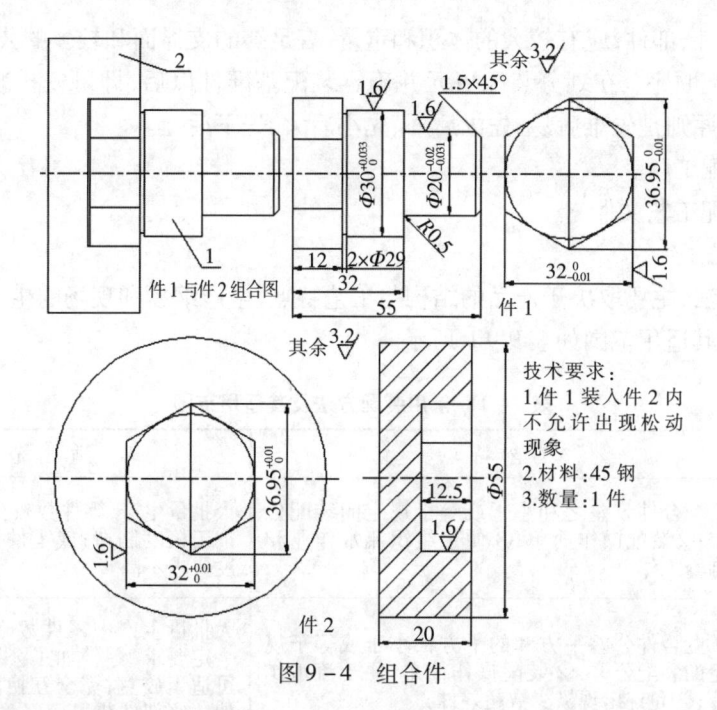

车削、铣削加工的基准重合、基准统一及其装夹定位的相关知识在项目二至项目七的任务学习中已经详细阐述,这里不再赘述。下面再简要学习一下机械装配工艺的基础知识。

二、机械装配工艺基础知识

机械装配是指按规定的精度和技术要求,将构成机器的零件结合成组件、部件和产品的过程。构成机器的零件结合成组件、部件和产品,必须满足装配精度要求,即必须满足机械零部件间的尺寸精度、相对运动精度、相互位置精度和接触精度的要求。

1. 装配工艺规程的制定原则

将机械装配工艺过程用文件形式规定下来就是装配工艺规程,它是指导装配工作的技术文件,也是进行装配生产计划及技术准备的主要依据。制定装配工艺规程有以下几个原则:

(1) 保证产品的装配质量,以延长产品的使用寿命。

(2) 选择合理的装配方法,综合考虑加工和装配的整体效益,减少装配工作的成本。

(3) 合理安排装配顺序和工序,尽量减少钳工装配工作量,缩短装配周期,提高装配效率。

(4) 尽量减少装配占地面积,提高单位面积生产率,改善劳动条件。

(5) 注意采用和发展新工艺、新技术。

2. 制定装配工艺规程步骤

制定装配工艺规程时,对图样(包括装配图与零件图)的精度(包括尺寸精度、相对运动精度、相互位置精度、接触精度及装配精度)和技术要求进行分析是制定装配工艺步骤的重要内容,只有在认真分析上述各项精度和技术要求的基础上,才能对装配方法、装配顺序进行正确而合理的选择。制定装配工艺规程的具体步骤如下:

(1) 研究分析产品的装配图和验收条件。

(2) 确定装配方法和装配组织形式。

(3) 划分装配单元。将产品划分为部件、组件和套件等装配单元是制定装配工艺规程最重要的一步。装配单元的划分要便于装配,并应合理选择装配基准件。装配基准件应是产品的基体或主干零件、部件,应有较大的体积和重量,有足够的支撑面和较多的公共结合面。

(4)确定装配顺序。在划分装配单元并确定装配基准件以后,即可安排装配顺序。安排装配顺序的一般原则是先难后易、先内后外、先小后大、先下后上。

(5)划分装配工序。

(6)编制装配工艺文件。

3. 常用装配方法

确定装配方法,主要取决于产品的结构与工艺特点、生产纲领和现场的生产条件。常用的机械装配方法及其适用范围如表9-1所示。

表9-1 常用装配方法及其适用范围

装配方法	工艺特点	适用范围
完全互换法	①配合件公差之和小于或等于规定的装配公差;②装配操作简单;③便于组织流水作业和维修工作	大批量生产,零件数较少,零件可用经济加工精度制造;或零件数较多但装配精度要求不高
大数互换法	①配合件公差平方和的平方根小于或等于规定的装配公差;②装配操作简单,便于流水作业;③允许出现极少数超差件	大批量生产中零件数略多,装配精度有一定要求,零件加工公差较完全互换法可适当放宽;完全互换法适用产品的其他一些部件装配
分组选配法	①零件按尺寸分组,将对应尺寸组零件装配在一起;②零件误差较完全互换法可以大数倍	适用于大批量生产中零件数较少,装配精度要求较高又不便采用其他调整装置的场合
修配法	预留修配量的零件,在装配过程中通过手工修配或机械加工,达到装配精度	用于单件小批生产中装配精度要求高的场合
调整法	装配过程中调整零件之间的相互位置,或选用尺寸分级的调整件,以保证装配精度	动调整法多用于对装配间隙要求较高并可以设置调整机构的场合;静调整法多用于大批量生产中零件数较多、装配精度要求较高的场合

4. 装配工艺过程卡

装配工艺过程卡是工艺设计人员根据产品的结构、特点、技术要求和装配流水节拍,对机械部件或整机的装配过程进行分解,制定流水作业线上每个工位流水节拍时间内的操作内容。因此,流水作业生产线上每个操作者必须按照装配工艺卡上规定的内容、方法、操作次序和注意事项等进行作业。

不同的产品,如机械产品或电子产品,装配工艺卡有不同的格式,目前还没有统一的标准格式,都是由各个单位结合具体情况自行确定。表9-2是目前机械产品最常采用的装配工艺过程卡格式。

表 9-2 装配工艺过程卡

×××公司		装配工艺过程卡片		产品型号		零（部）件图号		共 页
				产品名称		零（部）件名称		第 页
工序号	工序名称	工序内容		装配部门	设备及工艺装备		辅助材料	工时定额（分）
					编制（日期）	审核（日期）	标准化（日期）	会签（日期）
标记	处数	更改文件	签字	日期	标记	处数	更改文件	签字 日期

9-4 完成工作任务过程

1. 组合件图纸工艺分析

主要分析组合件零件图纸技术要求（包括尺寸精度、形位精度、表面粗糙度等）和组合件的装配要求、检查组合件（含零件）零件图的完整性与正确性、分析组合件零件的结构工艺性及组合件的装配精度要求。通过组合件图纸工艺分析，保证组合件零件的加工精度和组合件的装配精度，确定应采取的工艺措施。

1）棘爪-转轴组合体零件图纸工艺分析

该棘爪-转轴组合体零件由棘爪与转轴组成。转轴为典型回转体轴类零件，加工表面由平面、圆弧、圆柱面、退刀槽、螺纹、端面及倒角等表面组成。除 $\Phi 40_{-0.016}^{0}$ mm 及四方凸肩 $36_{+0.002}^{+0.027}$ mm 的尺寸精度和 $Ra1.6\mu m$ 的表面粗糙度要求较高外，其他加工部位的尺寸精度和表面粗糙度均要求不高。尺寸标注完整，轮廓描述清楚。零件材料为 40Cr 钢，无热处理硬度要求，切削加工性能较好。

棘爪零件为典型轮廓型腔类零件，加工表面由外轮廓、四方内孔及圆柱面组成，除四方孔 $36_{0}^{+0.039}$ mm 的尺寸精度和 $Ra1.6\mu m$ 的表面粗糙度要求较高外，其他加工部位的尺寸精度和表面粗糙度均要求不高。尺寸标注完整，轮廓描述清楚。零件材料为 40Cr 钢，无热处理硬度要求，切削加工性能较好。

通过上述零件图纸工艺分析,以及棘爪与转轴的零件图纸技术要求,采取以下三点工艺措施:

(1)转轴零件的外四方凸肩过渡圆角($R8mm$)与棘爪内四方孔的过渡圆角($R8mm$)及棘爪外轮廓通用加工机床无法加工,需采用数控铣床或加工中心加工。另因转轴零件$\Phi40_{-0.016}^{0}$ mm 的尺寸精度和表面粗糙度为 $Ra1.6\mu m$ 要求较高,普通车床加工难度较大易出废品,再由于棘爪-转轴组合体为新产品试制,只试制2套。故建议转轴除外四方凸肩外,其他加工部位均由数控车床完成。

(2)因棘爪零件毛坯尺寸为 $\Phi105mm\times28mm$,经测算,棘爪 $\Phi60mm$ 圆柱面可直接用车削转轴的数控车床车好(无需偏心车削),且棘爪的内四方孔中心与 $\Phi60mm$ 圆柱面同心,可用数控车床先钻 $\Phi32mm$ 孔,再由数控铣床或加工中心铣削内四方孔与棘爪外轮廓。

(3)为提高加工效率,经对棘爪与转轴零件图纸充分分析后,发现棘爪与转轴零件的加工内容均需经数控车床、数控铣床或加工中心加工才能完成,且数控车床、数控铣床或加工中心加工棘爪与转轴可同时进行,不存在等待数控车床或数控铣床/加工中心加工完加工内容后才能继续往下加工的现象。开始加工时,可由数控车床先加工棘爪的两端面、$\Phi60mm$ 圆柱面,并钻 $\Phi32mm$ 孔;数控铣床或加工中心可先铣转轴的四方凸肩 $36_{+0.002}^{+0.027}mm$ 及 $R8mm$ 圆弧,后续加工再交换进行,即可完成棘爪与转轴零件的全部加工。

2)棘爪-转轴组合体零件装配工艺分析

根据棘爪-转轴组合体零件图纸技术要求,棘爪与转轴为过渡配合,棘爪装入转轴时不允许出现松动现象,虽然经垫片与锁紧螺栓锁紧,可确保棘爪与转轴不出现松动现象,但不能完全靠垫片与锁紧螺栓锁紧预防出现松动现象(否则工作一段时间后会松动)。可将转轴的四方凸肩 $36_{+0.002}^{+0.027}mm$ 尺寸公差加工为偏上公差,棘爪的内四方孔 $36_{0}^{+0.039}mm$ 尺寸公差加工为偏下公差,使转轴的四方凸肩与棘爪的内四方孔有一定的过盈量。因该棘爪-转轴组合体零件只试制2套,为实现转轴的四方凸肩与棘爪的内四方孔有一定的过盈量,确保棘爪与转轴不出现松动现象,根据表9-1(常用的机械装配方法及其适用范围),该棘爪-转轴组合体零件的棘爪与转轴可采用修配法装配。

2. 组合件零件加工工艺路线设计和选择组合件的装配方法、装配基准件

依次经过:"选择组合件零件的加工方法→划分加工阶段→划分加工工序→工序顺序安排",最后确定组合件零件的工步顺序和进给加工路线。

1)棘爪-转轴组合体零件加工工艺路线设计

经过前面项目二至项目八的学习与相关工艺编制训练,应该对设计加工工艺路线的顺序非常熟悉。设计棘爪与转轴零件加工工艺路线从选择加工方法开始→划分加工阶段→划分加工工序→工序顺序安排,这里不再赘述,因为这些工作过程都是为最终确定棘爪与转轴零件的工步顺序和进给加工路线做铺垫,留给学习小组讨论、汇报和老师点评。因棘爪与转轴零件相对简单,棘爪与转轴零件车、铣复合加工的进给加工路线(走刀路线)较直观,予以省略,留给学习小组进行讨论、汇报和老师点评。这里只列出最后确定的棘爪与转轴零件工步顺序如下:

(1)转轴零件的工步顺序。

①粗、精铣铣转轴四方凸肩及 $R8mm$ 圆弧,保证四方凸肩尺寸精度 $36_{+0.002}^{+0.027}mm$、$25_{-0.1}^{0}mm$

及表面粗糙度为 $Ra1.6\mu m$。

②钻 $M16$ 螺纹底孔,钻深 $15mm$(中心孔已经用普通车床打好)。

③攻 $M16$ 螺纹,攻深 $12mm$。

④粗、精车 $\Phi 50mm$ 外径。

⑤四方凸肩及 $R8mm$ 圆弧手工倒角 $1\times 45°$。

⑥粗、精车 $\Phi 40mm$ 外径与 $M30\times 1.5$ 螺纹外径和 $2\times 45°$ 倒角,保证 $\Phi 40_{-0.016}^{\ 0}mm$ 和表面粗糙度为 $Ra1.6\mu m$,$M30\times 1.5$ 螺纹外径车至 $\Phi 29.95mm$。

⑦车 $3mm$ 退刀槽(因装夹方式采用"一夹一顶",零件直径 $\geqslant 30\ mm$,长径比(L/D)约 5 倍左右,故可先精车外径,再车退刀槽及车螺纹)。

⑧粗、精车 $M30\times 1.5$ 螺纹。

(2)棘爪零件的工步顺序。

①粗、精车左端面。

②粗、精车右端面,保证总长 $25_{\ 0}^{+0.1}mm$。

③粗、精车 $\Phi 60mm$ 外径,保证表面粗糙度为 $Ra3.2\mu m$。

④钻 $\Phi 32mm$ 孔(钻头直径大刚性好,钻孔留余量给后续铣内四方孔,故无需打中心孔)。

⑤粗、精铣内四方孔及 $R8mm$ 圆弧,保证内四方孔尺寸精度 $36_{\ 0}^{+0.039}mm$ 和表面粗糙度为 $Ra1.6\mu m$。

⑥粗铣棘爪外轮廓,留 $2.5mm$ 余量(棘爪有 $R5mm$ 内圆弧轮廓,为提高加工效率,先用较大的 $\Phi 16mm$ 立铣刀粗铣)。

⑦半精铣、精铣棘爪外轮廓至尺寸精度要求,并保证表面粗糙度为 $Ra3.2\mu m$。

⑧内四方孔两端孔口手工倒角 $1\times 45°$。

2)棘爪-转轴组合体零件的装配方法与装配基准件

根据上述棘爪-转轴组合体零件图纸工艺分析,该棘爪-转轴组合体零件只试制 2 套,为确保棘爪与转轴不出现松动现象,按表 9-1(常用的机械装配方法及其适用范围),该组合件的棘爪与转轴可采用修配法装配。另据上述棘爪与转轴零件的加工工步顺序,转轴先铣四方凸肩及 $R8mm$ 圆弧,棘爪后铣内四方孔及 $R8mm$ 圆弧,故可选转轴为装配基准件(按棘爪与转轴零件的加工工步顺序及零件图纸技术要求,转轴左端加工好后必须掉头装夹加工,此时棘爪恰好基本铣完内四方孔后卸下,可与转轴修配好了再铣削棘爪外轮廓,所以选转轴为装配基准件)。

3. 选择组合件零件的加工机床与组合件装配部门

选择组合件零件的加工机床主要根据加工零件的规格大小、加工精度、加工工步顺序和表面加工质量等技术要求,经济合理地选择组合件零件的加工机床。

1)棘爪-转轴组合体零件的加工机床

根据上述棘爪-转轴组合体零件图纸工艺分析拟采取的工艺措施及上述加工工艺路线设计,棘爪与转轴零件均需车、铣复合加工,车削采用数控车床,铣削采用数控铣床或加工中心。因棘爪与转轴零件尺寸规格不大,故车削选用小型数控车床即可;因棘爪零件只有钻孔,转轴零件只有钻螺纹底孔及攻螺纹,转轴零件用加工中心钻、攻螺纹不易装夹,且钻孔及攻螺纹数控车床均能实现,故铣削选用小型数控铣床即可。

2) 棘爪-转轴组合体零件的装配部门

该棘爪-转轴组合体零件只试制2套,加工部门由新产品试制车间完成,且装配方法采用修配法装配,所以装配部门就选择试制车间。

4. 选择组合件零件的装夹方案与夹具、组合件的装配工艺装备

主要根据组合件加工零件的规格大小、结构特点、加工部位、加工工步顺序、尺寸精度、形位精度和表面粗糙度等零件图纸技术要求,确定组合件零件的定位、装夹方案及夹具。

1) 棘爪-转轴组合体零件的装夹方案与夹具

(1) 转轴零件的装夹方案与夹具。

转轴只试制2件,根据上述棘爪-转轴组合体零件图纸工艺分析和转轴的加工工步顺序,转轴先用两V形块贴紧平口台虎钳的两相对钳面夹紧,数控铣床铣削四方凸肩及 $R8\text{mm}$ 圆弧;再用数控车床三爪卡盘夹住图示转轴毛坯右端,加工 $M16$ 螺纹孔及 $\Phi50\text{mm}$ 外径;最后用铜皮包住 $\Phi50\text{mm}$ 外径(防夹伤),采用"一夹一顶"夹持转轴,车削 $\Phi40\text{mm}$ 外径、$M30\times1.5$ 螺纹与螺纹退刀槽。

(2) 棘爪零件的装夹方案与夹具。

棘爪也只试制2件,根据上述棘爪-转轴组合体零件图纸工艺分析和棘爪的加工工步顺序,先用数控车床三爪卡盘夹住图示棘爪毛坯右端,车削左端面,再用数控车床三爪卡盘夹住图示棘爪毛坯左端,车削右端面,钻 $\Phi32\text{mm}$ 孔,车削 $\Phi60\text{mm}$ 外径;然后用两V形块贴紧平口台虎钳的两相对钳面夹紧棘爪 $\Phi60\text{mm}$ 外径(V形块需垫铜皮防夹伤),夹持高度8mm,棘爪露出平口台虎钳的钳面17mm,铣削棘爪内四方孔及 $R8\text{mm}$ 圆弧和棘爪外轮廓。

2) 棘爪-转轴组合体的装配工艺装备

按上述装配工艺分析,该棘爪-转轴组合体的棘爪与转轴为小过盈装配,且装配长度只有25mm,无需压力机等专用装配工艺装备。

5. 选择组合件零件的加工刀具与组合件的装配工具

主要根据组合件零件加工余量大小、结构特点、材质、热处理硬度、加工部位、尺寸精度、形位精度和表面粗糙度等组合件零件图纸技术要求,结合刀具材料,正确合理地选择刀具。

1) 棘爪-转轴组合体零件的加工刀具

(1) 转轴零件的加工刀具。

根据上述转轴零件图纸工艺分析和加工工艺路线设计,该转轴零件各工步顺序的所用刀具如下,刀具规格参照表2-13选取:

①粗、精铣转轴四方凸肩及 $R8\text{mm}$ 圆弧。选用 $\Phi12\text{mm}$ 直柄高速钢立铣刀,齿数 $Z=3$。

②钻 $M16$ 螺纹底孔。选用 $\Phi14\text{mm}$ 直柄高速钢麻花钻头。

③攻 $M16$ 螺纹。选用 $M16$ 机用丝锥(采用螺旋槽丝锥)。

④粗、精车 $\Phi50\text{mm}$ 外径。选用刀尖半径0.8mm的95°右手车刀(涂层硬质合金刀片)。

⑤四方凸肩及 $R8\text{mm}$ 圆弧手工倒角 $1\times45°$。选用锉刀。

⑥粗、精车 $\Phi40\text{mm}$ 外径与 $M30\times1.5$ 螺纹外径和 $2\times45°$ 倒角。选用刀尖半径0.8mm的95°右手车刀(涂层硬质合金刀片)。

⑦车3mm退刀槽。选用3mm切槽刀(涂层硬质合金刀片)。

⑧粗、精车 $M30 \times 1.5$ 螺纹。选用60°外螺纹车刀(涂层硬质合金刀片)。

(2) 棘爪零件的加工刀具。

①粗、精车左端面。选用刀尖半径 0.8mm 的 95°右手车刀(涂层硬质合金刀片)。

②粗、精车右端面。选用刀尖半径 0.8mm 的 95°右手车刀(涂层硬质合金刀片)。

③粗、精车 $\Phi 60$mm 外径。选用刀尖半径 0.8mm 的 95°右手车刀(涂层硬质合金刀片)。

④钻 $\Phi 32$mm 孔。选用 $\Phi 32$mm 锥柄高速钢麻花钻头。

⑤粗、精铣内四方孔及 $R8$mm 圆弧。选用 $\Phi 12$mm 直柄高速钢立铣刀，齿数 $Z = 3$。

⑥粗铣棘爪外轮廓。选用 $\Phi 16$mm 直柄高速钢立铣刀，齿数 $Z = 4$。

⑦半精铣、精铣棘爪外轮廓。选用 $\Phi 8$mm 直柄高速钢立铣刀，齿数 $Z = 3$(注：保证铣削 $R5$mm 圆弧轮廓的精度)。

⑧内四方孔两端孔口手工倒角 $1 \times 45°$。选用锉刀。

2) 棘爪 – 转轴组合体的装配工具

根据上述棘爪 – 转轴组合体零件装配工艺分析，该棘爪与转轴为小过盈装配，无需压力机等专用装配工艺装备，但为避免敲伤工件及确保装配顺利，需铜棒、锉刀、扳手等装配工具。

6. 选择加工组合件零件的切削用量和设计组合件的装配工艺

主要根据组合件零件各工步加工余量大小、材质、热处理硬度、尺寸精度、形位精度和表面粗糙度等组合件零件图纸技术要求，结合所选刀具和拟定的加工工艺路线，正确合理地选择切削用量。

1) 棘爪 – 转轴组合体零件的切削用量

(1) 转轴零件的切削用量。

①背吃刀量 a_p。

按上述转轴零件的工步顺序和转轴零件图纸技术要求，各工步的背吃刀量 a_p 如下：

a. 粗、精铣转轴四方凸肩及 $R 8$mm 圆弧。粗铣背吃刀量 a_p 约为 3.5mm；精铣背吃刀量 a_p 约为 0.12mm。

b. 钻 $M16$ 螺纹底孔。实心材料钻孔，不必计算出背吃刀量 a_p。

c. 攻 $M16$ 螺纹。攻螺纹不必计算出背吃刀量 a_p。

d. 粗、精车 $\Phi 50$mm 外径。粗车背吃刀量 a_p 约为 2.2mm；精车背吃刀量 a_p 约为 0.3mm。

e. 四方凸肩及 $R 8$mm 圆弧手工倒角 $1 \times 45°$。手工倒角不必计算出背吃刀量 a_p。

f. 粗、精车 $\Phi 40$mm 外径与 $M30 \times 1.5$ 螺纹外径和 $2 \times 45°$ 倒角。粗车背吃刀量 a_p 约为 3.8mm；精车背吃刀量 a_p 约为 0.15mm。

g. 车 3mm 退刀槽。车退刀槽不必计算出背吃刀量 a_p。

h. 粗、精车 $M30 \times 1.5$ 螺纹。背吃刀量 a_p 按表 2 – 22(常用公制螺纹切削的进给次数与背吃刀量(单边余量))选取。

②主轴转速 n。

数控车床主轴转速 n 根据零件上被加工部位的直径，按零件和刀具的材料及加工性质等条件所允许的切削速度 v_c(m/min)，按公式 $n = (1000 \times v_c)/(3.14 \times d)$ 来确定。数控铣床主轴转速 n 根据所选铣刀直径，按零件和刀具的材料及加工性质等条件所允许的切削速度 v_c

(m/min)，按公式 $n = (1000 \times v_c)/(3.14 \times d)$ 来确定。

a. 粗、精铣转轴四方凸肩及 $R\,8\text{mm}$ 圆弧。粗铣切削速度 v_c 选 23m/min，则主轴转速 n 约为 610r/min；精铣切削速度 v_c 选 28m/min，则主轴转速 n 约为 743r/min。

b. 钻 $M16$ 螺纹底孔。切削速度 v_c 选 16m/min，则主轴转速 n 约为 363r/min。

c. 攻 $M16$ 螺纹。切削速度 v_c 选 3m/min（数控车床攻螺纹，切削速度应选慢一点），则主轴转速 n 约为 59r/min。

d. 粗、精车 $\Phi 50\text{mm}$ 外径。粗车切削速度 v_c 选 95m/min，则主轴转速 n 约为 550r/min；精车切削速度 v_c 选 125m/min，则主轴转速 n 约为 786r/min。

e. 四方凸肩及 $R\,8\text{mm}$ 圆弧手工倒角 $1 \times 45°$。手工倒角无转速。

f. 粗、精车 $\Phi 40\text{mm}$ 外径与 $M30 \times 1.5$ 螺纹外径和 $2 \times 45°$ 倒角。粗车切削速度 v_c 选 95m/min，则主轴转速 n 约为 550r/min；精车切削速度 v_c 选 125m/min，则主轴转速 n 约为 987r/min。

g. 车 3mm 退刀槽。切削速度 v_c 选 60m/min，则主轴转速 n 约为 638r/min。

h. 粗、精车 $M30 \times 1.5$ 螺纹。切削速度 v_c 选 15m/min，则主轴转速 n 约为 159r/min。

③进给速度 f 或 F。

数控车床进给速度为 f（mm/r）；数控铣床进给速度为 F（mm/min），进给速度 $F = f_z Z n$（n 为铣刀转速，Z 为铣刀齿数，f_z 为每齿进给量）。

a. 粗、精铣转轴四方凸肩及 $R\,8\text{mm}$ 圆弧。粗铣每齿进给量 0.08 mm，则进给速度 F 为 146mm/min；精铣每齿进给量 0.05 mm，则进给速度 F 为 111mm/min。

b. 钻 $M16$ 螺纹底孔。每转进给量 f 选 0.13 mm，则进给速度 F 约为 47mm/min。

c. 攻 $M16$ 螺纹。每转进给量 f 等于螺距 2 mm，则进给速度 F 约为 118mm/min。

d. 粗、精车 $\Phi 50\text{mm}$ 外径。粗车进给速度 f 取 0.4mm，精车进给速度 f 取 0.25mm。

e. 四方凸肩及 $R\,8\text{mm}$ 圆弧手工倒角 $1 \times 45°$。手工倒角无进给速度 f 或 F。

f. 粗、精车 $\Phi 40\text{mm}$ 外径与 $M30 \times 1.5$ 螺纹外径和 $2 \times 45°$ 倒角。粗车进给速度 f 取 0.35mm，精车进给速度 f 取 0.12mm。

g. 车 3mm 退刀槽。切槽进给速度 f 取 0.12mm。

h. 粗、精车 $M30 \times 1.5$ 螺纹。车螺纹进给速度 f 为螺距 1.5mm。

(2) 棘爪零件的切削用量。

①背吃刀量 a_p。

按上述棘爪零件的工步顺序和棘爪零件图纸技术要求，各工步背吃刀量 a_p 如下：

a. 粗、精车左端面。粗车背吃刀量 a_p 约为 1.3mm；精车背吃刀量 a_p 约为 0.2mm。

b. 粗、精车右端面。粗车背吃刀量 a_p 约为 1.3mm；精车背吃刀量 a_p 约为 0.2mm。

c. 粗、精车 $\Phi 60\text{mm}$ 外径。粗车背吃刀量 a_p 约为 3.8mm；精车背吃刀量 a_p 约为 0.2mm。

d. 钻 $\Phi 32\text{mm}$ 孔。实心材料钻孔，不必计算出背吃刀量 a_p。

e. 粗、精铣内四方孔及 $R\,8\text{mm}$ 圆弧。粗铣背吃刀量 a_p 约为 3.2mm，精铣背吃刀量 a_p 约为 0.12mm。

f. 粗铣棘爪外轮廓。背吃刀量 a_p 约为 3.8mm。

g. 半精铣、精铣棘爪外轮廓。半精铣背吃刀量 a_p 约为 2.32mm；精铣背吃刀量 a_p 约为

0.18mm(因铣刀直径只有 Φ8mm,故精铣背吃刀量选小一点)。

h. 内四方孔两端孔口手工倒角 1×45°。手工倒角不必计算出背吃刀量 a_p。

②主轴转速 n。

数控车床主轴转速 n 根据零件上被加工部位的直径,按零件和刀具的材料及加工性质等条件所允许的切削速度 v_c(m/min),按公式 $n = (1000 \times v_c)/(3.14 \times d)$ 来确定。数控铣床主轴转速 n 根据所选铣刀直径,按零件和刀具的材料及加工性质等条件所允许的切削速度 v_c (m/min),按公式 $n = (1000 \times v_c)/(3.14 \times d)$ 来确定。

a. 粗、精车左端面。粗车切削速度 v_c 选 100m/min,则主轴转速 n 约为 303r/min;精车切削速度 v_c 选 130m/min,则主轴转速 n 约为 394r/min。

b. 粗、精车右端面。粗车切削速度 v_c 选 100m/min,则主轴转速 n 约为 303r/min;精车切削速度 v_c 选 130m/min,则主轴转速 n 约为 394r/min。

c. 粗、精车 Φ60mm 外径。粗车切削速度 v_c 选 95m/min,则主轴转速 n 约为 288r/min;精车切削速度 v_c 选 125m/min,则主轴转速 n 约为 659r/min。

d. 钻 Φ32mm 孔。切削速度 v_c 选 18m/min,则主轴转速 n 约为 179r/min。

e. 粗、精铣内四方孔及 R8mm 圆弧。粗铣切削速度 v_c 选 23m/min,则主轴转速 n 约为 610r/min;精铣切削速度 v_c 选 28m/min,则主轴转速 n 约为 743r/min。

f. 粗铣棘爪外轮廓。切削速度 v_c 选 23m/min,则主轴转速 n 约为 457r/min。

g. 半精铣、精铣棘爪外轮廓。半精铣切削速度 v_c 选 26m/min,则主轴转速 n 约为 1035r/min;铣切削速度 v_c 选 28m/min,则主轴转速 n 约为 1114r/min

h. 内四方孔两端孔口手工倒角 1×45°。手工倒角无转速。

③进给速度 f 或 F。

数控车床进给速度为 f(mm/r);数控铣床进给速度为 F(mm/min),进给速度 $F = f_Z Z n$(n 为铣刀转速,Z 为铣刀齿数,f_Z 为每齿进给量)。

a. 粗、精车左端面。粗车进给速度 f 取 0.45mm,精车进给速度 f 取 0.25mm。

b. 粗、精车右端面。粗车进给速度 f 取 0.45mm,精车进给速度 f 取 0.25mm。

c. 粗、精车 Φ60mm 外径。粗车进给速度 f 取 0.38mm,精车进给速度 f 取 0.2mm。

d. 钻 Φ32mm 孔。每转进给量 f 选 0.2mm,则进给速度 F 约为 35mm/min。

e. 粗、精铣内四方孔及 R8mm 圆弧。粗铣每齿进给量 0.08mm,则进给速度 F 为 146mm/min;精铣每齿进给量 0.05 mm,则进给速度 F 为 111mm/min。

f. 粗铣棘爪外轮廓。每齿进给量 0.08mm,则进给速度 F 为 146mm/min。

g. 半精铣、精铣棘爪外轮廓。半精铣每齿进给量 0.05mm,则进给速度 F 为 155mm/min;精铣每齿进给量 0.04 mm,则进给速度 F 为 133mm/min。

h. 内四方孔两端孔口手工倒角 1×45°。手工倒角无进给速度 f 或 F。

2)设计棘爪 – 转轴组合体的装配工艺

因棘爪 – 转轴组合体只有四个零件(棘爪、转轴、垫片和锁紧螺栓),关键是做好棘爪与转轴的装配,根据上述分析,棘爪与转轴的装配采用修配法,转轴是装配基准件。因此,棘爪 – 转轴组合体零件的装配顺序如下:

(1)装棘爪与转轴。以转轴为装配基准件,采用修配法装入棘爪,保证棘爪与转轴无松动现象。

(2)装垫片与锁紧螺栓。将垫片套进锁紧螺栓,牢固锁入转轴M16螺纹孔,棘爪施加25kg力,保证棘爪与转轴无松动现象。

7. 填写组合件零件机械加工工序卡、刀具卡和组合件装配工艺过程卡

主要根据选择的机床及装配部门、刀具及装配工具、夹具及装配工艺装备、切削用量及装配方法与装配基准件和拟定的组合件零件加工工艺路线及组合件装配工艺,正确填写组合件零件机械加工工序卡、刀具卡和组合件装配工艺过程卡。

1)棘爪-转轴组合体零件机械加工工序卡

(1)转轴零件机械加工工序卡。

转轴零件机械加工工序卡如表9-3所示。

表9-3 转轴零件机械加工工序卡

单位名称	×××	产品名称或代号		零件名称	零件图号
		×××		转轴	×××
加工工序卡号	数控加工程序编号	夹具名称		加工设备	车间
×××	×××	三爪卡盘+平口台虎钳		数控车+数控铣	试制车间
工步号	工步内容	刀具号	刀具规格/mm	主轴转速/(r/min)	进给速度/(mm/r)	背吃刀量/mm	备注
---	---	---	---	---	---	---	---
1	粗、精铣铣转轴四方凸肩及R8mm圆弧,保证四方凸肩尺寸精度$36^{+0.027}_{+0.002}$ mm、$25^{0}_{-0.1}$ mm及表面粗糙度为Ra1.6μm	T01	Φ12	610/743	146/111	3.5/0.12	进给速度F
2	钻M16螺纹底孔,钻深15mm	T02	Φ14	363	47		进给速度F
3	攻M16螺纹,攻深12mm	T03	M16	59	118		进给速度F
4	粗、精车Φ50mm外径	T04	16×16	550/786	0.4/0.25	2.2/0.3	进给速度f
5	四方凸肩及R8mm圆弧手工倒角1×45°						钳工
6	粗、精车Φ40mm外径与M30×1.5螺纹外径和2×45°倒角,保证$Φ40^{0}_{-0.016}$ mm和表面粗糙度为Ra1.6μm,M30×1.5螺纹外径车至Φ29.95mm	T04	16×16	550/987	0.35/0.12	3.8/0.15	进给速度f
7	车3mm退刀槽	T05	16×16	638	0.12		进给速度f
8	粗、精车M30×1.5螺纹	T06	16×16	159	1.5		进给速度f
编制	×××	审核	×××	批准	×××	年 月 日	共 页 第 页

(2)棘爪零件机械加工工序卡。

棘爪零件机械加工工序卡如表9-4所示。

表9-4 棘爪零件机械加工工序卡

单位名称	×××	产品名称或代号 ×××	零件名称 棘爪	零件图号 ×××
加工工序卡号 ×××	数控加工程序编号 ×××	夹具名称 三爪卡盘+平口台虎钳	加工设备 数控车+数控铣	车间 试制车间

工步号	工步内容	刀具号	刀具规格/mm	主轴转速/(r/min)	进给速度/(mm/r)	背吃刀量/mm	备注
1	粗、精车左端面	T01	16×16	303/394	0.45/0.25	1.3/0.2	进给速度f
2	粗、精车右端面,保证总长$25_0^{+0.1}$mm	T01	16×16	303/394	0.45/0.25	1.3/0.2	进给速度f
3	粗、精车Φ60mm外径,保证表面粗糙度为Ra3.2μm	T01	16×16	288/659	0.38/0.2	3.8/0.2	进给速度f
4	钻Φ32mm孔	T02	Φ32	179	35		进给速度F
5	粗、精铣内四方孔及R8mm圆弧,保证内四方孔尺寸精度$36_0^{+0.039}$mm和表面粗糙度为Ra1.6μm	T03	Φ12	610/743	146/111	3.2/0.12	进给速度F
6	粗铣棘爪外轮廓,留2.5mm余量	T04	Φ16	457	146	3.8	进给速度F
7	半精铣、精铣棘爪外轮廓至尺寸精度要求,并保证表面粗糙度为Ra3.2μm	T05	Φ8	1035/1114	155/133	2.32/0.18	进给速度F
8	内四方孔两端孔口手工倒角1×45°						钳工
编制 ×××	审核 ×××	批准 ×××	年 月 日	共 页	第 页		

2)棘爪-转轴组合体零件机械加工刀具卡

(1)转轴零件机械加工刀具卡。

转轴零件机械加工刀具卡如表9-5所示。

表9-5 转轴零件机械加工刀具卡

产品名称或代号	×××	零件名称	转轴	零件图号	×××

序号	刀具号	刀具规格名称	数量	刀长/mm	加工表面	备注
1	T01	Φ12mm直柄高速钢立铣刀	1	实测	四方凸肩及R8mm圆弧	齿数3
2	T02	Φ14mm直柄高速钢麻花钻头	1	实测	M16螺纹底孔	
3	T03	M16机用丝锥	1	实测	M16螺纹	螺旋槽（丝锥）
4	T04	95°右手车刀	1	实测	Φ50mm外径、Φ40mm外径与M30×1.5螺纹外径和2×45°倒角	刀尖半径0.8mm
5	T05	3mm切槽刀	1	实测	3mm退刀槽	
6	T06	60°外螺纹车刀	1	实测	M30×1.5螺纹	
编制 ×××	审核 ×××	批准 ×××	年 月 日	共 页	第 页	

(2) 棘爪零件机械加工刀具卡。

棘爪零件机械加工刀具卡如表9-6所示。

表9-6 棘爪零件机械加工刀具卡

产品名称或代号	×××	零件名称	棘爪	零件图号	×××
序号	刀具号	刀具 规格名称	数量	刀长/mm	加工表面	备注
1	T01	95°右手车刀	1	实测	左、右端面及Φ60mm外径	涂层刀片
2	T02	Φ32mm锥柄高速钢麻花钻头	1	实测	内四方孔先钻Φ32mm孔	
3	T03	Φ12mm直柄高速钢立铣刀	1	实测	内四方孔及R8mm圆弧	齿数3
4	T04	Φ16mm直柄高速钢立铣刀	1	实测	棘爪外轮廓	齿数4
5	T05	Φ8mm直柄高速钢立铣刀	1	实测	棘爪外轮廓	齿数3
编制	×××	审核	×××	批准	×××	年 月 日	共 页	第 页

注：表头"刀具"列下分"规格名称"和"数量"两个子列。

(3) 棘爪-转轴组合体装配工艺过程卡。

棘爪-转轴组合体装配工艺过程卡如表9-7所示。

表9-7 棘爪-转轴组合体装配工艺过程卡

×××公司		装配工艺过程卡片		产品型号		零(部)件图号		共1页
				产品名称	棘爪-转轴组合体	零(部)件名称		第1页
工序号	工序名称	工序内容		装配部门	设备及工艺装备		辅助材料	工时定额(分)
1	装棘爪与转轴	以转轴为装配基准件，采用修配法装入棘爪，保证棘爪与转轴无松动现象		试制车间			铜棒锉刀	
2	装垫片与锁紧螺栓	将垫片套进锁紧螺栓，牢固锁入转轴M16螺纹孔，棘爪施加25kg力，保证棘爪与转轴无松动现象		试制车间			扳手	
						编制(日期)	审核(日期)	标准化(日期)	会签(日期)
标记	处数	更改文件	签字	日期	标记	处数	更改文件	签字	日期				

9-5 工作任务完成情况评价与工艺优化讨论

1. 工作任务完成情况评价

对上述棘爪-转轴组合体案例的工作任务完成过程进行详尽分析,从对棘爪-转轴组合体(含零件)图纸进行加工工艺和装配工艺分析,设计棘爪-转轴组合体零件车、铣复合加工工艺路线,选择棘爪-转轴组合体的装配方法和装配基准件,选择加工棘爪-转轴组合体零件的经济适用加工机床,根据生产批量选择棘爪-转轴组合体零件夹具、确定装夹方案,选择棘爪-转轴组合体装配工艺装备与装配工具,按设计的棘爪-转轴组合体零件车、铣复合加工工艺路线选择合适的加工刀具与合适的切削用量,设计棘爪-转轴组合体装配工艺几方面,对照自己独立设计的棘爪-转轴组合体零件车、铣复合加工工序卡与刀具卡和棘爪-转轴组合体装配工艺过程卡,评价各自的优缺点。

2. 棘爪-转轴组合体零件加工工艺与棘爪-转轴组合体装配工艺优化讨论

(1)根据上述棘爪-转轴组合体零件车、铣复合加工工艺和组合体装配工艺过程卡,各学习小组从以下八个方面对其展开讨论:

①棘爪与转轴零件加工方法选择是否得当?为什么?棘爪-转轴组合体的装配方法和装配基准件选择是否得当?为什么?

②棘爪与转轴零件工步顺序安排是否合理?为什么?

③棘爪与转轴零件加工工艺路线是否得当?为什么?有没有更优化的加工工艺路线?设计的棘爪-转轴组合体零件装配工艺是否得当?为什么?有否更优化的装配工艺?

④棘爪与转轴零件选择的加工机床是否经济适用?为什么?

⑤棘爪与转轴零件加工刀具(含刀片)选择是否得当?为什么?棘爪-转轴组合体零件装配工具是否得当?为什么?

⑥棘爪与转轴零件加工选择的夹具是否得当?为什么?有没有其他更适用的夹具?棘爪-转轴组合体装配工艺装备是否合适?为什么?有没有更适用的装配工艺装备?

⑦棘爪与转轴零件加工选择的装夹方案是否得当?为什么?有没有更合适的装夹方案?

⑧棘爪与转轴零件选择的切削用量是否合适?为什么?有没有更优化的切削用量?

(2)各学习小组分析、讨论完后,各派一名代表上讲台汇报自己小组的讨论意见。各学习小组汇报完后,老师综合各学习小组的汇报情况,对棘爪-转轴组合体零件车、铣复合加工工艺和棘爪-转轴组合体装配工艺过程卡进行点评。

(3)根据老师的点评,独立修改优化棘爪-转轴组合体零件车、铣复合加工工艺和棘爪-转轴组合体装配工艺过程卡。

9-6 巩固与提高

图9-5所示椭圆球头销与图9-6所示椭圆球头座是某一小型自制压力机的一个装配部件零件,该小型压力机通过椭圆球头座与椭圆球头销的自定心,将偏载卸掉。为减小椭圆球头

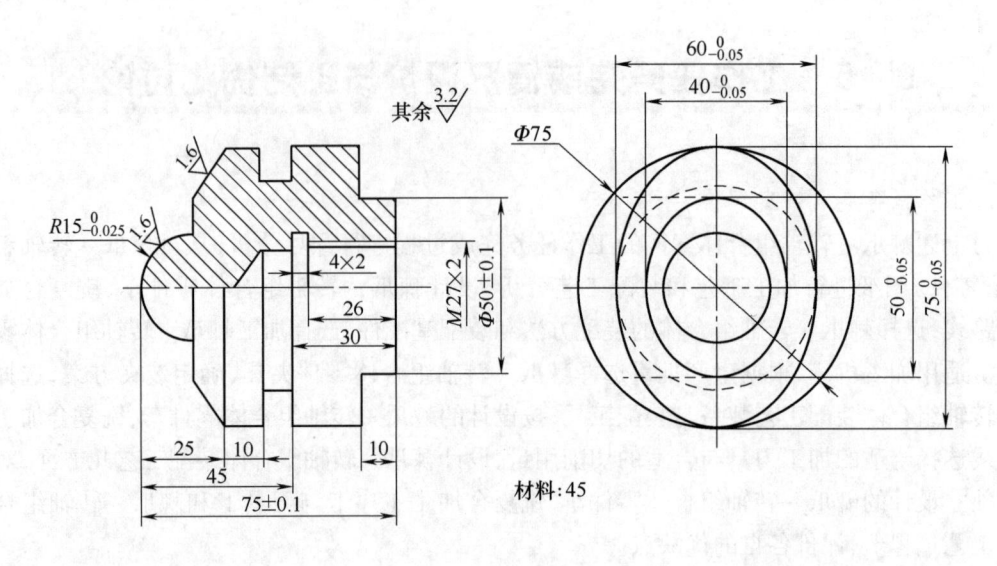

图 9-5 椭圆球头销

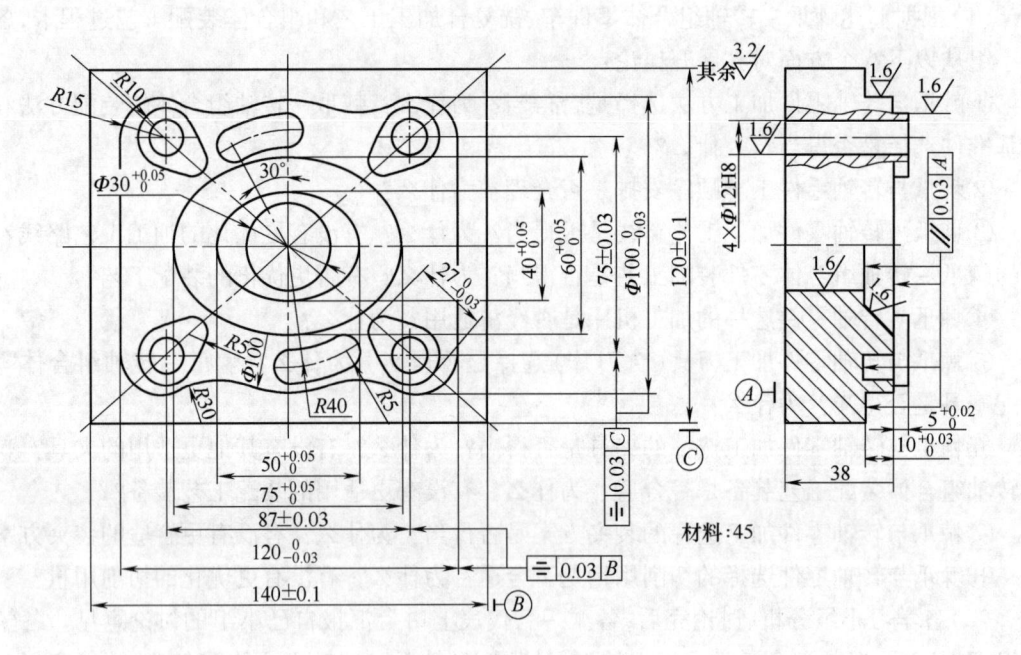

图 9-6 椭圆球头座

座与椭圆球头销工作时的摩擦与磨损,尽力延长其使用寿命,要求椭圆球头销在摆角±15°范围内与椭圆球头座的接触面积达40%以上,同时该椭圆球头座与椭圆球头销要求热处理硬度HRC40~45,试制3件。该椭圆球头座与椭圆球头销组合体零件材料均为45钢,椭圆球头销零件毛坯为80mm×80mm棒料,椭圆球头座零件毛坯尺寸长×宽×高分别为48mm×145mm×125mm的钢块。试设计该椭圆球头座与椭圆球头销的机械加工工艺和装配工艺。

参考文献

1. 张明建. 数控加工工艺规划[M]. 北京:清华大学出版社,2009.
2. 赵长明,刘万菊. 数控加工工艺及设备[M]. 北京:高等教育出版社,2008.
3. 张明建. 零件数控加工工艺规划与实施工作页[M]. 厦门:厦门大学出版社,2010.
4. 徐美刚. 工程机械装配工艺技能训练[M]. 北京:中国劳动社会保障出版社,2010.
5. 赵宏立,徐慧. 机械加工工艺与装备[M]. 北京:人民邮电出版社,2012.
6. 金捷,刘晓菡. 机械制造技术与项目训练[M]. 上海:复旦大学出版社,2010.